LUIGI CALIGARIS FABRIZIO CERRI
STEFANO FAVA CARLO TOMASELLO

NUOVO STA
Scienze e Tecnologie Applicate

Elettronica, elettrotecnica e automazione

Edizione OPENSCHOOL

EDITORE ULRICO HOEPLI MILANO

via Hoepli 5, 20121 Milano (Italy)
tel. +39 02 864871 – fax +39 02 8052886
e-mail hoepli@hoepli.it

www.hoepli.it

ISBN 978-88-203-6657-5

Ristampa:

8 7 6 5 4 2020 2021 2022 2023 2024

Realizzazione editoriale e grafica: Antonella Lando

Copertina: mncg S.r.l., Milano

Stampa: Vincenzo Bona S.p.A.

Printed in Italy

INDICE

PRESENTAZIONE

L'opera costituisce un corso completo della materia **Scienze e tecnologie applicate** per il secondo anno dell'indirizzo **Elettrotecnica ed Elettronica** degli **Istituti Tecnici** settore **Tecnologico**.

Il testo è articolato in otto moduli, alcuni di carattere generale e altri di contenuto più specialistico.
I primi offrono un approccio al mondo della produzione attraverso lo **studio dei materiali**, dei **processi produttivi** e dell'**organizzazione industriale** nel rispetto delle normative di **sicurezza** a tutela della salute; gli altri inquadrano le **tecnologie specifiche** dei settori **Elettrotecnica, Elettronica** e **Automazione**.

Struttura e contenuto sono ispirati a un preciso **disegno didattico** che privilegia i seguenti obiettivi, in linea con le linee guida ministeriali:

- **orientare** lo studente, aiutandolo a comprendere le proprie attitudini e a ricercare le proprie motivazioni;
- usare concretamente i metodi delle tecnologie, per **risolvere problemi** e **analizzare** dispositivi tecnologici;
- interpretare e collegare tra loro fenomeni naturali e artificiali, a partire dagli eventi riconducibili all'**esperienza quotidiana**;
- stabilire un collegamento con le **discipline scientifiche** del biennio che concorrono alla formazione generale, quali matematica e scienze;
- offrire una panoramica delle tecnologie dei tre settori Elettrotecnica, Elettronica e Automazione, dei quali uno solo sarà oggetto di approfondimento nel successivo triennio.

La duttilità e completezza del testo cartaceo e insieme la ricchezza dei materiali e dei servizi digitali integrativi (**eBook+, Risorse online** e **Piattaforma didattica**) consentono di **modulare l'approccio a una didattica digitale a misura delle scelte del docente e delle dotazioni tecnologiche disponibili.**

I MODULI

Ogni **modulo** si apre con l'indicazione delle unità didattiche che lo compongono, dei prerequisiti necessari all'apprendimento, degli obiettivi e, infine, degli strumenti didattici integrativi accessibili attraverso l'**area digitale dell'eBook+**. Propone a seguire una **verifica dei prerequisiti**, costituita da una serie di prove strutturate.
Ciascun modulo si chiude con una **verifica di modulo** a risposta chiusa del tipo abbinamento e completamento, anch'essa **interattiva nell'eBook+**, che ha lo scopo di testare l'acquisizione di competenze specifiche, attraverso l'applicazione ragionata di quanto appreso.

LE UNITÀ DIDATTICHE

Ogni **unità** si apre con la pianificazione didattica di obiettivi e contenuti. La trattazione, semplice e funzionale, è ricca di riferimenti a **contesti reali**, con l'obiettivo di fare emergere nello studente interessi e attitudini specifiche.
Ciascuna unità presenta diverse **esercitazioni guidate**, fornite di possibili procedure risolutive e di fonti di consultazione, collegate a esperienze applicative.
Alla fine di ogni unità è collocata una **verifica di unità**, consistente in una serie di domande vero/falso, a scelta singola e multipla, totalmente **interattiva nell'eBook+**, che consente all'alunno l'autovalutazione delle conoscenze acquisite.

LE ESERCITAZIONI GUIDATE

Le esercitazioni guidate consentono all'allievo di acquisire e consolidare le abilità di base, attraverso esperienze ibride di tipo **analitico** e **applicativo**. Ogni scheda prevede infatti sia momenti di **rielaborazione della teoria, riflessione** e **calcolo**, sia **attività laboratoriali**.
Le attività applicative conducono spesso alla **realizzazione materiale** di un prodotto in laboratorio; tuttavia possono essere svolte anche in contesti diversi, con **lavagna interattiva** e **tablet**, in quanto prevedono l'impiego del **foglio elettronico** e di **programmi di simulazione**.
La struttura delle esercitazioni guidate include una sequenza di **comandi**, che assistono lo studente sia nello **svolgimento teorico** sia nella successiva **realizzazione pratica**, favorendone il coinvolgimento.

I CONTENUTI

Il **Modulo A** descrive i tipici processi elettrici, elettronici e dell'automazione e i profili delle diverse figure professionali del settore.

Il **Modulo B** tratta le proprietà e le funzioni dei materiali e dei componenti.

Il **Modulo C** insegna a utilizzare gli strumenti e a interpretare correttamente i risultati delle misure.

Il **Modulo D** offre una panoramica dei metodi e delle applicazioni dell'elettrotecnica.

Il **Modulo E** è focalizzato sulle applicazioni dell'elettronica digitale nella codifica di dati e immagini.

Il **Modulo F** è una ricognizione delle tipologie di sistemi impiegati nel campo dell'automazione.

Il **Modulo G** tratta le norme di sicurezza in ambito lavorativo e per la tutela ambientale.

Il **Modulo H** descrive i sistemi di organizzazione aziendale e le procedure di documentazione di un progetto.

EBOOK+

Apposite icone segnalano nell'eBook+ le risorse digitali integrative:

- **verifiche interattive**, di fine unità, di fine modulo e per testare i prerequisiti di modulo, tutte fruibili anche attraverso l'eBook+;
- **video tutorial** sui programmi di simulazione utilizzati nelle esercitazioni guidate del testo, per consentire lo svolgimento delle esperienze pratiche proposte;
- ulteriori **esercitazioni guidate**, oltre a quelle presenti nel testo.

RISORSE ONLINE hoepliscuola.it

Sul sito **www.hoepliscuola.it** sono presenti:

- ulteriori esercitazioni guidate scaricabili anche attraverso l'eBook+;
- file eseguibili per la realizzazione di alcune esercitazioni guidate;
- a uso del docente, tutte le soluzioni (se univoche) delle esercitazioni guidate fornite nel volume e online, nonché delle verifiche.

Luigi Caligaris Fabrizio Cerri Stefano Fava Carlo Tomasello

Si ringrazia l'autore dei software Autoware Ladder Tool per Arduino® e AW-SYS ing. Umberto Talamo per l'assistenza fornita nella stesura di alcune esercitazioni guidate.

modulo A Grandezze fisiche e leggi fondamentali

UNITÀ A1
Processi caratteristici e figure professionali di elettronica, elettrotecnica e automazione

UNITÀ A2
Grandezze e leggi dell'elettrologia e dell'elettromagnetismo

AREAdigitale

- **VIDEO TUTORIAL** Studio della legge di Moore mediante Excel
- **ESERCITAZIONE GUIDATA** Parameter sweep di un resistore
- **Verifiche interattive**

PREREQUISITI

Conoscenze

- Principi generali della fisica e della matematica
- Grandezze fisiche e loro misura

Abilità

- Calcolare formule inverse e risolvere espressioni algebriche
- Saper associare formule matematiche a leggi fisiche

OBIETTIVI

Conoscenze

- Gli ambiti delle scienze e delle tecnologie applicate
- Principi di elettrologia ed elettromagnetismo

Abilità

- Descrivere gli ambiti applicativi dell'elettronica
- Sperimentare le leggi dell'elettrologia e dell'elettromagnetismo

Competenze di riferimento

- Individuare la figura professionale idonea per una specifica attività
- Orientarsi nell'applicazione dei principi dell'elettrologia e dell'elettromagnetismo

VERIFICA DEI PREREQUISITI / modulo A

AREAdigitale

Vero/Falso

1. Il reciproco del reciproco di 1/2 è 0,5.

☐ Vero ☐ Falso

2. La diagonale di un rettangolo di lati $L_1 = 3$, $L_2 = 4$ vale 5.

☐ Vero ☐ Falso

3. Due forze di uguale valore e direzione ma opposte in verso si sommano.

☐ Vero ☐ Falso

Scelta singola

1. Selezionare l'operazione corretta.

a. $2^3 \times 2^2 = 2^6$
b. $2^3 + 2^2 = 2^5$
c. $2^3 \times 2^2 = 2^5$

2. A quanti secondi corrispondono le 24 ore?

a. 3600
b. 86.400
c. 1440

3. Specificare la risultante di due forze unitarie che agiscono perpendicolarmente nello stesso punto di applicazione.

a. 1
b. $\sqrt{2}$
c. 2

Scelta multipla

1. Per semplificare la frazione 4/6 è necessario dividere numeratore e denominatore per:

a. il massimo comune divisore
b. il minimo comune multiplo
c. 2

2. Selezionare le due rappresentazioni equivalenti della frazione 1/10000.

a. 0,0001
b. 10^{-5}
c. 10^{-4}

3. Selezionare due arrotondamenti per difetto del numero 3,14159.

a. 3
b. 3,14
c. 3,15

Associazione

1. Dati due numeri $N_1 = 4$ e $N_2 = 6$ associare il dato richiesto al risultato.

1.	Minimo comune multiplo	**a.**	12
2.	Massimo comune divisore	**b.**	5
3.	Numero primo compreso tra N_1 e N_2	**c.**	2

....

2. Associare i nomi alle definizioni.

1. Intensità
2. Direzione
3. Verso
a. Lunghezza del vettore che descrive la forza
b. Retta d'azione della forza
c. Orientamento della punta del vettore che descrive la forza

....

3. Associare i casi al calcolo della forza risultante.

1. Due persone che spingono un'auto con forze $F_1 = F_2$
2. Due gruppi di persone che tirano una corda in direzione opposta con forze $F_1 = F_2$
3. Due persone che trainano un carrello con medesimo punto di applicazione ma diversa direzione
a. Forza risultante data dalla regola del parallelogramma
b. Forza risultante nulla
c. Forza risultante $2 \cdot F_1$

....

Completamento

1. Risolvere la somma di frazioni.

3/10 + 2/15 + 7/5 = (........... + ... + ...)/30 = = .../30 = .../6

2. Un oggetto viene spostato da due forze uguali $N_1 = 3$ N e $N_2 = 4$ N dirette perpendicolarmente; calcolare la risultante.

a. Quadrato delle forze: N_1^2 =..........; N_2^2 = ...
b. Somma dei quadrati: ....
c. Radice quadrata della somma dei quadrati: ....

3. Completare somma e prodotto svolti con l'ausilio delle potenze

a. 0,003 + 0,007 = ... × 10^{-3} + ... × ....$^{-3}$ = ... × × ....$^{-3}$ = 0,01
b. 0,02 × 0,05 = ... × 10^{-2} × .... × ....$^{-2}$ = ... × × ....$^{-4}$ = 0,001

PREREQUISITI

PROCESSI CARATTERISTICI E FIGURE PROFESSIONALI DI ELETTRONICA, ELETTROTECNICA E AUTOMAZIONE

OBIETTIVI

Conoscenze

- I processi dei settori elettrico, elettronico e dell'automazione
- I settori di impiego e le attività del tecnico specializzato

Abilità

- Descrivere tipici processi elettrici, elettronici e dell'automazione
- Saper confrontare le attività delle varie figure professionali

CONTENUTI

A1.1 STORIA DELL'ELETTRONICA

Nel lontano 1950 **Isaac Asimov** scriveva la sua antologia *Io, Robot* ed esponeva le tre leggi della robotica a difesa del genere umano sulla macchina: in quegli stessi anni nei laboratori americani si realizzavano il primo dispositivo a tre terminali in grado di amplificare la corrente in ingresso, vale a dire il **transistor a contatto puntiforme** (1947), e il primo **transistor al germanio** (1948) [fig. A1.1].
Solo dieci anni più tardi, alla **Texas Instruments**, il premio Nobel per la fisica **J. Kilby** costruiva il primo dispositivo basato su materiali semiconduttori con funzionalità proprie, il **circuito integrato**, e depositava la sua idea con cinque mesi di anticipo rispetto ai concorrenti **R. Noyce** e **G. Moore** della Fairchild.
Nel 1959 Noyce, occupandosi principalmente di studiare le connessioni tra i dispositivi nei circuiti integrati, realizzava il primo circuito integrato monolitico [fig. A1.2], un chip unico di silicio con dispositivi e interconnessioni.
Da quel momento la sfida si spostava dal tipo di componente al *livello di integrazione*, cioè la collocazione del maggior numero di transistor nel minor spazio possibile. Nel 1968, Noyce, Moore e Rock fondavano la società **Intel**, specializzata nella produzione di circuiti integrati e microprocessori (dispositivi specializzati per l'elaborazione dei dati), e nel 1971 usciva sul mercato la prima CPU su singolo chip, l'**Intel 4004**, con un'integrazione di 2300 transistor [fig. A1.3].

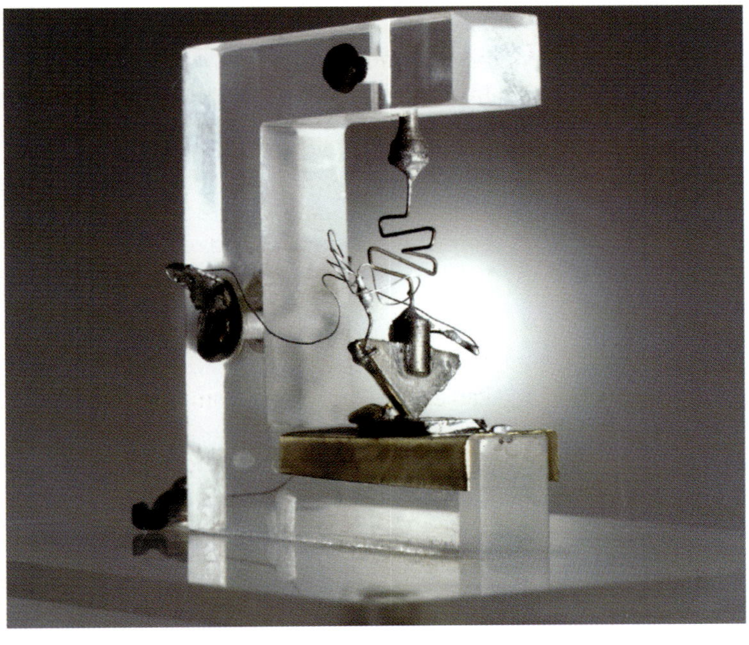

A1.1 Il primo transistore al germanio.

A1.2 Il primo circuito integrato al silicio.

A1.3 Il microprocessore Intel 4004.

La corsa alla miniaturizzazione

La miniaturizzazione ha consentito di sostituire componenti discreti connessi su piastra stampata con circuiti integrati. Questi ultimi hanno ridotto drammaticamente i costi e accresciuto i volumi di produzione, allargando la fascia di utenti beneficiari e determinando uno sviluppo esponenziale della **microelettronica**.

La legge di Moore

Gordon Moore, il fondatore della Intel, osservò che il numero dei transistori per chip raddoppiava ogni due anni. Successivamente l'intervallo temporale fu riformulato a diciotto mesi.
Questa osservazione empirica si è rivelata talmente aderente alla realtà da assurgere a livello di legge e costituire un metro per le politiche commerciali future delle aziende del settore.
Un progresso esponenziale di tale entità è stato possibile grazie alle tecniche di riduzione delle dimensioni dei substrati di silicio e alla riduzione della lunghezza d'onda dei processi di produzione litografici.
Nel contempo hanno assunto peso crescente le capacità parassite, superate in parte con strati di isolamento tra i transistori.

Il futuro: elettronica molecolare e MEMS

Attualmente si è prossimi al raggiungimento dei limiti tecnologici nella realizzazione di attrezzature di fabbricazione e nel gestire materiali sempre più sofisticati e ai limiti fisici, come l'aumento della resistenza dovuta alle connessioni sempre più sottili.

Elettronica molecolare

Lo schema evolutivo futuro sembra affidato all'elettronica molecolare, con molecole capaci di realizzare le funzioni basilari dell'elettronica.

I problemi in questo caso sono le tecniche per forzare la disposizione ordinata delle molecole per la costituzione dei circuiti e l'interfacciamento degli strati molecolari con gli strati di interconnessione ai circuiti elettronici veri e propri.

Tecnologia MEMS

Il fascino della **Nintendo Wii** e la tentazione del mitico **iPhone** non sarebbero realtà senza la tecnologia dei Micro Electro-Mechanical Systems (MEMS). Si tratta di microsistemi che integrano in forma miniaturizzata, su di uno stesso substrato di silicio, dispositivi meccanici, elettrici ed elettronici **[fig. A1.4]**.

A rendere così particolari il telefono della Apple e la console di gioco di ultima generazione è un MEMS: l'accelerometro miniaturizzato che rileva le variazioni di orientamento del dispositivo adattando lo sfondo dello schermo al nuovo asse.

A1.4 Un MEMS al microscopio.

A1.2 PROCESSI DEL SETTORE ELETTRONICA

La **figura A1.5** riassume i processi caratteristici del settore elettronico.

A1.5 Processi del settore elettronica.

Amplificazione

L'**amplificatore di segnale** serve a magnificare segnali di tipo vocale o musicale, ovvero segnali di tipo analogico, che possono assumere infinite sfumature e livelli di intensità.
I primi amplificatori utilizzavano transistori di tipo BJT **[fig. A1.6]**; ora intere sezioni sono raggruppate entro circuiti integrati specializzati.

L'**amplificatore operazionale**, per esempio, è un dispositivo integrato **[fig. A1.7]** che, come suggerito dal nome, semplifica la progettazione di circuiti per l'esecuzione di operazioni matematiche sui segnali.

Generazione d'onda

Un generatore d'onda è un circuito capace di sintetizzare un'onda variabile nel tempo. Viene impiegato in qualsiasi modulo circuitale che richieda una sintesi di segnale. Si può citare, tra gli infiniti usi, quello come **generatore di clock** per la temporizzazione dei microprocessori dei computer.
La **figura A1.8** visualizza un'**onda triangolare** sovrapposta a una **onda quadra**.

Filtraggio

Il filtro è un circuito elettronico atto a selezionare determinate gamme di frequenza.
In base al tipo di azione filtrante si distinguono i seguenti filtri **[fig. A1.9]**:

- filtro **passa-basso** (LPF, *Low Pass Filter*): elimina le frequenze superiori;
- filtro **passa-alto** (HPF, *High Pass Filter*): elimina le frequenze inferiori;
- filtro **passa-banda** (BPF, *Band Pass Filter*): consente il passaggio di un intervallo di frequenze;
- filtro **elimina-banda** (*Band Reject Filter* o *notch*): blocca il passaggio di un intervallo di frequenze.

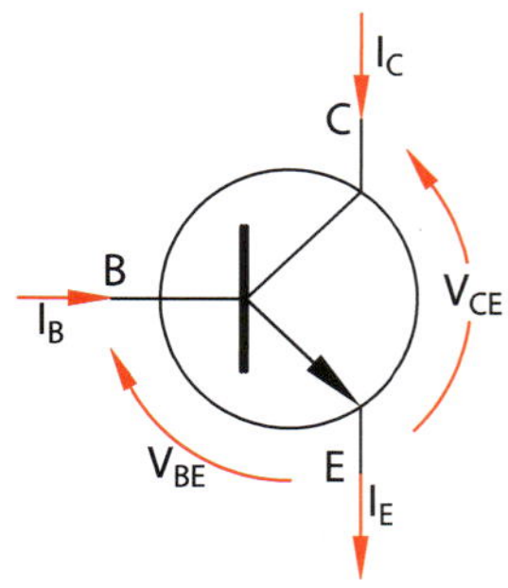

A1.6 Transistore BJT.

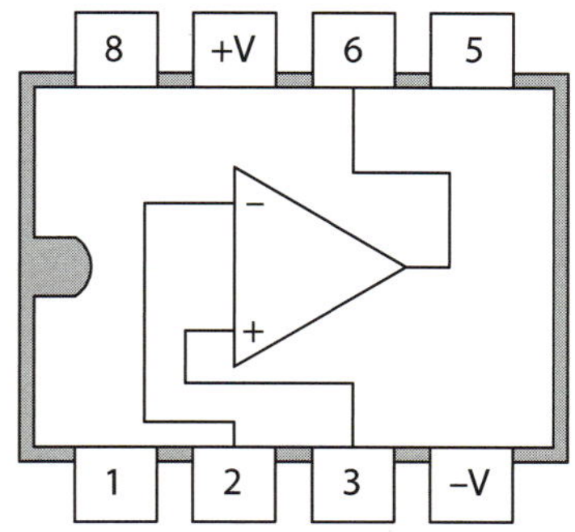

A1.7 Amplificatore operazionale.

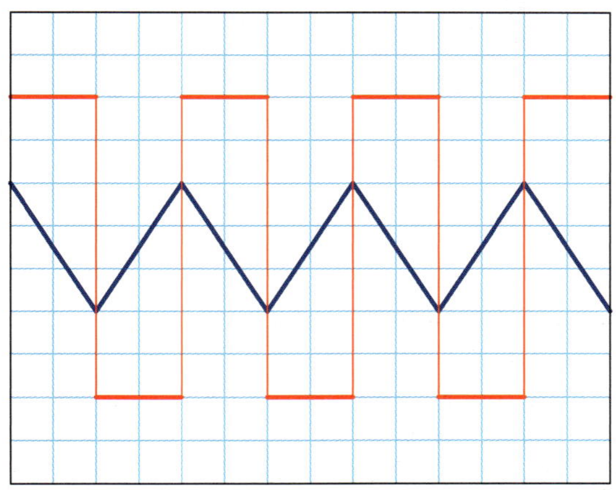

A1.8 Onda quadra e onda triangolare.

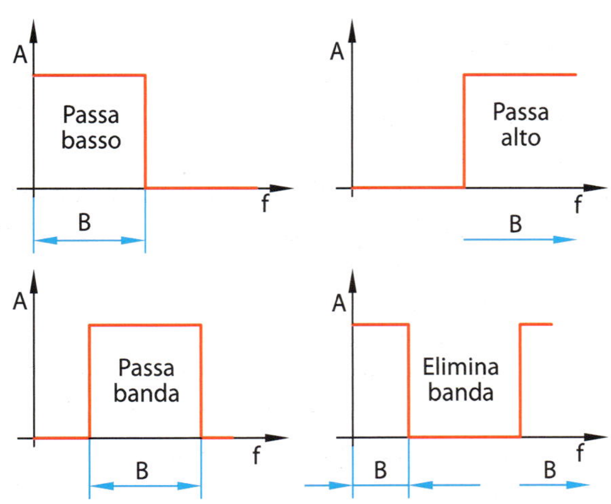

A1.9 Tipi di filtri.

La **figura A1.10** evidenzia l'effetto di un BPF su uno **spettro di segnali**: le frequenze superiori e inferiori vengono soppresse e la **banda** B_2 risulta ristretta rispetto alla banda B_1 originale.

L'impiego dei filtri nelle sezioni circuitali è capillare. Si può citare l'uso del filtro negli altoparlanti delle casse acustiche, dove:

- un filtro LPF seleziona le frequenze basse destinate al **subwoofer**;
- un filtro HPF seleziona le frequenze alte destinate al **tweeter**;
- un filtro BPF seleziona le frequenze intermedie destinate al **midrange**.

Circuiti digitali

La caratteristica dei circuiti digitali è data dalla **codifica numerica** dei segnali, con l'impiego delle due cifre '0' e '1'.
Grazie all'univocità della codifica **digitale** numerica, attualmente uno stesso sistema è in grado di trasportare indifferentemente segnali video, musicali o semplicemente dati. Ciò implica la possibilità di standardizzare le comunicazioni, cioè progettare sistemi validi per tutti i possibili tipi di dati, e di conseguenza la possibilità dell'integrazione di diversi servizi, sfruttando le potenzialità di un unico sistema di comunicazione.
Per la conversione da **analogico** a digitale si utilizzano apparati appositi.

La **figura A1.11** mostra una immagine analogica (ovvero quella della realtà) che viene rilevata, per esempio, da una macchina fotografica analogica e successivamente trasformata in digitale da uno scanner.
È possibile il processo inverso: la fotografia può essere ripresa con una fotocamera digitale, ma deve essere convertita in analogico per adattarla alla trasmissione analogica tramite antenna.

Conversione analogico-digitale

I convertitori analogico-digitali (ADC, *Analog to Digital Converter*) servono a trasformare i segnali reali in sequenze numeriche, per adattarli ai sistemi digitali. Per sistema digitale non si intende il solo computer, ma tutti gli apparati nei quali l'informazione risiede sotto forma numerica, compresi lettori MP3, telefonini, apparecchi televisivi digitali.
Un segnale analogico per la conversione in digitale subisce le seguenti elaborazioni **[fig. A1.12]**:

- **campionamento**: prelievo di elementi del segnale a intervalli regolari;
- **quantizzazione**: associazione del campione a una fascia di livello discreto;
- **codifica**: espressione del livello del campione in formato numerico binario.

La **figura A1.13** visualizza un **diagramma a spilli** con i campioni del segnale convertiti in codice digitale a 3 bit.

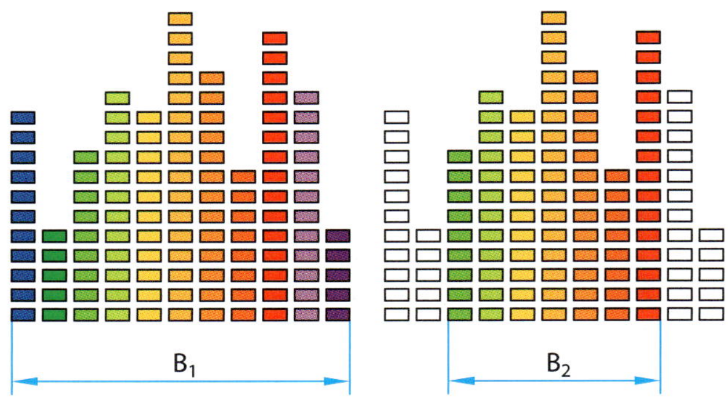

A1.10 Bande di frequenza.

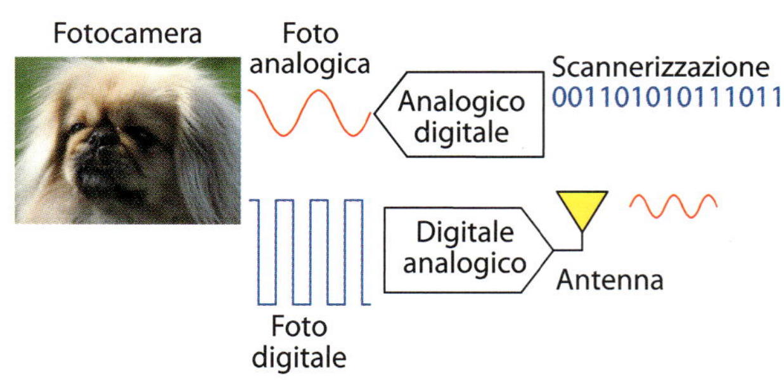

A1.11 Grandezze analogiche e digitali.

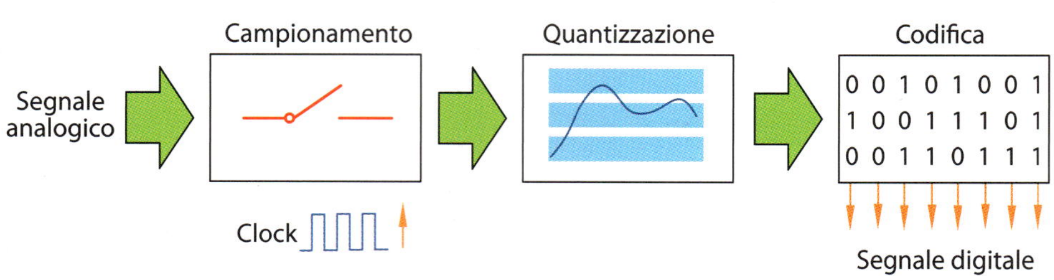

A1.12 Digitalizzazione di un segnale.

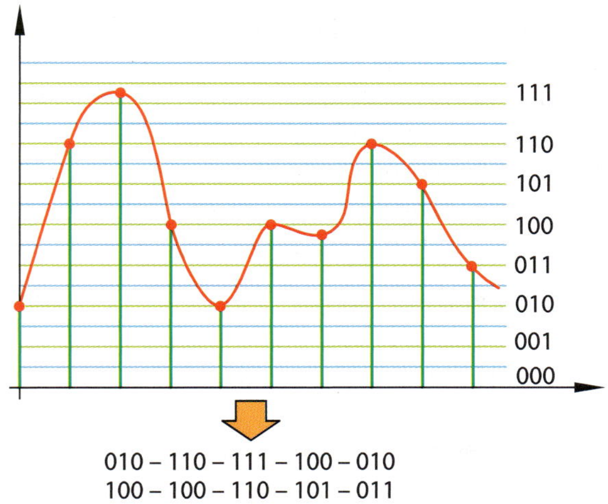

A1.13 Diagramma a spilli e codifica.

Trasmissione dei segnali

La trasmissione può avvenire in modalità analogica o digitale:

- nella modalità **analogica** **[fig. A1.14]** il segnale **portante** ad alta frequenza viene "scavato" dal segnale **modulante** che imprime in esso la propria forma; il segnale **modulato** di alta frequenza risulta adatto alla trasmissione nell'etere;
- nella modalità **digitale** il segnale è una lunga catena di 1 e 0. Nella **figura A1.15** è rappresentata una **multiplazione** di quattro segnali s_1, s_2, s_3, s_4. A ogni ciclo di clock viene selezionato uno di quattro; ne risulta un segnale multiplato che contiene in una singola linea quattro informazioni digitali.

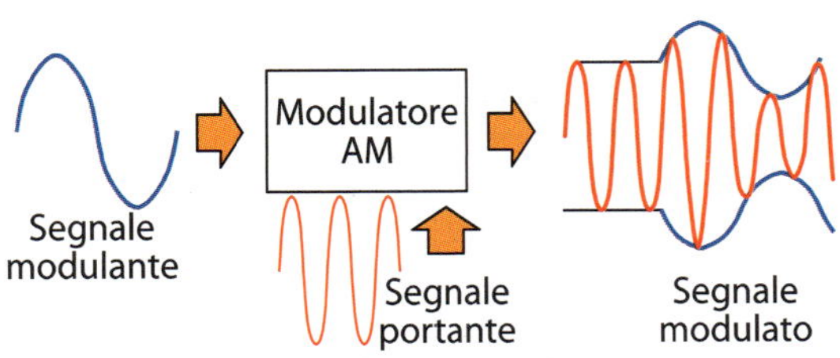

A1.14 Modulazione analogica.

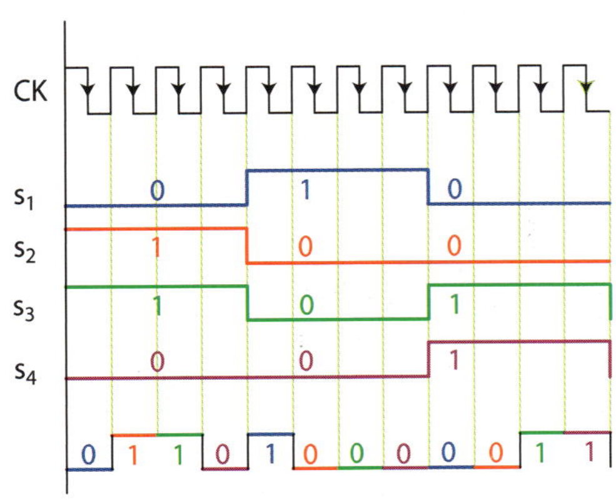

A1.15 Multiplazione digitale.

A1.3 PROCESSI DEL SETTORE ELETTROTECNICA

La **figura A1.16** riassume i processi caratteristici del settore elettrotecnico.

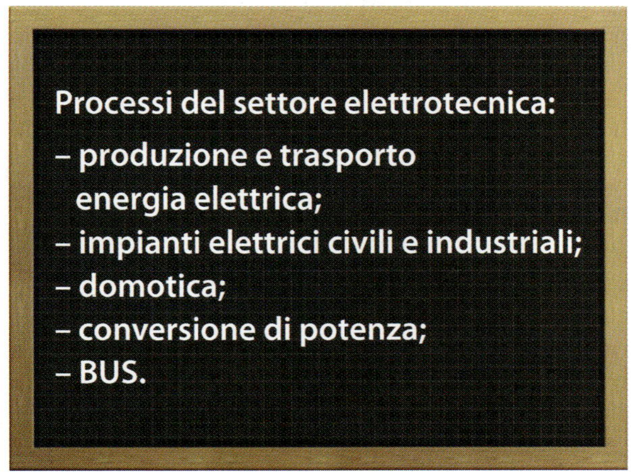

A1.16 Processi del settore elettrotecnica.

Produzione e trasporto dell'energia elettrica

Con la diffusione delle applicazioni dell'elettricità si è venuta a creare la necessità di produrre in quantità sempre crescente l'energia per alimentare i dispositivi elettrici. Il luogo nel quale avviene la produzione di energia elettrica è denominato **centrale**, a indicare un luogo di concentrazione a cui fanno seguito la trasmissione e la relativa distribuzione verso gli impianti civili e industriali.

Impianti elettrici civili e industriali

Lo smistamento dell'energia elettrica dalle centrali agli utilizzatori prevede la costruzione di impianti elettrici, che vengono così definiti dalla **Norma CEI 64-8**: "*l'impianto elettrico è l'insieme di componenti elettrici, aventi caratteristiche coordinate, elettricamente associati al fine di soddisfare scopi specifici; non fanno parte dell'impianto elettrico gli apparecchi utilizzatori alimentati da prese a spina, a meno che non siano fissati alla struttura edile o ad altre strutture fisse. L'impianto utilizzatore ha origine nel punto di consegna dell'energia elettrica della società di distribuzione della energia elettrica o di un gruppo generatore*".

Nella **figura A1.17** si evidenzia il trasferimento dell'energia elettrica dalla rete pubblica in una casa di abitazione civile e l'integrazione con forme alternative di approvvigionamento, quali pannelli solari posti sulla superficie del tetto.

A1.17 Schema generale di impianto elettrico per immobile a uso abitativo.

Domotica

La **domotica**, o *home automation*, è la scienza che studia l'insieme delle tecnologie che possono migliorare la qualità della vita in termini di sicurezza, di risparmio energetico e di comfort, attingendo da campi come l'ingegneria edile, l'elettronica, le telecomunicazioni, l'informatica e l'elettrotecnica.

Un sistema domotico, cioè un sistema informatizzato per la casa automatizzata, è basato sull'interazione tra l'utente e il sistema addetto al controllo attraverso una serie di interfacce quali pulsanti, touch-screen, tastiere. Il flusso di informazioni e la supervisione del sistema necessitano di specifici metodi per gestire la comunicazione, detti protocolli. Nell'immagine della **figura A1.18** si evidenziano alcuni dispositivi per il monitoraggio di un'abitazione.

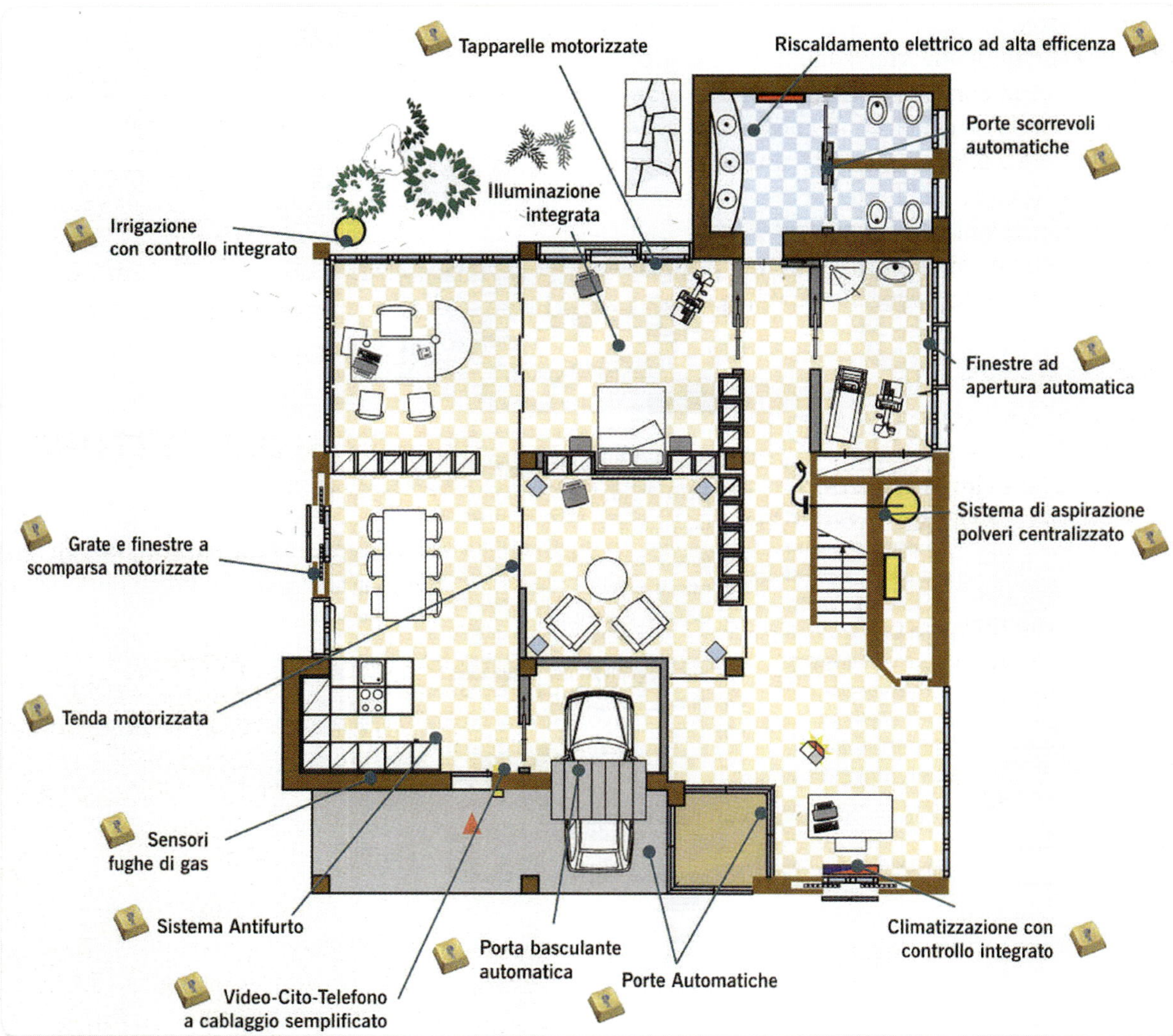

A1.18 Sistema di casa domotica.

Conversione di potenza

L'energia può essere erogata in due forme:

- DC (*Direct Current*): tensione continua;
- AC (*Alternate Current*): tensione alternata a diversa frequenza.

Un convertitore di potenza ha il compito di modificare la forma dell'energia elettrica, per adattarla agli usi e agli apparati che devono essere alimentati.
La **figura A1.19** visualizza le conversioni tra i diversi tipi di energia.

Conversione AC-DC

I convertitori di potenza AC-DC trasformano la corrente elettrica alternata AC in corrente elettrica continua DC.
Fanno parte di questa categoria i comuni **alimentatori**, che vengono utilizzati per il collegamento dei dispositivi alla rete elettrica a 230 V.

Conversione DC-AC

I convertitori DC-AC o **inverter** sono impiegati per azionare dispositivi in corrente alternata, avendo a disposizione una sorgente di tensione continua. Tipici esempi sono i sistemi di alimentazione di emergenza, che in caso di mancanza dell'alimentazione ordinaria generano i segnali alternati necessari a fornire l'alimentazione, a partire da una batteria tampone, per consentire la prosecuzione in sicurezza delle attività in corso.

Conversione DC-DC

I convertitori DC-DC forniscono una tensione continua a partire da una sorgente di tensione continua di diverso livello. Sono impiegati laddove è necessario alimentare più sezioni circuitali con diversi livelli di tensione continua, a partire da una batteria primaria. Sono presenti, oltre che in ambito industriale, in vari congegni di uso quotidiano come i computer portatili, dove è richiesto un peso e un ingombro ridotto a fronte di una alta efficienza operativa.

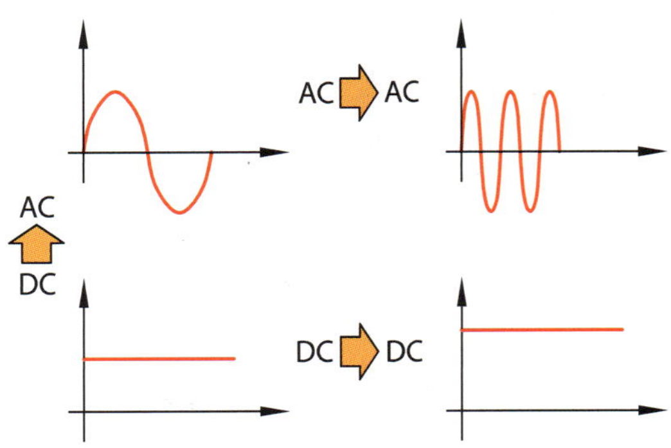

A1.19 Conversioni tra diversi tipi di energia.

Conversione AC-AC

I convertitori AC-AC attuano una conversione da una tensione alternata originale a una nuova tensione alternata di diversa frequenza e ampiezza. Trovano impiego quando è necessario convertire la frequenza e l'ampiezza dell'alimentazione, come nel caso degli adattatori di tensione internazionale o nel controllo di velocità dei motori.

Bus

I bus **[fig. A1.20]** sono supporti fisici utilizzati nei **sistemi distribuiti** per la comunicazione con dispositivi intelligenti. Essendo standardizzati sia a livello hardware sia nei protocolli di comunicazione, consentono una riduzione dei costi dei cablaggi e hanno il vantaggio della flessibilità e della scalabilità.

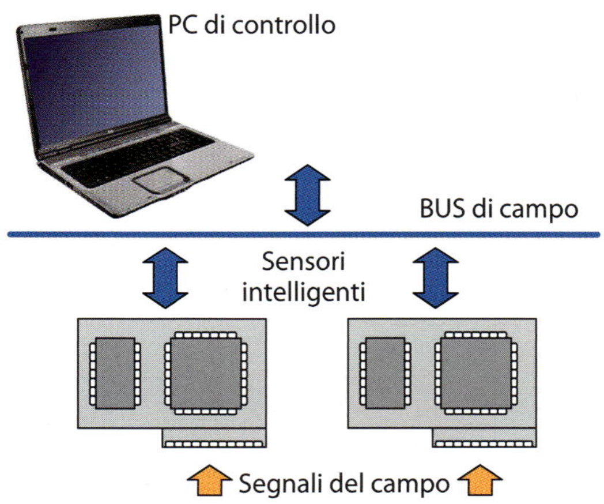

A1.20 Sistema distribuito a bus.

A1.4 PROCESSI DEL SETTORE AUTOMAZIONE

La **figura A1.21** riassume i processi caratteristici del settore automazione.

A1.21 Processi del settore automazione.

Controllo di macchine mediante PLC

I **PLC** (*Programmable Logic Controller*) **[fig. A1.22]** sono controllori industriali concepiti con particolare riguardo alla robustezza.
Dispongono, oltre che di terminali di input/output per il collegamento al processo, di moduli di espansione componibili per l'alimentazione e la comunicazione.

La **figura A1.23** rappresenta un processo in miniatura completamente gestibile tramite PLC: il modello didattico di un'**isola di lavoro** pneumatica Fischertechnik, provvista di nastro a scorrimento per la movimentazione dei pezzi verso un immaginario magazzino e una stazione di lavorazione.

Sistemi a microcontrollore

Il microcontrollore è un dispositivo derivato dal microprocessore, che oggi viene largamente utilizzato nei dispositivi e nei sistemi elettronici.
Se un microprocessore necessita di una architettura esterna di periferiche e memorie realizzata sulla scheda madre, il microcontrollore integra al proprio interno memoria RAM ed EEPROM, porte di input e output, contatori, temporizzatori ed è pronto per applicazioni di tipo **embedded** (cioè dedicate a scopi specifici).
In generale, cambiando il programma del microcontrollore si mettono a punto sistemi dedicati di varia natura: per citare un esempio in campo automobilistico, in una BMW sono presenti 70 microcontrollori. Il programma è realizzato in un linguaggio di programmazione di alto livello, generalmente in linguaggio C, mentre opportuni software ne effettuano il trasferimento nella memoria flash.

La **figura A1.24** mostra la famosa scheda a microcontrollore **Arduino** basata sul microcontrollore ATmega328, dotata di 14 terminali di input/output digitali e 6 analogici.
Economica e completa di software di programmazione scaricabile, è applicabile alla realizzazione di progetti di interfacciamento, sia in campo hobbistico sia in campo didattico.

Robotica

I robot

I robot **[fig. A1.25]** sono manipolatori automatici progettati per eseguire cicli di operazioni ripetitive, lungo diversi assi di movimento.

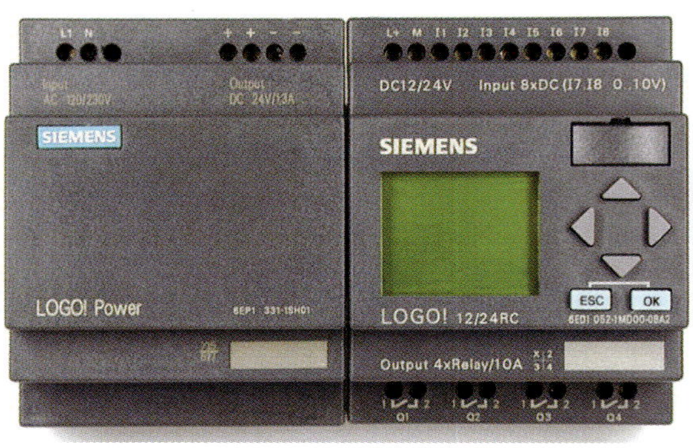

A1.22 PLC.

A1.24 Scheda Arduino UNO.

A1.23 Modello in scala di un'isola di lavoro.

A1.25 Robot antropomorfo

Sono programmabili e perciò utilizzati con la massima flessibilità per una varietà di compiti, quali:

- la movimentazione di materiali, pezzi, utensili;
- il caricamento e lo scaricamento di pezzi da pallet;
- il montaggio;
- la saldatura, il taglio, la verniciatura;
- lavorazioni meccaniche come foratura e fresatura.

I **vantaggi** dei robot si possono così riassumere:

- possibilità di lavorare in ambienti ostili per l'uomo;
- aumento della produttività e della velocità di lavorazione;
- miglioramento della qualità del prodotto.

Programmazione fuori linea

Oggigiorno la programmazione dei robot viene realizzata **fuori linea**, preparando in anticipo il programma, per evitare la messa fuori produzione del robot e il fermo della linea di produzione.
Si impiegano software che riproducono uno scenario virtuale dell'ambiente nel quale opera il robot, replicando fedelmente la **cella robotica**, sia nella forma sia nelle dimensioni.

Il software è dunque in grado di fornire **informazioni predittive** su eventuali **punti di collisione** e sulla effettiva **raggiungibilità** dei vari punti di lavoro.

Il robot può anche essere guidato in tempo reale da una specie di telecomando, per fornire i comandi in prossimità del robot o anche in remoto, detto ***teach pendant*** **[fig. A1.26]**.

Nella *teach pendant* sono presenti un pulsante di emergenza di stop, pulsanti di comando e un display dove l'operatore può osservare il feedback del sistema e lo storico dei comandi.

Sensoristica

La sensoristica riguarda l'insieme delle tecnologie applicate a dispositivi che devono rilevare una grandezza fisica, la cui entità o variazione deve essere trasmessa a sistemi di misurazione e controllo.

I sensori integrati in impianti e macchine partecipano a quei processi che possono limitare l'intervento umano nella produzione di beni e servizi. La loro applicazione spazia dal settore manifatturiero e dall'industria dell'autoveicolo fino all'industria tessile.

Di seguito sono indicate le principali realizzazioni dell'ottica applicata all'elettronica, il cui campo di utilizzo è molto ampio.

Sensori ottici ed elettro-ottici

Un sensore ottico converte generalmente un'immagine ottica in un segnale elettrico.
I campi di applicazione di questo tipo di sensori sono svariati, alcuni noti ed altri un po' meno conosciuti, e includono realizzazioni quali i sensori ottici per la rilevazione del livello di maturazione degli alimenti, i sensori laser per il rilevamento dei parametri atmosferici e ambientali, i sensori elettro-ottici per il controllo del livello dei liquidi e i sensori per la realizzazione di cartografie evolute.

Sensori per l'industria dell'autoveicolo

Nella complessa fase dei test dinamici sull'autoveicolo i sensori ottici svolgono una funzione fondamentale per la lettura di grandezze e la valutazione delle prestazioni su strada del veicolo.

Nella **figura A1.27** si può osservare l'applicazione tipica di un sensore ottico a due assi in grado di misurare la velocità, la distanza e l'angolo inerenti alla posizione di un autoveicolo.

Nella **figura A1.28** si può osservare un sensore ottico a due assi per la misura dell'altezza da terra dell'autoveicolo.

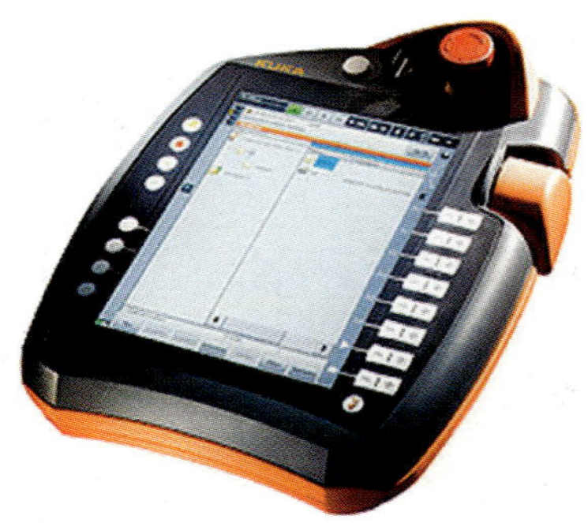

A1.26 *Teach pendant.*

A1.27 Sensore ottico a due assi posizionato su un autoveicolo.

A1.28 Sensore per la misura dell'altezza da terra del veicolo.

Sensori per la robotica

Il dispositivo che consente a un robot mobile di seguire un percorso su di una linea è un **sensore ottico a raggi infrarossi**.
Nella robotica questi sensori vengono inoltre utilizzati anche per effettuare la misurazione della distanza o per rilevare oggetti.

Oltre ai sensori ottici, vengono utilizzati anche **sensori a ultrasuoni**, che sono molto precisi, raggiungono distanze anche di 10 metri e sono insensibili alla luce ambientale e al colore dell'oggetto da rilevare.
Si ricordano infine i **giroscopi**, che permettono la misurazione della velocità angolare: sono utili per rilevare rotazioni anche microscopiche e si utilizzano in applicazioni avanzate che richiedono un feedback sullo spostamento di un corpo nello spazio.

Sensori ottici di sicurezza

Negli ambienti di lavoro la riduzione dei rischi è anche connessa alla produzione di componenti e dispositivi che riducano l'*errore umano*, affidando il controllo di alcuni processi alle macchine.

Le **barriere** o **griglie fotoelettriche** sono un tipico esempio di sensore ottico di sicurezza in grado di arrestare le macchine quando i movimenti possono diventare un pericolo per le persone.

A1.5 LE FIGURE PROFESSIONALI: AMBITI E COMPITI

Ambiti di riferimento

È possibile operare distinzioni negli ambiti di riferimento attraverso alcune caratterizzazioni tipiche dei settori elettrotecnico, elettronico e dell'automazione.

Settore elettrotecnica

Questo settore è caratterizzato da:

- apparecchiature di bassa e alta tensione con medie e alte potenze;
- segnali sinusoidali alternati con basse frequenze comprese tra 50 e 400 Hz.

Le grandezze di interesse sono corrente, tensione, campi elettromagnetici, fenomeni di induzione. È richiesto un alto rendimento, date le alte potenze in gioco.
Gli strumenti utilizzati sono tipicamente il voltmetro, l'amperometro, il wattmetro.

Settore elettronica

Questo settore è rivolto alla manipolazione e trasmissione di segnali e dati di piccola potenza; qui interessa la forma dei segnali, il loro contenuto informativo e non particolarmente la potenza:

- le frequenze coinvolte arrivano ai gigahertz e oltre;
- le tensioni, correnti e potenze sono di piccola entità, dell'ordine dei mA, mV e mW.

Gli strumenti utilizzati sono tipicamente il generatore di segnale e l'oscilloscopio.

Settore automazione

Questo settore studia i sistemi per la gestione di impianti industriali, al fine di rendere più efficienti ed economici i processi produttivi, di migliorare la qualità del prodotto e di affidare alle macchine automatiche compiti poco adatti all'uomo. Al centro c'è il **software di programmazione**.

L'automazione studia le caratteristiche dei sistemi con un approccio modulare, rappresentando il sistema come un complesso funzionale, del quale analizzare la prontezza della risposta alle sollecitazioni, la stabilità, la controllabilità.

Lo strumento di misura caratteristico è l'analizzatore di stati logici '0' e '1'.

Affidamento dei compiti

Per chiarire come i compiti sono assegnati alle varie figure professionali si consideri, per esempio, un sistema di parcheggio costituito da cellule fotoelettriche per la rilevazione dell'entrata e dell'uscita delle automobili e da sbarre per la regolazione del passaggio delle auto.
Le varie parti progettuali saranno di massima così ripartite:

- **elettronico**: circuiti annessi ai sensori, circuiti di controllo dei motori, circuito per eventuale impianto video di sorveglianza;
- **elettrotecnico**: impianto di alimentazione, azionamento dei motori delle barriere, impianto di illuminazione;
- **esperto in automazione**: programmazione della centralina di gestione dei segnali provenienti dai sensori e diretti ai motori e ai semafori di segnalazione di parcheggio occupato, gestione dei programmi per la visualizzazione dello stato di occupazione del parcheggio, per la gestione delle casse, in generale per il monitoraggio del sistema.

A1.6 LE FIGURE PROFESSIONALI DI ELETTRONICA, ELETTROTECNICA E AUTOMAZIONE

Con la premessa che la complessità della tecnologia attuale, la flessibilità delle competenze e le dinamiche di cambiamento rendono ardua la separazione degli ambiti e dei compiti, si fornisce di seguito un'indicazione delle diverse figure professionali.

Figure professionali dell'elettronica

Tecnico/Manutentore autronico dell'automobile

Il tecnico/manutentore autronico si occupa della strumentazione elettronica negli equipaggiamenti automobilistici. Esegue il controllo dei dispositivi elettronici di bordo e procede in autonomia negli accertamenti tecnici sulle apparecchiature, riparandole o sostituendole in caso di guasti. È esperto nell'installazione e nel controllo/riparazione dei sofisticati sistemi di bordo, quali impianti Hi-Fi, navigatori satellitari, climatizzatori, antifurti.

Collaudatore di sistemi elettromeccanici ed elettronici

Il collaudatore si interessa del controllo di funzionalità delle apparecchiature elettroniche e verifica la congruenza tra l'applicazione dei dispositivi e gli scopi costruttivi del prodotto; deve quindi essere a conoscenza sia della parte progettuale, quindi della tecnologia, sia dei campi di utilizzo, cioè dei settori di applicazione, per poter validare le funzionalità dei dispositivi prodotti.

Assemblatore di apparecchiature elettroniche

L'assemblatore è la figura professionale che interviene nel processo di costruzione e montaggio delle apparecchiature elettroniche. La fase di montaggio consiste nel mettere insieme le parti del dispositivo disponendole su un supporto idoneo oppure collocandole all'interno di un particolare contenitore (chassis).

Figure professionali dell'elettrotecnica

Elettricista impiantista

La figura professionale dell'elettricista impiantista si occupa dell'installazione, dell'ampliamento, della trasformazione e della riparazione di impianti elettrici. Tra le sue competenze specifiche si annovera la capacità di interpretare disegni e schemi elettrici di impianti ad alto e basso voltaggio, per i quali esegue la manutenzione, la ricerca guasti e la riparazione. Questo tecnico specializzato è in grado di produrre egli stesso schemi elettrici, di stendere una rete elettrica e di montare gli strumenti di manovra e protezione degli impianti elettrici. L'impiantista può svolgere attività autonoma, previa abilitazione da conseguirsi alle dipendenze di imprese di settore in base alla normativa vigente.

Montatore/Installatore di apparecchiature elettromeccaniche ed elettroniche

Il montatore/installatore è l'operatore addetto al montaggio, alla verifica funzionale e/o alla riparazione di macchinari o impianti elettromeccanici ed elettronici. Opera sui macchinari con differenti livelli di qualità e responsabilità, connessi sia alla complessità delle macchine e del loro contenuto tecnologico, sia alla manipolazione di sofisticati strumenti di lavoro.

Assemblatore di apparecchiature elettromeccaniche ed elettroniche

L'assemblatore di apparecchiature elettromeccaniche ed elettroniche conosce e interpreta schemi e disegni elettrici e sulla base di specifiche istruzioni di lavoro sceglie la componentistica, imposta la sequenza di operazioni per il montaggio e seleziona connettori e cavi. Procede con il posizionamento dei componenti, effettua la saldatura, la verifica dei valori dei componenti e la continuità elettrica dei circuiti. Questa figura agisce in corrispondenza delle linee di produzione o presso le isole di montaggio automatiche o manuali.

Figure professionali dell'automazione

Progettista di software industriale

La figura professionale del progettista di software industriale si riferisce a un tecnico con competenze specifiche in progettazione e sviluppo di software di funzionamento di componenti e/o apparati elettronici di una macchina; oltre alle conoscenze elettroniche il tecnico deve possedere approfondite competenze informatiche, soprattutto inerenti alla programmazione dei dispositivi mediante l'utilizzo dei linguaggi specifici di basso livello (per esempio, il linguaggio Assembler).

Manutentore meccatronico

Il manutentore meccatronico è una figura professionale qualificata, che deve svolgere un lavoro di responsabilità nel mantenere efficienti le apparecchiature di automazione industriale. Tra le competenze richieste vi è la capacità di consultare la documentazione tecnica di dispositivi e impianti per l'organizzazione di piani di manutenzione ordinaria e straordinaria: in tal senso pianifica interventi di sostituzione, modifica e ripristino per garantire l'efficienza e la sicurezza degli impianti. Si occupa, inoltre, della misura e della interpretazione dai dati meccanici, elettrici ed elettronici delle macchine, di cui monitora le prestazioni, e produce documentazione tecnica per interfacciarsi con i settori della progettazione e degli acquisti, per la soluzione di problematiche o per la richiesta di modifiche da apportare ai macchinari.

Responsabile della manutenzione industriale

Il responsabile della manutenzione industriale è una figura professionale che riveste ruoli di coordinamento di gruppi di manutenzione all'interno degli stabilimenti industriali, garantendo l'efficienza dei macchinari.

Il responsabile della manutenzione industriale, attraverso l'interpretazione di dati statistici rilevati dai rapporti dei reparti, è in grado di individuare interventi cautelativi atti a garantire un corretto funzionamento degli impianti, che evitino fermi macchina e garantiscano la sicurezza.

ESERCITAZIONE GUIDATA / A1.1

Studio della legge di Moore con Excel

Descrivere con il foglio di lavoro la progressione esponenziale dello sviluppo dell'elettronica. Utilizzare l'indice due di Moore come progressione annuale del numero di transistori per chip.

	A	B	C	D
1				
2	Indice	Microprocessore	Anno	Chip (milioni)
3	2	8008	1972	2,5
4		8080	1974	5,0
5			1976	10,0
6		8086	1978	20,0
7		8088	1980	40,0
8		80286	1982	80,0
9			1984	160,0
10		80386	1986	320,0
11			1988	640,0
12		80486	1990	1280,0
13			1992	2560,0
14		Pentium	1994	5120,0
15		Pentium II	1996	10240,0
16		Pentium III	1998	20480,0
17		Pentium IIII	2000	40960,0
18			2002	81920,0
19		Pentium IIII EE	2004	163840,0
20		Core 2 Duo	2006	327680,0
21		Core 2 quad	2008	655360,0
22		Core i3	2010	1310720,0

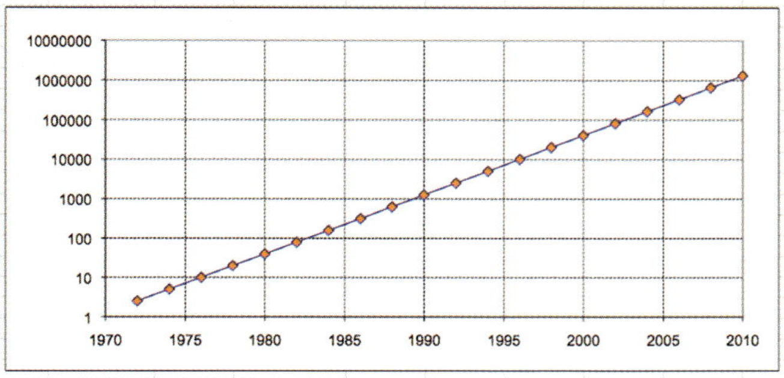

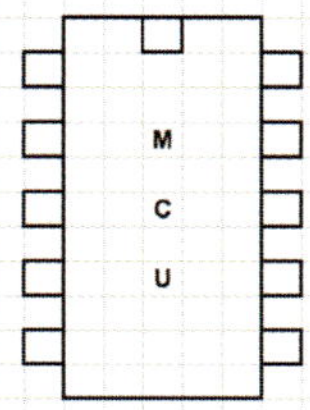

1. Inserire nella colonna A l'indice 2 (raddoppio) e nella colonna B i modelli dei processori Intel.

2. Inserire nella colonna C gli anni dal 1972 al 2010, a blocchi di due.
   In Excel è possibile inserire dati omogenei in gruppi contigui di celle, se la serie di dati presenta una sequenza logica, mediante la tecnica del **riempimento automatico**. Procedere così:
   - inizializzare le prime due celle con i primi elementi della serie logica;
   - selezionare le due celle facendo click sulla prima e **shift** click sulla seconda;
   - puntare con il mouse nell'angolo in basso a destra della selezione: il puntatore assume l'aspetto di un **segno più**;
   - **trascinare** in basso fino a ottenere il completamento della serie.

3. Studiare cos'è una formula.
   Una formula è una funzione matematico-logica che opera sui dati contenuti nelle celle.
   Per inserire una formula entro una cella si deve:
   - scrivere il simbolo **=**;
   - nella **barra della formula** far seguire il simbolo = da operatori matematici, logici e dalle **coordinate di intersezione che individuano le celle**;
   - confermare la formula con il simbolo di spunta presente nella barra della formula.

4. Studiare il significato di formula relativa.
   È possibile estendere una formula a celle adiacenti copiandola per trascinamento.
   Excel, mentre copia la formula da una cella sorgente a una cella destinazione, adatta automaticamente i riferimenti alle celle in modo **relativo**.
   Ciò significa che nella formula della cella destinazione:
   - le coordinate di riga sono incrementate della distanza verticale relativa alla cella sorgente;
   - le coordinate di colonna sono incrementate della distanza orizzontale relativa alla cella sorgente.

5. Studiare il significato di formula assoluta.
I riferimenti relativi sono fondamentali perché, con un semplice spostamento del mouse, consentono la creazione di lunghi prospetti di dati in modo automatico.
In certi casi è tuttavia necessario disabilitare l'automatismo, imponendo che il riferimento a una cella sia **assoluto**, cioè fisso e indipendente dalla posizione di destinazione.
Per modificare un riferimento da relativo ad assoluto è necessario anteporre alle coordinate di riga e/o colonna il simbolo **$**.
Per questo è possibile procedere in due modi alternativi:

- dopo aver selezionato la cella digitare il simbolo $ nella barra della formula davanti alla coordinata di riga e/o colonna;
- dopo aver selezionato la cella premere il tasto F4.

6. Scrivere i dati della colonna D.

- Inserire nella cella D3 il dato di partenza noto: 2,50 milioni di transistori;
- inserire nella cella D4 la formula D4 = D3*$A$3;
- trascinare la cella D4 verso il basso;
- osservare le formule delle celle D5, D6, …, D22.

7. Selezionare le opzioni corrette.

Nella formula D4 = D3*$A$3:

a. il riferimento D3 è □ assoluto □ relativo mentre il riferimento $A$3 è □ assoluto □ relativo.
b. il contenuto della cella D4 è □ doppio □ triplo della cella D3.
c. $A$3 è un riferimento fisso alla cella A3, contenente □ l'indice di progressione □ il numero di transistori.
d. la formula della cella D22 è □ D22*$A$3 □ D21*$A$3 □ D22*A3.

8. Inserire il grafico.
Selezionare le colonne C e D e inserire un grafico a dispersione.
Facendo click sulla scala delle ordinate selezionare la **scala logaritmica in base 10**.
Questa modalità consente di visualizzare valori molto elevati, mantenendo una buona risoluzione anche per quelli bassi, in quanto la progressione è quella delle potenze del 10.

9. Impreziosire il lavoro con disegni.
Per inserire dei disegni è possibile utilizzare i bordi oppure le forme.
I bordi si applicano alle celle selezionate, possono essere del tipo bordo sottile, spesso e doppio.
Si possono utilizzare diversi colori e stili di linea. Hanno il vantaggio di essere esattamente giustapposti alle celle.
Con le forme la platea degli strumenti è più larga in quanto si possono utilizzare linee, frecce e forme geometriche di vario genere.
Per conferire al foglio di lavoro l'aspetto di un foglio a quadretti, ridimensionare l'altezza delle righe e la larghezza delle colonne con il comando di formattazione delle celle.

AREAdigitale

Vero/Falso

1. Un filtro modifica la banda.

☐ Vero ☒ Falso

2. Il BUS non richiede un protocollo di comunicazione.

☐ Vero ☒ Falso

3. Un sensore ottico converte un segnale elettrico in immagine ottica.

☒ Vero ☐ Falso

4. Un livello di interesse importante dell'automazione è quello software.

☒ Vero ☐ Falso

5. Il BPF è un tipo di filtro.

☒ Vero ☐ Falso

6. Il campionamento è la registrazione degli infiniti valori di un segnale.

☐ Vero ☐ Falso

Scelta singola

1. Selezionare un tipo di trasmissione analogica.

a. Multiplazione
b. MP3
c. Modulazione AM

2. Selezionare l'ambito tecnologico del diagramma a spilli.

a. Multiplazione digitale
b. Conversione analogico-digitale
c. Conversione di potenza

3. Selezionare il sensore di velocità angolare.

a. Cella robotica
b. Griglia fotoelettrica
c. Giroscopio

4. Selezionare la caratteristica di interesse del settore elettronica.

a. Potenza
b. Rendimento
c. Contenuto informativo

5. Indicare uno stadio della conversione analogico-digitale.

a. Conversione di potenza
b. Raggiungibilità
c. Quantizzazione

6. Il settore elettronica si occupa prevalentemente:

a. del rendimento dei processi
b. del contenuto informativo
c. della potenza dei segnali

Scelta multipla

1. Selezionare i moduli di espansione di un PLC.

a. *Teach pendant*
b. Alimentazione
c. Comunicazione

2. Selezionare elementi della robotica.

a. *Teach pendant*
b. Convertitore DC-AC
c. Programmazione fuori linea

3. Quali informazioni può fornire un software di programmazione dei robot?

a. Banda passante
b. Raggiungibilità dei punti di lavoro
c. Punti di collisione

4. Selezionare le caratteristiche del settore elettrotecnica.

a. Frequenze di qualche centinaio di hertz
b. Tensioni dell'ordine dei mV
c. Alta potenza

5. Indicare due tipi di filtri.

a. LPF
b. MPF
c. HPF

6. Quali segnali sono di alta frequenza?

a. Modulante
b. Portante
c. Segnale modulato

unità A2

GRANDEZZE E LEGGI DELL'ELETTROLOGIA E DELL'ELETTROMAGNETISMO

OBIETTIVI

Conoscenze

- Campo elettrico, differenza di potenziale, resistenza, corrente
- Campo magnetico ed elettromagnetismo

Abilità

- Impiegare la prima e la seconda legge di Ohm
- Impiegare i principi dell'elettromagnetismo

CONTENUTI

A2.1 GRANDEZZE E LEGGI DELL'ELETTROLOGIA

Carica elettrica

I costituenti fondamentali dell'atomo sono elettroni, protoni e neutroni. Se elettroni e protoni sono presenti in numero uguale l'atomo è neutro, altrimenti esso assume:

- una **carica negativa** se gli elettroni sono in eccesso;
- una **carica positiva** se i protoni sono in numero maggiore degli elettroni.

L'unità di misura della carica è il **coulomb** (simbolo C), che è $6{,}25 \times 10^{18}$ volte la carica dell'elettrone.

Due cariche ravvicinate [fig. A2.1] si:

- **respingono** se di carica uguale;
- **attraggono** se di carica opposta.

La forza di attrazione o repulsione F è direttamente proporzionale alla quantità di carica e inversamente proporzionale al quadrato della distanza tra le cariche:

$$F = k \cdot \frac{Q_1 \cdot Q_2}{d^2}$$

La costante di proporzionalità k vale $1/4\ \pi\varepsilon$ dove ε è la **costante dielettrica** del mezzo nel quale si sviluppa l'interazione.

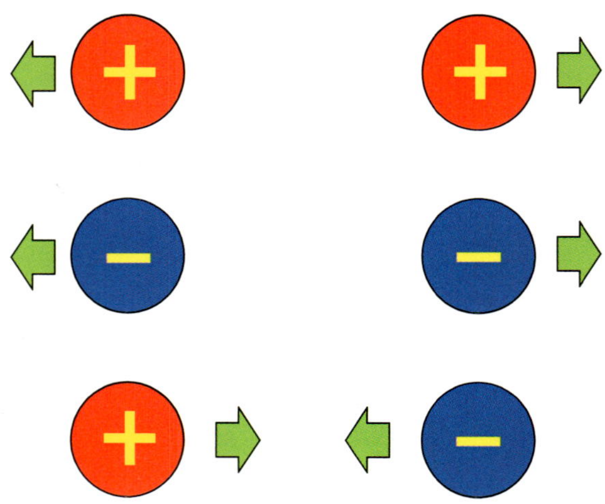

A2.1 Attrazione e repulsione tra cariche.

Campo elettrico

Una carica Q esercita, alla medesima distanza, la stessa forza in tutte le direzioni dello spazio.
Ponendo una **carica di prova positiva unitaria** nel campo d'azione della carica Q si può testare il valore del campo elettrico. Il **campo elettrico E** è definito come il rapporto tra la forza F che agisce su una carica elettrica Q e la carica stessa:

$$E = F/Q$$

Dall'espressione si ricava l'unità di misura del campo elettrico:

[newton/coulomb]

Unendo con un artificio grafico l'insieme delle forze del campo elettrico si ottiene la rappresentazione grafica della distribuzione del campo elettrico mediante linee di forza. Per una singola carica Q le linee di forza del campo elettrico sono:

- linee radiali che si dipartono dalla carica stessa verso lo spazio se Q è positiva **[fig. A2.2a]**;
- linee radiali dirette verso la carica se Q è negativa **[fig. A2.2b]**.

La **figura A2.3** mostra invece le linee di forza del campo elettrico formato da due cariche uguali e opposte in segno.

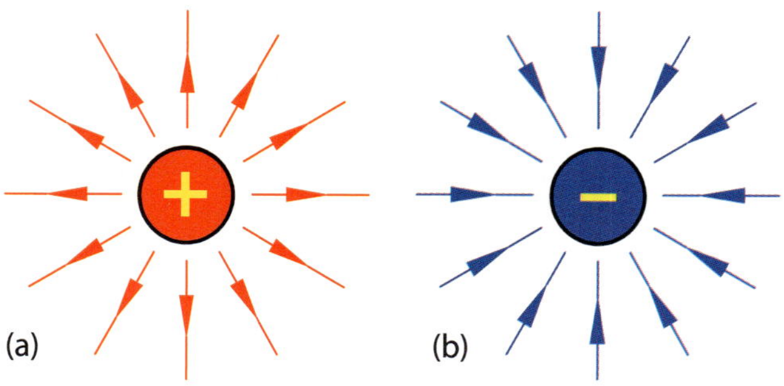

A2.2 Linee di forza del campo elettrico: a) carica positiva; b) carica negativa.

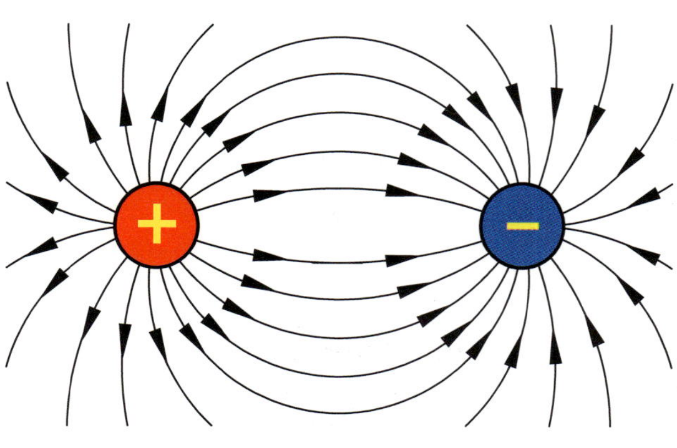

A2.3 Campo elettrico di due cariche opposte.

Potenziale elettrico

Si consideri un **dipolo elettrico [fig. A2.4]** formato da due lamine cariche positivamente e negativamente affacciate l'una all'altra.
Se si considerano lamine idealmente di superficie infinita, per ragioni di simmetria la distribuzione delle linee del campo elettrico risulta uniforme, con il verso diretto dal + al −.
Si immagini ora di immergere una carica Q positiva nel campo elettrico e di forzarne lo spostamento dal − al +.
È richiesto un lavoro dato da forza per spostamento:

$$L = F \cdot d = Q \cdot E \cdot d = U$$

Il lavoro speso equivale all'energia potenziale U della carica, che tenderebbe a essere richiamata verso il −; questo potenziale è tanto maggiore quanto più la carica si allontana dal − e diventa massimo quando raggiunge il +.
Si definisce **potenziale V** l'energia potenziale U della carica unitaria, pertanto:

$$V = Q \cdot E \cdot d/Q = E \cdot d$$

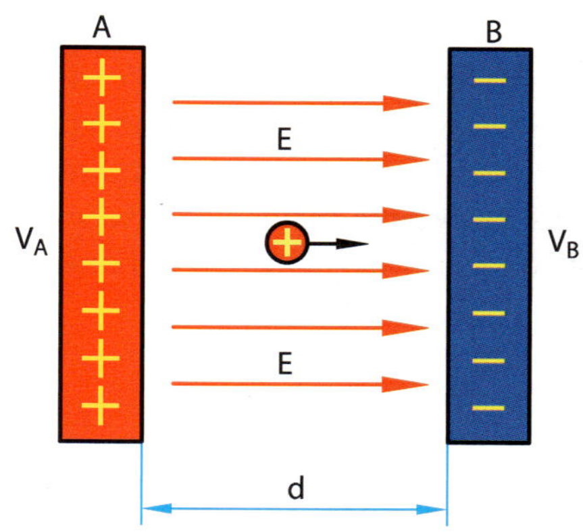

A2.4 Dipolo elettrico.

Differenza di potenziale

Come si è visto la carica elettrica, mossa dal − al +, acquista un potenziale elettrico; pertanto:

- nel punto iniziale B il potenziale V_B è minimo;
- nel punto finale A il potenziale V_A è massimo.

La differenza $V_A - V_B$ si chiama appunto **differenza di potenziale**, si misura in **volt**, si rappresenta con il simbolo ΔV ma più genericamente con il simbolo V e risulta essere dimensionalmente una energia per unità di carica:

[V] = [joule]/[coulomb]

Per chiarire il concetto vale l'analogia della **figura A2.5**, con due serbatoi collegati attraverso un condotto.
Se i due livelli h_I e h_U sono uguali non si ha nessuno spostamento di fluido, ma se $h_I > h_U$ si ha una differenza di altezza Δh che spinge il fluido dal serbatoio "generatore" al serbatoio "utilizzatore".
Nei circuiti elettrici il tubo è il conduttore elettrico, le altezze h sono i potenziali V, la differenza di potenziale ΔV è la differenza delle altezze Δh, la portata q del fluido è la corrente elettrica I.

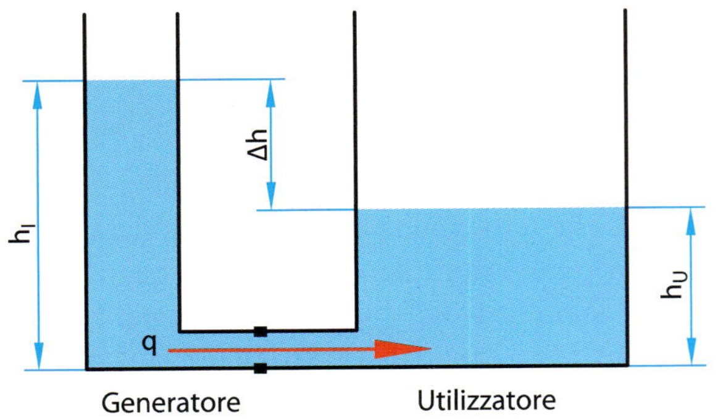

A2.5 Analogia tra differenza di altezza e differenza di potenziale.

Corrente elettrica

Si supponga di avere due punti A e B con diverso potenziale elettrico. Quando i due punti vengono connessi tra loro con un filo metallico conduttore avviene uno spostamento delle cariche elettriche da A verso B o viceversa, a seconda dei valori dei due potenziali.

Il moto delle cariche elettriche nel filo conduttore si definisce **corrente elettrica**.

Si definisce **intensità di corrente I** il rapporto tra la quantità Q di carica spostata e la durata T del fenomeno:

$$I = Q/T$$

All'unità di misura dell'intensità di corrente nel sistema SI, nel quale essa è una grandezza fondamentale, si è dato il nome di **ampere** (simbolo A). Dalla definizione di intensità di corrente si deduce l'equazione dimensionale:

$$[A] = [C] \times [s^{-1}]$$

L'intensità di corrente è indice della intensità del fenomeno: non è sufficiente valutare la quantità di carica spostata, ma occorre rapportare questo dato in riferimento al tempo.

Come nella **figura A2.6**, per determinare l'intensità di corrente si osserva idealmente la quantità di carica Q che attraversa una sezione e si valuta il tempo intercorso T.

Si consideri, per esempio, un passaggio di corrente costante come nella **figura A2.7**.
La quantità di carica sia $Q = 1800$ C e il fenomeno sia osservato dalle ore 6.40 alle ore 6.55.
Si ricava un'intensità di corrente di 2 A, infatti in 15 minuti il passaggio di carica è:

$$Q = I \cdot T = 2 \times 15 \times 60 = 1800 \text{ C}$$

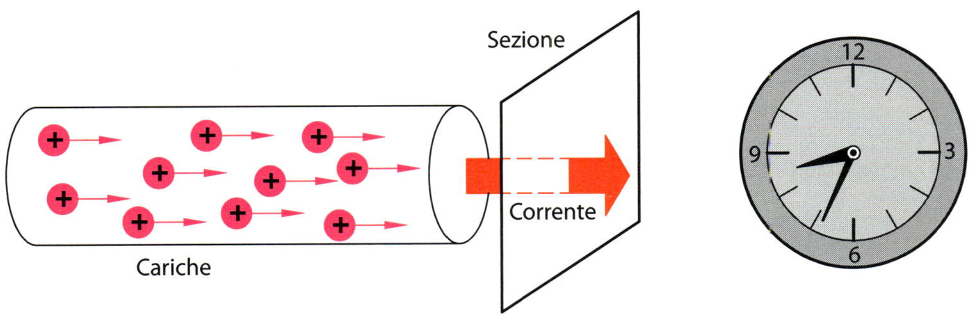

A2.6 Intensità di corrente misurata attraverso una sezione.

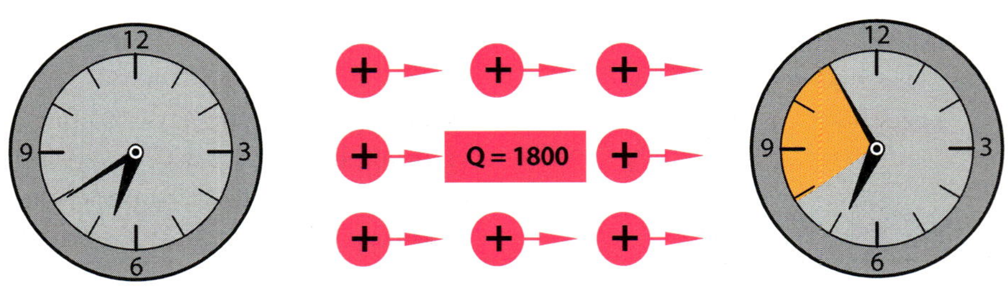

A2.7 Intensità di corrente calcolata in un intervallo.

Corrente convenzionale

Nei circuiti elettrici il movimento della corrente viene indicato con una freccia e convenzionalmente si indica col segno positivo la corrente che si "muove dal morsetto + al morsetto –", intendendo con questa notazione la corrente come un flusso di cariche positive che passano dal potenziale più alto al potenziale più basso, come si può vedere nelle **figure A2.8** e **A2.9**: in questo caso si parla proprio di moto convenzionale della corrente o più semplicemente di **corrente convenzionale**.

Osserviamo come, sia che si studi un circuito elettrico considerando il moto reale della corrente, sia che lo si analizzi considerando il moto convenzionale delle cariche, i risultati ottenuti sono gli stessi.

Lo verifichiamo con un esempio numerico: si supponga che un punto A sia a potenziale 10 V e un punto B a potenziale 2 V, così da avere una differenza di potenziale di $\Delta V = 8$ V tra di essi; il polo A è a potenziale maggiore del polo B e quindi sarà il polo positivo mentre il polo B sarà il polo negativo.

- **Caso 1: moto cariche positive (convenzionale)**

Convenzionalmente il moto è delle cariche positive che vanno dai punti a potenziale maggiore a quelli a potenziale minore: si supponga che una quantità Q_1 di cariche positive "arrivi al punto B" e faccia aumentare il potenziale in quel punto di 2 V.

Ora il potenziale V_A del punto A è diminuito di 2 V e vale $V_A = 8$ V, mentre il potenziale V_B del punto B vale $V_B = 4$ V; la differenza di potenziale ΔV adesso è:

$$\Delta V = V_A - V_B = 4 \text{ V}$$

- **Caso 2: moto cariche negative (reale)**

Fisicamente il moto è delle cariche negative che vanno dai punti a potenziale minore a quelli a potenziale maggiore: si supponga ora che una quantità Q_1 di cariche negative "arrivi al punto A" e faccia diminuire il potenziale in quel punto di 2 V.

Ora il potenziale V_A del punto A è diminuito di 2 V e vale $V_A = 8$ V, mentre il potenziale V_B del punto B è aumentato e vale $V_B = 4$ V; la differenza di potenziale ΔV adesso è:

$$\Delta V = V_A - V_B = 4 \text{ V}$$

Il risultato, naturalmente, è lo stesso.

Resistenza alla corrente

Nel loro percorso di movimento dentro un materiale gli elettroni, responsabili della corrente, incontrano nelle strutture molecolari degli ostacoli che ne frenano la velocità.

L'opposizione al movimento della corrente è chiamata **resistenza elettrica** R e il componente dotato di resistenza si chiama **resistore** **[fig. A2.10]**.

Le leggi che descrivono il comportamento resistivo di un componente sono state studiate dal fisico tedesco Georg Ohm e ne prendono il nome, così come l'unità di misura di resistenza elettrica, che è stata chiamata **ohm** (simbolo Ω).

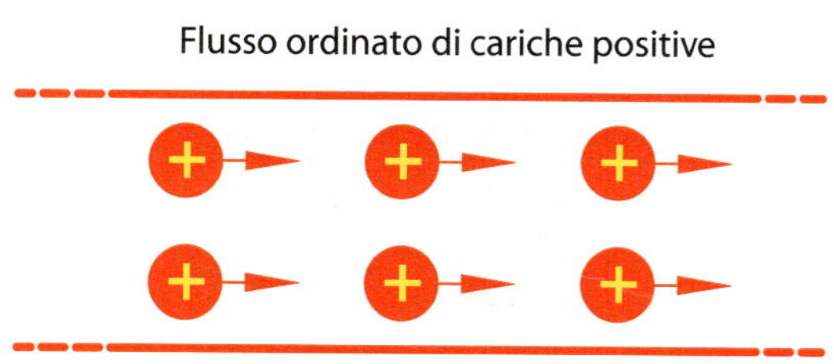

A2.8 Moto convenzionale della corrente.

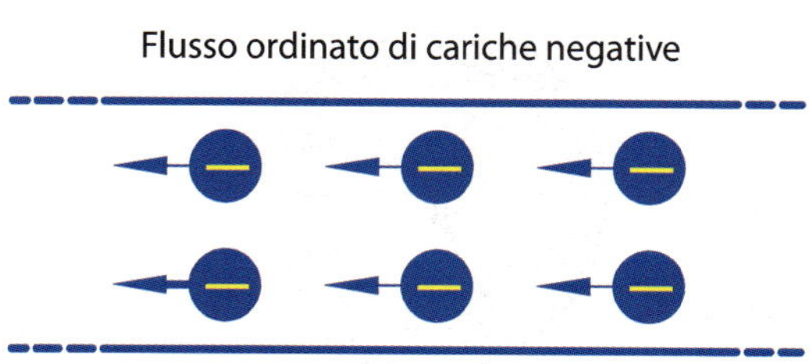

A2.9 Moto reale della corrente.

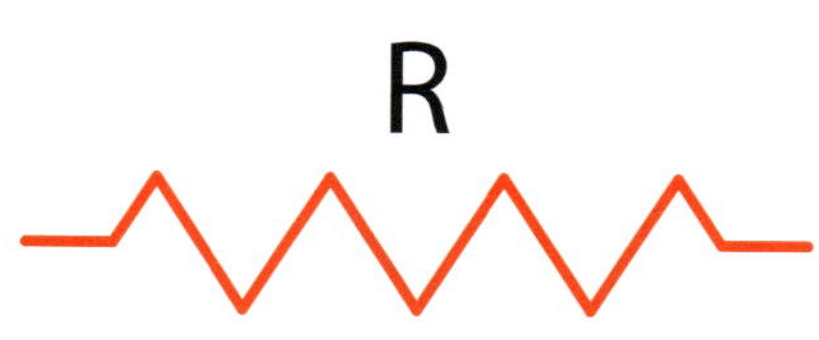

A2.10 Simbolo del resistore.

Prima legge di Ohm

Tanto maggiore è la resistenza, tanto minore è la corrente.

Nei materiali ohmici e nei componenti resistivi la relazione è lineare: a parità di tensione V, a un aumento della resistenza R corrisponde una diminuzione proporzionale della corrente I; pertanto:

$$R = V/I$$

Questa è la **legge di Ohm**, una legge sovrana per l'elettrotecnica e l'elettronica, alla quale è assoggettato il comportamento di tutti i circuiti elettrici **[fig. A2.11]**.

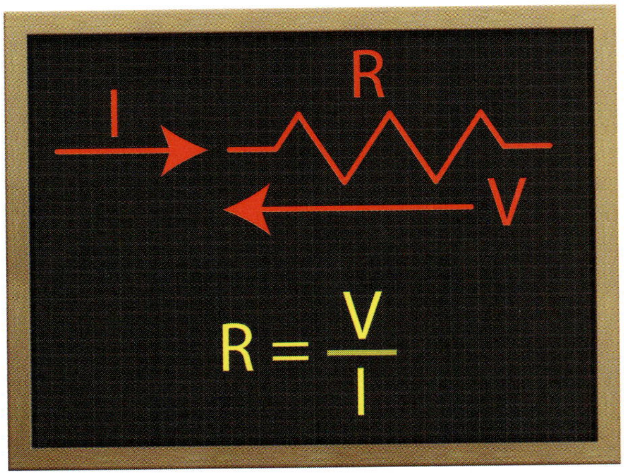

A2.11 Legge di Ohm.

Valgono le formule inverse: $V = R \cdot I$ e $I = V/R$, le quali esprimono tutte il medesimo concetto: variando la tensione ai capi di una resistenza varia proporzionalmente la corrente; se la tensione raddoppia, raddoppia anche la corrente.

Viene definita **conduttanza** e si indica con **G** il valore ottenuto dal reciproco della resistenza:

$$G = 1/R$$

e sta a indicare la propensione alla conduzione.
La conduttanza si misura in **siemens** (simbolo S), dove:

$$1\ \mathrm{S} = 1\ \Omega^{-1}$$

Seconda legge di Ohm

Ogni materiale oppone alla corrente un ostacolo che dipende dalla propria struttura molecolare: si chiama **resistività** o **resistenza specifica** e si indica con la lettera greca ρ (da leggersi "rho") il valore di resistenza che un elemento di materiale di dimensioni unitarie oppone al fluire in esso della corrente elettrica. La resistività si esprime in $[\Omega \times \mathrm{mm}^2/\mathrm{m}]$ e indica la resistenza in ohm di uno specifico materiale di lunghezza 1 m e sezione 1 mm^2.
Per esempio, la resistenza specifica del rame è 0,0171 $\Omega \times \mathrm{mm}^2/\mathrm{m}$ e ciò sta a indicare che un filo di rame di lunghezza 1 metro e sezione 1mm^2 ha una resistenza elettrica di 0,0171 Ω.

La resistenza R di un conduttore è proporzionale alla resistività, ma dipende anche dalle sue proprietà geometriche. La **seconda legge di Ohm** afferma infatti che la resistenza elettrica posseduta da un conduttore avente lunghezza L e sezione costante S è definita dalla relazione:

$$R = \rho \cdot \frac{L}{S}$$

Lo spessore compare al denominatore, questo significa che quanto maggiore è S, tanto minore è la resistenza. Il concetto è facilmente comprensibile se si immagina di paragonare il conduttore a una strada e la corrente alle automobili che la percorrono **[fig. A2.12 a-b]**: maggiore è la larghezza della carreggiata, maggiore è la velocità consentita alle automobili.

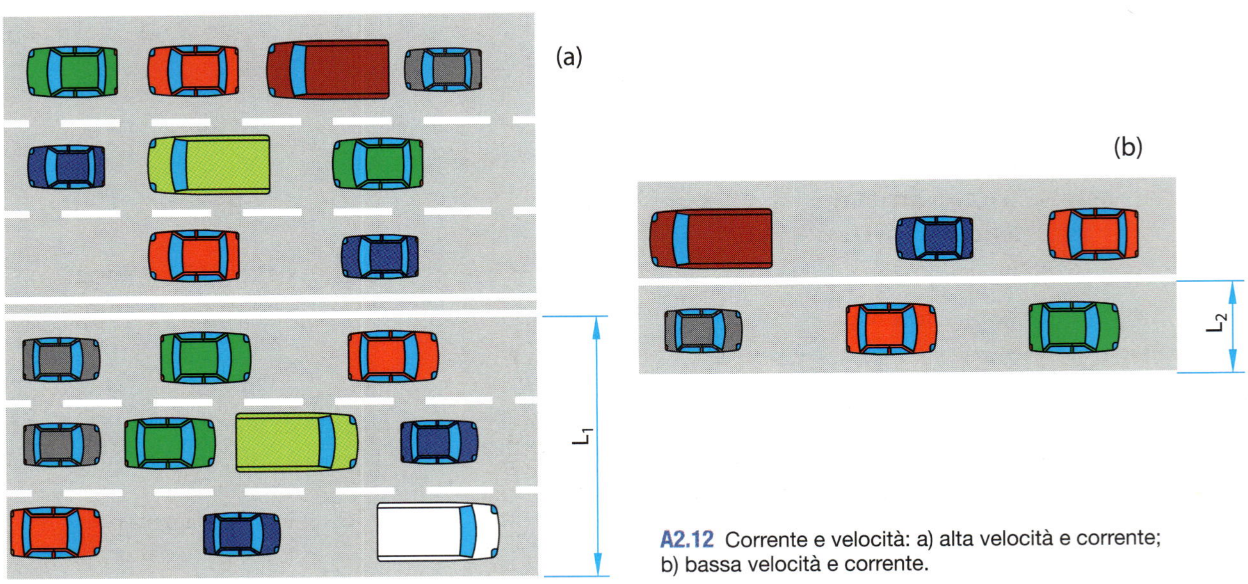

A2.12 Corrente e velocità: a) alta velocità e corrente; b) bassa velocità e corrente.

Dipendenza della resistenza dalla temperatura

Nei metalli all'aumento di temperatura si accompagna un aumento della resistività, a causa dell'agitazione termica delle strutture atomiche, che ostacola il fluire delle cariche.
Entro determinati confini di funzionamento è possibile attribuire una dipendenza lineare della resistività dalla temperatura, espressa dalla formula:

$$\rho = \rho_0 \cdot [1 + \alpha (T - T_0)]$$

nella quale:

- ρ è la resistività alla generica temperatura T;
- ρ_0 è la resistività alla temperatura di riferimento iniziale T_0, solitamente 20 °C;
- α è il **coefficiente termico** con un valore caratteristico per ogni metallo.

Risulta anche:

$$R = R_0 \cdot [1 + \alpha (T - T_0)]$$

dove R_0 e R sono i valori di una resistenza di data lunghezza L e spessore S rispettivamente alla temperatura T_0 e alla temperatura T.

A2.2 GRANDEZZE E LEGGI DELL'ELETTROMAGNETISMO

Magnetismo

Alcuni materiali ferrosi chiamati **magneti permanenti** o **calamite** possiedono intrinsecamente la capacità di attrarre o respingere altri magneti posti in vicinanza.
Sono i **bipoli magnetici**, i quali presentano sempre e necessariamente due poli: il **polo Nord** e il **polo Sud**. I poli omologhi si respingono e, viceversa, quelli opposti si attraggono [fig. A2.13].

La forza di attrazione magnetica F, analogamente alla forza di attrazione elettrica, è direttamente proporzionale alle **masse magnetiche** e inversamente proporzionale al quadrato della distanza.

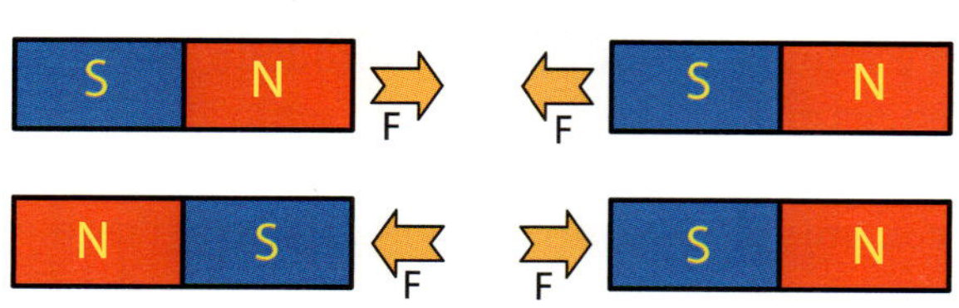

A2.13 Attrazione e repulsione tra magneti.

Vale dunque la formula:

$$F = k \cdot \frac{m_1 \cdot m_2}{d^2}$$

Distribuendo limatura di ferro attorno a un magnete si osserva una disposizione di linee di forza che evidenzia la presenza di un campo magnetico. Si definisce **campo magnetico *H*** in un punto la forza agente su una massa di prova unitaria, ovvero:

$$H = F/m \quad \text{[ampere/metro]}$$

Un'altra grandezza rappresentativa è il **campo di induzione magnetica *B***, uguale nel vuoto al campo magnetico moltiplicato per la cosiddetta **permeabilità magnetica** del vuoto μ_0:

$$B = \mu_0 \cdot H \quad \text{[tesla]}$$

Elettromagnetismo

Campo magnetico e campo elettrico sono intimamente legati e sviluppano delle azioni mutue: una corrente elettrica può generare un campo magnetico, un campo magnetico può indurre una corrente elettrica.

Campo magnetico generato da una corrente elettrica

Un **filo conduttore** percorso da corrente I genera nello spazio circostante un campo magnetico B.
Il verso del campo magnetico si può dedurre con la regola del cacciavite: con la punta nel verso della corrente, la direzione del campo è quella di avvitamento [fig. A2.14].
In una **bobina**, ovvero in una serie contigua di avvolgimenti a spirale sopra un **nucleo** ferroso, si sommano gli effetti di ogni spira e la distribuzione del campo è quella mostrata nella figura A2.15.

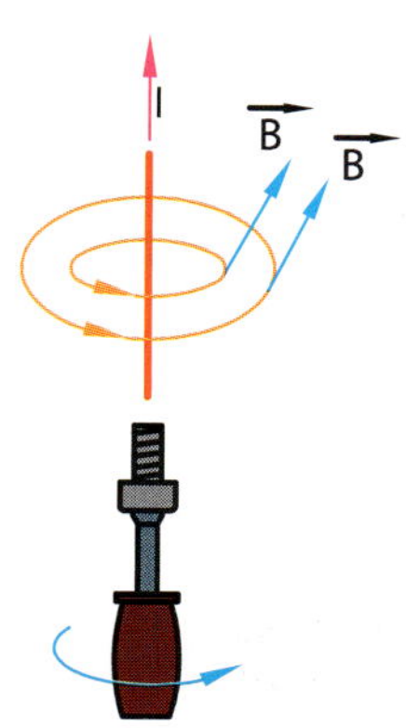

A2.14 Campo magnetico generato da una corrente.

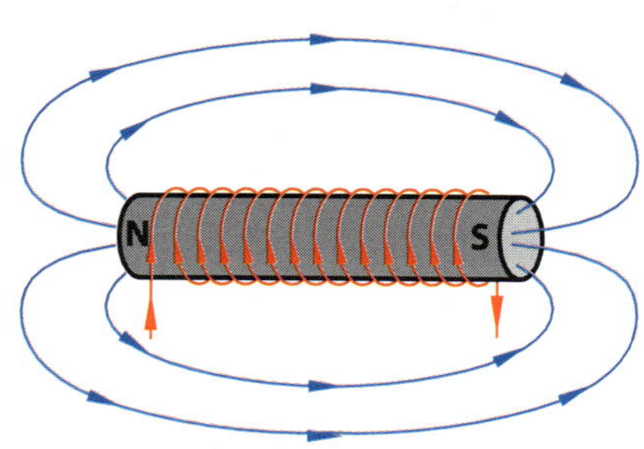

A2.15 Bobina elettromagnetica.

Tensione indotta da un campo magnetico variabile

Se si avvicina un magnete come nella **figura A2.16** al nucleo di una bobina, provocando una variazione del magnetismo del suo nucleo, si induce una forza elettromotrice nelle spire.
Il fenomeno esemplifica un principio generale: un conduttore immerso in un campo magnetico variabile sviluppa una forza elettromotrice indotta.
Questo è il principio dell'**induzione elettromagnetica** che è alla base di innumerevoli applicazioni, come i motori, i generatori di elettricità, i trasformatori.

Tensione indotta in un conduttore in movimento in un campo magnetico

Il fenomeno dell'induzione elettromagnetica si verifica anche mantenendo fisso il campo magnetico e spostando relativamente a esso il conduttore.
Si dimostra che l'entità della tensione indotta V è legata alla rapidità di variazione del **flusso magnetico** $\Delta\Phi$ che il conduttore "taglia" nell'intervallo di tempo Δt secondo la formula:

$$V = \Delta\Phi / \Delta t$$

Nella **figura A2.17** la barra viene spostata con velocità v, perpendicolarmente al campo B e a un filo elettrico, di conseguenza nell'intervallo Δt il flusso intercettato dalla barra è:

$$\Delta\Phi = B \cdot \Delta x \cdot L = B \cdot v \cdot \Delta t \cdot L$$

dove $\Delta x \cdot L$ rappresenta la superficie coperta dal conduttore nel suo spostamento.
Sostituendo $\Delta\Phi$ nella formula della V si ricava per la tensione indotta:

$$V = B \cdot v \cdot L$$

La formula dimostra la dipendenza della f.e.m. indotta dalla velocità del conduttore.
La direzione della f.e.m. si determina con la regola della mano destra, come nella **figura A2.18**: si legge dalla direzione del medio, facendo coincidere pollice e indice rispettivamente con le direzioni di v e B.
Si è osservato che la corrente I che scorre di conseguenza nella spira, formata dalla barra e da un tratto di filo elettrico che la richiude, è tale da opporsi alla causa che l'ha generata, quindi a sua volta genera un campo magnetico e una forza che si oppongono al movimento.
Pertanto alla correlazione campo magnetico-corrente si aggiunge la correlazione campo magnetico-forza, che viene sfruttata nei motori per creare il movimento rotatorio.

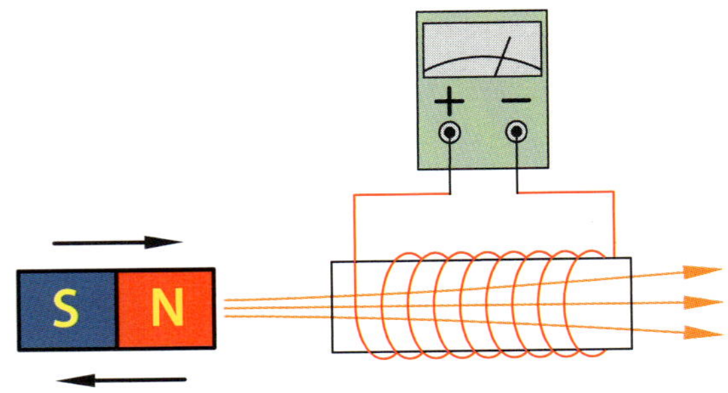

A2.16 Forza elettromotrice indotta in una bobina.

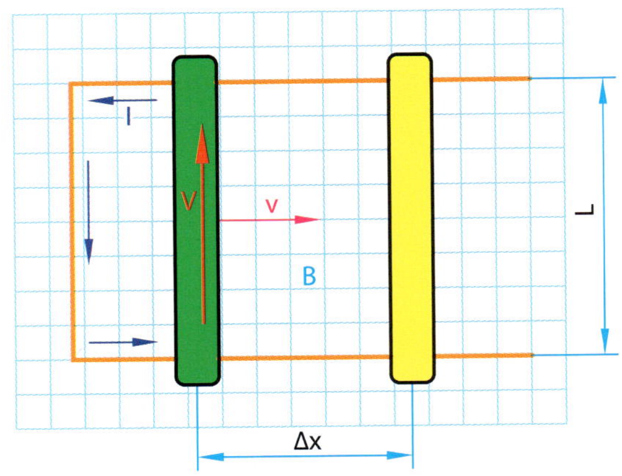

A2.17 Conduttore in movimento in un campo magnetico.

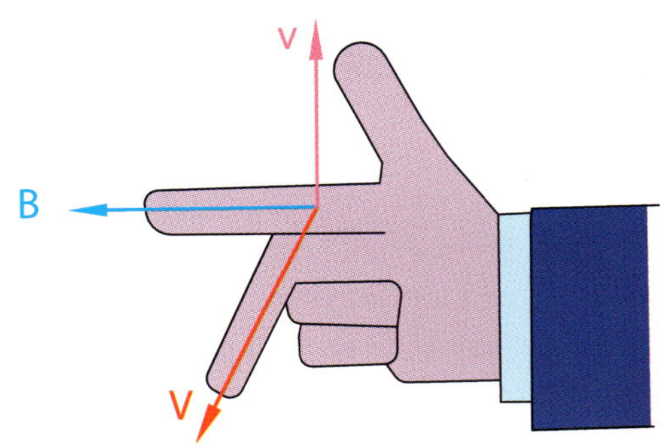

A2.18 Regola della mano destra.

Tensione indotta in una spira rotante

La variazione di flusso si può instaurare senza spostare meccanicamente il conduttore, ma semplicemente mettendolo in **rotazione**.
Nella **figura A2.19** una spira formata da quattro conduttori e immersa in un campo B prodotto da due magneti permanenti viene ruotata in senso antiorario.
A seconda dell'angolo di rotazione cambia la velocità con cui i due lati orizzontali tagliano il flusso e di conseguenza si genera una f.e.m. variabile che viene raccolta agli estremi della spira tramite un contatto a scorrimento detto **spazzola**.

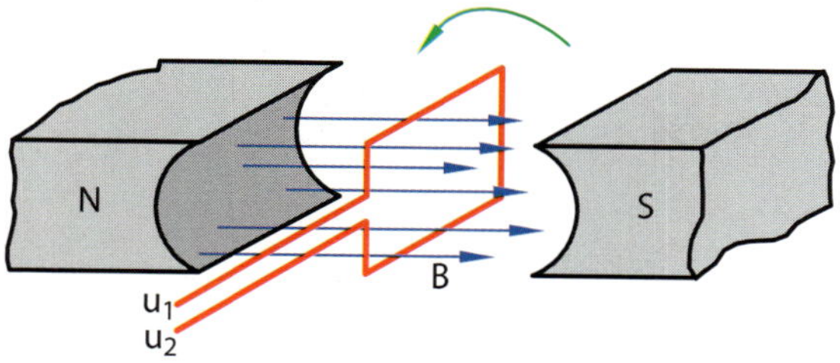

A2.19 Tensione indotta in una spira rotante.

Si può dedurre dalla **figura A2.20** il valore della f.e.m. in funzione delle posizioni numerate:

1. spira orizzontale → flusso nullo → f.e.m. nulla;
2. spira verticale → flusso massimo → f.e.m. massima positiva;
3. spira orizzontale → flusso nullo → f.e.m. nulla;
4. spira verticale con morsetti invertiti → flusso massimo → f.e.m. massima negativa;
5. spira orizzontale → flusso nullo → f.e.m. nulla.

La variazione del flusso non si accompagna linearmente alla variazione angolare: il risultato non è dunque una tensione lineare bensì una tensione ad andamento cosiddetto **sinusoidale**.
Il principio è lo stesso della generazione della corrente nelle centrali da parte degli **alternatori**.

Il processo è duale, ovvero una spira immersa in un campo magnetico percorsa da corrente è soggetta a un **momento torcente**. Questo è il principio alla base del **motore**.

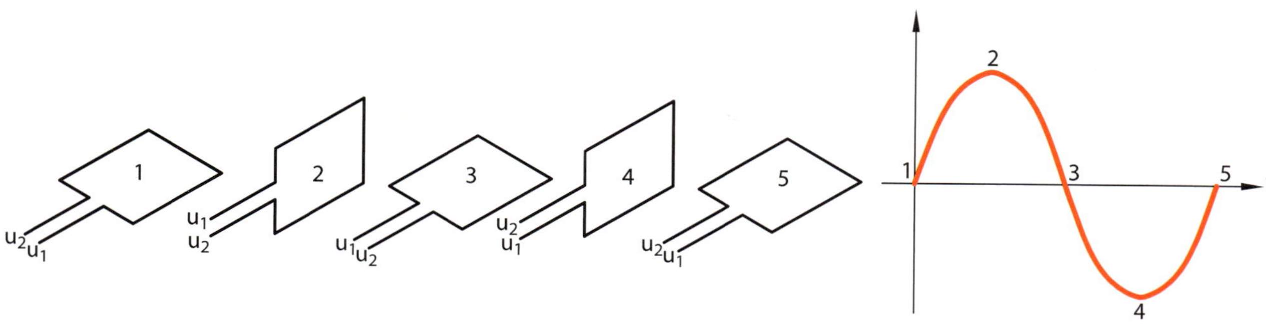

A2.20 Tensione indotta sinusoidale.

ESERCITAZIONE GUIDATA / A2.1

Corrente elettrica

1. Completare i richiami alla corrente elettrica.

a. La corrente elettrica in un conduttore è definita come quantità di carica per ☐ millimetro ☐ secondo.

b. La quantità di carica è valutata attraverso la ☐ sezione ☐ lunghezza del conduttore.

2. Calcolare la corrente in base ai dati di seguito riportati.

- Transito della carica nella sezione: $\Delta Q = 10$ coulomb.
- Tempo iniziale di osservazione del transito: $T_I = 10$ s.
- Tempo finale di osservazione del transito: $T_F = 15$ s.

a. Il transito della carica ha luogo nell'intervallo di tempo:

$$\Delta T = T_F - T_I = 15\,s - 10\,s = 5\ \text{s}$$

b. La corrente vale pertanto:

$$I = \Delta Q / \Delta T = 10\,C / 5\,s = 2\ \text{A}$$

3. Implementare il problema con un foglio di lavoro.

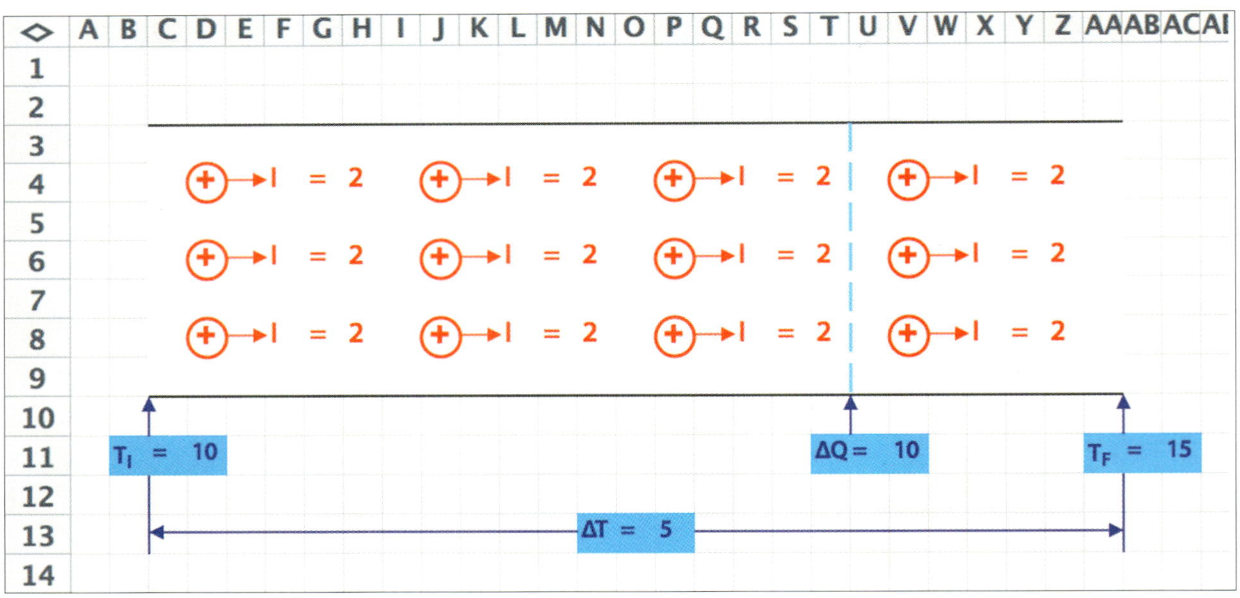

Le formule utilizzate sono:

P13 = AC11-D11
H4 = N4 = … = Z8 = \$V\$11/\$P\$13

ESERCITAZIONE GUIDATA / A2.2

hoepliscuola.it

Induzione elettromagnetica

1. Completare i richiami sulla induzione elettromagnetica.

a. Un conduttore posto in movimento in un campo di induzione ☐ elettrica ☐ magnetica B è sede di una tensione indotta.

b. La f.e.m. indotta è ☐ direttamente ☐ inversamente proporzionale alle linee di forza tagliate, ovvero al flusso $\Delta\Phi$ intercettato.

c. La f.e.m. indotta è ☐ direttamente ☐ inversamente proporzionale alla durata Δt.

2. Calcolare la f.e.m. in base ai dati di seguito riportati.

- Traslazione del conduttore $\Delta x = 12$ m; lunghezza del conduttore: $L = 10$ m.
- Tempo iniziale e finale di osservazione della traslazione: $T_I = 5$ s, $T_F = 10$ s.
- Induzione magnetica $B = 5$ T.

a. Lo spostamento del conduttore ha luogo nell'intervallo di tempo:

$$\Delta T = \text{F}_F - T_I = 10\text{ s} - 5\text{ s} = 5 \text{ s}$$

b. Il flusso tagliato dipende sia da ΔX sia dalla lunghezza del conduttore:

$$\Delta\Phi = B \cdot \_\_\_\_ \cdot L = \_\_\_\_ \times \_\_\_\_ \times \_\_\_\_ = 600 \text{ Wb}$$

c. La tensione indotta vale:

$$V = \_\_\_\_ / \_\_\_\_ = \_\_\_\_ / \_\_\_\_ = 120 \text{ V}$$

3. Implementare il problema con un foglio di lavoro.

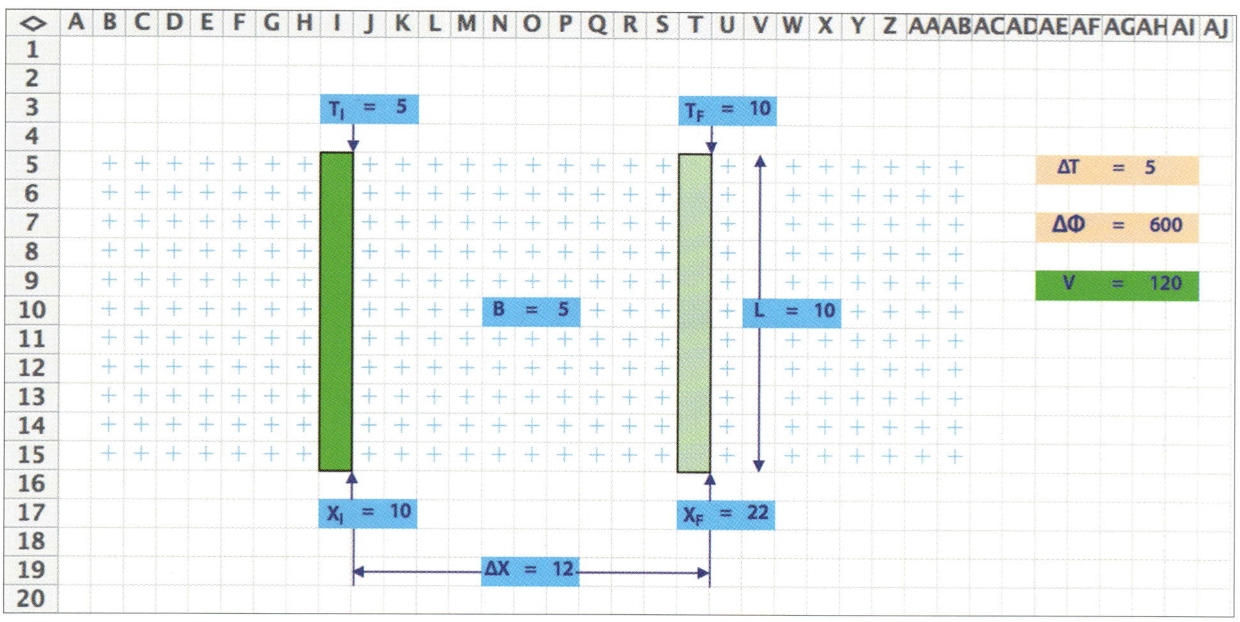

Le formule utilizzate sono:

P19 = V17-K17 AH5 = V3-K3 AH7 = P10*X10*P19 AH9 = AH7/AH5

ESERCITAZIONE GUIDATA / A2.3

hoepliscuola.it

Prima e seconda legge di Ohm

1. Completare i richiami alla prima e seconda legge di Ohm.

Prima legge di Ohm

a. La tensione ai capi di una resistenza è ☒ direttamente ☐ inversamente proporzionale alla sua corrente.
b. La corrente ai capi di una resistenza è ☐ direttamente ☒ inversamente proporzionale alla resistenza.

Seconda legge di Ohm

a. La resistenza di un conduttore è ☐ direttamente ☒ inversamente proporzionale alla sua sezione.
b. La resistenza di un conduttore è ☐ direttamente ☒ inversamente proporzionale alla sua lunghezza.

2. Calcolare la corrente di una resistenza note le dimensioni, la resistività e la tensione.

$\rho = 188000\ \Omega \cdot mm^2/m$ $\quad L = 10\ mm$ $\quad S = 4\ mm^2$ $\quad V = 10\ V$

$R = \rho \cdot$ L / S $= 188000 \times$ 10 / 4 $= 470\ \Omega$

$I =$ V / R $=$ 10 / 470 $= 0{,}021\ A = 21\ mA$

3. Verificare i calcoli mediante un foglio di lavoro oppure con uno strumento equivalente.

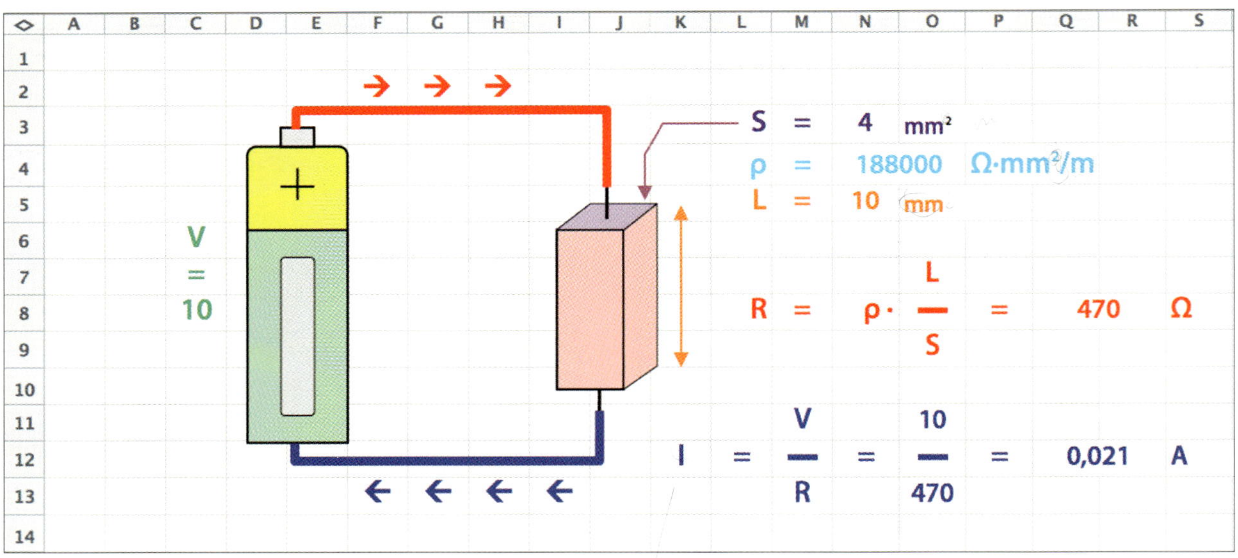

ESERCITAZIONE GUIDATA / A2.4

Legge di Ohm

1. Spuntare le due affermazioni corrette.

a. Nel resistore:

☐ la tensione è direttamente proporzionale alla corrente.
☐ la tensione è inversamente proporzionale alla resistenza.
☐ la corrente è inversamente proporzionale alla resistenza.

b. La caratteristica *V – I* di un resistore:

☐ è descritta geometricamente da una retta.
☐ ha una pendenza direttamente proporzionale a *R*.
☐ riporta la corrente in ordinata.

2. Verificare la legge di Ohm e le relative formule inverse, avvalendosi di un foglio di calcolo oppure manualmente. Per ognuno dei sei casi disporre il risultato nella prima cella a sinistra di ciascun riquadro.

◇	A	B	C	D	E	F	G	H	I
1									
2	V=RI	V [V]	R [Ohm]	I [A]		V=RI	V [mV]	R [Ohm]	I [mA]
3		94	47	2			2000	1000	2
4									
5	I=V/R	I [A]	V [V]	R [Ohm]		I=V/R	I [mA]	V [mV]	R [Ohm]
6		2	94	47			2	2000	1000
7									
8	R=V/I	R [Ohm]	V [V]	I [A]		R=V/I	R [Ohm]	V [mV]	I [mA]
9		47	94	2			1000	2000	2
10									

3. Tracciare i grafici delle caratteristiche *V – I* di tre diversi resistori, avvalendosi di un foglio di calcolo oppure manualmente.

◇	A	B	C	D	E	F	G	H
1								
2	V	I1	I2	I3				
3	1	0,01	0,005	0,002				
4	2	0,02	0,01	0,004		R1=	100	
5	3	0,03	0,015	0,006				
6	4	0,04	0,02	0,008		R2=	200	
7	5	0,05	0,025	0,01				
8	6	0,06	0,03	0,012		R3=	500	
9	7	0,07	0,035	0,014				
10	8	0,08	0,04	0,016				
11	9	0,09	0,045	0,018				
12	10	0,1	0,05	0,02				
13								
14								

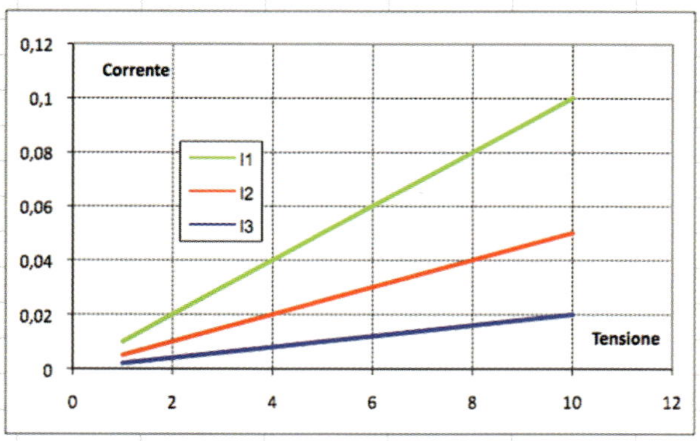

4. Ripetere l'esperimento con componenti e strumenti virtuali o reali.

ESERCITAZIONE GUIDATA / A2.5

Analisi sweep di un resistore

In questa esercitazione viene ricavata la caratteristica *V-I* di un resistore, mediante una analisi di tipo sweep con il programma *Multisim*, effettuando una scansione a tensione variabile da 0 a 10 V.

1. Schematizzare il circuito della figura.

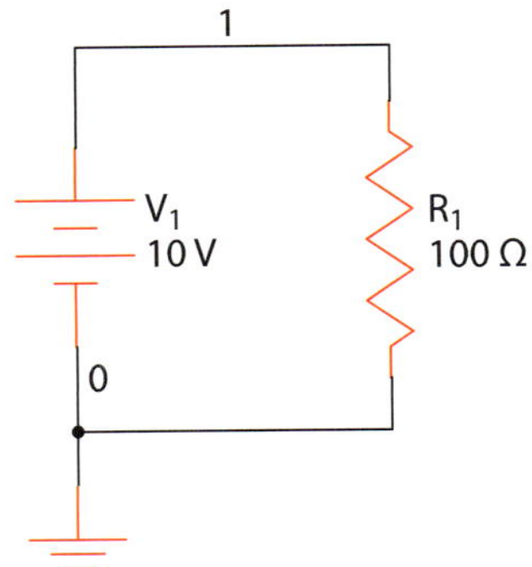

2. Selezionare dal menu di Multisim: *Simulate/Analysis/DC_sweep...* per aprire la finestra *DC Sweep Analysis*.

3. Inserire i dati dell'analisi: *Source*: *V1*, *Start value*: 0 V, *Stop value*: 10 V, *Increment*: 0,5.

4. Impostare come uscita la corrente su R_1 nella scheda *Output*.

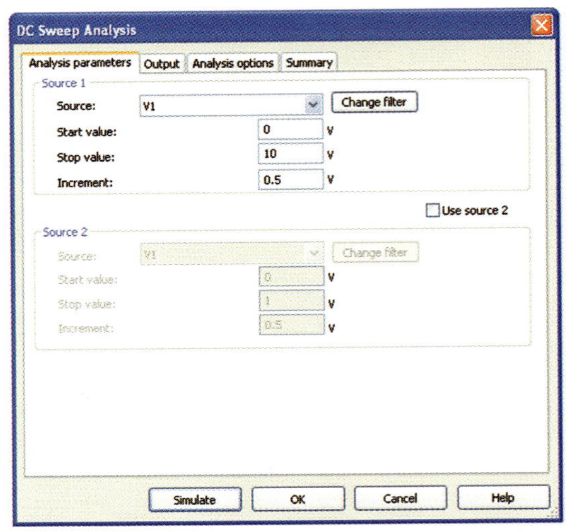

5. Osservare il grafico della figura seguente: notare il profilo di crescita lineare della tensione d'uscita al variare di quella di ingresso.

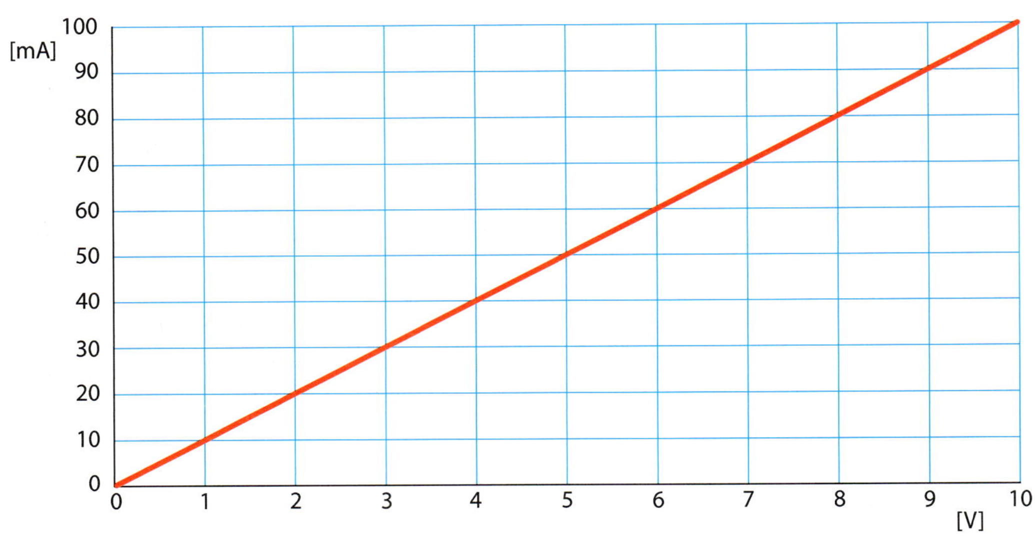

VERIFICA DEGLI OBIETTIVI / unità A2

AREAdigitale

Vero/Falso

1. La corrente convenzionale è attribuita alle cariche negative.

☐ Vero ☐ Falso

2. Il campo elettrico è riferito all'unità di carica.

☐ Vero ☐ Falso

3. La corrente elettrica è la quantità di carica che si muove in un conduttore.

☐ Vero ☐ Falso

4. La tensione indotta dipende dal flusso magnetico.

☐ Vero ☐ Falso

5. La forza di attrazione di due cariche è direttamente proporzionale alla loro distanza.

☐ Vero ☐ Falso

6. La carica di prova per saggiare il campo elettrico è negativa.

☐ Vero ☐ Falso

Scelta singola

1. Selezionare la formula corretta della prima legge di Ohm.

a. $I = R \cdot V$
b. $R = V \cdot I$
c. $V = R \cdot I$

2. Selezionare la formula corretta della conduttanza.

a. $G = 1/R$
b. $G = 1/I$
c. $G = 1/V$

3. $\rho = 0{,}02\ \Omega \cdot mm^2/m$ è la resistività di un conduttore:

a. di spessore 1 mm^2 e lunghezza 1 m
b. di spessore 1 m e lunghezza 1 mm^2
c. di spessore 0,02 mm^2 e lunghezza 1 m

4. Un conduttore multifilare rispetto a un monofilare con il medesimo ρ ha resistenza:

a. maggiore
b. minore
c. uguale

5. La corrente in una resistenza non dipende:

a. dalla tensione ai suoi capi
b. dal terminale collegato al + e dal terminale collegato al – della batteria
c. dal valore resistivo

6. Quale situazione non genera tensione indotta?

a. Spira di volume costante ferma in un campo magnetico costante
b. Spira soggetta a campo magnetico variabile
c. Spira che ruota perpendicolarmente a un campo magnetico costante

Scelta multipla

1. La resistenza di un conduttore è proporzionale a:

a. sezione
b. lunghezza
c. resistività

2. Selezionare le giuste formule della resistenza.

a. $R = \rho \cdot L/S$
b. $R = 1/G$
c. $R = I/V$

3. Quali situazioni inducono una tensione in una spira?

a. Variazione del campo magnetico
b. Rotazione della spira
c. Traslazione nella direzione di B

4. Selezionare le corrette equazioni dimensionali.

a. $[A] = [C] \times [s^{-1}]$
b. $S = \Omega$
c. [V] = [joule]/[coulomb]

5. Una resistenza di 2 Ω è percorsa per 4 secondi dalla corrente $I = 3$ A; calcolare V e Q.

a. $V = 6$ V
b. $Q = 12$ C
c. $Q = 6$ C

6. La resistenza è direttamente proporzionale:

a. allo spessore del conduttore
b. al coefficiente termico
c. alla temperatura

VERIFICA

VERIFICA DEGLI OBIETTIVI / modulo A

AREAdigitale

Associazione

1. Associare il tipo di filtro alla sua sigla.

1.	Filtro passa alto	a.	LPF
2.	Filtro passa basso	b.	HPF
3.	Filtro passa banda	c.	BPF

....

2. Associare il tipo di altoparlante al corrispondente filtro.

1.	Tweeter	a.	BPF
2.	Woofer	b.	LPF
3.	Midrange	c.	HPF

....

3. Associare la grandezza all'unità di misura.

1.	Differenza di potenziale	a.	Ampere
2.	Corrente	b.	Coulomb
3.	Carica	c.	Volt

....

4. Associare la grandezza alla formula.

1.	Conduttanza	a.	$1/R$
2.	Tensione	b.	$E \cdot d$
3.	Corrente	c.	Q/T

....

5. Associare la grandezza alla formula.

1.	Resistenza	a.	V/R
2.	Tensione	b.	$R \cdot I$
3.	Corrente	c.	V/I

....

Completamento

1. Supponendo che quattro segnali digitali s_1, s_2, s_3, s_4 assumano i valori di seguito riportati, completare la trama del segnale s multiplato.

$s_1 = 011$; $s_2 = 111$; $s_3 = 000$; $s_4 = 110$.

$s = 0$ .... 1 ....

2. Specificare il significato delle diciture in inglese.

a. Home automation: ....

b. ADC: convertitore ....-digitale

c. HPF: filtro passa-..............................

d. BPF: filtro passa-..............................

e. MEMS: sistemi .... elettro-meccanici

3. Completare i livelli di quantizzazione in ordine crescente.

000 – .... – .... – .... – .... – .... – .... – 111

4. Il potenziale di una carica $Q = 0{,}05$ coulomb soggetta a un campo elettrico $E = 200$ V/m costante viene elevato da $V_B = 10$ V a $V_A = 20$ V. Calcolare lo spazio percorso dalla carica.

a. La differenza di potenziale tra il punto A e il punto B vale:
$\Delta V = V_A - V_B = ... - .... = 10$ V

b. Il lavoro compiuto per spostare la carica vale:
$L = ... \cdot \Delta V = 0{,}05 \times .... = 0{,}5$ J

c. Lo spazio percorso è:
$d = L/E = 0{,}5/....... = 0{,}0025$ m

5. Un tratto di filo ha una resistività $\rho = 0{,}02\ \Omega \cdot mm^2/m$.

a. Calcolare la resistenza se $S = 2$ mm $L = 1$ km.
$R = \rho \cdot L/S = 0{,}02 \times ..../2 = 10\ \Omega$

b. Supponendo di raddoppiare la sezione quanto vale R?
$R = \rho \cdot L/S = 0{,}02 \times ..../....... = 5\ \Omega$

6. Calcolare la resistività del platino alla temperatura di 80 °C, nota la resistività a 20 °C $\rho_0 = 0{,}1\ \Omega \cdot mm^2/m$ e il coefficiente di temperatura $\alpha = 0{,}0036\ °C^{-1}$.

$\rho\ (80) = \rho_0 \cdot [....... + \alpha\ (T - T_0)] = 0{,}1 \cdot [....... + \alpha\ (....... - ......)] = 0{,}122\ \Omega$

7. Una resistenza realizzata con un materiale di coefficiente $\alpha = 0{,}05\ °C^{-1}$ soggetta a una tensione di 2,5 V è percorsa a 20 °C dalla corrente $I_0 = 2{,}5$ A. Calcolare la temperatura alla quale la corrente scende al valore $I = 2$ A.

a. La resistenza alla temperatura T_0 vale: $R_0 = V/I_0 = 2{,}5/2{,}5 = ...\ \Omega$

b. La resistenza alla temperatura T vale: $R = V/I = 2{,}5/....... = 1{,}25\ \Omega$

c. Dalla formula $R = R_0 \cdot [1 + \alpha\ (T - T_0)]$ si ricava:
$T - T_0 = (R - R_0)/R_0 \cdot \alpha = 0{,}25/....... \cdot 0{,}05 = ...$ °C
$T = ... + 20 = 25$ °C

VERIFICA

modulo B Materiali, componenti e circuiti

1Km
1000m
1000000

PREREQUISITI

Conoscenze

- I simboli chimici dei principali elementi
- Le basi dell'elettrologia

Abilità

- Interpretare formule e reazioni chimiche
- Utilizzare le formule di base dell'elettrologia

OBIETTIVI

Conoscenze

- I componenti impiegati in ambito elettrico
- I materiali impiegati in ambito industriale

Abilità

- Scrivere equazioni alle maglie e ai nodi
- Risolvere problemi relativi alle proprietà fisiche dei materiali

Competenza di riferimento

- Saper risolvere semplici reti elettriche a partire dalle leggi elettriche fondamentali

AREAdigitale

- **VIDEO TUTORIAL** Codice colore dei resistori
- **ESERCITAZIONE GUIDATA** Resistenza equivalente
- **Verifiche interattive**

VERIFICA DEI PREREQUISITI / modulo B

AREAdigitale

Vero/Falso

1. Il carbonio è un metallo.

☐ Vero ☐ Falso

2. Una reazione endotermica avviene con emissione di calore.

☐ Vero ☐ Falso

3. Il numero atomico corrisponde al numero di protoni contenuti nel nucleo di un atomo.

☐ Vero ☐ Falso

Scelta multipla

1. L'atomo è:

a. una particella composta da elettroni e un nucleo
b. una sostanza omogenea formata da due o più elementi
c. la particella più piccola di un elemento

2. La molecola è:

a. la minima quantità di sostanza
b. una entità elettricamente neutra
c. la particella più piccola di un elemento

3. Quali elementi conducono corrente?

a. Resistenza
b. Circuito aperto
c. Corto circuito

Associazione

1. Associare a ogni simbolo il relativo elemento chimico.

1. H	**a.** Piombo
2. K	**b.** Rame
3. Cu	**c.** Idrogeno
4. Pb	**d.** Potassio

....

2. Associare la reazione chimica al suo prodotto.

1. $Cu + S$	**a.** $NaCl$
2. $Na + Cl$	**b.** CuS
3. $C + O_2$	**c.** $2CaO$
4. $2Ca + O_2$	**d.** CO_2

....

3. Associare il nome del composto alla sua formula chimica.

1. Acqua	**a.** H_2O
2. Monossido di carbonio	**b.** CO
3. Metano	**c.** NH_3
4. Ammoniaca	**d.** CH_4

....

4. Associare il nome del composto alla sua formula chimica.

1. Solfuro di rame	**a.** $NaCl$
2. Cloruro di sodio	**b.** CO_2
3. Anidride carbonica	**c.** $2CaO$
4. Ossido di calcio	**d.** CuS

....

Completamento

1. Il numero di massa atomica si ottiene sommando il numero di protoni e il numero dei .... contenuti nel nucleo atomico.

2. La tensione corrisponde alla differenza di .... esistente tra due punti.

3. Per la legge di Ohm la corrente è uguale a $I = V/$......... essendo un rapporto tra una .... e una ....

4. La corrente è data da $I =$ ..../T ovvero dal rapporto tra la .... che transita nel conduttore e il tempo di osservazione.

PREREQUISITI

COMPONENTI E CIRCUITI

I componenti alla base dei circuiti elettrici sono i resistori, i condensatori e gli induttori. Nella tecnologia elettronica sono impiegati svariati componenti, dotati di specifiche funzionalità.

B1.1 COMPONENTI ELETTRICI

Resistori

I resistori presentano la caratteristica di opporre una **resistenza** al passaggio della corrente elettrica. I resistori che vengono utilizzati nei circuiti elettronici sono realizzati con diverse tecnologie e sono caratterizzati da un valore di resistenza nominalmente costante.

Resistori a filo

I resistori a filo **[fig. B1.1]** sono realizzati avvolgendo del filo di nichelcromo o costantana su un supporto in ceramica o in fibra di vetro; il tutto viene poi verniciato con particolari lacche protettive.

Resistori a impasto

I resistori a impasto **[fig. B1.2]** sono formati da un piccolo cilindro di carbone impastato con resina fenolica, stampato e racchiuso in un altro cilindro isolante.

B1.1 Resistore a filo.

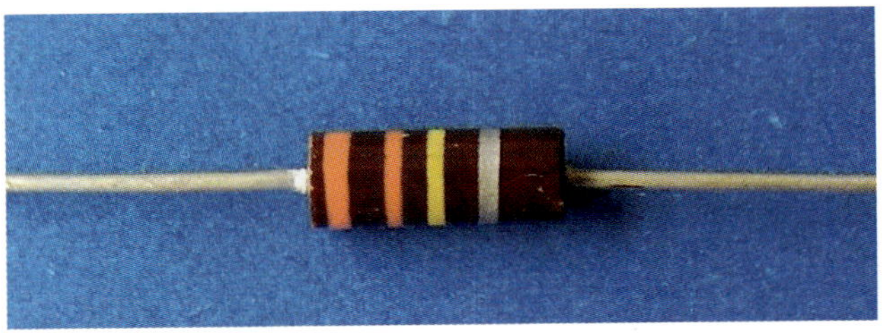

B1.2 Resistore a impasto.

OBIETTIVI

Conoscenze

- I componenti resistore, condensatore, induttore
- Le configurazioni elettriche di base

Abilità

- Interpretare il codice dei colori nei resistori
- Svolgere la serie e il parallelo di dispositivi
- Svolgere le equazioni ai nodi e alle maglie

CONTENUTI

Resistori a strato

I resistori a strato **[fig. B1.3]** vengono realizzati depositando una sottile pellicola di materiale resistivo (carbone o grafite) su un piccolo cilindro ceramico, successivamente verniciato con lacca protettiva. I resistori a strato e a impasto sono in pratica intercambiabili negli usi normali.

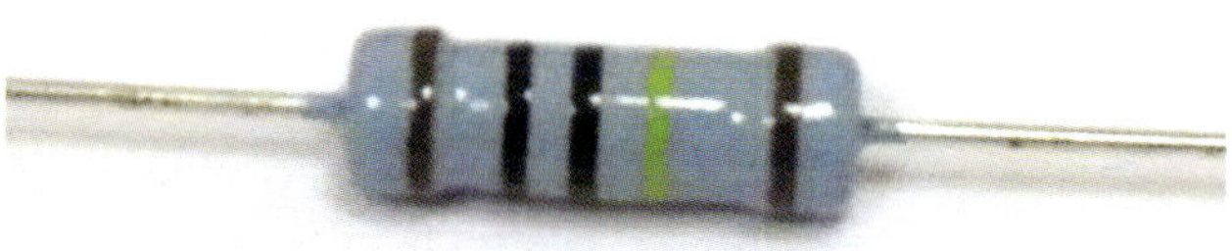

B1.3 Resistore a strato di carbone.

Codice colori dei resistori

La caratteristica principale di un resistore è il valore di resistenza che presenta e il valore resistivo viene solitamente indicato sul dispositivo stesso con quattro strisce colorate, come si può vedere nella **figura B1.4**. Queste si leggono dall'estremo del cilindro a cui sono più vicine e ognuna ha un preciso significato: la prima fascia indica la prima cifra del valore, la seconda fascia indica la seconda cifra del valore, la terza fascia indica il fattore moltiplicativo e la quarta fascia indica la tolleranza, che specifica di quanto il valore reale della resistenza può differire da quello nominale indicato dai colori.

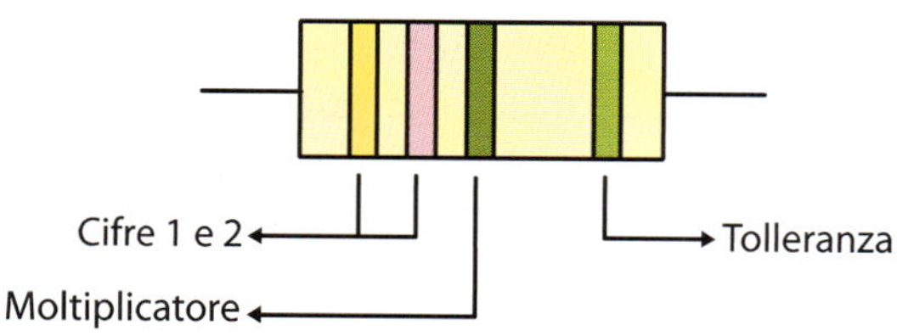

B1.4 Schema per il calcolo della resistenza.

La **figura B1.5** fornisce la chiave d'interpretazione del codice dei colori.

Un valore di tolleranza del 5% è più che sufficiente per normali applicazioni in campo industriale.

Nella **tabella B1.1** si riporta in dettaglio la modalità di calcolo del valore di resistenza di un resistore a impasto.

Colori	Cifre 1 e 2	Moltiplicatore	Tolleranza
Nessuno	-	-	20%
Argento	-	10^{-2}	10%
Oro	-	10^{-1}	5%
Nero	0	10^{0}	-
Marrone	1	10^{1}	1%
Rosso	2	10^{2}	2%
Arancio	3	10^{3}	-
Giallo	4	10^{4}	-
Verde	5	10^{5}	0,5%
Blu	6	10^{6}	0,25%
Viola	7	10^{7}	0,1%
Grigio	8	-	-
Bianco	9	-	-

B1.5 Codice dei colori: valore dei diversi colori posti sui resistori.

TABELLA B1.1 Calcolo del valore di un resistore a impasto

Fascia	Colore	Significato	Valore
 1	Arancio	3	3,3 kΩ ± 10%
2	Arancio	3	
3	Giallo	× 1000	
4	Argento	10%	

Come esempi di resistore si ricordano il filamento di una lampadina **[fig. B1.6]**, la resistenza di un asciugacapelli **[fig. B1.7]** o quella di una stufetta elettrica **[fig. B1.8]**.

B1.6 Lampadina a incandescenza.

B1.7 Asciugacapelli.

B1.8 Stufa elettrica.

Condensatori

Il condensatore, il cui simbolo è dato nella **figura B1.9**, è costituito da due lamine conduttrici dette **armature**, separate da un isolante. Nella **figura B1.10 a-b** sono visualizzati rispettivamente alcuni condensatori elettrolitici e altri ceramici.

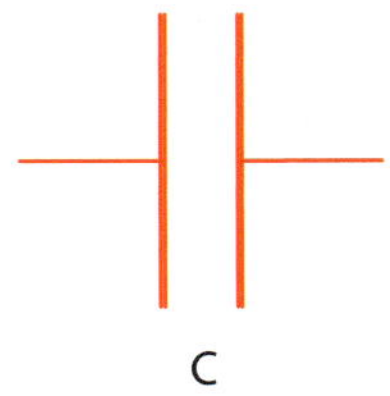

B1.9 Simbolo del condensatore.

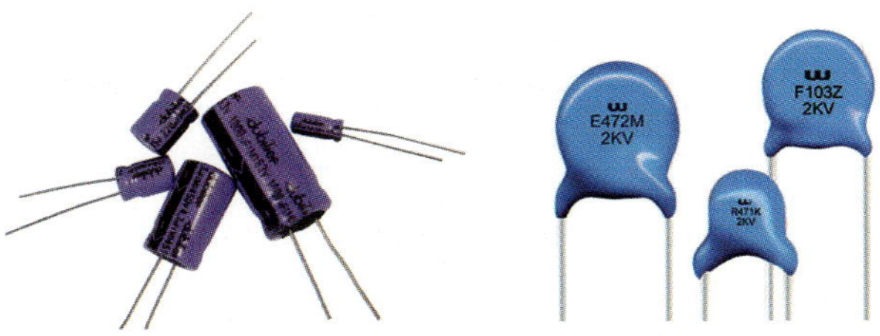

(a) (b)

B1.10 Condensatori: a) elettrolitici; b) ceramici.

Principio di funzionamento del condensatore

Si immagini di collegare una batteria V a un condensatore, come nella **figura B1.11**.

Il polo positivo della batteria sottrae gli elettroni dall'armatura corrispondente, che si carica positivamente, e li ammassa verso l'armatura opposta, che si carica negativamente.

Si instaura quindi una effettiva circolazione di corrente, nonostante il condensatore sia un **circuito aperto** e non permetta il passaggio delle cariche, che viene mantenuta attraverso il generatore.

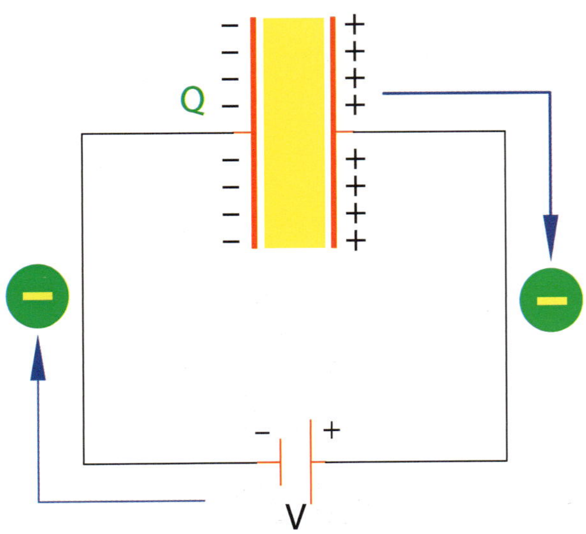

B1.11 Carica di un condensatore.

Il processo termina quando la tensione tra le armature del condensatore giunge a eguagliare quella della batteria.

Capacità di un condensatore

La correlazione tra la carica accumulata dal condensatore e la tensione ai suoi capi è data dalla relazione:

$$Q = C \cdot V$$

dove C è definita **capacità** del condensatore ed è misurata in **farad** [F].

A parità di tensione la carica Q può differire, dipende appunto dalla capacità, ovvero dalla attitudine ad accumulare carica da parte del condensatore.

Per chiarire questo punto conviene fare un parallelo con l'analogo concetto di **capacità termica**.

La capacità termica denota la maggiore o minore attitudine di un corpo a scaldarsi ricevendo calore.

Per esempio, un cubetto di metallo e un bacino d'acqua hanno rispettivamente una bassa e alta capacità termica; il cubetto richiede molto meno calore per scaldarsi a una data temperatura rispetto al bacino d'acqua. Analogamente, un condensatore di piccola capacità richiede una piccola quantità di carica per raggiungere la medesima tensione di un grande condensatore.

Applicazioni dei condensatori

Il condensatore è presente capillarmente in tutti i circuiti elettronici. Il denominatore comune delle applicazioni del condensatore risiede nel suo comportamento **inerziale**, che consiste nella tendenza a rallentare l'evoluzione dei segnali.

Sia in fase di **carica** sia in fase di **scarica** il condensatore tende infatti a smussare le variazioni.

Un'applicazione che sfrutta il processo di scarica del condensatore è la luce di cortesia dell'automobile, cioè il sistema che mantiene accese per un certo tempo le luci della plafoniera, dopo la chiusura delle portiere. La **figura B1.12** ne descrive per passi il funzionamento:

1. il condensatore è inizialmente carico alla tensione massima;
2. quando viene chiusa la portiera dell'automobile viene posto in parallelo a una resistenza;
3. inizia un processo di scarica che ha un andamento esponenziale decrescente;
4. dopo T secondi la tensione del condensatore scende sotto un livello di soglia S predeterminato;
5. il circuito rilevatore di soglia avverte il cambiamento del segno ai suoi ingressi;
6. il rilevatore di soglia reagisce portando a livello basso la sua tensione di uscita;
7. la lampadina dell'abitacolo si spegne.

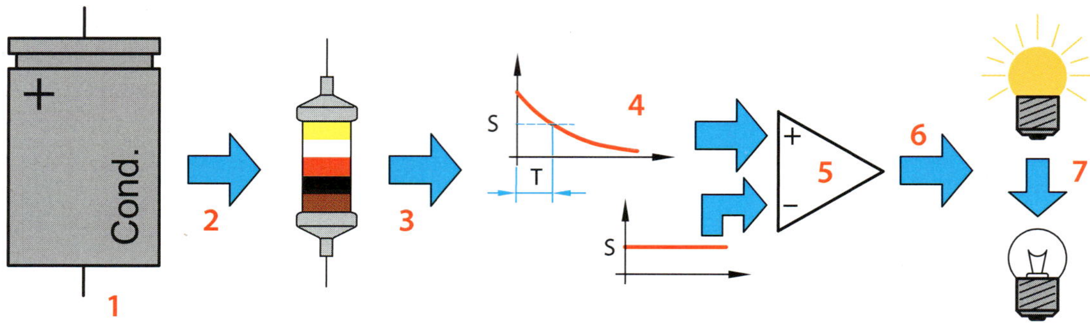

B1.12 Schema della luce di cortesia di un'automobile.

Induttori

L'induttore, rappresentato con il simbolo della **figura B1.13**, è sostanzialmente un avvolgimento formato da spire contigue, per il quale valgono i principi dell'elettromagnetismo.
La **figura B1.14 a-b** mostra due bobine con e senza supporto magnetico.
Il valore dell'induttore è detto **induttanza**, si indica con **L** e si misura in **henry**.
Le **figure B1.15** e **B1.16** presentano due possibili applicazioni dell'induttore: il microfono a induzione e l'altoparlante.

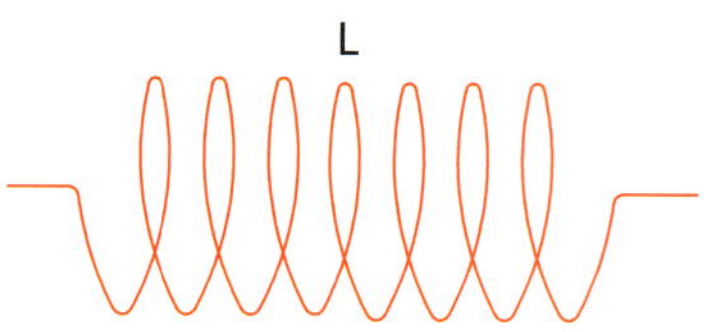

B1.13 Simbolo dell'induttore.

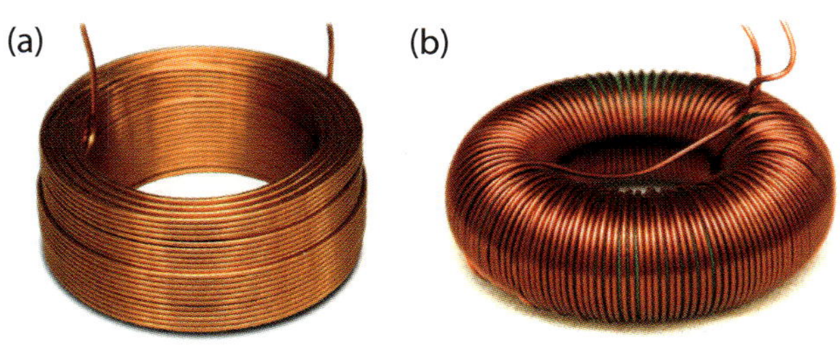

B1.14 Induttori: a) avvolto in aria; b) avvolto su supporto magnetico toroidale.

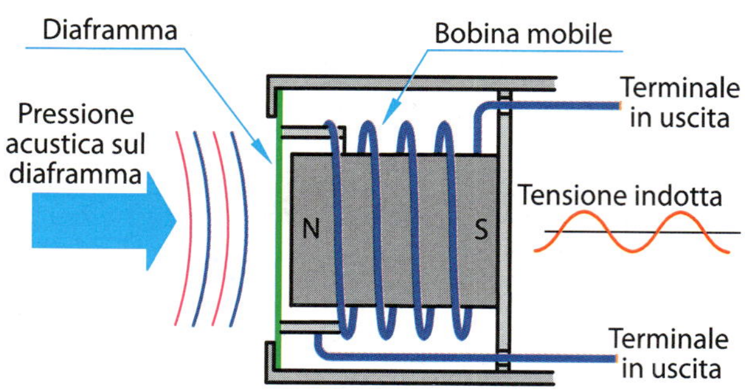

B1.15 Microfono dinamico.

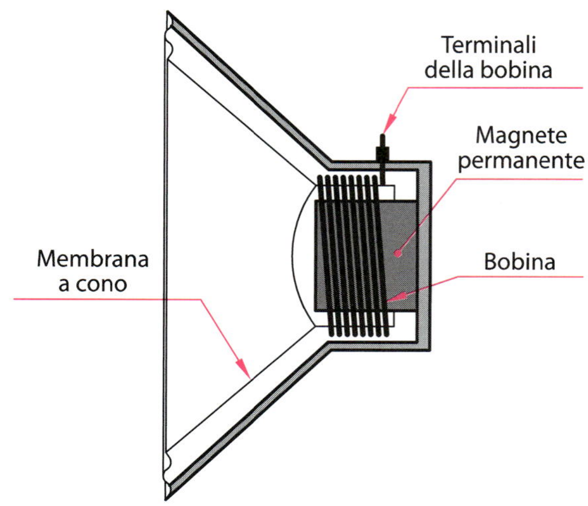

B1.16 Altoparlante.

Nel *microfono* è presente una membrana solidale a un nucleo magnetico. Le onde acustiche fanno oscillare meccanicamente il nucleo; l'avvolgimento intorno al nucleo, l'induttanza appunto, per la legge dell'induzione elettromagnetica converte la variazione di flusso in una tensione, che può essere successivamente amplificata.
L'*altoparlante* ha un funzionamento duale: il segnale elettrico musicale pilota la bobina che sposta il nucleo solidale alla membrana. Le oscillazioni della membrana causano onde di pressione, ovvero onde acustiche che fanno percepire il suono.

B1.2 COMPONENTI ELETTRONICI

Con l'introduzione dei semiconduttori, il perfezionamento del transistore e dei **circuiti integrati**, l'elettronica ha subito un grande impulso.
Apparecchiature che prima avevano ingombri notevoli assumono dimensioni sempre più contenute. Le stesse radio che prima della seconda guerra mondiale erano molto ingombranti hanno ora le dimensioni di un pacchetto di sigarette.

Il basso costo di questi componenti fa sì che alla riduzione del volume si associ anche la riduzione dei costi dei prodotti e una migliore qualità (si possono costruire circuiti più complessi con variazioni minime dei costi dei componenti).

La rapida diffusione delle apparecchiature elettroniche in tutte le attività umane ha rivoluzionato comportamenti e abitudini sociali (si pensi al telefono cellulare).

Semiconduttori, transistori e circuiti integrati sono i responsabili, quindi, di questo recente sviluppo della tecnologia elettronica. Rispettive funzioni e cenni sui materiali possono essere riassunti come segue.

Semiconduttori

I semiconduttori sono costituiti da materiali che presentano una struttura diversa da quella dei conduttori e da quella degli isolanti. Essi diventano conduttori in presenza di atomi di altre sostanze.
Il materiale base utilizzato per la loro costruzione è il silicio associato a fosforo, arsenico e antimonio, boro, indio e alluminio.

Transistore

I transistori **[fig. B1.17]** sono costituiti da una scatola connessa con tre terminali:

- emettitore;
- base;
- collettore.

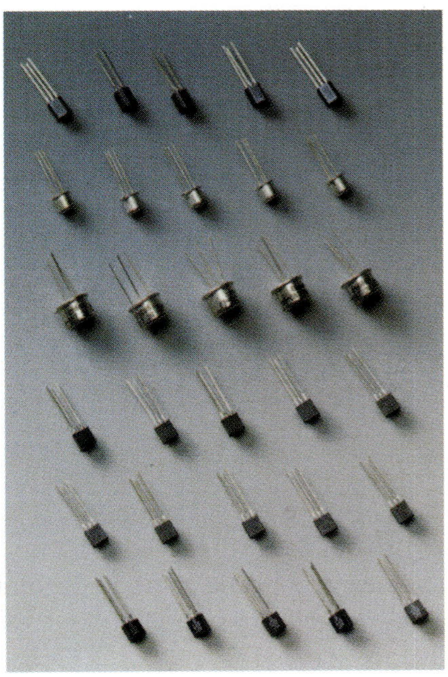

B1.17 Foto di transistore.

Se i tre terminali vengono collegati con un circuito elettrico, come quello della **figura B1.18**, si può osservare un passaggio di corrente dall'emettitore al collettore, proporzionale alla corrente fornita dalla base. I transistori, quindi, possono essere considerati come interruttori amplificatori. Essi sono impiegati per amplificare segnali elettrici di trasmissioni, di misura e di informazioni.
Il materiale base utilizzato per la costruzione dei transistori è sempre il silicio con elementi che ne modificano le caratteristiche di conduttività.

Circuiti integrati

I circuiti integrati sono costituiti da una piastrina (**chip**) di silicio su cui sono ottenuti, con tecniche particolari, un numero molto elevato di transistori, collegati tra di loro per poter realizzare le funzioni per le quali il circuito integrato stesso è stato progettato **[fig. B1.19]**.

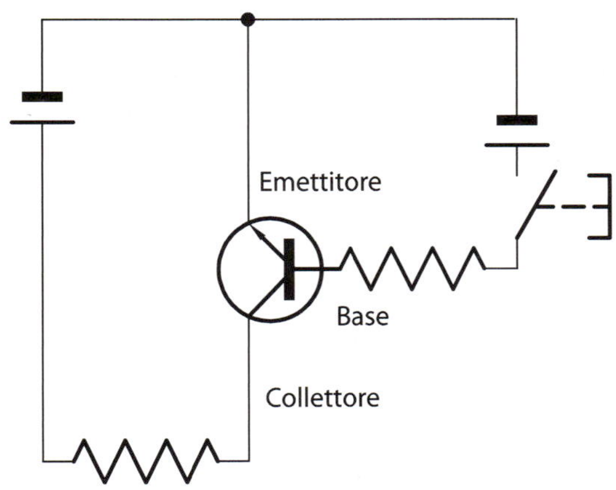

B1.18 Circuito a transistore.

B1.19 Scheda elettronica Intel con circuiti integrati.

Schede elettroniche e circuiti stampati

Le schede elettroniche sono costituite da un circuito elettrico complesso, formato da piste di rame depositate sulla superficie di una piastra di materiale isolante e da un insieme di componenti elettronici saldati su di essa [fig. B1.20].
I materiali utilizzati sono i seguenti.

- *Vetroresina* di diversa conformazione: per la piastra isolante.
- *Rame*: per lo strato conduttore di piccolo spessore depositato sulla superficie della piastra.
- *Stagno*: per la saldatura dei componenti sulla piastra.

B1.20 Scheda madre di un computer con circuito stampato su piastra e componenti saldati.

B1.3 CIRCUITI ELETTRICI

Il più semplice esempio di circuito elettrico è quello che si ottiene collegando una piccola lampadina tramite due cavi conduttori elettrici a ciascuno dei due poli di una pila (+ e –).
Alla chiusura dell'interruttore, la lampadina, attraversata dalla corrente elettrica, si accende.
In questo caso la pila, i cavi elettrici e l'interruttore formano un circuito elettrico semplice [fig. B1.21].

Collegamento in serie e in parallelo

In un circuito i dispositivi possono essere collegati tra loro in diversi modi: i collegamenti più importanti sono la *connessione in serie* e la *connessione in parallelo* [fig. B1.22].

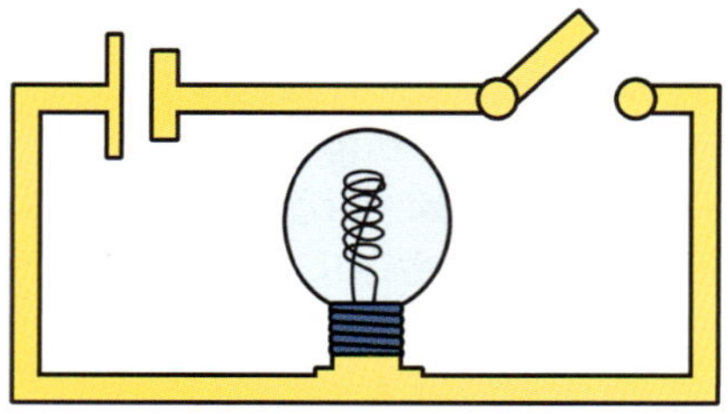

B1.21 Circuito elettrico semplice.

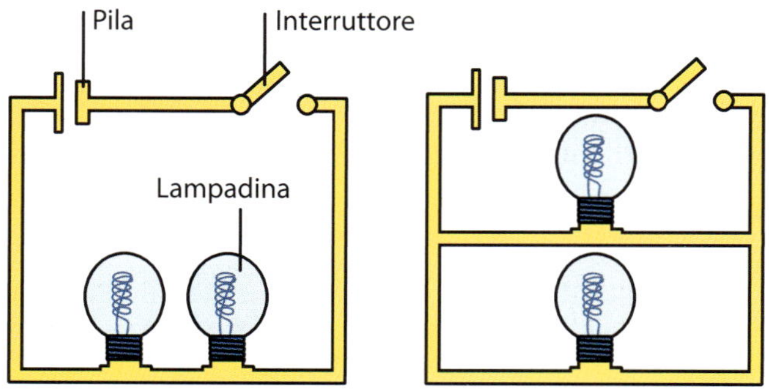

B1.22 Collegamento in serie e in parallelo.

Due componenti sono detti **collegati in serie** (o semplicemente in serie) quando sono attraversati dalla stessa corrente.

Due componenti sono detti **collegati in parallelo** (o semplicemente in parallelo) quando ai loro capi è applicata la stessa tensione.

La resistenza totale (equivalente) di due resistori collegati in serie R_{EQS} è data dalla loro somma:

$$R_{EQS} = R_1 + R_2$$

La conduttanza totale (equivalente) di due resistori collegati in parallelo G_{EQP} è data dalla somma delle loro conduttanze:

$$G_{EQP} = G_1 + G_2 = \frac{1}{R_1} + \frac{1}{R_2} = \frac{R_2 + R_1}{R_1 R_2}$$

Per cui la resistenza equivalente è data da:

$$R_{EQP} = \frac{1}{G_{EQP}} = \frac{R_1 R_2}{R_1 + R_2}$$

La maggior parte dei componenti di un circuito elettrico hanno sempre due terminali (o nodi terminali): per questo motivo sono detti **bipoli** e possono essere tra loro connessi con queste due modalità.

Rami, nodi e maglie

Più dispositivi vengono collegati tra loro formando circuiti elettrici anche molto complessi: in ogni circuito si hanno alcuni elementi fondamentali di seguito definiti.

Si definisce **ramo** un tratto di circuito senza diramazioni: nella **figura B1.23** un esempio di ramo è quello evidenziato in rosso.

Si definisce **nodo** un punto nel quale convergono (si incontrano) tre o più rami: nella **figura B1.23** sono nodi i punti A e B.

Il punto indicato nella **figura B1.23** con la lettera C **non è** un nodo, infatti vi convergono soltanto due tratti di circuito; esso rappresenta soltanto una curva nel circuito, disegnata in quel punto per comodità grafica e del tutto insignificante sotto il punto di vista delle conseguenze sul funzionamento del circuito stesso. Se, per esempio, si piega con diverse angolature il filo che porta dalla presa di corrente a un computer portatile, non si ha alcun effetto sul funzionamento del PC.

Si definisce **maglia** di un circuito un qualsiasi cammino chiuso che si ottiene partendo da un nodo e ritornando allo stesso nodo percorrendo rami diversi.

Nella parte evidenziata in rosso della **figura B1.24** è possibile percorrere la maglia con un dito senza staccare il dito dal foglio.

Nel circuito precedente sono presenti anche altre due maglie:

1. partendo dal nodo A una maglia è quella che si ottiene percorrendo il resistore superiore, l'altro resistore, quindi il ramo del generatore e ritornando al nodo A **[fig. B1.25]**;
2. sempre partendo dal nodo A una maglia è quella che si ottiene percorrendo il resistore inferiore, l'altro resistore, quindi il ramo del generatore e ritornando al nodo A **[fig. B1.26]**.

Equazioni ai nodi e alle maglie

Le cariche elettriche, nel loro percorso attraverso i nodi e le maglie del circuito, perdono progressivamente energia potenziale ricongiungendosi al polo opposto con potenziale nullo.
Si definisce **caduta di tensione** di un bipolo la differenza di potenziale ai suoi capi.
In una maglia la somma delle tensioni dei generatori è uguale alla somma delle cadute di tensione dei bipoli, infatti l'energia potenziale espressa dai generatori viene depauperata dai bipoli passivi.

In un nodo la somma delle correnti uscenti pareggia la somma delle correnti entranti.

Un modo alternativo e sintetico di esprimere questi concetti è il seguente:

- in una **maglia** la **somma delle tensioni** è **nulla**;
- in un **nodo** la **somma delle correnti** è **nulla**.

Tutto questo è vero a condizione di considerare:

- opposte in segno le tensioni dei generatori e quelle dei bipoli passivi;
- opposte in segno le correnti entranti e quelle uscenti.

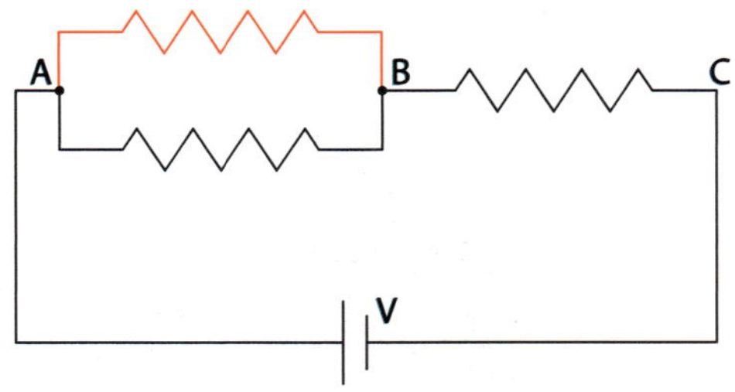

B1.23 Rami e nodi in un circuito elettrico.

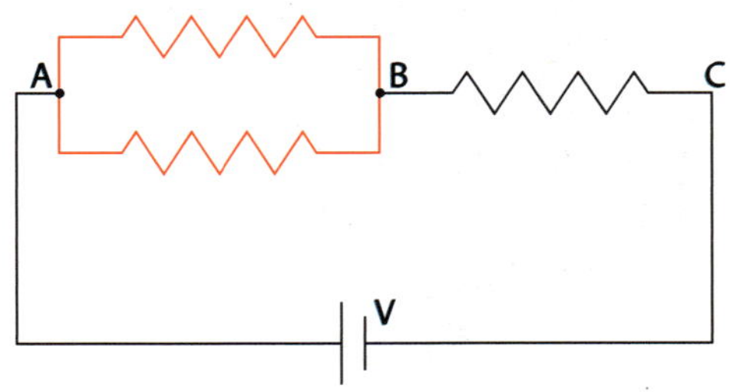

B1.24 Una prima maglia nel circuito elettrico.

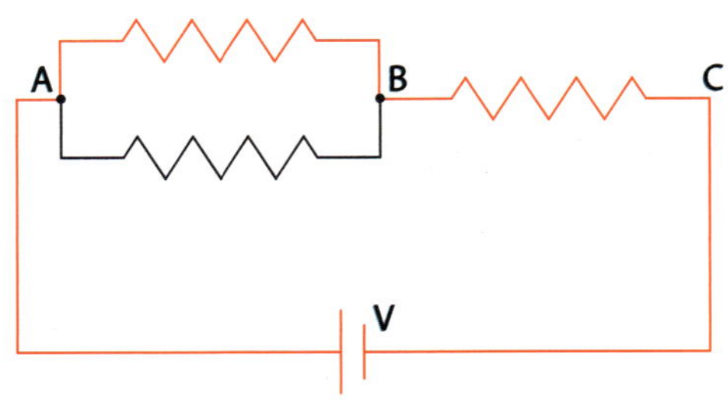

B1.25 Una seconda maglia del circuito elettrico.

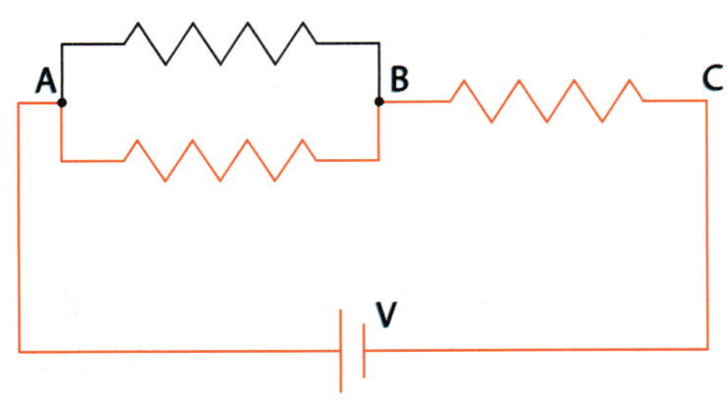

B1.26 Una terza maglia del circuito elettrico.

ESERCITAZIONE GUIDATA / B1.1

hoepliscuola.it

Interpretazione del codice dei colori dei resistori

Dati i resistori riportati nella seguente tabella, leggere il codice dei colori decodificando il valore di resistenza e di tolleranza.

Resistore	Valore letto	Tolleranza
1. 		
2. 		
3. 		
4. 		
5. 		
6. 		
7. 		
8. 		

ESERCITAZIONE GUIDATA / B1.2

Codice colori dei resistori

1. Completare i richiami sul codice dei colori.

- **a.** Il valore resistivo viene dedotto dal colore dei primi tre anelli, il quarto anello rappresenta ☐ la tolleranza ☐ un moltiplicatore.
- **b.** Il primo anello ha il significato di ☐ prima cifra ☐ seconda cifra ☐ potenza.
- **c.** Il secondo anello ha il significato di ☐ prima cifra ☐ seconda cifra ☐ potenza.
- **d.** Il terzo anello ha il significato di ☐ prima cifra ☐ seconda cifra ☐ potenza.
- **e.** Il moltiplicatore delle prime due cifre vale ☐ 10 ☐ 100 elevato alla potenza.

Indicati con 1°, 2°, 3° i valori dei tre anelli, la formula per il calcolo di R è:

$$R = (1° \times 10^1 + 2° \times 10^0) \times 10^{3°}$$

Per esempio, se 1° = 4, 2° = 7, 3° = 3 risulta:

$$R = (4 \times 10^1 + 7 \times 10^0) \times 10^3 = (40 + 7) \times 1000 = 47.000\ \Omega$$

2. Implementare la formula con un foglio di calcolo.
Nella figura la cella Z3 del valore calcolato della resistenza contiene la formula:

Z3 = (P3*10+S3)*10^V3

Le celle P3, S3, V3 ospitano i valori degli anelli.
Quando l'utente digita un numero, la cella si colora del codice corrispondente.
Per attribuire questa funzionalità selezionare *Formato* → *Formattazione condizionale* e assegnare un colore per ogni condizione di uguaglianza numerica.

La medesima funzionalità può essere attribuita alle fasce sul corpo della resistenza.

COLORE	ANELLI 1	2	3	T
NERO	–	0	10^0	–
MARRONE	1	1	10^1	–
ROSSO	2	2	10^2	–
ARANCIONE	3	3	10^3	–
GIALLO	4	4	10^4	–
VERDE	5	5	10^5	–
BLU	6	6	10^6	–
VIOLA	7	7	10^7	–
GRIGIO	8	8	10^8	–
BIANCO	9	9	–	
ORO	–	–	:10	5%
ARGENTO	–	–	:100	10%

1°	2°	3°	RESISTENZA
4	7	3	47000

3. Espandere l'applicazione per tenere conto anche della tolleranza.

ESERCITAZIONE GUIDATA / B1.3

Serie e parallelo di resistenze

1. Dopo aver osservato le figure e letto il valore dei resistori mediante il codice colori, rispondere ai quesiti.

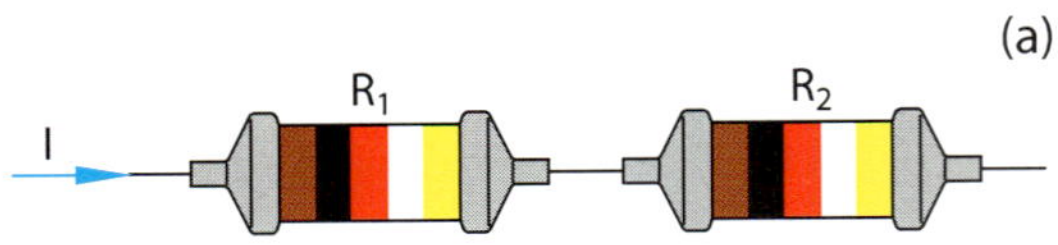

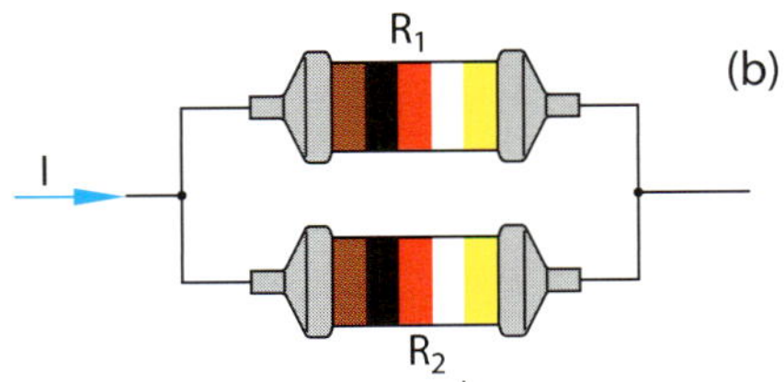

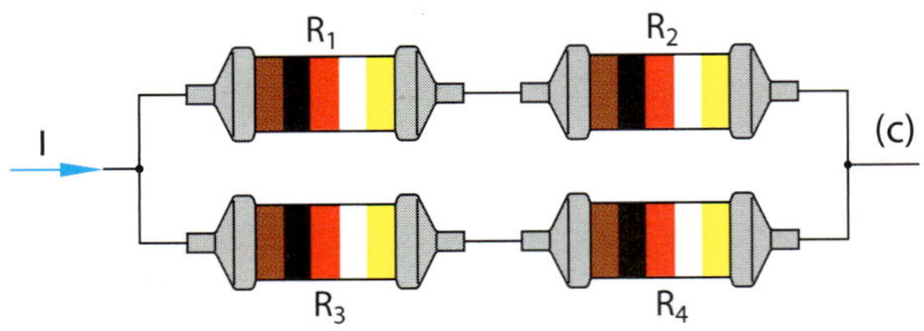

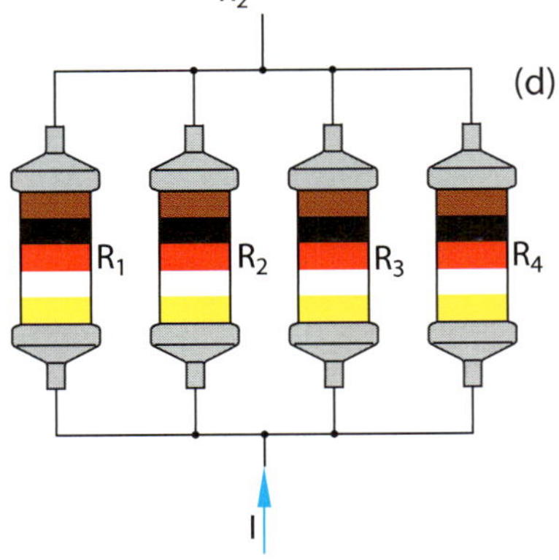

a. La R_{EQ} della figura (a) vale: ☐ 500 ☐ 2000 ☐ 250 ☐ 1000.
b. La R_{EQ} della figura (b) vale: ☐ 500 ☐ 2000 ☐ 250 ☐ 1000.
c. La R_{EQ} della figura (c) vale: ☐ 500 ☐ 2000 ☐ 250 ☐ 1000.
d. La R_{EQ} della figura (d) vale: ☐ 500 ☐ 2000 ☐ 250 ☐ 1000.

2. Dato il parallelo di due resistenze di diverso valore come nella figura (e), rispondere ai quesiti.

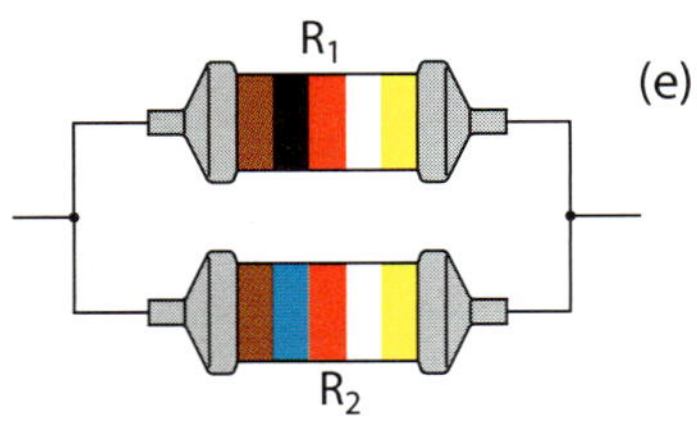

a. Il parallelo di due resistenze R uguali è ☐ R ☐ $2 \cdot R$ ☐ $R/2$.
b. Il parallelo di due resistenze $R_1 < R_2$ diverse è ☐ maggiore di R_2 ☐ maggiore di R_1 ☐ minore di R_1.

3. Con riferimento alle figure, spuntare le relazioni corrette.

a. Figura (a): ☐ $I_{R1} = I_{R2}$ ☐ $I_{R1} = I$.
b. Figura (b): ☐ $I_{R1} = I_{R2}$ ☐ $I_{R1} = I/2$.
c. Figura (c): ☐ $I_{R1} = I_{R2}$ ☐ $I_{R1} = I/2$.
d. Figura (d): ☐ $I_{R1} = I_{R2}$ ☐ $I_{R1} = I/4$.
e. Figura (e): ☐ $I_{R1} = I_{R2}$ ☐ $I_{R1} > I_{R2}$.

4. Saggiare la veridicità delle risposte con diversi componenti e strumenti virtuali o reali.

ESERCITAZIONE GUIDATA / B1.4

hoepliscuola.it

Serie e parallelo di pile e lampadine

1. Con riferimento alle figure (a) e (b) spuntare le due risposte corrette.

a. ☐ Nella figura (a) le tensioni si sommano.
b. ☐ Nella figura (b) la tensione vale 9 V.
c. ☐ Nella figura (a) la tensione complessiva è 0.

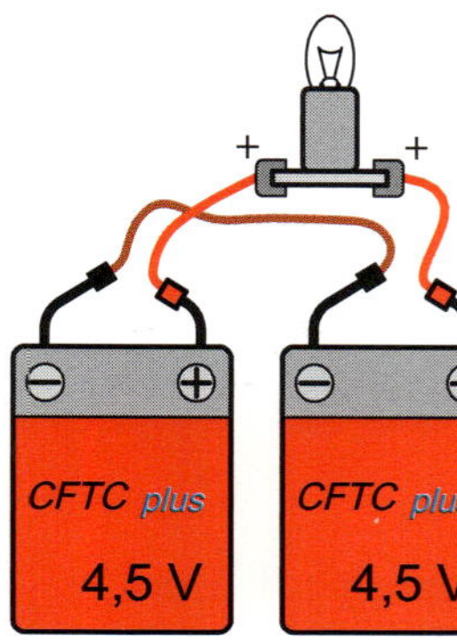

(a)

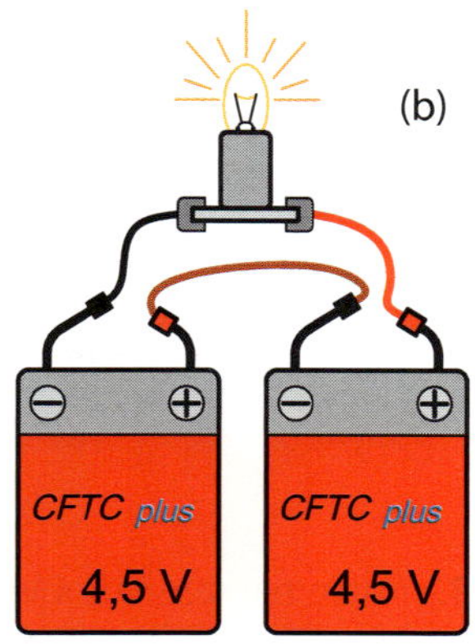

(b)

2. Con riferimento alle figure (c), (d), (e), (f) spuntare le descrizioni corrette.

a. ☐ Figure (c), (d) – Batterie in serie.
b. ☐ Figura (e) – Batterie in serie di parallelo.
c. ☐ Figura (f) – Batterie in parallelo di serie.
d. ☐ Figura (c) – Tensione quadrupla.
e. ☐ Figura (d) – Tensione doppia.
f. ☐ Figure (e), (f) – Tensione doppia.
g. ☐ Figura (c) – Disponibilità corrente quadrupla.
h. ☐ Figure (d), (e) – Disponibilità corrente quadrupla.
i. ☐ Figura (f) – Disponibilità corrente doppia.

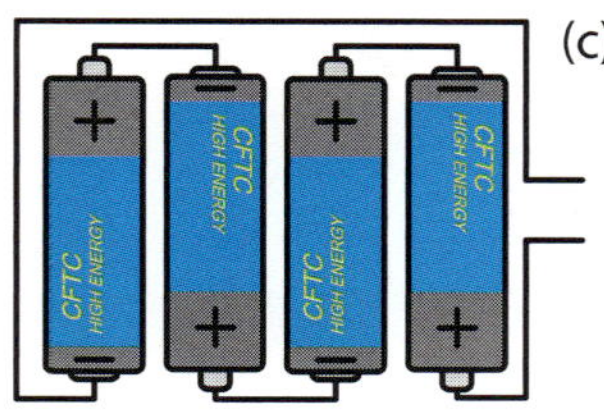

(c)

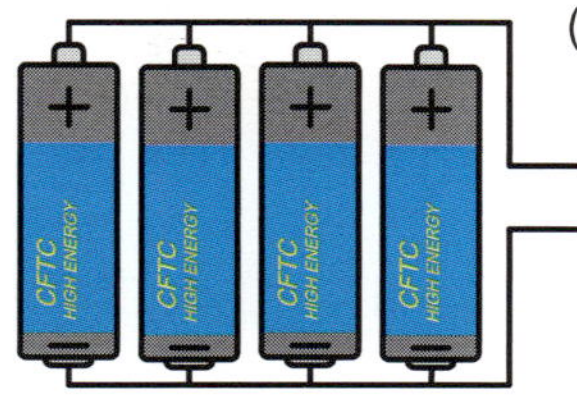

(d)

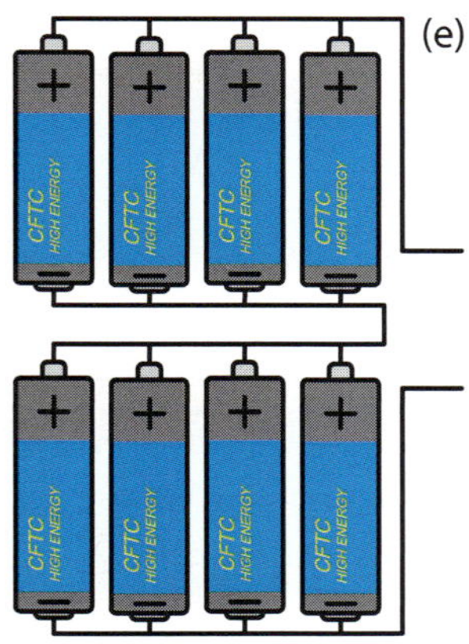

(e)

(f)

3. Con riferimento alla figura (g) spuntare le due risposte corrette.

a. ☐ La corrente è la medesima e la tensione è ripartita.
b. ☐ Se si aggiunge una lampadina in serie la corrente aumenta.
c. ☐ Se si svita una lampadina la corrente totale si annulla.

4. Con riferimento alla figura (h) spuntare le due risposte corrette.

a. ☐ La tensione è la medesima e la corrente è ripartita.
b. ☐ Se si svita una lampadina si annulla la corrente totale.
c. ☐ Se si svita la lampadina L_3 risulta $I_{TOT} = I_{L1} + I_{L2}$.

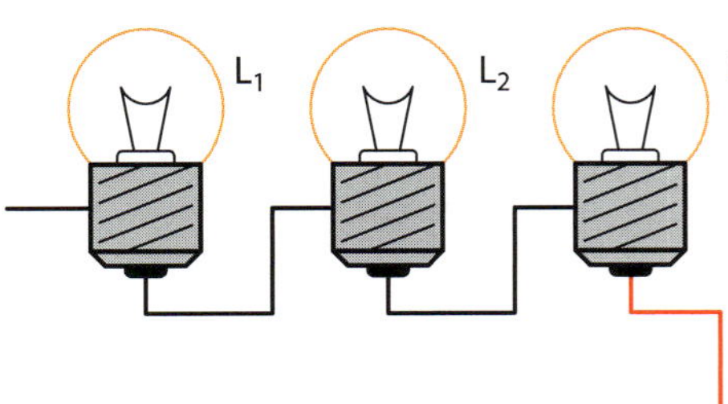

(g)

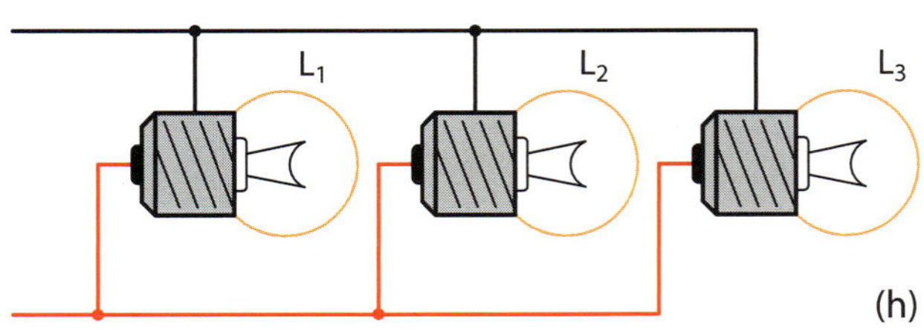

(h)

5. Verificare sperimentalmente le risposte precedenti.

hoepliscuola.it

ESERCITAZIONE GUIDATA / B1.5

Corrente nelle resistenze in serie

1. Dato il circuito nella figura calcolare la serie delle resistenze:

$$R_{EQ} = R_1 + \underline{\qquad} + \underline{\qquad} = 1 + 1 + 2 = 4\,\Omega$$

2. Calcolare la corrente I:

$$I = \underline{\qquad} / R_{EQ} = 8/4 = 2\ \text{A}$$

3. Implementare il problema con un foglio di lavoro.

La formula per il calcolo di R_{EQ} è:

U5 = V7+N7+F7

La formula per il calcolo di I è:

Q5 = J2/U5

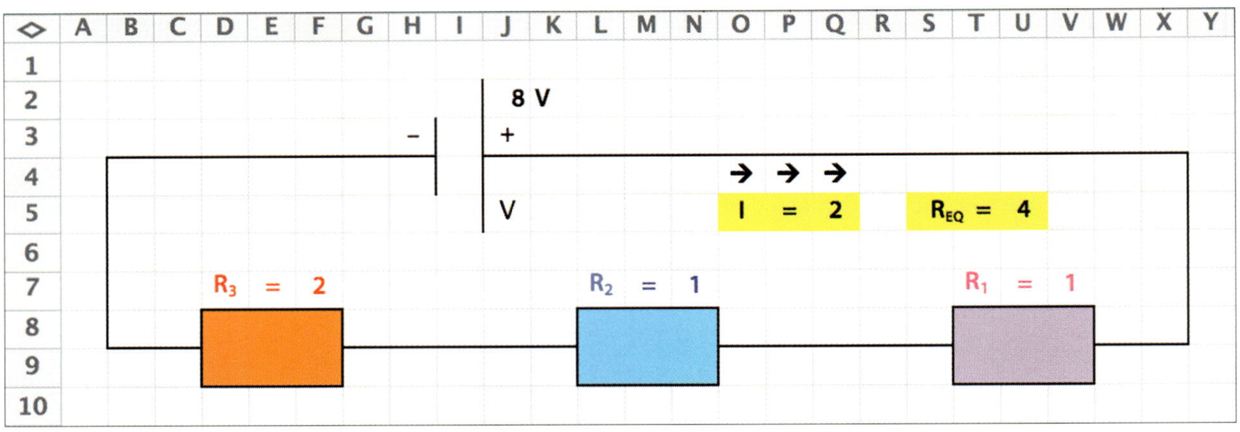

4. Selezionare le opzioni corrette.

a. La corrente è diretta ☐ dal + al – ☐ dal – al +.

b. La tensione della batteria eguaglia la ☐ somma ☐ differenza delle singole tensioni delle resistenze.

c. La ☐ tensione ☐ corrente è la medesima nelle tre resistenze.

d. La ☐ tensione ☐ corrente si ripartisce sulle resistenze in proporzione ☐ diretta ☐ inversa del loro valore.

ESERCITAZIONE GUIDATA / B1.6

hoepliscuola.it

Caduta di tensione

1. Completare i richiami sulla caduta di tensione.

a. La caduta di tensione in un componente passivo ha senso ☐ opposto ☐ uguale alla corrente.

b. La somma delle cadute di tensione è uguale ☐ a 0 ☐ alla somma delle tensioni dei generatori.

2. Dati tre resistori in serie, calcolare le cadute di tensione su ciascuno.
$R_1 = 1\ \Omega$, $R_2 = 1\ \Omega$, $R_3 = 2\ \Omega$; $V = 8\ V$

Innanzitutto si calcola la corrente che percorre le tre resistenze:

$$I = \_\_\_\_ /(R_1 + R_2 + R_3) = 8/(1 + 1 + 2) = 2\ A$$

Le tre cadute di tensione sono:

$V_{R1} = R_1 \cdot$ ____ $= 1 \times$ ____ $= 2\ V$ $V_{R2} = R_2 \cdot$ ____ $= 1 \times$ ____ $= 2\ V$ $V_{R3} = R_3 \cdot$ ____ $= 2 \times$ ____ $= 4\ V$

Pertanto:

- sul – di R_1 la tensione vale: $V - V_{R1} = 8 - 2 = 6\ V$;
- sul – di R_2 la tensione vale: $V - V_{R1} - V_{R2} = 8 - 2 - 2 = 4\ V$;
- sul – di R_3 la tensione vale: $V - V_{R1} - V_{R2} - V_{R3} = 8 - 2 - 2 - 4 = 0\ V$.

3. Implementare il problema con un foglio di lavoro.

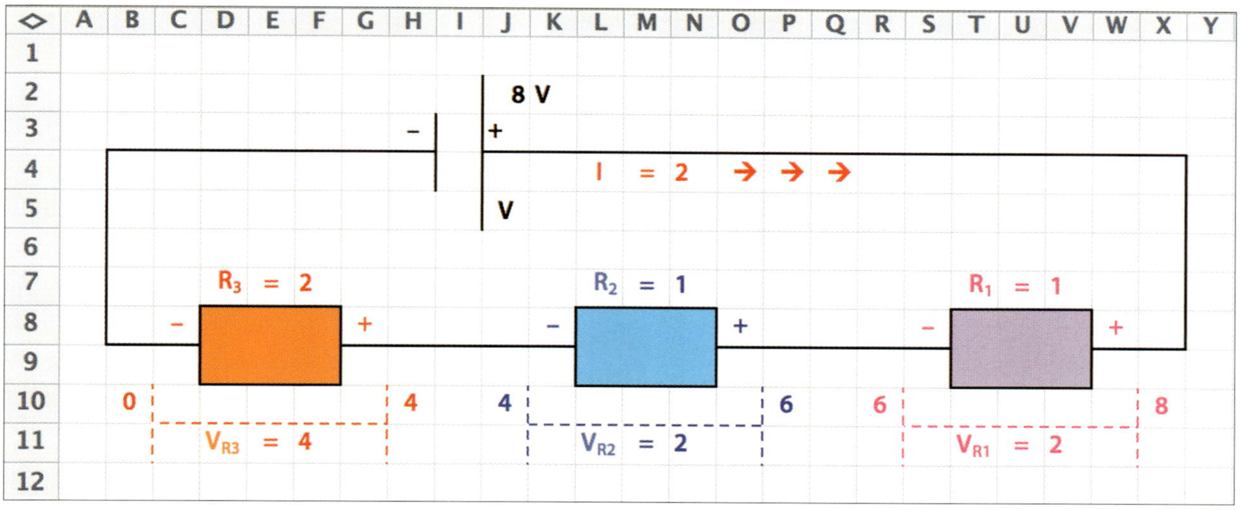

Le formule dei punti di caduta sono:

X10 = J2 R10 = X10-V11 P10 = R10 J10 = P10-N11 H10 = J10 B10 = H10-F11

ESERCITAZIONE GUIDATA / B1.7

hoepliscuola.it

Equazioni alle maglie

1. Completare i richiami sulle equazioni alle maglie.

a. In una maglia la somma delle □ correnti □ tensioni dei generatori e delle cadute di tensione è zero.

b. Scelto un verso di percorrenza della maglia, vanno considerate positive le tensioni □ concordi □ discordi con il verso.

c. Le tensioni dei generatori sono dirette in senso □ opposto □ uguale a quello delle singole correnti generate.

d. Le tensioni dei resistori sono dirette in senso □ opposto □ uguale a quello della corrente.

2. Data una maglia comprendente una pila e due resistori, impostare l'equazione alla maglia.

$V = 10\,\text{V}$ $\qquad R_1 = 6\,\Omega$ $\qquad R_2 = 4\,\Omega$

Con riferimento alla figura si può scrivere:

a. $I =$ ____ $/(R_1 + R_2) =$ ____ $/(6 + 4) = 1\,\text{A}$.

b. $V_{R1} = R_1 \cdot$ ____ $= 6 \times$ ____ $= 6\,\text{V}$ tensione diretta con il + verso □ l'alto □ il basso.

c. $V_{R2} = R_2 \cdot$ ____ $= 4 \times$ ____ $= 4\,\text{V}$ tensione diretta con il + verso □ l'alto □ il basso.

Scegliendo un verso di percorrenza orario per le tensioni della maglia si può verificare che la somma delle tensioni nella maglia è zero:

$$V - V_{R1} - V_{R2} = 10 - \text{\_\_\_\_} - \text{\_\_\_\_} = 0\,\text{V}$$

3. Visualizzare il problema con un foglio di lavoro e verificare la validità dell'equazione alla maglia.

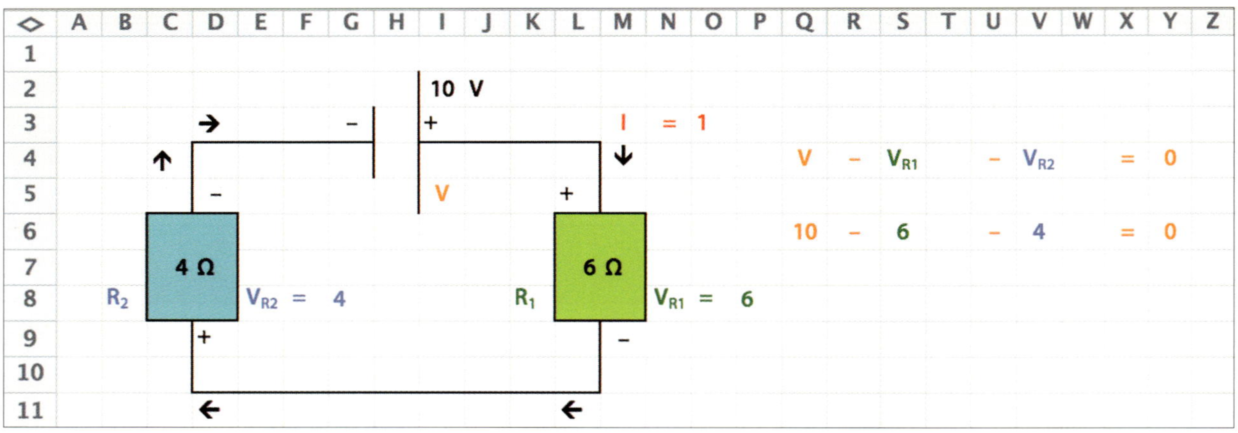

Le formule utilizzate sono:

O3 = I2/(L7+C7) $\qquad$ P8 = O3*L7 $\qquad$ G8 = O3*C7

ESERCITAZIONE GUIDATA / B1.8

hoepliscuola.it

Resistenze in parallelo

1. Completare i richiami sul parallelo di resistenze.

a. La resistenza equivalente del parallelo di due resistenze è data da ☐ somma diviso prodotto ☐ prodotto diviso somma.

b. La conduttanza è ☐ la resistenza cambiata di segno ☐ il reciproco della resistenza.

c. La conduttanza di due resistenze in parallelo è ☐ il prodotto ☐ la somma delle due conduttanze.

2. Data una maglia comprendente una pila e due resistori in parallelo, calcolare la corrente erogata dal generatore.

$V = 8\,V$ $\qquad R_1 = 2\,\Omega$ $\qquad R_2 = 1\,\Omega$

a. La tensione del generatore ☐ si ripartisce ☐ è la stessa nelle due resistenze, risulta quindi:

$I_{R1} =$ ____ $/R_1 =$ ____ $/2 = 4$ A; $I_{R2} =$ ____ $/R_2 =$ ____ $/1 = 8$ A

b. La corrente totale erogata dal generatore è:

$I = I_{R1} +$ ____ $= 4 +$ ____ $= 12$ A

3. Determinare R_{EQ} e la corrente I del circuito a destra; verificare la coincidenza della I con il valore prima calcolato, allo scopo di validare la formula del parallelo:

$R_{EQ} = (R_1 \cdot R_2)/($ ____ $+$ ____ $) = (2 \times 1)/($ ____ $+$ ____ $) = 0{,}67\,\Omega$

$I =$ ____ $/R_{EQ} =$ ____ $/0{,}67 = 12$ A

4. Implementare il problema con un foglio di lavoro.

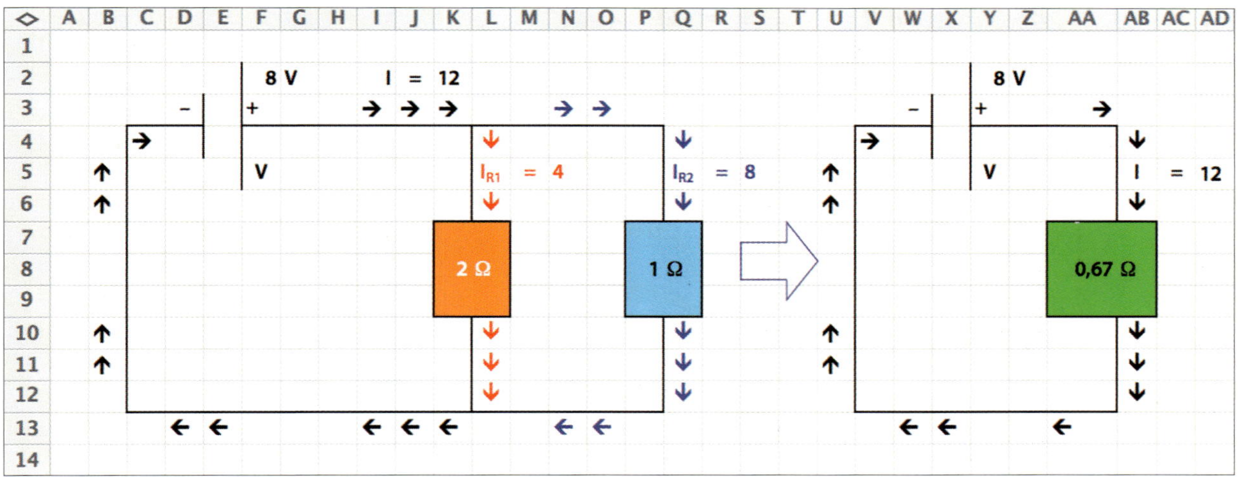

Le formule utilizzate sono:

N5 = F2/K8 $\qquad$ S5 = F2/P8 $\qquad$ K2 = N5+S5 $\qquad$ AA8 = (K8*P8)/(K8+P8) $\qquad$ AD5 = Y2/AA8

ESERCITAZIONE GUIDATA / B1.9

hoepliscuola.it

Equazioni ai nodi

1. Completare i richiami sulle equazioni ai nodi.

a. La somma delle correnti che fanno capo a un nodo è ☐ zero ☐ diversa da zero.

b. Il segno delle correnti uscenti va considerato ☐ uguale ☐ opposto al segno di quelle entranti.

2. Dato un nodo comprendente tre resistori in parallelo, calcolare la corrente erogata dal generatore.

$V = 8\,\text{V} \qquad R_1 = 2\,\Omega \qquad R_2 = 1\,\Omega \qquad R_3 = 4\,\Omega$

a. La tensione del generatore ☐ si ripartisce ☐ è la stessa nelle tre resistenze, risulta quindi:

$I_{R1} =$ ______ $/R_1 =$ ______ $/2 = 4$ A; $I_{R2} =$ ______ $/R_2 =$ ______ $/1 = 8$ A; $I_{R3} =$ ______ $/R_3 =$ ______ $/4 = 2$ A.

b. La corrente totale erogata dal generatore è:

$I = I_{R1} +$ ______ $+$ ______ $= 4 +$ ______ $+$ ______ $= 14$ A

3. Determinare R_{EQ} e la corrente I; verificare la coincidenza della I con il valore prima calcolato.

$$R_{EQ} = \frac{1}{G_1 + G_2 + G_3} = \frac{1}{\dfrac{1}{R_1} + \dfrac{1}{R_2} + \dfrac{1}{R_3}} \qquad R_{EQ} = \frac{1}{\dfrac{1}{2} + \dfrac{1}{1} + \dfrac{1}{4}} = \frac{1}{\dfrac{2+4+1}{4}} = \frac{4}{7}\,\Omega$$

$I =$ ______ $/R_{EQ} =$ ______ $/(4/7) = 14$ A

4. Implementare il problema con un foglio di lavoro e verificare la validità della legge dei nodi.

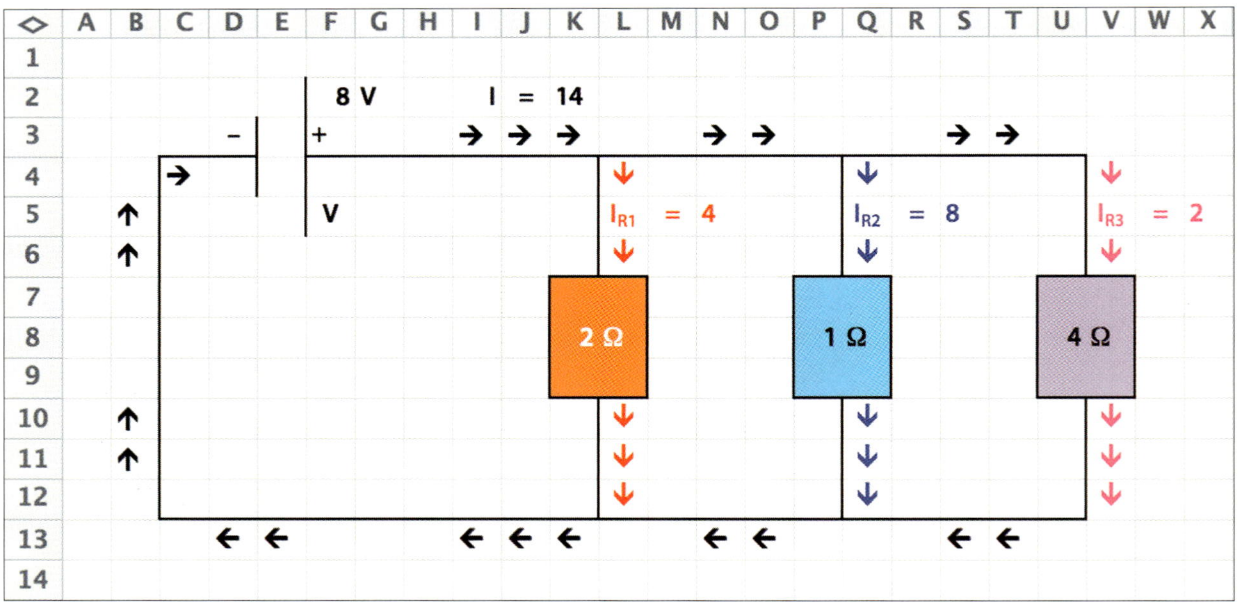

Le formule utilizzate sono:

N5 = F2/K8   S5 = F2/P8   X5 = F2/U8   K2 = N5+S5+X5

AREAdigitale

Vero/Falso

1. La corrente è inversamente proporzionale alla resistenza.

☐ Vero ☐ Falso

2. La serie di due resistenze *R* uguali è *R*/2.

☐ Vero ☐ Falso

3. Il parallelo di due resistenze *R* uguali è 2*R*.

☐ Vero ☐ Falso

4. La tensione di due generatori in parallelo raddoppia.

☐ Vero ☐ Falso

Scelta singola

1. Due pile hanno i terminali positivi collegati tra loro; com'è la tensione ai terminali liberi?

a. Doppia
b. Metà
c. Nulla

2. Le luci di un albero di Natale sono tutte in serie; se una si interrompe, com'è la corrente?

a. Doppia
b. Metà
c. Nulla

3. Due resistenze contrassegnate dalle fasce marrone-grigio-marrone e rosso-rosso-marrone sono poste in parallelo. Quanto vale la resistenza equivalente?

a. 200 Ω
b. 99 Ω
c. 75 Ω

4. Sono date quattro resistenze di valore uguale *R*. Quale configurazione permette di ottenere la resistenza minima?

a. Tutto in serie
b. Tutto in parallelo
c. Parallelo delle coppie di resistenze in serie

Scelta multipla

1. Sono date quattro resistenze di valore uguale *R*. Quali configurazioni hanno resistenza equivalente ancora uguale a *R*?

a. Parallelo di serie
b. Serie di parallelo
c. Parallelo

2. Se si collega una quarta lampadina ai capi di un parallelo di tre lampadine, cosa avviene?

a. Diminuisce la resistenza equivalente
b. Diminuisce la tensione nelle prime tre
c. Aumenta la potenza assorbita

3. Quali componenti non sfruttano la legge dell'induzione elettromagnetica?

a. Condensatore
b. Induttore
c. Resistore

4. Spuntare le affermazioni corrette.

a. La somma delle cadute di tensione in una maglia è 0
b. La somma delle correnti entranti in un nodo è uguale alla somma delle correnti uscenti
c. La somma delle tensioni di una maglia è 0

unità B2

MATERIALI DI INTERESSE INDUSTRIALE

OBIETTIVI

Conoscenze

- Caratteristiche generali dei materiali
- Materiali impiegati per i componenti elettrici

Abilità

- Descrivere le caratteristiche chimiche e tecnologiche dei principali materiali
- Descrivere i tipi di materiali impiegati in campo industriale

CONTENUTI

B2.1 I MATERIALI: GENERALITÀ

La conoscenza delle caratteristiche dei materiali d'uso più comune rende possibile la loro applicazione nelle diverse costruzioni, in modo corretto ed economico.

La **tecnologia** è la scienza che studia i materiali, la composizione, le caratteristiche, le lavorazioni necessarie per le trasformazioni e il loro impiego.

I materiali, dal punto di vista della composizione, si possono suddividere in *tre grandi famiglie* [fig. B2.1]:

- **materiali naturali**: sono quelli che vengono utilizzati così come si trovano in natura (pietre, sabbia, legno, lana ecc.);
- **materiali naturali modificati**: sono quelli che conservano inalterata la loro composizione interna ma sono parzialmente trasformati dall'uomo nella forma e nelle caratteristiche (legno compensato, pelle conciata, tessuto, benzina, rame ecc.);
- **materiali artificiali**: sono quelli la cui composizione è completamente nuova perché ottenuta attraverso particolari processi di trasformazione (cemento, carta, leghe metalliche, gomma, plastica, tessuti acrilici ecc.).

Considerando, invece, le caratteristiche di comportamento più appariscenti, si possono dividere i materiali in *quattro categorie* [fig. B2.2]:

- **metalli**: sono solidi a temperatura ambiente (eccetto il mercurio), buoni conduttori di calore e di elettricità, lucenti, opachi alla luce, deformabili, resistenti a sollecitazioni esterne; per esempio: *ferro, argento, oro, nichel, cromo, cobalto, zinco, piombo* ecc.;

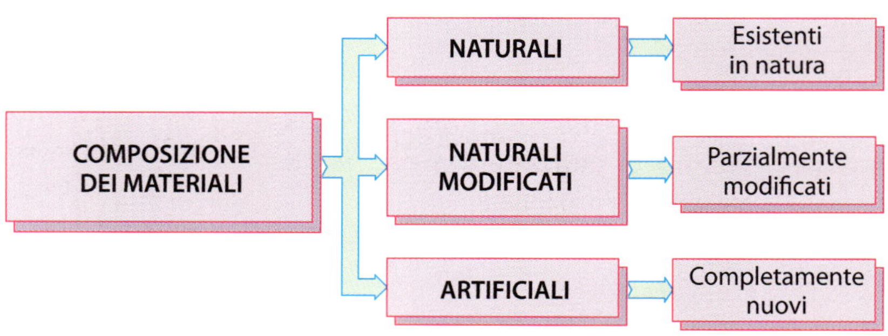

B2.1 Suddivisione dei materiali in base alla loro composizione.

- **non metalli**: sono generalmente di struttura amorfa o gassosa, cattivi conduttori di calore ed elettricità, poco resistenti a sollecitazioni esterne; per esempio: *zolfo, fosforo, azoto, ossigeno* ecc.;
- **leghe**: sono ottenute mediante l'unione di più elementi; esse presentano delle caratteristiche migliori degli elementi di partenza; per esempio: *ottone* (rame e zinco), *bronzo* (rame e stagno), *acciaio* (ferro e carbonio) ecc.;
- **miscugli**: sono costituiti dalla miscela di più elementi ciascuno dei quali conserva le caratteristiche originali; per esempio: *granito* (minerali, sabbia e legante), *calcestruzzo* (cemento, sabbia, ghiaia ecc.).

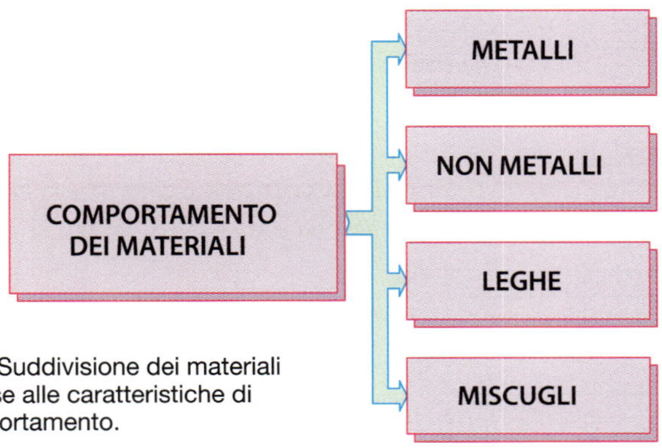

B2.2 Suddivisione dei materiali in base alle caratteristiche di comportamento.

Nella scelta del materiale da utilizzare per costruire un oggetto occorre considerare i seguenti fattori:

- **proprietà**: sono caratteristiche di ogni materiale e devono garantire la funzionalità dell'oggetto;
- **trasformazioni**: servono a soddisfare le esigenze imposte dal progetto;
- **costo**: deve essere in rapporto al valore del prodotto finito.

Il *costo di mercato* del materiale incide sempre di meno nella determinazione del valore del prodotto finito, essendo elevato il costo della manodopera e delle attrezzature quasi sempre automatizzate (*valore aggiunto*).

B2.2 PROPRIETÀ DEI MATERIALI

Tutti i materiali hanno delle proprietà caratteristiche che li differenziano notevolmente. La conoscenza di queste ultime consente di utilizzare il materiale più idoneo a ogni specifica applicazione.
Le proprietà dei materiali possono essere così classificate [fig. B2.3]:

- **chimiche**: riguardano la composizione chimica del materiale e la sua struttura interna;
- **fisiche**: esprimono le caratteristiche legate alla natura stessa del materiale e al suo comportamento in relazione agli agenti esterni, quali il calore, la gravità, l'elettricità;
- **meccaniche**: si riferiscono alla capacità del materiale di resistere alle *sollecitazioni* (insieme dei carichi esterni) a cui viene sottoposto durante il suo impiego, come *pressione*, *trazione*, *flessione*, *compressione*, *urti* e *taglio*;
- **tecnologiche**: rappresentano l'attitudine del materiale a essere trasformato mediante lavorazione.

Proprietà fisiche

Temperatura di fusione (t_f)

Si definisce **temperatura di fusione** (t_f) la temperatura alla quale, per un determinato materiale, si verifica il passaggio dallo stato solido a quello liquido.

In base a questa caratteristica i materiali si dividono nelle seguenti categorie:

- **refrattari**: sono quelli per i quali la temperatura di fusione risulta superiore a 2000 °C; per esempio: *leghe metalliche speciali, ceramiche, refrattari silico-alluminati, refrattari magnesiaci* ecc.;
- **normali**: materiali con temperatura di fusione compresa fra 500 e 2000 °C; per esempio: *ferro, ghisa, acciaio, rame, alluminio* ecc.;
- **basso fondenti**: materiali con temperatura di fusione inferiore a 500 °C; per esempio: *piombo, stagno* ecc.

Nella **tabella B2.1** sono riportate le temperature di fusione, alla pressione atmosferica, dei principali materiali.

Massa volumica (M_v)

Si definisce **massa volumica** (M_v) il rapporto fra la massa di un corpo, espressa in kg, e il suo volume espresso in m³.

$$M_v = \frac{\text{massa}}{\text{volume}} = \frac{\text{kg}}{\text{m}^3}$$

Prima dell'introduzione del Sistema Internazionale di misura (SI), la massa volumica (M_v) veniva chiamata *peso specifico*. Nella pratica di laboratorio spesso si utilizza la massa volumica espressa in kg/dm³ = 10^{-3} kg/m³. La **tabella B2.2** riporta il valore della massa volumica dei principali materiali.
Sono chiamate **leghe leggere** quelle a base di *alluminio* con massa volumica inferiore a 4000 kg/m³ e **leghe ultraleggere** quelle a base di *magnesio* con massa volumica inferiore a 2000 kg/m³.

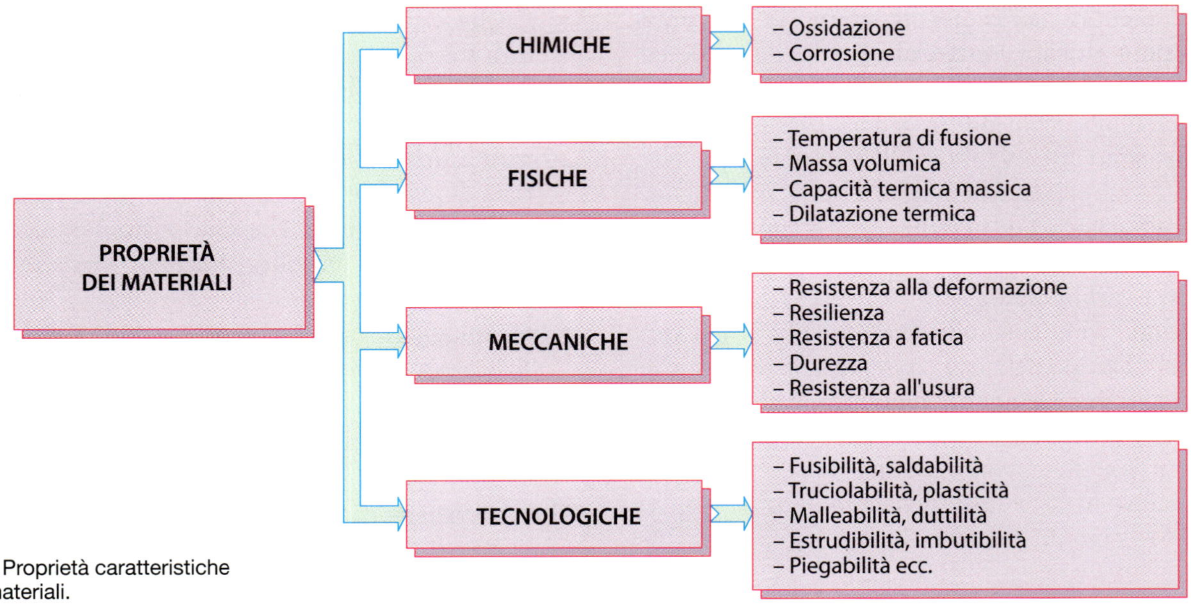

B2.3 Proprietà caratteristiche dei materiali.

TABELLA B2.1 Temperatura di fusione t_f dei principali materiali

Materiale	t_f [°C]	Materiale	t_f [°C]	Materiale	t_f [°C]
Acciaio	~1500	Ghisa	~1300	Piombo	327
Alluminio	658	Ferro	1535	Platino	1772
Antimonio	630	Magnesio	651	Rame	1083
Argento	960	Mercurio	−38,87	Silicio	1420
Bronzo	~950	Nichel	1455	Stagno	232
Carbonio	>1600	Oro	1063	Tungsteno	3380
Cromo	1800	Ottone	~900	Zinco	419,4

TABELLA B2.2 Massa volumica M_v [kg/m³] dei principali materiali

Materiale	M_v	Materiale	M_v	Materiale	M_v
Acciaio	7850	Gomma dura	1200	Piombo	11.340
Alluminio	2700	Laterizi comuni	2000	Platino	21.400
Argento	8500	Legno di abete	450	Rame commerciale	8900
Bachelite	1300	Legno di pino	545	Sabbia secca	1500
Bronzo	8000	Legno di quercia	850	Stagno	7280
Calcestruzzo armato	2400	Magnesio	1750	Terreno secco	2580
Carbone coke	600	Mercurio	13.590	Titanio	4500
Ceramica	2400	Nichel	8800	Tungsteno	19.300
Ferro	7860	Oro	19.250	Vetro	2400
Ghisa	7250	Ottone	8500	Zinco	7100

Capacità termica massica (C_{tm})

Si definisce **capacità termica massica** (C_{tm}), a volte detta anche calore specifico (C_s), la quantità di calore, espressa in J, necessaria per innalzare di 1 °C la massa di 1 kg di sostanza.

$$C_{tm} = \frac{\text{calore}}{\text{intervallo di temperatura} \cdot \text{massa}} = \frac{\text{J}}{\text{°C} \cdot \text{kg}}$$

Il valore della capacità termica massica varia in funzione della temperatura. Nella **tabella B2.3** sono riportati i valori medi, nell'intervallo di temperatura da 0 a 100 °C, per i principali materiali.

Nel Sistema Internazionale per l'unità di misura di *c* si utilizzano i gradi kelvin [J/K · kg] ma i valori di *c* non cambiano.

Per esempio, per l'acqua risulta: $c = 4186$ [J/°C · kg] e anche $c = 4186$ [J/K · kg].

Questo è plausibile perché:

- [°C] = [K] – 273,16;
- la conversione tra gradi centigradi e gradi kelvin prevede solo una sottrazione;
- l'innalzamento di temperatura è una differenza tra un valore finale e uno iniziale, quindi il termine –273,16 non incide sul risultato.

Dilatazione termica (α)

Si definisce **dilatazione termica** l'attitudine dei materiali di variare il proprio volume al cambiare della temperatura.

Nel caso di solidi con una dimensione prevalente sulle altre (fili, barre ecc.), la dilatazione più significativa è quella che si verifica lungo l'asse più lungo e viene detta **dilatazione lineare** [fig. B2.4].

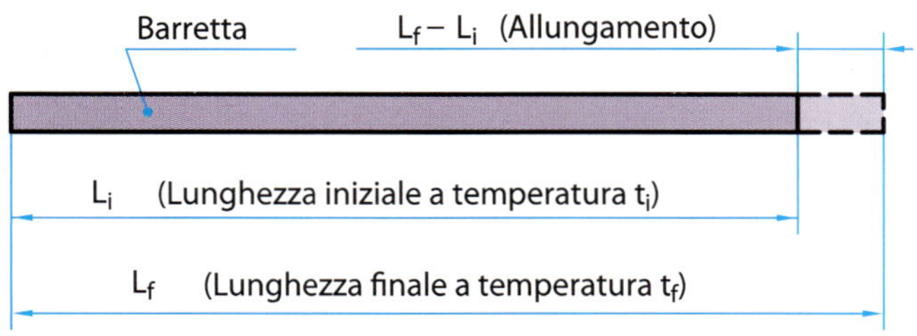

B2.4 Dilatazione termica lineare dei materiali.

Si definisce *coefficiente di dilatazione lineare* (α) l'incremento di lunghezza che subisce il materiale ($L_f - L_i$) rapportato alla lunghezza iniziale (L_i) e all'aumento di temperatura ($t_f - t_i$):

$$\alpha = \frac{L_f - L_i}{L_i\,(t_f - t_i)} = \frac{\text{m}}{\text{m} \cdot °\text{C}} = \frac{1}{°\text{C}}$$

Nella **tabella B2.4** sono riportati i valori medi dei coefficienti di dilatazione lineare dei principali materiali, calcolati nell'intervallo di temperatura tra 0 e 100 °C.

TABELLA B2.3 Capacità termica massica C_{tm} [J/°C · kg] dei principali materiali

Materiale	C_{tm}	Materiale	C_{tm}	Materiale	C_{tm}
Acciaio	519	Carbonio grafitico	1176	Ottone	377
Acqua	4186	Ghisa grigia	540	Piombo	134
Alluminio	938	Ferro	532	Rame	383
Argento	233	Nichel	515	Stagno	226
Bronzo	352	Oro	131	Zinco	385

TABELLA B2.4 Coefficienti medi di dilatazione lineare α in un 1/°C nell'intervallo 0 ÷ 100 °C

Materiale	$\alpha \cdot 10^3$	Materiale	$\alpha \cdot 10^3$	Materiale	$\alpha \cdot 10^3$
Acciaio	0,0120	Ferro	0,0123	Platino	0,0090
Alluminio	0,0237	Ghisa	0,0090	Rame	0,0166
Argento	0,0189	Manganese	0,0230	Stagno	0,0270
Cemento Portland	0,0140	Nichel	0,0130	Tungsteno	0,0043
Cromo	0,0080	Oro	0,0142	Vetro di quarzo	0,0005
Bronzo - Ottone	0,0180	Piombo	0,0290	Zinco	0,0270

Proprietà meccaniche

Le **proprietà meccaniche** esprimono la capacità di un materiale di resistere alle azioni provocate dalle forze esterne che tendono a deformarlo.

La capacità di contrasto che offre il materiale costituisce la sua caratteristica meccanica e può cambiare in funzione della forza applicata. Si elencano, ora, i diversi tipi di forze [fig. B2.5] per poter definire le corrispondenti caratteristiche meccaniche.

- **Forze statiche**: sono applicate in modo costante o variano lentamente nel tempo; per esempio: forze applicate a funi, a macchine di sollevamento [fig. B2.5a]. La capacità dei materiali di contrastare gli effetti delle forze statiche è detta **resistenza alla deformazione**.
- **Forze dinamiche**: sono applicate in tempi brevi (< 0,1 secondi, forze d'urto); per esempio: martellatura all'incudine, lavorazione al maglio [fig. B2.5b]. La capacità dei materiali di contrastare gli effetti delle forze dinamiche è detta **resilienza**.
- **Forze periodiche**: sono variabili periodicamente con un andamento che si ripete costantemente nel tempo e con frequenza elevata; per esempio: forze applicate alla biella del motore a scoppio [fig. B2.5c]. La capacità di resistere alle forze periodiche è detta **resistenza a fatica**.
- **Forze concentrate**: sono applicate in zone ristrette o puntiformi; per esempio: scalpellatura, punzonatura [fig. B2.5d]. La capacità dei materiali di contrastare gli effetti delle forze concentrate si chiama **durezza**.
- **Forze di attrito**: si manifestano tra le superfici di contatto di due corpi mobili, fra loro striscianti (attrito radente, fig. B2.5e) o rotolanti (attrito volvente, fig. B2.5f); per esempio: pattini a coltello, cuscinetto a sfere. La capacità dei materiali di contrastare le forze di attrito si chiama **resistenza all'usura**.

Le forze statiche applicate dall'esterno ai corpi si chiamano **carichi** e generano, nel loro interno, un insieme di *sollecitazioni* che tendono a deformarli. Prendendo, per esempio, in considerazione un albero (solido cilindrico di forma allungata) si possono considerare i diversi **tipi di sollecitazione** generati dalle forze esterne applicate.

La figura B2.6 riporta la rappresentazione schematica dei tipi di sollecitazioni che di seguito si descrivono.

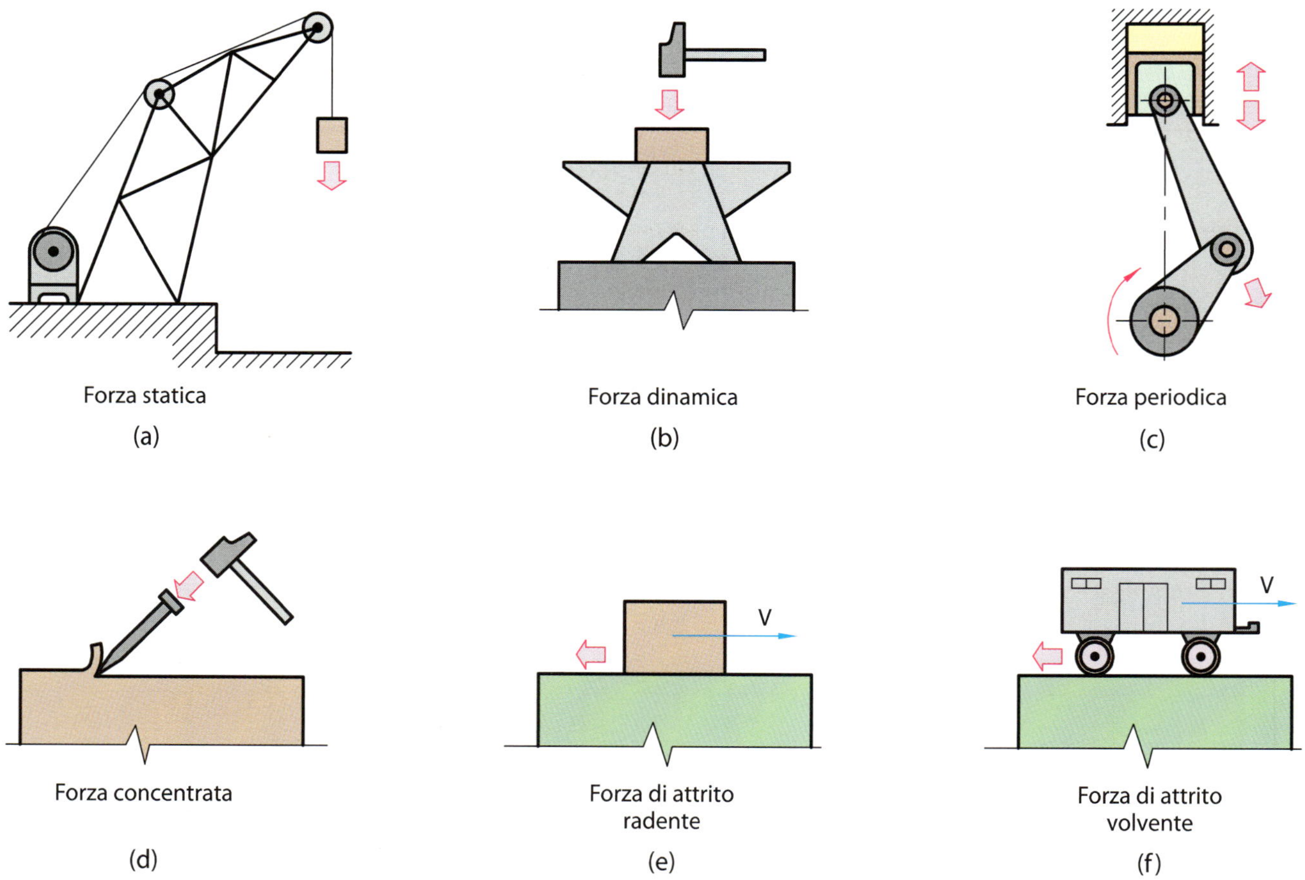

B2.5 Diversi tipi di forze applicate ai corpi.

Trazione

Le forze, applicate esternamente, sono dirette lungo l'asse del corpo e tendono ad *allungarlo* **[fig. B2.6a]**.

Compressione

Le forze, applicate esternamente, sono dirette lungo l'asse del corpo e tendono ad *accorciarlo* **[fig. B2.6b]**. Le sollecitazioni di trazione e compressione sono dette anche *sollecitazioni assiali*.

Flessione

Le forze esterne agiscono su un piano perpendicolare all'asse principale e tendono a *flettere* il corpo, cioè a piegarlo **[fig. B2.6c]**.

Torsione

Le forze esterne agiscono su un piano perpendicolare all'asse del corpo e tendono a *torcerlo*, cioè a fare ruotare reciprocamente le diverse sezioni dell'albero facendolo torcere **[fig. B2.6d]**.

Taglio

Le forze esterne applicate agiscono in direzione perpendicolare all'asse principale e tendono a *recidere* due sezioni trasversali adiacenti del corpo **[fig. B2.6e]**. A questa azione si oppone la durezza del materiale.

Proprietà tecnologiche

Le **proprietà tecnologiche** definiscono l'attitudine dei materiali a essere trasformati mediante lavorazioni.

Le più importanti, riportate nelle **figure B2.7÷B2.14**, sono: fusibilità, saldabilità, truciolabilità, plasticità, malleabilità, duttilità, estrudibilità, imbutibilità e piegabilità.

Fusibilità

È l'attitudine di un materiale a essere colato allo stato liquido dentro una forma per ottenere un getto di fusione **[fig. B2.7]**. Questa proprietà risulta influenzata dal *punto di fusione*, dalla *fluidità* del materiale allo stato liquido, dall'*assenza di difetti dei getti* (porosità, soffiature ecc.).

Sono fusibili le ghise, i bronzi, gli ottoni e le leghe.

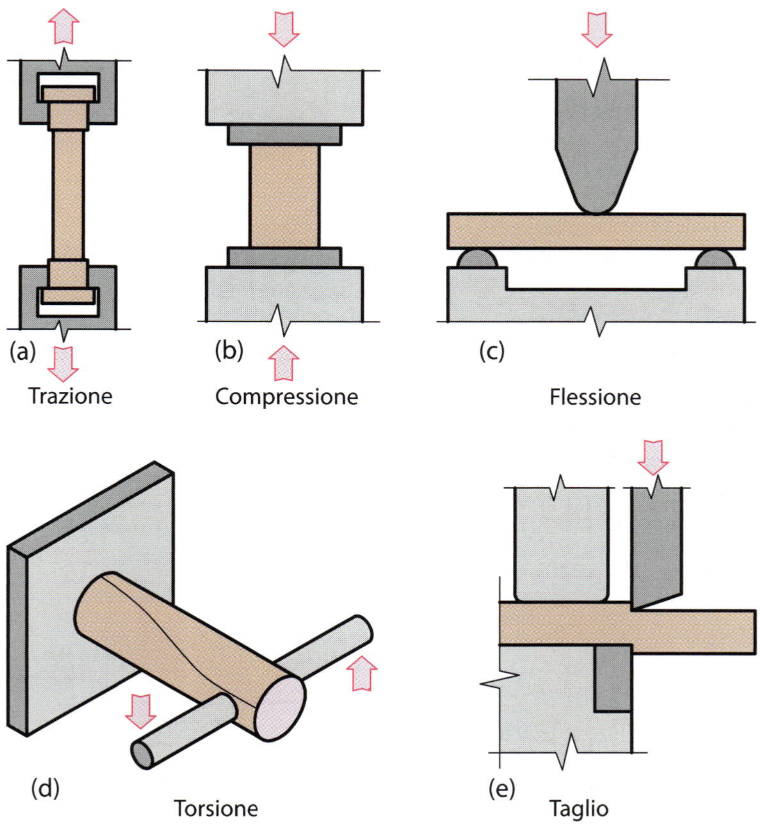

B2.6 Diversi tipi di sollecitazioni generate da forze esterne.

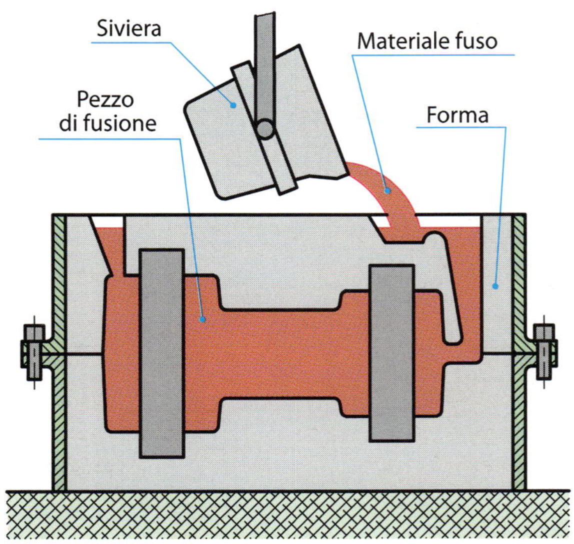

B2.7 Proprietà tecnologica della fusibilità.

Saldabilità

È l'attitudine di un materiale a unirsi facilmente con un altro, di uguale o diversa natura, tramite fusione e/o aggiunta di materiale d'apporto [fig. B2.8].
Un materiale risulta saldabile quando garantisce una *giunzione* resistente, compatta e inalterabile. Sono saldabili il ferro, gli acciai dolci e le leghe metalliche in genere.

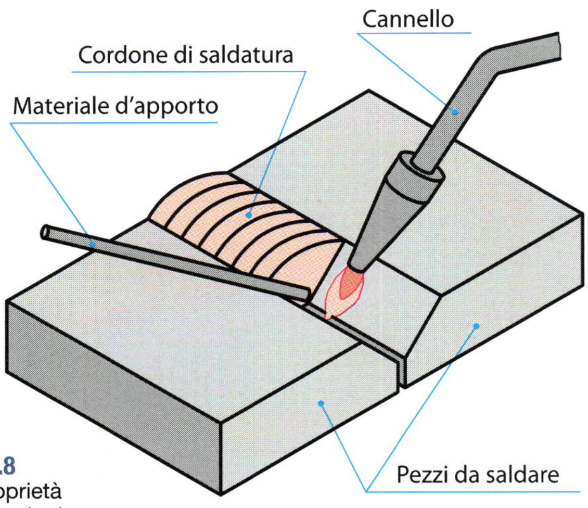

B2.8 Proprietà tecnologica della saldabilità.

Truciolabilità

È l'attitudine di un materiale a subire lavorazioni con asportazione di truciolo, mediante l'utilizzo di utensili montati su opportuna macchina (utensili per tornio, frese, punte elicoidali ecc., fig. B2.9).
Risultano truciolabili le ghise, gli acciai al piombo (acciai automatici), i bronzi, l'alluminio e le sue leghe (leggere), il magnesio e le sue leghe (ultraleggere).

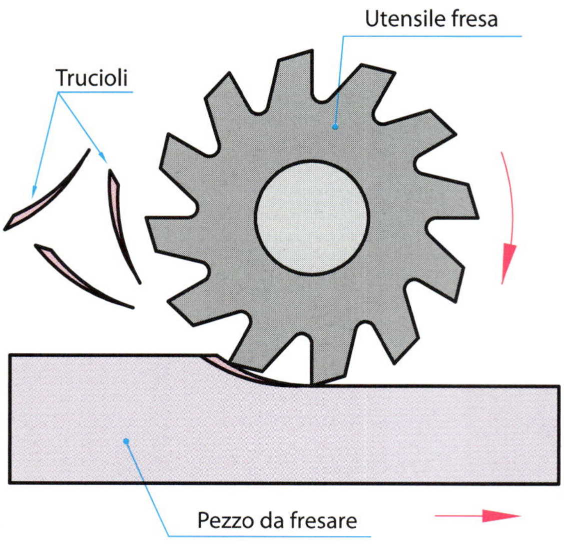

B2.9 Proprietà tecnologica della truciolabilità.

Plasticità

È la proprietà che manifestano alcuni materiali di deformarsi permanentemente, senza screpolarsi o rompersi, sotto l'azione di forze esterne.
A seconda dei sistemi di deformazione e della forma finale ottenuta, si distinguono le successive proprietà tecnologiche.

Malleabilità

È l'attitudine di un materiale a lasciarsi ridurre, a caldo o a freddo, in lamine, senza screpolarsi o rompersi, mediante l'azione di presse, magli o laminatoi [fig. B2.10].
Sono malleabili i materiali che possono subire un buon allungamento, che presentano una bassa durezza e limitata resistenza a trazione.
L'operazione che sfrutta questa proprietà si chiama **laminazione** e i prodotti ottenuti si dicono *laminati*.

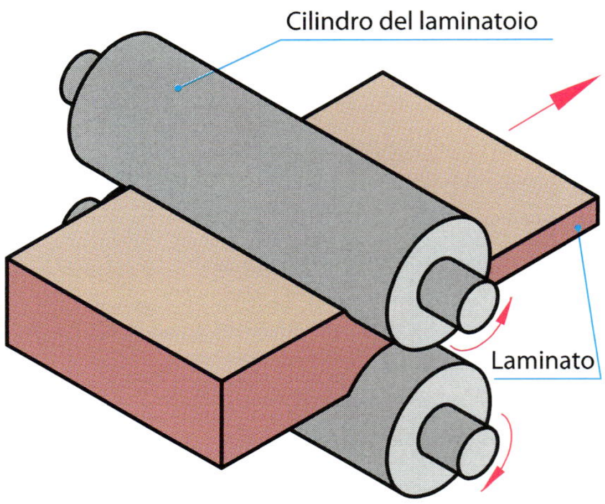

B2.10 Proprietà tecnologica della malleabilità.

Duttilità

È l'attitudine di un materiale a lasciarsi ridurre in fili senza rompersi se costretto a passare (per trazione) attraverso un foro di forma e dimensione opportune [fig. B2.11].

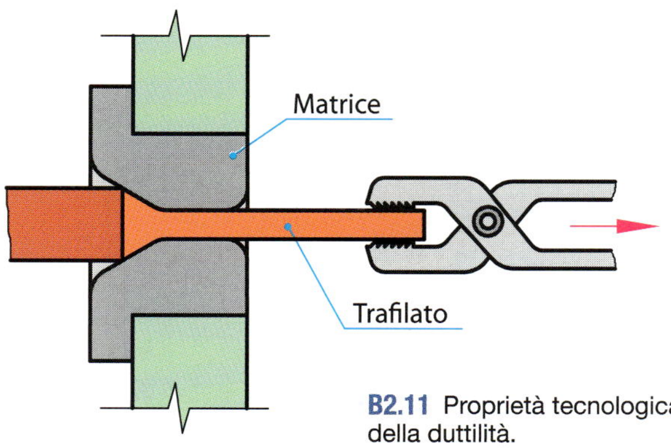

B2.11 Proprietà tecnologica della duttilità.

Sono duttili l'acciaio dolce, l'argento, l'oro, l'alluminio, il rame, le leghe speciali di acciaio al nichel-cromo e al magnesio.
L'operazione che sfrutta questa proprietà si chiama **trafilatura** e i prodotti ottenuti *trafilati*.

Estrudibilità

È l'attitudine di un materiale ad assumere forme determinate se costretto a passare (per spinta) attraverso un foro sagomato **[fig. B2.12]**.
Sono estrudibili gli acciai dolci e le leghe leggere. L'operazione che sfrutta questa proprietà è detta **estrusione** e i prodotti ottenuti *estrusi* (per esempio, i profilati di alluminio).

Imbutibilità

È l'attitudine di un materiale a lasciarsi deformare a freddo, ottenendo corpi cavi, senza rompersi o screpolarsi **[fig. B2.13]**.
Sono imbutibili gli acciai extradolci, il rame, l'ottone, l'alluminio.
L'operazione che sfrutta questa proprietà si chiama **imbutitura** e i prodotti ottenuti *stampati* (per esempio, la carrozzeria dell'auto).

Piegabilità

È l'attitudine di alcuni materiali a subire l'operazione di piegatura senza rompersi o screpolarsi **[fig. B2.14]**.
Sono facilmente piegabili gli acciai dolci e, in generale, tutti i materiali malleabili.

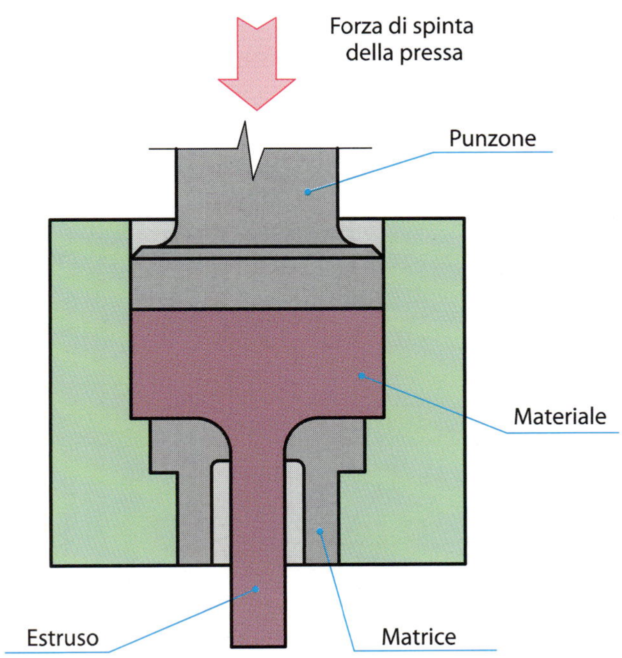

B2.12 Proprietà tecnologica della estrudibilità.

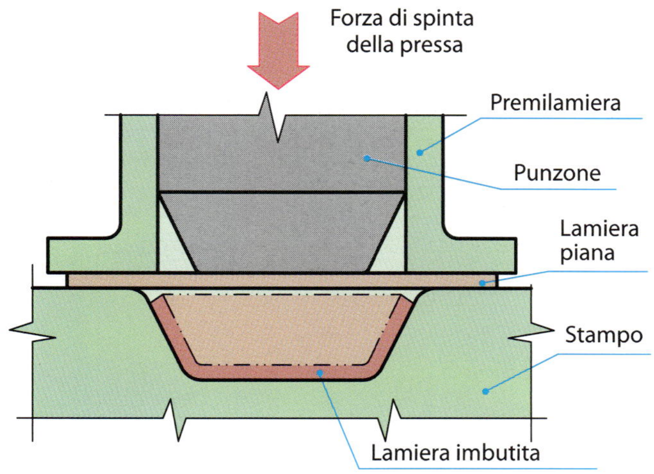

B2.13 Proprietà tecnologica della imbutibilità.

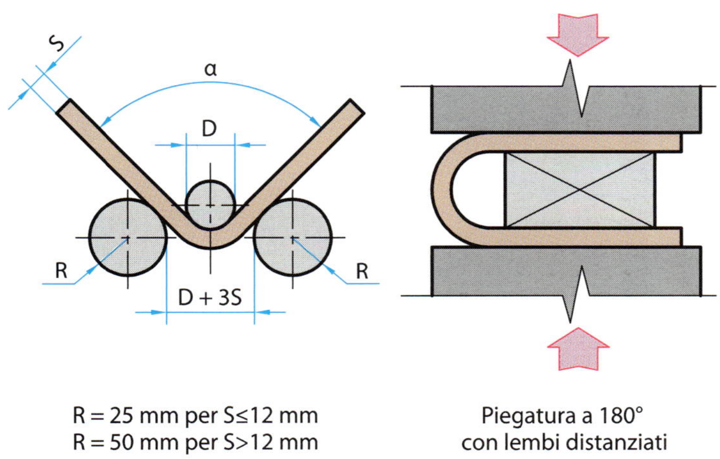

B2.14 Proprietà tecnologica della piegabilità.

B2.3 FERRO E SUE LEGHE

Il **ferro** è un elemento metallico con simbolo chimico **Fe**, temperatura di fusione 1535 °C, duttile, malleabile, magnetizzabile, che si ossida facilmente (formazione di ossido di ferro, detto comunemente *ruggine*).

Per la sua duttilità, il ***ferro*** era utilizzato a scopi decorativi e per la produzione di armi fin dalla preistoria. È disponibile in natura sotto forma di minerali costituendo il quarto elemento, in ordine di abbondanza, sulla superficie terrestre, dopo l'ossigeno, il silicio e l'alluminio.
Piccole quantità di composti di ferro sono presenti nelle acque, nelle piante e in quasi tutti gli alimenti. Il ferro, sotto forma di composto, viene somministrato come medicinale tonico e nel trattamento dell'anemia, quando la quantità di emoglobina o il numero di globuli rossi nel sangue sono inferiori alla norma.

Attualmente è utilizzato allo stato quasi puro per la produzione della lamiera zincata e di elettromagneti. Più frequentemente lo si trova sul mercato sotto forma di leghe ferro-carbonio che vengono definite in funzione della percentuale di carbonio presente e più precisamente [fig. B2.15]:

- meno di 0,008% *ferro* (*acciaio extradolce*);
- da 0,008 a 0,1% *acciaio dolce*;
- da 0,1 a 2% *acciaio*;
- da 2 a 6,67% *ghisa*.

Si chiama **siderurgia** il settore della metallurgia che studia i minerali da cui si ricava il ferro, le sue combinazioni con il carbonio e i processi tecnologici per la produzione delle leghe ferro-carbonio: *ghisa* e *acciaio*.

Le fasi che costituiscono il processo siderurgico con il quale si ricava il ferro e le sue leghe sono le seguenti [fig. B2.16]:

- **preparazione**: consiste nel preparare in modo adeguato le **materie prime** che sono: i *minerali di ferro*, il *carbon fossile* (coke) e il *calcare*, usato come fondente;
- **trasformazione**: viene effettuata nell'**altoforno**, grande forno verticale dove, dalle materie prime, si ottiene la *ghisa di prima fusione* (ghisa madre);
- **affinazione**: avviene nei **convertitori**, forni che consentono di ottenere l'*acciaio* dalla ghisa di prima fusione;
- **laminazione**: viene eseguita con un complesso di macchinari, detti **laminatoi**, che consentono di ottenere, mediante deformazione plastica a caldo, i *semilavorati* (billette, blumi, barre profilate di diversa forma).

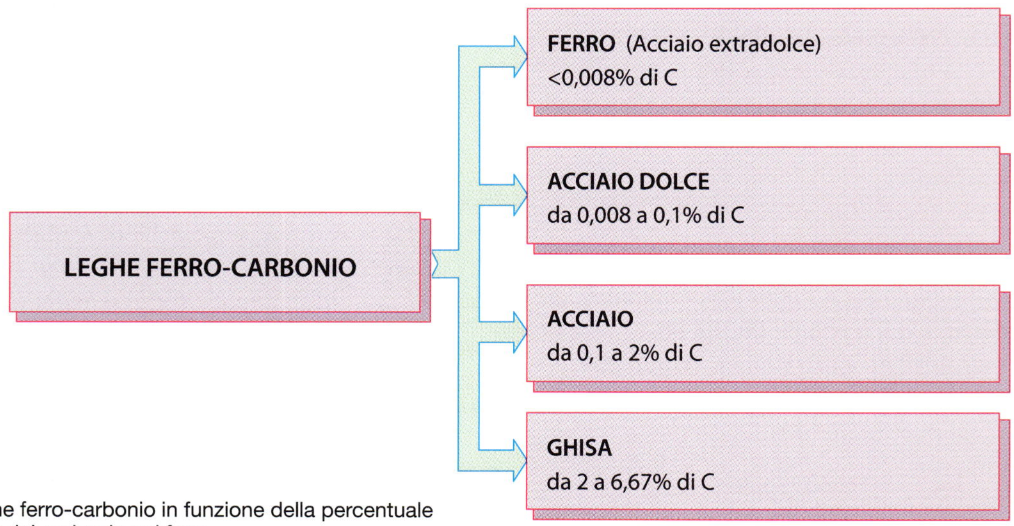

B2.15 Leghe ferro-carbonio in funzione della percentuale di presenza del carbonio nel ferro.

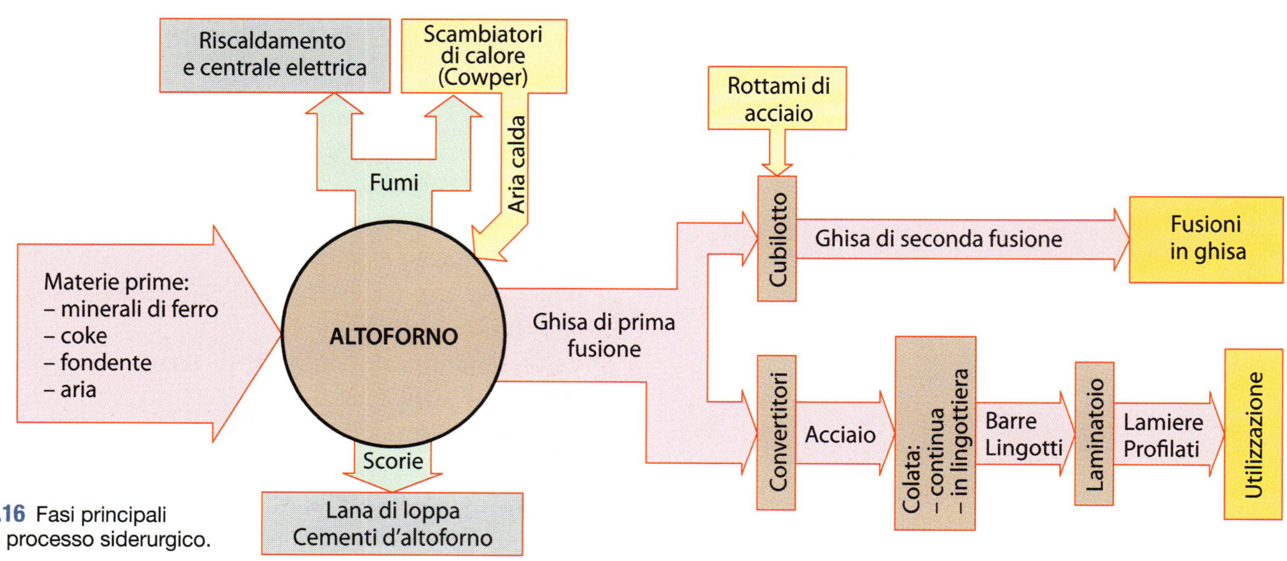

B2.16 Fasi principali del processo siderurgico.

Altoforno

L'**altoforno** è un grosso forno verticale di altezza pari a 35 ÷ 40 m e di diametro massimo di 10 ÷ 14 m, sorretto da una robusta incastellatura metallica (mantello) che sostiene una muratura in mattoni refrattari. Con esso si possono produrre, mediamente, tra le 2000 e le 4500 tonnellate di ghisa al giorno.

Le parti fondamentali dell'altoforno sono [fig. B2.17]:

- **bocca**: costituita dai dispositivi di caricamento, apertura, chiusura, raccolta e convogliamento dei fumi;
- **tino**: di forma tronco-conica divergente verso il basso per facilitare la discesa dei materiali e tenere conto della loro dilatazione;
- **ventre**: parte centrale dell'altoforno dove viene raggiunto il diametro massimo;
- **sacca**: costruita a forma tronco-conica con sezione decrescente per compensare la diminuzione del volume di materiale che comincia a fondere e a precipitare sotto forma di grossi goccioloni liquidi. Nella parte inferiore sono disposti gli ugelli dai quali viene insufflata l'aria calda necessaria alla combustione;
- **crogiolo**: di forma cilindrica, serve a raccogliere la ghisa fusa; nella parte superiore viene praticato un foro per lo scarico delle *scorie* e nella parte inferiore un altro per la colata della *ghisa*.

Funzionamento dell'altoforno

Le materie prime opportunamente preparate (pellettizzazione) vengono caricate dalla bocca dove cominciano a riscaldarsi fino a raggiungere la temperatura di 400 °C, eliminando l'umidità dei materiali (essiccamento, fig. B2.17, zona 1).

La carica solida, nel suo cammino di discesa verso il basso, incontra la corrente ascendente dei gas ottenuti dall'aria compressa preriscaldata introdotta dagli ugelli ad alta velocità. L'ossigeno contenuto nell'aria, infatti, reagisce con il carbone (C) generando ossido di carbonio (CO), anidride carbonica (CO_2) e sviluppando calore.

Nel tino il minerale di ferro (per esempio, l'*ematite* Fe_2O_3) comincia a reagire con l'ossido di carbonio riscaldandosi fino a raggiungere la temperatura di 800 °C.

$$Fe_2O_3 + 3CO \leftrightarrow 2Fe + 3CO_2 + \text{calore}$$

Questa reazione si chiama di *riduzione indiretta* (fig. B2.17, zona 2) perché non ottenuta dal carbonio ma dall'ossido di carbonio. Proseguendo nella sua discesa il minerale di ferro subisce una *riduzione diretta* (fig. B2.17, zona 3) combinandosi con il carbon coke:

$$Fe_2O_3 + 3C \leftrightarrow 2Fe + 3CO + \text{calore}$$

Questa reazione fornisce ancora calore portando i materiali alla temperatura di 1350 °C.

Nella zona 4 il minerale di ferro, a causa delle riduzioni subite nelle due zone sovrastanti (2 e 3), raggiunge una struttura spugnosa che favorisce l'assorbimento di carbonio trasformandosi in ghisa. La temperatura continua a salire fino a provocare la fusione del minerale con la formazione delle prime scorie. La reazione chimica è la seguente:

$$3Fe + 2CO \leftrightarrow Fe_3C + CO_2$$

Successivamente, nella zona 5, viene immessa dagli ugelli aria calda che completa la combustione del coke innalzando la temperatura fino a 1800 °C. Il metallo fuso precipita nel crogiolo separandosi dalle scorie che galleggiano perché più leggere (fig. B2.17, zona 6).

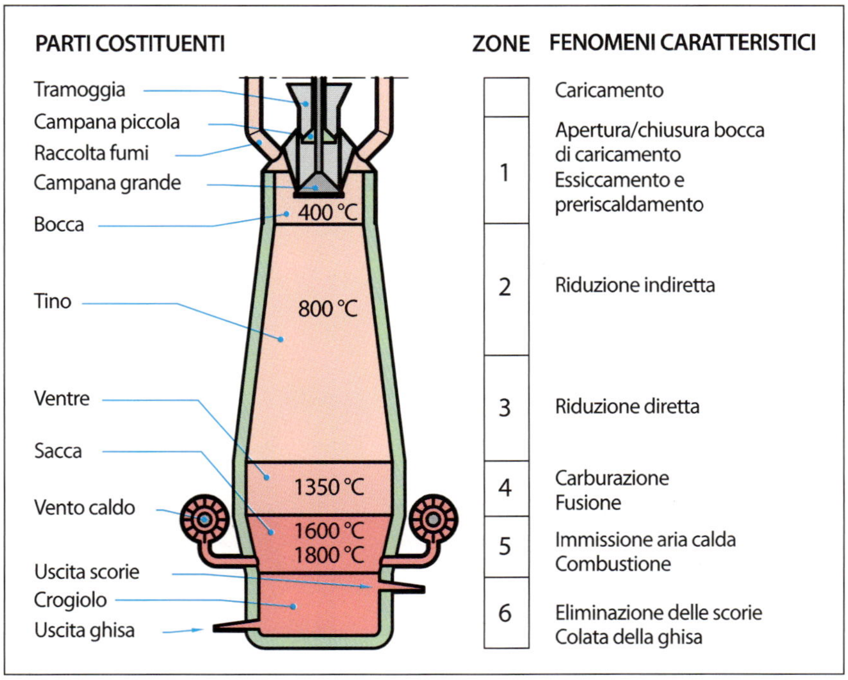

B2.17 Disegno schematico di un altoforno in sezione: parti fondamentali, temperature e fenomeni.

I prodotti dell'altoforno

I principali prodotti dell'altoforno **[fig. B2.18]** sono le *scorie*, il *gas povero* e la *ghisa* di prima fusione.

- **Scorie**

Sono spillate dal crogiolo dell'altoforno attraverso il foro più alto. Esse contengono le parti solide non metalliche delle cariche introdotte nell'altoforno. Sono utilizzate per la costruzione di materiali coibenti, cementi, calce, mattonelle di rivestimento ecc.

- **Gas povero**

Viene raccolto nella bocca dell'altoforno alla temperatura di circa 200 °C. È composto da gas ancora combustibili, come ossido di carbonio (25%), idrogeno (2%), metano (0,3%), oltre che da azoto e anidride carbonica. Viene utilizzato nella produzione di energia elettrica per il consumo interno dell'impianto e per riscaldare l'aria inviata agli ugelli dell'altoforno.

La ghisa

La ghisa viene spillata dal crogiolo dell'altoforno a una temperatura di circa 1500 °C e versata nei *carri siluro* (recipienti semoventi a forma di botte montati su carrelli) o nelle *siviere* (grosse brocche rivestite di refrattario), per il trasporto.
Questa ghisa è detta anche **di prima fusione** o ghisa **greggia**. Essa non viene subito utilizzata, ma ulteriormente trasformata, con particolari processi di rifusione, in un forno più piccolo che si chiama **cubilotto**, con aggiunta di elementi che ne migliorano le caratteristiche, ottenendo la ghisa **di seconda fusione** detta semplicemente *ghisa*.

La **ghisa** è una lega ferro-carbonio di colore grigio, punto di fusione intorno a 1200 °C, non malleabile, fragile, resistente alla corrosione e dotata di una buona fusibilità (scorrevolezza allo stato fuso).

Proprio a causa della sua *buona fusibilità*, la ghisa viene largamente impiegata soprattutto nella fabbricazione di **getti fusi** per basamenti di macchine utensili, monoblocchi di motore **[fig. B2.19]** ecc.

L'acciaio

L'**acciaio** è una lega ferro-carbonio con una percentuale di carbonio inferiore al 2% (nelle applicazioni industriali comuni la presenza del carbonio è variabile da 0,2 a 1%).

Esso viene ottenuto dalla ghisa dell'altoforno attraverso processi di sottrazione del carbonio (*decarburazione* o *affinazione* della ghisa) che si distinguono in:

- **processi a carica liquida**, che trattano direttamente la ghisa liquida proveniente dall'altoforno attraverso i **convertitori** (Bessemer, Thomas, a ossigeno);
- **processi a carica solida**, che utilizzano pani di ghisa solidi e rottami di ferro portati a fusione mediante **forni** (Martin-Siemens, elettrico).

B2.19 Monoblocco in ghisa di motore FIAT, 6 cilindri a V, ottenuto per fusione.

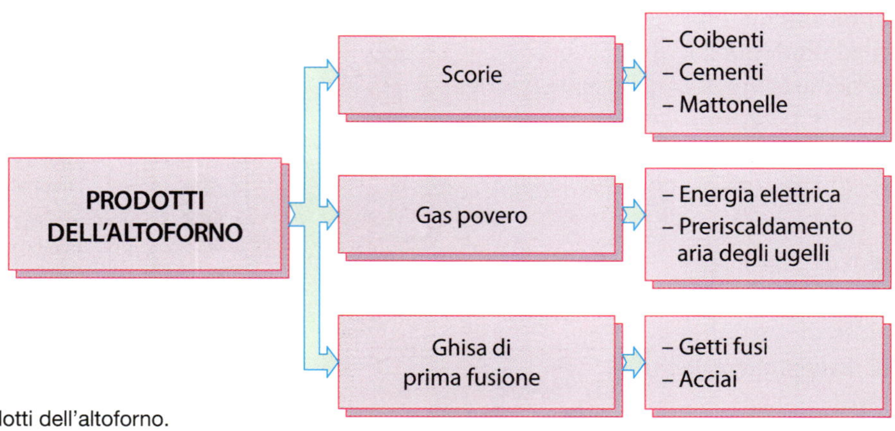

B2.18 I principali prodotti dell'altoforno.

B2.4 MATERIALI METALLICI NON FERROSI

Generalità

I materiali metallici non ferrosi si possono suddividere in gruppi in funzione delle loro principali proprietà fisico-chimiche secondo quanto riportato nella **tabella B2.5**. Si ottiene così una classificazione che evidenzia gli impieghi specifici.

Rame e sue leghe: bronzo e ottone

Il **rame**, simbolo chimico **Cu**, è un metallo color rosso salmone, con temperatura di fusione 1083 °C; è caratterizzato da alta conducibilità elettrica e termica, buona resistenza alla corrosione e grande facilità a formare leghe con altri metalli.

Esso fu largamente utilizzato fin dalla più remota antichità (nel 4500 a.C. la pietra fu sostituita dal rame nella costruzione degli attrezzi per la caccia e il lavoro); si può trovare in natura allo stato puro (*rame nativo*) oppure sotto forma di composti con lo zolfo (calcopirite $CuFeS_2$, calcosina Cu_2S) o con l'ossigeno (cuprite Cu_2O).
Il rame viene impiegato soprattutto nel *settore elettrico* come conduttore nelle linee di trasporto dell'energia elettrica **[fig. B2.20]**, negli impianti industriali e civili, negli avvolgimenti dei motori, nei trasformatori, nei contatti degli interruttori. È anche utilizzato nell'industria chimica (solfato di rame anticrittogamico per la vite ecc.) e negli impianti termoidraulici (tubi, scambiatori di calore ecc.).

B2.20 Fili elettrici di rame con diverse guaine isolanti e schermature di protezione.

Come già detto, il rame può facilmente formare leghe e, tra esse, quelle di maggiore interesse commerciale e tecnologico sono:

- **bronzo**: lega di *rame e stagno* (6 ÷ 20% di stagno);
- **ottone**: lega di *rame e zinco* (10 ÷ 40% di zinco).

Bronzo

Il **bronzo** è una lega di rame e stagno, con temperatura di fusione compresa fra 900 e 1000 °C; è caratterizzato da ottima fusibilità e sonorità, buona resistenza alla corrosione e basso attrito.

TABELLA B2.5 Suddivisione dei materiali metallici non ferrosi, caratteristiche e impieghi

Gruppo	Metalli	Caratteristiche e impieghi
Pesanti	Rame (Cu), Nichel (Ni), Piombo (Pb), Zinco (Zn), Stagno (Sn)	Massa volumica > 5000 kg/m^3. Utilizzati in applicazioni di meccanica pesante
Leggeri	Alluminio (Al), Magnesio (Mg), Titanio (Ti), Berillio (Be), Calcio (Ca)	Massa volumica < 5000 kg/m^3. Utilizzati in applicazioni dove interessa la leggerezza
Nobili	Oro (Au), Argento (Ag), Platino (Pt), Iridio (Ir)	Materiali di alto valore. Impiegati in oreficeria, oggetti ornamentali, resistenze, saldature di componenti elettronici
Refrattari	Tungsteno (W), Molibdeno (Mo), Vanadio (V), Titanio (Ti), Cromo (Cr), Manganese (Mn)	Alta temperatura di fusione. Impiegati come elementi aggiuntivi nelle leghe leggere e nelle applicazioni con alte temperature di esercizio
Terre rare	Lantanio (La), Cerio (Ce), Neodimio (Nd), Samario (Sm)	Alte caratteristiche ferromagnetiche. Utilizzati per rotori di motori
Radioattivi	Uranio (U), Torio (Th), Radio (Ra), Plutonio (Pu)	Emettono radiazioni dal nucleo degli atomi. Utilizzati nella produzione di energia e nella medicina

Viene utilizzato per getti di fusione (campane, statue, fig. B2.21), per valvole, cuscinetti lisci (bronzine, fig. B2.22), monete e bulloneria speciale.
I bronzi si dicono **ordinari** quando sono costituiti esclusivamente da *rame* e *stagno* o **speciali** se contengono anche altri elementi quali lo zolfo, il piombo, il nichel o il manganese.

Ottone

L'**ottone** è una lega di rame e zinco, con temperatura di fusione compresa fra 800 e 1000 °C; è caratterizzato da buona malleabilità e grande duttilità.

Viene impiegato in fonderia (rubinetti, maniglie), nelle lavorazioni plastiche (fili, tubi, lamierini) e nella fabbricazione di cilindri e di strumenti musicali, detti appunto "ottoni" [fig. B2.23].
Anche gli ottoni possono essere **ordinari** o **speciali** a seconda che risultino composti da *rame* e *zinco* oppure con l'aggiunta di altri elementi che ne migliorano le caratteristiche.

Alluminio e sue leghe leggere

L'**alluminio**, simbolo chimico **Al**, è un metallo di colore bianco argenteo, con temperatura di fusione 658 °C, buona conducibilità termica ed elettrica, buona resistenza all'ossidazione e facilità a formare leghe con altri metalli (leghe leggere).

L'alluminio è un elemento molto diffuso in natura principalmente sotto forma di ossido (bauxite Al_2O_3) e viene più frequentemente utilizzato sotto forma di lega.

Le leghe dell'alluminio, dette **leghe leggere**, sono ottenute con l'aggiunta, in percentuale variabile, di elementi quali il silicio, il rame, il magnesio, lo zinco, il nichel e il manganese. Con esse si possono ottenere getti di fusione, oppure tubi, barre e profilati, mediante lavorazione plastica [fig. B2.24].

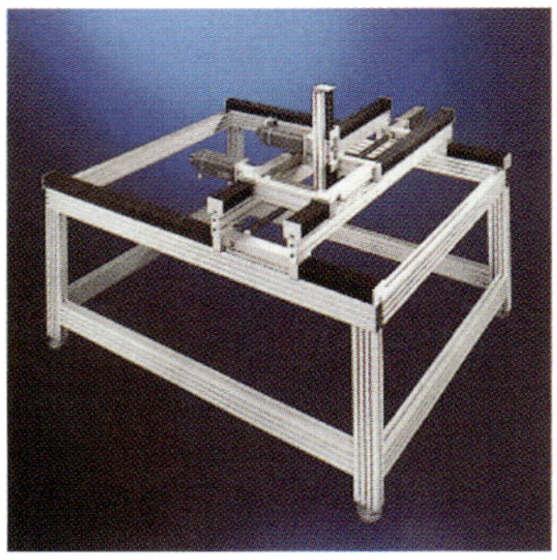

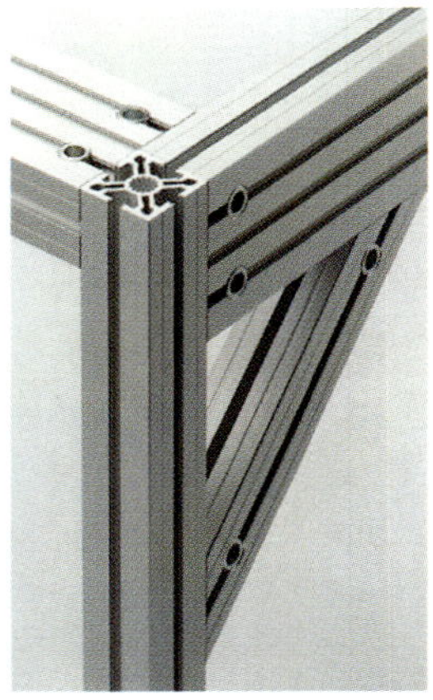

B2.24 Banco di lavoro costruito con profilati di alluminio assemblati.

Magnesio e sue leghe ultraleggere

Il **magnesio**, simbolo chimico **Mg**, è un metallo di colore bianco argenteo, con temperatura di fusione 651 °C, alta combustibilità con fiamma molto luminosa e buona facilità a formare leghe con altri metalli (leghe ultraleggere).

Il magnesio è un elemento diffuso in natura sotto forma di carbonati (magnesite $MgCO_3$) o di cloruri (carnallite $MgCl_2 \cdot KCl \cdot 6H_2O$) e come elemento costitutivo di molte rocce (dolomite $MgCO_3 \cdot CaCO_3$).

B2.21 Bronzi di Riace.

B2.22 Bronzine utilizzate per la riduzione dell'attrito radente.

B2.23 Elegante tromba per autovettura d'epoca con corpo in ottone e soffietto in gomma.

Sotto forma di ossido esso assume caratteristiche refrattarie e viene perciò impiegato come rivestimento basico dei forni.
Il magnesio viene utilizzato inoltre nella metallurgia per la produzione delle **leghe ultraleggere** con alluminio, zinco, manganese, silicio e nichel, che ne migliorano la resistenza meccanica aumentando la saldabilità e la resistenza alla corrosione.
Tra le **principali leghe ultraleggere** si segnala quella che il magnesio forma con alluminio (3%), zinco (1,5%), manganese e silicio (nome commerciale **Electron**), impiegata nelle industrie automobilistica e aeronautica per la costruzione di carter, serbatoi, coppe e radiatori e in tutte le applicazioni per le quali la leggerezza è una caratteristica essenziale.

Cromo e nichel

Il **cromo**, simbolo chimico **Cr**, è un metallo di colore bianco splendente, con temperatura di fusione 2875 °C. Il **nichel**, simbolo chimico **Ni**, è un metallo di colore grigio splendente, con temperatura di fusione 1455 °C.

La caratteristica principale di questi due elementi è l'*ottima resistenza alla corrosione*, motivo per cui vengono impiegati nel rivestimento dei metalli a scopo protettivo (cromatura e nichelatura), nella fabbricazione di monete e come componenti di molte leghe inossidabili (acciai al cromo-nichel, fig. B2.25).

B2.25 Rubinetto di acciaio inossidabile al cromo-nichel con rifiniture in ottone.

Stagno e sue leghe

Lo **stagno**, simbolo chimico **Sn**, è un metallo di colore bianco argenteo splendente, con temperatura di fusione 232 °C; è molto malleabile e riducibile in fogli sottilissimi.

Lo stagno viene utilizzato come rivestimento protettivo del ferro (latta), degli alimenti (stagnola), nell'industria elettronica per l'esecuzione delle saldature nelle connessioni dei componenti (saldatura a stagno, fig. B2.26) e come componente di lega (*bronzo* con il rame e *leghe antifrizione* con l'antimonio, il piombo, lo zinco e il rame).

Piombo e sue leghe

Il **piombo**, simbolo chimico **Pb**, è un metallo di colore azzurrognolo, con temperatura di fusione 327 °C.

Il piombo viene utilizzato per costruire le piastre degli accumulatori [fig. B2.27] e in lega con gli acciai per conferire loro maggior truciolabilità alle macchine utensili (acciai per lavorazioni automatizzate).

B2.26 Attrezzatura per saldatura a stagno: fili di stagno, saldatori a resistenza, alimentatore, disossidanti, ancoraggi e capicorda.

B2.27 Batteria con lastre di piombo in contenitore trasparente per il controllo del livello dell'elettrolita.

Titanio e sue leghe

Il **titanio**, simbolo chimico **Ti**, è un metallo di colore bianco argenteo, con temperatura di fusione 1725 °C.

Il titanio in lega con alluminio, vanadio, manganese e zirconio viene utilizzato nelle industrie aeronautica e missilistica per la sua leggerezza, accompagnata da notevoli caratteristiche meccaniche conservate intatte sia alle alte temperature sia alle basse (anche sotto zero, **fig. B2.28**). Per un suo più ampio utilizzo l'unico inconveniente è costituito dal costo elevato.

Metalli radioattivi

Si definiscono **radioattivi** quei metalli che emettono radiazioni dal nucleo atomico.

Questi materiali vengono utilizzati nella produzione di energia, nel campo industriale e nella medicina.
I principali metalli radioattivi sono i seguenti.

- **Radio** (Ra): è utilizzato in *medicina* e nell'*industria* per le proprietà che hanno le sue radiazioni di attraversare i corpi e impressionare lastre fotografiche (radiografie).
- **Uranio** (U): è utilizzato nei *reattori delle centrali nucleari* per la produzione di grandi quantità di energia, sotto forma di calore, ottenuta dalla fissione del suo nucleo tramite bombardamento di neutroni.
- **Torio** (Th): è utilizzato nei reattori nucleari e nelle lampade a incandescenza.

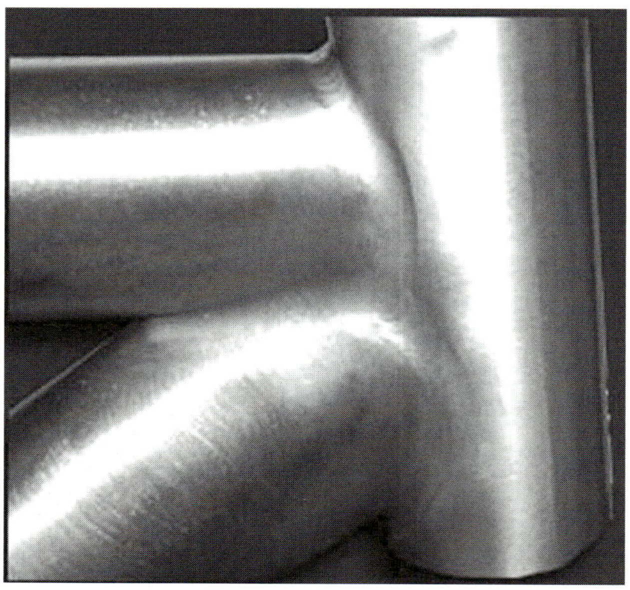

B2.28 Struttura saldata in titanio, per garantire leggerezza e buone caratteristiche meccaniche sia alle alte sia alle basse temperature.

Materiali sinterizzati

Si chiamano **sinterizzati** i prodotti ottenuti attraverso il processo di sinterizzazione (dal tedesco *Sinter* che significa *agglomerato*).

Tale processo consiste nel compattare e trasformare in un composto indivisibile dei materiali precedentemente ridotti in polvere **[fig. B2.29]**.
Il processo nel suo insieme è chiamato *metallurgia delle polveri*.
I materiali sinterizzati sono impiegati per la costruzione di placchette per utensili da taglio in *metallo duro* **[fig. B2.30]**, boccole autolubrificanti (porosità interna riempita da lubrificante), materiali speciali denominati *Cermet*, filamenti per lampade, filtri e contatti elettrici.

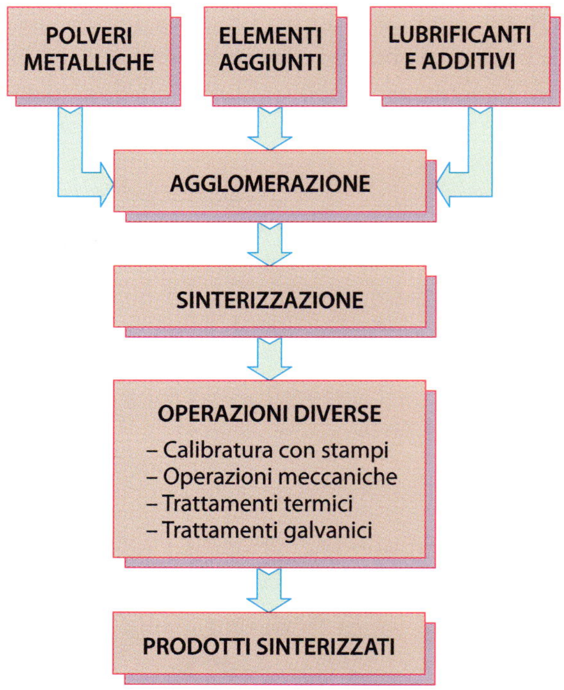

B2.29 Fasi di processo per ottenere i prodotti sinterizzati.

B2.30 Inserti in metallo duro per utensili di tornitura.

B2.5 LEGNO, RESINE, MATERIE PLASTICHE, GOMME E MATERIALI COMPOSITI

Legno

Questo materiale è caratterizzato da buona resistenza in rapporto al modesto peso, buona lavorabilità, aspetto gradevole, discreta reperibilità, semplicità di collegamento tra diversi elementi, buona elasticità e capacità di assorbire urti. Esso viene largamente utilizzato sia come combustibile sia come materiale da costruzione nelle industrie edile e dell'arredamento.

Il **legno** è un materiale naturale che si ricava dai tronchi degli alberi e presenta una struttura fortemente disomogenea, caratterizzata da *fibre* e *vasi* paralleli all'asse della pianta e da *raggi midollari* disposti radialmente alla sezione del tronco **[fig. B2.31]**.

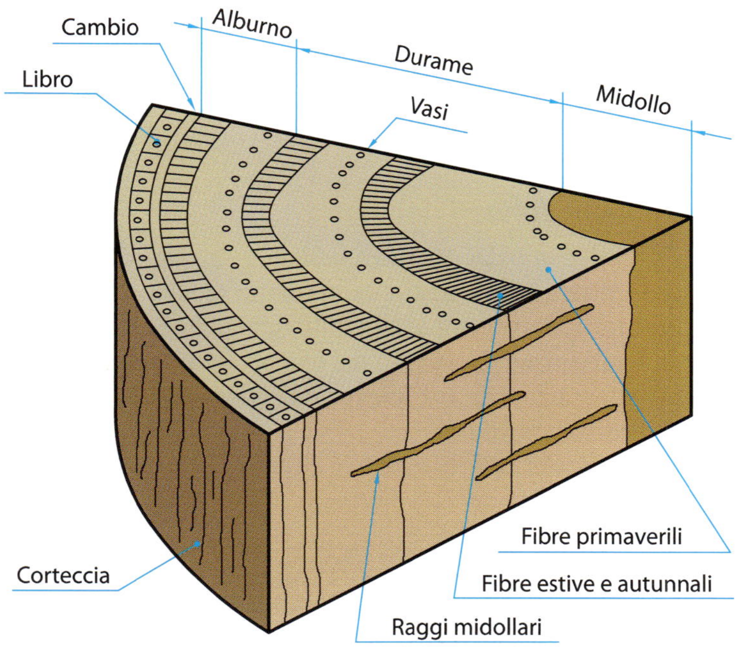

B2.31 Parti e zone di un tronco d'albero.

Il legno è costituito da *cellulosa* (≈45%), *lignite* (≈25%), tannino, amidi, coloranti, resine ecc.
I legnami vengono classificati in base alla qualità dell'**essenza** secondo lo schema riportato nella **tabella B2.6**.

Impieghi del legno

L'utilizzazione del legno richiede una lavorazione preliminare del tronco d'albero per ottenere le forme specifiche adatte all'uso. Con questa operazione, a volte seguita da trattamenti di stagionatura naturale o artificiale, di protezione o di conservazione, si ottengono i semilavorati commerciali (travi, travetti, tavole, **fig. B2.32**).
I semilavorati vengono assemblati per la costruzione di strutture più complesse mediante giunzioni ottenute con colle, chiodi, piastre, viti o bulloni. Quando la struttura è assoggettata a sforzi più elevati si ricorre

TABELLA B2.6 Classificazione dei legnami in base alla qualità dell'essenza

Essenze	Denominazione e massa volumica [kg/m^3]	Caratteristiche principali
Forti	Acero (660), ebano (1250), noce (720), faggio (730), quercia (850), platano (700), castagno (580)	Alta massa volumica, grande resistenza e durezza, buona lucidabilità
Tenere	Betulla (650), ontano (570), pioppo (500), salice (450), tiglio (640), olmo (620)	Bassa massa volumica, limitata durezza e resistenza, scarsa lucidabilità
Resinose	Abete (450), cedro (600), pino (545), cirmolo (450), larice (630)	Media massa volumica, buona resistenza

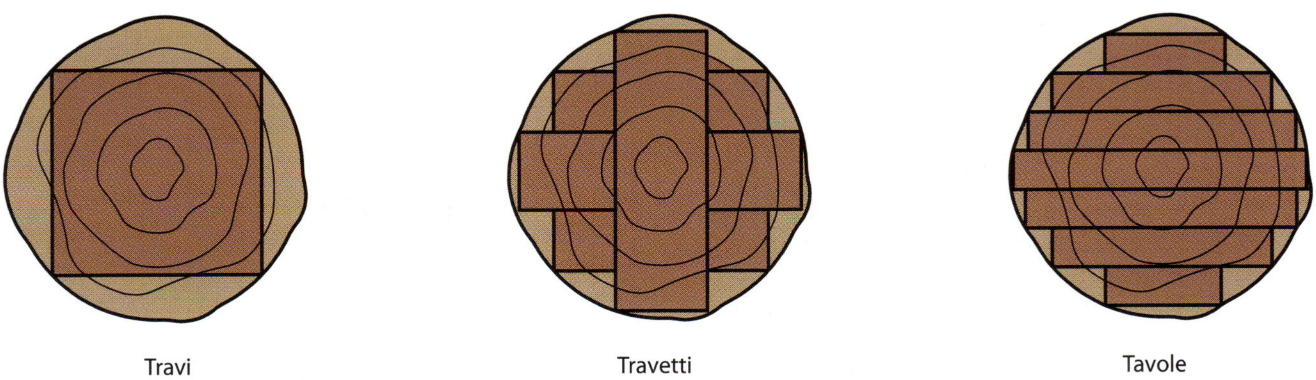

B2.32 Lavorazione preliminare dei tronchi d'albero.

agli incastri a coda di rondine, dente e mortasa [fig. B2.33], sempre rinforzati con colle, chiodi o viti.

La tabella B2.7 riporta l'elenco dei principali impieghi dei legnami più comuni.

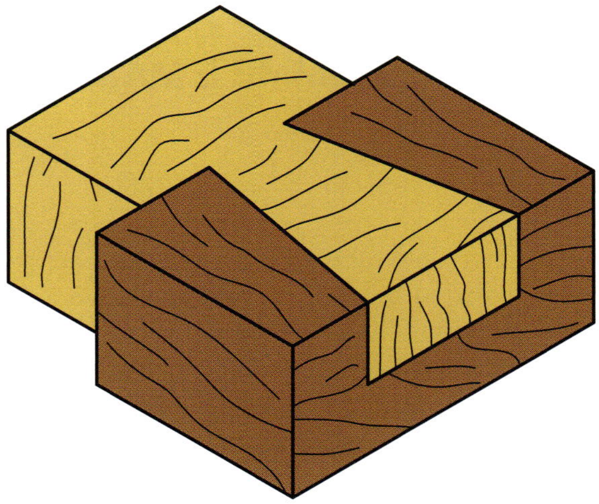

B2.33 Giunzione a coda di rondine di un semilavorato di legno.

Pannelli derivati del legno

L'introduzione dei collanti a base di resine, la scarsità di legname, i suoi costi e la moderna tecnologia dei processi di lavorazione hanno incrementato la ricerca di diversi prodotti derivati dal legno, ottenuti proprio con gli scarti della sua lavorazione tradizionale (ritagli, trucioli, segatura).
Vengono elencati di seguito i principali derivati del legno.

- **Compensati**

I compensati sono pannelli costituiti da tre o più fogli sottili di legno sfogliato dai tronchi, incollati a caldo e sotto pressione, uno sopra l'altro, con fibre incrociate in modo tale che le deformazioni imputabili al diverso ritiro siano contrastanti e quindi quasi annullate [fig. B2.34a]. I pannelli ottenuti con questa tecnica hanno resistenza uniforme in tutte le direzioni e buona deformabilità.
Per la costruzione di mobili si usano pannelli compensati rivestiti esternamente con un foglio di legno pregiato (noce, mogano, rovere ecc.).

- **Paniforti**

I paniforti sono costituiti da due pannelli esterni di piccolo spessore e da un'anima interna formata da listelli affiancati e disposti con le fibre perpendicolari ai pannelli di compensato, incollati a caldo e sotto pressione [fig. B2.34b].

- **Fibre di legno**

Le fibre di legno sono pannelli costituiti da scaglie di legno ricuperate come scarti di lavorazione e sfibrate, impastate con resine sintetiche e pressate a caldo.

(a)

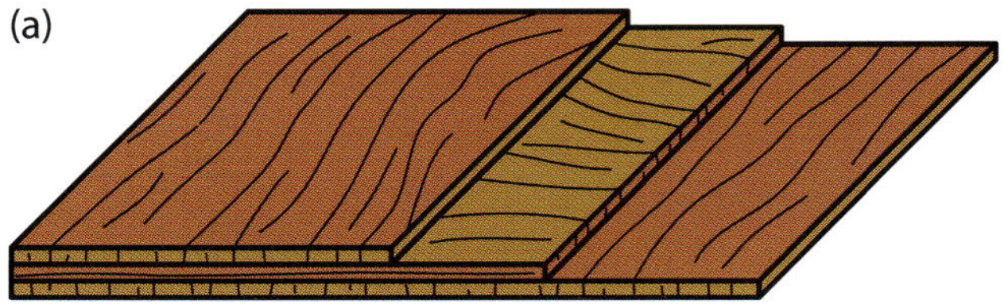

(b)

B2.34 Pannelli: a) compensati; b) paniforti.

TABELLA B2.7 Campi di impiego dei legnami più comuni

Campo di impiego	Tipi di legno
Costruzioni civili e industriali	Abete, betulla, castagno, faggio, larice, pino, pioppo, quercia ecc.
Falegnameria, industria del mobile	Abete, acero, faggio, cipresso, ciliegio, larice, pino, pioppo, platano, quercia, noce, olmo, frassino ecc.
Ebanisteria, mobili artistici	Ciliegio, noce, pero, ulivo, mogano, ebano, palissandro ecc.
Costruzioni navali e idrauliche	Larice, ontano, quercia ecc.
Lavorazioni alle macchine utensili	Noce, pero, bosso, ciliegio, tiglio, frassino ecc.
Modelli per fonderia	Abete, cirmolo, faggio, noce ecc.

Con questa tecnica si ottengono pannelli che presentano struttura omogenea, buone caratteristiche meccaniche, ritiro uniforme e quasi nullo, elevato potere isolante e basso costo.

- **Truciolati**

I truciolati sono ottenuti pressando a caldo un impasto omogeneo di resine sintetiche, segatura e schegge di legno. Presentano caratteristiche quasi simili ai pannelli di fibre di legno, con il vantaggio che per ottenerli si utilizzano tutti gli scarti di lavorazione (compresa la segatura), riportandone, di conseguenza, una più elevata massa volumica.

Resine

Le **resine** sono sostanze costituite da molecole di grandi dimensioni, di natura organica, composte prevalentemente da carbonio e idrogeno.

Sono presenti in natura (**resine naturali**), ma negli ultimi decenni hanno avuto notevole sviluppo quelle **artificiali** (**resine sintetiche**), dette più comunemente **materie plastiche**.
Tra le resine naturali si ricorda il **caucciù**, elemento base per la produzione della gomma. Le resine sintetiche sono prodotte, industrialmente, mediante elaborazione di sostanze organiche naturali (petrolio).

Materie plastiche

Si definiscono **materie plastiche**, secondo la normativa, i prodotti artificiali a struttura macromolecolare che, in determinate condizioni di temperatura e pressione, subiscono variazioni permanenti di forma.

Le caratteristiche vantaggiose delle materie plastiche, nel confronto con i materiali metallici e non metallici, sono:

- leggerezza e facile formabilità;
- totale colorabilità per ottenere un aspetto attraente;
- ottime proprietà di isolamento acustico, termico ed elettrico;
- buona capacità di attenuare le vibrazioni;
- resistenza alla corrosione da sostanze inorganiche (acidi) e da agenti atmosferici;
- buona resistenza agli urti (termoplastici);
- idrorepellenza e resistenza all'azione di batteri e muffe.

I materiali plastici, dal punto di vista industriale e commerciale, possono essere suddivisi in *termoplastici* e *termoindurenti* in base alle proprietà dei pezzi finiti.

- **Termoplastici**: sono quei materiali che durante la lavorazione di formatura e successivo indurimento non subiscono alcuna alterazione di struttura chimica. Questa trasformazione, perciò, risulta reversibile e può essere ripetuta più volte.
- **Termoindurenti**: sono quei materiali che, nel passaggio dallo stato plastico a quello indurito, subiscono una alterazione della struttura chimica trasformandosi in modo irreversibile in una massa dura, insolubile e infusibile. Questa trasformazione, detta *indurimento* o *conversione*, comporta la formazione di legami incrociati e definitivi tra le molecole che, perciò, non si possono più rompere; un successivo riscaldamento genera la carbonizzazione del materiale.

Lavorazioni delle materie plastiche

Molte materie plastiche (nylon, teflon, plexiglas ecc.) si prestano bene per lavorazioni con macchine utensili, in modo del tutto analogo ai materiali metallici; si ottengono, con questo processo, prodotti finiti (boccole, rulli, anelli, perni, ruote, fig. B2.35) a partire da opportuni semilavorati idonei (barre, profilati, lastre, fig. B2.36).
La lavorazione che meglio si presta a ottenere, con produzioni in serie, oggetti di qualsiasi forma e senza sfridi è lo **stampaggio** a partire da materiale in polvere.
Nella figura B2.37 si riporta una serie di elementi di manovra e di serraggio con parti costruite in materiale plastico termoindurente (bachelite).

Nella tabella B2.8 sono riportate le materie plastiche di uso più comune con le caratteristiche più significative.

B2.35 Particolari industriali ottenuti con lavorazione di materiale plastico.

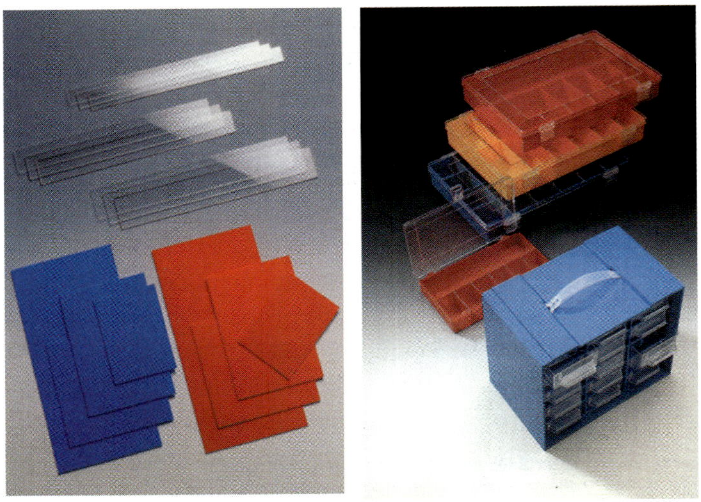

B2.36 Semilavorati in resina termoplastica.

B2.37 Elementi di manovra e di serraggio con parti costruite in materiale plastico termoindurente.

TABELLA B2.8 Materie plastiche di uso più comune

	Nome	Caratteristiche	Applicazioni
TERMOPLASTICHE	Celluloide	Ottenuta dalla nitrocellulosa. Infiammabile, trasparente	Pellicole fotografiche e cinematografiche
	Cloruro di polivinile (PVC) UNI ISO 2898	Di utilizzo molto diffuso. Elevata resistenza alla corrosione	Serbatoi, valvole, rubinetti, vasche, fibre tessili artificiali
	Polietilene (PE) UNI ISO 1872	Leggero, duro, resistente alla corrosione di agenti chimici. Isolante, insolubile in acqua	Cavi elettrici coassiali e sottomarini. Oggetti casalinghi (piatti, bicchieri). Serbatoi, vasche di decapaggio ed elettrolisi, impermeabilizzante
	Acetato di cellulosa	Derivato dalla cellulosa ma non infiammabile. Resistente ai grassi, agli oli minerali, alle benzine	Pellicole cinematografiche. Tessuto "rayon" in sostituzione di seta e cotone
	Plexiglas	Incolore e trasparente, buone proprietà ottiche. Resistente agli urti ma con scarsa durezza (rigabile)	Usi domestici in sostituzione del vetro, articoli per laboratori chimici, industria ottica e automobilistica
	Polistirolo UNI ISO 1622	Normale, antiurto ed espanso. Ottima resistenza alla corrosione e all'umidità, isolante elettrico, infiammabile, attaccabile dai solventi	Contenitori, imballaggi, giocattoli, oggetti da arredamento, isolante, pezzi stampati per iniezione, modelli per fonderia
TERMOINDURENTI	Resine fenoliche (F) BACHELITE	Basso costo, elevata rigidezza, lavorabili alle macchine utensili, lucidabili. Isolante elettrico	Come isolante nelle industrie elettrotecniche ed elettronica. Pezzi meccanici stampati, parti non lubrificate
	Resine ureiche (U)	Resistenti ai solventi, lavorabili alle macchine utensili, aspetto lucido, colorabili	In arredamento. In elettrotecnica per spine e interruttori. Accessori igienici, bottoni
	Resine fenolmelamminiche (FM) FORMICA	Qualità simili e superiori alle resine ureiche	Laminati plastici protettivi di rivestimento. Contenitori, stoviglie ed elementi decorativi
	Resine poliestere (UP) VETRORESINA	Buona resistenza agli agenti chimici e agli oli. Impermeabili, trasparenti, di facile stampaggio	Industria meccanica automobilistica (cruscotti), nautica (barche, scafi), aeronautica (fusoliere), casalinghi (vasche da bagno)
	Resine epossidiche (EP)	Buona resistenza meccanica se rinforzate con lana di vetro, ottima resistenza alla corrosione, basso ritiro all'indurimento	Adesivi per metalli in sostituzione delle chiodature, isolanti, stampi per imbutitura lamiera, modelli per macchine a copiare, tubazioni, contenitori, vernici per pitture stradali

Gomme

Si definisce **gomma** un materiale caratterizzato da alto allungamento e rapido ritorno. Esistono in commercio gomme naturali e gomme sintetiche.

- **Gomme naturali**: si ottengono coagulando il lattice naturale ricavato da diverse piante tropicali e raccolto mediante incisione del tronco. Hanno basse caratteristiche meccaniche e vengono utilizzate per la preparazione di collanti e mastici.
- **Gomme sintetiche**: vengono prodotte a partire da idrocarburi semplici generando per polimerizzazione lattici artificiali che vengono successivamente coagulati.

Quando è necessario conferire al materiale caratteristiche di resistenza ed elasticità, le gomme vengono sottoposte al **processo di vulcanizzazione**, consistente nel trattare, a caldo, la gomma con zolfo, biacca e altri additivi.
In commercio si trovano gomme sotto forma di stampati, trafilati e fustellati ottenuti da fogli.
Le gomme vengono utilizzate come elementi antivibranti (ruote di carrelli e autovetture, sospensori, ammortizzatori) per guarnizioni di tenuta [fig. B2.38], per elementi di appoggio autobloccanti, tappeti antiscivolo ecc.

Materiali compositi

Si definisce **materiale composito** qualunque tipo di materiale caratterizzato da una struttura non compatta costituita dall'insieme di due o più sostanze diverse, fisicamente separate e dotate di proprietà differenti.

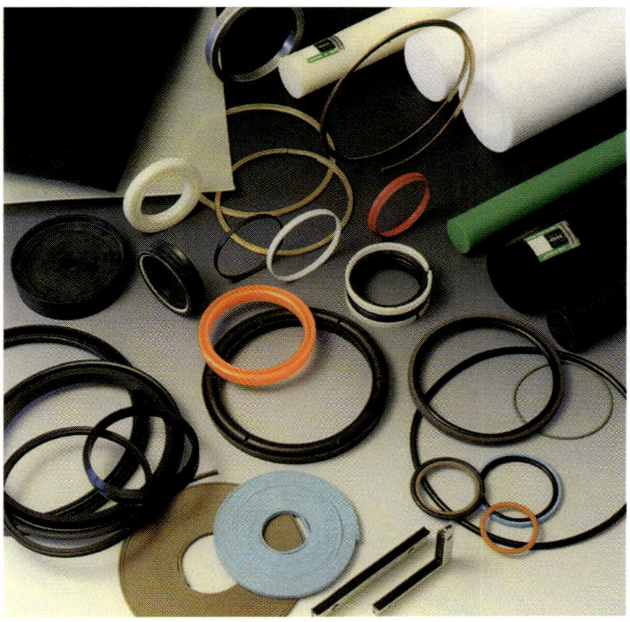

B2.38 Anelli di tenuta in gomma.

In pratica, però, si attribuisce il nome di **composito** al materiale la cui struttura risulta costituita dalle seguenti due parti:

- una *omogenea*, detta **matrice**, che può essere costituita da una sostanza plastica, metallica o ceramica; la sostanza più utilizzata è quella plastica perché garantisce una massa volumica globale estremamente bassa;
- l'altra *discontinua* e *fibrosa*, detta **rinforzo**, che ha il compito di assicurare l'aumento della resistenza meccanica.

L'insieme di queste due parti costituisce un prodotto in grado di garantire proprietà meccaniche elevatissime e massa volumica decisamente bassa, come si può riscontrare dalle caratteristiche delle principali fibre, riportate nella tabella B2.9, utilizzate come rinforzo.

TABELLA B2.9 Caratteristiche di alcune fibre di rinforzo per materiali compositi

Fibra	Massa volumica [N/m³]	Resistenza a trazione [N/mm²]
Vetro	2500	3800
Carbone	2000	2400
Boro	2600	3400
Carburo di silicio	3200	9800
Berillio policristallino	1800	1300
Ferro monocristallino	7800	13.500
Fibre organiche	1450	2700
Kevlar (Du Pont)	1500	3400

Le proprietà meccaniche dei materiali compositi dipendono dalla natura dei costituenti principali, cioè dal tipo di matrice, dal tipo di fibre e dalla loro disposizione all'interno della matrice.
Le applicazioni dei materiali compositi risultano in continua crescita e investono ormai tutti quei settori della produzione dove è necessario soddisfare esigenze di basso peso ed elevate caratteristiche meccaniche.
Le *industrie aeronautica*, *navale* e *automobilistica* fanno larghissimo uso di materiali compositi per la costruzione di strutture alari, fusoliere, carrelli, barche, canoe, pannelli di carrozzeria, telai di Formula 1, balestre, parti di motore e accessori vari.
Le *industrie aerospaziale* e *bellica* utilizzano questi materiali per componenti strutturali di stazioni di lancio e di macchine semoventi nello spazio, oltre che per caschi e giubbotti antiproiettile.

Nel settore dello *sport* questa tecnologia viene utilizzata per sci, bob, racchette da tennis, biciclette, canne da pesca, aste per il salto in alto ecc.
In *medicina* si utilizzano per costruire protesi di ogni tipo.
Nel settore dell'*impiantistica* vengono impiegati per tubazioni e serbatoi.

I materiali compositi, per come vengono prodotti, costituiscono infine la base per la preparazione dei cosiddetti **materiali intelligenti** (**Smart Materials**).
I materiali intelligenti si ottengono annegando all'interno del composto, in fase di costruzione, delle **fibre ottiche** che, collegate al computer, costituiscono il **sensore** capace di trasmettere segnali in funzione degli stati di sollecitazione e di deformazione presenti.
Un esempio applicativo di notevole interesse potrebbe essere il *telaio di autovetture*, costruito in materiale composito intelligente, che può essere tenuto costantemente sotto controllo da un computer di bordo **[fig. B2.39]**.
Con questo tipo di monitoraggio il pilota sarebbe in grado di valutare, in ogni momento, l'efficienza della struttura e l'insorgere di situazioni pericolose.
I limiti che rallentano la diffusione su larga scala dei materiali compositi sono rappresentati dalla loro scarsa resistenza superficiale all'usura e ai carichi concentrati e dall'elevato costo.

B2.6 MATERIALI NELLE TECNOLOGIE ELETTRICHE

La **tecnologia elettrica** si occupa di fenomeni elettrici, interessandosi alla produzione, trasformazione, trasporto, distribuzione della corrente elettrica per la sua utilizzazione nei campi della illuminazione, dei motori e del condizionamento.

Essa ha assunto un ruolo importante nella società attuale essendo diffusa in quasi tutte le attività produttive e costituendo un elemento indispensabile per l'industria moderna. Ogni tipo di azienda, infatti, è dotato degli impianti elettrici necessari per fornire l'energia alle macchine operatrici. Gli impianti elettrici devono essere realizzati a regola d'arte secondo norme **CEI** (Comitato Elettrotecnico Italiano) con materiali di buona fattura e provvisti possibilmente del marchio **IMQ** (Istituto Marchio di Qualità) che ne garantisce la qualità.

I materiali utilizzati dalla tecnologia elettrica sono scelti soprattutto in funzione delle loro caratteristiche elettriche e magnetiche.
Si definiscono:

- **conduttori** i materiali che offrono una bassa resistenza al passaggio della corrente elettrica;

B2.39 Telaio di vettura costruito in materiale composito intelligente per il controllo continuo degli stati di sollecitazione.

- **isolanti** (o **dielettrici**) i materiali che offrono una elevatissima resistenza al passaggio della corrente elettrica;
- **ferromagnetici** i materiali che si magnetizzano in presenza di un campo magnetico;
- **diamagnetici** i materiali che non si magnetizzano in presenza di un campo magnetico (non trattati nel testo perché di non frequente impiego pratico).

Materiali conduttori

I **materiali conduttori** sono caratterizzati da una bassa resistenza al passaggio della corrente elettrica e garantiscono anche buone caratteristiche di resistenza meccanica, duttilità e resistenza all'ossidazione.

Possiedono questi requisiti i materiali che seguono.

- **Rame elettrolitico**: viene impiegato negli impianti elettrici domestici e industriali, per gli avvolgimenti dei motori e dei trasformatori e per il trasporto dell'energia elettrica [fig. B2.40].
- **Stagno**: è utilizzato per la saldatura e il rivestimento dei contatti elettrici.
- **Oro e argento**: sono ottimi conduttori impiegati solo nei contatti elettrici, o per la semplice loro ricopertura, a causa del costo elevato [fig. B2.41].
- **Materiali superconduttori**: così chiamati perché alle basse temperature offrono una resistenza elettrica praticamente nulla. Materiali composti da ossidi di tallio, bario, calcio e rame, diventano superconduttori a 125 K (–148 °C, detta *temperatura di transizione*). Attualmente si utilizzano negli acceleratori di particelle e in alcune apparecchiature di diagnosi mediche con la risonanza magnetica (TAC).

B2.40 Avvolgimenti in filo di rame per trasformatore.

- **Leghe al nichel-cromo**: presentano grande resistenza elettrica e buona resistenza alla corrosione anche alle alte temperature. Per questo vengono utilizzate nella costruzione delle resistenze per la trasformazione dell'energia elettrica in energia termica (*stufe elettriche*).
- **Tungsteno**: possiede le stesse caratteristiche delle leghe al nichel-cromo. Viene utilizzato per la trasformazione dell'energia elettrica in energia luminosa. Nelle moderne lampade i vapori di tungsteno che si sprigionano dal filamento si ridepositano per la presenza di alogeni aggiunti al gas di riempimento (*lampade a incandescenza alogenate,* fig. B2.42).

B2.41 Quadro di contatti elettrici (fonte: AVE).

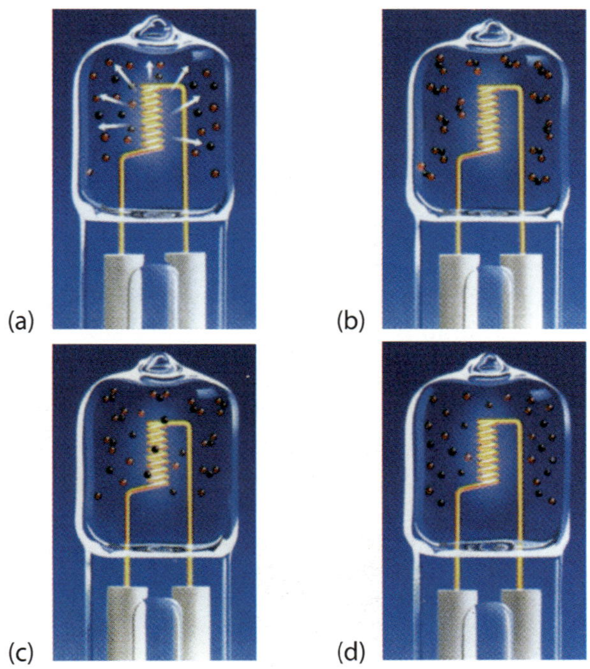

B2.42 Lampade a incandescenza ad alogeni: a) formazione di vapori di tungsteno; b) gli alogeni si legano al tungsteno; c) il tungsteno si deposita sulla spirale; d) gli alogeni sono di nuovo disponibili (fonte: OSRAM).

- **Gas nobili**: vengono utilizzati nelle *lampade fluorescenti al neon*, così chiamate dal nome del gas contenuto nel tubo [fig. B2.43].

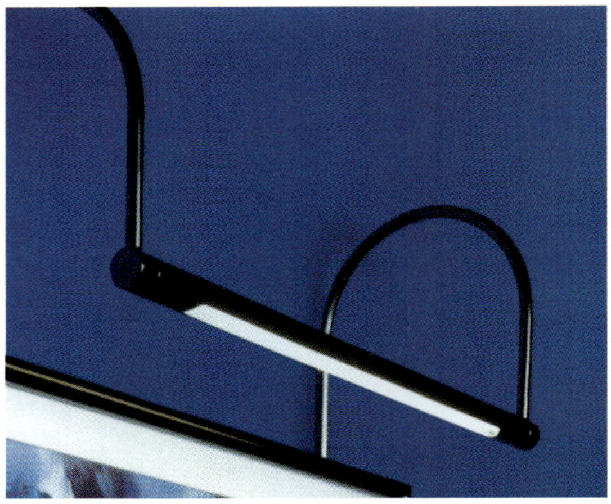

B2.43 Lampada fluorescente al neon.

Materiali isolanti (o dielettrici)

I **materiali isolanti** sono caratterizzati da una elevatissima resistenza al passaggio della corrente elettrica, buona resistenza meccanica e, soprattutto, elevata resistenza alla fiamma.

Sono dotati di queste caratteristiche i materiali che seguono.

- **Vetro**: è utilizzato come isolante nelle linee aeree a bassa tensione.
- **Vetroresina**: viene impiegata per isolanti che devono sopportare elevate temperature.
- **Porcellana**: è utilizzata nelle linee aeree ad alta tensione, negli interruttori, in portalampade e fusibili.
- **Plastiche termoindurenti e termoplastiche**: vengono impiegate per produrre supporti, connettori, il rivestimento di cavi, tubi di guida in PVC [fig. B2.44].
- **Oli minerali e sintetici**: vengono utilizzati come mezzi di raffreddamento dei trasformatori.
- **Gas**: risultano essenziali per l'isolamento dei cavi elettrici ad alta tensione (aria) e dei contatti degli interruttori ad alta tensione (esafluoruro di zolfo).

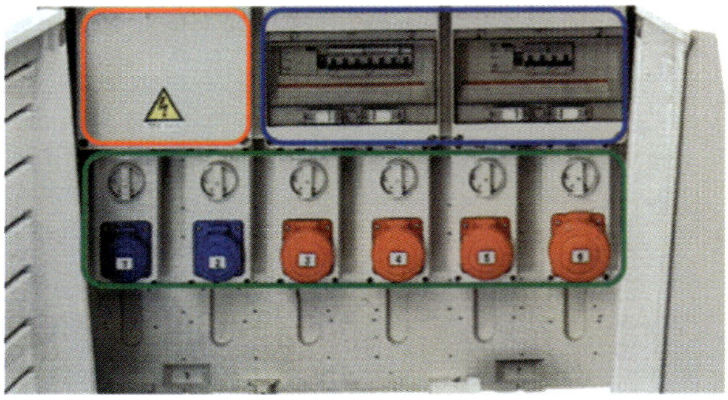

B2.44 Quadro elettrico per cantiere in materiale plastico isolante.

Materiali ferromagnetici

I **materiali ferromagnetici** sono caratterizzati dalla capacità di magnetizzarsi in presenza di un campo magnetico.

Impiegati in elettrotecnica, sono essenzialmente costituiti dal *ferro dolce* (lega ferro-carbonio con presenza di carbonio inferiore a 0,1%) e dalle sue leghe. Si utilizzano per la costruzione delle *elettrocalamite*, dei *nuclei motori* e dei *trasformatori* (ferro dolce che si magnetizza e smagnetizza facilmente, fig. B2.45) e per la costruzione dei *magneti permanenti*, detti *calamite*.

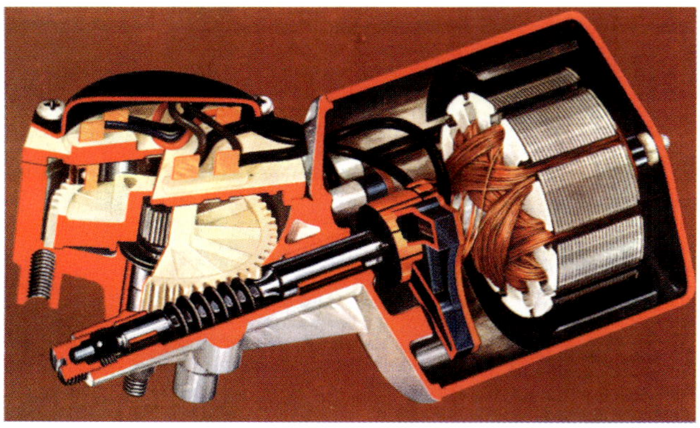

B2.45 Motorino elettrico per l'azionamento del tergicristallo di autovettura. Il rotore è costruito con lamierini di materiale ferromagnetico.

ESERCITAZIONE GUIDATA / B2.1

hoepliscuola.it

Capacità termica, elettrica, idraulica

Mettere a confronto la capacità termica con quelle elettrica e idraulica.

1. Analogia tra capacità termica e capacità elettrica.

Capacità termica	C_T	↔	Capacità elettrica	C_E
Temperatura	T	↔	Tensione elettrica	V
Calore	Q	↔	Carica elettrica	Q
$Q = c \cdot \Delta T$			$Q = C \cdot V$	

Spuntare le opzioni corrette.

a. Presi due corpi con capacità termica $C_1 > C_2$ nel corpo 1 è richiesta una quantità di calore ☐ maggiore ☐ minore rispetto al corpo 2, per provocare un innalzamento ΔT di temperatura.

b. Parimenti presi due condensatori con capacità elettrica $C_1 > C_2$ a parità di tensione V nel condensatore 1 è presente una quantità di carica ☐ maggiore ☐ minore rispetto al condensatore 2.

2. Analogia tra capacità elettrica e capacità idraulica.
La capacità idraulica di un recipiente corrisponde alla sua superficie di base S.

Capacità elettrica	C_E	↔	Capacità idraulica	$C_I = S$
Tensione elettrica	V	↔	Altezza liquido	H
Carica elettrica	Q	↔	Volume liquido	V
$Q = C \cdot V$			$V = C_I \cdot H$	

Spuntare l'opzione corretta.

Presi due recipienti con capacità idraulica $C_{I1} > C_{I2}$ nel recipiente 1 è richiesto un volume di liquido ☐ maggiore ☐ minore rispetto al recipiente 2, per portare il liquido a una altezza H.

3. Mettere in evidenza con un foglio di lavoro i rapporti tra diverse capacità idrauliche.
Per semplicità si è assimilata la lunghezza di base alla capacità e la superficie frontale al volume.

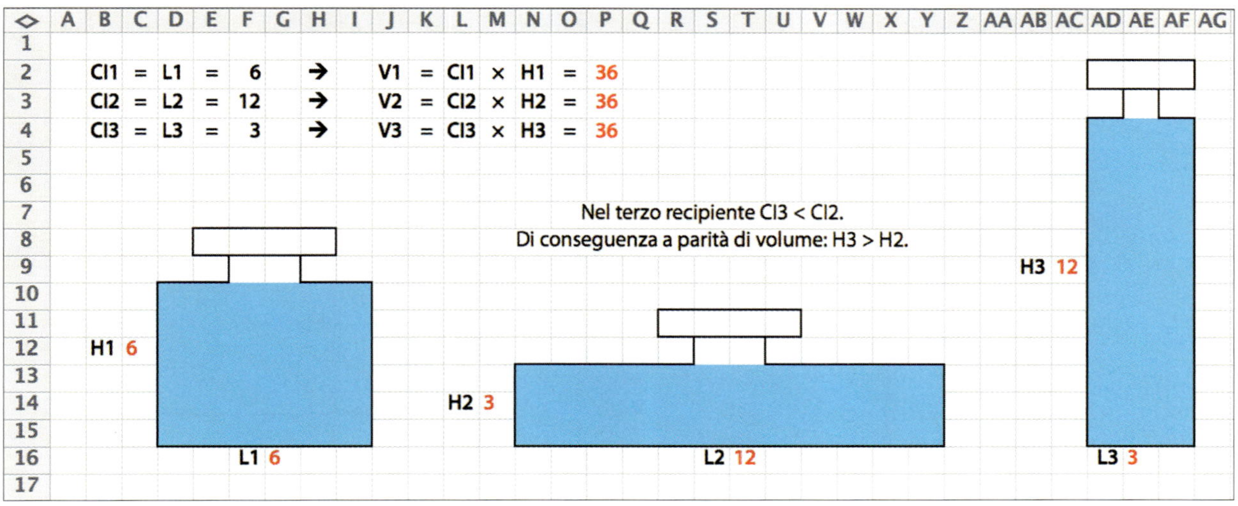

Le formule utilizzate nel foglio di lavoro sono:

P2 = F2*C12 P3 = F3*M14 P4 = F4*AC9

ESERCITAZIONE GUIDATA / B2.2

hoepliscuola.it

Potenza elettrica e capacità termica

Una resistenza R riscalda una massa m = 2 kg di acqua. Supponendo che tutta l'energia dissipata dal resistore si trasformi in calore trasferito al fluido, determinare il tempo minimo necessario per portare l'acqua in ebollizione, supponendo che l'acqua si trovi inizialmente alla temperatura di 19 °C.

1. Completare le definizioni.

a. Il calore specifico c è la ☐ temperatura ☐ quantità di calore necessaria per innalzare di 1 °C la massa di 1 kg di sostanza.

b. La potenza dissipata da un resistore è uguale a: ☐ V^2/R ☐ $R \cdot I$ ☐ $R \cdot I^2$.

2. Calcolare l'energia dissipata dal resistore nel tempo e il calore trasferito, con $R = 7\ \Omega$, $V = 230$ V:

$$W = V^2/R \cdot t = 230^2/7 \cdot t = \qquad\qquad \cdot t$$

3. Calcolare il trasferimento di calore Q necessario per portare l'acqua in ebollizione, noto il calore specifico dell'acqua: 4186 [J/kg · °C].

Per giungere all'ebollizione la temperatura deve compiere una escursione:

$$\Delta T = \qquad - 19\ °C$$

Il calore richiesto è:

$$Q = c \cdot m \cdot \Delta T = 4186 \times 2 \times (\qquad - 19) = \qquad\qquad J$$

4. Calcolare il tempo necessario per portare l'acqua in ebollizione.
Basta eguagliare l'energia W dissipata dal resistore al calore trasferito Q:

$$W = \qquad\qquad \cdot t = \qquad\qquad \qquad t = \qquad\qquad / \qquad\qquad = 90\ s$$

5. Verificare i dati calcolati mediante un foglio di lavoro.

	B	C	D	E	F	G	H
1							
2	V[V]	230		t	Q	ΔT	T
3	m[Kg]	2		0	0	0	19
4	R[Ω]	7		10	75571	9	28
5	T_i[°C]	19		20	151143	18	37
6	T_F[°C]	100		30	226714	27	46
7	c[J/Kgx°C]	4186		40	302286	36	55
8				50	377857	45	64
9				60	453429	54	73
10				70	529000	63	82
11				80	604571	72	91
12				90	680143	81	100
13				100	755714	90	109
14							
15							

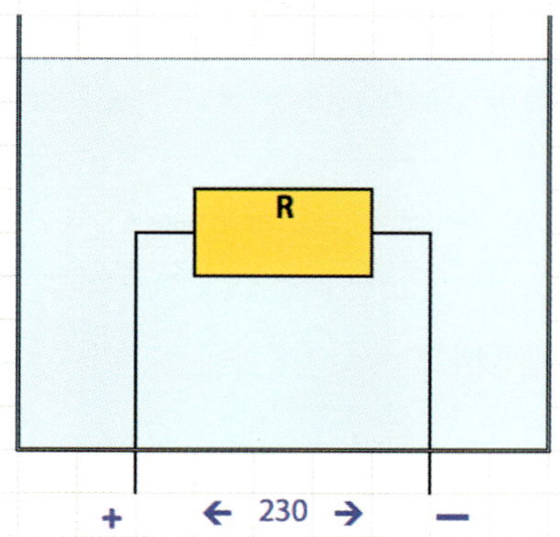

Le formule utilizzate nel foglio di lavoro sono:

F3 = ($C$2^2/$C$4)*E3 G3 = F3/($C$7*$C$3) H3 = G3+$C$5

ESERCITAZIONE GUIDATA / B2.3

hoepliscuola.it

Coefficiente di dilatazione termica

1. Completare i richiami teorici.
Il coefficiente di dilatazione termica α è l'incremento in lunghezza che subisce un materiale associato a un aumento di temperatura di 1 °C, rapportato alla lunghezza iniziale.

Risulta quindi:

$$\alpha = \frac{1}{L_I} \frac{\Delta L}{\Delta T}$$

con:

a. $\Delta L = L_F - L_I$ = lunghezza $\square$ iniziale $\square$ finale – lunghezza $\square$ iniziale $\square$ finale.

b. $\Delta T = T_F - T_I$ = temperatura $\square$ iniziale $\square$ finale – temperatura $\square$ iniziale $\square$ finale.

2. Determinare la formula per il calcolo di L_F completando i passaggi.
La lunghezza finale è data dalla somma della lunghezza iniziale più l'allungamento:

$$L_F = \underline{\qquad} + \Delta L = \underline{\qquad} + \alpha \cdot \underline{\qquad} \cdot \Delta T = L_I \cdot (1 + \alpha \cdot \Delta T)$$

3. Risolvere il problema.
Calcolare l'allungamento che subisce una rotaia ferroviaria di acciaio di lunghezza 18 m soggetta a una escursione termica di 50 °C, noto il coefficiente di dilatazione termica dell'acciaio $\alpha = 0{,}012 \times 10^{-3}$ °C^{-1}:

$$L_F = L_I \cdot (1 + \alpha \cdot \Delta T) = \underline{\qquad} \times (1 + 0{,}012 \times 10^{-3} \times \underline{\qquad}) = \underline{\qquad} + \underline{\qquad\qquad} = 18{,}0108 \text{ m}$$

L'allungamento dei binari è dunque di circa ____ cm.

4. Visualizzare la soluzione entro un foglio di lavoro.

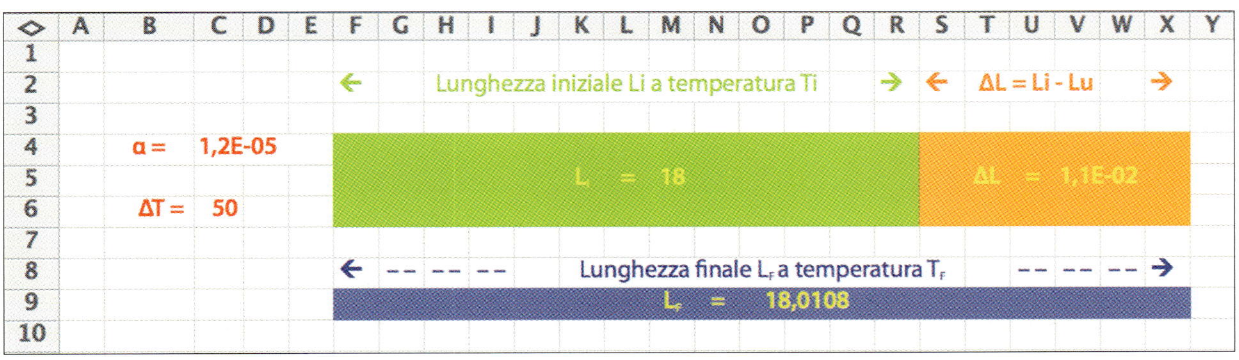

Le formule utilizzate nel foglio di lavoro sono:

V5 =M5*C4*C6 O9 = M5+V5

ESERCITAZIONE GUIDATA / B2.4

hoepliscuola.it

Caratteristiche meccaniche e materiali di tre utensili

Nella figura qui a fianco sono rappresentati tre utensili: a) uno scalpello per legno; b) uno scalpello per calcestruzzo; c) un punzone per acciaio.

Dopo aver considerato il tipo di utilizzo a cui sono destinati i tre utensili, rispondere alle domande che seguono.

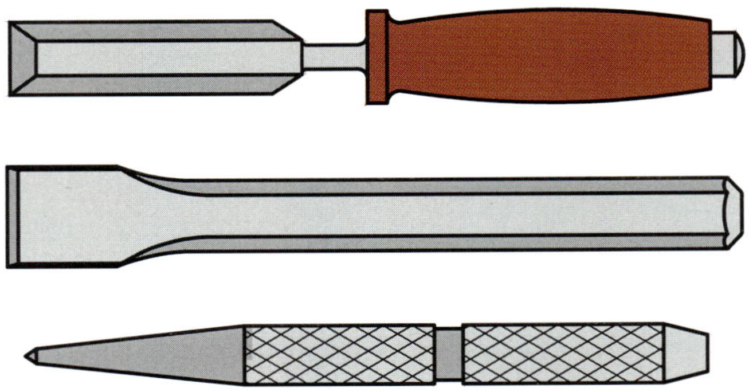

Scalpello per legno

1. Quali caratteristiche meccaniche deve possedere lo scalpello per poter incidere il legno?

....

2. Quale caratteristica deve possedere per generare una superficie liscia?

....

3. Quale materiale possiede i requisiti richiesti?

....

Scalpello per calcestruzzo

4. Quali caratteristiche meccaniche deve possedere lo scalpello per non deformarsi o subire danneggiamenti rapidi quando cerca di incunearsi nel calcestruzzo?

....

5. Quale materiale possiede i requisiti richiesti?

....

Punzone per acciaio

6. Quali caratteristiche meccaniche deve possedere il punzone per poter incidere l'acciaio?

....

7. Si può utilizzare l'acciaio per la sua fabbricazione?

....

8. Nel caso l'utensile sia di acciaio, in cosa deve differire dal materiale che deve punzonare?

....

ESERCITAZIONE

ESERCITAZIONE GUIDATA / B2.5

hoepliscuola.it

Scelta dei materiali più adatti per i particolari di un supporto per saldatore

Nella figura qui a fianco è rappresentato un supporto per saldatore elettrico a punta per saldatura a stagno.

Quando il saldatore non è utilizzato rimane spesso collegato alla rete elettrica, quindi è necessario che la punta calda non venga a contatto con altri corpi. Durante la saldatura, inoltre, l'operatore deve frequentemente pulire la punta del saldatore strofinandola sul pannello (4), che dovrà essere di materiale particolare per assolvere adeguatamente a questa funzione.

Dopo aver analizzato attentamente la funzione dei vari componenti, rispondere alle domande che seguono.

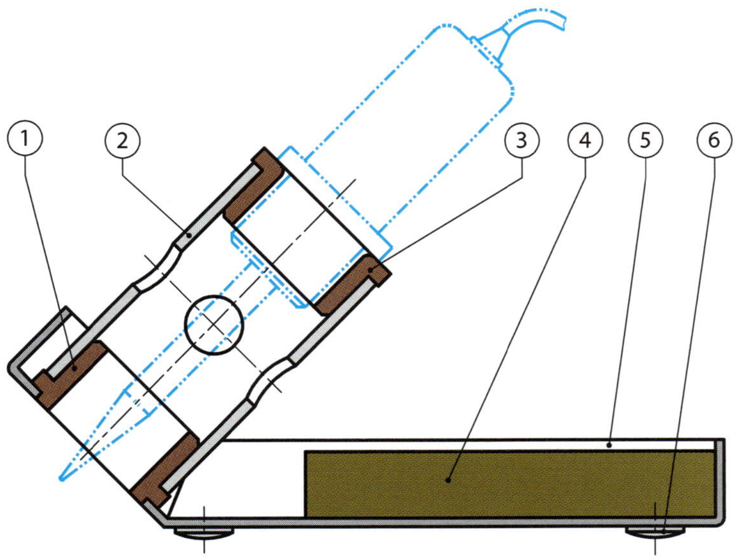

1. Con quale materiale sarebbe opportuno costruire la vaschetta (5) e con quale processo tecnologico?

....

....

2. Quali sono le funzioni dei collari (1) e (3)?

....

....

3. Qual è la funzione del particolare (2) e a cosa servono i fori radiali in esso ricavati?

....

....

4. Il pannello (4) potrebbe essere di spugna mantenuta bagnata? Oppure quale altro materiale sarebbe più adatto?

....

....

5. Con quale materiale potrebbero essere costruiti i piedini (6)?

....

6. Qual è la temperatura minima che deve avere la punta del saldatore per fondere lo stagno?

....

ESERCITAZIONE

ESERCITAZIONE

ESERCITAZIONE GUIDATA / B2.6

Ricerca dei materiali da costruzione degli oggetti contenuti in un'aula

Individuare i materiali con cui sono costruiti gli oggetti presenti nella propria aula.

N.	Oggetti	Materiale
1.	Porta d'ingresso	
2.	Maniglia della porta	
3.	Intelaiatura delle finestre	
4.	Struttura portante dei banchi	
5.	Pianale superiore dei banchi	
6.	Lavagna tradizionale nera	
7.	Lavagna bianca	
8.	Attaccapanni	
9.	Plafoniera delle lampade	
10.	Corpo interruttore della luce	
11.	Armadio della biblioteca	
12.	Cancellino per lavagna	
13.	Termosifoni di riscaldamento	
14.	Cestino dei rifiuti	
15.	Cartelli uscita di sicurezza	
16.	Bacheca per affissioni	
17.	Vetri delle finestre	

ESERCITAZIONE GUIDATA / B2.7

Ricerca dei materiali da costruzione dei componenti di una bicicletta

Analizzare i componenti di una bicicletta, ipotizzare il materiale con cui sono stati costruiti e precisarne le caratteristiche principali.

N.	Oggetti	Materiale	Caratteristiche principali
1.	Telaio		
2.	Cerchioni delle ruote		
3.	Camera d'aria		
4.	Copertone		
5.	Copri sella		
6.	Molle di sospensione		
7.	Filo dei freni		
8.	Impugnature del manubrio		
9.	Parabola del faretto		
10.	Filamento della lampadina		
11.	Ceppi dei freni		
12.	Pedali		
13.	Catena		
14.	Etichette adesive		
15.	Catarifrangente		
16.	Poli della dinamo		
17.	Filo del circuito elettrico		

ESERCITAZIONE

ESERCITAZIONE GUIDATA / B2.8

Ricerca dei materiali da costruzione degli oggetti contenuti in una cucina

Analizzare gli oggetti presenti nella cucina della propria casa, ipotizzare il materiale con cui sono stati costruiti e precisarne le caratteristiche principali.

N.	Oggetti	Materiali	Caratteristiche principali
1.	Mobiletti		
2.	Top del piano cucina		
3.	Lavello		
4.	Rubinetteria		
5.	Scolapiatti		
6.	Posate		
7.	Caffettiera		
8.	Guarnizione caffettiera		
9.	Maniglie delle pentole		
10.	Involucro televisore		
11.	Sottobicchieri		
12.	Davanzali delle finestre		
13.	Scolapasta		
14.	Resistenza del forno		
15.	Piastrelle		
16.	Bistecchiera		
17.	Padelle antiaderenti		

ESERCITAZIONE

VERIFICA DEGLI OBIETTIVI / unità B2

AREAdigitale

Vero/Falso

1. Le proprietà chimiche dei materiali riguardano la loro composizione chimica e la struttura interna.

☐ Vero ☐ Falso

2. Le proprietà tecnologiche rappresentano l'attitudine di un materiale di resistere alle azioni provocate dalle forze esterne che tendono a deformarlo.

☐ Vero ☐ Falso

3. Ghisa e acciaio sono leghe ferro-carbonio.

☐ Vero ☐ Falso

4. I materiali isolanti presentano bassa resistenza al passaggio della corrente elettrica.

☐ Vero ☐ Falso

5. La capacità termica è nota anche con il nome di calore specifico.

☐ Vero ☐ Falso

Scelta singola

1. Le proprietà meccaniche dei materiali si riferiscono alla capacità di:

a. resistere alle sollecitazioni
b. trasformarsi mediante lavorazione
c. lasciarsi ridurre in fili

2. Selezionare una caratteristica della ghisa.

a. Buona elasticità
b. Buona fusibilità
c. Ottima sonorità

3. La forza impressa al cilindro di una automobile è:

a. di attrito
b. periodica
c. statica

4. Si definisce gomma un materiale caratterizzato da:

a. alto allungamento e basso ritorno
b. basso allungamento e basso ritorno
c. alto allungamento e rapido ritorno

5. Selezionare l'unità di misura del coefficiente di dilatazione.

a. [m/°C]
b. [1/°C]
c. [°C/m]

Scelta multipla

1. Indicare due tipi di sollecitazioni applicate dall'esterno a un materiale.

a. Fusione
b. Taglio
c. Torsione

2. Selezionare due proprietà delle materie plastiche.

a. Ottima conducibilità elettrica
b. Leggerezza e facile formabilità
c. Resistenza alla corrosione

3. Selezionare due derivati del legno.

a. Paniforti
b. Materiali superconduttori
c. Truciolati

4. Selezionare i nomi di due materiali buoni conduttori di elettricità.

a. Rame
b. Stagno
c. Legno

5. La massa volumica di un corpo è:

a. la massa del corpo diviso il suo volume
b. la massa del corpo moltiplicato il suo volume
c. il peso specifico del corpo

VERIFICA DEGLI OBIETTIVI / modulo B

AREAdigitale

Associazione

1. Associare il colore dell'anello alla corrispondente cifra.

1.	Verde	**a.**	9
2.	Viola	**b.**	7
3.	Arancio	**c.**	5
4.	Bianco	**d.**	3

....

2. Associare il colore dell'anello al fattore moltiplicativo.

1.	Rosso	**a.**	10^2
2.	Nero	**b.**	10^1
3.	Marrone	**c.**	10^0
4.	Giallo	**d.**	10^4

....

3. Associare la configurazione circuitale alla formula risolutiva.

1. Equazione al nodo
2. Equazione alla maglia
3. Resistenze in parallelo
4. Generatori in serie
a. Reciproco della somma dei reciproci delle resistenze
b. Somma delle correnti nulla
c. Somma algebrica delle tensioni
d. Somma delle tensioni nulla

....

4. Associare il tipo di materiale alle corrispondenti caratteristiche.

1. Naturale
2. Naturale modificato
3. Artificiale
a. Conserva la composizione interna ma viene trasformato
b. Mantiene inalterate le proprie caratteristiche
c. Modifica la composizione interna

....

5. Associare la proprietà tecnologica all'attitudine al tipo di lavorazione.

1.	Duttilità	**a.**	Trasformazione in lamine
2.	Malleabilità	**b.**	Lavorazione attraverso foro sagomato
3.	Estrudibilità	**c.**	Lavorazione in fili

....

Completamento

1. Una resistenza è contrassegnata dalle seguenti fasce di colore: blu, grigio, marrone, argento. Calcolare i valori teorici minimo e massimo per effetto della tolleranza.

a. Valore minimo = ... Ω
b. Valore massimo = ... Ω

2. Determinare il parallelo R_{EQ} di due resistenze di valore 1000 Ω e 1500 Ω.

R_{EQ} = (1000 × ....)/(1000 + ...) = ... Ω

3. Tre resistenze in serie sono alimentate da una tensione V = 140 V. Calcolare le tre cadute di tensione, noti i colori degli anelli: R_1 = rosso-viola-nero; R_2 = arancio-arancio-nero; R_3 = marrone-nero-nero.

a. I valori teorici delle resistenze sono: R_1 = ... Ω, R_2 = = ... Ω, R_3 = ... Ω
b. La corrente nella maglia vale: I = .../(.......... + ... + + ...) = 2 A
c. Le cadute di tensione valgono: V_{R1} = 2 × .... = 54 V; V_{R2} = 2 × .... = 66 V; V_{R3} = 2 × .... = 20 V

4. Il bronzo è una lega formata da rame e ...., l'ottone è una lega formata da rame e ....

5. Le leghe formate dall'alluminio si chiamano ...., mentre quelle formate dal magnesio si chiamano ....

VERIFICA

modulo C Misura e strumentazione di laboratorio

UNITÀ C1
Metrologia

UNITÀ C2
Strumenti di misura per grandezze elettriche

UNITÀ C3
Strumenti di misura per grandezze elettroniche

AREAdigitale

- **VIDEO TUTORIAL** Oscilloscopio con LabVIEW
- **ESERCITAZIONE GUIDATA** Misura resistenza incognita
- **Verifiche interattive**

PREREQUISITI

Conoscenze

- Le unità di misura delle grandezze principali
- Il significato di percentuale
- Le basi dell'elettrologia

Abilità

- Calcolare la media aritmetica fra più valori
- Calcolare semplici relazioni numeriche
- Risolvere semplici schemi elettrici

OBIETTIVI

Conoscenze

- I termini caratteristici della metrologia
- I principali strumenti di misura
- Le misure elettriche ed elettroniche

Abilità

- Utilizzare gli strumenti adeguati alle misurazioni da eseguire
- Saper trattare i dati ottenuti
- Valutare la tipologia dei possibili errori e il loro controllo

Competenza di riferimento

- Misurare, elaborare e valutare grandezze e caratteristiche con opportuna strumentazione

VERIFICA DEI PREREQUISITI / modulo C

AREAdigitale

Vero/Falso

1. L'unità di misura prevista dal Sistema Internazionale per il tempo è l'ora.

☐ Vero ☐ Falso

2. Le dimensioni dello spazio sono X, Y, Z.

☐ Vero ☐ Falso

3. La corrente è inversamente proporzionale alla resistenza.

☐ Vero ☐ Falso

Scelta singola

1. Il μA corrisponde a:

a. 0,01 A
b. 0,001 A
c. 10^{-6} A

2. Quanto vale la tensione equivalente di due pile di 1,5 V e 4,5 V poste in serie?

a. La configurazione indicata è impossibile
b. 3 V
c. 6 V

3. Quanto vale la corrente di due resistenze $R_1 = 400\ \Omega$ e $R_2 = 600\ \Omega$ poste in serie e alimentate da E = 10 V?

a. 10 mA
b. 1 mA
c. 0,1 mA

Scelta multipla

1. Spuntare le equazioni dimensionali di velocità e accelerazione.

a. [m × s]
b. [m/s]
c. [m/s^2]

2. Due resistenze R_1 e R_2 in serie offrono una resistenza totale di 400 Ω; quali configurazioni dei codice dei colori sono valide in teoria?

a. R_1: marrone – arancio – marrone; R_2: rosso – rosso – marrone
b. R_1: rosso – viola – marrone; R_2: marrone – arancio – marrone
c. R_1: rosso – rosso – marrone; R_2: marrone – grigio – marrone

3. Selezionare i due possibili casi di valore medio per la stima di una grandezza.

a. Libro più venduto
b. Indice di piovosità
c. Altezza popolazione

Associazione

1. Associare l'unità di misura alla grandezza.

1.	m	**a.**	Superficie
2.	m^2	**b.**	Lunghezza
3.	m^3	**c.**	Volume

....

2. Associare il sottomultiplo alla lunghezza in metri.

1.	mm	**a.**	0,01 m^2
2.	dm^2	**b.**	0,0001 m^2
3.	cm^2	**c.**	0,001 m

....

3. Associare l'unità di misura alla sua espressione equivalente.

1.	h	**a.**	1/100 s
2.	min	**b.**	1/60 h
3.	centesimo di secondo	**c.**	3600 s

....

Completamento

1. Convertire in percentuale il numero decimale.

a. 0,5 → ....%
b. 0,1 → ....%
c. 0,01 → ....%
d. 0,01 → ....‰
e. 1 → ....%

2. Convertire in percentuale la misura in parti per milione (ppm).

a. 10.000 ppm → ....%
b. 500.000 ppm → ....%
c. 1.000.000 ppm → ....%
d. 10.000 ppm → ....‰

PREREQUISITI

unità**C1**

METROLOGIA

OBIETTIVI

Conoscenze

- I principali errori che si compiono nelle misurazioni e le cause di errore
- Il funzionamento dei principali strumenti di misura utilizzati in laboratorio

Abilità

- Descrivere e/o effettuare misurazioni e controlli dimensionali
- Valutare la precisione di una misurazione

CONTENUTI

C1.1 LE BASI DELLA METROLOGIA

Generalità

La **metrologia** è la scienza che si occupa della misura di grandezze fisiche (lunghezza, massa, temperatura, energia, potenza ecc.), ne studia i principi, i metodi, i mezzi necessari per effettuarle e ne stabilisce i sistemi di misura e le relative unità.

Effettuare delle misurazioni in termini corretti significa definire una proprietà o una qualità di un oggetto o di un fenomeno fisico. L'informazione che se ne ricava viene detta *misura*.
Ogni misura, per essere univocamente individuata e comprensibile, deve essere espressa da un numero e da una unità di misura. Il numero esprime l'entità della proprietà o qualità misurata, mentre l'unità di misura precisa il termine di paragone utilizzato per effettuare la misura stessa.
Per esempio, la misura della *lunghezza di una trave* **[fig. C1.1]** viene compiutamente definita attraverso la doppia informazione: "3,5 m", dove il valore numerico 3,5 rappresenta il rapporto esistente tra la *lunghezza della trave* e il *metro* assunto come unità di misura.
Per effettuare una misurazione occorre utilizzare uno *strumento* scelto di volta in volta con criteri di opportunità legati alla precisione richiesta.

Per esempio:

- per misurare il diametro di un perno si utilizza un calibro (strumento di precisione);
- per misurare l'altezza di un tavolo si utilizza il metro (strumento di minor precisione);
- per misurare la distanza da Torino a Napoli si utilizza il *contakilometri* (strumento adatto a misurare le grandi distanze per le quali la precisione nell'ordine del kilometro risulta accettabile).

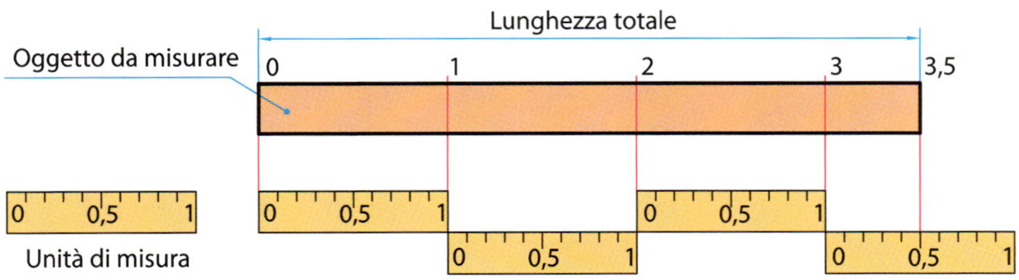

C1.1 Misurazione di una lunghezza. La lunghezza della trave vale 3,5 perché contiene 3,5 volte l'unità di misura.

La misura si dice **diretta** quando l'operatore riesce a leggere direttamente sullo strumento il valore della misura nella corrispondente unità. Per esempio, una lunghezza misurata con il metro, un tempo misurato con il cronometro, un peso misurato con la bilancia.
La misura si dice **indiretta** quando è fatta con uno strumento che consente la lettura immediata della misura solo mediante operazioni successive di confronto. Per esempio, una lunghezza misurata con un compasso.

Alla luce delle considerazioni fatte gli **obiettivi della metrologia** sono i seguenti **[fig. C1.2]**:

- studio dei *sistemi di misura*;
- assegnazione delle *unità di misura* alle grandezze;
- valutazione degli *errori* compiuti nelle misurazioni dovuti agli strumenti, ai metodi adottati e all'operatore;
- scelta e studio degli *strumenti*.

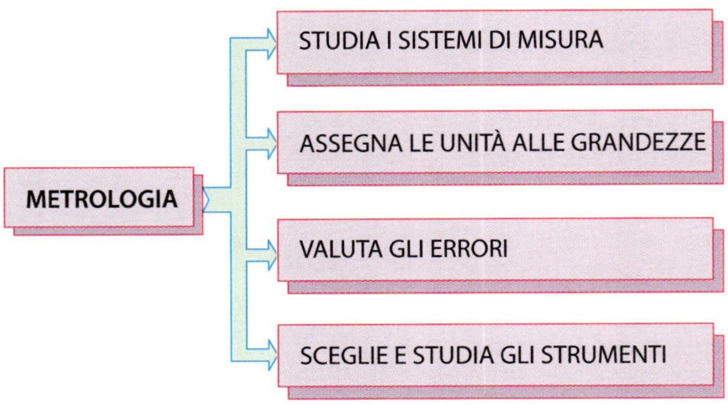

C1.2 Obiettivi della metrologia.

Sistemi e unità di misura

Si definisce **sistema di unità di misura** un complesso di norme con le quali vengono assegnate le unità di misura ad alcune grandezze, dette **fondamentali**. Le unità di misura delle altre grandezze, dette **derivate**, vengono assegnate mediante relazioni che le legano alle grandezze fondamentali.

Per esempio, l'unità di misura della *massa* è il kilogrammo [kg], della *lunghezza* il metro (m) e del *tempo* il secondo [s]. Il newton [N], unità di misura della *forza*, grandezza derivata, sarà definito dalla sua relazione di dipendenza dalle unità fondamentali:

$$N = \frac{kg \cdot m}{s^2}$$

I principali sistemi di unità di misura utilizzati nel passato sono:

- sistema assoluto (c.g.s.) per prove di laboratorio;
- sistema tecnico (m.k.s.) nel campo della meccanica;
- sistema inglese nei paesi anglosassoni.

Nel 1971 il Consiglio delle Comunità Europee ha emanato una direttiva con la quale ha imposto a tutti gli Stati membri di adottare il **Sistema Internazionale** di misura (**SI**) e di abolire progressivamente, entro il 1999, gli altri sistemi di misura.

Sistema Internazionale di misura (SI) – UNI CEI ISO 80000

Il *Sistema Internazionale*, indicato con la sigla *SI*, è il sistema di unità di misura definito e approvato dalle Conferenze Generali dei Pesi e Misure.

Il sistema assume come *grandezze fondamentali* la lunghezza, il tempo, la massa, la temperatura, l'intensità di corrente elettrica, l'intensità luminosa e la quantità di sostanza e come *grandezze supplementari* l'angolo piano e l'angolo solido. Tutte le altre grandezze saranno *derivate* da queste.

Nella **tabella B1.1** sono riportate le grandezze *fondamentali*, *supplementari* e *derivate* con i relativi nomi, simboli e definizioni, come riportati dalla norma UNI CEI ISO 80000. Questa norma è stata emanata dall'Ente Nazionale Italiano di Unificazione (UNI) ed è conforme a quella pubblicata dal Comitato Elettrotecnico Italiano (CEI); concorda inoltre con la normativa e con le direttive CEE (Comunità Economica Europea).

Multipli e sottomultipli decimali

Nelle elaborazioni numeriche, per evitare errori, si raccomanda l'uso delle unità SI riportate nella **tabella C1.1**.

Ciò a volte può risultare poco pratico e richiedere numeri molto grandi o troppo piccoli per esprimere grandezze comuni. In questi casi è necessario introdurre dei loro multipli e sottomultipli decimali espressi dai prefissi riportati nella **tabella C1.2** a cui si dà il nome di **prefissi SI**.

TABELLA C1.1 Sistema Internazionale di unità di misura SI – UNI CEI ISO 80000

Grandezze	Nome	Simbolo	Definizioni e relazioni
			Unità SI fondamentali
Lunghezza	metro	m	Lunghezza del tragitto compiuto dalla luce nel vuoto in un intervallo di tempo di $\frac{1}{299.792.458}$ di secondo
Massa	kilogrammo	kg	Massa del prototipo internazionale in platino-iridio, sancito dalla Conferenza Generale dei Pesi e Misure e conservato nel padiglione di Breteuil a Sèvres (Francia)
Tempo	secondo	s	Intervallo di tempo che contiene 9.192.631.770 periodi della radiazione corrispondente alla transizione fra due livelli dello stato fondamentale dell'atomo di Cesio 133
Intensità di corrente elettrica	ampere	A	Intensità di corrente elettrica che, mantenuta costante in due conduttori paralleli rettilinei, di lunghezza infinita, di sezione circolare trascurabile e posti a distanza di 1 m l'uno dall'altro nel vuoto, produrrebbe fra i due conduttori la forza di 2×10^{-7} N su ogni metro di lunghezza
Temperatura termodinamica T	kelvin	K °C	1 K = 1/273,16 della temperatura termodinamica (T) del punto triplo dell'acqua, cioè coesistenza in equilibrio delle tre fasi: solida, liquida e gassosa. Temperatura Celsius t = T – 273,16 K
Quantità di sostanza	mole	mol	Quantità di sostanza di un sistema che contiene tante entità elementari (elettroni, ioni, ...) quanti sono gli atomi in 0,012 kg di Carbonio 12
Intensità luminosa	candela	cd	Intensità luminosa in una data direzione di una sorgente che emette una radiazione monocromatica di frequenza 540×10^{12} hertz e la cui intensità energetica in quella direzione è 1/683 W/sr
			Unità SI supplementari
Angolo piano	radiante	rad	Angolo piano al centro che, su una circonferenza, intercetta un arco di lunghezza uguale a quella del raggio della circonferenza stessa
Angolo solido	steradiante	sr	Angolo solido al centro che, su una sfera, intercetta una calotta di area uguale a quella del quadrato il cui lato ha la lunghezza del raggio della sfera stessa
			Unità SI derivate
Frequenza	hertz	Hz	Frequenza di un fenomeno periodico il cui periodo è 1 s. 1 Hz = 1/s
Forza	newton	N	Forza che imprime a un corpo con massa di 1 kg l'accelerazione di 1 m/s^2. 1 N = 1 kg · m/s^2
Pressione	pascal	Pa	Pressione esercitata dalla forza di 1 N applicata perpendicolarmente a una superficie con area di 1 m^2. 1 Pa = 1 N/m^2
Lavoro Energia Quantità di calore	joule	J	Lavoro compiuto dalla forza di 1 N quando il suo punto di applicazione si sposta di 1 m nella direzione e nel verso della forza stessa. 1 J = 1 N · m
Potenza	watt	W	Potenza di un sistema che produce il lavoro di 1 J in 1 s. 1 W = 1 J/s
Carica elettrica	coulomb	C	Carica elettrica che attraversa in 1 s una sezione di un conduttore percorso dalla corrente costante di 1 A. 1 C = 1 A · s
Potenziale elettrico Differenza di potenziale Tensione elettrica Forza elettromotrice	volt	V	Differenza di potenziale elettrico che esiste tra due sezioni di un conduttore che, percorso dalla corrente elettrica costante di 1 A, dissipa nel tratto compreso tra le due sezioni la potenza di 1 W. 1 V = 1 W/A
Capacità elettrica	farad	F	Capacità elettrica di un condensatore nel quale la differenza di potenziale elettrico fra le due armature varia di 1 V quando la carica elettrica di 1 C si trasferisce da un'armatura all'altra. 1 F = 1 C/V
Resistenza elettrica	ohm	Ω	Resistenza elettrica fra due sezioni di un conduttore che, percorso dalla corrente di 1 A e senza essere sede di alcuna forza elettromotrice, dà luogo fra le due sezioni considerate alla differenza di potenziale di 1 V. 1 Ω = 1 V/A

TABELLA C1.2 Prefissi SI per le unità di misura

Fattore di moltiplicazione	Nome	Simbolo
10^{24}	yotta	Y
10^{21}	zetta	Z
10^{18}	exa	E
10^{15}	peta	P
10^{12}	tera	T
10^{9}	giga	G
$10^{6} = 1.000.000$	mega	M
$10^{3} = 1000$	kilo	k
$10^{2} = 100$	etto	h
$10^{1} = 10$	deca	da
$10^{-1} = 0,1$	deci	d
$10^{-2} = 0,01$	centi	c
$10^{-3} = 0,001$	milli	m
$10^{-6} = 0,000001$	micro	μ
10^{-9}	nano	n
10^{-12}	pico	p
10^{-15}	femto	f
10^{-18}	atto	a
10^{-21}	zepto	z
10^{-24}	yocto	y

Essi precedono sempre le unità di misura.
Per esempio:

1 mm	= 0,001 m	$= 10^{-3}$ m
1 kV	= 1000 V	$= 10^{3}$ V
1 mm^3	$= (0,001\ m)^3$	$= 10^{-9}$ m

Non si devono usare prefissi composti:

5 nm	e non	5 mμm
8 pF	e non	8 μμF

I multipli e i sottomultipli dell'unità kilogrammo si formano premettendo i prefissi a grammo:

$$10^{-6}\ kg = 10^{-6}\ (10^{3}\ g) = 10^{-3}\ g = 1\ mg$$

Qualora le cifre significative della misura siano poche, si raccomanda di usare l'unità SI o quel multiplo o sottomultiplo che dia luogo a valori numerici compresi tra 0,1 e 1000, con il criterio di facilitare la lettura scrivendo soltanto le cifre significative. Alcuni esempi sono riportati nella tabella C1.3 che segue.

TABELLA C1.3 Esempio di applicazione dei multipli e sottomultipli

Grandezza espressa in SI	Cifre significative	Espressione raccomandata
0,00394 m	3	3,94 mm
14.100 N/m^2	4	14,10 kN/m^2
12.000 N	2	12 kN
0,000213 m^3	3	213 cm^3

Unità non SI di uso più frequente

Nella tabella C1.4 vengono riportate alcune unità di misura non SI di uso più comune con i rispettivi simboli e fattori di conversione in unità SI.

TABELLA C1.4 Unità di misura non SI

Nome	Simbolo	Fattore di conversione in unità SI
minuto	min	1 min = 60 s
ora	h	1 h = 60 min = 3600 s
giorno	d	1 d = 24 h = 1440 min = 86.400 s
grado sessagesimale	°	$1° = (\pi/180)$ rad
minuto di angolo	′	$1' = (1/60)° = (\pi/10.800)$ rad
secondo di angolo	″	$1'' = (1/60)' = (\pi/648.000)$ rad
litro	l, L	$1\ L = 1\ dm^3 = 10^{-3}\ m^3$
tonnellata	t	$1\ t = 10^3$ kg
bar	bar	$1\ bar = 10^5$ Pa
millimetro di mercurio	mmHg	1 mmHg = 133,322 Pa

Metro e righe millimetrate

Il metro e le righe millimetrate sono i più semplici strumenti per la misura di lunghezze rilevate con una approssimazione dell'ordine del millimetro.
Essi risultano costituiti da un'asta, rigida (righelli, fig. C1.3) o articolata (metro per mobilieri), da una lamina di acciaio flessibile (metro d'officina, fig. C1.4) o da una fettuccia di tela cerata (doppio metro e decametro).
Questi strumenti consentono la misurazione delle lunghezze mediante una graduazione in millimetri o in mezzi millimetri (righelli di precisione). In alcuni casi è presente anche una graduazione in pollici e in sedicesimi di pollice. Le righe hanno lunghezze variabili da 20 a 100 cm.

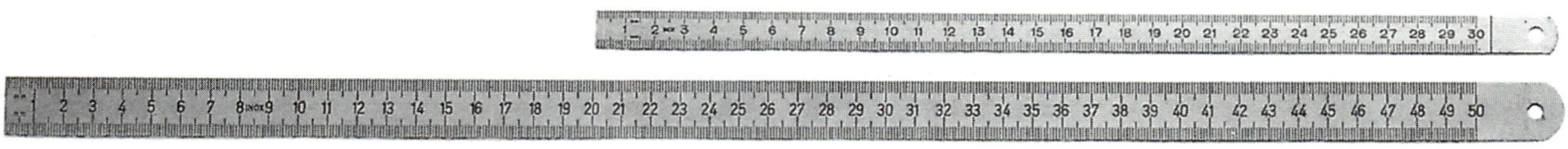

C1.3 Righe millimetrate in acciaio inossidabile.

C1.4 Metro di nastro metallico flessibile con dispositivo di bloccaggio e rientro automatico.

C1.2 ERRORI NELLE MISURAZIONI

Definizione di errore

Lo studio degli errori è una vera e propria scienza che ha l'obiettivo di ottenere delle misurazioni sempre più *certe*, cioè sempre più vicine alle dimensioni effettive. Tutte le misurazioni, infatti, anche quelle eseguite con la massima accuratezza o con gli strumenti più perfezionati, sono inevitabilmente destinate a essere affette da errori che possono essere ridotti, ma mai eliminati completamente.

Si definisce **errore di misura** la differenza fra l'indicazione fornita dallo strumento (quella acquisita dall'operatore) e la dimensione vera o di progetto della grandezza (non conosciuta).

Il valore di una grandezza fisica (per esempio, una lunghezza) diventa più affidabile quando la misura viene ripetuta più volte e si assume come definitivo il valore medio M_m. Esso si ottiene come rapporto tra la somma dei diversi valori $M_1, M_2, \ldots, M_n$ ottenuti a ogni misurazione e il numero di misurazioni effettuate.

$$M_m = \frac{M_1 + M_2 + \ldots + M_n}{n}$$

esempio

Controllare il diametro di una palla da biliardo eseguendo cinque misurazioni.

I risultati ottenuti sono:

$$M_1 = 45{,}2 \text{ [mm]}$$
$$M_2 = 44{,}9 \text{ [mm]}$$
$$M_3 = 45{,}1 \text{ [mm]}$$
$$M_4 = 45{,}0 \text{ [mm]}$$
$$M_5 = 45{,}1 \text{ [mm]}$$

Il valore medio risulta:

$$M_m = \frac{M_1 + M_2 + \ldots + M_5}{5} = 45{,}06 \text{ [mm]}$$

Si intuisce come il valore della misura del diametro della palla ottenuto con questo procedimento non sia ancora, con certezza, coincidente con il valore della grandezza *vera*, ma il margine di errore è stato sicuramente ridotto.

Tipi di errori

Gli errori possono essere classificati in diversi modi e se si prende in considerazione la *modalità con cui si verificano*, si può ottenere la **classificazione** che segue.

- **Errori grossolani**: sono dovuti a scarsa abilità dell'operatore o a inefficienza degli strumenti. Si possono evitare con opportuni accorgimenti e interventi, per esempio istruendo l'operatore.
- **Errori sistematici**: sono quelli che si ripetono sempre allo stesso modo nelle misure dello stesso tipo. Possono dipendere dalla mancata taratura dello strumento o dal metodo di misura impiegato.
  Se conosciuti possono essere corretti dopo la misurazione; per esempio, un orologio *sistematicamente* indietro di tre minuti consente di fornire l'ora esatta se quella letta viene incrementata di tale valore.
- **Errori d'insensibilità**: dipendono dal limite presentato dagli strumenti (errori strumentali oggettivi) o dall'operatore (errori soggettivi). Non possono essere corretti perché non si verificano sempre allo

stesso modo; per esempio, la misura del peso di una lettera da spedire effettuata con una bilancia da cucina sarà inevitabilmente approssimata.

- **Errori accidentali**: sono dovuti a cause non definibili e perciò tali da sfuggire a ogni previsione. Si possono evidenziare solo ripetendo più volte le misurazioni e scartando i valori che si discostano molto dalla media dei risultati.

esempio

Ricerca delle misure affette da errori accidentali.

Nel controllo del diametro interno di una tazzina da caffè, eseguito con cinque misurazioni, si supponga di aver ottenuto i seguenti risultati:

$M_1 = 45{,}2$ [mm]
$M_2 = 44{,}9$ [mm]
$M_3 = 45{,}1$ [mm]
$M_4 = 43{,}0$ [mm]
$M_5 = 45{,}0$ [mm]

Facendo la media si ottiene:

$$M_m = \frac{M_1 + M_2 + \ldots + M_5}{5} = 44{,}64 \text{ [mm]}$$

Riportando i dati ottenuti su una scala graduata si può notare che il valore $M_4 = 43{,}0$ mm si discosta di molto dagli altri quattro **[fig. C1.5]**.

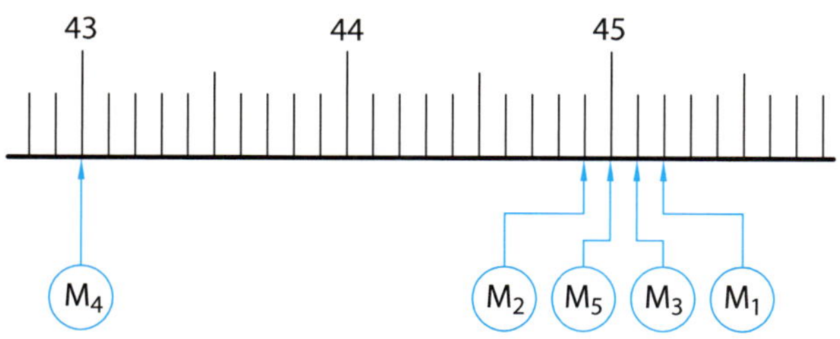

C1.5 Risultati delle misurazioni del diametro interno di una tazzina di caffè riportati su scala graduata.

Si può ipotizzare che tale valore sia dovuto a un errore accidentale (errata lettura, trascrizione ecc.) e perciò deve essere scartato.
In generale si può dire che quando un dato è molto diverso dall'insieme dei dati rilevati deve essere scartato per rendere più attendibile la media degli altri valori. Nel caso dell'esempio si avrà:

$$M_m = \frac{M_1 + M_2 + M_3 + M_5}{4} = 45{,}05 \text{ [mm]}$$

Se si prende in considerazione il *rapporto tra errore e misura* si può ottenere un'altra **classificazione degli errori**.

- **Errore assoluto E_a**: è la differenza algebrica tra la misura M fornita dallo strumento interpretata dall'operatore e il *valore vero* o *di progetto* G della grandezza misurata:

$$E_a = M - G$$

- **Errore assoluto medio E_{am}**: è la differenza algebrica tra il valore medio delle letture $M_1, M_2, \ldots, M_n$ effettuate e il valore vero G della grandezza misurata:

$$E_{am} = \frac{M_1 + M_2 + \ldots + M_n}{n} - G$$

- **Errore relativo E_r**: è il rapporto tra l'errore assoluto E_a e il valore vero G della grandezza misurata:

$$E_r = \frac{E_a}{G} = \frac{M - G}{G}$$

- **Errore relativo E_r%**: è l'errore relativo E_r moltiplicato per 100:

$$E_r\% = E_r \cdot 100 = \frac{E_a}{G} \cdot 100 = \frac{M - G}{G} \cdot 100$$

Cause di errore

Gli errori che si possono commettere nelle misurazioni possono essere dovuti ai fattori che seguono.

- **Strumento**: sono errori attribuibili a difetti di costruzione o all'usura di alcune parti dello strumento di misura. Per ridurre questi errori gli strumenti vengono costruiti con la massima accuratezza, utilizzando materiali speciali, procedendo a verifiche periodiche (tarature) ed effettuando le manutenzioni prescritte dal costruttore.
- **Ambiente**: sono errori originati dalle variazioni di temperatura che provocano dilatazioni dello strumento e dell'oggetto da misurare. Per eliminare questi errori le norme prescrivono che la temperatura dell'ambiente dove si conservano gli strumenti e si effettuano le misurazioni abbia un valore costante di 20 °C con la tolleranza di ± 1 grado.
- **Operatore**: sono errori che possono essere originati non solo da una insufficiente capacità operativa, ma anche dalle caratteristiche fisiologiche dell'uomo che, essendo binoculare, non riesce ad apprezzare con esattezza la coincidenza tra l'indice e le linee graduate giacenti su piani diversi.

Un errore di questo tipo è l'**errore di parallasse**, che si commette quando vengono utilizzati strumenti a scala graduata nei quali l'indice, per evitare lo sfregamento, si sposta su un piano distaccato da quello che porta incisa la scala e la lettura viene eseguita con una direzione diversa dalla perpendicolare a detto piano **[fig. C1.6]**.

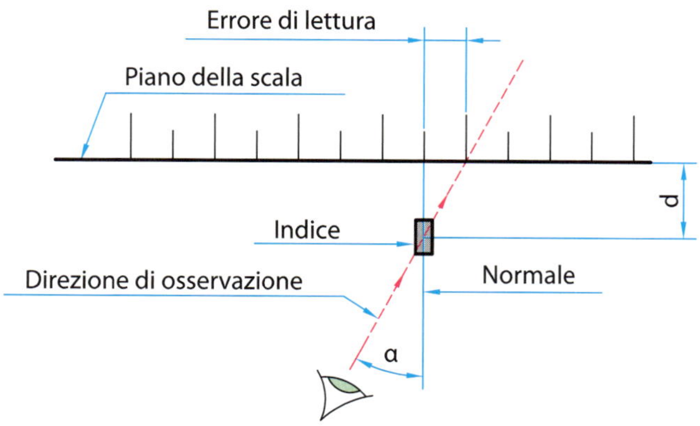

C1.6 Errore di parallasse nella lettura di una misura.

Per ridurre l'errore di parallasse si costruiscono gli strumenti con i seguenti accorgimenti:

1. si riduce il più possibile la distanza tra l'indice e la scala;
2. si impiegano indici a due punte disposte a cavallo della scala incisa su superficie trasparente; l'osservazione dei due indici sovrapposti garantisce una corretta lettura;
3. si stampiglia la scala su una superficie a specchio; quando l'indice risulta sovrapposto alla sua immagine si è sicuri che la lettura viene fatta in direzione normale e perciò senza errore di parallasse.

Negli *strumenti digitali* la lettura numerica della misura risulta più immediata e non richiede l'interpretazione visiva dell'operatore, per cui gli errori soggettivi sono praticamente nulli.
Si possono stabilire anche delle relazioni tra i tipi di errori e le loro cause. Nella **figura C1.7** sono visualizzate schematicamente queste relazioni e nella **tabella C1.5** sono evidenziate anche le cause.

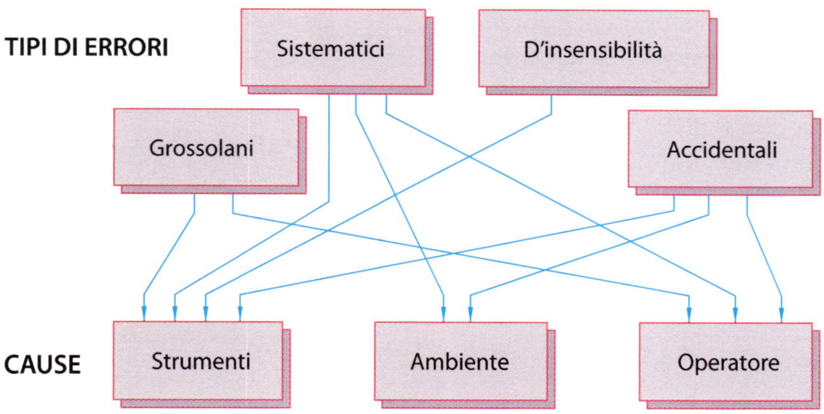

C1.7 Relazioni tra i tipi di errori e le loro cause.

TABELLA C1.5 Relazioni tra i tipi di errori e le loro cause

Tipi di errori \ Cause	Strumenti	Ambiente	Operatore
Grossolani	Inadeguati	–	Scarsa abilità
Sistematici	Mancata taratura	Temperatura elevata	Metodo sbagliato
D'insensibilità	Non adatti	–	Limitato
Accidentali	Mal utilizzati	Sporcizia	Impreparato – Disattento

C1.3 STRUMENTI CAMPIONE

Si chiamano **strumenti campione** tutte quelle attrezzature utilizzate per controllare gli strumenti di misura veri e propri.

Nel settore tecnico-industriale si controllano più frequentemente:

- le *lunghezze*;
- gli *angoli*;
- il *parallelismo* tra superfici.

Questi controlli vengono effettuati con l'uso di strumenti appropriati che devono essere periodicamente *tarati* per la misura e *verificati* per l'efficienza. Dette operazioni vengono eseguite mediante *blocchetti di riscontro*, *blocchetti piramidali* e *dischi di vetro*. Essi sono chiamati *strumenti campione* e, con altre attrezzature complementari, costituiscono le *basi della misura*.

Blocchetti di riscontro piano paralleli

Per il controllo degli strumenti che misurano le *lunghezze* vengono utilizzati i **blocchetti di riscontro**, detti anche *blocchetti Johansson* o *blocchetti piano paralleli* [fig. C1.8].
Essi hanno la forma di un parallelepipedo retto avente due facce opposte, rigorosamente *piane* e *parallele*, che costituiscono la *misura nominale*. La distanza fra le facce dei blocchetti è precisata dal numero inciso su ciascun blocchetto e va da 0,5 a 100 mm. Le dimensioni si riferiscono alla temperatura di 20 °C e alla pressione atmosferica di 101,325 kPa.

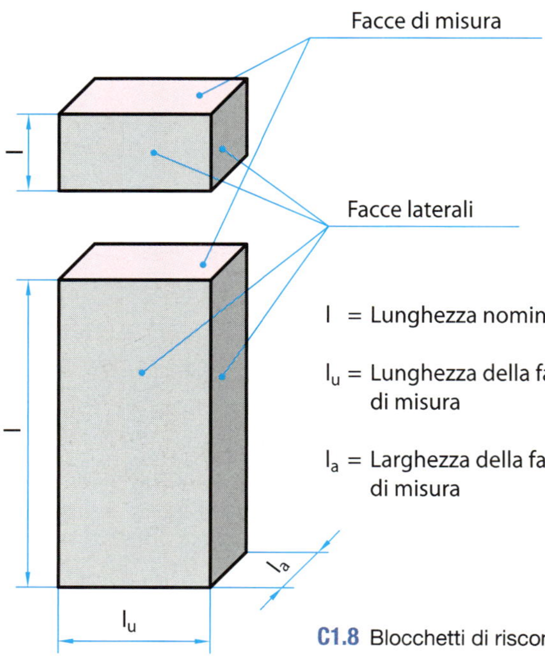

C1.8 Blocchetti di riscontro.

I blocchetti sono costruiti con elevata precisione e ottima finitura superficiale (Ra = 0,025), realizzando materiali indeformabili, resistenti all'usura, alla corrosione e dotati di buona capacità di autoaderenza superficiale.
I *materiali* con cui vengono costruiti i blocchetti piano paralleli sono i seguenti:

- acciaio al carbonio temprato, rinvenuto e stabilizzato;
- acciaio legato al carbonio, cromo, manganese, wolframio e vanadio;
- carburi metallici sinterizzati (resistenza all'usura 40 volte superiore a quella degli acciai);
- quarzo (caratteristiche ancora migliori e in più trasparenza).

I blocchetti sono forniti dalle ditte costruttrici in scatole comprendenti una serie più o meno numerosa di pezzi che, *combinati* in modo opportuno per sovrapposizione, consentono di formare qualunque dimensione [fig. C1.9].
La composizione della scatola di una serie comune di blocchetti di riscontro comprendente 112 pezzi è riportata nella tabella C1.6.

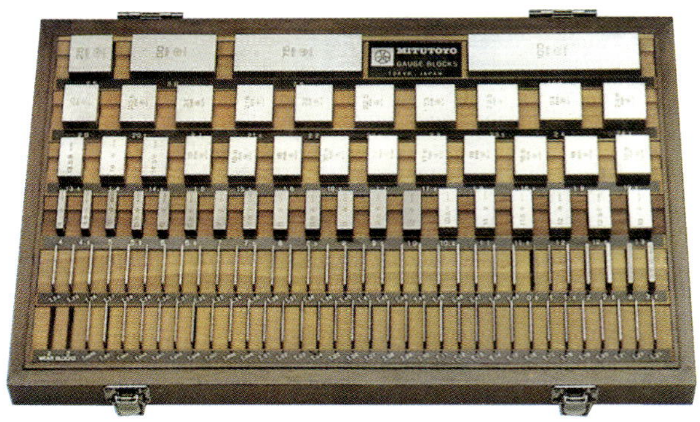

C1.9 Scatola di blocchetti di riscontro piano paralleli.

TABELLA C1.6 Composizione di una scatola di blocchetti di riscontro

Numero di blocchetti	Lunghezza nominale [mm]	Progressione [mm]
1	1,0005	–
9	da 1,001 a 1,009	0,001
49	da 1,01 a 1,49	0,01
49	da 0,5 a 24,5	0,5
4	da 25 a 100	25

Per l'uso dei blocchetti si devono tenere presenti le seguenti indicazioni:

1. vanno utilizzati in ambienti privi di polvere;
2. devono essere puliti con panno di lino o pelle di daino prima dell'uso;
3. evitare di toccare con le mani le superfici pulite;
4. quando risulta necessario sovrapporli per la combinazione della dimensione voluta (mai più di quattro) non forzarli, ma premere solo leggermente;
5. non devono essere lasciati uniti per molto tempo;
6. vanno riposti nella cassetta dopo averli puliti e oliati.

Blocchetti piramidali

Per il controllo degli strumenti che misurano gli *angoli* vengono utilizzati i **blocchetti piramidali**, detti anche *piano conici*. Essi sono simili ai blocchetti *piano paralleli* in quanto le due facce opposte sono rigorosamente piane, ma con la differenza che queste facce sono inclinate di un determinato angolo espresso in gradi sessagesimali [fig. C1.10].

Dischi di vetro

Per il controllo della *planarità* delle superfici vengono utilizzati i **dischi di vetro** aventi, di solito, diametro di 50 o 75 mm e spessori nominali rispettivamente di 15 e 20 mm. Sono costruiti di quarzo trasparente avente elevate caratteristiche di resistenza all'usura e alla scalfittura [fig. C1.11].

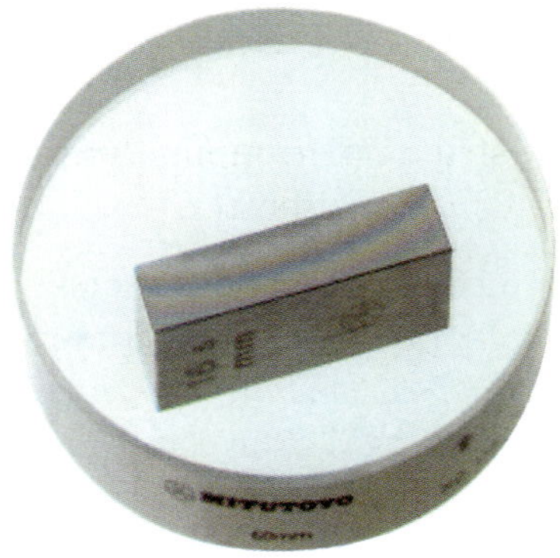

C1.11 Disco di vetro per il controllo della planarità di una superficie.

Le due facce otticamente piane (scostamento massimo di planarità 0,1 μm) permettono di effettuare, oltre al controllo della planarità, le seguenti operazioni:

- rilevazione degli errori di parallelismo e perpendicolarità;
- taratura degli strumenti campione e degli strumenti di misura.

Il loro **principio di funzionamento** si basa *sulle frange di interferenza* che si producono sulla superficie perfettamente piana del disco quando viene appoggiata su una superficie metallica a essa non parallela o non piana [fig. C1.12].

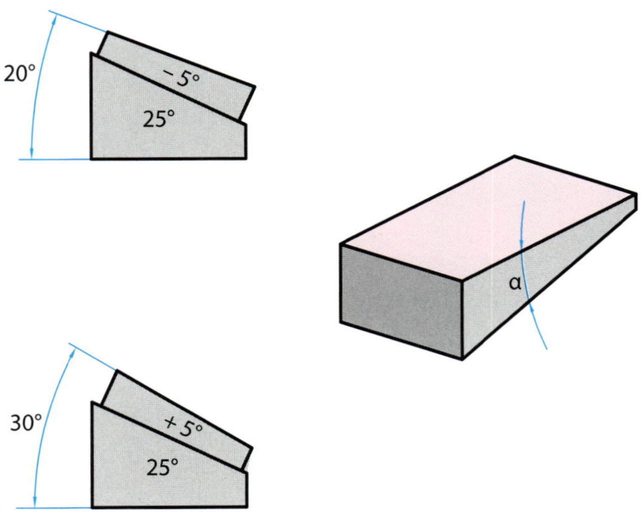

C1.10 Blocchetti piramidali e misura di angoli con la loro combinazione.

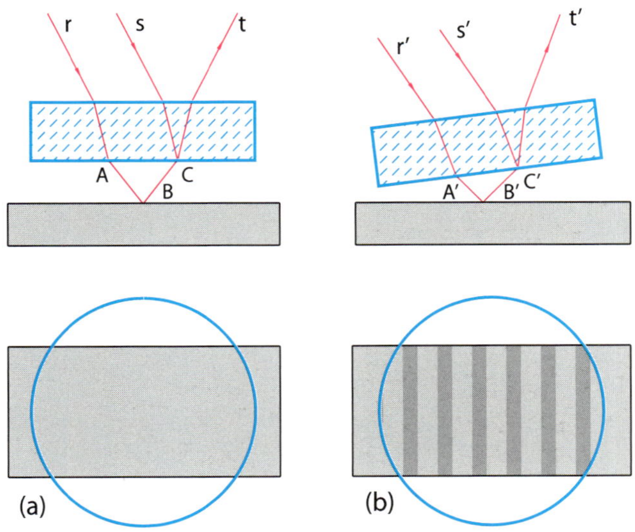

C1.12 Principio di funzionamento dei dischi di vetro per il controllo della planarità.

Queste frange sono costituite da zone alternativamente scure e luminose e sono formate dalla sovrapposizione dei raggi di luce che, attraversando il vetro trasparente, si riflettono sulla superficie metallica.
Tali raggi luminosi, effettuando percorsi di lunghezza diversa, risulteranno alternativamente in *fase* (zona luminosa) e in *opposizione di fase* (zona scura) a intervalli regolari per ogni dislivello della superficie di mezza lunghezza d'onda (λ) se la sorgente luminosa è monocromatica.

Conosciuto il colore della luce e la corrispondente lunghezza d'onda (λ), riportata nella **tabella C1.7**, è possibile calcolare il dislivello totale (Δh) tra due punti della superficie in esame in funzione del numero (***n***) di frange che si sono formate, utilizzando la seguente formula:

$$\Delta h = \frac{\lambda}{2} \cdot n$$

TABELLA C1.7 Lunghezza d'onda λ dei colori

Colore	λ [μm]
Violetto	0,40
Indaco	0,43
Azzurro	0,46
Verde	0,52
Giallo	0,56
Arancione	0,60
Rosso	0,66

Anche la configurazione delle frange che si formano sovrapponendo il *disco di vetro* su una superficie da esaminare consente di individuare la forma della superficie stessa.

Nella **figura C1.13** si hanno rispettivamente:

a. *frange rettilinee ed equidistanti*: superficie piana ma inclinata rispetto al disco ottico;
b. *frange curve e non equidistanti*: superficie convessa e inclinata;
c. *frange anulari concentriche*: superficie convessa o concava (convessa se premendo i bordi del disco le frange tendono a diminuire, concava se tendono ad aumentare);
d. *frange ellittiche*: superficie a botte.

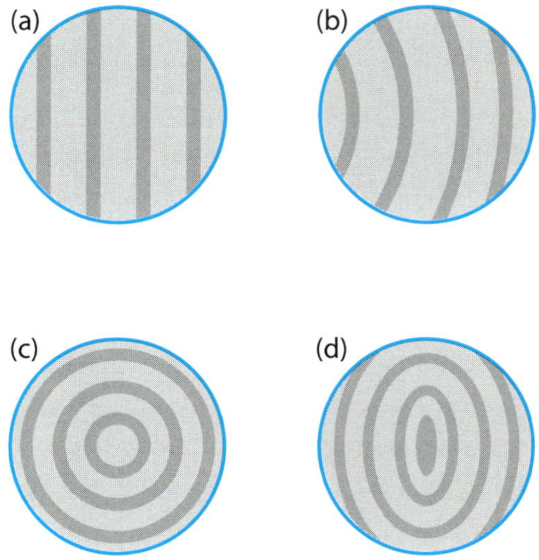

C1.13 Esempi di controllo della planarità di una superficie con disco di vetro: a) piana e inclinata; b) convessa e inclinata; c) convessa o concava; d) a botte.

esempi

1. Misurare l'altezza H_p di un pezzo con l'uso di blocchetti di riscontro piano paralleli.

Per misurare con precisione l'altezza di un pezzo (H_p) è necessario effettuare prima la sua misura con un micrometro centesimale per poter scegliere il corrispondente blocchetto di riscontro (H_c). Si appoggiano, quindi, il pezzo di larghezza AB = 30 mm e il blocchetto su un piano di riscontro a una distanza BC = 30 mm, rilevata mediante distanziale, e si sovrappone il disco di vetro sulle facce superiori **[fig. C1.14]**.
Dopo aver contato le frange che si formano sulla superficie del pezzo, si procede al calcolo della sua altezza applicando le formule seguenti.

$$AB : AC = \Delta h : \Delta H \, ; \, \Delta H = AC \cdot \Delta h / AB$$
$$\Delta H = (\lambda/2) \cdot n = (0{,}56/2) \cdot 5{,}5 = 1{,}54 \quad [\mu m]$$
$$\Delta H = (AB + BC) \cdot \Delta h / AB = 60 \cdot 1{,}54/30 = 3{,}08 \quad [\mu m]$$
$$H_p = H_c - 0{,}00308 = 39{,}99692 \quad [mm]$$

2. Calcolare l'errore di planarità di una superficie circolare con l'uso dei dischi di vetro.

Si appoggia sulla superficie da controllare il disco di vetro **[fig. C1.15]**, si contano le frange che si formano, per esempio in presenza di luce rossa, e si applica la formula del dislivello in funzione della loro numerosità.

$$\lambda = 0{,}66 \quad [\mu m]; \; n = 4$$
$$\Delta h = (\lambda/2) \cdot n = 1{,}32 \quad [\mu m]$$

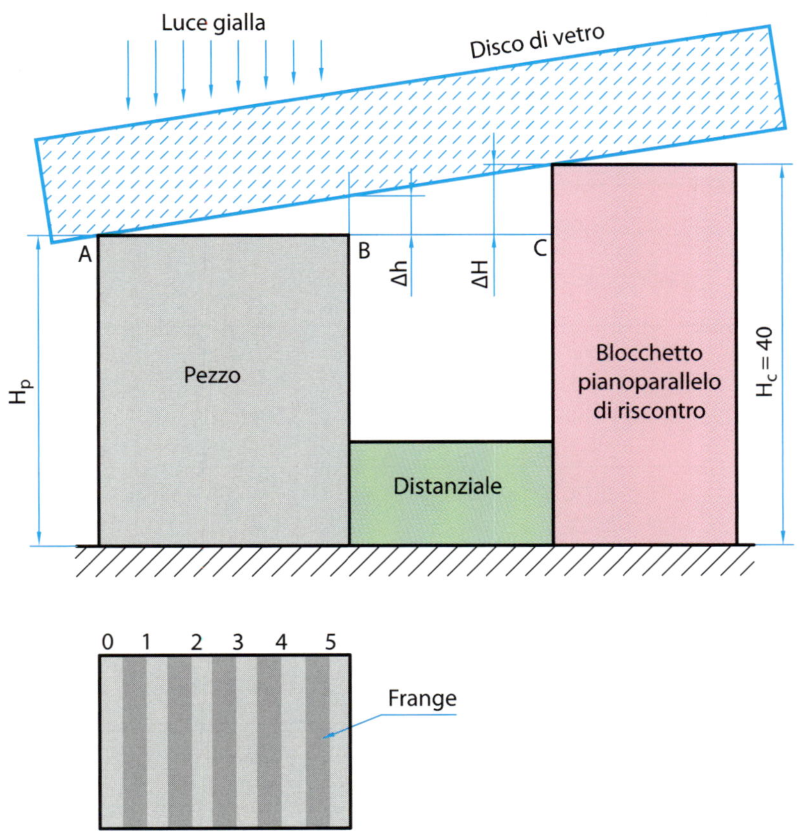

C1.14 Utilizzo dei dischi di vetro per la misurazione dell'altezza di un pezzo, per comparazione con un blocchetto di riscontro.

C1.15 Utilizzo dei dischi di vetro per il calcolo dell'errore di planarità.

C1.4 STRUMENTI DI MISURA DI LUNGHEZZA

Si definiscono **strumenti di misura di lunghezza** i dispositivi con i quali vengono misurate le dimensioni, in modo diretto o indiretto, mediante lettura di un indice posizionato su scala graduata.

Le principali caratteristiche o qualità metrologiche degli strumenti di misura sono definite dalla *tabella UNI 4546* e riportate nella **tabella C1.8**, accompagnate da alcune osservazioni ed esempi esplicativi.

Metro e righe millimetrate

Il metro e le righe millimetrate sono i più semplici strumenti per la misura di lunghezze che richiedono una approssimazione dell'ordine del millimetro.
Essi sono costituiti da:

- un'asta rigida (righelli);
- un'asta articolata (metro per mobilieri);
- una lamina di acciaio flessibile (metro d'officina);
- una fettuccia di tela plastificata (doppio metro e decametro).

Questi strumenti consentono la misurazione delle lunghezze mediante una graduazione in millimetri o in mezzi millimetri (righelli di precisione). In alcuni casi è presente anche una graduazione in pollici e in sedicesimi di pollice. Le righe hanno lunghezze variabili da 20 a 100 cm.
La lettura si effettua a occhio in modo *diretto*, prendendo come riferimento per l'origine lo zero della graduazione **[fig. C1.16]**, oppure per *differenza* (misura del diametro di un tubo, **fig. C1.17**).
Chiaramente la lettura con questi strumenti risulta essere *approssimata*:

- *per difetto* se si assegna il valore della misura corrispondente all'incisione precedente rispetto alla dimensione da misurare;
- *per eccesso* se si assegna la misura corrispondente all'incisione successiva **[fig. C1.16]**.

TABELLA C1.8 Caratteristiche degli strumenti di misura – UNI 4546

Caratteristica	Definizione	Osservazioni, formule ed esempi
Portata	È il valore della massima grandezza che lo strumento può misurare	Uno strumento a grande *portata* risulta meno sensibile e meno preciso dovendo esprimere con l'escursione del suo indice elevate grandezze
Sensibilità assoluta	È il rapporto tra l'incremento di escursione o di scostamento dell'indice dello strumento e il corrispondente incremento della grandezza da misurare	$S_A = \frac{\Delta l}{\Delta G}$. Uno strumento molto *sensibile* esprime una piccola variazione della grandezza con un grande scostamento dell'indice
Precisione	Si definisce indice o grado di precisione la massima differenza algebrica tra il valore indicato dallo strumento e il valore reale della grandezza misurata	Esprime l'attitudine di uno strumento a fornire misure con minimo errore. **Esempio**: precisione garantita $\pm$ 0,01 vuol dire che il valore effettivo della grandezza misurata può discostarsi di 1/100 dal valore fornito
Prontezza	È il tempo che deve trascorrere prima che l'indice, muovendosi dalla sua posizione di riposo, raggiunga la definitiva posizione di misura	La misura di riferimento viene assunta pari a 2/3 dell'intervallo portata massima-valore di riposo. **Esempio**: termometro con portata 0 - 280 °C con posizione di riposo a 20 °C. La grandezza da applicare sarà: $\frac{2}{3}(280 - 20) \approx 173$ °C
Fedeltà	È l'attitudine di uno strumento a fornire misure di una stessa grandezza poco differenti tra loro, quando vengono eseguite nelle stesse condizioni e a brevi intervalli di tempo	Uno strumento *fedele* garantisce una buona ripetibilità quando, per aumentare la precisione, vengono eseguite misure ripetute onde poterne calcolare la media
Stabilità	È l'attitudine di uno strumento a fornire misure di una stessa grandezza poco differenti tra loro, quando vengono eseguite nelle stesse condizioni e a lunghi intervalli di tempo	Uno strumento *stabile* risulta indeformabile nel tempo, pertanto si comporta allo stesso modo anche a intervalli di tempo molto lunghi
Approssimazione	È la più piccola frazione di una grandezza, lineare o angolare, che è possibile misurare con un dato strumento	**Esempi**: Goniometro suddiviso in gradi: appr. = 1° Riga suddivisa in mezzi millimetri: appr. = 0,5 mm Quadrante di orologio suddiviso in minuti: appr. = 1 min

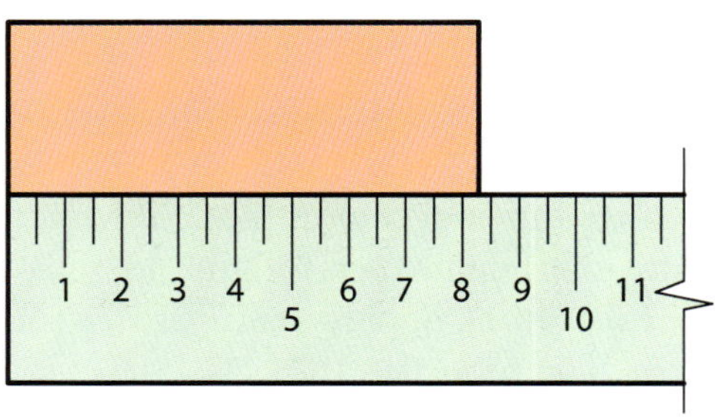

Lettura diretta dallo zero:

- per difetto l = 8 mm
- per eccesso l = 8,5 mm

C1.16 Lettura diretta per difetto e per eccesso con la riga millimetrata.

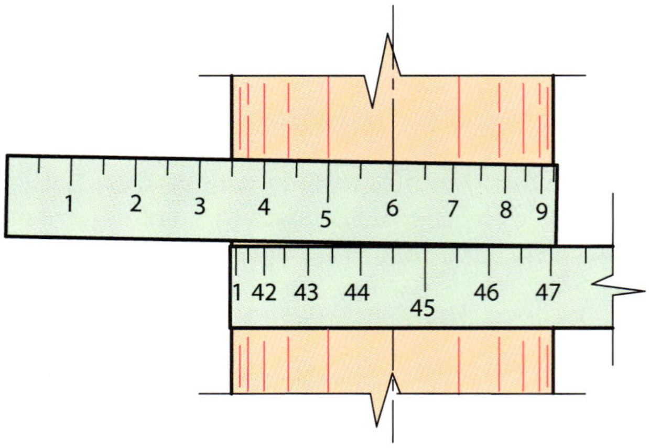

Lettura per differenza: c = 44,5 - 6 = 38,5 cm

C1.17 Lettura per differenza con il metro flessibile.

In realtà, una buona sensibilità dell'operatore consente di apprezzare con maggiore precisione l'ulteriore frazione dell'intervallo compreso fra la lettura per difetto e quella per eccesso. Per esempio, nel caso della figura C1.16 si potrebbe affermare che la misura vale circa 8,3 mm avvicinandosi al valore della grandezza vera.
In ogni caso, senza contare su quest'ultima considerazione soggettiva e utilizzando la definizione riportata nella tabella C1.8, l'*approssimazione di un metro* graduato in millimetri vale 1 mm mentre l'*approssimazione di una riga* di precisione graduata in mezzi millimetri vale 0,5 mm.

Nonio

Il ***nonio*** è uno strumento che serve a facilitare la lettura di una misura (dimensione) valutando con precisione la frazione di spazio compresa tra due linee graduate di una scala lineare o angolare che ne rappresentano la lettura per *difetto* e per *eccesso*.

Esso è rappresentato da una scala ausiliaria costruita suddividendo in n parti uguali la lunghezza corrispondente a $(n - 1)$ divisioni di una scala fissa [fig. C1.18]. In queste condizioni, detta U la distanza tra due graduazioni della scala fissa, la distanza U' tra due graduazioni del nonio risulta:

$$U' = \frac{(n-1) \cdot U}{n}$$

È facilmente comprensibile che la distanza U' risulta più piccola della distanza U. La loro differenza A vale:

$$A = U - U' = U - \frac{(n-1) \cdot U}{n} = \frac{nU - nU + U}{n} = \frac{U}{n}$$

Quando la scala del nonio, incisa sopra un cursore mobile, si sposta rispetto alla scala fissa della quantità (A) la sua seconda lineetta viene a coincidere con una corrispondente lineetta della scala fissa. Un ulteriore spostamento analogo porterebbe a coincidere la seconda lineetta e così via. È chiaro allora che il nonio rappresenta un artificio grafico attraverso il quale si amplifica l'intervallo della scala fissa che viene suddiviso poi in n parti uguali interpretabili attraverso la coincidenza successiva delle lineette della scala ausiliaria del nonio.

Esistono diversi tipi di nonio:

- **nonio decimale**: costruito con $n = 10$; consente la lettura approssimata al decimo di millimetro [fig. C1.18];
- **nonio decimale doppio**: prevede la suddivisione in 10 parti di una lunghezza della scala fissa di 19 mm [fig. C1.20];
- **nonio ventesimale**: è il più usato; viene costruito con $n = 20$ e permette l'identificazione del ventesimo di millimetro (approssimazione pari a 0,05 mm, fig. C1.19a);
- **nonio ventesimale doppio**: viene costruito dividendo in 20 parti la lunghezza della scala fissa pari a 39 mm [fig. C1.19b];
- **nonio cinquantesimale**: prevede una scala con $n = 50$ per ottenere un'approssimazione pari a 0,02 mm [fig. C1.19c].

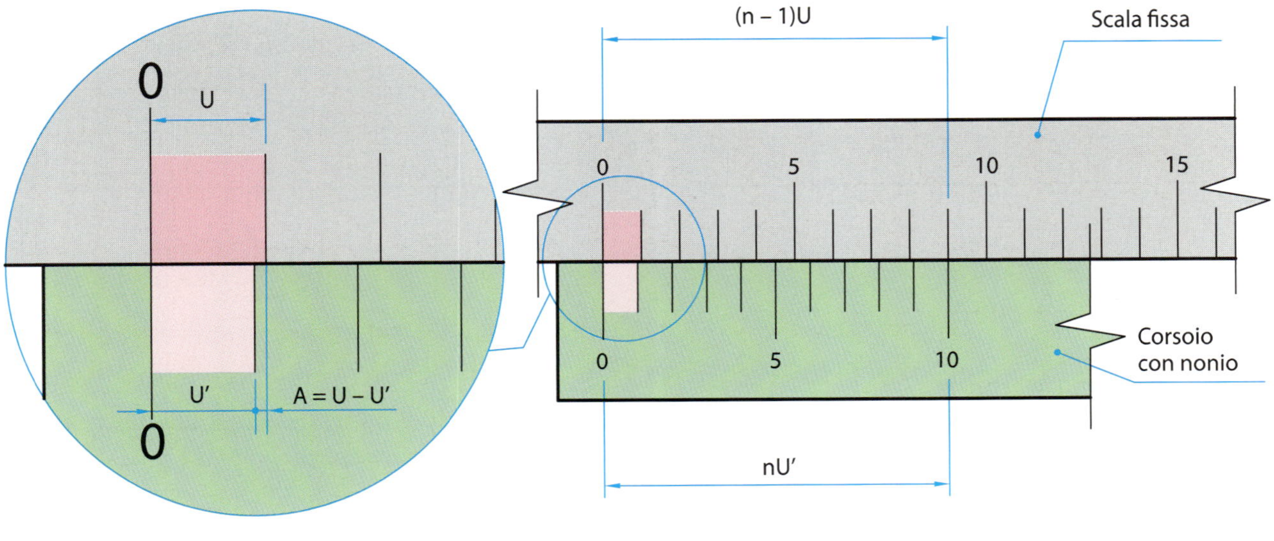

C1.18 Nonio lineare decimale.

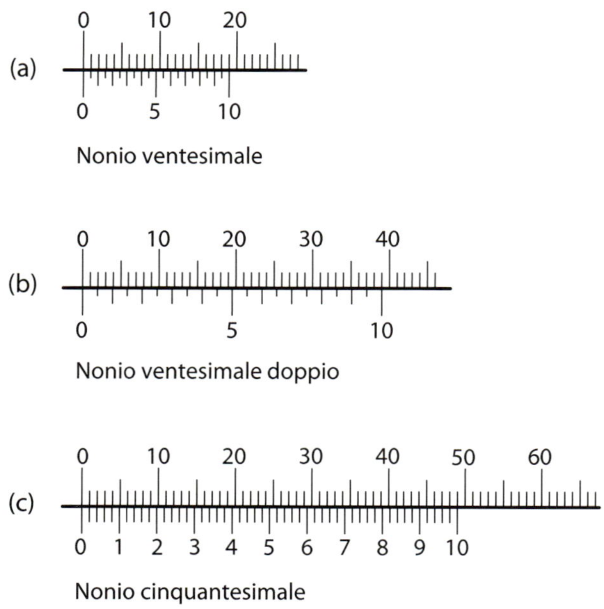

C1.19 Tipi di nonio: a) ventesimale; b) ventesimale doppio; c) cinquantesimale.

La misura di una lunghezza sarà data da una parte intera letta sulla scala fissa in corrispondenza dello zero del nonio e da una parte frazionaria che dipende dalla lineetta del nonio che coincide con quella della scala fissa.

Nella **figura C1.20** sono riportati alcuni esempi di lettura di una stessa misura effettuata con calibri aventi diversi tipi di nonio.
È interessante rilevare come cambia il risultato della misura eseguita rispettivamente con il *nonio decimale doppio, ventesimale doppio* e *cinquantesimale,* proprio perché varia, con i diversi tipi di nonio, il valore dell'approssimazione.

Calibro a corsoio

Il **calibro a corsoio**, detto anche calibro a cursore o calibro a nonio, è lo strumento più usato nelle officine per la precisione con la quale è possibile effettuare misure esterne, interne e di profondità **[fig. C1.21]**.

Questo strumento è costituito da un'*asta* di acciaio con la scala inferiore graduata in millimetri e quella superiore in pollici terminante a sinistra con due beccucci, uno grande per le misure esterne L_e e uno piccolo per le misure interne L_i.
Sull'asta scorre, con leggero attrito, il *corsoio* provvisto anch'esso dei corrispondenti beccucci, grande e piccolo. Solidale con il corsoio, alloggiata su una scanalatura praticata nell'asta, scorre un'*astina* con la quale si effettuano le misure di profondità L_p. Nei calibri di precisione lo spostamento del corsoio viene ottenuto

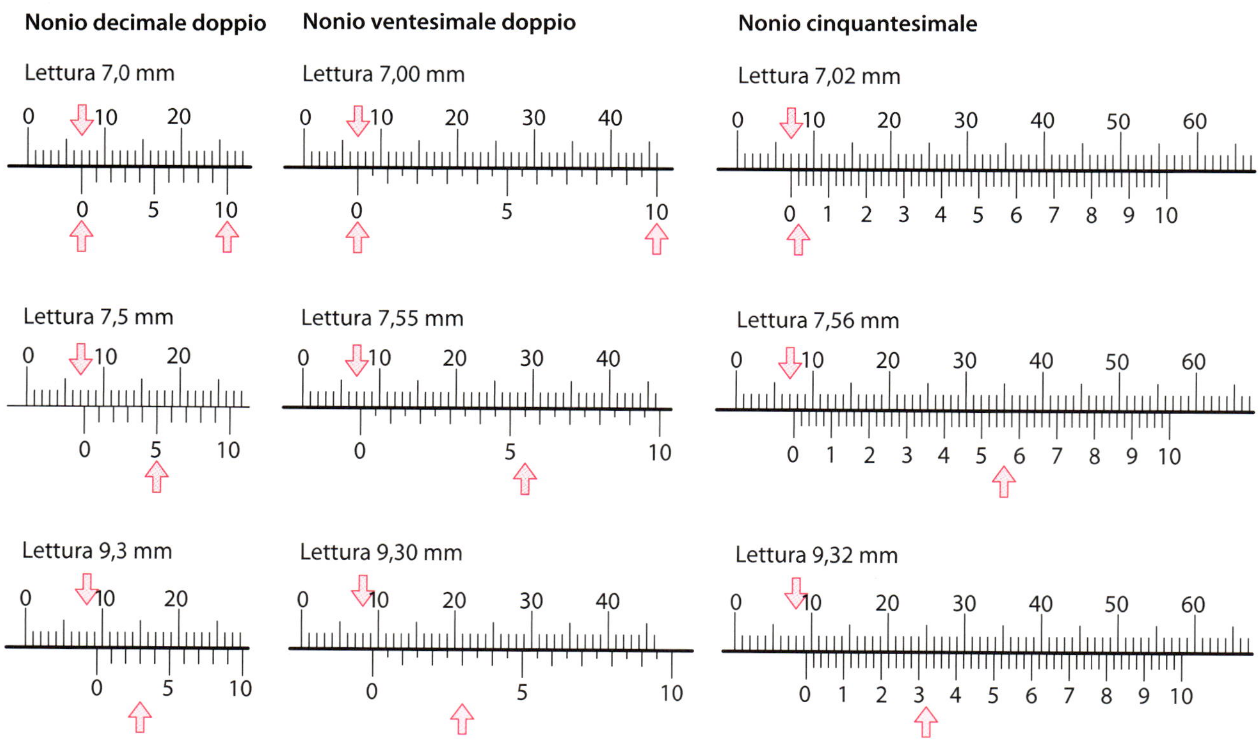

C1.20 Esempi di lettura con diversi tipi di nonio.

micrometricamente mediante un dispositivo a doppio corsoio e vite di movimentazione.
Sul corsoio, in corrispondenza delle due scale dell'asta fissa, sono incise le scale del nonio per la lettura delle frazioni di millimetro o di pollice.
Esistono diversi **tipi di calibro a corsoio**; la **figura C1.22** mostra un *calibro a nonio ventesimale* con le scale fisse e mobili sullo stesso piano, per eliminare gli errori di parallasse.

La **figura C1.23** illustra un *calibro digitale* a lettura immediata su visualizzatore a cristalli liquidi. Lo strumento è collegato a un microprocessore per l'elaborazione dei dati e la stampa dei risultati (conteggio delle misurazioni, calcolo del valore minimo, massimo e medio).
La **figura C1.24** presenta un calibro a corsoio specificamente adatto per l'effettuazione delle misure di profondità.

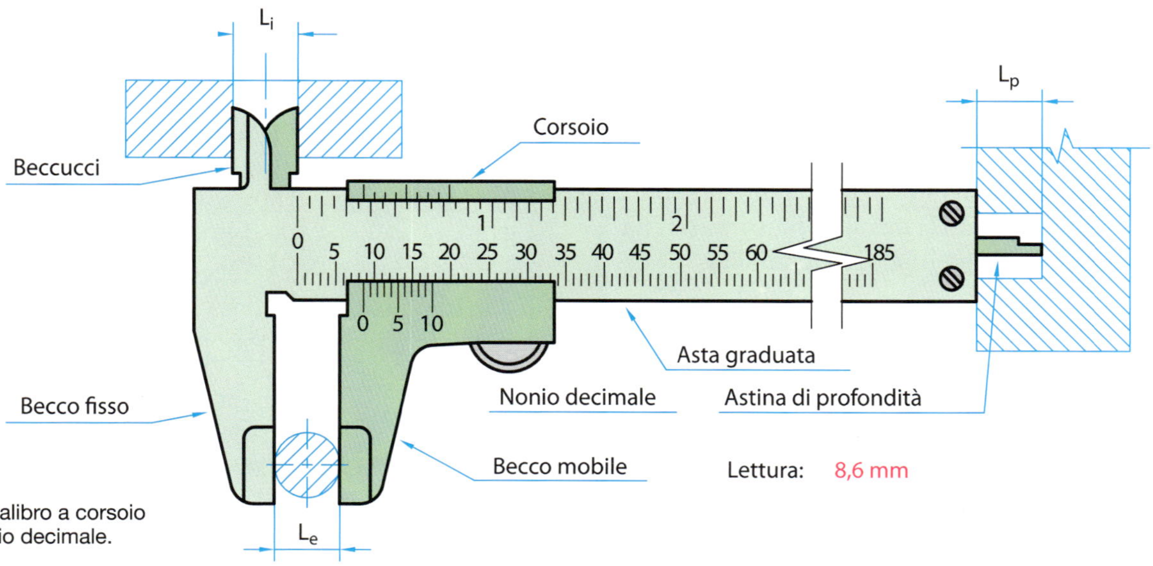

C1.21 Calibro a corsoio con nonio decimale.

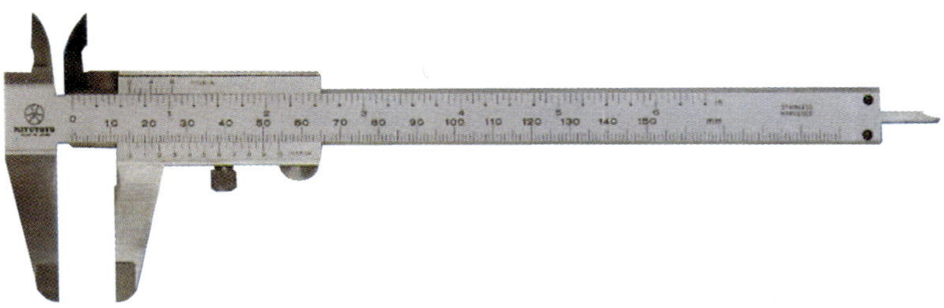

C1.22 Calibro a corsoio con nonio ventesimale doppio.

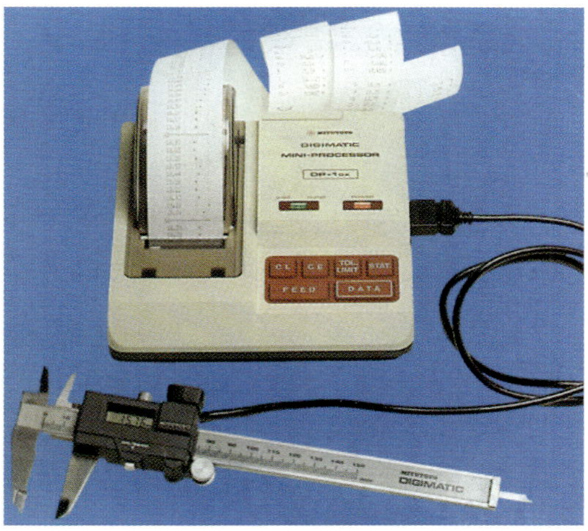

C1.23
Calibro a corsoio digitale collegato a una stampante.

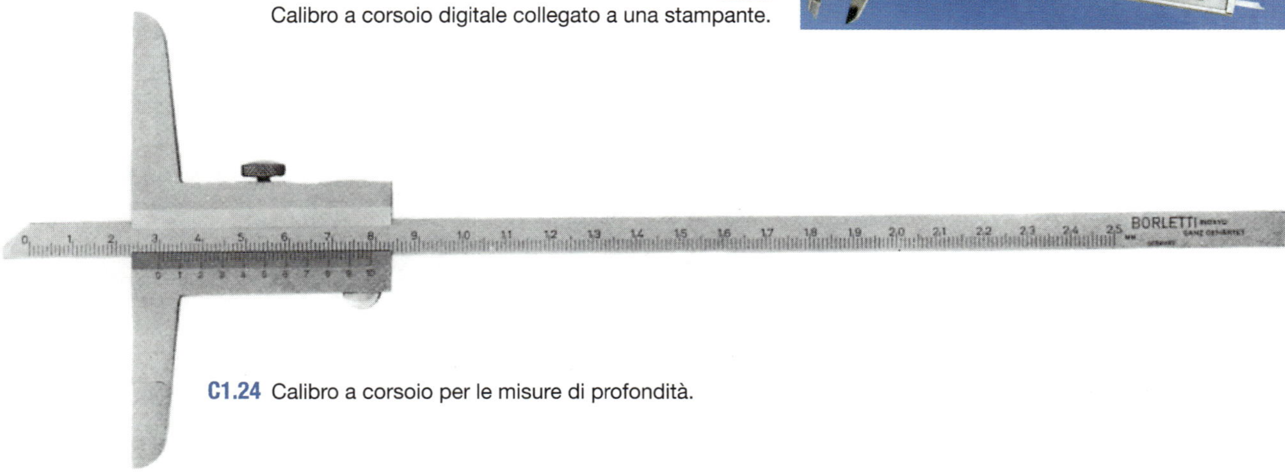

C1.24 Calibro a corsoio per le misure di profondità.

Micrometro a vite

Il **micrometro a vite** è uno strumento a misurazione diretta con il quale è possibile effettuare misure esterne, interne e di profondità con approssimazione fino a 0,01 mm [fig. C1.25].

Questo strumento è costituito da un *corpo principale* a forma di arco che sostiene a sinistra un tassello fisso, detto *incudine,* per l'appoggio del pezzo da misurare e a destra una *madrevite* dentro la quale scorre una *vite* con passo relativamente piccolo e preciso (normalmente di 0,5 o 1 mm).

La vite termina a sinistra con uno stelo mobile mentre a destra è solidale con un *tamburo graduato* con 50 o 100 tacche incise sulla sua superficie periferica. Il tamburo viene manovrato mediante un *nottolino a frizione* che slitta quando la forza di chiusura esercitata sul pezzo ha raggiunto il valore prestabilito.

Si costruiscono micrometri con campi di misura che vanno da 0 a 25 mm, da 25 a 50 mm e così via. Sono da preferire i micrometri con tamburo piuttosto grande, suddiviso in 50 parti e vite con passo di 0,5 mm per non avere le tacche troppo vicine (una buona lettura richiede distanze non inferiori a 0,8 mm).

Il **principio di funzionamento** dello strumento è il seguente: per ogni giro completo del tamburo la vite avanza di una lunghezza pari al suo passo p. Questo avanzamento della vite viene diviso in parti uguali e visualizzato dalla scala graduata praticata sul tamburo.
Se, per esempio, la vite ha un passo p = 0,5 mm sul tamburo viene incisa una scala graduata con 50 lineette e a ognuna di esse corrisponderà un avanzamento A dell'asta mobile pari a:

$$A = \frac{p}{n} = \frac{0{,}5}{50} = 0{,}01 \text{ mm}$$

Anche in questo caso la lettura della misura avviene in due tempi successivi sulle due scale: la parte intera della misura si legge sulla scala graduata orizzontale, sull'ultima lineetta scoperta dal tamburo, e la parte frazionaria aggiuntiva si legge sul tamburo graduato in corrispondenza della linea di riferimento.
Particolare interesse assumono i **micrometri elettronici digitali** [fig. C1.26] per le molteplici funzioni che sono in grado di svolgere:

- indicazione numerica della quota sul display con l'eliminazione degli errori di lettura;

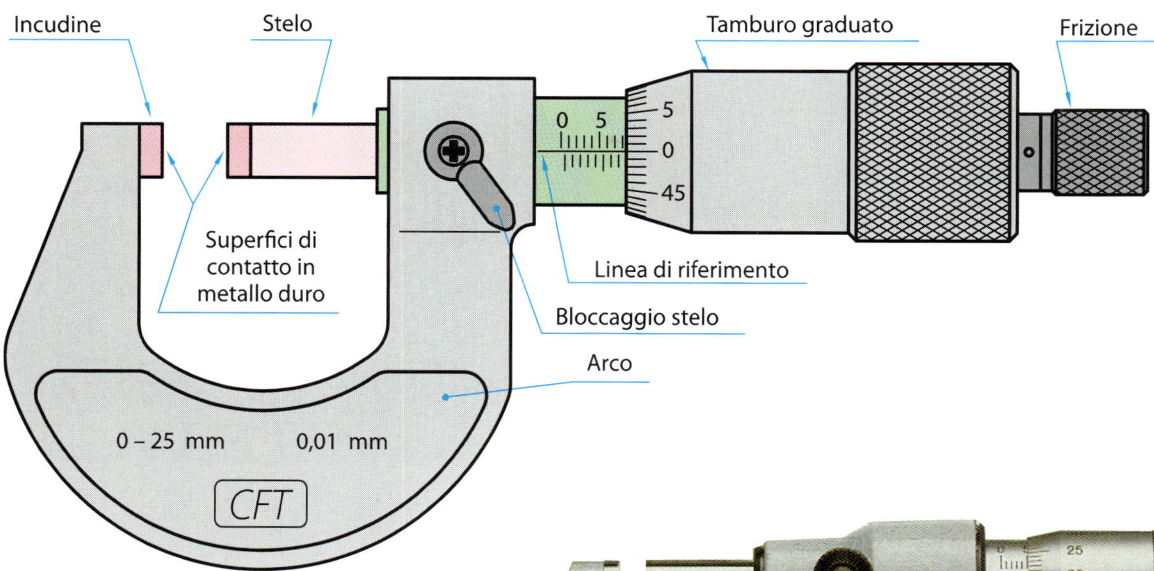

C1.25 Parti fondamentali di un micrometro a vite.

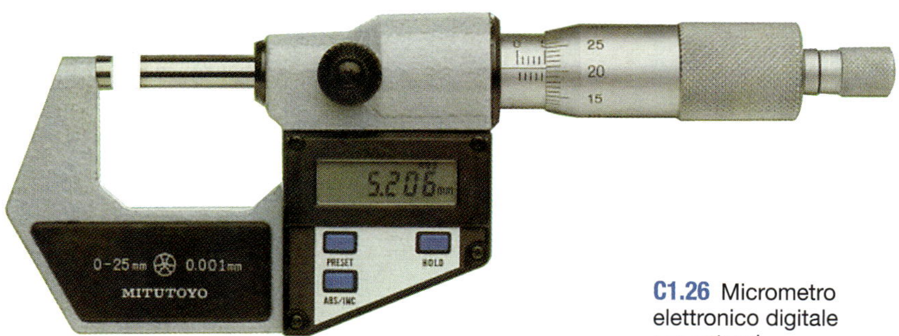

C1.26 Micrometro elettronico digitale per esterni.

- memorizzazione della quota e spegnimento automatico dopo un determinato tempo durante il quale lo strumento rimane inutilizzato;
- indicazione sul display del messaggio *go/no go* (*passa/non passa*) rispetto alla tolleranza assegnata alla quota da controllare;
- controllo automatico della forza di misurazione di 8 N;
- approssimazione pari a 0,001 mm.

Comparatore

Il **comparatore** è uno strumento utilizzato per il controllo degli errori di forma di superfici (parallelismo, planarità, conicità, circolarità, concentricità, perpendicolarità ecc.) o per misure fatte per comparazione (da cui il nome) tra le dimensioni di un pezzo da misurare e quelle di un pezzo campione **[fig. C1.27]**.

Le parti fondamentali di questo strumento sono:

1. *tastatore* con punta arrotondata per facilitare il contatto con la superficie da controllare;
2. *asta scorrevole* su cui si avvita il tastatore;
3. *scatola* contenente il meccanismo d'amplificazione dello spostamento del tastatore;
4. *quadrante circolare* con scala graduata centesimale con lancetta rotante;
5. *quadrante piccolo* per il conteggio del numero dei giri compiuti dalla lancetta;
6. *indicatori mobili* posti sul contorno del quadrante per l'impostazione dell'intervallo di tolleranza concesso;
7. *nottolino zigrinato* per l'azzeramento dell'indice;
8. *pomello superiore* per il sollevamento del tastatore.

Il **principio di funzionamento** del comparatore è molto semplice: lo strumento, opportunamente sostenuto da una base di supporto, è posto con il tastatore a contatto della superficie da controllare e fatto scorrere su di essa. Le irregolarità della superficie provocano il movimento traslatorio del tastatore e dell'asta scorrevole che è amplificato e trasformato in moto rotatorio dell'indice sul quadrante, mediante dispositivi a leva e ruote dentate. A ogni spostamento di 1 mm del tastatore si fa corrispondere un giro dell'indice sul quadrante e poiché questo è suddiviso in 100 parti, ognuna di esse rappresenta lo spostamento di 1/100 = 0,01 mm del tastatore stesso.

Nella **figura C1.28** è riportato un comparatore millesimale digitale, con visualizzatore a cristalli liquidi a cinque cifre numeriche più una per il segno e funzioni d'accensione (ON/OFF) e d'azzeramento (PREsetting).

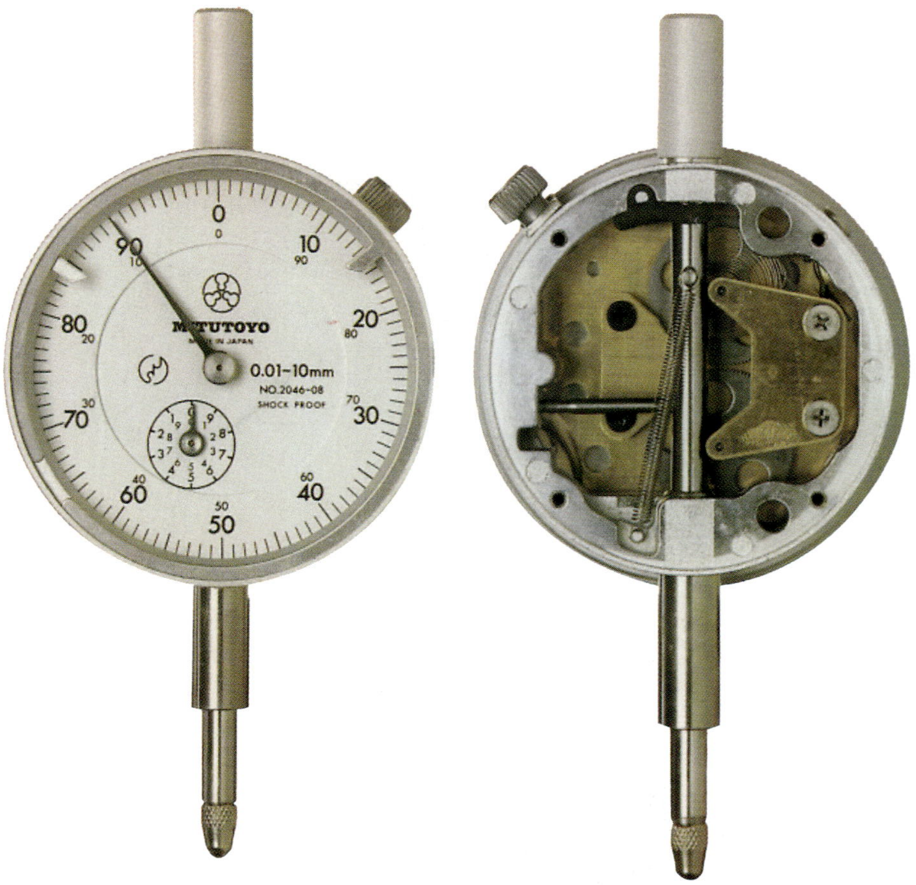

C1.27 Comparatore centesimale a quadrante.

C1.28 Comparatore millesimale digitale.

Comparatore universale o tastatore

Il *comparatore universale*, o tastatore, è simile a quello normale, con la differenza che il tastatore è costituito da una leva orientabile secondo un angolo qualsiasi rispetto all'asse dello strumento [fig. C1.29]. La deviazione della punta tastatrice di metallo duro viene amplificata da una leva di prolungamento, che termina all'estremità con una superficie dentata che ingrana con una ruota dentata di metallo duro, collegata alla lancetta del quadrante. Questo strumento è utilizzato quando risulta difficoltoso o impossibile il posizionamento del comparatore normale per controllare:

- rettilineità e parallelismo di superfici esterne e interne;
- coassialità e concentricità tra due diametri;
- cilindricità e ovalizzazioni di superfici circolari;
- perpendicolarità di battute a spallamento;
- centratura di pezzi al montaggio;
- piccoli spessori.

Goniometro universale a nonio

Il **goniometro** è uno strumento utilizzato per la misura degli angoli che richiedono un'approssimazione inferiore al grado (normalmente 1/12 di grado che corrisponde a 5', fig. C1.30).

Le parti principali che compongono questo strumento sono:

1. *squadra fissa* solidale a un *disco grande* graduato da 0° a 90° sui quattro quadranti (due in senso orario e due in senso antiorario);
2. *disco rotante*, coassiale con il disco grande, con incisa la scala del nonio angolare;
3. *asta* solidale al disco rotante e scorrevole, rispetto a esso, mediante scanalatura;
4. *pomelli* per il bloccaggio dell'asta e del disco graduato sul disco rotante e squadra;
5. *lente* d'ingrandimento per facilitare la lettura della misura.

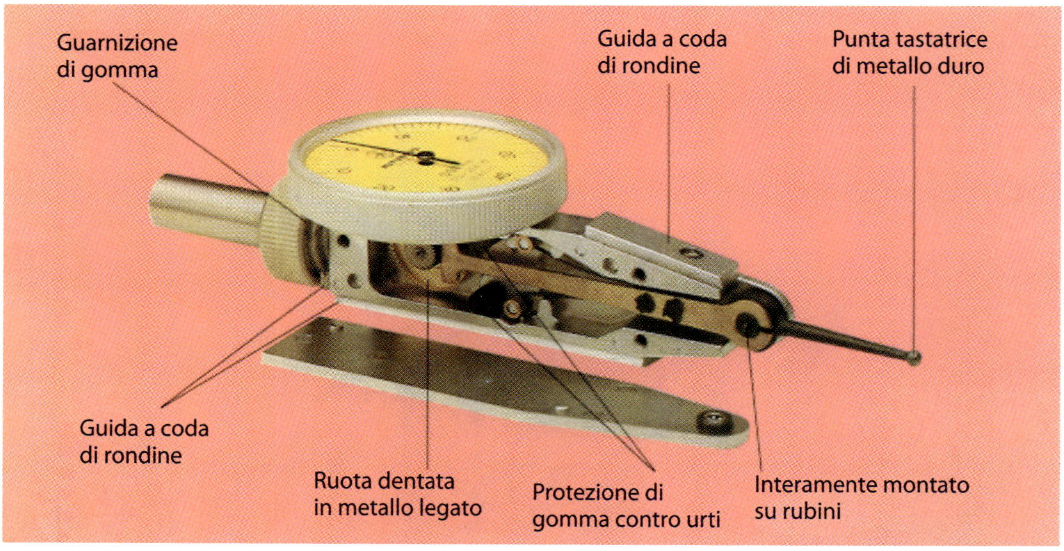

C1.29 Comparatore universale con leva orientabile e ghiera esterna girevole per l'azzeramento.

C1.30 Goniometro universale con lente di ingrandimento per la lettura degli angoli.

Il *nonio angolare* utilizzato dai goniometri è del tipo *raddoppiato* e il suo funzionamento, analogo a quello lineare, è il seguente [fig. C1.31]. L'angolo corrispondente a 23°, intercettato sulla scala fissa, è suddiviso in 12 parti uguali sulla scala del nonio perciò tra due divisioni si ottiene un angolo di poco inferiore a 2° pari a:

$$U' = \frac{23°}{12} = 1°\,55'$$

Partendo dalla posizione di zero gradi, lo spostamento angolare che porta la prima lineetta del nonio a coincidere con la seconda della scala fissa rappresenterà l'approssimazione di lettura dello strumento che vale:

$$A = 2U - U' = 2° - 1°\,55' = 5'$$

Pertanto anche in questo caso la lettura della misura sarà effettuata rilevando il valore intero dell'angolo, in corrispondenza dello zero del nonio, e la frazione di grado, in corrispondenza della lineetta del nonio che coincide con quella della scala fissa.

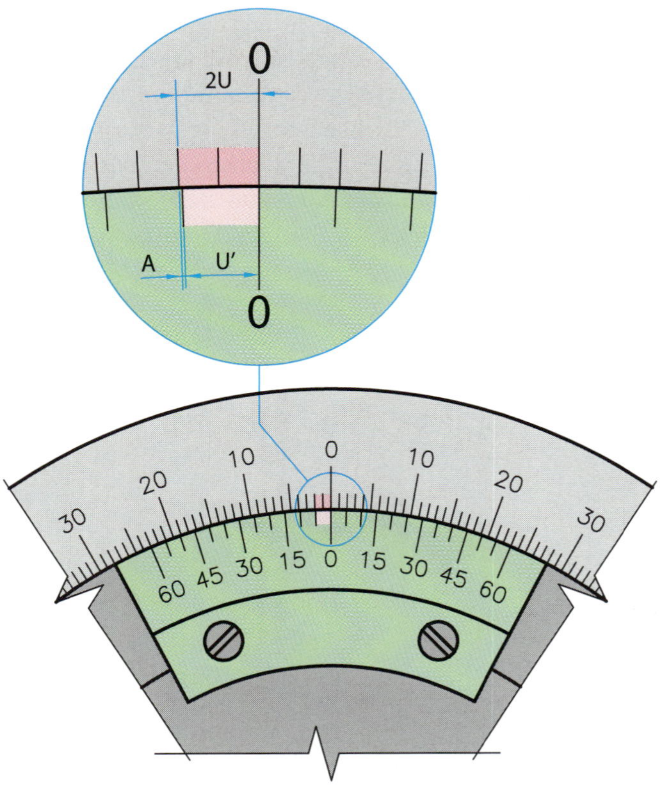

C1.31 Nonio angolare per la misura della frazione di angolo.

Attrezzature complementari

Alcune altre *attrezzature complementari* di riscontro, utilizzate nella metrologia tecnico-industriale, sono riportate di seguito.

Piani di riscontro [fig. C1.32]

Sono costituiti da blocchi di ghisa o di granito con la superficie superiore piana e lavorata con precisione. I blocchi di granito sono privi di tensioni interne, amagnetici, più duri dell'acciaio, non conduttori elettrici e inossidabili.
Vengono usati come piani di appoggio per le operazioni di misura e di tracciatura e per la verifica della planarità delle superfici. Il pezzo da controllare viene fatto scorrere sulla superficie del piano spalmato di un sottile strato di olio con disciolto blu di Prussia. Dalla configurazione delle tracce si può giudicare la planarità della superficie.

C1.32 Piano di riscontro in granito nero.

Righe di riscontro [fig. C1.33]

Servono a verificare la planarità mediante l'osservazione delle fessure luminose risultanti al loro contatto con la superficie da controllare. Possono essere a sezione cuneiforme, con spigolo smussato a 30°, temprate, rettificate e lappate di precisione. Sono costruite in acciaio speciale e dotate di impugnatura di plastica isolante.

C1.33 Righe a filo per il riscontro della planarità.

Squadre di riscontro [figg. C1.34 – C1.35]

Servono a controllare angoli tra due superfici o due lati. Possono essere *fisse* (con angolo di 90°, 30°, 60° e 120°), *semplici, a cappello* o *ad angolo variabile* (false squadre).

Blocchetti a X e prismi a V [figg. C1.36 – C1.37]

Sono costruiti in ghisa con superfici rettificate e raschiettate. Vengono utilizzati per facilitare l'appoggio di pezzi cilindrici o prismatici durante l'operazione di tracciatura.

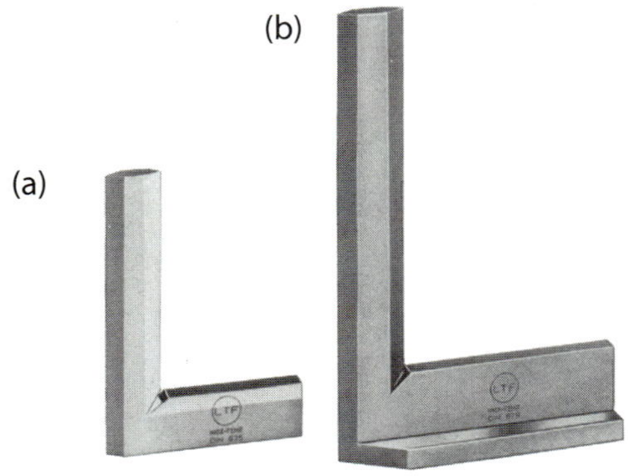

C1.34 Squadre di riscontro fisse: a) semplice; b) a cappello con spigolo smussato.

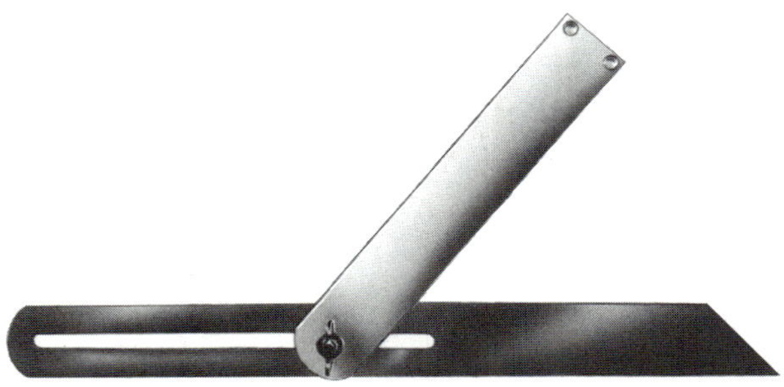

C1.35 Falsa squadra di riscontro ad angolo variabile.

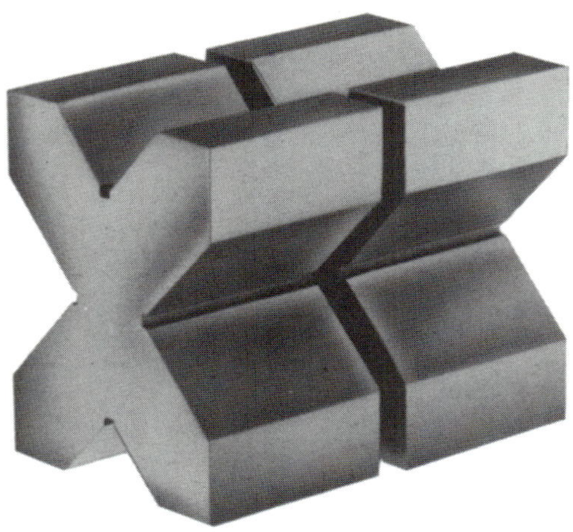

C1.36 Blocchetti a X.

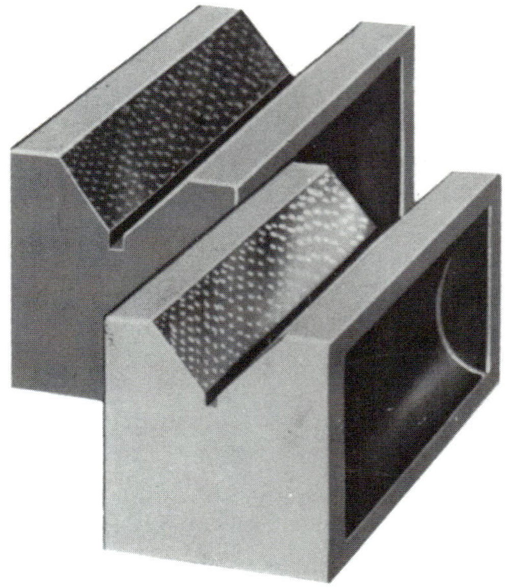

C1.37 Prismi a V ad angolo retto.

Supporti per comparatore [figg. C1.38 – C1.39]

I comparatori sono utilizzati montati su appositi supporti di posizionamento. Si segnalano i più significativi.

La figura C1.38 rappresenta il **supporto porta comparatore universale,** con base prismatica rettificata di ghisa utilizzabile anche nelle facce laterali, colonna verticale, asta snodata e dispositivo d'attacco del gambo comparatore dotato di regolazione micrometrica. Con questo supporto, disposto sul piano di riscontro, si possono fare misure di parallelismo e controlli dimensionali per *comparazione* con i blocchetti campione piano paralleli.

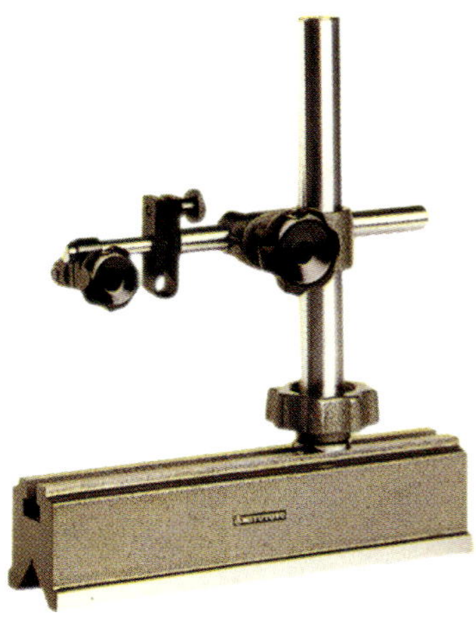

C1.38 Supporto porta comparatore universale.

La figura C1.39 presenta un altro tipo di **supporto porta comparatore magnetico**, capace di posizionarsi su pareti inclinate o verticali, con base magnetica attivabile con chiavetta rotante. Le colonne snodate conferiscono a questo supporto una mobilità illimitata e un notevole raggio d'azione, consentendo di raggiungere con il comparatore qualsiasi punto d'azione altrimenti inaccessibile.

C1.39 Supporti porta comparatore magnetici.

Banco prova [fig. C1.40]

Nella figura C1.40, infine, è riportato un **banco prova concentricità**. L'apparecchio è costituito da un basamento in ghisa stabilizzata, su cui sono montate lateralmente due contropunte, una con canotto fisso e l'altra con canotto regolabile assialmente mediante leva, e al centro una colonna porta comparatore con regolazione fine.
La misura della concentricità si esegue facendo ruotare il pezzo, posto tra le punte, con il tastatore del comparatore a contatto della sua generatrice.

C1.40 Banco di prova attrezzato per prove di concentricità.

ESERCITAZIONE GUIDATA / C1.1

hoepliscuola.it

Valore medio e varianza

1. Si supponga di misurare otto resistenze di valore nominale $G = 100\ \Omega$. Calcolare il valore medio, con riferimento ai primi valori M_1, M_2, M_3, M_4, M_5, M_6, M_7, M_8 a sinistra della figura sotto riportata.

   a. Somma = 105 + ____ + ____ + ____ + ____ + ____ + ____ + 98 = ____.

   b. Media = Somma/ ____ = 101 Ω.

2. Studiare la nozione di **varianza**, completando e selezionando le opzioni corrette.
   Per conoscere quanto il valore medio è rappresentativo dei valori reali è necessario specificare gli scarti:

   – $\Delta_1 = M_1$ – Media;
   – $\Delta_2 = M_2$ – Media ecc.

   La varianza invece concentra in un solo valore la misura della **dispersione** dei dati intorno al valore medio.
   Si ricava dalla media dei quadrati degli scarti.

   a. Somma scarti al quadrato = $\Delta_1^2 + \Delta_2^2 + \ldots + \Delta_8^2$ = 16 + ____ + ____ + ____ + ____ + ____ + ____ + 9 = 84.

   b. Varianza = Somma scarti/ ____ = 10,5.

   c. Si può notare che, essendo elevati al quadrato, gli scarti contribuiscono tutti con il segno ☐ più ☐ meno.

◇	A	B	C	D	E	F	G	H	I	J	K	L	M	N	O	P	Q	R
1																		
2		M_1	M_2	M_3	M_4	M_5	M_6	M_7	M_8		M_1	M_2	M_3	M_4	M_5	M_6	M_7	M_8
3		105	97	99	106	103	102	98	98		110	95	96	107	110	97	97	96
4																		
5		Δ_1	Δ_2	Δ_3	Δ_4	Δ_5	Δ_6	Δ_7	Δ_8		Δ_1	Δ_2	Δ_3	Δ_4	Δ_5	Δ_6	Δ_7	Δ_8
6		4	-4	-2	5	2	1	-3	-3		9	-6	-5	6	9	-4	-4	-5
7																		
8		Δ_1^2	Δ_2^2	Δ_3^2	Δ_4^2	Δ_5^2	Δ_6^2	Δ_7^2	Δ_8^2		Δ_1^2	Δ_2^2	Δ_3^2	Δ_4^2	Δ_5^2	Δ_6^2	Δ_7^2	Δ_8^2
9		16	16	4	25	4	1	9	9		81	36	25	36	81	16	16	25
10																		
11			MEDIA =	101,0				VARIANZA =	10,5			MEDIA =	101,0				VARIANZA =	39,5

3. Ripetere i calcoli con la serie dei valori in alto a destra della figura.
   Completare con le opzioni corrette.

   a. Nella seconda serie la dispersione delle resistenze intorno al valore medio è ☐ minore ☐ maggiore.

   b. Di conseguenza ☐ diminuiscono ☐ aumentano gli scarti e la varianza.

4. Implementare l'esperienza con un foglio di lavoro o con resistori reali.
   Si riportano alcune formule.

   D11 = MEDIA(B3:I3) B6 = B3-$D$11 B9 = B6^2 I11 = SOMMA(B9:I9)/8

ESERCITAZIONE GUIDATA / C1.2

hoepliscuola.it

Errori accidentali e sistematici

1. Simulare la misura con errori accidentali di otto resistenze di valore nominale $G = 100\ \Omega$.

◇	A	B	C	D	E	F	G	H	I	J	K	L	M	N	O	P	Q	R
1																		
2		M_1	M_2	M_3	M_4	M_5	M_6	M_7	M_8		M_1	M_2	M_3	M_4	M_5	M_6	M_7	M_8
3		102	102	98	99	100	102	101	98		103	103	103	103	105	106	104	104
4																		
5		MEDIA =		100							MEDIA =		104					

I primi valori $M_1, M_2, M_3, M_4, M_5, M_6, M_7, M_8$ della figura si ricavano con la formula:

B3 = 100 + ARROTONDA(CASUALE()*6;0) – 3

nella quale:

- 100 è il valore nominale dei resistori;
- CASUALE è una funzione che restituisce un numero casuale tra 0 e 1;
- la moltiplicazione per 6 espande l'oscillazione della resistenza da 0 a 6;
- il tre sottratto sposta l'oscillazione della resistenza nell'intervallo da –3 a +3; pertanto la resistenza può assumere valori compresi tra 97 e 103;
- ARROTONDA fornisce un risultato intero.

2. Completare le considerazioni spuntando le opzioni corrette, dopo aver calcolato la media delle resistenze.

Poiché gli errori sono accidentali ovvero ☐ deterministici ☐ casuali:

- i valori delle resistenze oscillano intorno alla media in modo ☐ non uniforme ☐ abbastanza uniforme;
- gli scarti sono ☐ solo positivi ☐ solo negativi ☐ positivi e negativi;
- la MEDIA è ☐ distante dal ☐ prossima al valore reale.

3. Ripetere l'esperienza supponendo che lo strumento di misura sia affetto da errore sistematico.
Nella serie dei valori a destra della figura si è supposto che lo strumento compia, per ragioni di staratura, un errore fisso di +6.
Si deve allora utilizzare la formula:

K3 = 100 + ARROTONDA(CASUALE()*6;0)

4. Completare le considerazioni spuntando le opzioni corrette.

Poiché l'errore è sistematico ovvero ☐ deterministico ☐ casuale:

- i valori delle resistenze oscillano intorno alla media in modo ☐ non uniforme ☐ abbastanza uniforme;
- gli scarti sono ☐ solo positivi ☐ solo negativi ☐ positivi e negativi;
- la MEDIA è ☐ distante dal ☐ prossima al valore reale.

ESERCITAZIONE GUIDATA / C1.3

hoepliscuola.it

Lettura del calibro a nonio

Leggere la misura ottenuta, individuare il tipo di nonio utilizzato e definire l'approssimazione.

Riferimenti
paragrafo C1.4; figure C1.19-C1.20

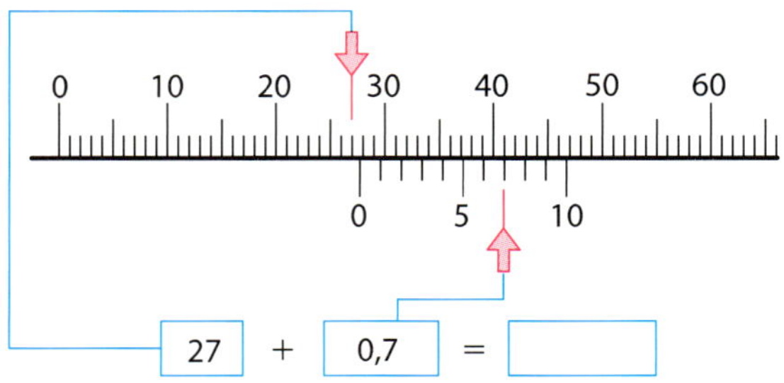

- Tipo di nonio ……………………
- Approssimazione ……………………
- Tra quali tacche della scala fissa è posizionata la tacca zero del nonio? ……………………
- Quale tacca del nonio coincide con una tacca della scala fissa? ……………………

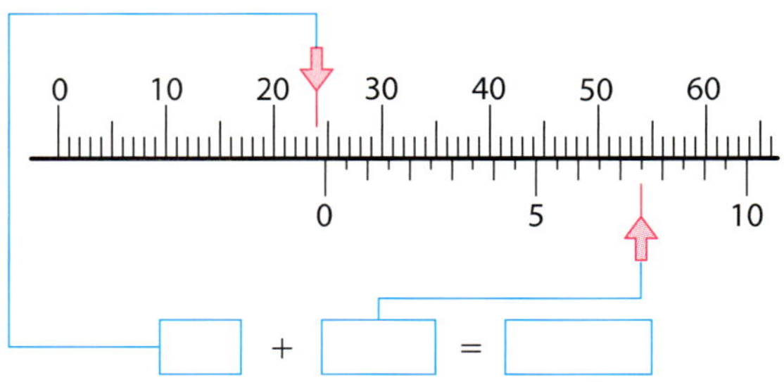

- Tipo di nonio ……………………
- Approssimazione ……………………
- Tra quali tacche della scala fissa è posizionata la tacca zero del nonio? ……………………
- Quale tacca del nonio coincide con una tacca della scala fissa? ……………………

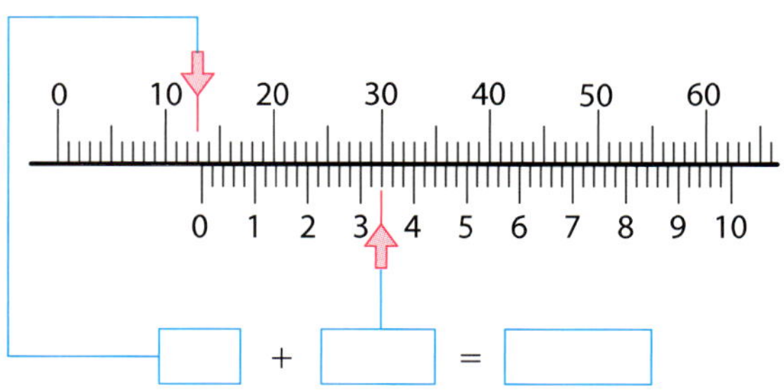

- Tipo di nonio ……………………
- Approssimazione ……………………
- Tra quali tacche della scala fissa è posizionata la tacca zero del nonio? ……………………
- Quale tacca del nonio coincide con una tacca della scala fissa? ……………………

ESERCITAZIONE GUIDATA / C1.4

hoepliscuola.it

Lettura del micrometro a vite

Eseguire la lettura sul micrometro con scala fissa graduata in millimetri e completare le indicazioni relative al tipo di strumento.

Riferimenti
paragrafo C1.4; figura C1.25

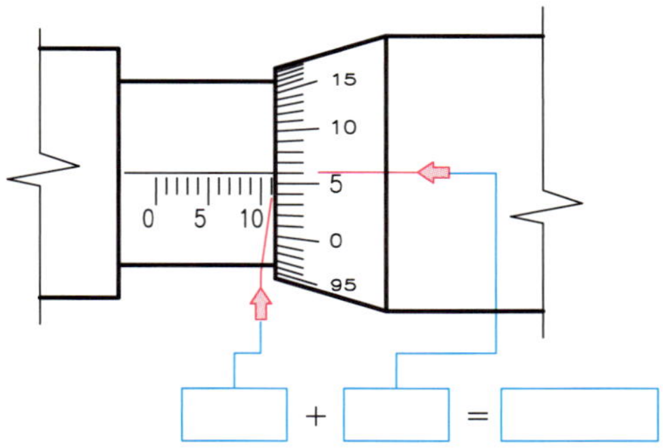

- Tamburo graduato con 100 tacche
- Passo della vite $p = 1$ mm

- Approssimazione ....
- Quale tacca è visibile sulla linea di riferimento? ....
- Quale tacca del tamburo coincide con la linea di riferimento? ....

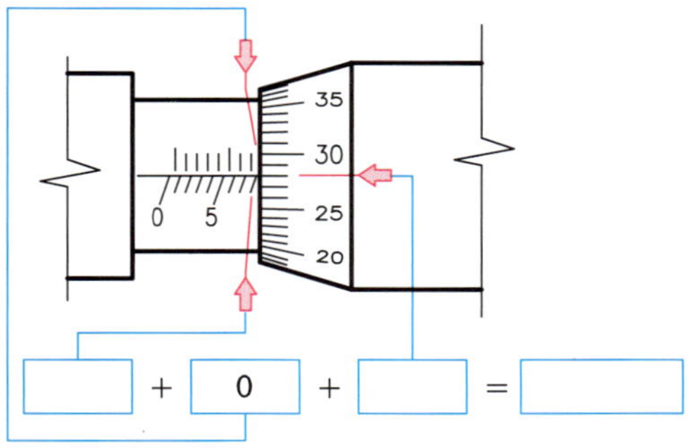

- Tamburo graduato con 50 tacche
- Passo della vite $p = 0{,}5$ mm

- Approssimazione ....
- Quale tacca è visibile sulla linea di riferimento? ....
- È visibile, sulla parte superiore della linea di riferimento, la tacca dei mezzi millimetri? ....
- Quale tacca del tamburo coincide con la linea di riferimento? ....

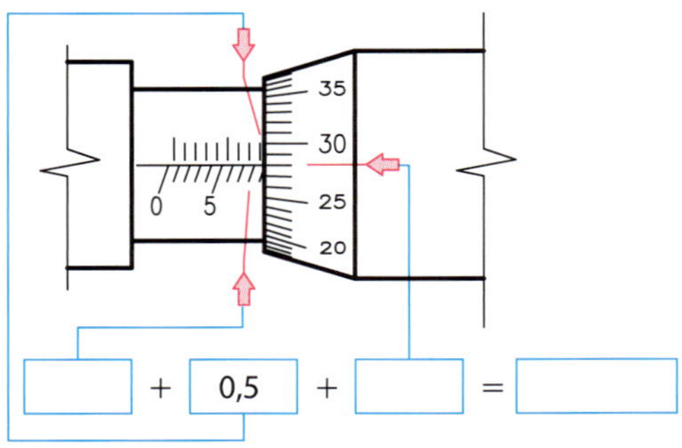

- Tamburo graduato con 50 tacche
- Passo della vite $p = 0{,}5$ mm

- Approssimazione ....
- Quale tacca è visibile sulla linea di riferimento? ....
- È visibile, sulla parte superiore della linea di riferimento, la tacca dei mezzi millimetri? ....
- Quale tacca del tamburo coincide con la linea di riferimento? ....

ESERCITAZIONE GUIDATA / C1.5

hoepliscuola.it

Misurazioni con il comparatore e calcolo degli errori

1. Eseguire la lettura della misurazione dei due pezzi e valutare le rispettive dimensioni, tenendo conto della dimensione di riferimento.

Riferimenti
paragrafo C1.4; figura C1.27

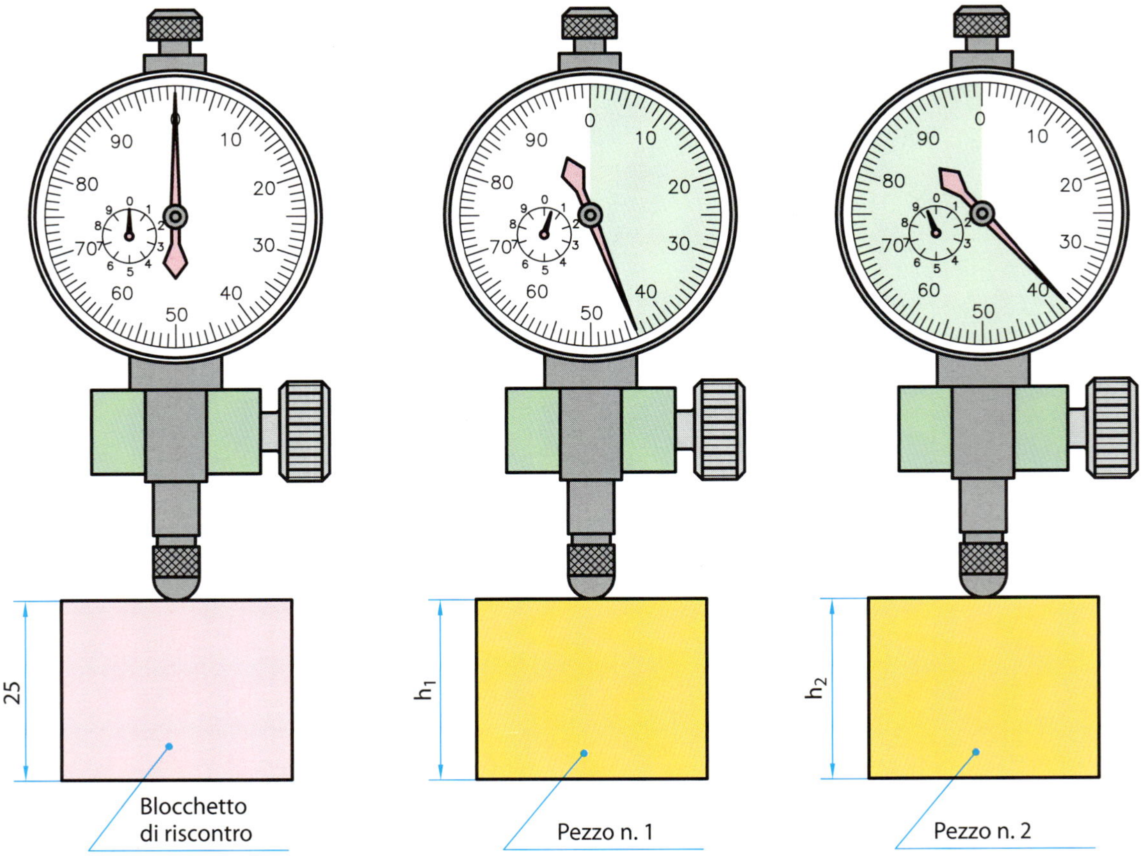

Misura di riferimento h = 25 mm

Misura h_1 = ...

Misura h_2 = ...

2. Effettuare il calcolo degli errori.

Tipo di errore	Formula	Pezzo n. 1	Pezzo n. 2
a. Errore assoluto			
b. Errore relativo			
c. Errore relativo %			

ESERCITAZIONE GUIDATA / C1.6

hoepliscuola.it

Misurazioni di angoli

Leggere le misure angolari ottenute con il goniometro a nonio e rispondere alle domande proposte.

Riferimenti
paragrafo C1.4; figura C1.31

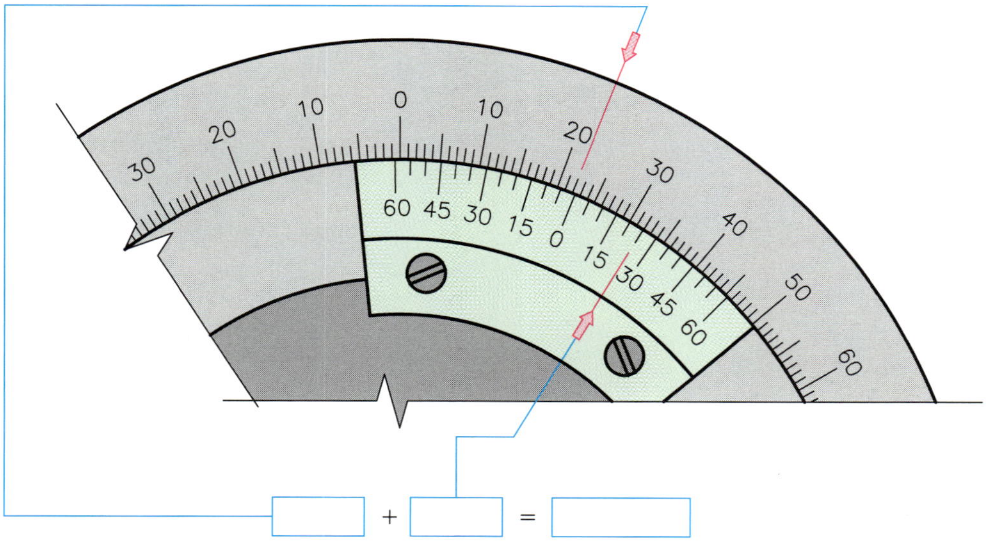

– Tipo di nonio ....

– Approssimazione ....

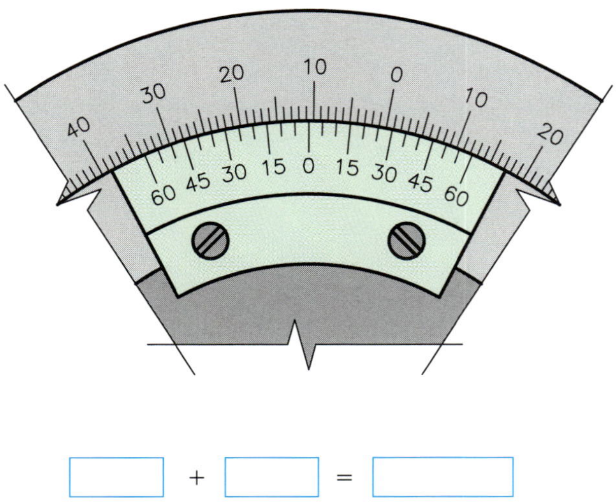

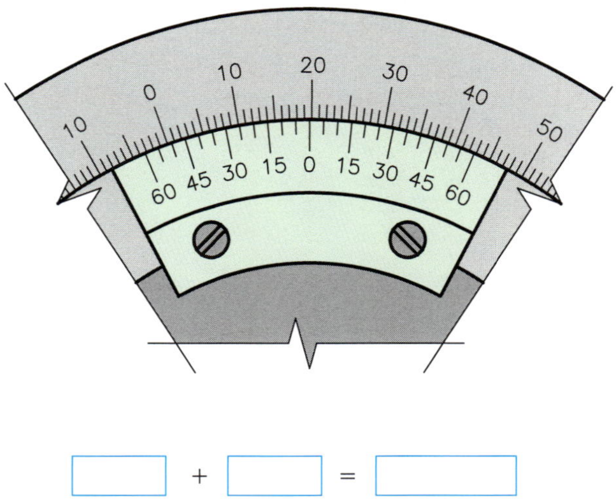

Vero/Falso

1. La misura di distanza effettuata con un compasso è una misura diretta.

☐ Vero ☐ Falso

2. Il newton è una grandezza derivata.

☐ Vero ☐ Falso

3. Quello di parallasse è un errore attribuibile all'operatore.

☐ Vero ☐ Falso

4. Il comparatore è utilizzato per la misura di spessore esterno.

☐ Vero ☐ Falso

5. Gli errori sistematici si ripetono sempre nello stesso modo nelle misure dello stesso tipo.

☐ Vero ☐ Falso

Scelta singola

1. Selezionare lo strumento campione utilizzato per la misura di angoli.

a. Disco di vetro
b. Blocchetto piano parallelo
c. Blocchetto piramidale

2. Selezionare il nonio con la migliore risoluzione.

a. Nonio decimale
b. Nonio cinquantesimale
c. Nonio ventesimale

3. Selezionare l'elemento di misura della profondità nel calibro.

a. Beccuccio piccolo
b. Astina di profondità
c. Beccuccio grande

4. Quale elemento fornisce la misura più definita nel comparatore?

a. Nottolino zigrinato
b. Quadrante circolare piccolo
c. Quadrante circolare grande

5. La sigla del Sistema Internazionale di misura è:

a. c.g.s
b. m.k.s
c. SI

Scelta multipla

1. Selezionare le frange di interferenza che si producono su superfici inclinate.

a. Frange curve e non equidistanti
b. Frange anulari concentriche
c. Frange rettilinee ed equidistanti

2. Selezionare i due tipi di nonio costruiti con $n = 10$.

a. Nonio decimale doppio
b. Nonio ventesimale
c. Nonio decimale

3. Quali misure si possono effettuare mediante i beccucci del calibro?

a. Misure di profondità
b. Misure interne
c. Misure esterne

4. Quali elementi forniscono la misura nel micrometro a vite?

a. Quadrante circolare piccolo
b. Scala graduata orizzontale
c. Tamburo graduato

5. Selezionare le unità di misura derivate del Sistema Internazionale.

a. Massa
b. Potenza
c. Resistenza elettrica

STRUMENTI DI MISURA PER GRANDEZZE ELETTRICHE

OBIETTIVI

Conoscenze

- Caratteristiche generali degli strumenti di misura elettrici
- Principali strumenti di misura elettrici

Abilità

- Descrivere le modalità di misura delle grandezze elettriche
- Effettuare la misura di grandezze elettriche

CONTENUTI

C2.1 GENERALITÀ SUGLI STRUMENTI DI MISURA

Conformazione di uno strumento di misura

Uno **strumento di misura** è un apparato che, sfruttando particolari caratteristiche delle grandezze da misurare, ne effettua il confronto fra le stesse e la loro unità di misura.

Sostanzialmente è costituito da tre componenti essenziali.

1. **Rilevatore**: dispositivo sensibile alla grandezza da misurare.
2. **Indicatore**: dispositivo che mostra il risultato della misura in modo tale che lo sperimentatore possa eseguire la lettura del valore misurato.
3. **Trasduttore**: dispositivo che generalmente si interpone tra il rilevatore e l'indicatore e trasforma la risposta del rilevatore in variazioni di una grandezza più facilmente osservabile dallo sperimentatore.

Per esempio, in un *termometro a mercurio* i tre componenti sono così individuabili:

- il **rilevatore** è costituito dal mercurio contenuto nel bulbo: una variazione di temperatura genera una variazione di volume;
- la variazione del volume cambia l'altezza della colonna di liquido contenuto nel *tubo capillare* che costituisce il **trasduttore**;
- la scala graduata presente sul termometro è l'**indicatore** della temperatura.

Sono chiamati **analogici** gli strumenti in cui la risposta è letta dallo sperimentatore su un indice sovrapposto a una scala graduata.

Vengono detti **digitali** gli strumenti in cui la risposta è un numero (di assegnato numero di cifre), letto su un indicatore luminoso, esprimente direttamente il risultato della misura.

Caratteristiche principali di uno strumento di misura delle grandezze elettriche

Prontezza

Con prontezza si intende il tempo occorrente perché l'indicatore raggiunga la posizione definitiva in una misura: più uno strumento si posiziona velocemente sul valore della grandezza misurata, maggiore è la sua prontezza.
La prontezza esprime anche la capacità dello strumento di seguire variazioni nel tempo della grandezza da misurare (inerzia).

Campo di misura

Il campo di misura è l'intervallo delle grandezze che uno strumento può misurare.
I due valori estremi sono così definiti:

- il valore massimo è detto **portata** o **fondo scala** (**f.s.**);
- il valore minimo è detto **soglia**.

Su di uno strumento generalmente è possibile impostare la **portata** in modo che la scelta venga fatta dallo sperimentatore in relazione alla tipologia di fenomeno che deve essere misurato.

Il valore impostato della portata influisce sulla lettura del misurando attraverso la **costante strumentale**, data dal rapporto tra la portata e il numero di divisioni della scala.
Per esempio, un multimetro analogico graduato con scala a 100 divisioni, con fondo scala impostato a 10 V, ha una costante strumentale $K = 10/100 = 0{,}1$ V/Div. Se l'indicatore si ferma su 50, il valore misurato è $0{,}1 \times 50 = 5$ V.

Risoluzione

La risoluzione è la minima variazione percettibile capace di modificare la lettura della grandezza da misurare. La risoluzione è tanto maggiore quanto più piccola è la variazione percepita:

- negli strumenti analogici corrisponde alla **divisione** più piccola della scala prescelta;
- negli strumenti digitali corrisponde al cambiamento di una unità della **cifra meno significativa**.

Per esempio, in un voltmetro digitale a quattro cifre **[fig. C2.1]**:

- se l'indicazione è 180,2 V la risoluzione è 0,1 V, perché la cifra meno significativa è il decimo di unità;
- se l'indicazione è 18,02 V la risoluzione è 0,01 V, perché la cifra meno significativa è il centesimo di unità.

La risoluzione dipende dal fondo scala prescelto, migliorando per piccoli valori di fondo scala.
Si consideri, per esempio, uno strumento a tre cifre: esso dispone di 1000 intervalli distinti di misura, da 0 a 999, rendendo possibili 1000 diverse letture.

Il peso di ogni intervallo, e di conseguenza la risoluzione, si riduce cambiando il fondo scala, per esempio:

- fondo scala 100 V, risoluzione: 100/1000 = 0,1 V;
- fondo scala 10 V, risoluzione: 10/1000 = 0,01 V.

Precisione

La precisione è la caratteristica che quantifica la capacità dello strumento di misura di fornire una misurazione vicina al valore reale della grandezza in misura. In altre parole, quantifica l'affidabilità dello strumento, cioè quanto è attendibile il valore che esso ha fornito.

La precisione dello strumento è strettamente legata alla sua qualità costruttiva e quindi al suo costo. È importante non confondere risoluzione e precisione: uno strumento può avere alta risoluzione, cioè fornire una misura con un grande numero di cifre decimali, ma bassa precisione, cioè con un grosso errore sul valore rilevato; in tal caso la sua risoluzione è del tutto insignificante perché tutte le cifre decimali che esso fornisce saranno necessariamente inattendibili e quindi del tutto inutili.

C2.2 TESTER ANALOGICI

Per la misurazione delle principali grandezze elettriche si utilizzano comunemente i seguenti strumenti:

- **amperometro** per la misura della **intensità di corrente**;
- **voltmetro** per la misura della **differenza di potenziale**;
- **ohmetro** per la misura della **resistenza**.

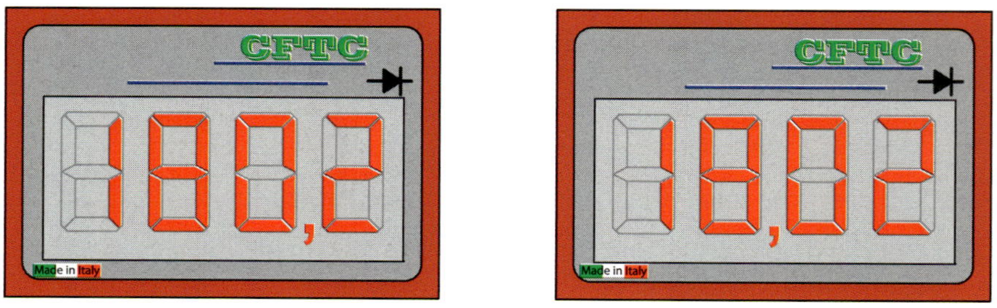

C2.1 Indicazioni in un voltmetro digitale a quattro cifre.

Tester

Il tester è uno strumento che incorpora amperometro, voltmetro e ohmetro, oltre a varie funzioni speciali.
Il principio di funzionamento dell'amperometro si basa sull'effetto:

- **magnetico**: viene sfruttata l'interazione mutua tra il campo magnetico generato dal passaggio della corrente e un altro campo creato da un magnete permanente o da una bobina fissa;
- **termico**: viene sfruttata la variazione della lunghezza di un filo attraversato dalla corrente da misurare, causata dal riscaldamento.

Il voltmetro e l'ohmetro sfruttano indirettamente l'operatività dell'amperometro, leggendo su una opportuna scala graduata e tarata:

- nel voltmetro la corrente provocata dalla tensione da misurare;
- nell'ohmetro la corrente che percorre la resistenza da misurare, previa alimentazione del circuito con una batteria interna.

La **figura C2.2** visualizza uno strumento storico, il tester professionale ICE-680 uscito negli anni Ottanta del secolo scorso, tuttora prodotto perché insuperabile per robustezza e versatilità.
Si possono distinguere, oltre alle varie funzioni speciali, le boccole per le diverse scale, che sono:

- misura di *tensione in continua*: 100 mV, 2 V, 10 V, 50 V, 200 V;
- misura di *corrente continua*: 500 μA, 5 mA, 50 mA, 500 mA, 5 A;
- misura di *resistenza*: Ω × 1, Ω × 10, Ω × 100, Ω × 1 k.

Tra i diversi tipi di amperometri basati sull'effetto magnetico, quello a bobina mobile è di più largo uso.

Amperometri a bobina mobile

Gli amperometri *a bobina mobile* sono costituiti da un **equipaggio mobile** avente una posizione iniziale di riposo sollecitato a muoversi da una coppia, denominata **coppia motrice** C_m, contrapposta a una **coppia resistente** C_r di tipo elastico generata da molle, nastri o fili tesi sottoposti a torsione.

La C_m viene convertita in un angolo di deflessione θ che viene a sua volta misurato mediante un indice (materiale o luminoso) solidale con l'asse dell'equipaggio mobile, che si sposta su di una scala graduata.
Il funzionamento di un amperometro a bobina mobile si basa sulle proprietà di una spira percorsa da corrente di orientarsi nello spazio in presenza di un campo di induzione magnetica.

Si consideri, per esempio, una regione di spazio in cui è presente un campo di induzione magnetica $\vec{B}$ costante in modulo, direzione e verso. Si prenda una spira piana percorsa da una corrente I di forma rettangolare immersa in tale campo, come rappresentato nella **figura C2.3**, in modo tale che due suoi lati opposti (a e c) siano ortogonali a $\vec{B}$ e che essa possa ruotare attorno a un asse parallelo a questi lati ed equidistante da loro. Con riferimento alla figura C2.3, si osserva che i lati b e d sono percorsi dalla corrente I in versi opposti e sono soggetti alle forze di Lorentz uguali in modulo, che costituiscono una coppia a braccio nullo. I lati a e c sono anch'essi sottoposti alle forze di Lorentz $\vec{F_a}$ e $\vec{F_b}$ uguali in modulo e opposte in verso, ma in questo caso il braccio non è nullo bensì dipende dall'angolo θ formato dalla normale al piano della spira e dal campo di induzione magnetica.
In presenza di un campo di induzione magnetica la spira tende dunque a ruotare e questa tendenza può essere contrastata dalla presenza di una molla a spira-

C2.2 Multimetro analogico ICE-680.

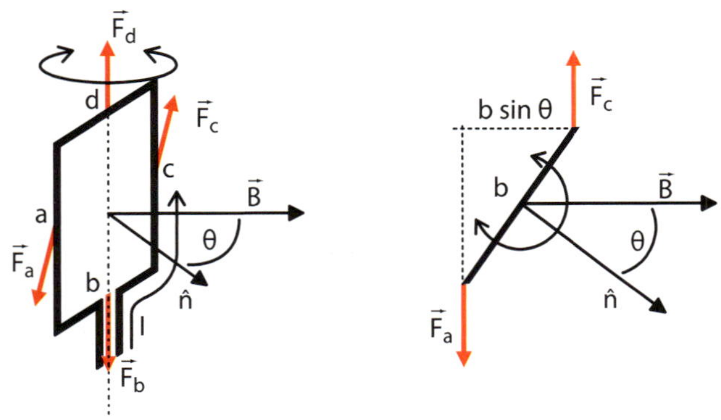

C2.3 Forze e angoli nelle bobine mobili.

le che eserciti un momento resistente opposto a quello dovuto al campo di induzione magnetica.

La spira raggiunge dunque una posizione di equilibrio quando i due momenti si compensano.

In questa circostanza è possibile stabilire una relazione tra l'angolo di equilibrio della spira e la corrente che circola in essa.

Gli amperometri a bobina mobile **[fig. C2.4]** si basano su questo principio di funzionamento: in essi la misura della corrente circolante è ricondotta alla misura di un angolo di deflessione di una bobina mobile costituita da un avvolgimento di più spire per aumentare la sensibilità dello strumento.

Questa bobina è avvolta su un nucleo cilindrico di materiale ferromagnetico ed è immersa in un campo magnetico a simmetria cilindrica creato dalle espansioni polari a sezione circolare di un **magnete permanente**.

La **bobina** può ruotare attorno a un asse perpendicolare al piano di figura e passante per il suo centro, mentre una **molla antagonista** ne ostacola la rotazione.

Quando si raggiunge l'uguaglianza dei due momenti, la rotazione si ferma e tramite l'**indice** si legge il valore della corrente sulla scala tarata.

Poiché l'angolo θ di rotazione della bobina (e quindi dell'indice) è proporzionale a I tramite una costante k, questi tipi di strumenti possono misurare solo correnti continue.

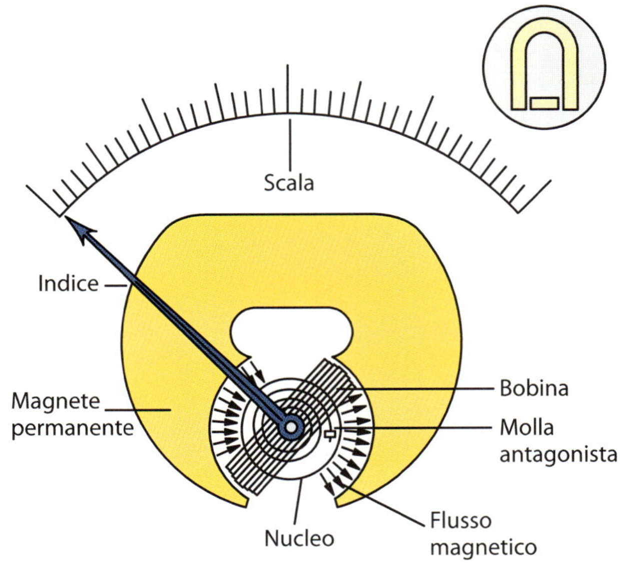

C2.4 Amperometro a bobina mobile.

C2.3 MULTIMETRI DIGITALI

Il multimetro digitale è uno strumento multifunzione, che combina diverse possibilità di misura di grandezze elettriche:

- ACV, ACI: **tensione e corrente alternata;**
- DCV, DCI: **tensione e corrente continua;**
- **resistenza**, continuità elettrica.

Nella **figura C2.5a** è illustrato un generico multimetro fornito di:

- **display** per l'indicazione del valore e del tipo di misura;
- **perno** per la selezione del tipo di misura e relativo valore di fondo scala;
- una **boccola** centrale comune e due laterali per misure di tensione, resistenza e continuità e per misure di corrente.

Le modalità di misura sono le seguenti **[fig. C2.5b]**.

1. **Misura di tensione**: collegamento dei due puntali in parallelo al ramo interessato dalla caduta di tensione.
2. **Misura di corrente**: collegamento dei due puntali in serie alla maglia interessata dalla circolazione di corrente, in modo che la corrente possa fluire all'interno del multimetro per la lettura.
3. **Misura di resistenza** e **continuità**: collegamento dei due puntali ai nodi del blocco di resistenze da misurare; la continuità è utile per la verifica del funzionamento dei diodi e per testare le connessioni.

C2.4 ALIMENTATORE STABILIZZATO

L'alimentatore stabilizzato è un'apparecchiatura in grado di erogare una tensione continua, regolata a un valore fisso preimpostabile.

Viene utilizzato nelle misure come fonte di tensione per sollecitare i circuiti e misurare le conseguenti risposte.

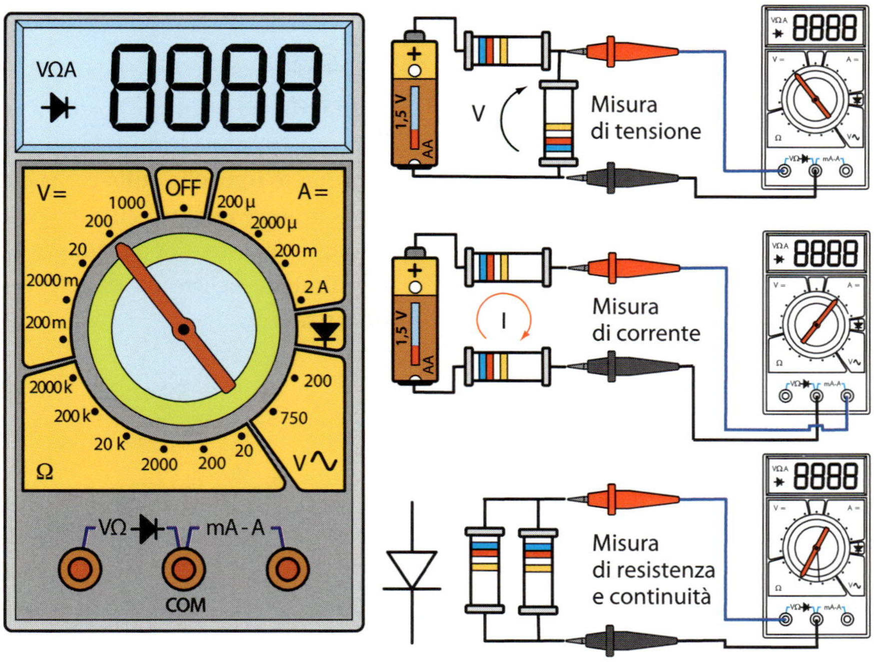

(a) (b)

C2.5 Multimetro: a) pannello dei comandi; b) modalità di misura.

Funzionalità

Tipicamente un alimentatore da laboratorio fornisce tre tensioni stabilizzate:

- due tensioni regolabili in un campo da 0 a $+V_{MAX}$;
- una tensione fissa di 5 V.

È presente anche una regolazione delle correnti erogate, per evitare sovraccarichi. La regolazione consente di impostare la corrente massima: in caso di errore circuitale, se il carico richiede maggiore corrente, questa non viene erogata; così si evita di sollecitare in modo distruttivo i componenti in caso di errori circuitali.
La **figura C2.6** mostra il frontale di un alimentatore stabilizzato, dove si distinguono i seguenti controlli e indicatori:

- **manopole** di regolazione delle tensioni e correnti;
- **display** per la visualizzazione di tensioni e correnti.

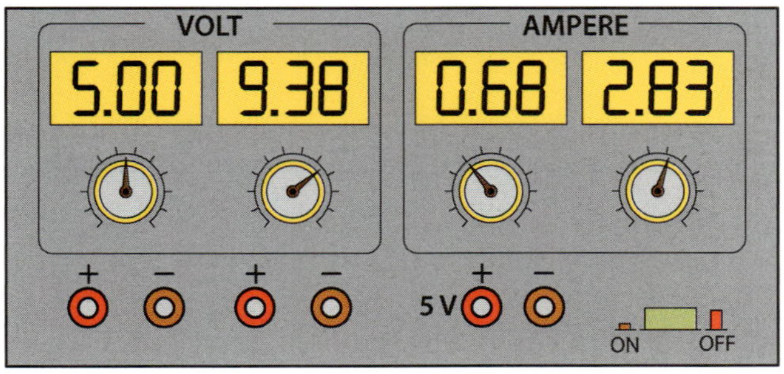

C2.6 Frontale di un alimentatore stabilizzato.

Alimentazione duale

Per avere un'alimentazione **duale**, utile quando si debbano alimentare circuiti con tensioni sia positive sia negative, si opera come nella **figura C2.7**:

- si deve collegare un positivo a un negativo;
- da questo collegamento si trae la massa comune GND;
- si prelevano dagli altri terminali il polo positivo e quello negativo.

(a)

(b)

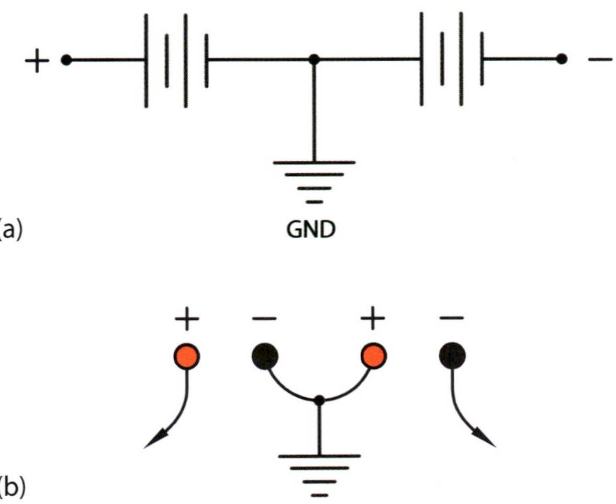

C2.7 Alimentazione duale: a) schema di collegamento; b) cablaggio dei collegamenti.

Caratteristica di uscita

Idealmente la tensione fornita da un alimentatore dovrebbe mantenersi costante; in pratica la tensione decresce all'aumentare della corrente erogata, per effetto della caduta di tensione sulla resistenza interna R_i [fig. C2.8a].

La caratteristica *I*-*V* è pertanto, almeno in teoria, una retta decrescente [fig.C2.8b].

I punti estremi della retta corrispondono a due situazioni opposte:

1. **alimentatore a vuoto**: $I = 0$, $V = E$ in quanto non scorre corrente e quindi la tensione E giunge integralmente in uscita sulla resistenza di carico R_c;
2. **alimentatore in corto circuito**: $I = I_{cc} = E / (R_i + R_c)$, $V = 0$ in quanto alla tensione E ideale si sottrae integralmente la caduta di tensione sulla resistenza interna.

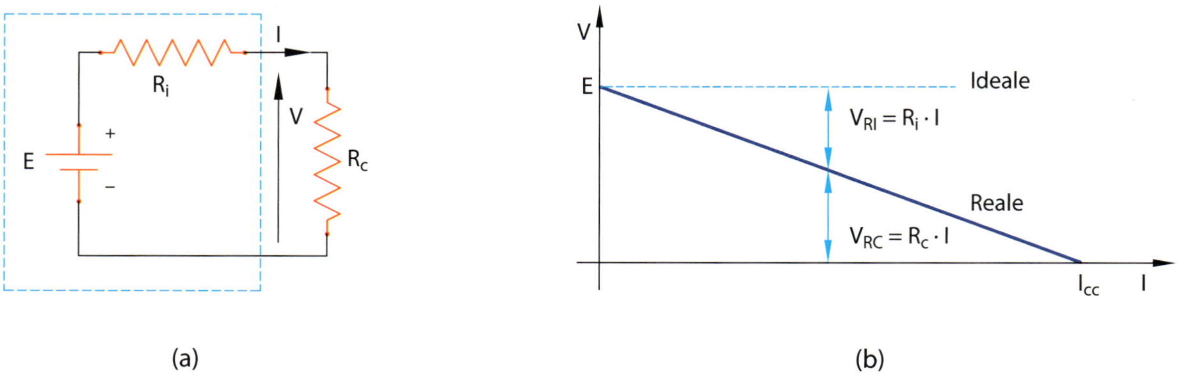

C2.8 Alimentatore: a) circuito equivalente con resistenza interna R_i; b) caratteristica *I*-*V*.

ESERCITAZIONE GUIDATA / C2.1

Misura della differenza di potenziale (tensione)

Misurare con il multimetro il valore della differenza di potenziale ai morsetti di diverse pile (nuove o parzialmente utilizzate).

1. Pila a stilo e a torcia.

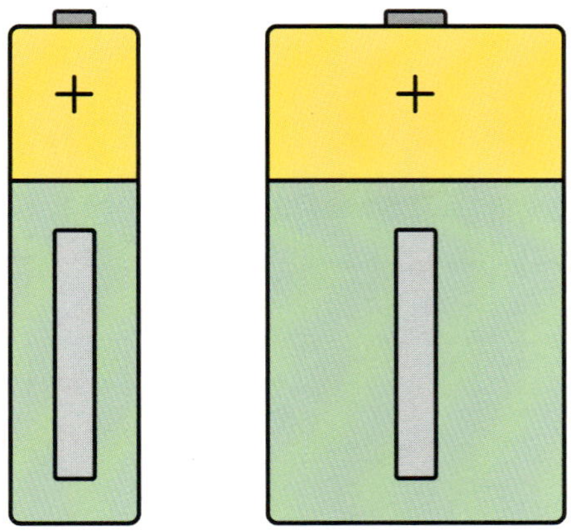

Differenza di potenziale riscontrata $V =$ ....

2. Pila piatta con linguette.

Differenza di potenziale riscontrata $V =$ ....

3. Pila piatta con morsetti a bottone.

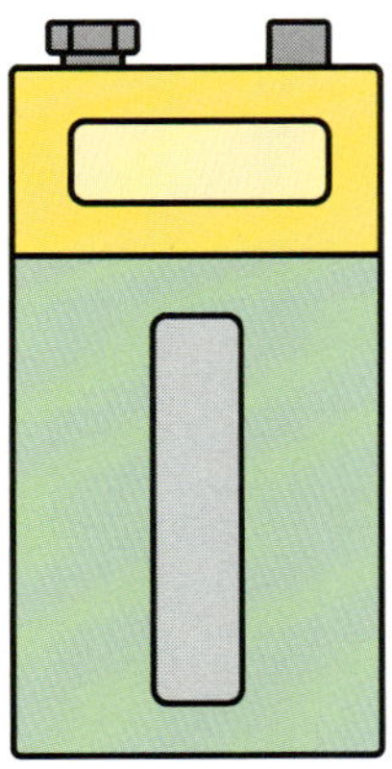

Differenza di potenziale riscontrata $V =$ ....

4. Pile accoppiate.

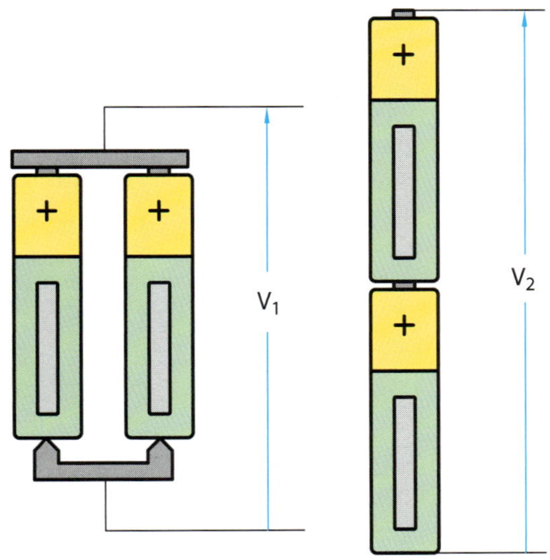

Differenza di potenziale riscontrata $V_1 =$ ....

Differenza di potenziale riscontrata $V_2 =$ ....

ESERCITAZIONE GUIDATA / C2.2

hoepliscuola.it

Misura della tensione in un circuito

Misurare una tensione continua con un voltmetro. Utilizzare un multimetro collegato in parallelo alla tensione da misurare.

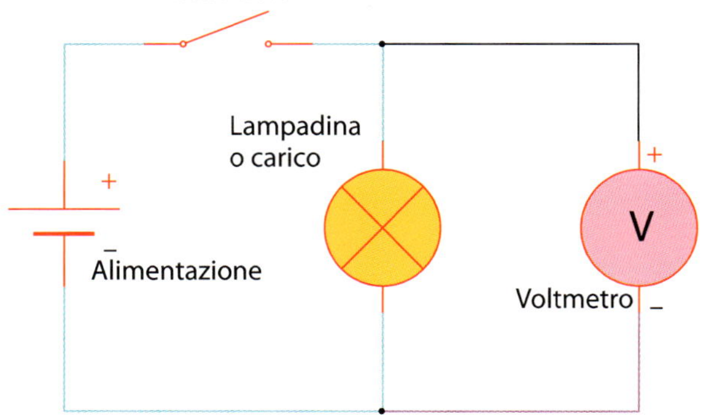

1. Predisporre un circuito come quello della figura.
   Utilizzare una batteria o un alimentatore stabilizzato come sorgente di tensione.
   Non impiegare tensioni elevate, mantenersi molto al di sotto del limite di sicurezza di 24 V.
   Prima di collegare il carico valutare la corrente e la potenza dissipate con le formule:

   $$I = V/R \qquad P = V \cdot I$$

   Per esempio, con $V = 5$ V e $R = 1$ kΩ si ha:

   $$I = 5/1000 = 5 \text{ mA} \qquad P = 5 \times 5 \times 10^{-3} = 25 \text{ mW}$$

2. Collegare il puntale rosso alla boccola V-Ω e il puntale nero alla boccola comune.

3. Predisporre il commutatore alla portata desiderata sul selettore DCV tensione continua.
   Se la tensione da misurare non è nota, iniziare con la portata più alta e ridurla successivamente.

4. Collegare i puntali del multimetro al circuito.
   Il multimetro deve trovarsi in parallelo alla tensione da misurare.

5. Chiudere l'interruttore per dare tensione al circuito e leggere il valore sul display.

6. Selezionare la risposta corretta.

   Qual è il valore ideale della resistenza interna di un voltmetro per non perturbare la misura?

   a. ☐ Infinito, affinché sia nulla la corrente assorbita e non venga alterata la corrente del carico.
   b. ☐ Zero, affinché sia nulla la tensione assorbita e non venga alterata la corrente del carico.

ESERCITAZIONE GUIDATA / C2.3

hoepliscuola.it

Misura della corrente elettrica

Misurare una corrente continua con un amperometro. Utilizzare un multimetro collegato in serie alla corrente da misurare.

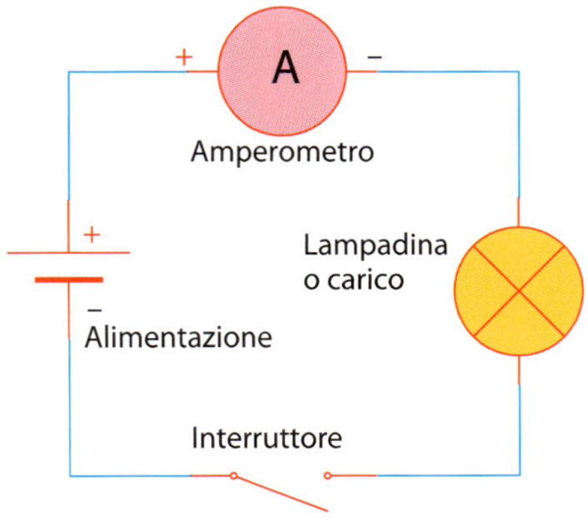

1. Predisporre un circuito come quello della figura.
2. Collegare il puntale rosso alla boccola mA e il puntale nero alla boccola comune.
3. Predisporre il commutatore alla portata desiderata sul selettore DCI corrente continua.
   Se la corrente da misurare non è nota, iniziare con la portata più alta e ridurla successivamente.
4. Collegare i puntali del multimetro al circuito.
   Il multimetro deve trovarsi in serie al ramo percorso dalla corrente da misurare.
5. Chiudere l'interruttore per dare tensione al circuito e leggere il valore sul display.
6. Selezionare le risposte corrette.

   Perché nella misura di corrente il multimetro deve essere posto in serie?

   a. ☐ Perché è necessario lasciar fluire la corrente nel multimetro.
   b. ☐ Perché è necessario captare la caduta di tensione tra i due punti interessati.

   Perché nella misura di tensione il multimetro deve essere posto in parallelo?

   a. ☐ Perché è necessario lasciar fluire la corrente nel multimetro.
   b. ☐ Perché è necessario captare la caduta di tensione tra i due punti interessati.
7. Selezionare la risposta corretta.

   Qual è il valore ideale della resistenza interna di un amperometro per non perturbare la misura?

   a. ☐ Infinito, affinché sia nulla la corrente assorbita e non venga alterata la corrente del carico.
   b. ☐ Zero, affinché sia nulla la tensione assorbita e non venga alterata la corrente del carico.

ESERCITAZIONE

ESERCITAZIONE GUIDATA / C2.4

Misura della resistenza con il metodo voltamperometrico

Misurare indirettamente la resistenza elettrica, a partire dalla misura della sua tensione e della sua corrente, attraverso l'applicazione della prima legge di Ohm.
Supporre ideali i multimetri utilizzati.

1. Studiare le possibili modalità di misura.
Si hanno due modalità di misura:

- inserzione del voltmetro a valle dell'amperometro;
- inserzione del voltmetro a monte dell'amperometro.

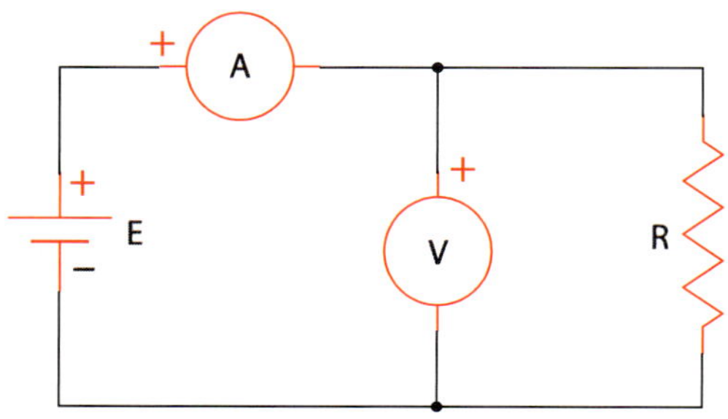

Voltmetro a valle

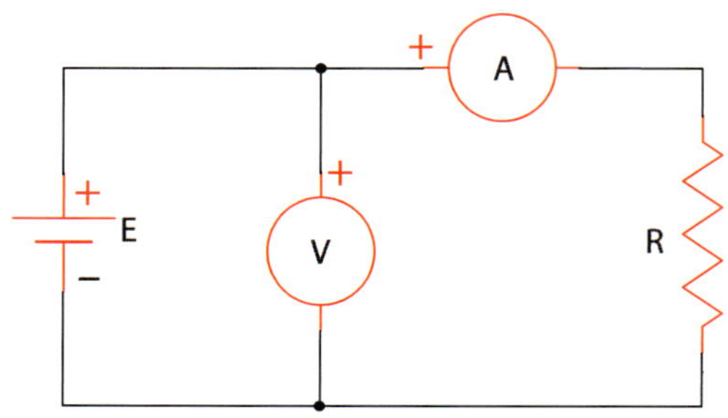

Voltmetro a monte

2. Completare le considerazioni sulle due modalità.

Nel caso ideale di voltmetro con resistenza interna ☐ nulla ☐ infinita e amperometro con resistenza interna ☐ nulla ☐ infinita le due configurazioni sono equivalenti agli effetti della misura, infatti:

a. con voltmetro a valle: il voltmetro ☐ non assorbe corrente ☐ non causa cadute di tensione, di conseguenza l'amperometro misura solo la corrente reale della resistenza;
b. con voltmetro a monte: l'amperometro ☐ non assorbe corrente ☐ non causa cadute di tensione, di conseguenza il voltmetro misura solo la tensione reale della resistenza.

3. Completare le considerazioni sul metodo di misura.
Il nome voltamperometrico designa il metodo di misura che consiste nel prelevare la tensione V ai capi della resistenza e la sua corrente I e calcolare R grazie alla legge di Ohm: ☐ $R = V/I$ ☐ $R = I/V$ ☐ $R = V \cdot I$.

4. Effettuare la misura.
Per esempio, con $R = 1\ \text{k}\Omega$, $E = 5$ V dovrebbe risultare dalla misura: $V = 5$ V, $I = 5$ mA.

5. Tracciare la caratteristica *V-I* del resistore ripetendo la misura per diversi valori della E.
Riportare i valori letti in una tabella come quella sottostante, ma con un adeguato numero di righe, e tracciare il grafico corrispondente.

E	*V*	*I*

ESERCITAZIONE GUIDATA / C2.5

hoepliscuola.it

Misura della resistenza nel caso di multimetro non ideale

1. Osservare i circuiti equivalenti delle misure, nel caso di voltmetro e amperometro non ideali, di rispettiva resistenza interna R_V e R_A.

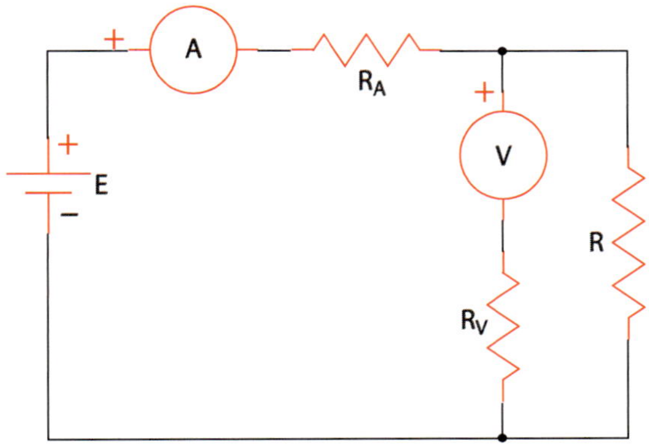

Voltmetro a valle

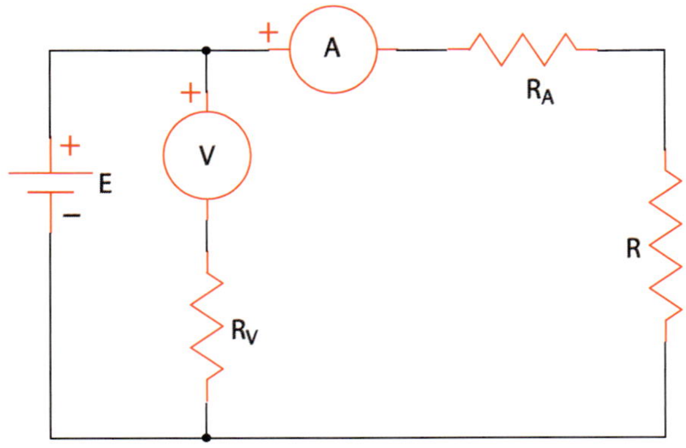

Voltmetro a monte

2. Studiare le implicazioni nel caso del voltmetro a valle selezionando le opzioni corrette.

In base all'osservazione del circuito si può asserire che:

a. ☐ la corrente dell'amperometro si ripartisce su due rami;

b. ☐ l'amperometro misura solo la corrente di *R*.

c. Pertanto, la corrente misurata dall'amperometro è uguale alla ☐ somma ☐ differenza di quelle assorbite dal voltmetro e dal resistore incognito *R*, che risultano collegati in ☐ serie ☐ parallelo.

La resistenza equivalente è quindi data da:

$$R_M = (R_V \cdot R)/(R_V + R)$$

Da questa espressione è possibile ricavare *R* con la formula inversa, che risulta uguale a:

$$R = (R_M \cdot R_V)/(R_V - R_M)$$

3. Studiare le implicazioni nel caso del voltmetro a monte selezionando le opzioni corrette.

In base all'osservazione del circuito si può asserire che:

a. ☐ il voltmetro misura anche la caduta su R_A;

b. ☐ il voltmetro si trova direttamente in parallelo a *R*.

c. Pertanto, la tensione misurata dal voltmetro è uguale alla ☐ somma ☐ differenza delle cadute di tensione ai capi dell'amperometro e del resistore incognito, che risultano collegati in ☐ serie ☐ parallelo.

La resistenza equivalente è quindi data da:

$$R_M = R_A + R$$

Da questa espressione è possibile ricavare *R* con la formula inversa, che risulta uguale a:

$$R = R_M - R_A$$

4. Quando è preferibile un metodo piuttosto che l'altro?

a. ☐ È preferibile l'inserzione del volmetro a monte quando *R* è grande.

b. ☐ È preferibile l'inserzione del volmetro a valle quando *R* è piccola.

ESERCITAZIONE GUIDATA / C2.6

hoepliscuola.it

Variazione del fondo scala di un voltmetro

Realizzare un tester per misure di tensione con valori di fondo scala: 0,1 V, 2 V, 10 V, 50 V, 200 V.
Si supponga di avere a disposizione uno strumento a bobina mobile con I_{FS} = 40 μA (0,00004 A) di fondo scala e resistenza interna R_I = 100 Ω.

1. Osservare la figura e completare la spiegazione, selezionando le opzioni corrette.
Per portare l'amperometro al proprio fondo scala si deve applicare ai suoi capi la tensione:

$$V_{FS} = I_{FS} \cdot R_I = 0{,}00004 \times 100 = 0{,}004 = 4 \text{ mV}$$

Per ampliare il fondo scala del voltmetro equivalente di 4 mV si deve collocare una resistenza R_X in □ serie □ parallelo per sottrarre la □ corrente □ caduta di tensione residua.

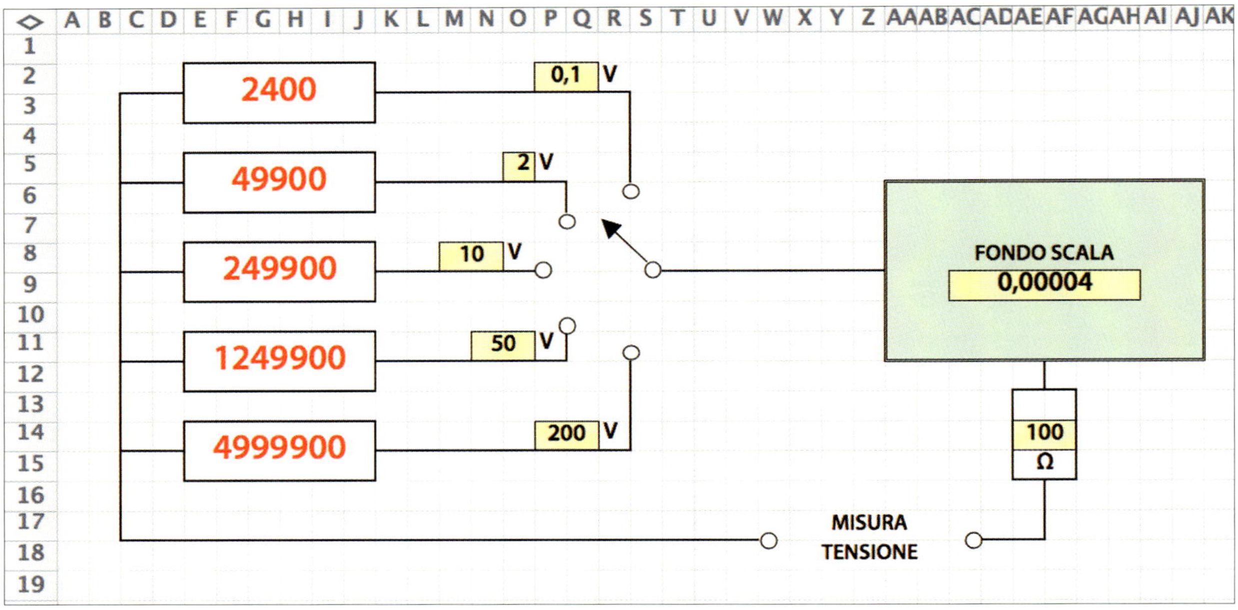

2. Calcolare la resistenza R_X per portare il fondo scala a 2 V.

Imponendo 2 V ai capi del punto di misura della tensione si ha l'equazione alla maglia:

$$2 = I_{FS} \cdot (R_X + 100)$$

Risolvendo rispetto a R_X si ha: R_X = (2/ ______) – ______ = 2/0,00004 – 100 = 49900 Ω.
Con il medesimo criterio si può ricavare R_X per le altre impostazioni di fondo scala.

3. Completare le formule del foglio di lavoro, considerando che E5 = (O5/AC9)-AE14.

E2 = ______ E8 = ______

E11 = ______ E14 = ______

Utilizzare la funzionalità di unione delle celle per ampliare lo spazio del risultato nelle resistenze.

ESERCITAZIONE GUIDATA / C2.7

hoepliscuola.it

Variazione del fondo scala di un amperometro

Realizzare un tester per misure di corrente con valori di fondo scala: 0,5 mA, 5 mA, 50 mA, 500 mA, 5 A.
Si supponga di avere a disposizione uno strumento a bobina mobile con I_{FS} = 40 μA (0,00004 A) di fondo scala e resistenza interna R_I = 100 Ω.

1. Osservare la figura e completare la spiegazione, selezionando le opzioni corrette.
   L'amperometro interno è equivalente a un voltmetro con fondo scala V_{FS} = 4 mV.

   Per ampliare il fondo scala dell'amperometro si colloca una resistenza R_X in ☐ serie ☐ parallelo (resistenza di shunt) per sottrarre la ☐ corrente ☐ caduta di tensione residua.

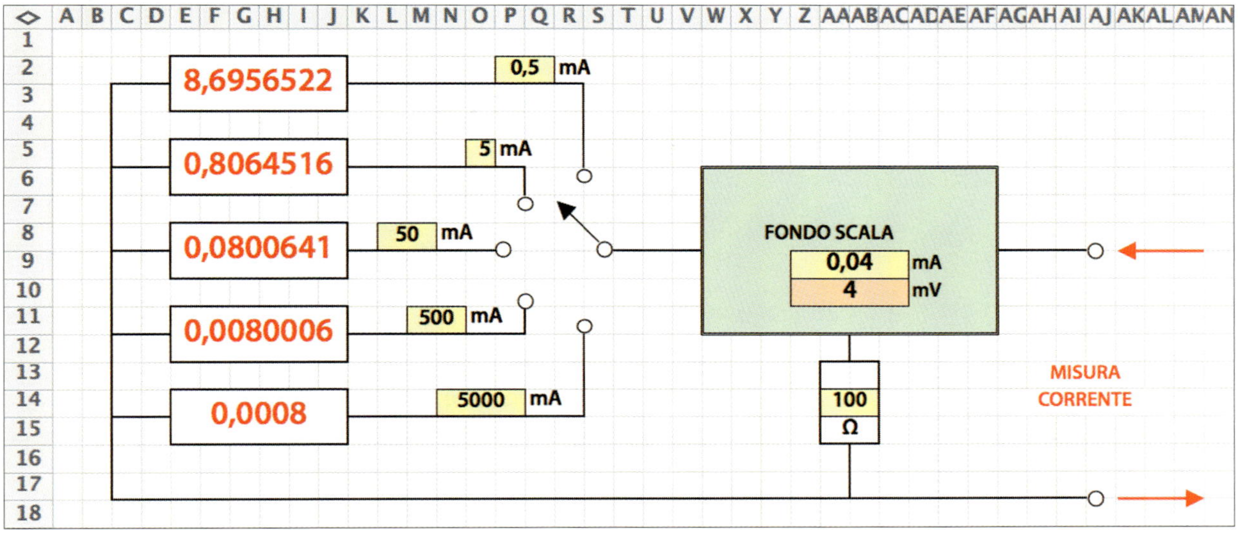

2. Calcolare la resistenza R_X per portare la corrente di fondo scala a I = 5 mA.

   Imponendo V_{FS} ai capi dei due morsetti di misura della corrente si ha l'equazione:

$$I = I_{FS} + V_{FS}/R_X$$

   Risolvendo rispetto a R_X si ha: $R_X = V_{FS}/($ ______ – ______) = 4/(5 – 0,04) = 0,806 Ω.
   Con il medesimo criterio si può ricavare R_X per le altre impostazioni di fondo scala.

3. Completare le formule del foglio di lavoro, considerando che E5 = Z10/(O5-Z9).

E2 = ______ E8 = ______

E11 = ______ E14 = ______

VERIFICA DEGLI OBIETTIVI / unità C2

AREAdigitale

Vero/Falso

1. La risoluzione corrisponde alla precisione dello strumento.

☐ Vero ☐ Falso

2. Il tester è uno strumento multifunzione.

☐ Vero ☐ Falso

3. Nel multimetro la sigla V~ designa la misura di tensione continua.

☐ Vero ☐ Falso

4. L'alimentatore stabilizzato eroga una tensione variabile non regolabile.

☐ Vero ☐ Falso

5. Nel funzionamento a vuoto un alimentatore non eroga corrente.

☐ Vero ☐ Falso

Scelta singola

1. In quale caso un alimentatore rende disponibile per intero la sua tensione?

a. Nel funzionamento in corto circuito
b. Quando è spento
c. Nel funzionamento a vuoto

2. Come deve essere inserito un amperometro?

a. In parallelo al ramo interessato dalla corrente
b. In serie al ramo interessato dalla corrente
c. In serie al voltmetro

3. Quale grandezza misura direttamente un amperometro a bobina mobile?

a. Corrente alternata
b. Corrente continua
c. Tensione alternata

4. Il tempo occorrente per stabilizzare la misura designa:

a. la precisione
b. la prontezza
c. la risoluzione

5. Il valore massimo del campo di misura è detto:

a. fondo scala
b. soglia
c. risoluzione

Scelta multipla

1. Quali sono elementi caratteristici di un'alimentazione duale?

a. Massa comune
b. Resistenza interna nulla
c. Un morsetto positivo e uno negativo

2. Negli amperometri a bobina mobile la corrente determina:

a. la coppia delle forze di Lorentz
b. l'entità del flusso magnetico
c. l'angolo di deflessione della bobina

3. La risoluzione coincide con:

a. il numero di digit negli strumenti digitali
b. la divisione più piccola negli strumenti analogici
c. la cifra meno significativa negli strumenti digitali

4. Nell'amperometro analogico la misura della corrente è basata sull'effetto:

a. elettrico
b. termico
c. magnetico

5. Le misure derivate da quella di corrente sono:

a. la misura di resistenza
b. la misura di luminosità
c. la misura di tensione

VERIFICA

STRUMENTI DI MISURA PER GRANDEZZE ELETTRONICHE

OBIETTIVI

Conoscenze

- Caratteristiche dei segnali elettronici
- Principali strumenti di misura elettronici

Abilità

- Descrivere le modalità di misura dei segnali
- Effettuare la misura dei parametri caratteristici di un segnale

CONTENUTI

C3.1 I SEGNALI ELETTRONICI

Un segnale elettronico è un insieme di livelli di tensione o corrente, espressi dalle relazioni $v(t)$ se tensione, $i(t)$ se corrente. Le relazioni $v(t)$ e $i(t)$ rappresentate sul piano cartesiano sono le cosiddette **forme d'onda** del segnale.
Il segnale elettronico è responsabile della trasmissione o riproduzione di grandezze fisiche, come il suono o la temperatura, che conserva impresse nella sua forma d'onda.

I segnali più comuni

Tipiche forme d'onda sono l'onda **sinusoidale** [fig. C3.1], l'onda **quadra** [fig. C3.2], l'onda **triangolare** [fig. C3.3] e la cosiddetta onda **a dente di sega** [fig. C3.4].

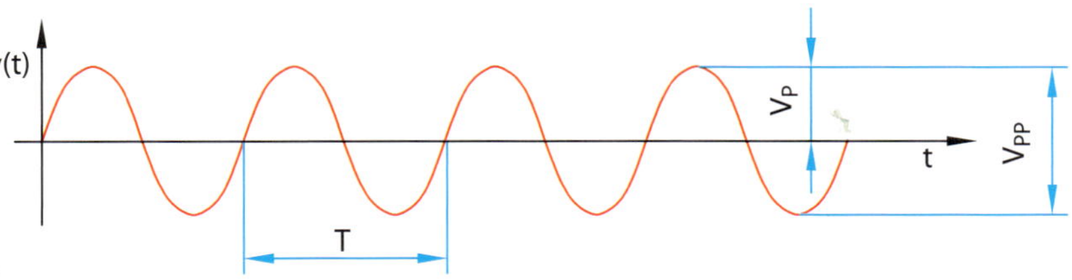

C3.1 Onda sinusoidale.

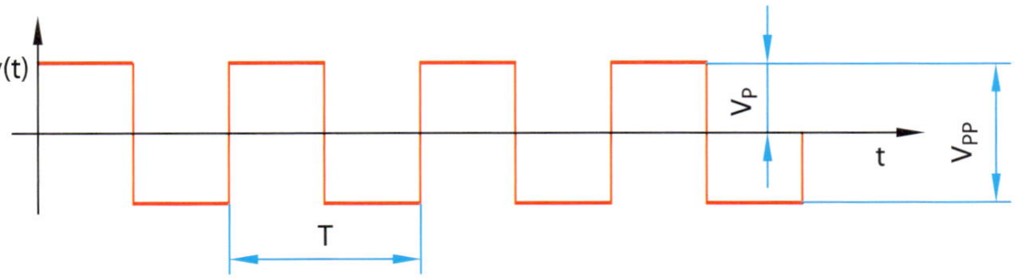

C3.2 Onda quadra.

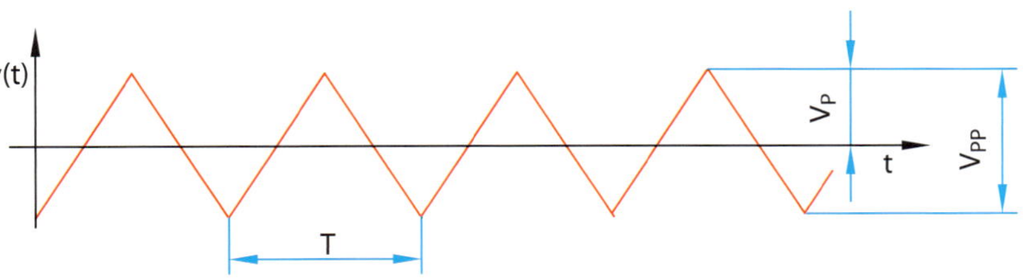

C3.3 Onda triangolare.

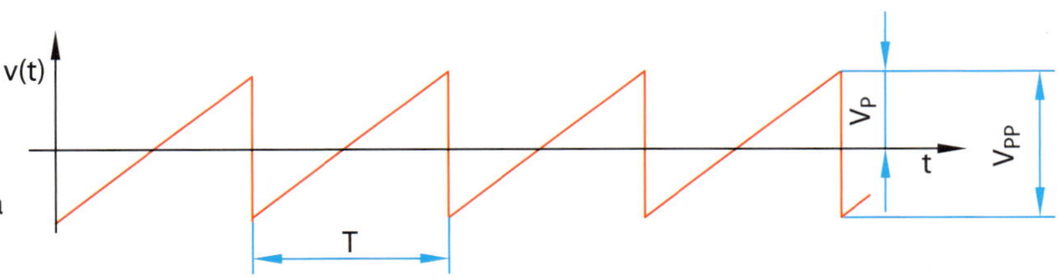

C3.4 Onda a dente di sega.

Esse sono comunemente presenti nelle sezioni dei circuiti elettrici ed elettronici. Per esempio, l'onda sinusoidale è disponibile nella presa di corrente domestica, mentre l'onda a dente di sega è tipica dei sistemi di visualizzazione come la televisione.

Nelle figure sono evidenziati, per ogni forma d'onda, i seguenti parametri caratteristici:

- **valore di picco** V_P, che è l'apice della forma d'onda;
- **valore picco-picco** V_{PP}, che è l'estensione del segnale dal suo valore minimo al massimo.

Data la simmetria rispetto all'asse temporale, il valore picco-picco è doppio del valore di picco, ovvero:

$$V_{PP} = 2 \cdot V_P$$

Le forme d'onda rappresentate sono composte da porzioni identiche che si ripetono dette cicli.
Ogni **ciclo** è caratterizzato da una durata in secondi T detta **periodo**.

Un tale segnale, composto da cicli ripetuti di dato periodo, si dice appunto **periodico**.

I segnali nella figura sono anche **alternati**, nel senso che sono caratterizzati da regioni positive e regioni negative di uguale area.

Periodo e frequenza

Il **periodo** T è la durata di un ciclo e si misura in secondi.
La **frequenza** f, misurata in **hertz**, non si può osservare direttamente nella forma d'onda: è il numero di cicli al secondo e coincide con l'inverso del periodo T ovvero:

$$f = \frac{1}{T}$$

Per capire questa formula si consideri, come nella **figura C3.5**, un segnale $v_1(t)$ di periodo $T_1 = 1$ s e un segnale $v_2(t)$ avente metà periodo $T_2 = 0{,}5$ s.
Si vede che mentre $v_1(t)$ svolge un ciclo, $v_2(t)$ ne compie due, pertanto $f_1 = 1$ Hz, $f_2 = 2$ Hz.

Al medesimo risultato si perviene matematicamente; infatti, per la formula della frequenza risulta:

$$f_1 = \frac{1}{T_1} = \frac{1}{1} = 1 \text{ Hz}$$

$$f_2 = \frac{1}{T_2} = \frac{1}{0{,}5} = 2 \text{ Hz}$$

Valore medio e valore efficace

Valore medio

Il valore medio è il bilancio su un periodo dei valori dell'onda.
Nel caso di un segnale alternato è nullo, in quanto i valori positivi e quelli negativi si annullano a vicenda nel bilancio complessivo.

In modo approssimativo il valore medio V_M si può calcolare considerando solo alcuni campioni del segnale **equidistanziati** come nella **figura C3.6**; si procede con la sommatoria dei campioni dividendo infine il risultato per il numero dei campioni stesso, come nella formula seguente:

$$V_M = \frac{1}{N} \cdot [v(t_1) + v(t_2) + \ldots + v(t_N)] = \frac{1}{N} \cdot \sum_{n=1}^{N} v(t_n)$$

Valore efficace

Il valore efficace viene utilizzato per semplificare i calcoli ingegneristici.
Data una tensione variabile, non si calcola la potenza in ogni istante ma si applica un bilancio complessivo nel periodo, equiparando gli effetti sulla potenza del segnale variabile agli effetti di una tensione costante, che corrisponde appunto al valore efficace.
In questo modo per il calcolo della potenza vale la medesima formula del regime continuo, ovvero:

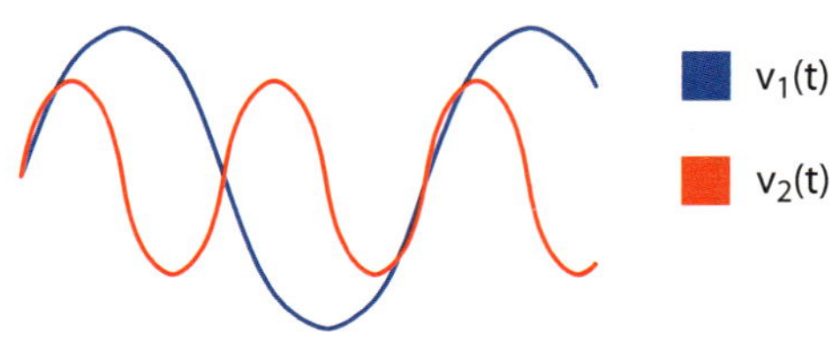

C3.5 Onde di diversa frequenza.

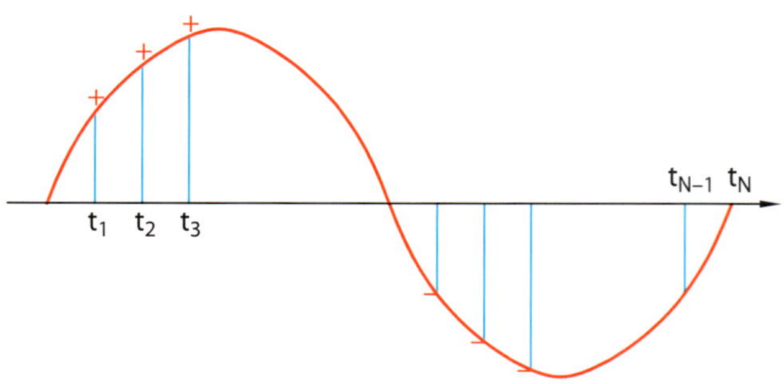

C3.6 Campioni positivi e negativi di un'onda.

$$P_M = \frac{V_{EFF}^2}{R} = V_{EFF} \cdot I_{EFF}$$

Nel calcolo del valore efficace i valori negativi sono equiparati a quelli positivi, in quanto gli effetti termici non dipendono dal segno e invertendosi la tensione, si inverte anche la corrente; pertanto il segno della potenza rimane positivo, come si può evincere dalla **figura C3.7**.

Come nel calcolo del valore medio si considerano dei campioni dell'onda, ma si elevano al quadrato nella sommatoria e alla fine si estrae la radice quadrata del loro valore medio, come descritto dalla seguente formula:

$$V_{EFF} = \sqrt{\frac{1}{N} \cdot [v(t_1)^2 + v(t_2)^2 + \ldots + v(t_N)^2]} =$$

$$= \sqrt{\frac{1}{N} \cdot \sum_{n=1}^{N} v(t_n)^2}$$

Il valore efficace di una sinusoide vale $V_{EFF} = V_M/\sqrt{2}$.

Offset e duty cycle

Offset

Si definisce offset una componente continua **DC** (*Direct Current*) sovrapposta alla componente alternata **AC** (*Alternate Current*).

La componente additiva DC, sovrapponendosi al segnale alternato, ne provoca lo slittamento rispetto al valore nullo di riferimento.

Nell'esempio della **figura C3.8** al segnale alternato di valore massimo 5 V è sommato un offset di 7 V.

Il segnale risulta quindi traslato verso l'alto con valori caratteristici $V_{MIN} = 2$ V e $V_{MAX} = 12$ V.

Duty cycle

Si definisce **duty cycle** (pronuncia: "diuti saicl") di un'onda quadra la proporzione di tempo durante il quale il segnale si mantiene positivo, raffrontata al periodo totale.

Nella **figura C3.9** il segnale risulta alto per un intervallo $T_1 = 1$ ms e basso per $T_2 = 4$ ms.

Il duty cycle risulta di conseguenza:

$$\delta = T_1/(T_1 + T_2) = 1/(1 + 4) = 0{,}2 = 20\%$$

Sinusoide

La sinusoide è il segnale più importante; ecco solo alcuni degli ambiti che coinvolgono segnali sinusoidali:

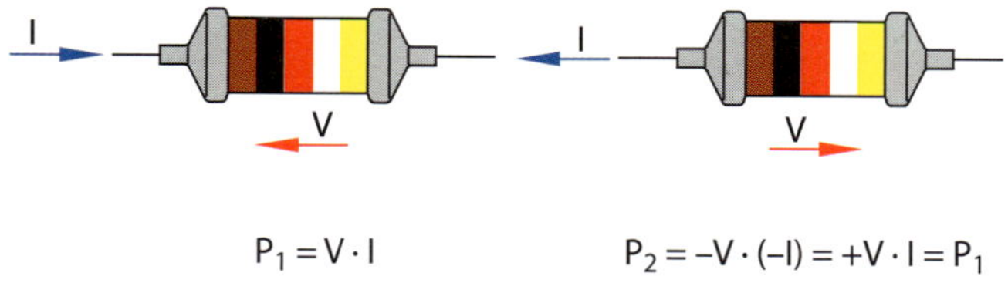

C3.7 Segno della potenza.

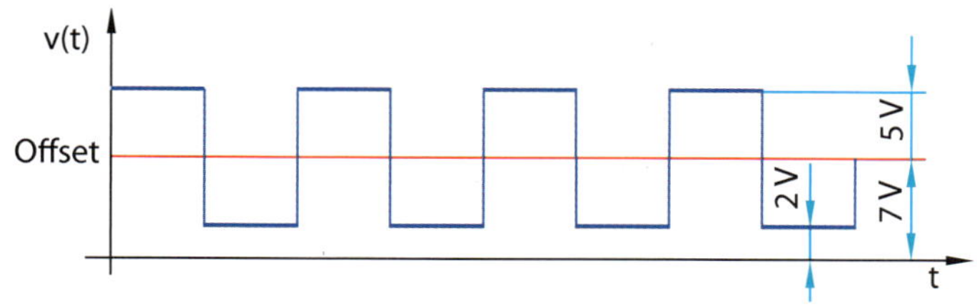

C3.8 Segnale alternato con offset.

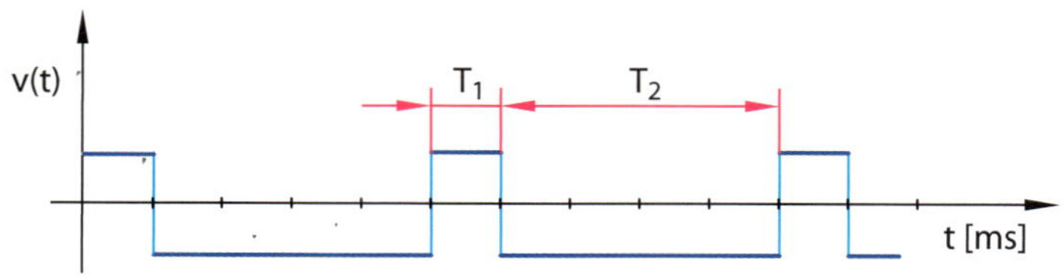

C3.9 Segnale con duty cycle 20%.

- **telecomunicazioni**: il comportamento dei mezzi di trasmissione si indaga per mezzo di segnali sinusoidali;
- **elettrotecnica**: la tensione della presa di corrente di casa è sinusoidale;
- **sistemi di controllo**: il progetto viene condotto in base all'analisi della risposta del sistema a segnali sinusoidali.

Si consideri una circonferenza e un punto P che si muove su essa in senso antiorario **[fig. C3.10]**.

Rappresentando su un grafico temporale l'altezza del punto in funzione del tempo che il punto impiega a sviluppare il proprio movimento si ricava una sinusoide.

Un segnale composto da tante ripetizioni del profilo della sinusoide è detto segnale sinusoidale. Ogni ripetizione è detta ciclo. Nella **figura C3.11**, per esempio, sono rappresentati quattro cicli.

Se il segnale è una tensione si rappresenta con il simbolo $v(t)$, nel quale la lettera v sta a indicare che si tratta di una tensione in volt, mentre la t posta tra parentesi indica che tale tensione è funzione del tempo.

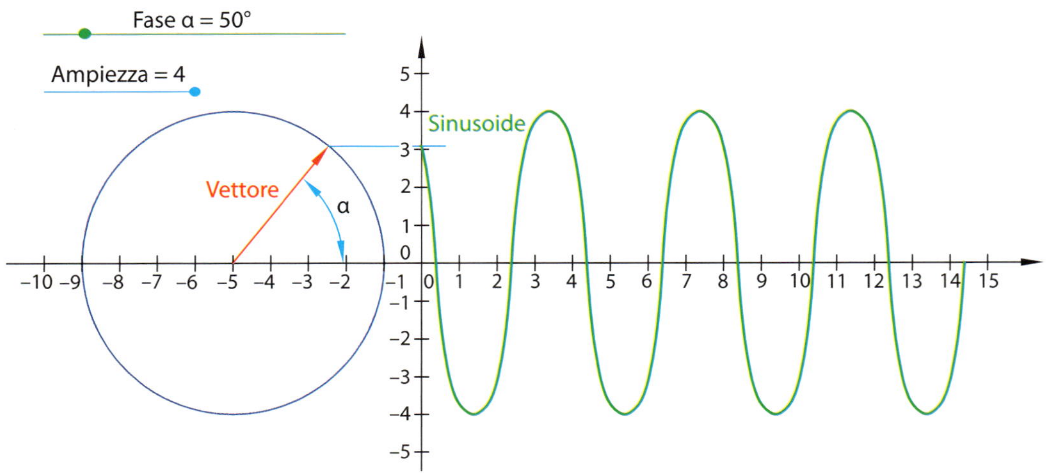

C3.10 Costruzione di una sinusoide mediante circonferenza.

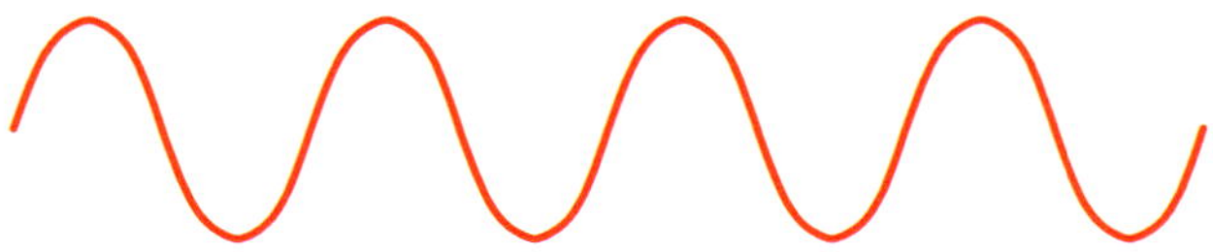

C3.11 Cicli della sinusoide.

C3.2 STRUMENTI PER LE MISURE ELETTRONICHE

Generatore di funzioni

Il generatore di funzioni o generatore d'onda è un apparato che genera segnali alternati di diversa forma, basilarmente sinusoidale, quadra, triangolare. Viene utilizzato per generare segnali di prova per misure su circuiti elettronici.

La **figura C3.12** mostra il pannello di un tipico generatore d'onda con le sue sezioni fondamentali.

1. **Sintonizzazione**: per la regolazione della frequenza dell'onda generata.

2. **Forma d'onda**: per la selezione del profilo dell'onda.

3. **Range frequenza**: per la selezione dell'intervallo di frequenze.
   A scopo indicativo nel caso in esame sono possibili i seguenti settaggi:
   - ×0,01 sottointervallo 1 mHz ÷ 2 Hz;
   - ×1 sottointervallo 100 mHz ÷ 200 Hz;
   - ×100 sottointervallo 10 Hz ÷ 20 kHz;
   - ×10 k sottointervallo 1 kHz ÷ 2 MHz.

4. **Ampiezza** e **offset**: per regolare rispettivamente il valore massimo dell'onda e la tensione **DC** additiva.

   La tensione DC è una componente continua; essa, sommandosi al segnale, ne provoca lo slittamento rispetto al valore nullo di riferimento.

5. **Duty**: per modificare il duty cycle, ovvero la proporzione di tempo durante il quale il segnale risulta positivo.

6. **Sweep**: il generatore sweep è un oscillatore sinusoidale che varia progressivamente la frequenza con continuità e rapidamente entro una certa banda. È impiegato come stimolo per rilevare la risposta in frequenza dei circuiti.

   Nella **figura C3.13** è indicato un segnale che varia dalla frequenza iniziale "start" a quella finale "stop".

   Queste si possono impostare tramite i relativi controlli del pannello. Un terzo controllo, detto sweep time, permette di impostare la durata della generazione.

7. **Prese BNC** per uscita output, segnale sweeppato **sweep**, impulsi compatibili **TTL**.

Oscilloscopio

L'oscilloscopio visualizza graficamente la forma d'onda dei segnali per i seguenti scopi:

- eseguire osservazioni qualitative delle variazioni del segnale in funzione del tempo;
- misurare i parametri caratteristici del segnale.

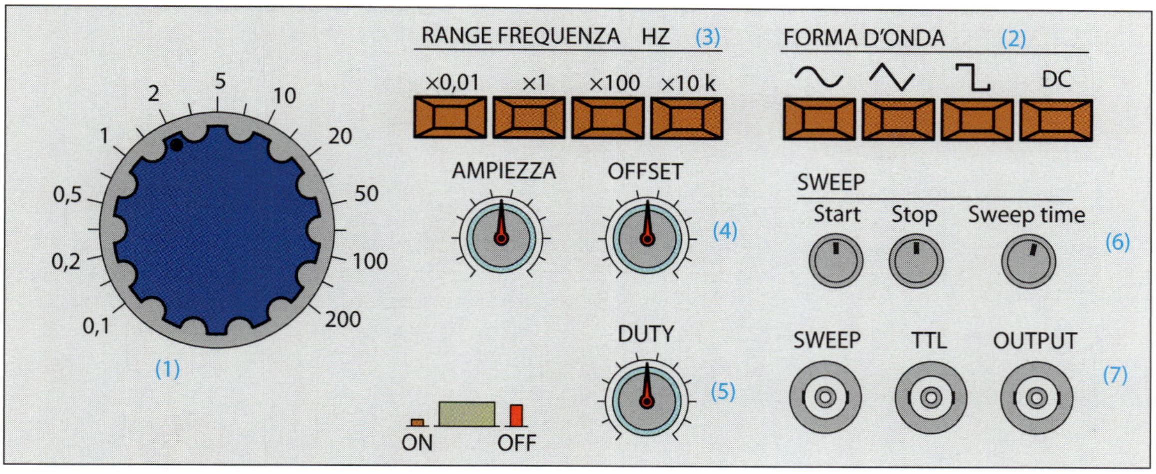

C3.12 Pannello frontale di un generatore d'onda.

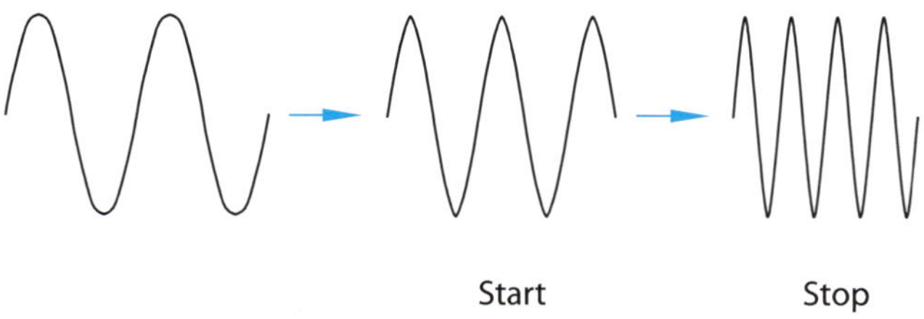

C3.13 Segnale sinusoidale variabile in frequenza.

Comandi dell'oscilloscopio

Di seguito si analizza un oscilloscopio a doppia traccia, in grado di rappresentare contemporaneamente in sincronia due diversi segnali. Esistono anche strumenti per visualizzare quattro e più canali d'ingresso.

La **figura C3.14** mostra il pannello frontale di un oscilloscopio con le sue sezioni fondamentali.

1. Schermo per la rappresentazione degli oscillogrammi

Sullo schermo è rappresentata una griglia graduata di 10 divisioni orizzontali × 8 divisioni verticali.
Ciascuna divisione di 1 cm è suddivisa in cinque sottounità di 2 mm.

I segnali sono rappresentati come in un grafico cartesiano:

- l'asse Y verticale rappresenta le ampiezze di tensione del segnale;
- l'asse X orizzontale (base dei tempi) rappresenta gli istanti di tempo dello svolgimento del segnale.

Osservando la distanza spaziale tra due punti del segnale è possibile risalire:

- sull'asse X all'intervallo temporale che separa i due punti;
- sull'asse Y alla differenza di tensione dei due punti.

2. Canali di ingresso e comandi di selezione

Per i canali di ingresso CH1 e CH2 sono presenti due connettori di tipo BNC, ai quali collegare sonde di rilevazione dei segnali.
I comandi di selezione stabiliscono la modalità di accoppiamento dei segnali da misurare ai circuiti di ingresso dell'oscilloscopio:

- **GND** indica ingresso collegato a massa; la traccia visualizzata è una retta orizzontale, utilizzata per la calibrazione della posizione orizzontale della traccia; infatti, in assenza di segnale viene disegnata una linea orizzontale piatta;
- **AC** (*Alternate Current*) si usa per selezionare la sola componente alternata del segnale; utile nel caso di visualizzazione dei dettagli di piccoli segnali variabili, sovrapposti a componenti continue elevate che farebbero slittare la traccia al di fuori dell'area dello schermo;
- **DC** (*Direct Current*): serve per la visualizzazione sia della componente alternata AC sia di quella continua.

3. Sensibilità verticale

A ciascun canale è associato un selettore del rapporto di deflessione **V/DIV**, inteso come valore in **volt** rappresentato da ciascuna **divisione**.
Modificando tale rapporto è possibile variare le dimensioni con cui il segnale è rappresentato:

- diminuendo V/DIV il segnale viene magnificato per apprezzare i dettagli;
- aumentando V/DIV si riduce la dimensione del segnale, per poterlo osservare in modo compiuto.

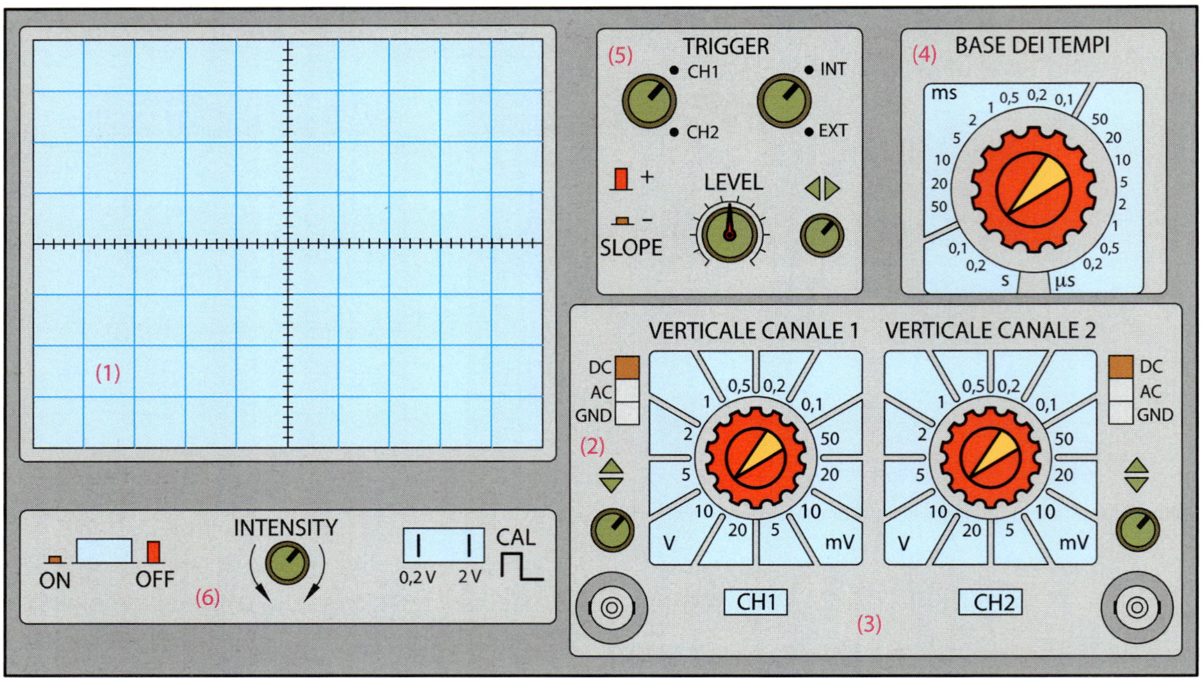

C3.14 Pannello frontale di un oscilloscopio.

Tipicamente i rapporti disponibili sono: 5, 10, 20, 50 [mV/DIV]; 0,1; 0,2; 0,5; 1, 2, 5, 10, 20 [V/DIV].
I due pulsanti CH1 e CH2 permettono di selezionare il/i canale/i da rappresentare.
Per ciascun canale è presente una manopola per la regolazione della posizione iniziale della traccia.
Disponendo il selettore su GND e muovendo questa manopola, si fa traslare la traccia nella posizione di riferimento desiderata.

4. **Sensibilità orizzontale**

La base dei tempi viene regolata mediante un selettore della velocità di scansione orizzontale **SEC/DIV**, intesa come valore in **secondi** rappresentato da ciascuna **divisione**.
Modificando tale valore si espande o si contrae la visualizzazione orizzontale del segnale:

- diminuendo SEC/DIV il segnale viene allargato orizzontalmente, per apprezzare meglio la distanza temporale tra due punti dello stesso;
- aumentando SEC/DIV si visualizza una finestra temporale più larga, quindi si ha una visione più completa dello sviluppo temporale del segnale.

Tipicamente i rapporti disponibili sono: 0,2; 0,5; 1, 2, 5, 10, 20, 50 [µs/DIV]; 0,1; 0,2; 0,5; 1, 2, 5, 10, 20, 50 [ms/DIV]; 0,1; 0,2 [s/DIV].

5. **Trigger**

Questa sezione serve a identificare l'istante di innesco della base dei tempi, in conseguenza delle seguenti impostazioni.

- **Level**: livello di trigger.
- **Slope**: pendenza positiva o negativa per evento di trigger.
- **CH1, CH2**: evento di trigger agganciato a segnale CH1 o CH2.
- **INT, EXT**: evento di trigger generato da segnale interno o esterno.

È presente una manopola per traslare in senso orizzontale la posizione della traccia.

6. **Comandi generici**

Pulsante ON/OFF, regolazione di luminosità della traccia, segnali onda quadra di ampiezza nota, per scopi di calibrazione.

Principio di funzionamento

Alla base della visualizzazione è il **tubo a raggi catodici** [fig. C3.15], formato essenzialmente da:

1. una *parte cilindrica* che racchiude lo spazio in cui sono disposti gli elettrodi di comando e il cannone elettronico;

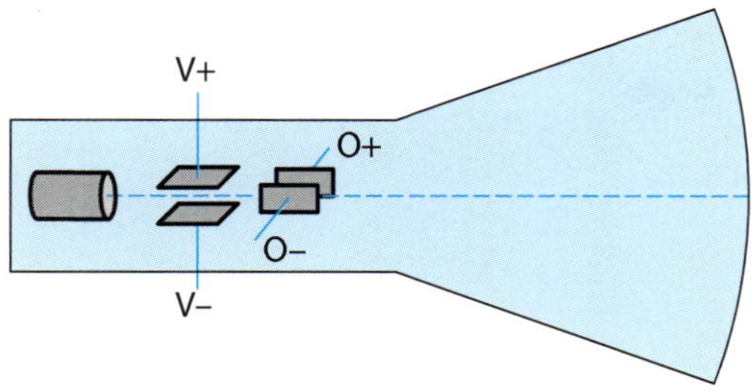

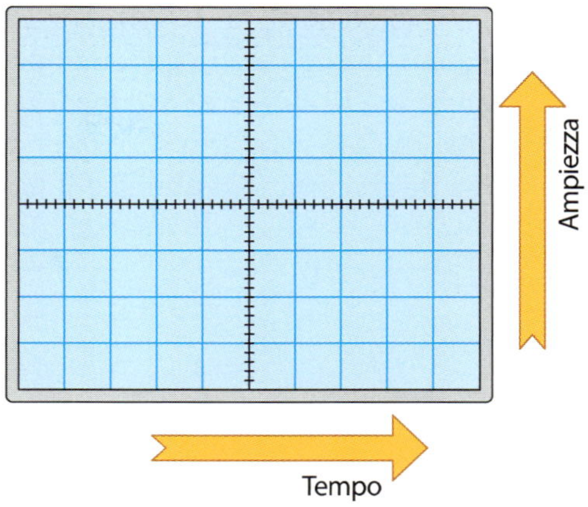

C3.15 Tubo a raggi catodici e schermo fluorescente.

2. una *sezione tronco-conica* che raccorda il tubo catodico alla parte finale, costituita dallo schermo di visualizzazione.

La visualizzazione ha luogo secondo questo principio:

1. il cannone elettronico emette un fascio focalizzato di elettroni;
2. il fascio colpisce la parte piana dello schermo;
3. il fosforo depositato sullo schermo trasforma l'energia cinetica in luce.

Il grafico del segnale si forma grazie a un sistema di deflessione elettrostatico, costituito da **placche** orizzontali e verticali, che devia il flusso degli elettroni, il quale, come un vero e proprio **pennello elettronico**, grazie anche al fenomeno della persistenza, descrive una traccia continua.

Il movimento del pennello elettronico è comandato in questo modo dalle placche:

- placche di deflessione orizzontale: da sinistra a destra;
- placche di deflessione verticale: dal basso verso l'alto.

Per visualizzare una forma d'onda le placche devono essere così pilotate:

- placche di deflessione orizzontale: segnale base dei tempi;
- placche di deflessione verticale: segnale da visualizzare.

Alle placche di deflessione orizzontale è applicato un segnale di tensione linearmente crescente, detto **base dei tempi**, che emula lo scorrere del tempo.

Questo segnale sposta il pennello elettronico a velocità costante da sinistra a destra, mentre il pennello è mosso in verticale dal segnale da visualizzare: il risultato è la visualizzazione di una scia illuminata che descrive la forma d'onda del segnale.

Il segnale a rampa della base dei tempi deve terminare quando il pennello ha raggiunto l'estremità destra e deve consentire, come nella **figura C3.16**:

- la *traslazione* da sinistra a destra, alla velocità adeguata per rappresentare la forma d'onda, nel *tempo di rappresentazione*;
- la *ricollocazione* del pennello nel punto di riposo all'estremità sinistra, nel *tempo di ritorno*.

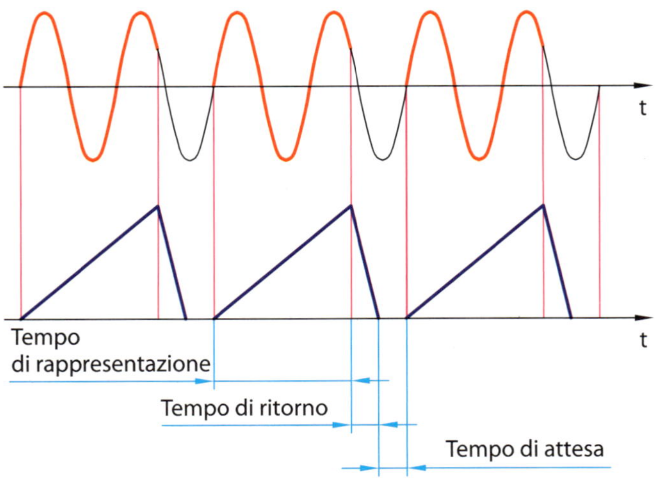

C3.16 Sincronizzazione tra segnale e base dei tempi.

Esiste un terzo intervallo, detto *tempo di attesa*, necessario per sincronizzare l'inizio della rampa con il valore della tensione, che deve essere il medesimo per ogni ripetizione. In caso contrario si sovrappongono di volta in volta diversi spezzoni d'onda e si ha un effetto ottico di slittamento dell'immagine lungo l'asse dei tempi, come descritto dalla **figura C3.17**. Se invece la partenza della rampa avviene al medesimo livello, si determina una traccia stabile, come illustrato nella **figura C3.18**.

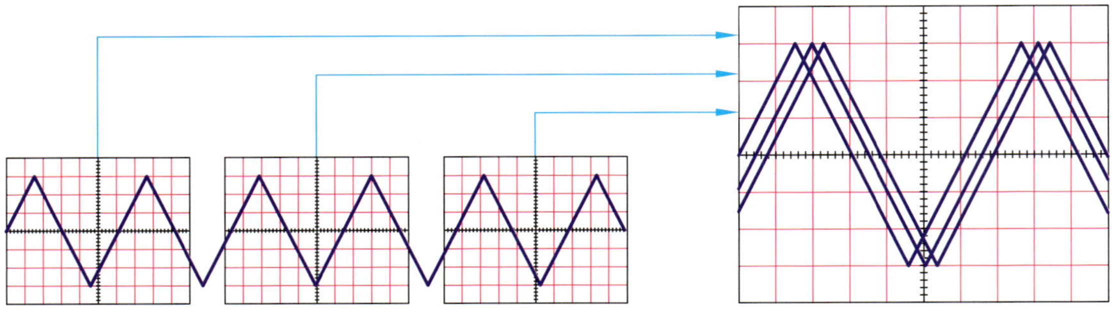

C3.17 Traccia non stabile.

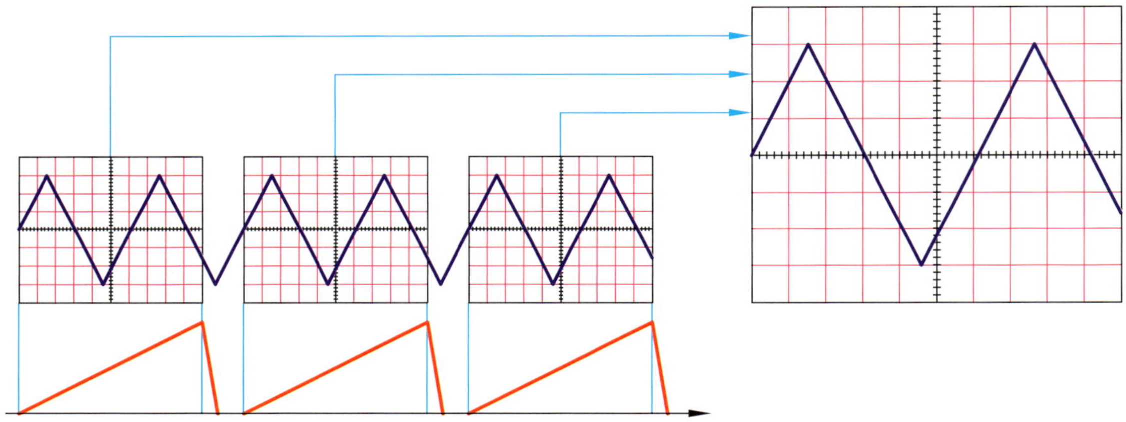

C3.18 Segnale adeguatamente triggerato.

ESERCITAZIONE GUIDATA / C3.1

hoepliscuola.it

Valore medio e valore efficace della sinusoide

1. Data una sinusoide di periodo $T = 1$ s quanto vale la sua frequenza?

- **a.** ☐ $f = 1$ s
- **b.** ☐ $f = 2$ Hz
- **c.** ☐ $f = 1$ Hz
- **d.** ☐ $f = 1/T$

2. Selezionare le corrette definizioni.

- **a.** ☐ Il periodo è la durata di un ciclo.
- **b.** ☐ La frequenza è il numero di ripetizioni a periodo.
- **c.** ☐ L'ampiezza è il valore massimo.

3. Realizzare l'applicazione Excel della figura per il calcolo dei valori medio ed efficace.

	A	B	C	D
1				
2		Tempo	SEN	SEN^2
3		0	0	0
4		0,04	0,2485665	0,0617853
5		0,08	0,4815304	0,2318715
6		0,12	0,6842684	0,4682233
7		0,16	0,8440547	0,7124284
8		0,2	0,9508595	0,9041337
9		0,24	0,9979784	0,995961
10		0,28	0,982454	0,9652158
11		0,32	0,9052606	0,8194967
12		0,36	0,7712437	0,5948168
13		0,4	0,5888156	0,3467038
14		0,44	0,3694273	0,1364765
15		0,48	0,12685	0,0160909
16		0,52	-0,12369	0,0152992
17		0,56	-0,366465	0,1342969
18		0,6	-0,586238	0,343675
19		0,64	-0,769212	0,5916874
20		0,68	-0,903903	0,8170401
21		0,72	-0,981855	0,9640391
22		0,76	-0,998176	0,9963549
23		0,8	-0,951841	0,9060011
24		0,84	-0,845759	0,7153076
25		0,88	-0,686588	0,4714028
26		0,92	-0,48432	0,2345655
27		0,96	-0,251651	0,063328
28		1	-0,003185	1,015E-05
29				

	F	G	H	I	J	K	L	M	N
2	Frequenza	1	Hz		Valore medio	-6,05E-05		Valore efficace	0,6935475

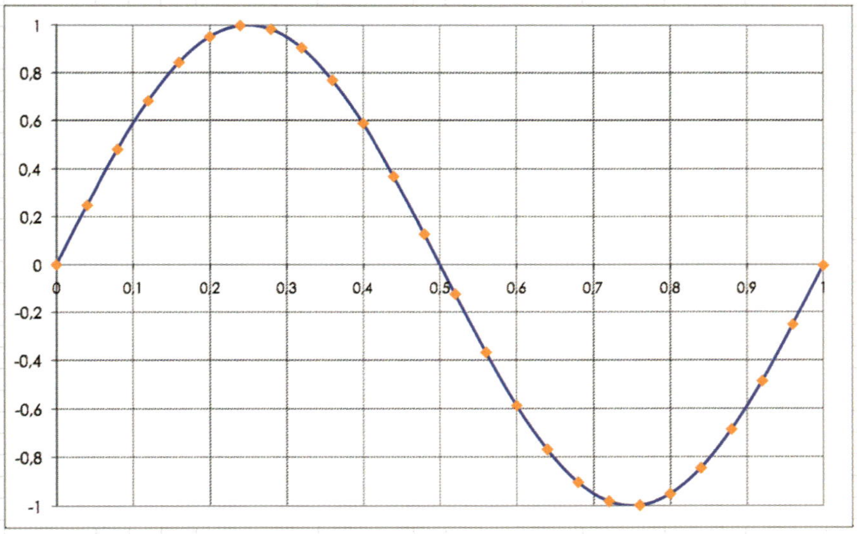

A partire dalla colonna $v(t)$ dei campioni della sinusoide, calcolare una colonna adiacente con i quadrati degli stessi.

Utilizzare le seguenti formule rispettivamente per il valore medio e quello efficace:

K2 = MEDIA(C3:C28)

N2 = RADQ((SOMMA(D3:D28))/CONTA.VALORI(D3:D28))

ESERCITAZIONE GUIDATA / C3.2

hoepliscuola.it

Valore medio e valore efficace di diverse forme d'onda

1. Calcolare valore medio e valore efficace delle forme d'onda con le formule sottostanti, per un dato $V_P = 5$ V.

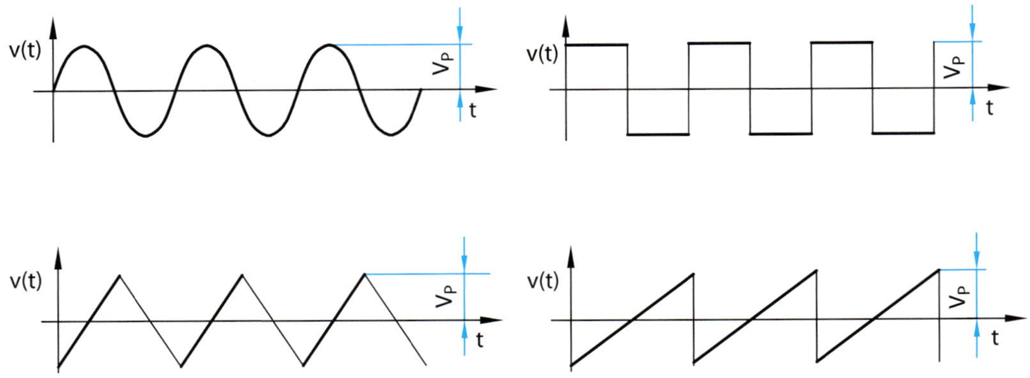

Onda sinusoidale:

$V_M = 0$ $\quad$ $V_{EFF} = V_P/\sqrt{2}$ $\quad$ = $\quad$ V

Onda quadra:

$V_M = 0$ $\quad$ $V_{EFF} = V_P$ $\quad$ = $\quad$ V

Onda triangolare:

$V_M = 0$ $\quad$ $V_{EFF} = V_P/\sqrt{3}$ $\quad$ = $\quad$ V

Onda dente di sega:

$V_M = 0$ $\quad$ $V_{EFF} = V_P/\sqrt{3}$ $\quad$ = $\quad$ V

2. Confrontare i valori teorici desunti dalle formule con quelli misurati con l'applicazione "Valore medio e efficace", scaricabile dalla pagina web del volume al sito www.hoepliscuola.it, o con un voltmetro opportuno.

ESERCITAZIONE GUIDATA / C3.3

hoepliscuola.it

Generatore di funzione e oscilloscopio

1. Collegare il generatore di funzione all'oscilloscopio, tramite i puntali e i connettori BNC.

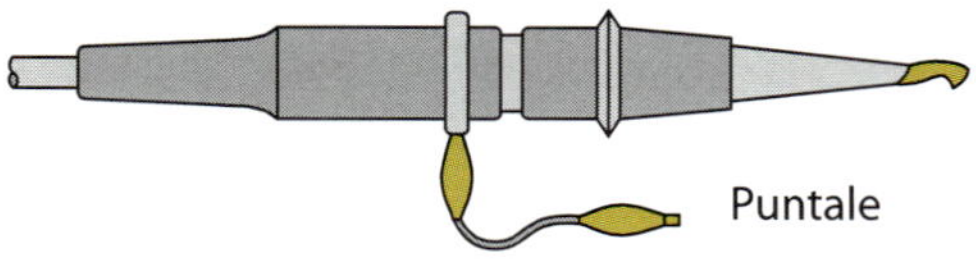

Puntale

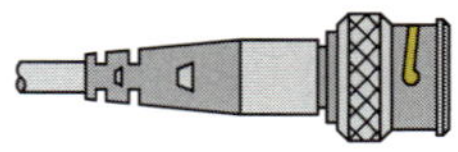

Connettore BNC

2. Impostare il generatore di funzione in questo modo: onda sinusoidale, ampiezza picco 5 V, frequenza 1 kHz.

3. Impostare l'oscilloscopio in questo modo e osservare il segnale visualizzato:
   - base dei tempi 0,2 ms/DIV;
   - canale verticale 2 V/DIV.

   a. Quanti quadretti occupa in verticale il segnale da picco a picco? ____

   b. Quanti periodi del segnale sono visualizzati con schermo a 10 divisioni? ____

   c. Calcolare il periodo e la frequenza a partire dalla misura con l'oscilloscopio:

   $$T = \_\_\_\_ \text{ ms/DIV} \times \_\_\_\_ \text{ divisioni} = 1 \text{ ms}$$

   $$f = 1/T = 1/\_\_\_\_ = 1 \text{ kHz}$$

   d. Sarebbe cambiata la visualizzazione impostando la base dei tempi a 200 μs/DIV? ☐ NO ☐ SÌ

4. Impostare segnali di diversa frequenza e leggere la frequenza tramite l'oscilloscopio, con l'ausilio della seguente tabella.

Frequenza impostata	Time base	Divisioni	Periodo	Frequenza letta
100 Hz	5 ms/DIV	2	10 ms	100 Hz

5. Scegliere le opzioni corrette.

   Per ottimizzare la lettura del periodo di un segnale è necessario:

   a. ☐ visualizzare un solo periodo dell'onda nel riquadro dell'oscilloscopio.

   b. ☐ magnificare al massimo il segnale, senza che debordi in verticale dal riquadro dell'oscilloscopio.

   c. ☐ impostare un piccolo valore della base dei tempi ms/DIV.

   d. ☐ impostare un piccolo valore del rapporto di divisione V/DIV.

ESERCITAZIONE GUIDATA / C3.4

hoepliscuola.it

Valore medio con multimetro

1. Analizzare il significato di valore medio e scegliere le opzioni corrette.
   a. Il valore medio V_M di un'onda è l'equivalente continuo del segnale alternato, avente la medesima ☐ area ☐ frequenza nel periodo di sviluppo.
   b. L'onda quadra bipolare a sinistra ha valore medio ☐ $V_P/2$ ☐ nullo ☐ V_P, in quanto le aree dei due semiperiodi sono uguali e opposte.
   c. L'onda quadra unipolare a destra ha valore medio ☐ $V_P/2$ ☐ nullo ☐ V_P, in quanto alla componente alternata si aggiunge un offset continuo V_P.

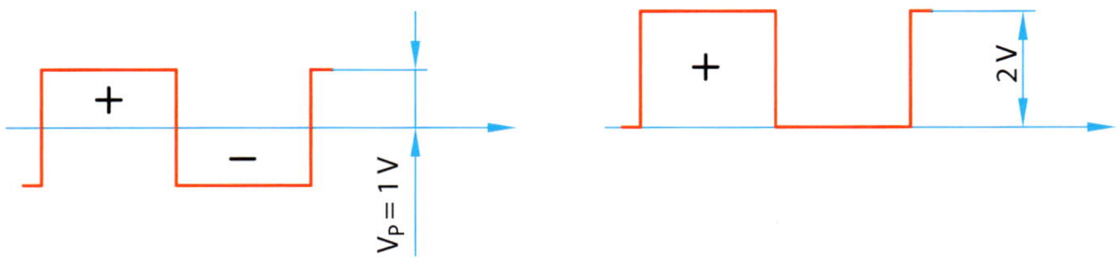

2. Misurare il valore medio di un'onda quadra con e senza offset.
   Impostare il multimetro su tensione continua e misurare il valore medio dei due segnali precedenti.

   Le impostazioni del generatore per le due onde sono:
   a. onda quadra bipolare: ☐ $V_P = 1$ V; ☐ $V_P = 2$ V; ☐ offset = 0; ☐ offset = V_P;
   b. onda quadra unipolare: ☐ $V_P = 1$ V; ☐ $V_P = 2$ V; ☐ offset = 0; ☐ offset = V_P.

   Riportare i risultati rispettivi della misurazione.

   – Valore medio teorico: → Valore medio misurato:
   – Valore medio teorico: → Valore medio misurato:

ESERCITAZIONE GUIDATA / C3.5

hoepliscuola.it

Visualizzazione dell'offset con l'oscilloscopio

1. Generare un'onda quadra come quella della figura e visualizzarla con l'oscilloscopio.

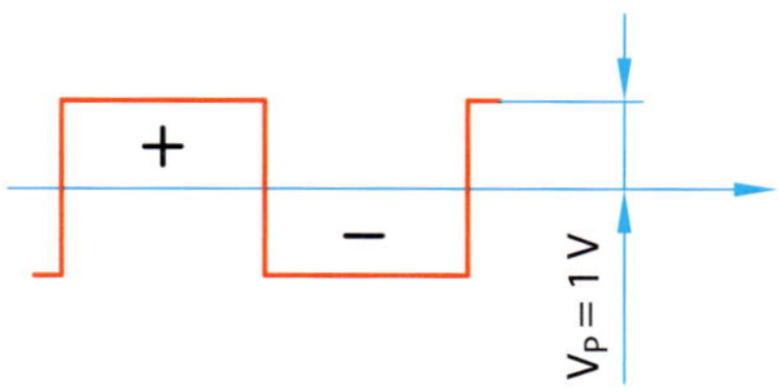

2. Impostare l'offset in modo che l'onda risultante sia tutta collocata al di sopra dell'asse temporale. Osservare l'onda con un oscilloscopio.

   Quale valore di offset deve essere impostato?

   a. ☐ Un valore uguale a $V_P/2$.
   b. ☐ Un valore superiore a V_P.
   c. ☐ Un valore inferiore a V_P.

3. Impostare l'offset in modo che l'onda risultante sia tutta collocata al di sotto dell'asse temporale. Osservare l'onda con un oscilloscopio.

   Quale valore di offset deve essere impostato?

   a. ☐ Un valore uguale a V_P.
   b. ☐ Un valore superiore a $-V_P$.
   c. ☐ Un valore inferiore a $-V_P$.

   Quale tasto deve essere premuto per eliminare la componente DC dell'offset?

   a. ☐ AC.
   b. ☐ DC.
   c. ☐ GND.

ESERCITAZIONE GUIDATA / C3.6

Impostazione del duty cycle

1. Ricavare la formula del valore medio in funzione del duty cycle δ.
Il valore medio di un'onda, a parità di valore di picco, dipende da δ.
Agli estremi opposti infatti:

- se $\delta = 0$ significa che l'onda è sempre nulla, quindi $V_M =$;
- se $\delta = 1$ significa che l'onda è sempre alta, quindi $V_M =$.

In quest'onda il duty cycle è del 50% perché i due periodi sono ☐ uguali ☐ diversi.

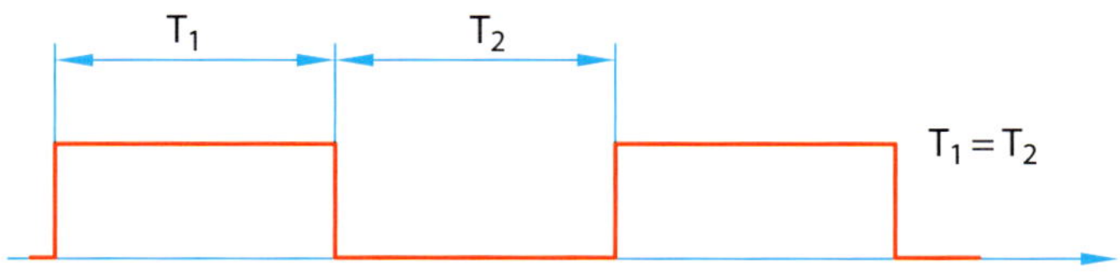

Si ha infatti:

$$\delta = T_1/(T_1 + T_1) = 1/\quad = 50\%$$

Lo stesso dato, se espresso in decimale anziché in percentuale, vale: $\delta =$.

L'onda è per metà nulla e per metà alta, quindi il valore medio è metà di quello di picco:

$$V_M = 0{,}5 \cdot V_P$$

Generalizzando, si ha la formula del valore medio per un generico duty cycle:

$$V_M = \delta \cdot V_P$$

2. Generare le onde qui disegnate con $V_P = 1$ V e visualizzarle con l'applicazione "Duty cycle", scaricabile dalla pagina web del volume al sito www.hoepliscuola.it, o con l'oscilloscopio.

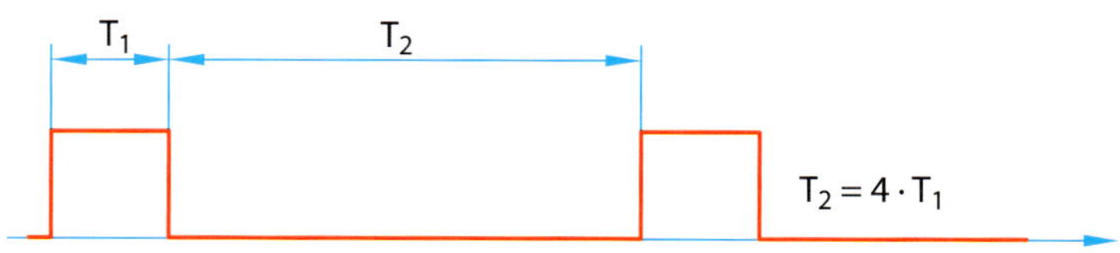

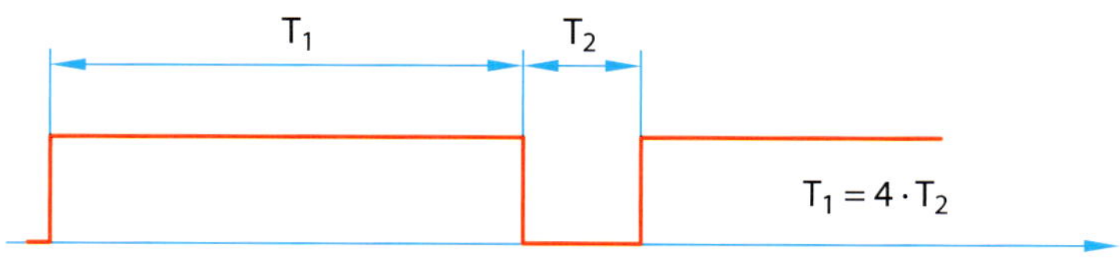

3. Calcolare il valore medio delle due onde, misurarlo e confrontare i risultati teorici e sperimentali.

$\delta = T_1/(T_1 + 4 \cdot T_1) = 1/\quad = \quad \%$ $\qquad V_M = \delta \cdot V_P = \quad \cdot V_P$

$\delta = T_1/(T_1 + 1/4 \cdot T_1) = \quad / \quad = \quad \%$ $\qquad V_M = \delta \cdot V_P = \quad \cdot V_P$

AREAdigitale

Vero/Falso

1. Il periodo è l'inverso della frequenza.

☐ Vero ☐ Falso

2. Un'onda alternata presenta valore medio nullo.

☐ Vero ☐ Falso

3. Un'onda alternata presenta valore efficace nullo.

☐ Vero ☐ Falso

4. In una onda sinusoidale il valore picco-picco è doppio del valore di picco.

☐ Vero ☐ Falso

5. Alle placche di deflessione verticale dell'oscilloscopio è applicato il segnale a dente di sega.

☐ Vero ☐ Falso

Scelta singola

1. L'ampiezza di un'onda $v(t)$ si misura:

a. in volt
b. in secondi
c. in hertz

2. La frequenza di un'onda $v(t)$ si misura:

a. in volt
b. in secondi
c. in hertz

3. Il periodo di un'onda $v(t)$ si misura:

a. in volt
b. in secondi
c. in hertz

4. Il duty cycle di un'onda dipende:

a. dalla ampiezza
b. dai semiperiodi
c. dalla frequenza

5. Il valore efficace di una sinusoide è:

a. $V_M/1{,}41$
b. V_M
c. sempre zero

Scelta multipla

1. La tensione alternata:

a. è variabile
b. è periodica
c. ha valore medio $\neq 0$

2. Spuntare le caratteristiche vere.

a. L'onda quadra ha semiperiodi speculari rispetto all'asse X
b. L'onda triangolare è formata da segmenti crescenti e decrescenti
c. L'onda a dente di sega è formata da due semiperiodi

3. Nella formula $\delta = T_1/(T_1 + T_2)$:

a. δ è il duty cycle
b. $T_1 + T_2$ è il semiperiodo
c. T_1 è la durata dell'impulso positivo

4. La sinusoide:

a. può avere fase $\neq 0$
b. è un segnale alternato
c. non può sviluppare più di un ciclo

5. Quali impostazioni dell'oscilloscopio non eliminano la componente alternata?

a. AC
b. DC
c. GND

VERIFICA DEGLI OBIETTIVI / modulo C

AREAdigitale

Associazione

1. Associare il misurando allo strumento di misura.

1. Diametro di un perno
2. Altezza di un tavolo
3. Distanza tra due caselli autostradali
a. Calibro
b. Contakilometri
c. Metro

....

2. Associare il fattore di moltiplicazione al nome del prefisso.

1. 10^{-9}	**a.** Tera
2. 10^{-12}	**b.** Nano
3. 10^{12}	**c.** Pico

....

3. Associare il dispositivo alla sua funzione nella misura.

1. Dispositivo sensibile alla grandezza da misurare
2. Dispositivo che mostra il risultato della misura
3. Dispositivo che adatta la natura della grandezza da misurare
a. Indicatore
b. Rilevatore
c. Trasduttore

....

4. Associare il tipo di misura alla sua sigla.

1. Tensione continua	**a.** ACI
2. Corrente alternata	**b.** DCV
3. Tensione alternata	**c.** ACV

....

5. Associare le modalità di visualizzazione al loro significato.

1. DC
2. AC
3. GND
a. Visualizza la sola componente AC
b. Visualizza le componenti AC e DC sovrapposte
c. Filtra le componenti AC e DC

....

6. Associare la nomenclatura alla denominazione.

1. V/DIV	**a.** Canale di input
2. SEC/DIV	**b.** Sensibilità verticale
3. CH1	**c.** Sensibilità orizzontale

....

Completamento

1. Siano date quattro misurazioni, calcolare i dati richiesti, supponendo che il valore vero sia $G = 4$.
$M_1 = 4$; $M_2 = 3$; $M_3 = 5$; $M_4 = 8$.

a. Valore medio: $M_M =$ ....
b. Massimo scostamento rispetto a M_M: ....
c. Errori assoluti: $E_{A1} =$ ....; $E_{A2} =$ -............; $E_{A3} =$ ....; $E_{A4} =$ ....
d. Misura che si discosta maggiormente dal valore vero: ....

2. Calcolare la resistenza misurata con metodo voltamperometrico, note le letture di voltmetro e amperometro.
Voltmetro $K = 0{,}2$ mV/Div; lette 10 divisioni.
Amperometro $K = 0{,}025$ mA/Div; lette 20 divisioni.

a. Tensione $V =$ .... mV
b. Corrente $I =$ .... mA
c. Resistenza $R =$ .... Ω

3. Una lampadina di potenza $P = 60$ W è alimentata a $V = 220\ V_{EFF}$. Come sono legate V e la resistenza R della lampadina? E quanto vale R?

a. $P = V_{EFF}$^2 /............
b. $R =$ .... ^2/............ = 806,6 Ω

4. Due onde onda1 e onda2 hanno periodo $T_1 = 0{,}1 \cdot T_2$. Calcolare i due periodi e le due frequenze, noto che onda1 occupa quattro divisioni in un oscilloscopio impostato a ms/DIV = 250.

a. $T_1 = 250$ ms/DIV × .... = ... s
b. $T_2 = T_1 \times$ .... = ... s
c. $f_1 = 1/$............ = ... Hz
d. $f_2 = 1/$............ = ... mHz

5. Completare con i dati richiesti, noti i valori di sensibilità orizzontale e verticale di un oscilloscopio.

a. Periodo di 5 divisioni, ms/DIV = 10 → frequenza incognita: .... Hz
b. Ampiezza da picco a picco di 8 divisioni, V/DIV = 5 → ampiezza V_P incognita: V
c. Frequenza misurata: 50 Hz, ms/DIV = 5 → numero di divisioni per periodo: ....

VERIFICA

modulo D Applicazioni del settore elettrotecnica

UNITÀ D1
Circuiti elettrici in corrente continua

UNITÀ D2
Circuiti elettrici in corrente alternata e variabile

UNITÀ D3
Produzione, trasporto e distribuzione dell'energia elettrica

AREAdigitale

- **VIDEO TUTORIAL** Comando luci scala
- **ESERCITAZIONE GUIDATA** Circuito a tre generatori
- **Verifiche interattive**

PREREQUISITI

Conoscenze

- I principali componenti elettrici
- La legge di Ohm

Abilità

- Risolvere la serie e il parallelo di resistori e generatori
- Utilizzare la legge di Ohm nella risoluzione di reti elettriche

OBIETTIVI

Conoscenze

- Tecniche per la risoluzione di circuiti elettrici
- Energia elettrica

Abilità

- Applicare la teoria dei circuiti elettrici

Competenze di riferimento

- Saper risolvere semplici circuiti elettrici
- Saper valutare la potenza coinvolta nella produzione e utilizzazione dell'energia elettrica

AREAdigitale

Vero/Falso

1. La corrente che scorre in un corto circuito è sempre nulla.

☐ Vero ☐ Falso

2. La corrente che scorre in un circuito aperto è nulla.

☐ Vero ☐ Falso

3. La tensione ai capi di un corto circuito è nulla.

☐ Vero ☐ Falso

Scelta singola

1. Una pila da 9 V è posta in parallelo a una da 1,5 V; quanto vale la tensione equivalente?

a. 9 V
b. 1,5 V
c. La condizione indicata è idealmente impossibile

2. Una pila è collegata alla serie di due resistenze $R_1 > R_2$; quale resistenza è interessata dalla massima caduta di tensione?

a. R_1
b. R_2
c. Le due tensioni sono uguali

3. Una pila da 9 V è collegata al parallelo di due resistenze $R_1 > R_2$; quale resistenza è interessata dalla massima corrente?

a. R_1
b. R_2
c. Le due correnti sono uguali

Scelta multipla

1. La resistenza di un conduttore è:

a. inversamente proporzionale alla sua resistività
b. direttamente proporzionale alla sua lunghezza
c. inversamente proporzionale alla sua sezione

2. Due resistenze in parallelo:

a. condividono la medesima tensione
b. condividono la medesima corrente
c. formano una maglia

3. Due resistenze in serie:

a. condividono la medesima tensione
b. condividono la medesima corrente
c. formano un ramo

Associazione

1. Associare a ogni elemento la sua espressione.

1. R	**a.** $R \cdot I$
2. I	**b.** V/R
3. V	**c.** V/I

....

2. Associare la grandezza alla sua unità di misura.

1. R	**a.** A
2. I	**b.** Ω
3. V	**c.** V

....

3. Associare il colore al coefficiente moltiplicativo nel codice dei colori resistivo.

1. Verde	**a.** 10^6
2. Blu	**b.** 10^1
3. Marrone	**c.** 10^5

....

Completamento

1. Completare i valori in ascissa della caratteristica di una resistenza di 500 Ω.

$I = 2$ mA → $V =$ .... V; $I = 10$ mA → $V =$ .... V; $I = 20$ mA → $V =$ .... V; $I = 1$ A → $V =$ V

2. Tre resistenze in serie sono percorse da una corrente di 10 mA; calcolare le cadute di tensione.

$R_1 = 100\ \Omega \rightarrow V_{R1} =$ .... V; $R_2 = 1\ k\Omega \rightarrow V_{R2} =$ ....V; $R_3 = 0{,}1\ k\Omega \rightarrow V_{R3} =$ .... V;

3. Tre resistenze in parallelo sono alimentate da una tensione di 10 V; calcolare le correnti.

$R_1 = 10\ \Omega \rightarrow I_{R1} =$ .... A; $R_2 = 1\ k\Omega \rightarrow I_{R2} =$ .... mA; $R_3 = 5\ M\Omega \rightarrow I_{R3} =$ .... μA;

CIRCUITI ELETTRICI IN CORRENTE CONTINUA

OBIETTIVI

Conoscenze

- Serie e parallelo di resistenze
- Maglie e nodi
- Leggi dei partitori e della sovrapposizione degli effetti

Abilità

- Ridurre un circuito mediante le regole di serie e parallelo di resistenze
- Calcolare tensioni e correnti applicando le leggi circuitali

CONTENUTI

D1.1 COMPONENTI ELETTRICI FONDAMENTALI

Resistenze e generatori

Il più semplice circuito elettrico ipotizzabile è formato da un generatore di tensione, rappresentato nella **figura D1.1a** dalla pila, collegato a una resistenza. Il corrispondente circuito simbolico è riportato nella **figura D1.1b**.

La **resistenza elettrica** è concettualmente simile all'attrito meccanico. Senza attrito meccanico la realtà fisica come la si conosce non esisterebbe: per esempio, un'automobile non potrebbe avviarsi, perché le ruote non farebbero presa sul manto stradale. Allo stesso modo, senza resistenze non si potrebbero concepire gli schemi elettrici ed elettronici.
La resistenza, con la sua facoltà di ripartire tensioni e correnti, è uno dei principali arbitri del funzionamento dei circuiti elettronici.
Un **generatore** è un componente attivo, ovvero eroga energia, perché imprime con la sua tensione – misurata in volt [V] – la circolazione di una corrente – misurata in ampere [A].

Nel circuito illustrato nella **figura D1.1b** il legame tra corrente I e tensione V è individuato dalla fondamentale **legge di Ohm**, per la quale:

- la corrente che percorre il resistore è data dal rapporto tra tensione e resistenza: $I = V/R$;
- la tensione presente ai capi della resistenza (**caduta di tensione**) è, per la formula inversa: $V = R \cdot I$.

Si distinguono le seguenti modalità di collegamento tra resistenze:

- collegamento in **serie**;
- collegamento in **parallelo**.

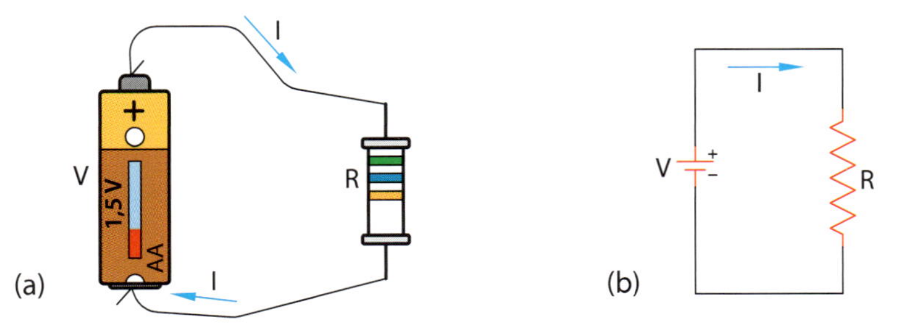

D1.1 a) Collegamento batteria-resistenza; b) schema del circuito alimentatore-resistenza.

N resistenze si dicono disposte in **serie** quando sono interessate dalla medesima corrente.

Nella **figura D1.2** le *N* resistenze:

- condividono la medesima corrente I;
- hanno diverse cadute di tensione V_{R1}, V_{R2}, V_{R3}, …, V_{Rn}.

La resistenza equivalente è data dalla somma:

$$R_{EQ} = R_1 + R_2 + R_3 + \ldots + R_n \quad [\Omega]$$

N resistenze si dicono disposte in **parallelo** quando sono interessate dalla medesima tensione.

Nella **figura D1.3** le *N* resistenze:

- condividono la medesima tensione V;
- sono attraversate da diverse correnti $I_1, I_2, \ldots, I_n$.

La resistenza equivalente è data dal reciproco della somma dei reciproci delle singole resistenze:

$$R_{EQ} = \frac{1}{\frac{1}{R_1} + \frac{1}{R_2} + \frac{1}{R_3} + \ldots + \frac{1}{R_n}} \quad [\Omega]$$

Nel caso di due soli resistori, R_{EQ} è uguale al rapporto tra il prodotto delle due resistenze e la loro somma:

$$R_{EQ} = \frac{R_1 \cdot R_2}{R_1 + R_2} \quad [\Omega]$$

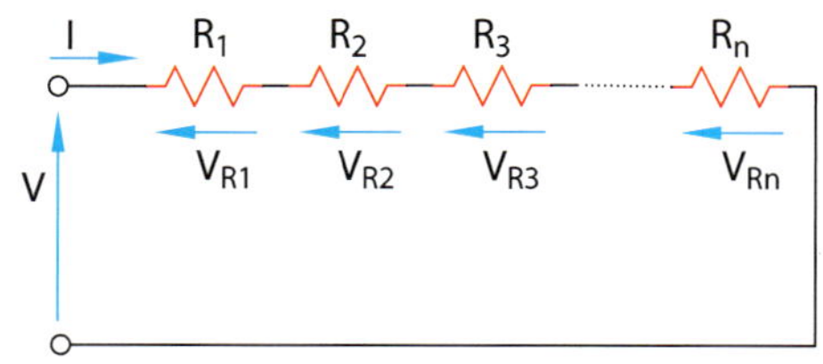

D1.2 Resistenze in serie.

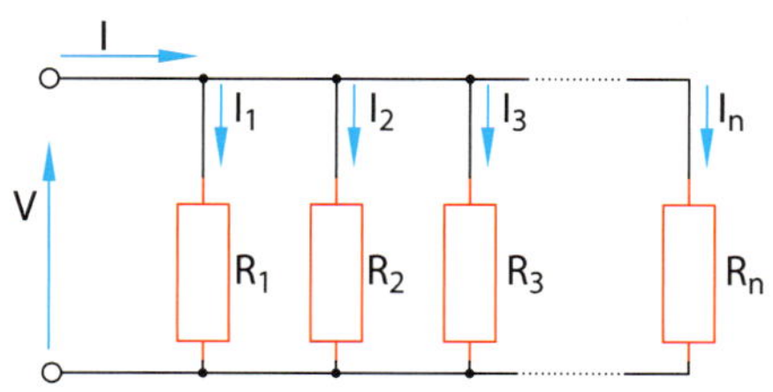

D1.3 Resistenze in parallelo.

D1.2 TECNICA DEI CIRCUITI ELETTRICI IN REGIME CONTINUO

In generale in un circuito possono essere presenti più generatori collegati a resistenze disposte in modo variegato.

La soluzione di un circuito consiste nell'individuazione:

- delle correnti che percorrono i vari rami del circuito;
- delle cadute di tensione ai capi delle diverse resistenze.

Per la determinazione di queste grandezze si ricorre a utili regole e metodi, che consentono di giungere alla soluzione, anche nei casi più complessi.

Equazioni ai nodi e alle maglie

In un circuito si individuano i seguenti elementi salienti:

- **nodo**, punto nel quale confluiscono più correnti;
- **maglia**, ovvero cammino chiuso formato da rami;
- **caduta di tensione**, ovvero potenziale ai capi di una resistenza, opposta al verso della corrente.

In un nodo la somma delle correnti entranti eguaglia quella delle correnti uscenti.

Per esempio, nella **figura D1.4**:

$$I_1 = I_2 + I_3$$

In una maglia, fissata una direzione comune, è nulla la somma algebrica delle tensioni dei generatori e delle cadute di tensione. Per esempio, nella **figura D1.4**:

$$E_1 - V_{R1} - V_{R3} = 0$$
$$V_{R3} - V_{R2} - E_2 = 0$$

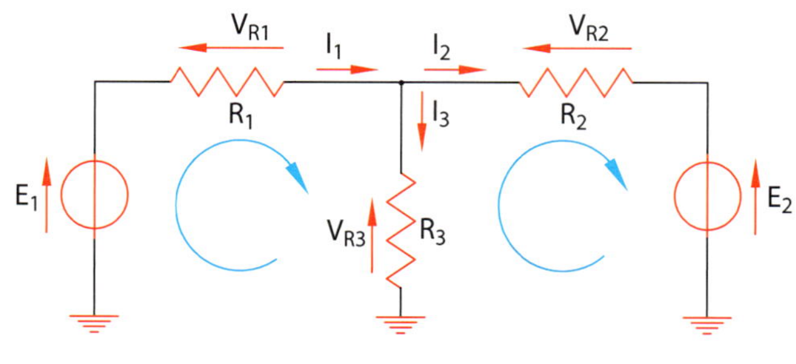

D1.4 Circuito con un nodo e due maglie.

Regola del partitore di tensione e di corrente

Come suggeriscono i termini, i partitori di tensione e di corrente sono rami circuitali nei quali ha luogo rispettivamente una ripartizione della tensione o della corrente.

Per calcolare l'entità della ripartizione si utilizzano le regole seguenti:

1. **partitore di tensione** [fig. D1.5]: date due resistenze in serie, la tensione presente ai capi di una resistenza è uguale alla tensione totale, diviso la somma delle resistenze, moltiplicato la resistenza interessata;

$$V_{R2} = E \cdot \frac{R_2}{R_1 + R_2} \quad [\text{V}]$$

2. **partitore di corrente** [fig. D1.6]: date due resistenze in parallelo, la corrente che percorre una resistenza è uguale alla corrente totale, diviso la somma delle resistenze, moltiplicato la resistenza **non** interessata.

$$I_{R1} = I \cdot \frac{R_2}{R_1 + R_2} \quad [\text{A}]$$

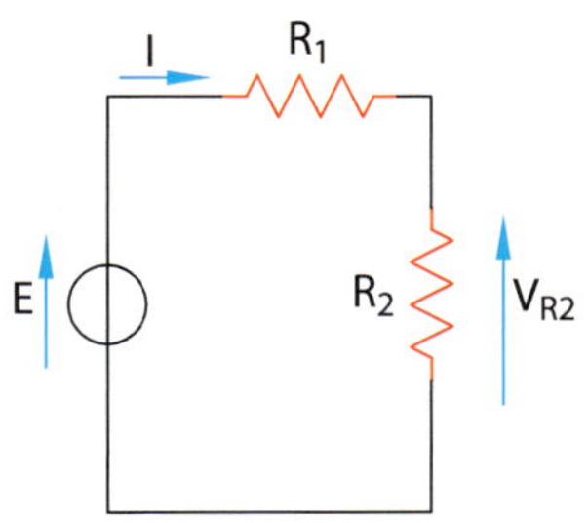

D1.5 Partitore di tensione.

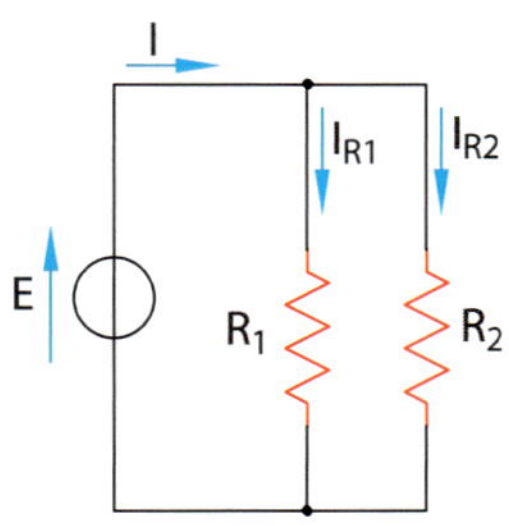

D1.6 Partitore di corrente.

Metodo di riduzione ed espansione

Questo metodo consiste nel manipolare il circuito attraverso l'applicazione delle formule di serie e parallelo di resistenze fino a giungere a soluzione. Il procedimento si sviluppa in tre fasi, che vanno applicate ricorsivamente:

1. ridurre il complesso di resistenze a una sola resistenza equivalente;
2. calcolare le grandezze di interesse;
3. riespandere il circuito per determinare in successione le grandezze desiderate.

Teorema della sovrapposizione degli effetti

In un circuito dove sono presenti più sorgenti di alimentazione, l'effetto contemporaneo di tutte le sorgenti è uguale alla somma dei singoli effetti dovuti a ciascuna sorgente presa singolarmente.
Si consideri, per esempio, il circuito nella **figura D1.7a** e si supponga di dover calcolare la corrente I.
Si seguono i seguenti passi:

1. si spegne il generatore E_2 e si calcola la corrente I' dovuta al solo effetto di E_1 [fig. D1.7b];
2. si spegne il generatore E_1 e si calcola la corrente I'' dovuta al solo effetto di E_2 [fig. D1.7c];
3. si sommano gli effetti calcolando il valore complessivo $I = I' + I''$.

Il teorema è un ausilio quasi imprescindibile quando si debbano risolvere circuiti con N generatori. Infatti in questi casi la valutazione dell'effetto complessivo risulta difficile da computare in un'unica soluzione.
Il principio di sovrapposizione permette invece di:

- scomporre il problema in N sottoproblemi più semplici, uno per ciascun generatore;
- alla fine sommare semplicemente gli N risultati.

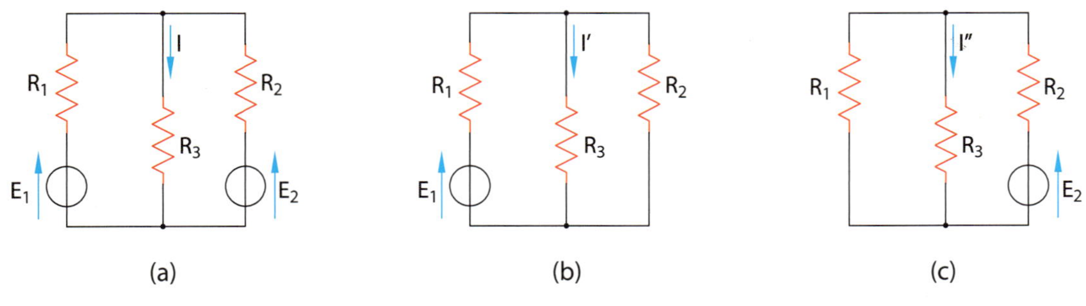

D1.7 a) Circuito completo; b) effetto di E_1; c) effetto di E_2.

ESERCITAZIONE GUIDATA / D1.1

hoepliscuola.it

Reti di resistori in serie e parallelo

Ridurre la rete di resistori della figura a un singolo resistore equivalente R_{TOT}.

(a)

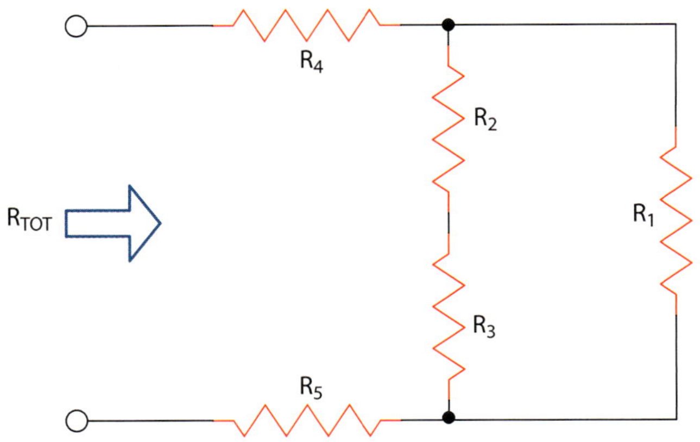

$R_1 = 40\ k\Omega$
$R_2 = 10\ k\Omega$
$R_3 = 30\ k\Omega$
$R_4 = 5\ k\Omega$
$R_5 = 5\ k\Omega$

1. Calcolare l'equivalente R_{23} della figura (b) (1ª riduzione).

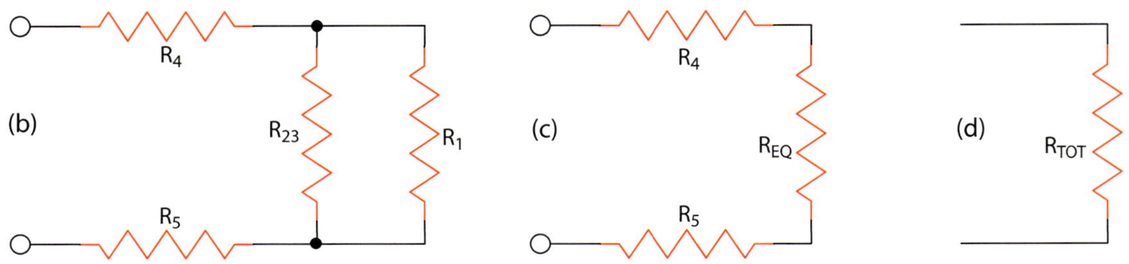

$R_{23} = R_2 + \ldots = \ldots + \ldots = \ldots$ kΩ

2. Calcolare il parallelo R_{EQ} (fig. c) dei due resistori della figura (b) (2ª riduzione):

$R_{EQ} = R_1 // \ldots = 1/(1/R_1 + 1/\ldots) = 1/(1/\ldots + 1/\ldots) = 1/(1 + 1)/\ldots = 40/\ldots = \ldots$ kΩ

3. Calcolare R_{TOT} della figura (d) (3ª riduzione):

$R_{TOT} = R_4 + \ldots + R_5 = \ldots + \ldots + \ldots = \ldots$ kΩ

4. Realizzare un foglio di lavoro per il calcolo di R_{TOT}, a partire dalla conoscenza di $R_1 \div R_5$. Scrivere le formule negli appositi spazi.

◇	A	B	C	D	E	F	G	H	I	J	K	L	M
1		Dati	R1	R2	R3	R4	R5						
2			40	10	30	5	5						
3													
4		1^ Riduzione				2^ Riduzione				3^ Riduzione			
5		R23	40			Req	20			Rtot	30		

R_{23} = …

R_{EQ} = …

R_{TOT} = …

5. Ripetere la prova con diversi valori dei dati di partenza ed eventualmente in un laboratorio virtuale/reale, utilizzando componenti e strumenti disponibili.

ESERCITAZIONE

ESERCITAZIONE GUIDATA / D1.2

Rete a scala R-2 R

Ridurre la rete a una singola resistenza equivalente R_{EQB}.
$R_1 = R_2 = R_5 = R = 10\ \Omega$; $R_3 = R_4 = 2R$; $V = 10$ V.

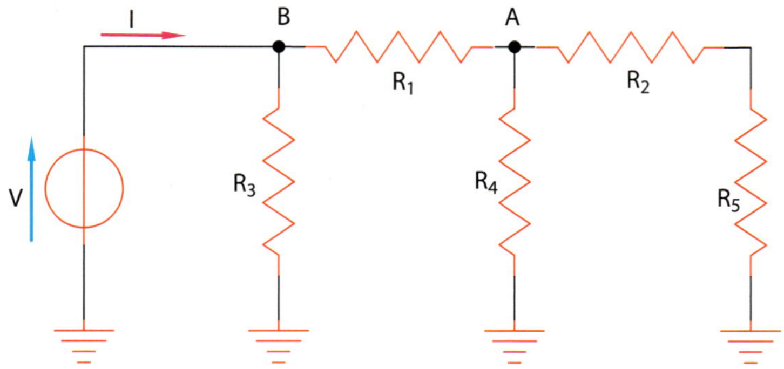

(a)

1. Calcolare la resistenza equivalente R_{EQA} del primo passo di riduzione (fig. b).

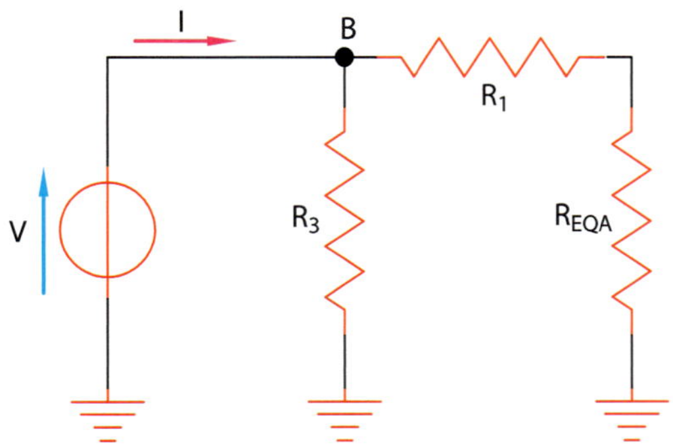

(b)

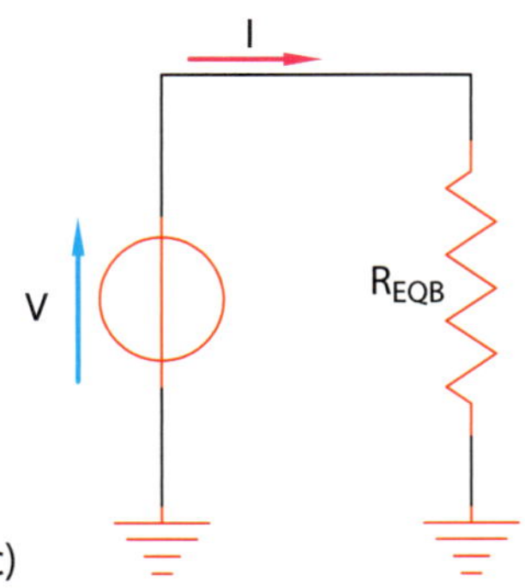

(c)

$$R_{EQA} = R_4 \_\_\_\_ (R_2 \_\_\_\_) = 2R//(\_\_\_\_ + \_\_\_\_) = R$$

2. Calcolare la resistenza equivalente R_{EQB} del secondo passo di riduzione (fig. c):

$$R_{EQB} = R_3//(\_\_\_\_ + \_\_\_\_) = 2R//(\_\_\_\_ + \_\_\_\_) = R$$

3. Calcolare la corrente erogata dal generatore:

$$I = V/\_\_\_\_ = \_\_\_\_/\_\_\_\_ = 1\ \text{A}$$

4. Spuntare le due considerazioni corrette, relativamente alle correnti che percorrono i rami del circuito.

a. ☐ La corrente I nel nodo B si dirama in due parti uguali.

b. ☐ La corrente I_{R1} si dirama in due parti uguali nel nodo A.

c. ☐ $I_{R2} = I/2$.

ESERCITAZIONE GUIDATA / D1.3

hoepliscuola.it

Partitori di tensione e di corrente

1. Completare le varie formule dei partitori di tensione e di corrente.

Partitore di tensione

Note V_I, R_1 e R_2 calcolare V_U:

$V_U = V_I \cdot (\underline{\qquad} / (R_1 + R_2))$

Note V_U, R_1 e R_2 calcolare V_I:

$V_I = V_U \cdot ((R_1 + R_2) / \underline{\qquad})$

Note V_I, V_U, R_1 calcolare R_2:

$R_2 = R_1 \cdot (V_U / (\underline{\qquad} - \underline{\qquad}))$

Note V_I, V_U, R_2 calcolare R_1:

$R_1 = \underline{\qquad} \cdot (\underline{\qquad} - \underline{\qquad}) / V_U$

Partitore di corrente

Note I_I, R_1 e R_2 calcolare I_{R2}:

$I_{R2} = I_I \cdot (\underline{\qquad} / (R_1 + R_2))$

Note I_{R2}, R_1 e R_2 calcolare I_I:

$I_I = \underline{\qquad} \cdot ((R_1 + R_2) / \underline{\qquad})$

Note I_I, I_{R1}, R_2 calcolare R_1:

$R_1 = \underline{\qquad} \cdot ((I_I - \underline{\qquad}) / I_{R1})$

Note I_I, R_1, R_2 calcolare I_{R1}:

$I_{R1} = \underline{\qquad} \cdot \underline{\qquad} / (R_1 + R_2)$

2. Implementare le formule entro un foglio di lavoro.

	A	B	C	D	E	F	G	H	I	J	K
1											
2		Note VI, R1 e R2 calcolare VU						Note II, R1 e R2 calcolare IR2			
3											
4		VI	R1	R2	VU			II	R1	R2	IR2
5		10	10	40	8			10	10	40	2
6											
7		Note VU, R1 e R2 calcolare VI						Note IR2, R1 e R2 calcolare II			
8											
9		VU	R1	R2	VI			IR2	R1	R2	II
10		8	10	40	10			2	10	40	10
11											
12		Note VI, VU, R1 calcolare R2						Note II, IR1 e R2 calcolare R1			
13											
14		VI	VU	R1	R2			II	IR1	R2	R1
15		10	8	10	40			10	8	40	10
16											
17		Note VI, VU, R2 calcolare R1						Note II, R1, R2 calcolare IR1			
18											
19		VI	VU	R2	R1			II	R1	R2	IR1
20		10	8	40	10			10	10	40	8
21											

3. Immettere nel foglio di lavoro dati diversi e fare la controprova, confrontando i propri risultati con i valori calcolati dal foglio.

4. Riportare le formule utilizzate nel foglio di lavoro.

Partitore di tensione

$V_U =$

$V_I =$

$R_2 =$

$R_1 =$

Partitore di corrente

$I_{R2} =$

$I_I =$

$R_1 =$

$I_{R1} =$

ESERCITAZIONE GUIDATA / D1.4

Limitazione della corrente e tensione con reostato o potenziometro

Nelle applicazioni elettriche si presenta spesso la necessità di modificare i livelli di corrente o tensione di un sistema circuitale con l'impiego di un reostato.
Per esempio, per avviare un motore dolcemente è necessario dosare la corrente, prevedendo un valore iniziale basso, per impedire che venga assorbita una corrente troppo elevata che determinerebbe uno strappo violento, con conseguenze potenzialmente disastrose. Progressivamente, con l'aumentare della velocità, la corrente può essere condotta a regime riducendo la resistenza di limitazione della corrente.

(a)

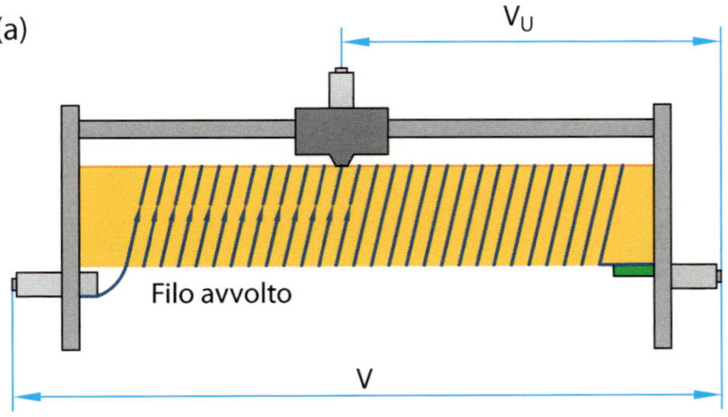

(b)

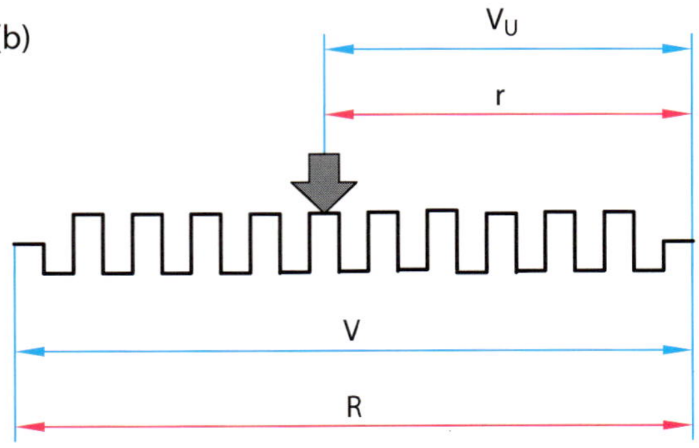

Un reostato a cursore è costituito da un filo nudo a spire strette avvolto su un cilindro di materiale isolante; un contatto strisciante, detto cursore, può scorrere lungo l'avvolgimento (fig. a).
Il reostato è dunque fornito di tre morsetti: due facenti capo agli estremi dell'avvolgimento e un terzo in contatto con l'avvolgimento stesso (fig. b).
Spostando il cursore varia le porzione *r* di resistenza inserita nel circuito e di conseguenza la tensione disponibile V_U.
Per basse potenze si utilizza un potenziometro, che funzionalmente è analogo.

1. Completare la formula per il calcolo della corrente I_U nel circuito di limitazione di corrente (fig. c):

$$I_U = V/(\underline{\qquad} + R_U)$$

2. Completare la formula per il calcolo della tensione V_U nel circuito di limitazione della tensione (fig. d).

a. Senza carico *U* utilizzatore:

$V_U = V \cdot \underline{\qquad}/R$

b. Con carico U utilizzatore:

$V_U = V \cdot (\underline{\qquad} // \underline{\qquad})/(\underline{\qquad} // \underline{\qquad} + R - r)$

(c)

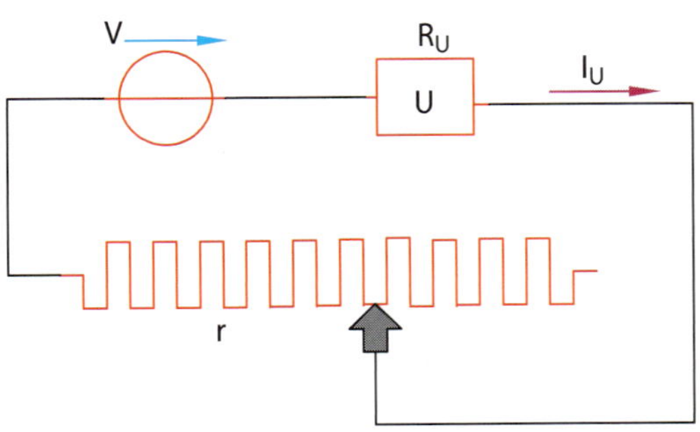

Limitazione di corrente

(d)

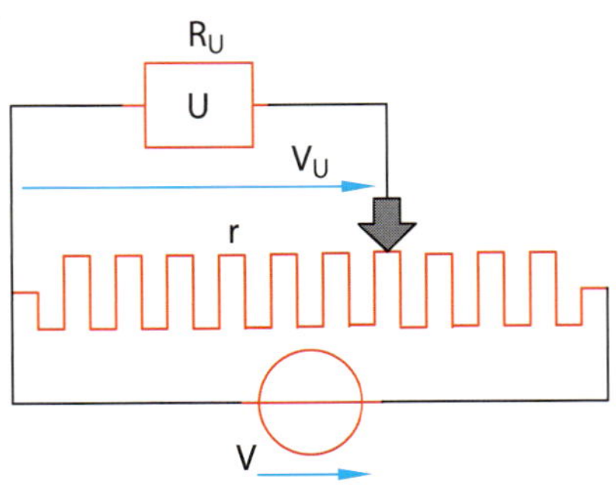

Partizione di tensione

3. Rispondere ai quesiti spuntando le opzioni corrette.

Se nella figura (b) il cursore si trova all'estremo destro:

a. ☐ $r = 0$.
b. ☐ $r = R$.
c. ☐ $V_U = 0$.

Se nella figura (b) il cursore si trova all'estremo sinistro:

a. ☐ $r = 0$.
b. ☐ $r = R$.
c. ☐ $V_U = V \cdot R/R = V$.

Nella figura (c):

a. ☐ se il reostato è a fine corsa ($r = R$) risulta $I_U = V/(R + R_U)$.
b. ☐ se il reostato è a inizio corsa ($r = 0$) la corrente si annulla.
c. ☐ se il reostato è a inizio corsa ($r = 0$) $V_{RU} = V$.

Nella figura (d):

a. ☐ V_U cambia in presenza o meno del carico R_U.
b. ☐ V_U si alza in presenza del carico R_U.
c. ☐ se il reostato è a fine corsa ($r = R$) risulta $V_U = V$.

4. Verificare con un software di simulazione l'effetto del potenziometro sulla tensione (fig. e) e sulla corrente (fig. f). Impostare $V_I = 10$ V e completare la tabella sotto riportata.

(e)

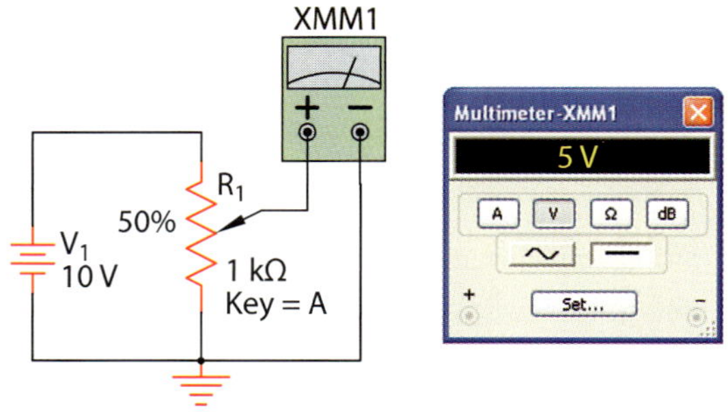

(f)

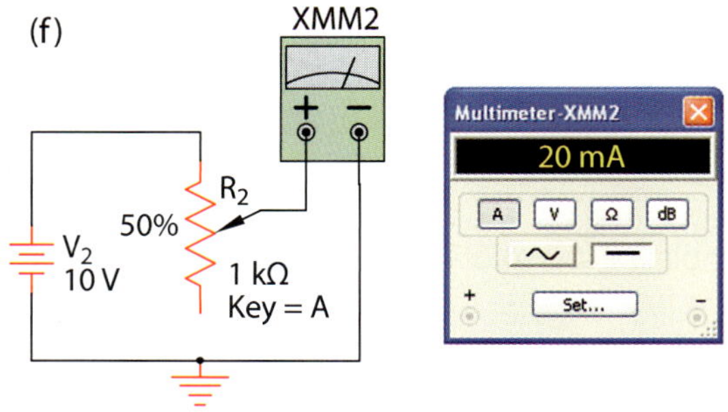

r/R%	Tensione [V]	Corrente [mA]
10%		
30%		
50%		
90%		

5. Ripetere l'esperienza avvalendosi di un foglio di lavoro.

◇	A	B	C	D	E	F	G	H	I	J	K	L	M	N
1	r [Ohm]	100	200	300	400	500	600	700	800	900	1000		V=	10
2	x = r / R	0,1	0,2	0,3	0,4	0,5	0,6	0,7	0,8	0,9	1		R=	1000
3	TENSIONE VU	1	2	3	4	5	6	7	8	9	10			
4	CORRENTE IU	0,0111	0,0125	0,0143	0,0167	0,0200	0,0250	0,0333	0,0500	0,1000				
5														

ESERCITAZIONE GUIDATA / D1.5

Applicazione della legge di Ohm ai circuiti

1. Calcolare R_3 completando i passaggi, noti $I = 20$ mA, $V_{AB} = 12$ V.

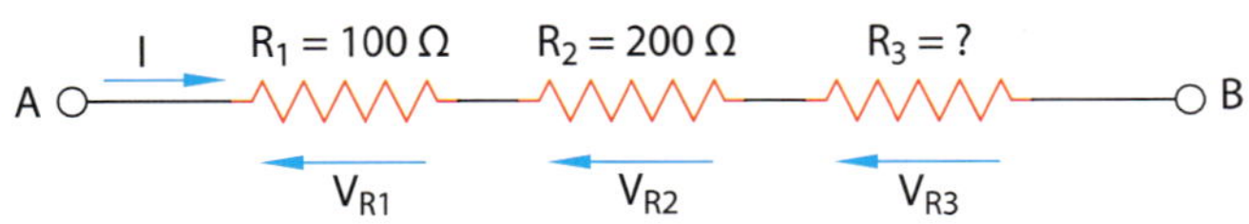

$R_{EQ} = V_{AB}/$ ______ $= 12/20 \times 10^{-3} = 600\ \Omega$ $\qquad R_3 = R_{EQ} - R_1 -$ ______ $= 600 -$ ______ $-$ ______ $=$ ______ Ω

2. Verificare sperimentalmente il punto 1, utilizzando come nella figura un multimetro inserito in serie.

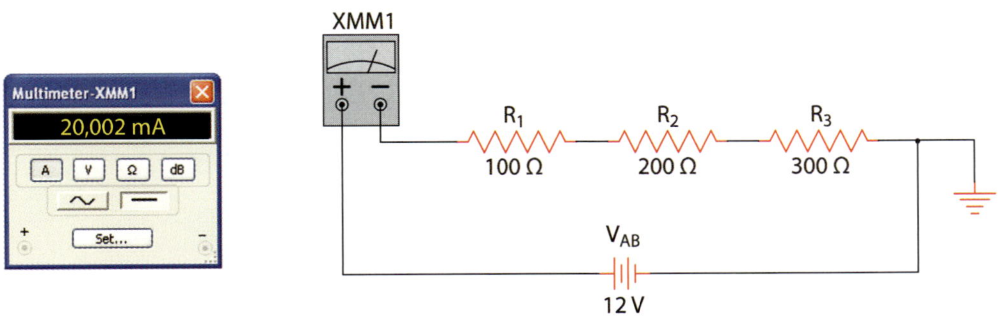

3. Calcolare la resistenza equivalente "vista" ai morsetti A-B, completando i passaggi.
Il parallelo di R_1 con R_2 vale:

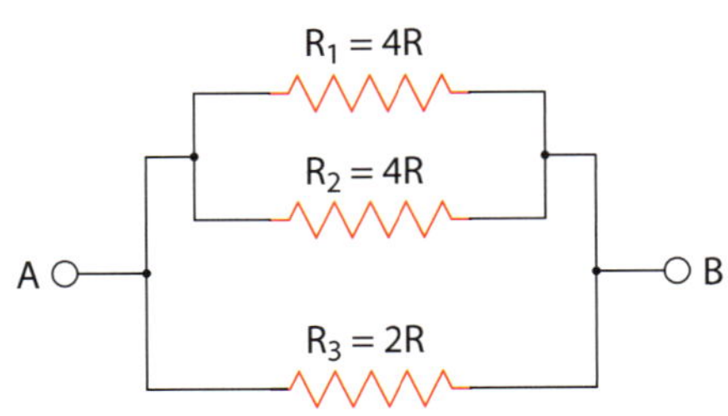

$$R_{EQ12} = 4R//4R = \text{\_\_\_\_\_\_}$$

Il parallelo di R_{EQ12} con R_3 vale:

$$R_{EQ123} = R_{EQ12}// \text{\_\_\_\_\_\_} = \text{\_\_\_\_\_\_} // \text{\_\_\_\_\_\_} = \text{\_\_\_\_\_\_}$$

4. Verificare sperimentalmente il punto 3, utilizzando come nella figura un multimetro posto in parallelo a R_3.

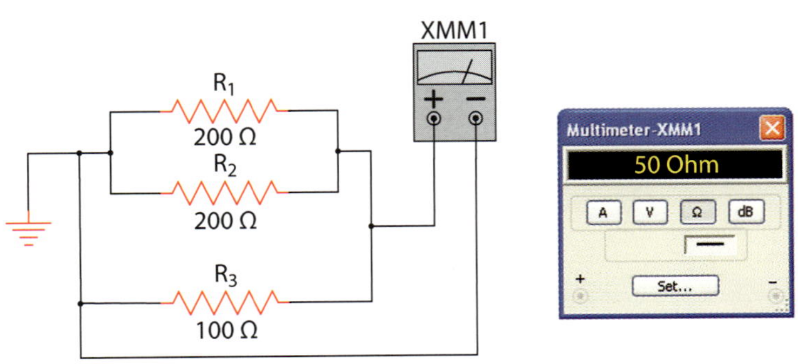

5. Dimostrare che la R_{EQ} vista ai capi del multimetro vale 600 Ω e verificarlo sperimentalmente, collocando come nella figura il multimetro ai capi di R_1.

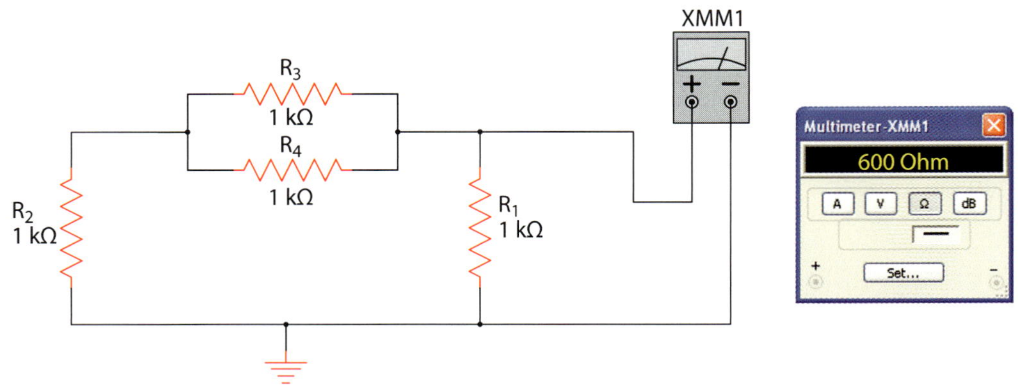

6. Dello stesso circuito calcolare la resistenza "vista" ai capi del multimetro e verificare il risultato sperimentalmente, collocando il multimetro come nella figura.

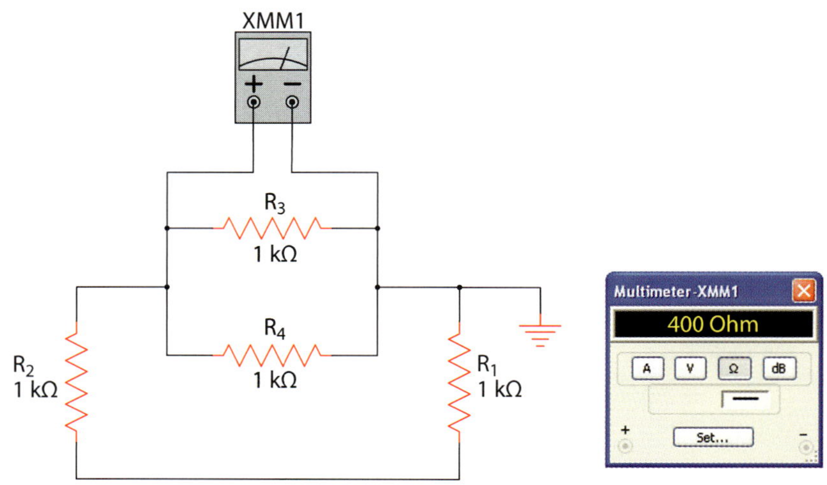

7. Alla luce dei due ultimi esperimenti, spiegare cosa si intende per resistenza "vista".

ESERCITAZIONE GUIDATA / D1.6

Metodo di riduzione ed espansione con foglio di lavoro

Calcolare tutte le tensioni e le correnti della rete della figura (a) mediante riduzione/espansione.
$R_1 = 40$ kΩ; $R_2 = 10$ kΩ; $R_3 = 30$ kΩ; $R_4 = 5$ kΩ; $R_5 = 10$ kΩ; $R_6 = 5$ kΩ; $R_7 = 5$ kΩ; $R_8 = 5$ kΩ; $V_{TOT} = 20$ V.

(a)

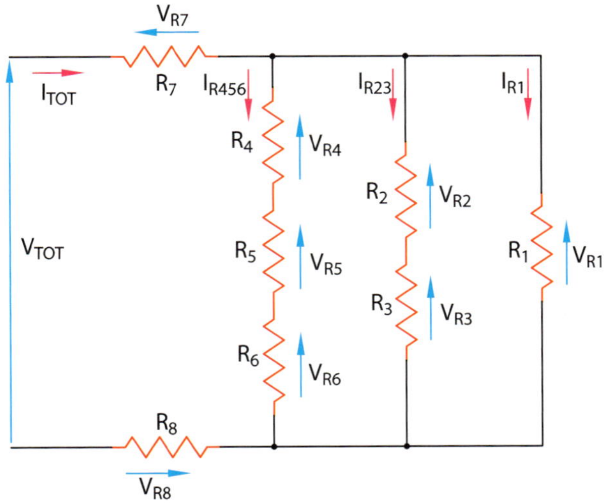

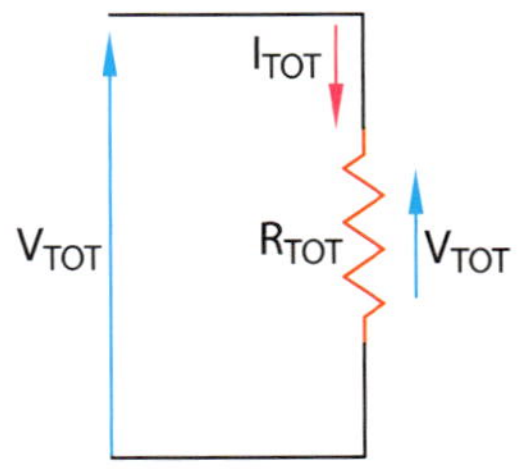

(b)

1. Calcolare R_{TOT} e I_{TOT} della figura (b).

   Con le regole serie/parallelo di resistenze si ricava mnemonicamente: $R_{TOT} =$ ____ kΩ.
   Risulta pertanto: $I_{TOT} = V_{TOT}/R_{TOT} = 20/$ ____ $=$ ____ mA.

2. Calcolare i valori circuitali della prima espansione della figura (c).

   a. $R_{EQ} = R_{TOT} -$ ____ $-$ ____ $= 20 -$ ____ $-$ ____ $=$ ____ kΩ
   b. $V_{R7} =$ ____ $\cdot I_{TOT} =$ ____ $\times 10^3 \times$ ____ $\times 10^{-3} =$ ____ V
   c. $V_{REQ} =$ ____ $\cdot I_{TOT} =$ ____ $\times 10^3 \times$ ____ $\times 10^{-3} =$ ____ V
   d. $V_{R8} =$ ____ $\cdot I_{TOT} =$ ____ $\times 10^3 \times$ ____ $\times 10^{-3} =$ ____ V

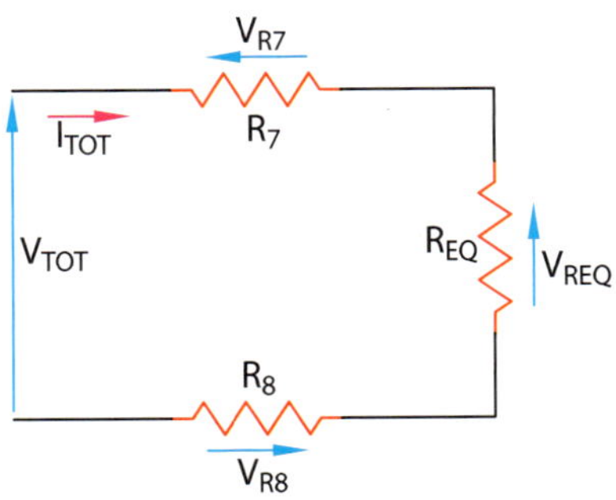

(c)

3. Calcolare i valori circuitali della seconda espansione della figura (d).

   a. $V_{R456} = V_{R23} = V_{R1} = V_{REQ} =$ ____ V
   b. $I_{R456} = V_{R456}/$ ____ $= 10/$ ____ $=$ ____ A
   c. $I_{R23} = V_{R23}/$ ____ $= 10/$ ____ $=$ ____ A
   d. $I_{R1} = V_{R1}/R_1 = 10/$ ____ $=$ ____ A
   e. $I_{R7} = I_{R8} =$ ____ $=$ ____ A

(d)

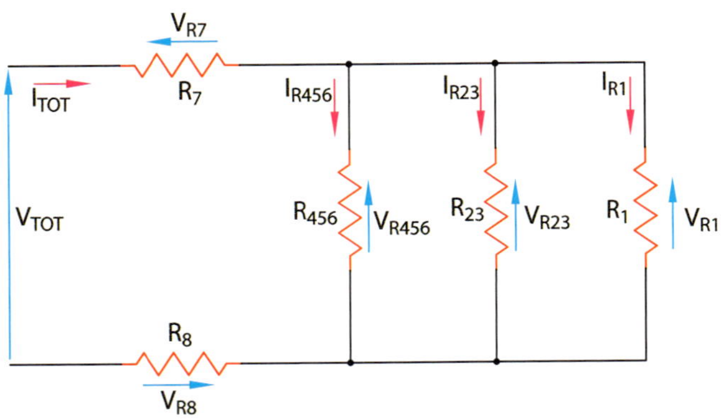

4. Calcolare i valori circuitali della terza espansione della figura (a).

a. $I_{R4} = I_{R5} = I_{R6} = I_{R456} =$ ____ A

b. $I_{R2} = I_{R3} = I_{R23} =$ ____ A

c. $V_{R4} =$ ____ $\cdot I_{R4} =$ ____ $\times 10^3 \times$ ____ $\times 10^{-3} =$ ____ V

d. $V_{R5} =$ ____ $\cdot I_{R5} =$ ____ $\times 10^3 \times$ ____ $\times 10^{-3} =$ ____ V

e. $V_{R6} =$ ____ $\cdot I_{R6} =$ ____ $\times 10^3 \times$ ____ $\times 10^{-3} =$ ____ V

f. $V_{R2} =$ ____ $\cdot I_{R2} =$ ____ $\times 10^3 \times$ ____ $\times 10^{-3} =$ ____ V

g. $V_{R3} =$ ____ $\cdot I_{R3} =$ ____ $\times 10^3 \times$ ____ $\times 10^{-3} =$ ____ V

5. Realizzare un foglio di lavoro per il calcolo di R_{TOT}, a partire dalla conoscenza di $R_1 \div R_7$.

◇	A	B	C	D	E	F	G	H	I	J	K	L	M	N	O
1	Dati	R1	R2	R3	R4	R5	R6	R7	R8		R23	R456	Req	Rtot	Vtot
2		40	10	30	5	10	5	5	5		40	20	10	20	20
3															
4	Calcolo ITOT	ITOT													
5		1													
6															
7	1^ Espansione	VR7	VREQ	VR8											
8		5	10	5,0											
9															
10	2^ Espansione	VR456	VR23	VR1	IR456	IR23	IR1	IR7	IR8						
11		10	10	10	0,5	0,25	0,25	1	1						
12															
13	3^ Espansione	IR4	IR5	IR6	IR2	IR3	VR4	VR5	VR6	VR2	VR3				
14		0,5	0,5	0,5	0,25	0,25	2,5	5	2,5	2,5	7,5				
15															

6. Ripetere la prova con valori diversi dei dati di partenza.

7. Ripetere eventualmente la prova in un laboratorio virtuale o reale, utilizzando componenti e strumenti disponibili.

ESERCITAZIONE GUIDATA / D1.7

Metodo di riduzione ed espansione con strumentazione di laboratorio

1. Ridurre il circuito come nella figura, completando i passaggi per il calcolo di R_{AB} e I_{R1}.

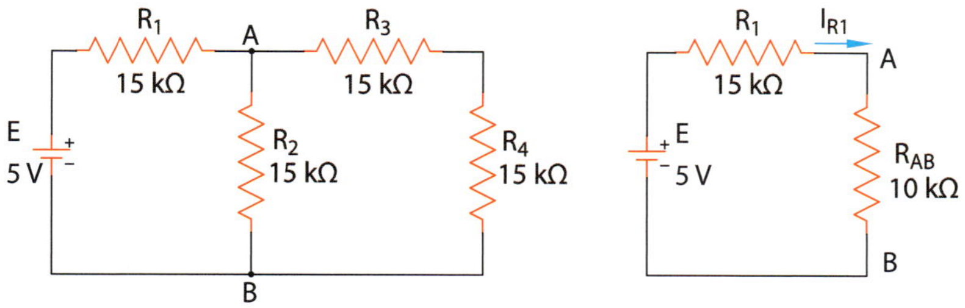

$$R_{AB} = \square \; // \; (R_3 \; \square \; R_4) = \frac{\square \times \square}{\square + \square} = \square \text{ k}\Omega$$

$$I_{R1} = \frac{E}{\square + \square \; // \; (R_3 \; \square \; R_4)} = \frac{\square}{\square + \square} = \square \text{ mA}$$

2. Verificare sperimentalmente il valore di I_{R1} collocando un multimetro in serie come nella figura.

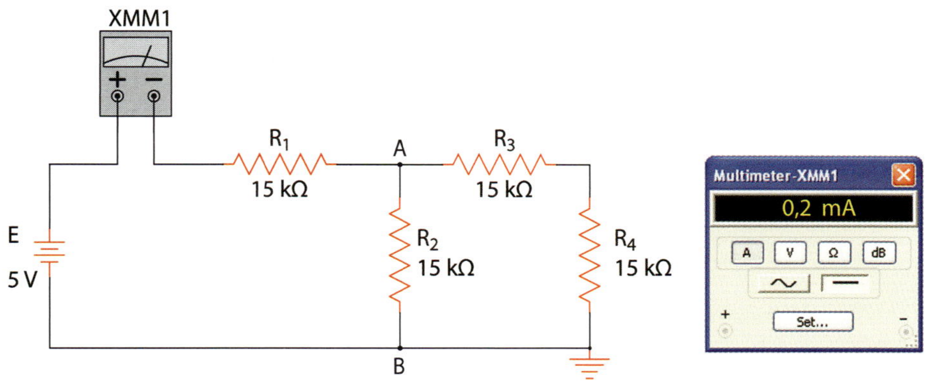

3. Calcolare la tensione V_{AB} completando i passaggi:

$$V_{AB} = I_{R1} \cdot \square = \square = \square \text{ V}$$

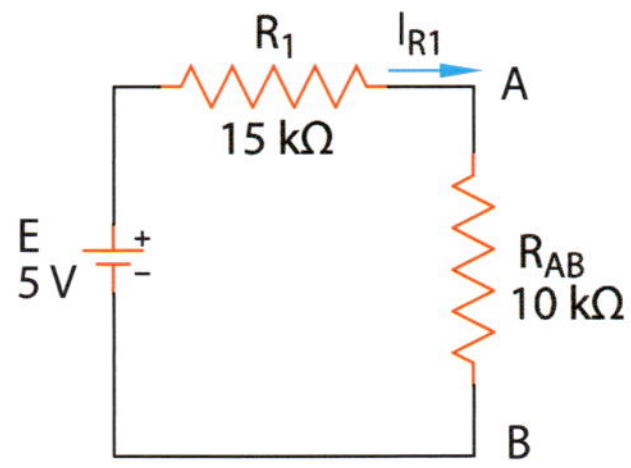

4. Misurare V_{AB}.

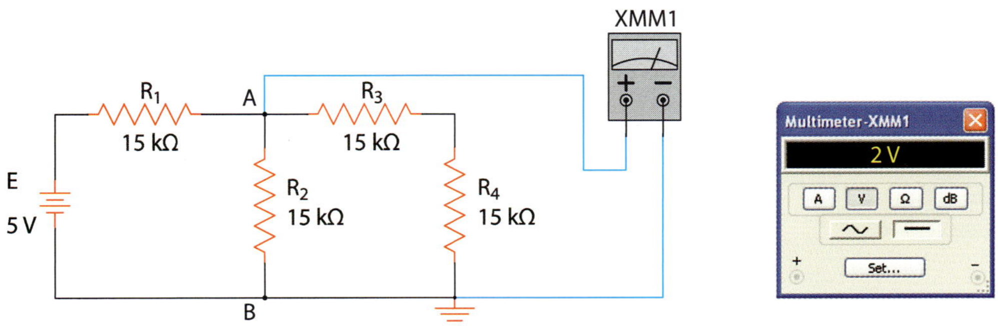

5. Riespandendo il circuito, calcolare la corrente I_{R4}:

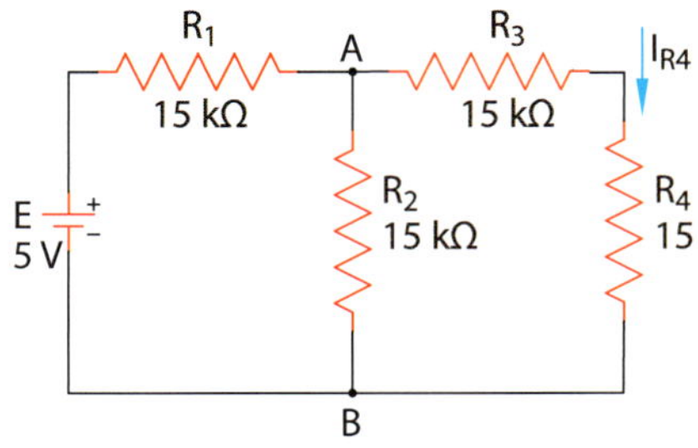

$$I_{R4} = \frac{V_{AB}}{\_\_\_\_ + R_4} = \frac{\_\_\_\_}{\_\_\_\_} = \_\_\_\_ \ \mu A$$

6. Misurare I_{R4} con il multimetro disposto come nella figura.

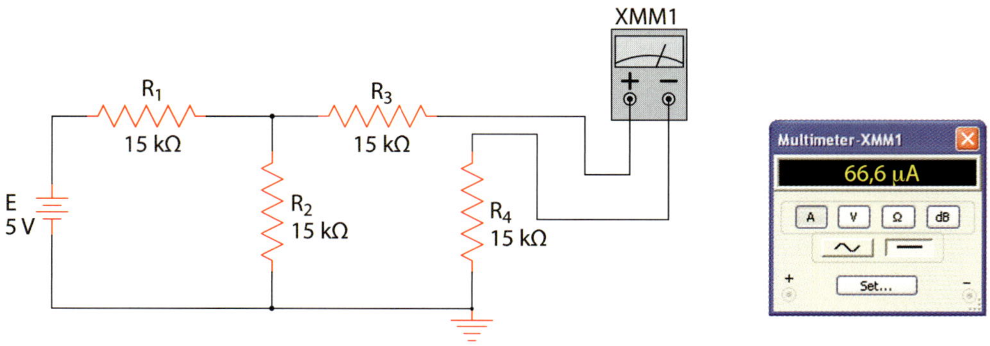

7. Ricavare V_{R4}:

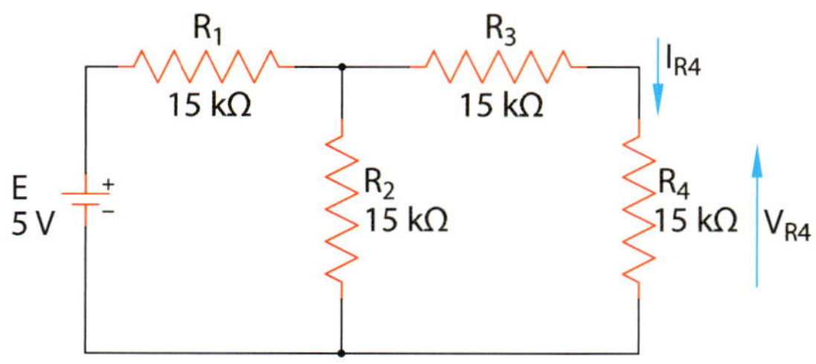

$$V_{R4} = \_\_\_\_ \cdot R_4 = \_\_\_\_ = \_\_\_\_ \ V$$

8. Misurare V_{R4} come nella figura.

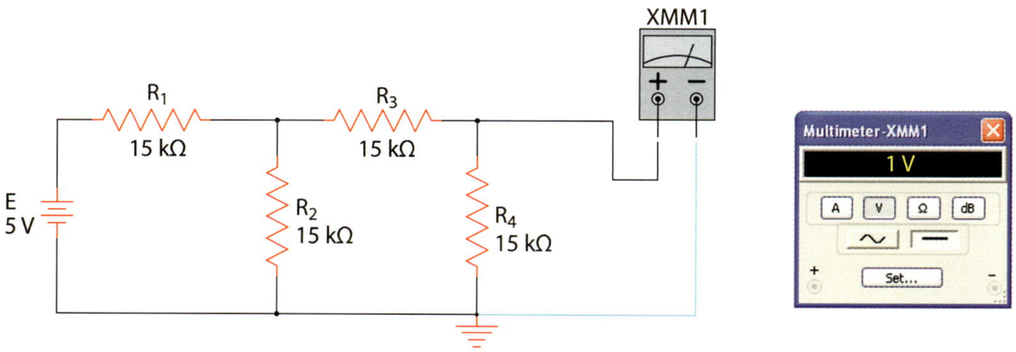

ESERCITAZIONE GUIDATA / D1.8

hoepliscuola.it

Sovrapposizione degli effetti

Si supponga che il legame tra lo spazio percorso da una automobile S [km] e l'usura dei suoi pneumatici U [mm] sia dettato dalla seguente relazione lineare: $U(X) = 0{,}01 \cdot S$, nella quale 0,01 = costante di usura [mm/km].

Si tratta di un sistema lineare, per il quale è applicabile la sovrapposizione degli effetti.

1. Calcolare l'usura degli pneumatici nel caso vengano percorsi 60 km a tratti di 10 km, 20 km, 30 km:

$$U_{TOT} = 10 \times 0{,}01 + \underline{\qquad} \times 0{,}01 + \underline{\qquad} \times 0{,}01 = 0{,}1 + \underline{\qquad} + \underline{\qquad} = 0{,}6 \text{ mm}$$

2. Calcolare l'usura nel caso in cui l'automobile percorra 60 km senza soluzione di continuità:

$$U_{TOT} = (10 + \underline{\qquad} + \underline{\qquad}) \times 0{,}01 = \underline{\qquad} \times 0{,}01 = 0{,}6 \text{ mm}$$

Ora si consideri il caso in cui tra spazio percorso e usura pneumatici sussista la seguente relazione non lineare (dovuta, per esempio, al riscaldamento progressivo delle gomme): $U(X) = 0{,}01 \cdot S + 0{,}0004 \cdot S^2$.

3. Calcolare di nuovo l'usura nel caso vengano percorsi 60 km a tratti di 10 km, 20 km, 30 km.

a. $U(10) = 0{,}01 \times \underline{\qquad} + 0{,}0004 \times \underline{\qquad} = \underline{\qquad} + \underline{\qquad} = \underline{\qquad}$ mm

b. $U(20) = 0{,}01 \times \underline{\qquad} + 0{,}0004 \times \underline{\qquad} = \underline{\qquad} + \underline{\qquad} = \underline{\qquad}$ mm

c. $U(30) = 0{,}01 \times \underline{\qquad} + 0{,}0004 \times \underline{\qquad} = \underline{\qquad} + \underline{\qquad} = \underline{\qquad}$ mm

d. $U_{TOT} = 0{,}14 + \underline{\qquad} + \underline{\qquad} = 1{,}16$ mm

4. Calcolare di nuovo l'usura nel caso vengano percorsi 60 km senza soluzione di continuità:

$$U_{TOT} = 0{,}01 \times \underline{\qquad} + 0{,}0004 \times \underline{\qquad} = 2{,}04 \text{ mm}$$

5. Implementare il problema con un foglio di lavoro, sia nel caso lineare, sia nel caso non lineare mostrato dalla figura seguente.

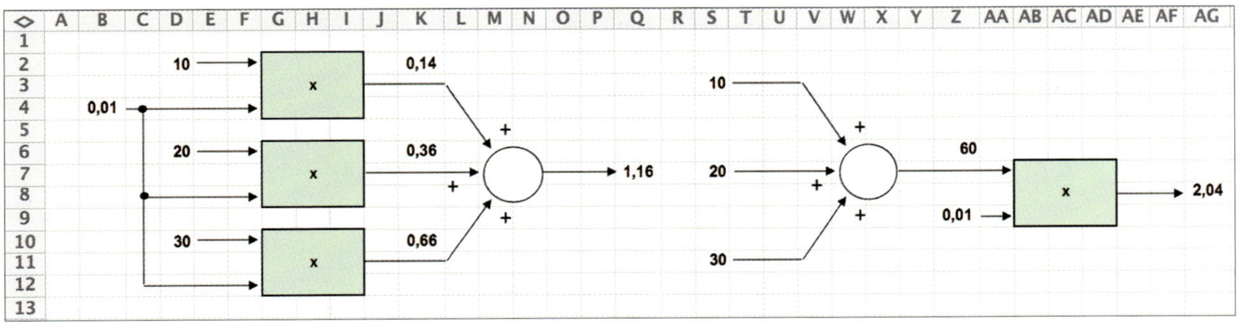

6. Spuntare le due opzioni corrette.

a. ☐ L'usura è la medesima nei due casi lineare e non lineare.

b. ☐ La presenza del termine al quadrato rende il sistema non lineare.

c. ☐ Al caso non lineare non è applicabile la sovrapposizione degli effetti.

ESERCITAZIONE GUIDATA / D1.9

hoepliscuola.it

Sovrapposizione degli effetti

Sia dato il seguente circuito, con $E_1 = 10\text{ V}$, $E_2 = 5\text{ V}$; $R_1 = 10\text{ k}\Omega$, $R_2 = 10\text{ k}\Omega$, $R_3 = 15\text{ k}\Omega$.
Si calcoli la tensione sulla R_3 completando i passaggi e si verifichi il risultato sperimentalmente, collocando il multimetro come nella figura.

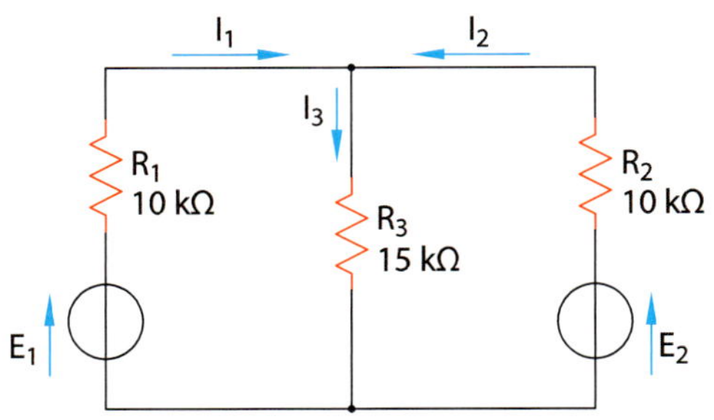

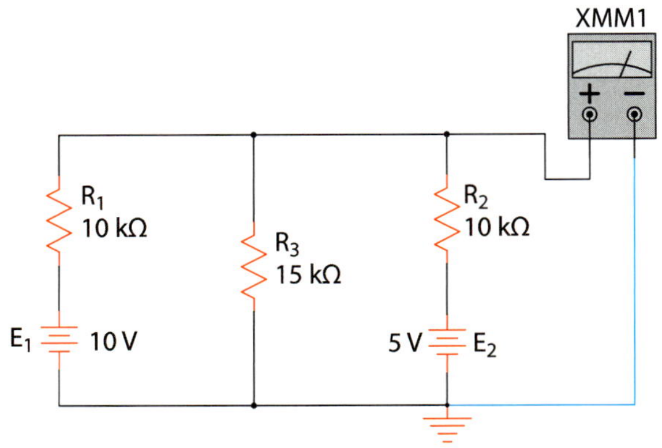

1. Calcolare l'effetto del solo generatore E_1.

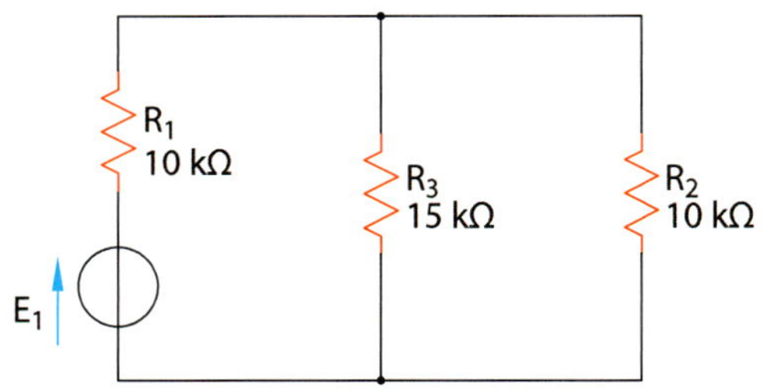

$$R_3//R_2 = \frac{\ldots \cdot \ldots}{\ldots + \ldots} = \frac{\ldots \times \ldots}{\ldots + \ldots} = \ldots \text{ k}\Omega$$

$$V'_{R3} = E_1 \cdot \frac{\ldots}{R_1 + \ldots} = 10 \cdot \frac{\ldots}{\ldots + \ldots} = \ldots = \ldots \text{ V}$$

2. Calcolare l'effetto del solo generatore E_2.

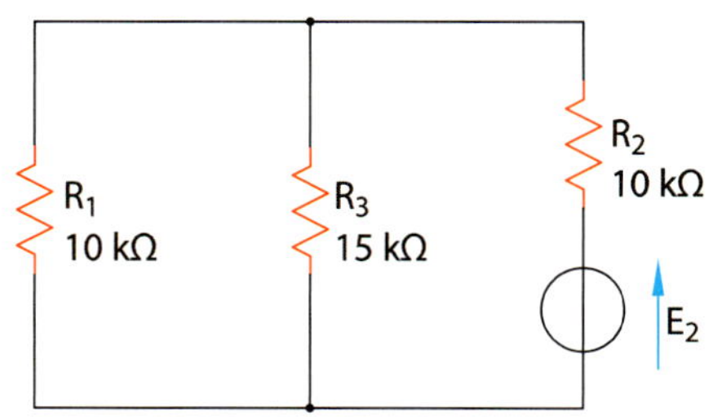

$$R_3//R_1 = \frac{\square \cdot \square}{\square + \square} = \frac{\square \times \square}{\square + \square} = \square \ \text{k}\Omega$$

$$V''_{R3} = E_2 \cdot \frac{\square}{R_2 + \square} = 5 \cdot \frac{\square}{\square + \square} = \square = \square \ \text{V}$$

3. Sommare gli effetti:

$$V_{R3} = V'_{R3} + V''_{R3} = \square + \square = \square \ \text{V}$$

4. Spuntare le due affermazioni corrette.

a. ☐ Le correnti I_1 e I_2 sono uguali perché il circuito è simmetrico.

b. ☐ Un generatore di tensione spento in sede circuitale equivale a un corto circuito.

c. ☐ Se per errore la batteria E_1 venisse inserita al contrario, I_3 si invertirebbe di segno.

d. ☐ Se per errore la batteria E_2 venisse inserita al contrario, I_3 si invertirebbe di segno.

5. Enunciare in generale il principio della sovrapposizione degli effetti e spiegare passo passo come è stato utilizzato in questa particolare esercitazione.

VERIFICA DEGLI OBIETTIVI / unità D1

AREAdigitale

Vero/Falso

1. In una maglia la somma delle tensioni dei generatori è uguale alla somma delle cadute di tensione.

☐ Vero ☐ Falso

2. Non è possibile sovrapporre l'effetto di un generatore di tensione negativa.

☐ Vero ☐ Falso

3. Un generatore di tensione spento equivale circuitalmente a un filo conduttore.

☐ Vero ☐ Falso

4. Una pila fornisce la medesima tensione a due resistenze in parallelo, anche se hanno diverso valore resistivo.

☐ Vero ☐ Falso

Scelta singola

1. Una pila da 9 V alimenta due resistenze in serie da 100 Ω e 200 Ω; quanto vale la corrente?

a. 9 mA
b. 300 mA
c. 30 mA

2. Due resistenze in serie $R_1 = 330\ \Omega$ e R_2 di valore incognito sono attraversate dalla corrente $I = 2$ mA. Ai capi della serie è posta la tensione $V = 1{,}6$ V. Quanto vale R_2?

a. 250 Ω
b. 680 Ω
c. 470 Ω

3. Due pile reali di diverso voltaggio vengono poste in parallelo; quale tensione è presente ai terminali del parallelo?

a. La tensione della pila di maggiore voltaggio
b. La tensione della pila di minore voltaggio
c. Una tensione dipendente anche dalle resistenze interne delle due pile

4. Che corrente fornisce un potenziometro di 100 Ω alimentato con 12 V se il cursore è collocato a metà?

a. 120 mA
b. 240 mA
c. 60 mA

Scelta multipla

1. Il parallelo di *n* resistenze equivale a:

a. somma delle conduttanze
b. reciproco della somma dei reciproci delle resistenze
c. reciproco della somma delle conduttanze

2. Il parallelo di tre resistenze si può ricavare:

a. sviluppando il parallelo di una coppia di resistenze con la terza resistenza
b. calcolando il reciproco della somma delle tre conduttanze
c. dal rapporto tra il prodotto e la somma delle resistenze

3. Che tensione fornisce un potenziometro alimentato con 12 V se il cursore è collocato a metà?

a. Metà tensione
b. Tensione nulla
c. 6 V

4. In corrispondenza degli estremi di fine corsa del potenziometro, quali tensioni sono presenti?

a. La tensione della batteria che alimenta il potenziometro
b. Metà della tensione della batteria che alimenta il potenziometro
c. Tensione nulla

VERIFICA

CIRCUITI ELETTRICI IN CORRENTE ALTERNATA E VARIABILE

OBIETTIVI

Conoscenze

- La corrente alternata in ambito civile, industriale e dei trasporti
- I componenti di un impianto elettrico

Abilità

- Interpretare il funzionamento degli apparati di un impianto elettrico
- Schematizzare e simulare semplici impianti elettrici

CONTENUTI

D2.1 CORRENTE ALTERNATA SINUSOIDALE

La corrente alternata è la forma più diffusa e adeguata per la fornitura di energia elettrica all'utenza distribuita, per facilità di trasporto e di utilizzazione.

Le reti elettriche in regime alternato sono impegnate da tensioni e percorse da correnti di forma **sinusoidale**. La motivazione di questa presenza pervasiva è legata alle modalità di generazione e utilizzazione della tensione, infatti **[fig. D2.1]**:

- la generazione ha luogo per mezzo di alternatori, i quali nel loro moto di rotazione sviluppano sugli avvolgimenti delle tensioni sinusoidali;
- molte macchine utilizzatrici, come i motori, effettuano il processo inverso, ovvero a partire dalla tensione sinusoidale sviluppano un moto rotatorio.

La **figura D2.2** mostra il collegamento trifase di principio tra motore e alternatore:

- nell'alternatore, l'elettrocalamita ruotando genera segnali sinusoidali sulle tre fasi *R*, *S*, *T*;
- al lato opposto, il motore a partire dalle tre tensioni genera il campo magnetico rotante che mette in rotazione l'elettrocalamita.

Nella **figura D2.3** è rappresentata una sinusoide con i suoi parametri caratteristici:

- A = **ampiezza**, ovvero valore di picco del segnale;
- $T = 1/f$, ovvero **periodo**, reciproco della **frequenza**;
- φ = **fase** designa un anticipo/ritardo di partenza del segnale.

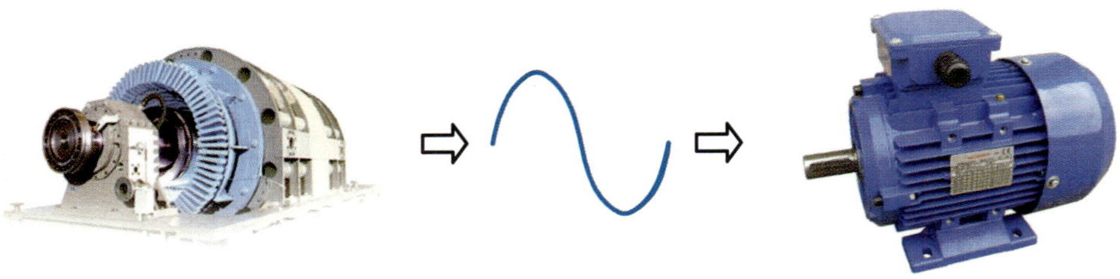

D2.1 Generazione e utilizzazione della tensione sinusoidale.

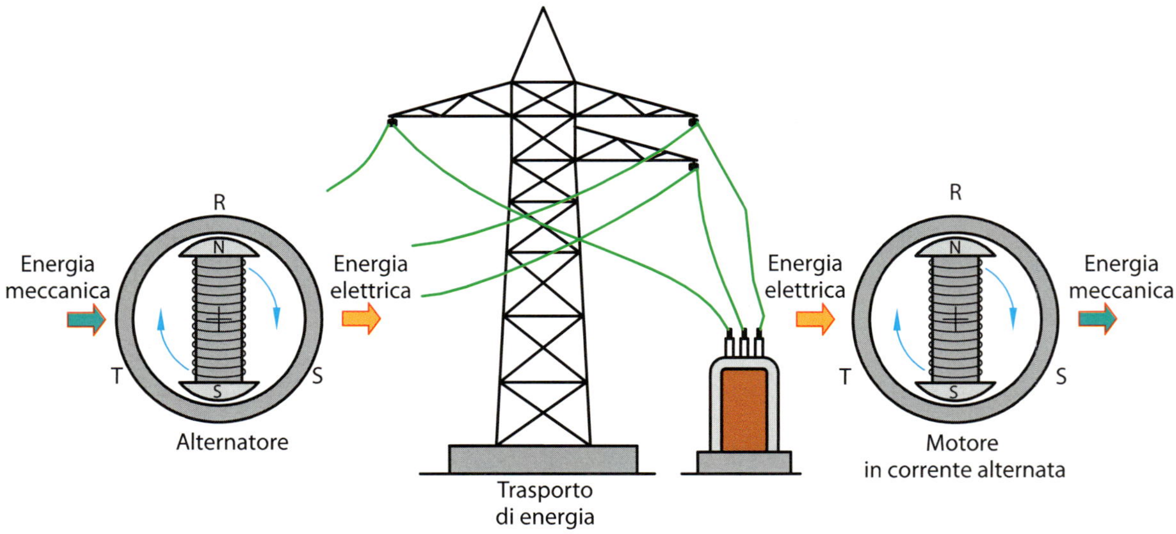

D2.2 Collegamento tra motore e alternatore.

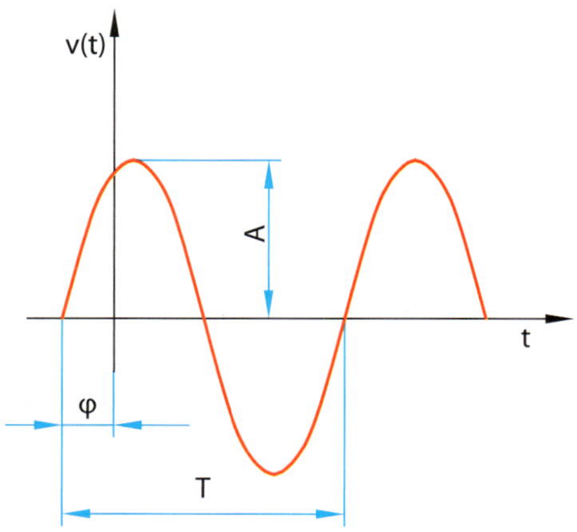

D2.3 Forma d'onda del segnale sinusoidale.

D2.2 IMPIEGHI DELLA CORRENTE ALTERNATA SINUSOIDALE

Si approfondiscono di seguito solo alcuni dei principali ambiti di utilizzazione della corrente alternata: impianti elettrici civili, impianti industriali, trasporto su rotaia e su gomma.

Impieghi della corrente alternata negli impianti civili e industriali

In **ambito civile**, ossia nelle abitazioni e negli uffici, gli impianti elettrici in corrente alternata sono messi in opera allo scopo di assicurare la distribuzione della corrente elettrica verso apparecchi utilizzatori del tipo **punti luce** (illuminazione) e **prese di corrente** (forza motrice).

In ambito domestico la fornitura di corrente è **monofase** 230 V, 50 Hz, derivata dall'impianto **trifase.** Agli impianti civili sono dedicati i paragrafi D2.3 e D2.4.

Negli **impianti industriali** la corrente alternata è impiegata principalmente nella movimentazione dei macchinari e nella produzione di calore. In ambito industriale la fornitura è trifase a 380 V, utilizzata principalmente per l'alimentazione di motori in corrente alternata.

La macchina elettrica che lavora esclusivamente in regime alternato è il **trasformatore**, mentre il **motore** può essere in corrente alternata o continua.

Trasformatore

Il trasformatore è una macchina elettrica statica, cioè che non contiene parti in movimento. Nel dispositivo, formato da un circuito detto **primario** e da uno detto **secondario** [fig. D2.4], i livelli di tensione e corrente di ingresso vengono adattati in uscita alle caratteristiche degli utilizzatori.

Nelle industrie e negli elettrodotti vengono posizionati trasformatori di alta e media tensione per lo smistamento dell'energia elettrica, in cabine di trasformazione accessibili solo a personale qualificato.
La figura D2.5 mostra un trasformatore a secco da media tensione.

Nelle applicazioni domestiche si utilizzano trasformatori in bassa tensione di dimensioni minori: la figura D2.6 mostra l'interno di un alimentatore per personal computer, in cui l'elemento denominato L1 è il trasformatore, e la figura D2.7 riporta una gamma completa di trasformatori per usi domestici.

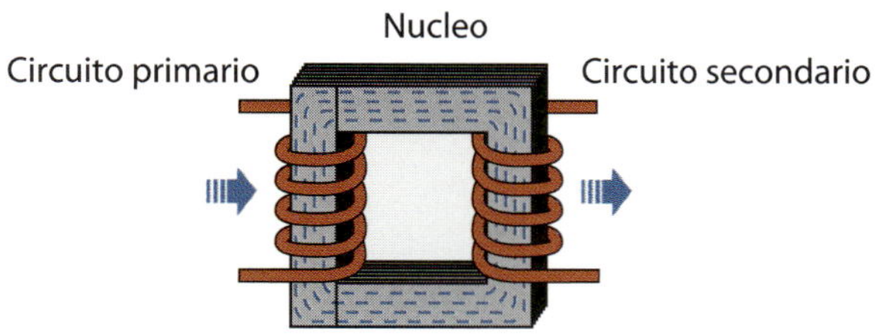

D2.4 Schema di principio di un trasformatore.

D2.5 Trasformatore a secco.

D2.6 Alimentatore per personal computer.

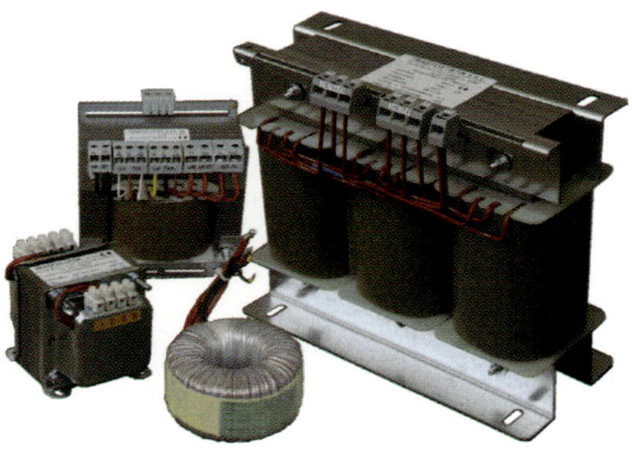

D2.7 Trasformatori per uso domestico.

Motore in corrente alternata

Struttura di principio

Come illustrato in linea di principio nella **figura D2.8a**, il **motore in corrente alternata** (CA) è costituito da uno **statore** e da un **rotore**, separati da uno spazio vuoto chiamato **traferro**.
Il rotore è in sostanza una elettrocalamita formata da un nucleo attorno al quale è avvolto un solenoide; la corrente che percorre le spire genera un **polo sud** e un **polo nord**; la direzione del **campo magnetico** H è perpendicolare alle spire e il verso è individuato dalla regola della vite destrogira. Lo statore è un pacco di lamierini metallici supportati da una carcassa fissata al basamento. Nei lamierini statorici sono praticati canali, detti **cave**, per l'alloggiamento dei conduttori. Le parti terminali degli avvolgimenti giungono su una **morsettiera** per l'allacciamento all'alimentazione.

Funzionamento

Gli avvolgimenti distribuiti nelle cave percorsi dalle correnti trifase I_1, I_2 e I_3 **[fig. D2.8b]** generano tre campi magnetici H_1, H_2, H_3 perpendicolari agli avvolgimenti, quindi diretti rispettivamente come gli assi radiali A_3, A_1, A_2 reciprocamente sfasati spazialmente di 120°.
Gli avvolgimenti sono alimentati da una **terna sinusoidale** di tensioni sfasate elettricamente di 120°.
In virtù di questo duplice sfasamento elettrico e meccanico si viene a creare un **campo magnetico rotante** che si muove a velocità costante intorno all'asse geometrico del motore.
Il rotore, affacciandosi con le espansioni polari al bordo dello statore, si orienta nella direzione del campo magnetico rotante e viene da questo trascinato in rotazione.

Alimentazione nell'ambito dei trasporti

La corrente alternata è impiegata per la trazione elettrica in ambito:

- ferroviario, per il trasporto di persone e merci;
- urbano, su binario (tramvia) o su strada (filovia), per il trasporto di persone.

Modalità di alimentazione

I motori di trazione sono alimentati da linee di contatto che trasportano la corrente entro un circuito chiuso costituito da **[fig. D2.9]**:

- una **linea di andata** per trasportare la corrente dal generatore all'utilizzatore;
- una **linea di ritorno** per ricondurre la corrente al potenziale più basso.

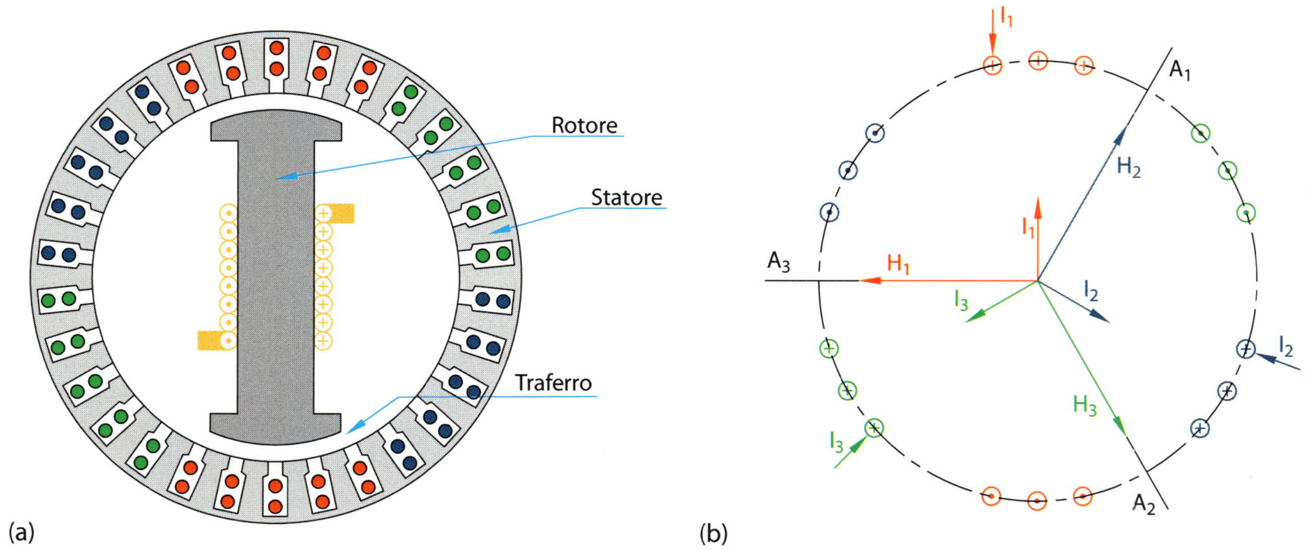

D2.8 Motore CA: a) costituzione; b) diagramma correnti-campi magnetici.

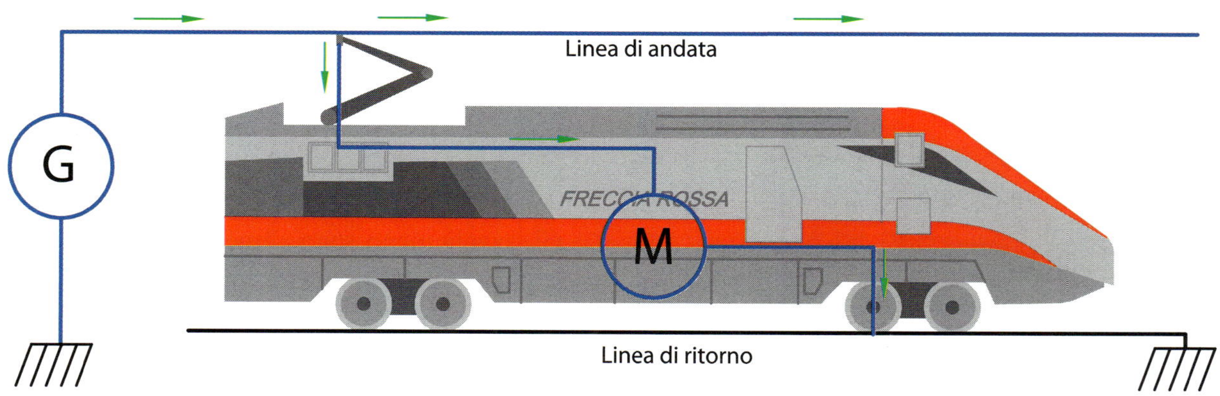

D2.9 Trazione elettrica.

La struttura del circuito di trazione differisce nei diversi mezzi di trasporto:

- nelle filovie la linea di contatto è **bifilare**; vengono impiegate due aste, una per il polo positivo e l'altra per il negativo, ciascuna provvista di un pattino di strisciamento, con una gola al cui interno scorre il filo di alimentazione;
- nel treno le rotaie, collegate oltre che con giunti meccanici anche con una treccia di rame, costituiscono il conduttore di ritorno; l'altro conduttore è la **linea aerea** sulla quale striscia il **pantografo**, che è l'elemento di captazione della corrente elettrica tramite un **contatto strisciante**;
- nel caso di alcune metropolitane, come per esempio la linea 1 di Milano, il conduttore di ritorno è costituito da una terza rotaia e una quarta rotaia fornisce il positivo da 750 V_{CC}.

Linee ferroviarie

Nelle linee aeree ferroviarie **[fig. D2.10]** la linea di contatto viene realizzata mediante due conduttori in rame sostenuti da una catenaria portante mediante dispositivi chiamati **pendini** **[fig. D2.11]**.

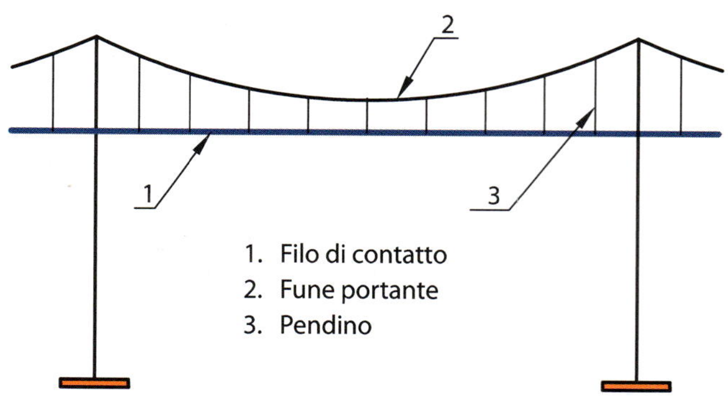

D2.10 Linea aerea ferroviaria.

La fune portante viene munita di un sistema di **tiratura tramite contrappesi** [fig. D2.12].

Il **pantografo** [fig. D2.13], collocato sul tetto del mezzo, è a contatto con la linea mediante morse portastriscianti. Ha una struttura articolata che si solleva verticalmente grazie a un cilindro pneumatico. La pressione del cilindro viene regolata da un sistema automatico per garantire la regolare captazione.

I **pali**, ormeggiati a fianco dei binari, presentano un braccio di poligonazione variabile [fig. D2.11], con il quale viene regolata la distanza dei fili elettrici dalla mezzeria del binario, per garantire un andamento a zig-zag e conseguentemente l'usura uniforme degli striscianti.

D2.13 Pantografo.

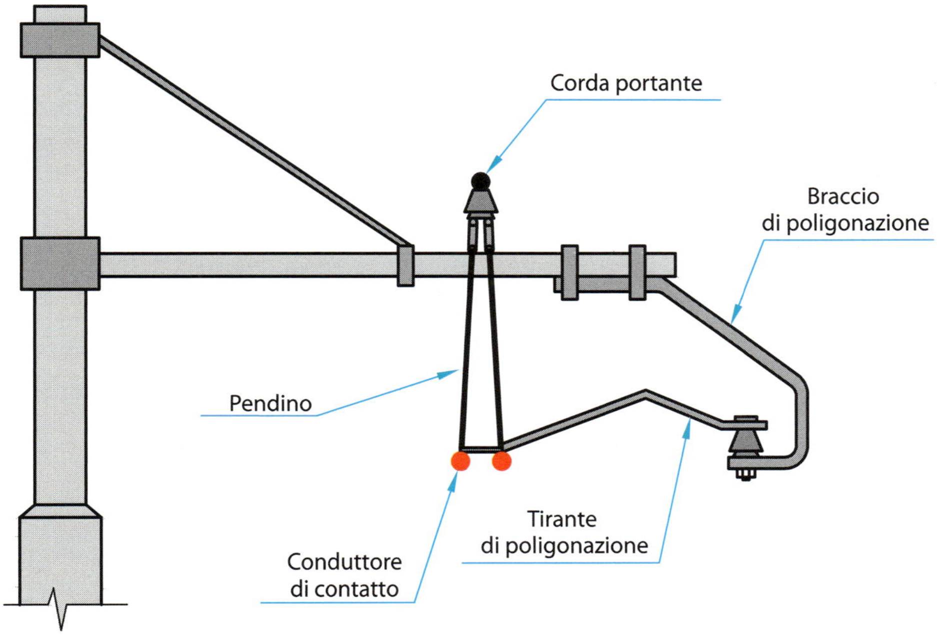

D2.11 Pendini e poligonazione.

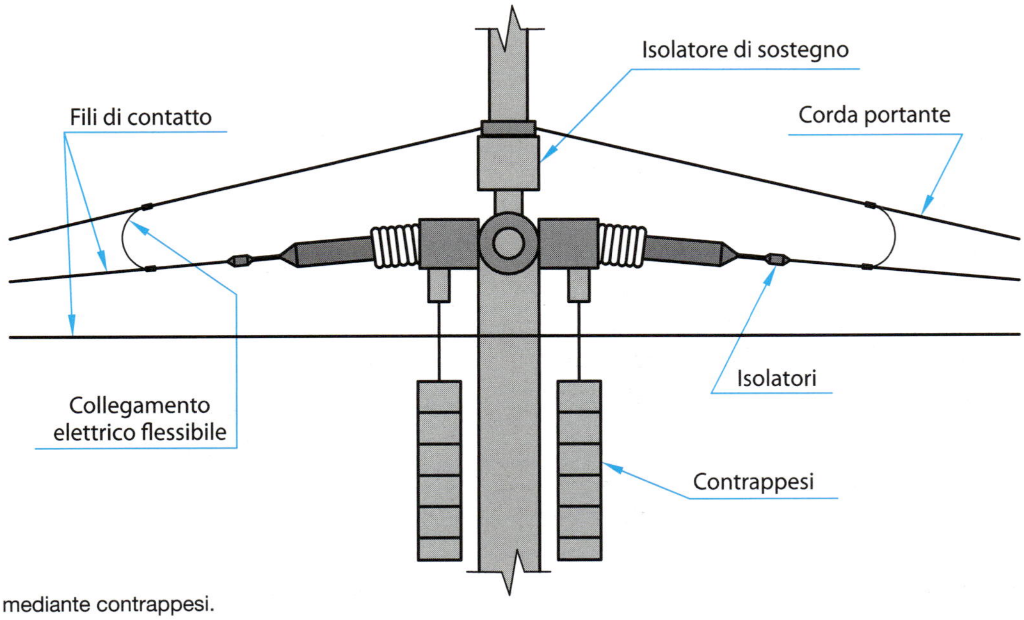

D2.12 Tiratura mediante contrappesi.

D2.3 GLI APPARECCHI DI COMANDO DELLA CORRENTE ALTERNATA

Alla base degli impianti elettrici, accanto agli elementi per la realizzazione dei collegamenti, come cavi, spine, prese, tubi di canalizzazione, si annoverano gli apparecchi di comando.
Si definiscono **apparecchi di comando** i componenti elettrici che servono a controllare il flusso di corrente, cioè a interromperlo, ripristinarlo, deviarlo.

Gli apparecchi di comando si suddividono in:

- interruttore e pulsante;
- commutatore;
- deviatore;
- invertitore;
- relè.

Interruttore e pulsante

L'interruttore e il pulsante servono a interrompere o a stabilire il flusso di corrente.

L'interruttore si distingue dal pulsante per l'azione meccanica: mentre infatti l'interruttore commuta in una nuova posizione stabile se manovrato, il pulsante guadagna sempre la medesima posizione quando viene a mancare l'azione meccanica.
La figura D2.14a illustra il collegamento dell'interruttore a una lampadina e la figura D2.14b il collegamento di un pulsante.
In entrambi i casi l'azionamento del comando provoca l'apertura o la chiusura del circuito, permettendo quindi di stabilire o interrompere la continuità della corrente nel carico.

Commutatore

Il commutatore è formato da due interruttori singoli uniti a un capo tramite un **ponticello**, posti sullo stesso supporto.
L'installazione tipica riguarda il comando di **accensione indipendente di gruppi di lampade** di un lampadario.
Come descritto dalla figura D2.15 si possono verificare quattro situazioni, che vanno dallo spegnimento all'accensione completa di tutte le lampade [tab. D2.1].

D2.14 Comando di una lampadina: a) mediante interruttore; b) mediante pulsante.

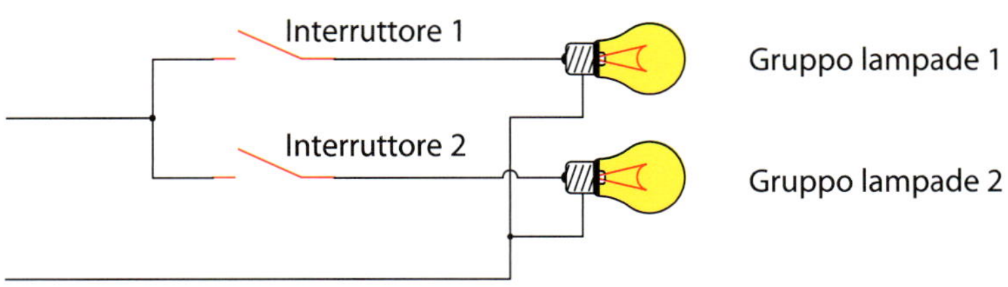

D2.15 Accensione di due gruppi di lampade tramite commutatore.

TABELLA D2.1 Combinazioni per l'azionamento di due gruppi di lampade

Interruttore 1	Interruttore 2	Gruppo lampade 1	Gruppo lampade 2
Aperto	Aperto	Spento	Spento
Aperto	Chiuso	Spento	Acceso
Chiuso	Aperto	Acceso	Spento
Chiuso	Chiuso	Acceso	Acceso

Deviatore

Il deviatore indirizza la corrente su due uscite alternative.

L'utilizzo di due deviatori collegati come nella **figura D2.16** permette il comando di **accensione da due punti distinti**, per esempio da due estremi opposti di un corridoio.

Si determina una situazione paragonabile a quella di due scambi ferroviari, che presenta il comportamento elettrico descritto dalla **tabella D2.2**.

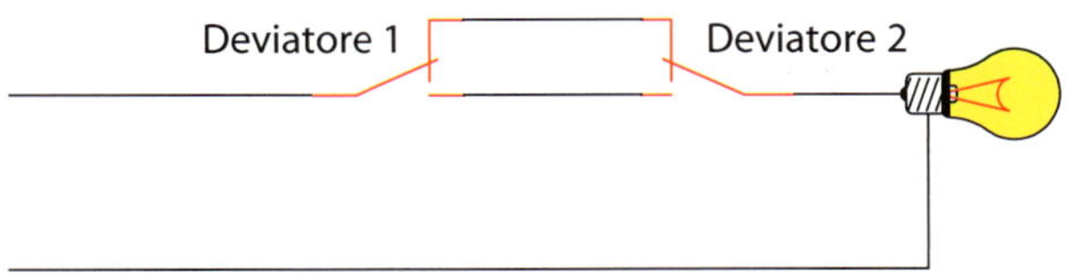

D2.16 Accensione da due punti.

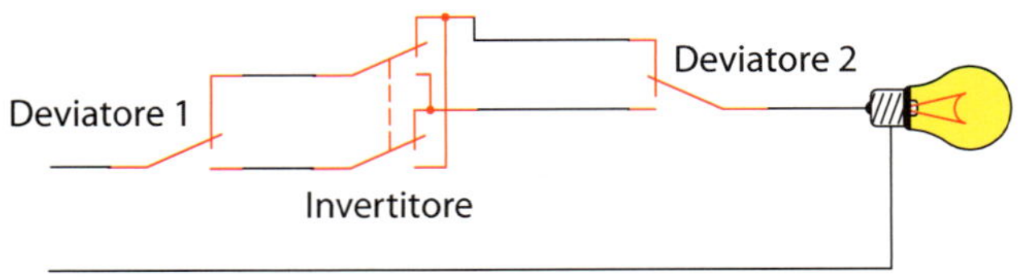

D2.17 Accensione da tre punti.

TABELLA D2.2 Combinazioni per il comando da due punti

Via deviatore 1	Via deviatore 2	Lampada
Inferiore	Inferiore	Acceso
Inferiore	Superiore	Spento
Superiore	Inferiore	Spento
Superiore	Superiore	Acceso

Invertitore

L'invertitore presenta quattro morsetti, due di ingresso e due di uscita.
Al suo interno sono presenti due deviatori con le uscite ponticellate; la commutazione dell'invertitore, in conseguenza della configurazione dei ponticelli, determina lo scambio contemporaneo di due vie di conduzione e quindi l'inversione dei flussi di corrente uscenti **[fig. D2.17]**.
Se utilizzato in combinazione con due deviatori l'invertitore permette l'**accensione da tre o più punti**, in base al funzionamento descritto dalla **tabella D2.3**.

Relè

Il relè è un interruttore comandato da un elettromagnete **[fig. D2.18]**. Il blocco dei contatti elettrici viene influenzato dal campo magnetico della bobina nel seguente modo:

1. la bobina eccitata da un impulso elettrico pone in essere un flusso magnetico che attrae un'ancora basculante;
2. il contatto comune dell'ancora si sposta dalla lamina "contatto NC" alla lamina "contatto NA";
3. il relè rimane in posizione fino a quando è attivo il comando;
4. terminata l'eccitazione avviene il rilascio dell'ancora, che ritorna nella posizione di partenza grazie a una molla di richiamo.

TABELLA D2.3 Combinazioni per il comando da tre punti

Via deviatore 1	Via deviatore 2	Via invertitore	Lampada
Inferiore	Inferiore	Inferiore	Spento
Inferiore	Inferiore	Superiore	Acceso
Inferiore	Superiore	Inferiore	Acceso
Inferiore	Superiore	Superiore	Spento
Superiore	Inferiore	Inferiore	Acceso
Superiore	Inferiore	Superiore	Spento
Superiore	Superiore	Inferiore	Spento
Superiore	Superiore	Superiore	Acceso

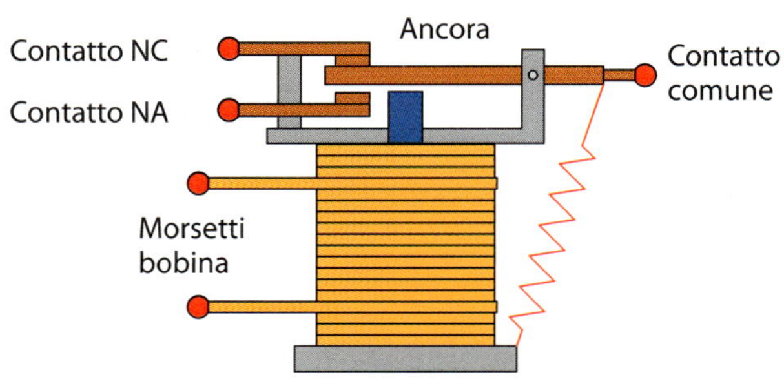

D2.18 Relè.

Il circuito della **figura D2.19** illustra un'applicazione classica in un circuito luce a due sezioni:

- nella sezione di **comando** il pulsante chiude il circuito della bobina, che viene alimentata dalla batteria in BT;
- nella sezione di **potenza** il campo magnetico generato dalla bobina chiude il contatto della MT, quindi la lampadina viene alimentata dalla corrente a 230 V.

Rispetto ai tradizionali apparecchi di manovra (interruttore, deviatore, invertitore) il relè garantisce una maggiore sicurezza elettrica dovuta ai seguenti fattori:

- il circuito di comando è elettricamente separato dal circuito comandato;
- il circuito di comando può essere a bassa tensione.

D2.4 IMPIANTI ELETTRICI IN CORRENTE ALTERNATA

Gli impianti elettrici impiegano principalmente:

- elementi utilizzatori come le prese di corrente e le lampade;
- apparecchi di comando per gestire la distribuzione della corrente agli utilizzatori;
- cavi e tubi per convogliare la corrente tra i dispositivi.

Schema dell'impianto elettrico

Nella **figura D2.20a** è rappresentata come esempio la classica configurazione del comando luce da due posizioni distinte. Lo schema è del tipo **multifilare**, una modalità che riflette la reale **messa in opera** dell'impianto, visualizzando la collocazione fisica dei componenti e le vie effettive seguite dai collegamenti nelle opere murarie. In particolare:

- vengono evidenziate mediante quadrati le **scatole di derivazione** e le **cassette portafrutti** entro le quali si **attestano i collegamenti**;
- ogni conduttore è rappresentato da una linea; i conduttori sono disposti parallelamente a gruppi;
- i conduttori **percorrono le vie reali** delle **canaline** che si attestano alle scatole e cassette.

La **figura D2.20b** mostra invece lo **schema circuitale** del medesimo impianto, che mette in evidenza concettualmente solo le interrelazioni elettriche dei componenti, trascurando tutte le informazioni non essenziali per la comprensione del funzionamento.
Si nota la presenza dei due deviatori che comandano il passaggio della corrente, verso la lampadina L_1, a partire dalla cosiddetta **fase** L di alimentazione, con ritorno verso il cosiddetto **neutro** N. In entrambi gli schemi si noti la dicitura PE (*Protection*) che indica il collegamento di **sicurezza a terra** delle masse metalliche.

Cablaggio dell'impianto elettrico

La **figura D2.21** mostra la realizzazione materiale, evidenziando i telai portafrutti, le vie di collegamento multifilari e i due deviatori.

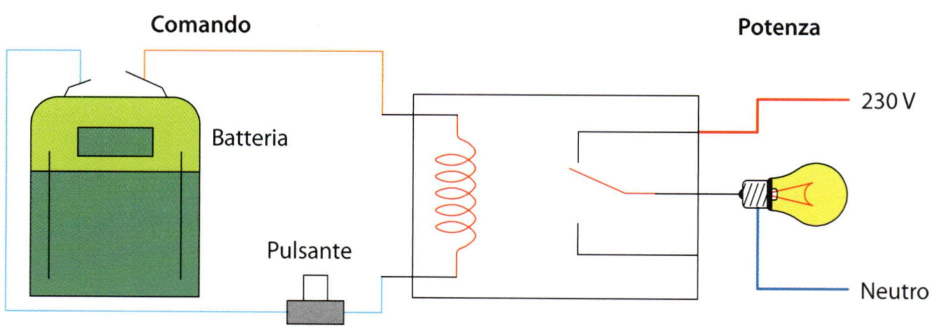

D2.19 Comando di un circuito luce tramite relè.

Si osserva che:

1. i fili neutro e PE provenienti dalla scatola di distribuzione sono veicolati direttamente al punto luce;
2. la fase (marrone) viene ancorata all'ingresso *L* del deviatore a destra;
3. le due uscite di questo deviatore giungono alle uscite del deviatore a sinistra, attraverso canalina;
4. la fase *L* di questo deviatore viene inviata al punto luce.

La **figura D.22** inquadra l'impianto nel suo insieme, evidenziando bene la presenza dei due deviatori che comandano i faretti da due punti distinti.

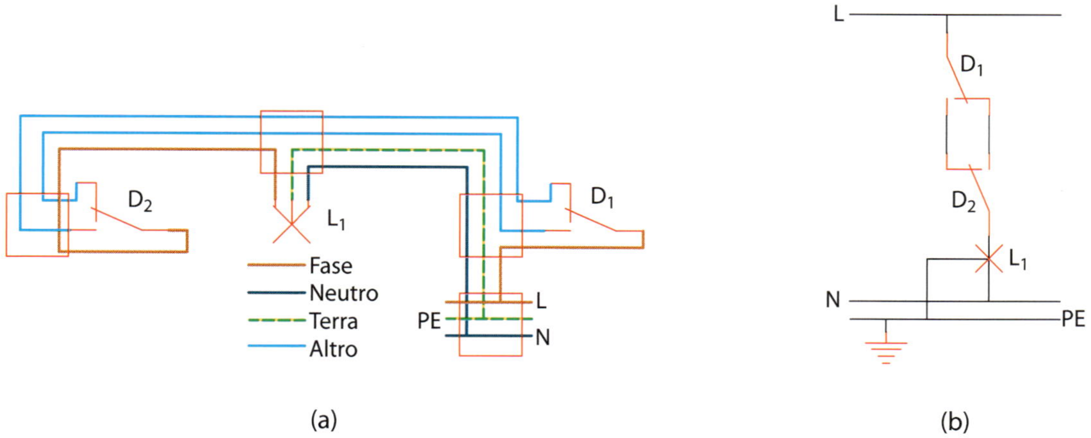

D2.20 Comando luce da due punti: a) schema multifilare; b) schema circuitale.

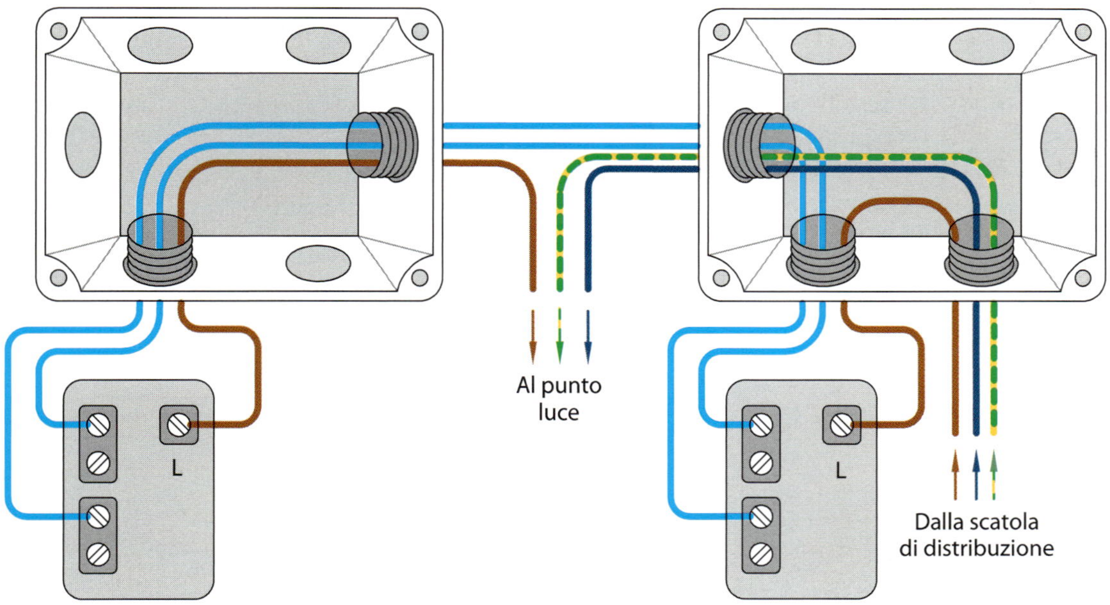

D2.21 Comando luce da due punti: schema di montaggio.

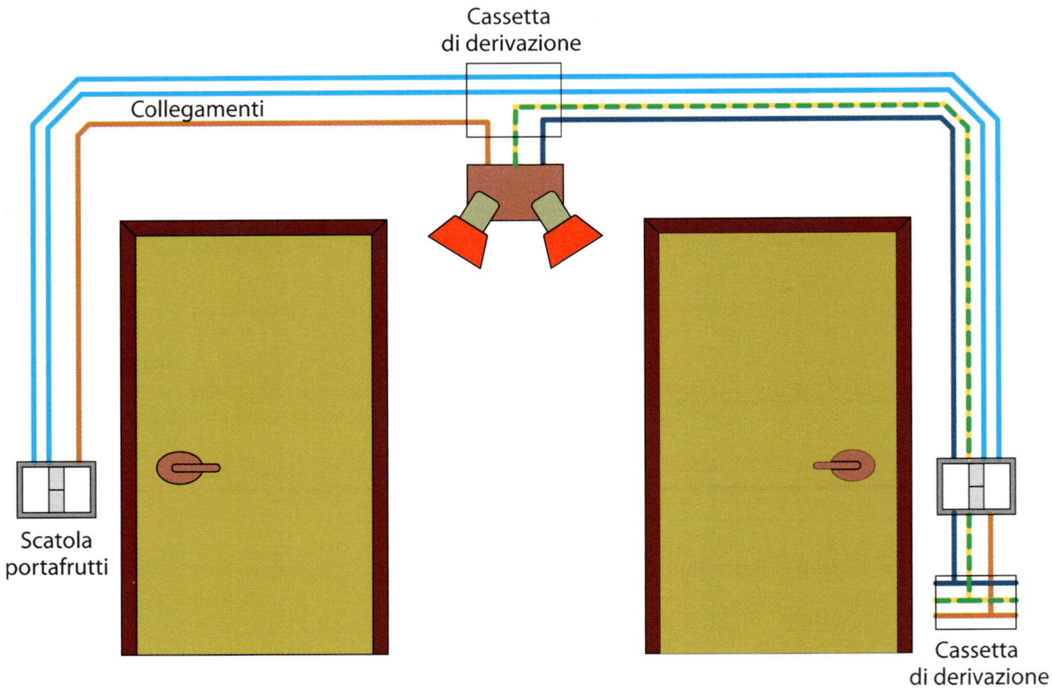

D2.22 Comando luce da due punti: visione d'insieme.

D2.5 REGIME VARIABILE

A differenza dei resistori che, se sottoposti a tensioni costanti, mantengono costante anche la corrente, componenti quali il condensatore e l'induttore rispondono con segnali variabili; partendo da una condizione iniziale, effettuano un **transitorio** con andamento variabile per stabilizzarsi infine a **regime**.

Condensatori e induttori

Il **condensatore** è indispensabile per il funzionamento della stragrande maggioranza dei circuiti, sia di quelli elettrici sia di quelli elettronici, dove viene sfruttato come elemento di temporizzazione.

Il suo processo di carica è paragonabile al processo di riscaldamento di un corpo: così come un corpo, a contatto con una fonte di temperatura, si riscalda progressivamente, un condensatore, alimentato da una fonte di tensione costante, assume questa tensione per gradi. Quanto maggiore è la **capacità** ***C***, tanto maggiore è il tempo richiesto per la carica, pertanto dosando il valore di *C* si possono regolare i tempi di intervento dei circuiti.

Per circostanziare meglio la materia, si analizzi il circuito di carica **[fig. D2.23a]**, attraverso una resistenza *R*, di un condensatore *C* alimentato da tensione costante *E*.
La **figura D2.23b** descrive tutte le caratteristiche della carica del condensatore:

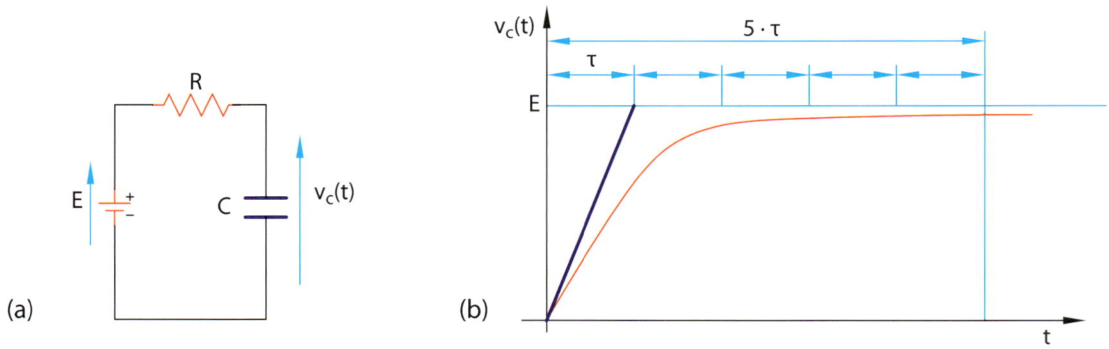

D2.23 a) Circuito di carica del condensatore; b) curva di carica del condensatore.

- la tensione iniziale del condensatore vale 0 (se è inizialmente scarico);
- la tensione $v_c(t)$ sale, ma rallenta progressivamente la velocità di crescita;
- dopo un certo tempo la $v_c(t)$ tende a stabilizzarsi al valore della E (valore di regime).

Si osservi poi che, facendo spiccare una retta tangente a $v_c(t)$ nell'origine, questa incrocia E nel punto a distanza τ. Questo valore è detto **costante di tempo** e vale $\tau = R \cdot C$.
La costante di tempo è un parametro fondamentale per descrivere il comportamento di un condensatore, in quanto responsabile della velocità di carica. Come si può intuire, infatti, tanto maggiore è τ:

- tanto maggiore è il tempo necessario per attestarsi al regime;
- tanto minore è la velocità di carica.

Sempre osservando la figura, si può notare che dopo un tempo pari a $5 \cdot \tau$ il processo di carica si può considerare esaurito. Si dimostra in particolare che:

- nel tempo $5 \cdot \tau$ la carica raggiunge il 99% del valore di regime E;
- nel tempo $3 \cdot \tau$ la carica raggiunge il 95% del valore di regime E.

In conclusione, il condensatore si comporta da elemento inerziale nei confronti della tensione, ovvero si oppone alle sue escursioni, rallentandone la velocità di variazione.
Nella **figura D2.24** è mostrato il simbolo di un **induttore** caratterizzato da un valore di **induttanza *L***.
L'induttore è l'elemento duale del condensatore: è inerziale nei confronti della corrente, quindi si oppone alle sue variazioni repentine. Per questo viene utilizzato quando è necessario smorzare i picchi di corrente.

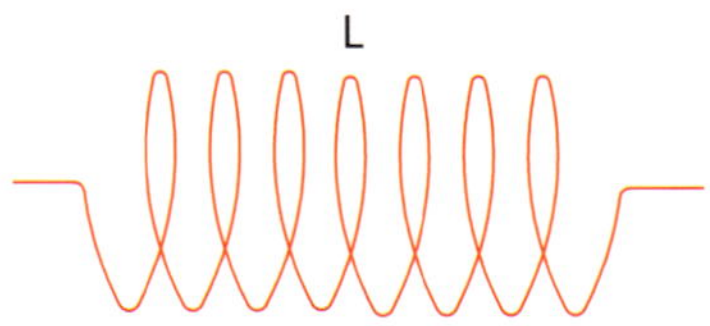

D2.24 Simbolo dell'induttore.

ESERCITAZIONE GUIDATA / D2.1

Tracciamento di una sinusoide

1. Scrivere la formula matematica di una sinusoide di ampiezza $A = 1$ V, frequenza $f = 1$ Hz; fase $\varphi = 0$ rad.
L'espressione matematica generale di una sinusoide è: $v(t) = A \cdot \sin(2\pi \cdot f \cdot t + \varphi)$.
Sostituendo i dati del problema si ha:

$v(t) =$ ______ $\times$ sin (6,28 $\times$ ______ $\times t +$ ______) quindi $\boldsymbol{v(t) = \sin(6{,}28 \times t)}$

2. Con una calcolatrice scientifica, o mediante la calcolatrice del sistema operativo del proprio computer, calcolare i valori della sinusoide in corrispondenza di alcuni istanti di tempo.

a. $t = 0{,}1$ s $v(t) = \sin(6{,}28 \times$ ______) = sin (______) = ______ V

b. $t = 0{,}25$ s $v(t) = \sin(6{,}28 \times$ ______) = sin (______) = ______ V

c. $t = 0{,}5$ s $v(t) = \sin(6{,}28 \times$ ______) = sin (______) = ______ V

d. $t = 0{,}6$ s $v(t) = \sin(6{,}28 \times$ ______) = sin (______) = ______ V

e. $t = 0{,}75$ s $v(t) = \sin(6{,}28 \times$ ______) = sin (______) = ______ V

f. $t = 1$ s $v(t) = \sin(6{,}28 \times$ ______) = sin (______) = ______ V

3. Spuntare le due affermazioni corrette.

a. ☐ Il periodo vale $T = 1/f = 1$ s.

b. ☐ Per $t = 3/4\,T$ la sinusoide presenta il valore massimo.

c. ☐ Per $t = T/2$ la sinusoide si annulla.

4. Visualizzare la sinusoide utilizzando un foglio di lavoro.
Richiedere il tracciamento di 20 punti equidistanziati della sinusoide.
Impostare di conseguenza un passo di simulazione $\Delta t = T/20 = 1/20 = 0{,}05$ s.

Frequenza | 1 | Hz

Tempo	v(t)
0	0
0,05	0,30887
0,1	0,58753
0,15	0,80874
0,2	0,95086
0,25	1
0,3	0,95135
0,35	0,80967
0,4	0,58882
0,45	0,31038
0,5	0,00159
0,55	-0,30735
0,6	-0,58624
0,65	-0,8078
0,7	-0,95037
0,75	-1
0,8	-0,95184
0,85	-0,81061
0,9	-0,5901
0,95	-0,31189
1	-0,00319

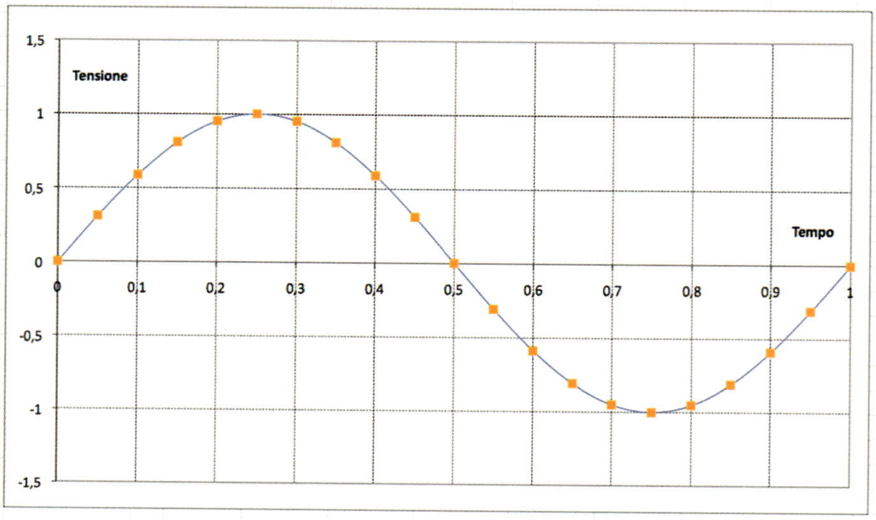

ESERCITAZIONE GUIDATA / D2.2

hoepliscuola.it

Sinusoidi di diversa frequenza

1. Dopo aver osservato i grafici, completare con i valori di ampiezza, periodo, frequenza e fase.

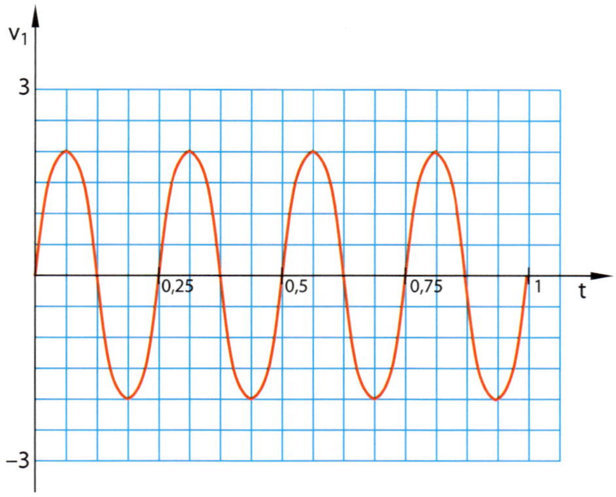

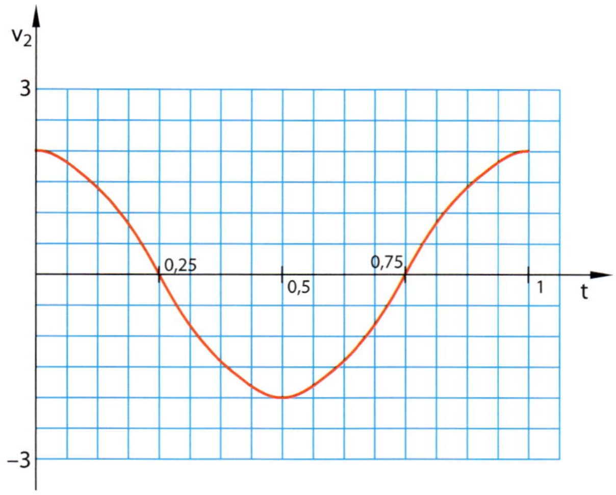

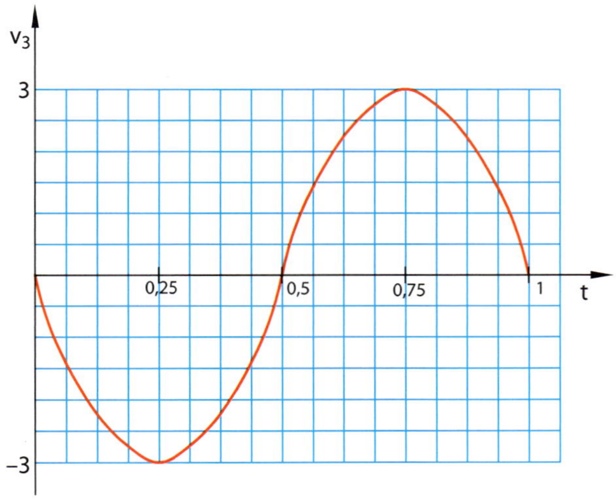

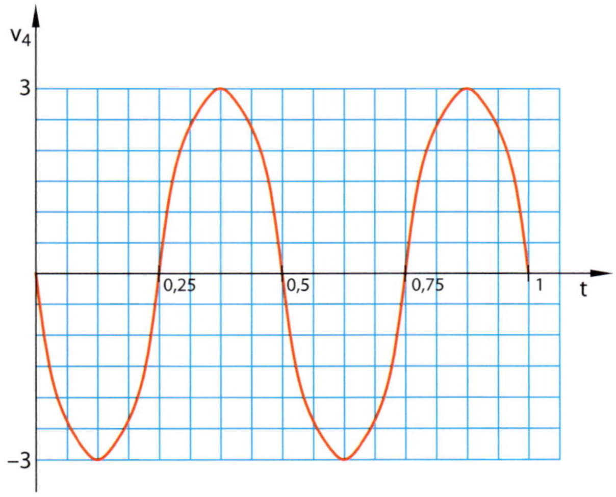

Sinusoide v_1:	$A_1 =$ V	$T_1 =$ s	$f_1 =$ Hz	$\varphi_1 =$
Sinusoide v_2:	$A_2 =$ V	$T_2 =$ s	$f_2 =$ Hz	$\varphi_2 =$
Sinusoide v_3:	$A_3 =$ V	$T_3 =$ s	$f_3 =$ Hz	$\varphi_3 =$
Sinusoide v_4:	$A_4 =$ V	$T_4 =$ s	$f_4 =$ Hz	$\varphi_4 =$

2. Spuntare le due affermazioni corrette.

a. ☐ v_1 ha frequenza doppia di v_4.

b. ☐ Mentre v_4 svolge un ciclo, v_1 ne sviluppa due.

c. ☐ v_2 è in ritardo di 45° rispetto a v_3.

3. Visualizzare le sinusoidi delle figure utilizzando un foglio di lavoro.
Riservare 4 caselle per l'immissione dei dati A, T, f, φ.
Scegliere un numero di campioni adeguato per una rappresentazione smussata e fedele delle sinusoidi.

ESERCITAZIONE GUIDATA / D2.3

hoepliscuola.it

Trasformatore e alimentatore

Il trasformatore rappresentato nella figura si compone di due avvolgimenti praticati su un nucleo magnetico:

- avvolgimento di ingresso detto primario, con numero di spire N_1;
- avvolgimento di uscita detto secondario, con numero di spire N_2.

Esso serve a collegare due circuiti trasformando i parametri di uscita E_2, I_2 rispetto a quelli di ingresso E_1, I_1 e mantenendo costante la potenza.
Si ha infatti:

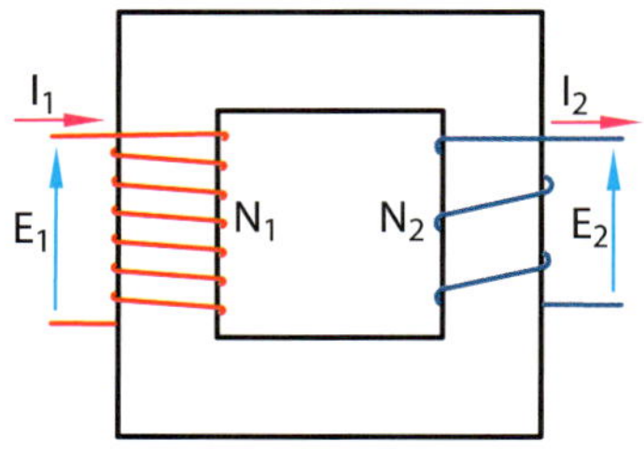

$$\frac{N_1}{N_2} = \frac{E_1}{E_2} = \frac{I_2}{I_1}$$

Se per esempio $N_1/N_2 = 2$, si ha:

a. $E_2/E_1 = 1/2$, ovvero la tensione al secondario ☐ raddoppia ☐ dimezza.
b. $I_2/I_1 = 2$, ovvero la corrente al secondario ☐ raddoppia ☐ dimezza.

Di conseguenza viene modificato il rapporto tra i parametri tensione e corrente, ma rimane inalterato, in un trasformatore ideale, il valore della potenza al secondario $P_2 = E_2 \cdot I_2$ rispetto al primario $P_1 = E_1 \cdot I_1$.

1. Verificare circuitalmente il funzionamento del trasformatore, come nella figura seguente, nella quale è impostato un rapporto di trasformazione $N_1/N_2 = 2$.

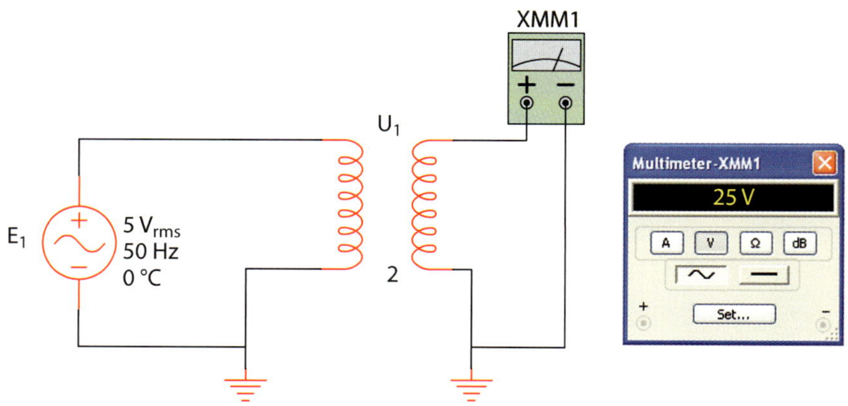

2. Studiare la seguente spiegazione relativa agli alimentatori.
Il trasformatore è impiegato negli alimentatori in corrente continua, utilizzati per alimentare dispositivi funzionanti in CC a partire dalla presa di rete CA. Lo scopo del trasformatore in questo caso è quello di abbassare la tensione dal valore di 230 V a un valore adeguato per i circuiti a valle. Successivamente la tensione viene raddrizzata, filtrata e stabilizzata, fino a ottenere un valore costante.

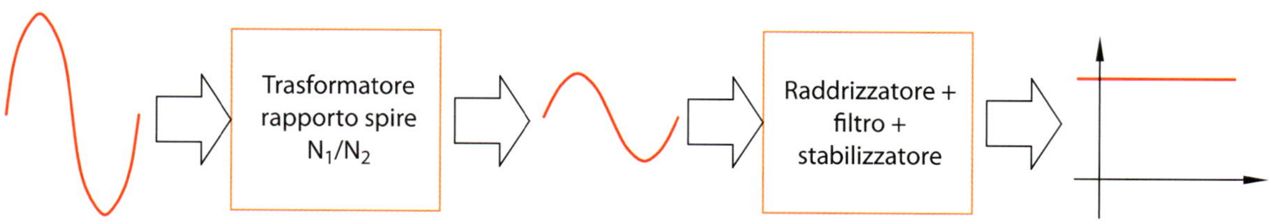

3. Effettuare una ricerca sul significato di tensione raddrizzata, filtrata e stabilizzata e sui dispositivi utilizzati per ottenere questi tre effetti, a partire dalla tensione sinusoidale.

ESERCITAZIONE GUIDATA / D2.4

hoepliscuola.it

Circuiti di comando della corrente

1. Analizzare i seguenti schemi spuntando le opzioni corrette.

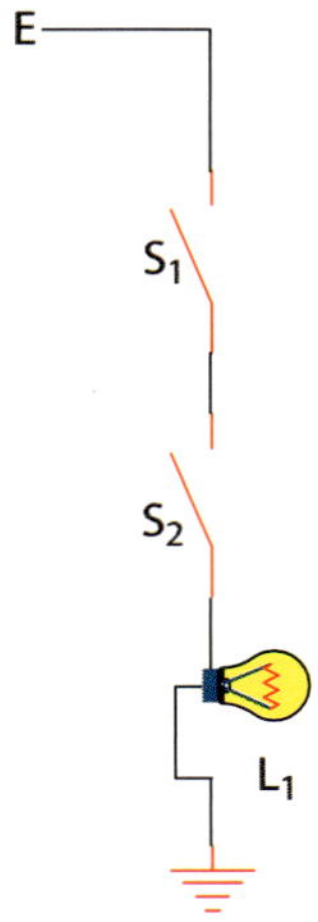

Configurazione AND

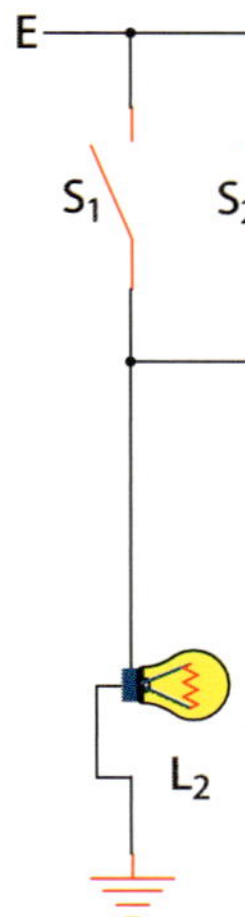

Configurazione OR

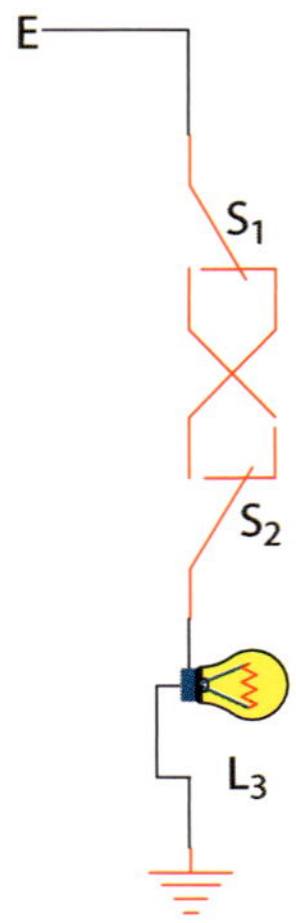

Configurazione EX-OR

Nella configurazione:

a. ☐ AND gli interruttori sono in parallelo.
b. ☐ OR gli interruttori sono in serie.
c. ☐ EX-OR sono presenti due deviatori.
d. ☐ EX-OR la bobina è eccitata se è azionato un solo deviatore su due.

2. Completare le tabelle di verità relative alle combinazioni logiche degli schemi sopra indicati. L'interpretazione dei livelli degli ingressi è:

- 0 = interruttore aperto;
- 1 = interruttore chiuso.

S_1	S_2	L_1
0	0	
0	1	
1	0	
1	1	

Combinazione AND

S_1	S_2	L_2
0	0	
0	1	
1	0	
1	1	

Combinazione OR

S_1	S_2	L_3
0	0	
0	1	
1	0	
1	1	

Combinazione EX-OR

3. Assemblare gli schemi della figura e provarli.

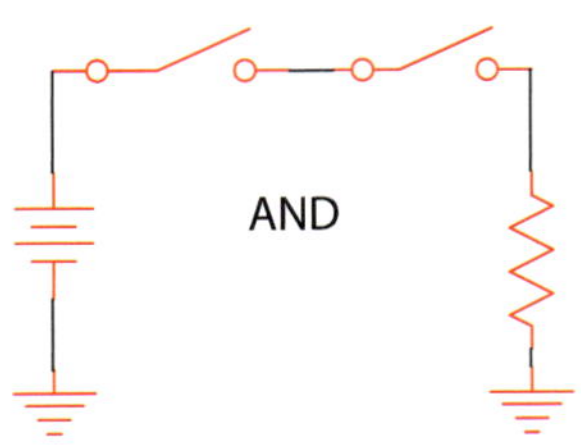

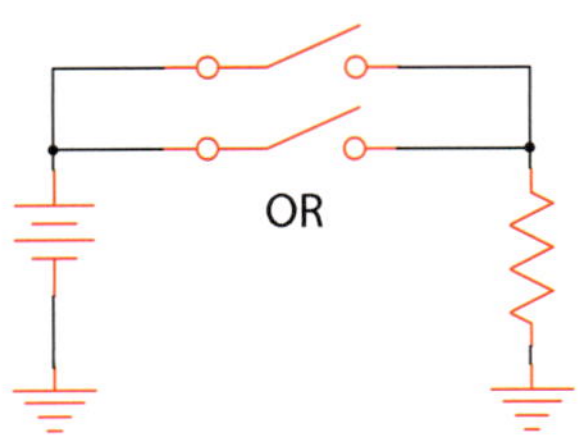

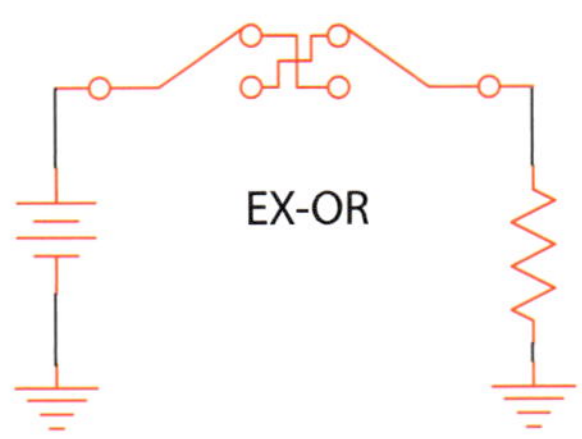

ESERCITAZIONE GUIDATA / D2.5

hoepliscuola.it

Circuiti di comando della corrente

1. Studiare le configurazioni di seguito schematizzate, completando le tabelle di verità.

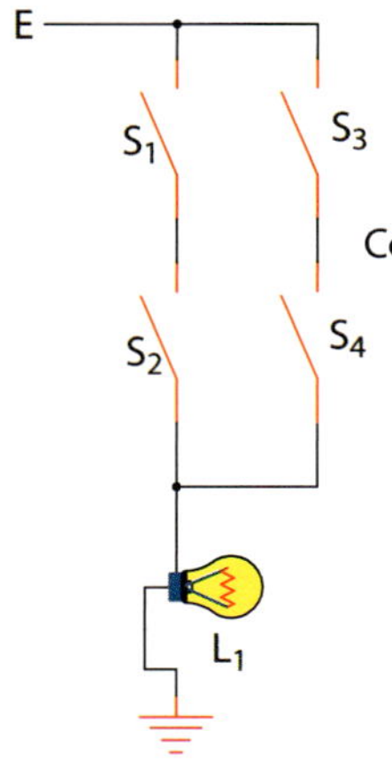

Configurazione OR di AND

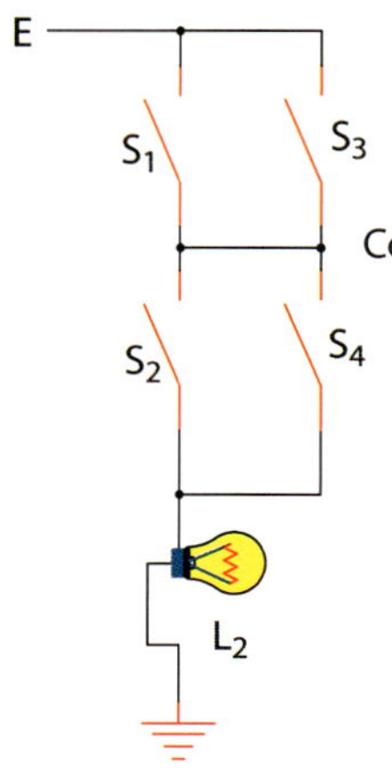

Configurazione AND di OR

Configurazione OR di AND

S_1	S_2	S_3	S_4	L_1
0	0	0	0	
0	0	0	1	
0	0	1	0	
0	0	1	1	
0	1	0	0	
0	1	0	1	
0	1	1	0	
0	1	1	1	
1	0	0	0	
1	0	0	1	
1	0	1	0	
1	0	1	1	
1	1	0	0	
1	1	0	1	
1	1	1	0	
1	1	1	1	

Configurazione AND di OR

S_1	S_2	S_3	S_4	L_2
0	0	0	0	
0	0	0	1	
0	0	1	0	
0	0	1	1	
0	1	0	0	
0	1	0	1	
0	1	1	0	
0	1	1	1	
1	0	0	0	
1	0	0	1	
1	0	1	0	
1	0	1	1	
1	1	0	0	
1	1	0	1	
1	1	1	0	
1	1	1	1	

2. Completare le proposizioni logiche delle configurazioni OR di AND e AND di OR.

a. OR di AND — $L_1 = 1$ se ($S_1 = 1$ e $S_2 = 1$) oppure se ($S_3 = 1$ e ______ $= 1$)

b. AND di OR — $L_2 = 1$ se (______ $= 1$ ______ $S_3 = 1$) e ($S_2 = 1$ oppure ______ $= 1$)

3. Verificare praticamente le configurazioni OR di AND e AND di OR.

ESERCITAZIONE GUIDATA / D2.6

hoepliscuola.it

Impianto interrotto

1. Realizzare e provare l'impianto della figura, mediante un simulatore di circuiti oppure impiegando componenti e cavi reali.

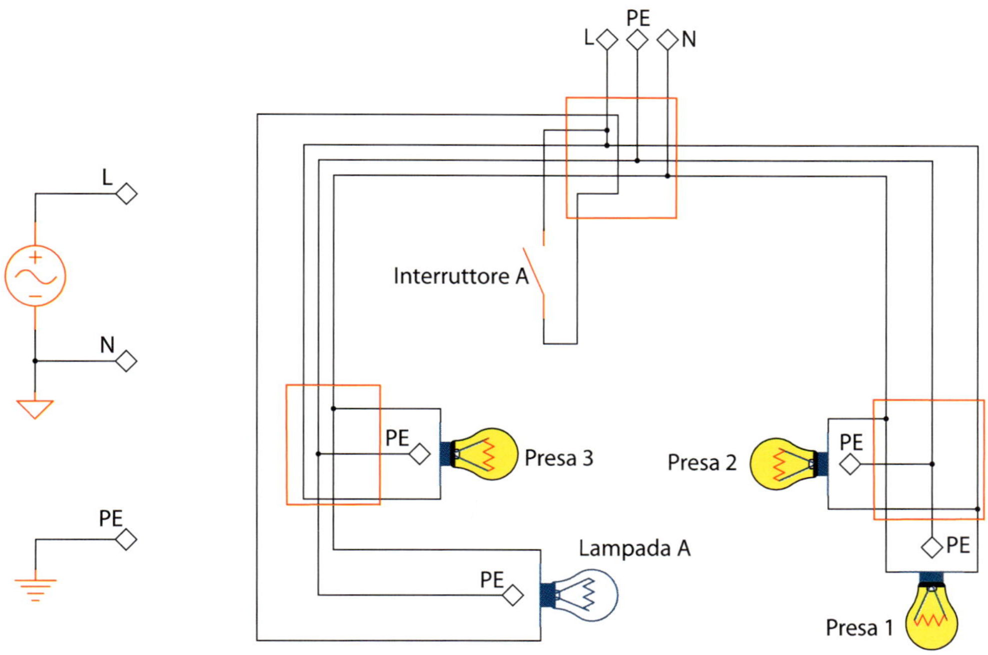

2. Completare la descrizione dello schema, scegliendo le opzioni corrette.
   a. Lo schema comprende tre ☐ prese ☐ lampade e una ☐ presa ☐ lampada.
   b. Le ☐ prese ☐ lampade sono collegate direttamente alla cassetta di derivazione principale.
   c. La ☐ presa ☐ lampada è invece alimentata attraverso un ☐ commutatore ☐ interruttore.
   d. L'interruttore è attestato ☐ alla cassetta di derivazione ☐ alla scatola portafrutti.
   e. La corrente a partire ☐ dal neutro ☐ dalla fase attraversa l'interruttore e successivamente la lampada.

3. Spuntare le affermazioni corrette.
   a. ☐ Se l'interruttore è aperto la fase *L* non giunge alla lampada A.
   b. ☐ Se l'interruttore è aperto la lampada A è accesa.
   c. ☐ Il cavo di protezione PE arriva solo alle prese.
   d. ☐ L'alimentazione è sinusoidale.
   e. ☐ L'alimentazione è trifase.
   f. ☐ PE è collegato a terra.

ESERCITAZIONE GUIDATA / D2.7

hoepliscuola.it

Comando luce da due punti

1. Realizzare e provare l'impianto della figura, mediante un simulatore di circuiti oppure impiegando componenti e cavi reali.

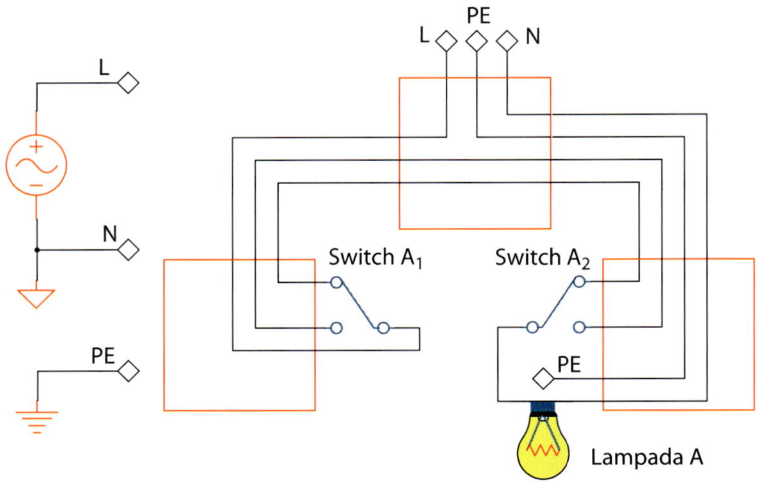

2. Completare la descrizione dello schema, scegliendo le opzioni corrette.
   - **a.** Lo schema comprende una ☐ presa ☐ lampada e due ☐ invertitori ☐ deviatori ☐ interruttori.
   - **b.** Due morsetti dei deviatori sono ☐ in comune ☐ scollegati.
   - **c.** Il terzo morsetto di switch A_1 è collegato ☐ al neutro ☐ alla fase mentre il terzo morsetto di switch A_2 è collegato ☐ al neutro ☐ alla fase ☐ alla lampada.
   - **d.** I deviatori sono attestati ☐ alla cassetta di derivazione ☐ alle scatole portafrutti.
   - **e.** La corrente a partire ☐ dal neutro ☐ dalla fase attraversa il ramo ☐ aperto ☐ chiuso formato dai due switch.

3. Spuntare le affermazioni corrette.
   - **a.** ☐ Se switch A_1 e switch A_2 sono disposti come nella figura, non arriva corrente alla lampada A.
   - **b.** ☐ Se switch A_1 e switch A_2 sono uno alzato e l'altro abbassato, non arriva corrente alla lampada A.
   - **c.** ☐ La lampada può essere accesa da switch A_1 e spenta da switch A_2.
   - **d.** ☐ La lampada può essere accesa da switch A_2 e spenta da switch A_1.
   - **e.** ☐ La lampada non si può mai spegnere.

ESERCITAZIONE

ESERCITAZIONE GUIDATA / D2.8

hoepliscuola.it

Comando luce da tre punti

1. Realizzare e provare l'impianto della figura, mediante un simulatore di circuiti oppure impiegando componenti e cavi reali.

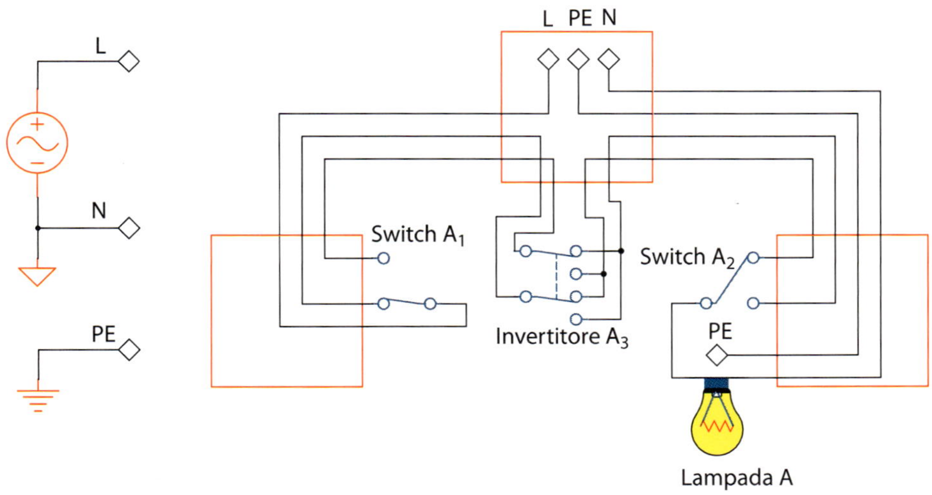

2. Completare la descrizione dello schema, scegliendo le opzioni corrette.

- **a.** Lo schema comprende una ☐ presa ☐ lampada e due ☐ invertitori ☐ deviatori ☐ interruttori.
- **b.** È presente inoltre un ☐ invertitore ☐ deviatore ☐ interruttore.
- **c.** Il morsetto centrale di switch A_1 è collegato ☐ al neutro ☐ alla fase mentre il morsetto centrale di switch A_2 è collegato ☐ al neutro ☐ alla fase attraverso la lampada.
- **d.** Due morsetti di switch A_1 sono in comune ai due ☐ input ☐ output dell'invertitore.
- **e.** Ogni morsetto di switch A_2 è collegato a ☐ uno ☐ due output dell'invertitore.
- **f.** Entro l'invertitore sono presenti due invertitori ☐ deviatori ☐ interruttori. Le quattro uscite di questi sono ponticellate a ☐ due a due ☐ tre a tre.

3. Spuntare le affermazioni corrette.

- **a.** ☐ Se switch A_1 e switch A_2 sono disposti come nella figura, non arriva corrente alla lampada A.
- **b.** ☐ Se switch A_1 e switch A_2 sono disposti come nella figura, mentre invertitore A_3 è abbassato, arriva corrente alla lampada A.
- **c.** ☐ La lampada può essere accesa da switch A_1 e spenta da switch A_2.
- **d.** ☐ La lampada può essere accesa da switch A_2 e spenta da switch A_1.
- **e.** ☐ La lampada può essere accesa da switch A_2 e spenta da invertitore A_3.
- **f.** ☐ La lampada può essere accesa o spenta indifferentemente da tre posizioni.

ESERCITAZIONE GUIDATA / D2.9

Studio della carica del condensatore mediante oscilloscopio

1. Realizzare il seguente circuito RC. Disporre all'ingresso un generatore di funzione e all'uscita un oscilloscopio. Impostare il generatore di funzione in questo modo:

- onda quadra alternata;
- $f = 100$ Hz;
- $A = 5$ V.

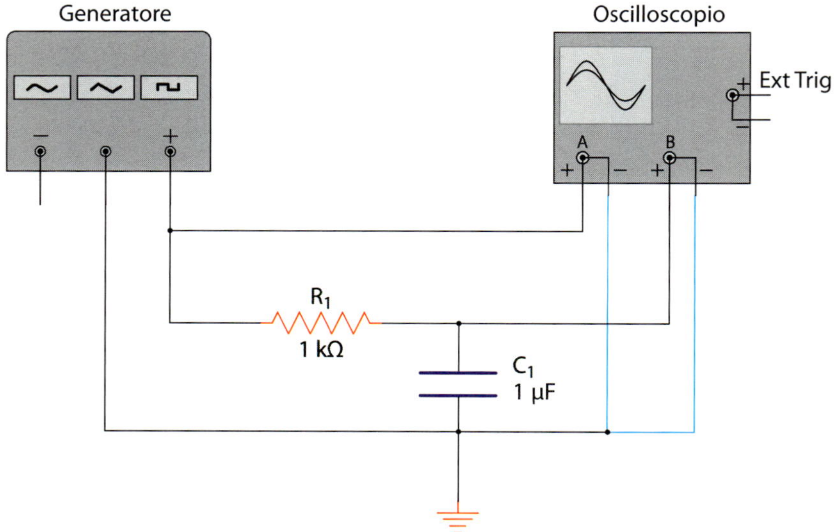

2. Visualizzare in doppia traccia le curve della tensione $v_i(t)$ prodotta dal generatore e della tensione $v_c(t)$ sul condensatore. Impostare per entrambe le tracce:

- V/DIV = 2 V/DIV;
- SEC/DIV = 2 ms/DIV.

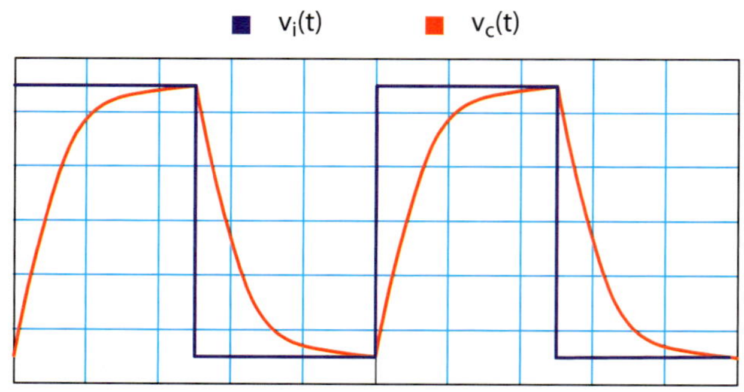

3. Verificare i tempi di carica del condensatore. Visualizzare solo la traccia della $v_c(t)$ e magnificare la porzione della carica come nella figura.

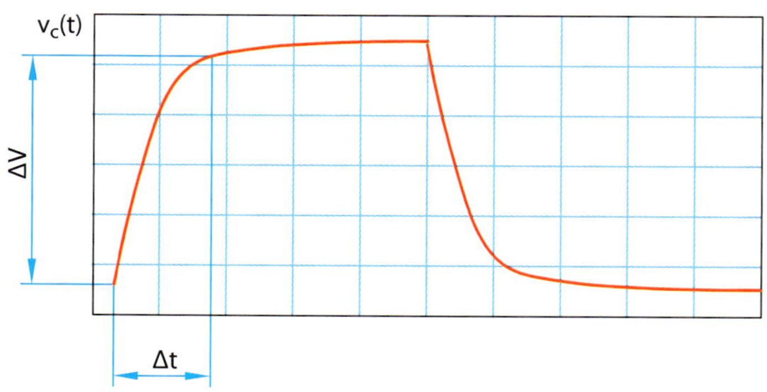

4. Misurare Δt e ΔV e raffrontare con i dati teorici:

$$\tau = RC = 1\ \text{k}\Omega \cdot 1\ \mu\text{F} = 10^{-3}\ \text{s} = 1\ \text{ms}$$

95% di 10	$\Delta V = 9{,}5$ V	$\rightarrow \Delta t \cong$ ____ ms
99% di 10 V	$\Delta V = 9{,}9$ V	$\rightarrow \Delta t \cong$ ____ ms

ESERCITAZIONE GUIDATA / D2.10

hoepliscuola.it

Studio della carica del condensatore mediante foglio di lavoro

1. Costruire un foglio di lavoro per valutare il transitorio di carica a passi di 5 $\tau/20$.

Fare riferimento alla formula della carica del condensatore:

$$v_C(t) = E \cdot (1 - e^{-t/\tau})$$

Completare le formule:

E5 =

F5 =

G5 =

H5 =

	A	B	C	D	E	F	G	H
1								
2						vc(t)		t/τ
3		Costante di tempo			t	Formula	Percentuale	Multipli di τ
4		τ [sec] = 0,001			0,00000	0,00	0%	0,00
5					0,00025	2,21	22%	0,25
6					0,00050	3,93	39%	0,50
7		Passo di simulazione			0,00075	5,28	53%	0,75
8		ΔT = 0,00025			0,00100	6,32	63%	1,00
9					0,00125	7,13	71%	1,25
10					0,00150	7,77	78%	1,50
11		Tensione di ingresso			0,00175	8,26	83%	1,75
12		E = 10			0,00200	8,65	86%	2,00
13					0,00225	8,95	89%	2,25
14					0,00250	9,18	92%	2,50
15					0,00275	9,36	94%	2,75
16					0,00300	9,50	95%	3,00
17					0,00325	9,61	96%	3,25
18					0,00350	9,70	97%	3,50
19					0,00375	9,76	98%	3,75
20					0,00400	9,82	98%	4,00
21					0,00425	9,86	99%	4,25
22					0,00450	9,89	99%	4,50
23					0,00475	9,91	99%	4,75
24								

2. Verificare con la calcolatrice alcuni valori calcolati nel foglio di lavoro, riportandoli nella tabella.

t	$v_C(t)$	$v_C(t)$ percentuale	t/τ

3. Spuntare le due affermazioni corrette.

a. ☐ Per calcolare t/τ il riferimento a τ nella formula del foglio di lavoro deve essere assoluto.
b. ☐ La tensione sul condensatore raggiunge il 95% di E per $t = 5 \cdot \tau$.
c. ☐ Il condensatore si può considerare praticamente carico per $t = 5 \cdot \tau$.

4. Ripetere l'esperienza per la scarica del condensatore.
Utilizzare la seguente formula:

$$v_C(t) = v_C(0) \cdot e^{-t/\tau}$$

nella quale $v_C(0)$ = tensione alla quale il condensatore risulta inizialmente carico.

AREAdigitale

Vero/Falso

1. Il commutatore è formato da due interruttori.

☐ Vero ☐ Falso

2. Due interruttori in serie implementano una configurazione OR.

☐ Vero ☐ Falso

3. Due interruttori in parallelo implementano una configurazione AND.

☐ Vero ☐ Falso

4. Nel trasformatore risulta $E_1 \cdot I_1 = E_2 \cdot I_2$.

☐ Vero ☐ Falso

5. Il condensatore è praticamente carico per $t = \tau$.

☐ Vero ☐ Falso

6. Nel circuito RC la costante di tempo vale $\tau = R \cdot C$.

☐ Vero ☐ Falso

Scelta singola

1. Due interruttori in serie comandano il passaggio di corrente nel circuito se:

a. sono entrambi chiusi
b. sono entrambi aperti
c. uno è chiuso, l'altro aperto

2. Due interruttori in parallelo interrompono il passaggio di corrente nel circuito se:

a. sono entrambi chiusi
b. sono entrambi aperti
c. uno è chiuso, l'altro aperto

3. La configurazione EX-OR si implementa con:

a. due interruttori
b. due deviatori
c. due invertitori

4. Per comandare l'accensione di due gruppi di lampade in un lampadario si impiega:

a. un commutatore
b. un deviatore
c. un invertitore

Scelta multipla

1. Spuntare i dispositivi che utilizzano energia elettrica.

a. Alternatore
b. Motore
c. Lampadina

2. Spuntare i dispositivi che funzionano solo in corrente alternata.

a. Alternatore
b. Motore
c. Trasformatore

3. Nella trazione elettrica la linea di ritorno può essere:

a. un cavo
b. un binario
c. un isolatore

4. Una sinusoide ha periodo $T = 5$ ms; quanto vale la sua frequenza?

a. $1/T$
b. 5 Hz
c. 200 Hz

VERIFICA

PRODUZIONE, TRASPORTO E DISTRIBUZIONE DELL'ENERGIA ELETTRICA

OBIETTIVI

Conoscenze

- La filiera dell'energia elettrica
- Potenza elettrica e rendimento

Abilità

- Ottimizzare il trasferimento di energia
- Schematizzare e simulare un sistema trifase

CONTENUTI

D3.1 ENERGIA E POTENZA

L'energia è presente in sei forme: chimica, elettrica, radiante, meccanica, nucleare e termica. Queste possono trasformarsi tra loro direttamente o indirettamente; per esempio, le trasformazioni chimiche che avvengono durante un processo di combustione sviluppano energia termica e radiante.

Energia elettrica

Per comprendere il concetto di energia elettrica conviene mettere a confronto lavoro meccanico e lavoro elettrico.
Nella **figura D3.1a** è rappresentata una massa che viene issata vincendo la forza di attrazione gravitazionale $F = m \cdot g$.
Viene compiuto un lavoro che si trasforma in energia potenziale accumulata dalla massa.
Il lavoro compiuto su una massa per spostarla di una distanza d con l'azione di una forza F è:

$$L = F \cdot d \quad \text{[joule]} = \text{[newton]} \cdot \text{[metro]}$$

Parimenti il lavoro compiuto per trasferire una carica unitaria esploratrice immersa in un campo elettrico costante con linee di forza parallele **[fig. D3.1b]**, da un punto iniziale X_1 a un punto finale X_2, vale:

$$L = E \cdot d \quad \text{[joule/coulomb]} = \text{[newton/coulomb]} \cdot \text{[metro]}$$

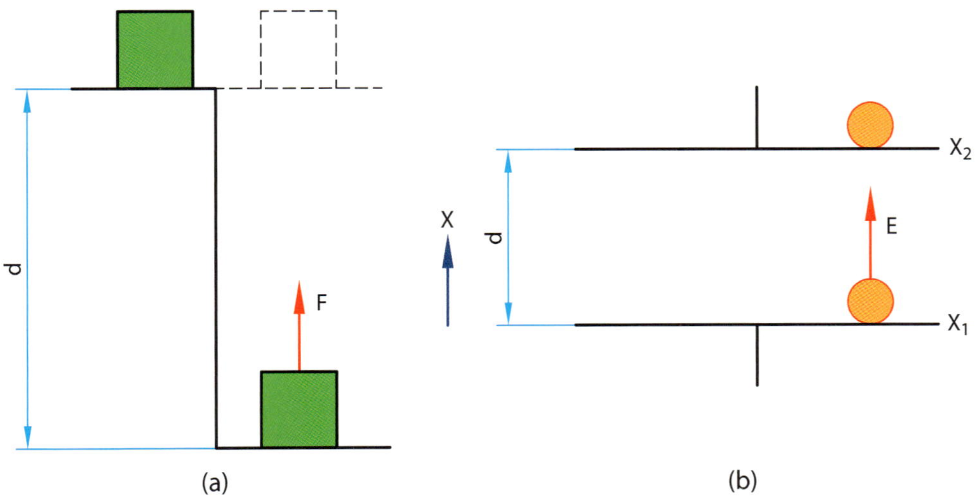

D3.1 Energia potenziale: a) meccanica; b) elettrica.

Anche in questo caso il lavoro viene accumulato sotto forma di energia potenziale, pertanto la carica nel punto X_2 possiede un potenziale V_2 maggiore che V_1 in X_1. L'aumento di potenziale è avvenuto a spese del lavoro pertanto risulta, indicando con V la differenza di potenziale:

$$V_2 - V_1 = V = E \cdot d$$

Se la carica ha valore Q, il lavoro compiuto risulta multiplo, pertanto si ha per l'energia elettrica:

$$W = V \cdot Q \quad \text{[joule] = [volt] · [coulomb]}$$

Potenza elettrica

Formula della potenza

La potenza elettrica è l'energia espressa nell'unità di tempo, indice dell'intensità del consumo.
Si ha dunque $P = W/\Delta t$.
Se lo spostamento della carica avviene in Δt secondi, considerando la relazione tra corrente e carica $Q = I \cdot \Delta t$ la formula dell'energia diventa:

$$W = V \cdot I \cdot \Delta t$$

Di conseguenza si ha:

$$P = V \cdot I \cdot \Delta t / \Delta t$$

E da qui la formula della potenza elettrica:

$$P = V \cdot I \quad \text{[watt] = [joule]/[secondo]}$$

Unità di misura

Per potenze superiori si utilizzano i multipli del watt.
Nell'elettrotecnica, per esprimere valori considerevoli di energia a partire dal legame temporale tra potenza ed energia, si esprime l'energia in wattora (Wh) come prodotto della potenza assorbita per le ore di utilizzo.
La **tabella D3.1** chiarisce l'uso dei multipli e il legame tra l'unità di misura della potenza e quello dell'energia.

L'equivalenza in joule è: [joule] = [W] · [sec] pertanto il wattora vale Wh = 1 × 3600 = 3600 J.

Potenza ed energia

Per comprendere la correlazione tra potenza ed energia si consideri il caso di un motore che consumi una potenza costante di 3 kW per due ore.
L'energia assorbita sarà in wattora:

$$W = 3 \cdot 2 = 6 \text{ kWh}$$

La stessa quota espressa in joule è:

$$6 \text{ kWh} = 6 \times 1000 \times 3600 = 21.600.000 \text{ J}$$

Per converso, nota l'energia, è possibile determinare la potenza con la formula inversa.
Se, per esempio, l'assorbimento stimato nel corso di 10 ore è di 10 kWh, la potenza media consumata vale:

$$P = W/\Delta t = 10 \text{ kWh}/10 \text{ h} = 1 \text{ kW}$$

Nel caso in cui la potenza utilizzata vari nel tempo, è necessario valutare l'energia negli intervalli Δt_1, Δt_2, ..., Δt_N durante i quali la potenza è costante e poi sommare tutti i valori parziali così ottenuti:

$$W_{TOT} = P_1 \cdot \Delta t_1 + P_2 \cdot \Delta t_2 + \ldots + P_N \cdot \Delta t_N$$

Perdite per effetto joule: potenza dissipata nelle resistenze

Toccando un resistenza attraversata da una corrente si sente che essa si scalda progressivamente. Questo avviene in quanto l'energia fornita dal generatore si trasforma integralmente e irreversibilmente in calore.
Considerate le formule della tensione ai capi del resistore $V = R \cdot I$ e quella della potenza $P = V \cdot I$ si ricava la formula della potenza dissipata in un resistore:

$$P_D = V \cdot I = R \cdot I \cdot I = R \cdot I^2$$

oppure in alternativa:

TABELLA D3.1 Multipli del watt e del wattora

Potenza		Energia	
1000 W	1 kW (kilowatt)	1000 Wh	1 kWh (kilowattora)
1.000.000 W	1 MW (megawatt)	1.000.000 Wh	1 MWh (megawattora)
1.000.000.000 W	1 GW (gigawatt)	1.000.000.000 Wh	1 GWh (gigawattora)

$$P_D = V \cdot I = V \cdot V/R = V^2/R$$

Nella **figura D3.2** sono indicati dispositivi reali utilizzati nelle comuni attività quotidiane, che sfruttano vantaggiosamente il calore dissipato dalle resistenze.

Bilancio energetico

Nei fenomeni di trasformazione dell'energia si verificano delle perdite; infatti, come descritto nella **figura D3.3**, lo scambio energetico prevede in generale:

1. una fonte che genera potenza P_G;
2. un sistema che ne utilizza una quota parziale P_U;
3. una quota P_D persa.

Si prova ora a quantificare in particolare la perdita che si verifica nella resistenza interna di un generatore elettrico, quando esso è collegato direttamente all'utilizzatore **[fig. D3.4]**.

Applicando l'equazione alla maglia si ha:

$$V_G = V_U + R \cdot I$$

Moltiplicando tutti i termini per I si ottiene:

$$V_G \cdot I = V_U \cdot I + R \cdot I^2$$

Per il principio di conservazione dell'energia la potenza entrante dovrà essere uguale alla somma di quella uscente e di quella dissipata, ovvero: $P_G = P_U + P_D$.

Confrontando le due formule si vede che la potenza entrante $P_G = V_G \cdot I$ si ripartisce in due:

- una parte $P_U = V_U \cdot I$ è la potenza utile effettivamente sfruttata dal carico;
- una parte $P_D = R \cdot I^2$ è la quota dissipata dalla resistenza interna del generatore.

Rendimento

In generale la potenza utilizzabile è sempre inferiore (idealmente potrebbe essere al massimo uguale) alla potenza entrante.
Un indice importante dell'efficienza nell'utilizzazione dell'energia è dato dal rendimento η, definito come il rapporto tra potenza resa in uscita e potenza entrante:

$$\eta = P_U/P_G$$

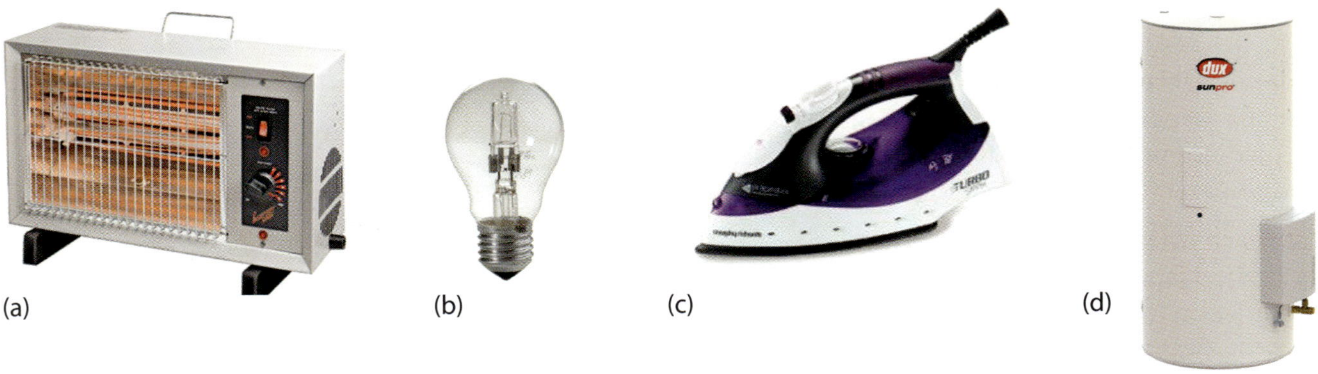

D3.2 Dispositivi che sfruttano l'effetto joule: a) stufa elettrica; b) lampadina; c) ferro da stiro; d) scaldabagno elettrico.

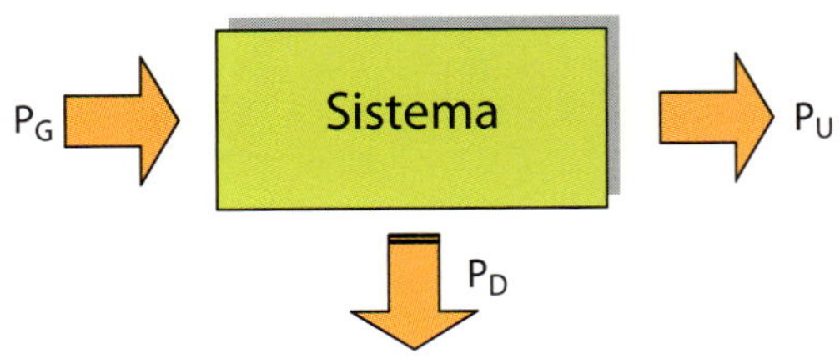

D3.3 Bilancio di potenza.

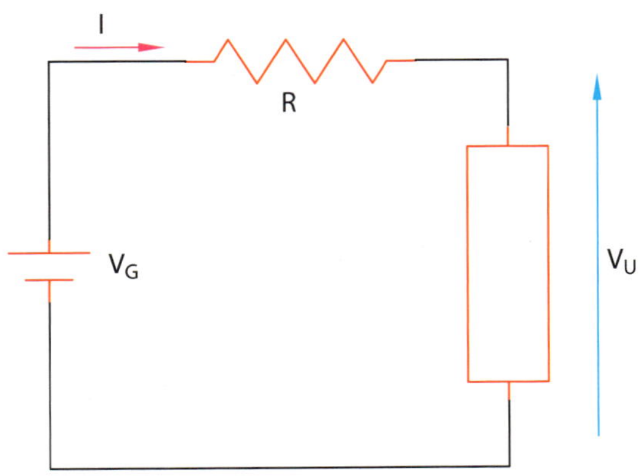

D3.4 Collegamento generatore-utilizzatore.

Come si può evincere dalla formula il rendimento è:

- adimensionale in quanto rapporto tra grandezze omogenee;
- sempre minore di 1.

Il rendimento può essere espresso anche in percentuale $\eta\% = P_U/P_G\%$.

Per esempio, $\eta\% = 75\%$ significa $P_U/P_G = 0,75$ che significa anche che la potenza dissipata è il 25% di quella generata. Infatti:

$$P_D = P_G - P_U = P_G \cdot (1 - \eta) = P_G \cdot (1 - 0,75) = \\ = P_G \cdot 0,25 = 25\% \text{ di } P_G$$

Nel caso di perdite in sezioni a cascata, considerati i diversi assorbimenti, il rendimento totale è dato dal prodotto dei singoli rendimenti di ciascuna sezione.

Con riferimento alla **figura D3.5** si ha infatti:

$$P_U = \eta_N P_{GN} = \eta_N \cdot \eta_{N-1} P_{GN-1} = \eta_N \cdot \eta_{N-1} \cdot \eta_2 \cdot \eta_1 \cdot P_G$$

$$\eta_{TOT} = P_U/P_G = \eta_1 \cdot \eta_2 \cdot \eta_3 \cdot \eta_{N-1} \cdot \eta_N$$

D3.2 PRODUZIONE DELL'ENERGIA ELETTRICA

L'energia elettrica deriva dalla trasformazione di **fonti primarie** di energia disponibili in natura, per questo è definita **secondaria**. La trasformazione delle energie primarie comporta delle parziali perdite nel ciclo di trasformazione, tuttavia l'energia elettrica è universalmente utilizzata perché è:

- facile da trasformare in altre forme di energia;
- facile da trasportare a lunghissime distanze dalle centrali di produzione;
- pulita in quanto non produce scorie al momento della utilizzazione;
- disponibile comodamente con il semplice azionamento di interruttori in ogni ambito civile e industriale.

Fonti di energia

Le centrali di produzione dell'energia elettrica sfruttano due tipi di fonti primarie:

- **rinnovabili**, ovvero inesauribili perché rigenerate costantemente da eventi naturali (energia idroelettrica, fotovoltaica, solare, geotermica, da biomasse);
- **non rinnovabili**, ovvero derivanti da risorse naturali fossili combustibili (petrolio, carbone, gas) le cui riserve naturali si esauriscono.

I tipi di energia attualmente prodotti su vasta scala sono:

- **energia idraulica**, ricavata dallo sfruttamento dell'energia cinetica o di pressione dovuta alla caduta e al dislivello dell'acqua (centrale idroelettrica);
- **energia chimica**, presente nella composizione atomica di sostanze combustibili (centrale termoelettrica);
- **energia nucleare**, prodotta mediante trasformazioni nucleari (centrale nucleare).

Altre **fonti alternative** primarie sono:

- **energia geotermoelettrica**, ricavata dallo sfruttamento del vapore emergente dal sottosuolo o del calore posseduto da rocce sotterranee e proveniente dalle profondità terrestri **[fig. D3.6]**;
- **energia raggiante**, sprigionata dal sole, convertita indirettamente in energia elettrica da celle fotovoltaiche **[fig. D3.7]**;

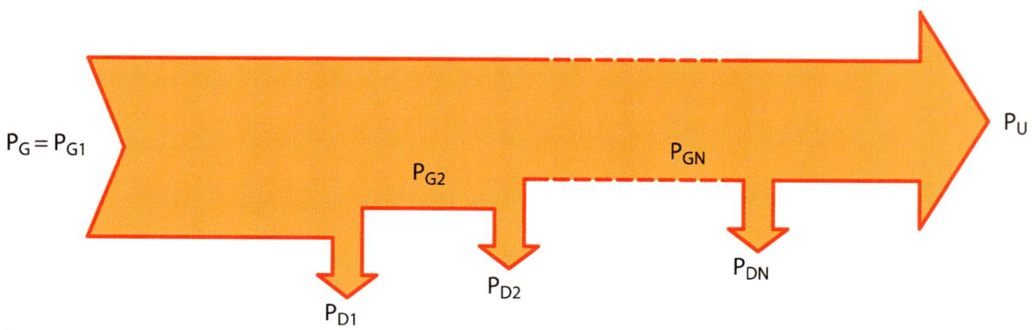

D3.5 Perdite a cascata.

- **energia eolica**, prodotta sfruttando l'energia cinetica posseduta da correnti di masse d'aria [fig. D3.8];
- **energia marina**, tratta dal moto ondoso;
- **energia delle biomasse**, ottenuta per combustione diretta dei prodotti gassosi o dalla fermentazione di combustibili non tradizionali, come scarti di coltivazioni agricole, rifiuti solidi, biogas.

D3.6 Centrale geotermica.

D3.7 Pannelli fotovoltaici.

D3.8 Generatori eolici.

Centrali idroelettriche

Le **centrali idroelettriche** [fig. D3.9] sfruttano:

1. l'**energia cinetica** dell'acqua sprigionata da condotte forzate e giacente in bacini di accumulo, sfruttando grandi dislivelli;
2. l'**energia di pressione** di grandi portate d'acqua, con piccoli valori di salto geodetico.

Nei due casi citati si utilizzano diversi tipi di turbine:

1. turbina Pelton, ottimale per basse portate e alte velocità [fig. D3.10];
2. turbine Francis o Kaplan, ottimali per alte portate a basse velocità.

D3.9 Centrale idroelettrica.

D3.10 Turbina idraulica Pelton.

La **figura D3.11** schematizza la struttura di principio di una centrale idroelettrica, dove è possibile ripercorrere le fasi di conversione dell'energia:

1. l'acqua è presente nell'invaso a monte creato mediante una diga;
2. l'acqua imbocca le condotte forzate dotata di energia potenziale;
3. essa esce con impeto dalle condotte contro le pale della turbina idraulica imprimendole una rotazione;
4. la **turbina idraulica** trasforma l'energia idraulica in energia meccanica di rotazione;
5. l'**alternatore** trasforma l'energia meccanica in energia elettrica;
6. l'acqua viene restituita in alveo;
7. la tensione viene elevata dal trasformatore per essere veicolata su linee AAT.

Centrali termoelettriche

Le centrali termoelettriche sono comunemente impianti che utilizzano il vapore surriscaldato ad alta pressione come fluido motore. Il calore può provenire dalla combustione di combustibile fossile, petrolio, gas naturale.
Possono essere utilizzati come fonti primarie anche biomasse o scarti dell'agricoltura. In talune aree vengono anche impiegati inceneritori di rifiuti per la produzione del calore.

La **figura D3.12** schematizza la struttura di principio di una centrale termoelettrica, dove è possibile distinguere i seguenti passaggi:

1. l'acqua scaldata da un bruciatore si trasforma in vapore surriscaldato;
2. il vapore in pressione espande in turbina e ne forza la rotazione;
3. la turbina trasforma l'energia termica in energia meccanica;
4. l'alternatore, trascinato in rotazione dalla turbina, trasforma l'energia meccanica in energia elettrica;
5. un **condensatore** condensa il vapore per restituire in circolo l'acqua;
6. una pompa assicura il ricircolo dell'acqua.

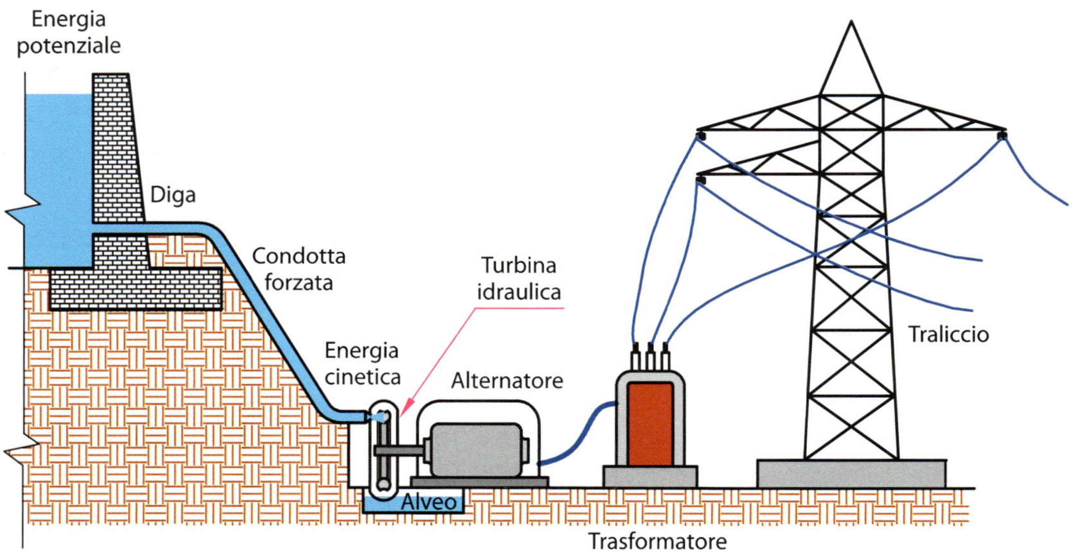

D3.11 Struttura di una centrale idroelettrica.

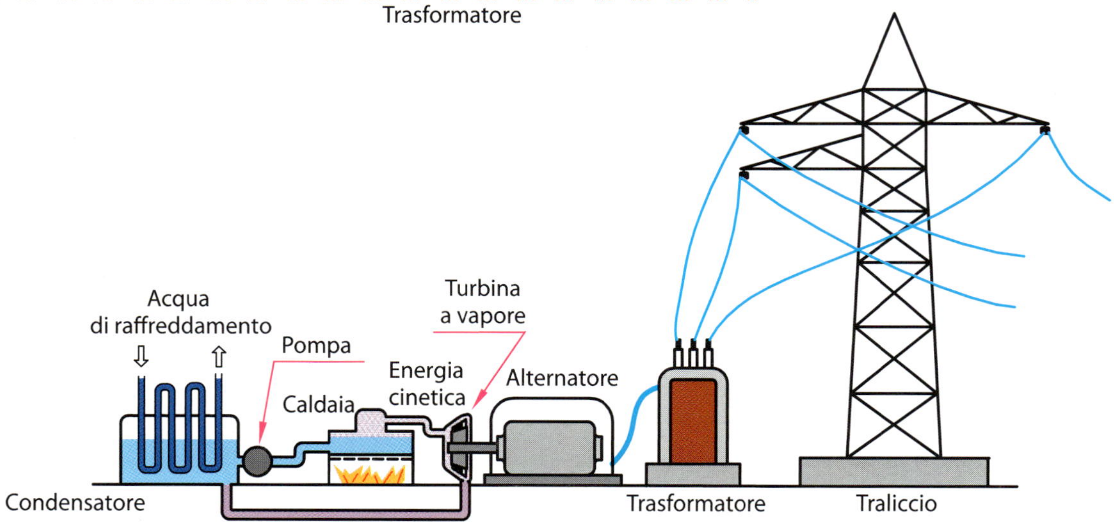

D3.12 Struttura di una centrale termoelettrica.

D3.3 TRASPORTO E DISTRIBUZIONE DELL'ENERGIA ELETTRICA

Trasmissione dell'energia elettrica

La trasmissione è la fase di **trasporto** a grande distanza di elevatissime quote di energia dalle zone di produzione a quelle di consumo. La trasmissione ha luogo ad alta tensione su rete interconnessa mediante:

- **trasformatori** elevatori o riduttori;
- **elettrodotti**, ovvero **linee aeree** o **cavi.**

La **figura D3.13** schematizza l'attività di produzione e trasporto:

1. a valle della centrale di produzione sono impiegati trasformatori elevatori per sollevare il livello della tensione degli alternatori (dell'ordine di 15.000 V), fino al livello della **altissima tensione AAT** (220 kV ÷ 380 kV) allo scopo di minimizzare le perdite di trasporto; si ottiene un miglioramento dell'efficienza perché, per la formula della potenza $P = V \cdot I$, a parità di potenza, una tensione più alta implica una minore corrente;
2. seguono le linee a tre cavi per il trasporto trifase, con un quarto cavo alla sommità del traliccio (fune di guardia) con funzione di parafulmine, a protezione dei cavi sottostanti; la trasmissione avviene su linee ad altissima tensione AAT a valle delle zone di produzione e ad **alta tensione** AT (30 kV ÷ 150 kV) a monte delle zone di consegna.

Le linee ATT e AT presentano una struttura magliata tale che, nel caso di un guasto di un nodo della rete, il collegamento viene riconfigurato a garanzia della continuazione del servizio.
La rete nazionale è interfacciata con reti di altri paesi, per una più affidabile ed efficiente erogazione del servizio.

Distribuzione dell'energia elettrica

La fase di distribuzione conclude la filiera del sistema elettrico con la consegna di elettricità agli utenti.

La distribuzione ha luogo su reti a **media tensione MT** (1 kV ÷ 30 kV) e **bassa tensione BT** (230 V ÷ 400 V) con l'impiego, come indicato nella **figura D3.14**, di:

- cabine primarie per la trasformazione AT → MT;
- cabine secondarie per la trasformazione MT → BT;
- infrastrutture per il trasporto.

La fornitura dell'energia ha struttura radiale a diramazioni che si moltiplicano verso i punti di consegna prevedendo:

- una distribuzione primaria in AT a complessi di industria pesante;
- una distribuzione secondaria in MT a impianti forniti di proprie cabine di traformazione e al traffico ferroviario (2 kV);
- una distribuzione capillare per la fornitura a utenze domestiche e pubbliche (230 V/400 V).

Il fabbisogno di energia elettrica oscilla dai valori minimi notturni ai valori massimi diurni dei giorni lavorativi.

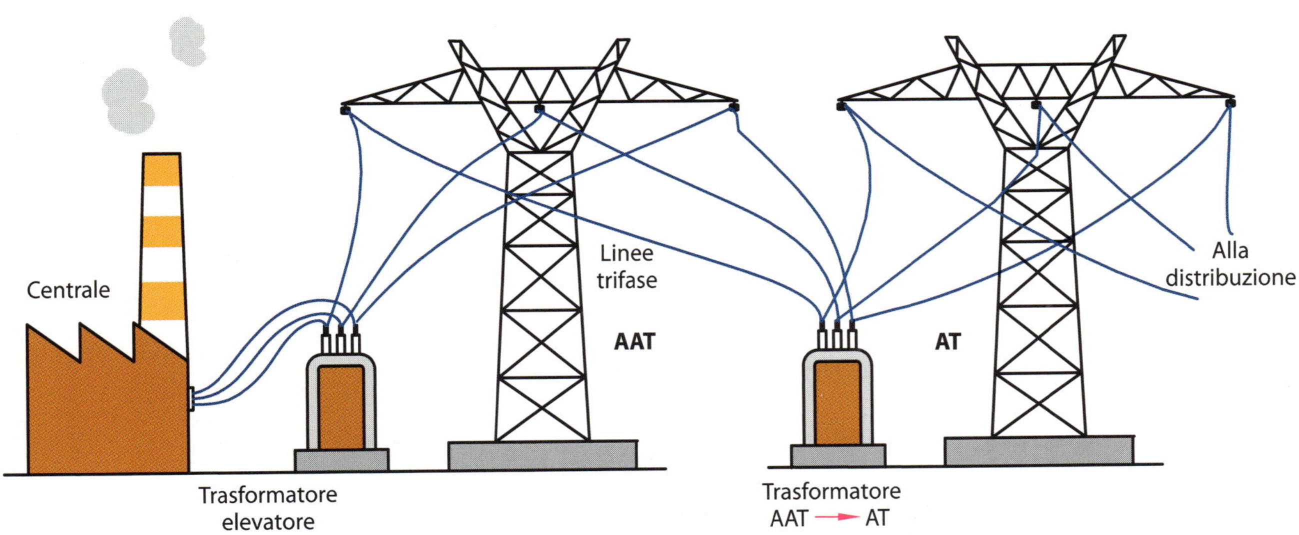

D3.13 Trasmissione in linee aeree ATT e AT.

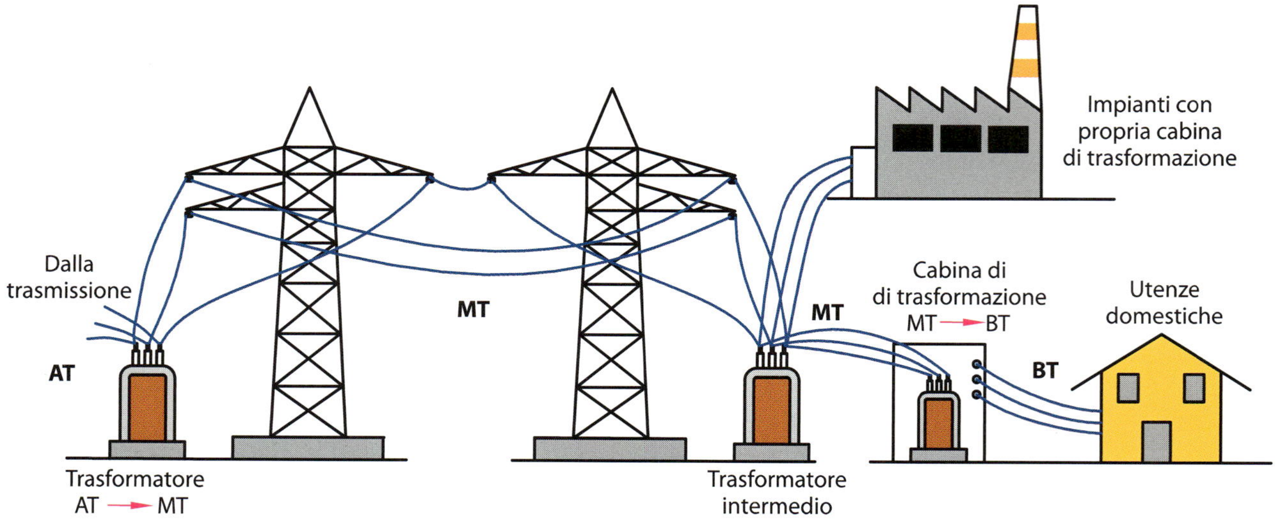

D3.14 Distribuzione su linee MT e BT.

Si possono distinguere tre situazioni:

- carico base corrispondente al fabbisogno medio;
- punte di carico, ovvero fabbisogno superiore al carico base;
- eccedenze, cioè fabbisogno inferiore al carico base.

Per fare fronte alle punte di carico, considerando che le centrali sono interconnesse in rete, si razionalizza il funzionamento in questo modo:

1. alcune centrali vengono fatte funzionare in modo continuativo, affinché sia sempre disponibile il carico base; per questo servizio sono idonee le centrali termiche, che vengono mantenute in funzione continuativamente in quanto hanno tempi di avviamento elevati a causa del tempo necessario per bruciare il combustibile e produrre il vapore;
2. altre centrali vengono azionate nei periodi di punta; per questo servizio sono adatte le centrali idroelettriche, perché caratterizzate da tempi di messa in servizio relativamente brevi;
3. negli intervalli di eccedenza le centrali idroelettriche non in servizio possono stoccare l'energia in eccedenza pompando acqua verso i bacini di quota per accumulare nuova energia potenziale.

D3.4 DISTRIBUZIONE TRIFASE

I sistemi trifase sono universalmente utilizzati perché più efficienti e regolari nei seguenti ambiti:

1. **generazione** e **trasformazione**, in quanto gli alternatori e i trasformatori trifase sono più efficienti e razionali dei monofase;
2. **trasmissione**, poiché sono sufficienti tre o quattro conduttori invece dei sei necessari, a pari condizioni, con linee monofase; oltre all'ottimizzazione del numero di conduttori vi è un risparmio di energia per le minori perdite per effetto joule, che risultano dimezzate;
3. **utilizzazione**, in particolare nelle macchine rotanti (motori) che di principio si basano sul campo magnetico rotante che si sviluppa a partire dalle tre fasi elettriche.

Generatore trifase

Un generatore trifase è equivalente a tre generatori monofase di tensione sinusoidale [fig. D3.15] con un morsetto *N* in comune detto **neutro**.

Un sistema trifase si dice **simmetrico** se le tre **tensioni di fase** E_1, E_2, E_3:

- hanno uguale valore efficace e frequenza;
- sono sfasate di 120° tra loro.

Dal punto di vista temporale le tensioni di fase appaiono diagrammate come nella **figura D3.16**. Si noti lo sfasamento di 120° tra le fasi, dato da quattro quadretti di 30° gradi ciascuno.

Collegamento del carico a stella

La topologia, visualizzata nella **figura D3.17**, viene ricavata collegando ciascun generatore della tensione di fase al proprio utilizzatore del carico stellato.

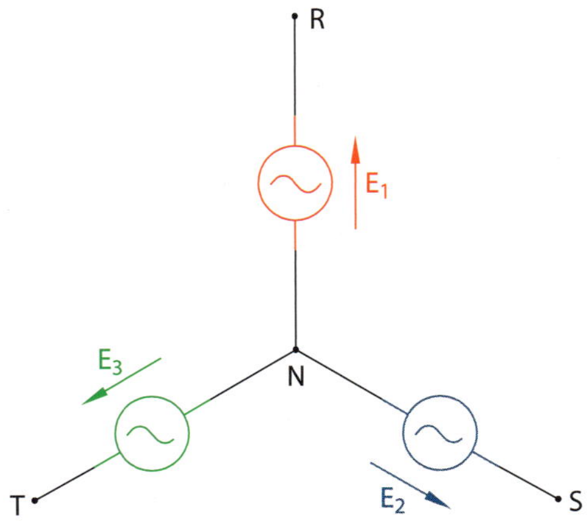

D3.15 Generatore trifase.

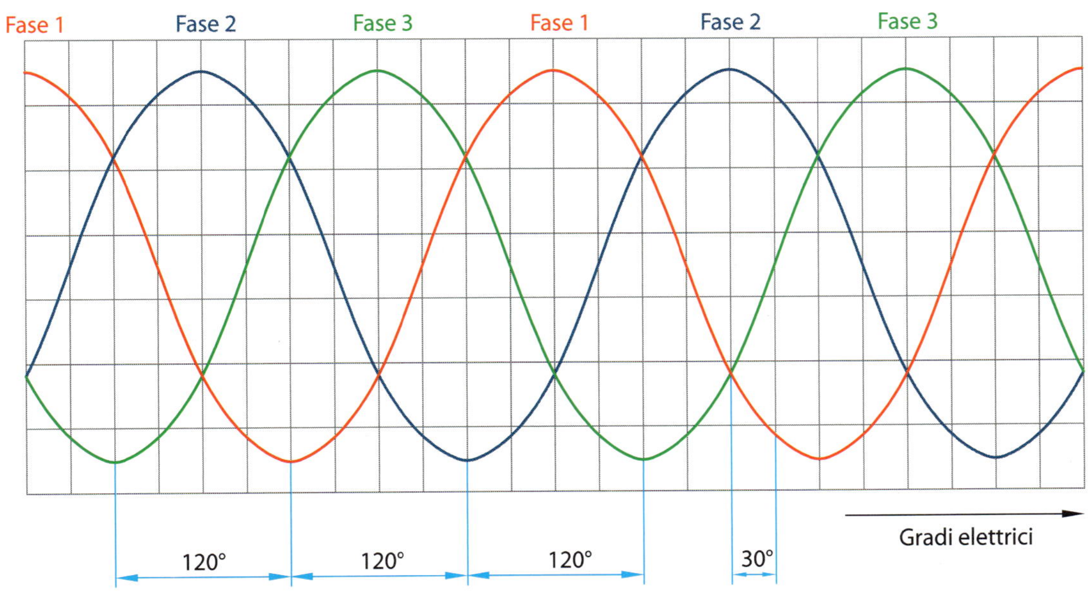

D3.16 Diagramma temporale delle tensioni di fase.

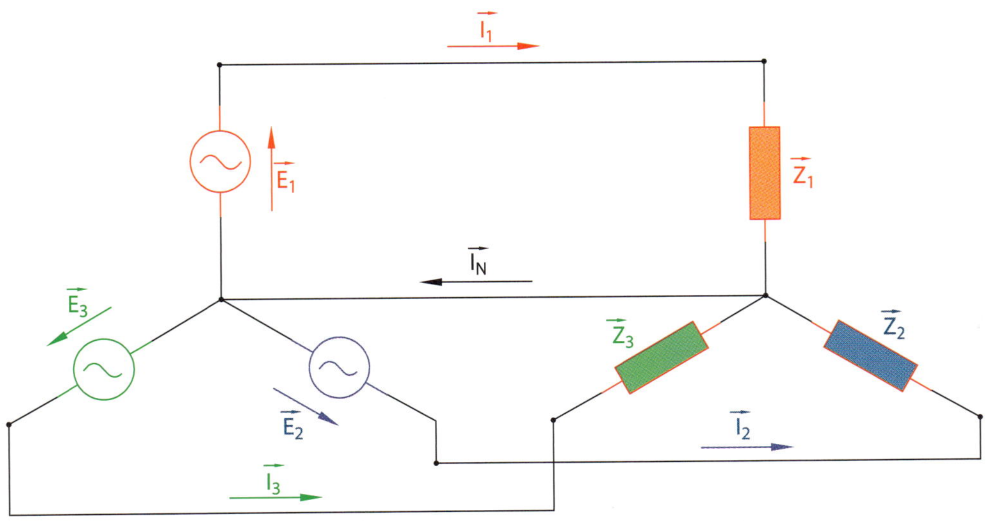

D3.17 Carico collegato a stella.

Il ritorno delle correnti di fase $\vec{I}_1$, $\vec{I}_2$ e $\vec{I}_3$ al nodo N avviene in comune attraverso il neutro.
Se si è in presenza di **carico equilibrato**, ovvero se i tre carichi $\vec{Z}_1$, $\vec{Z}_2$ e $\vec{Z}_3$ sono uguali, le tre correnti sono anch'esse uguali in ampiezza e sfasate tra loro di 120°.
Si può dimostrare che la somma $\vec{I}_N$, di tre correnti sfasate di 120° è nulla e di conseguenza il filo neutro può essere rimosso; in tal caso il collegamento si riduce a soli tre fili.
Questo ragionamento mette in luce il principale vantaggio del trifase nel trasporto a lunghe distanze: la possibilità di veicolare tre forniture di tensione mediante tre soli fili anziché sei.

Dal sistema trifase di bassa tensione BT di 230 V deriva quello monofase che viene consegnato nelle abitazioni civili. Qui il fornitore mette a disposizione una delle tre fasi presenti a monte, più il neutro.

Collegamento del carico a triangolo

Le tre impedenze formano un triangolo **[fig. D3.18]**; i vertici del triangolo, collegati alle tre fasi dei generatori, costituiscono i morsetti del carico. Se il carico è equilibrato le tre correnti del carico $\vec{I}_{12}$, $\vec{I}_{23}$ e $\vec{I}_{31}$ sono anch'esse uguali in ampiezza e sfasate tra loro sempre di 120°, tuttavia la loro ampiezza è $\sqrt{3}$ volte maggiore di quella stellata, quindi vale $230 \times \sqrt{3} = 400$ V.

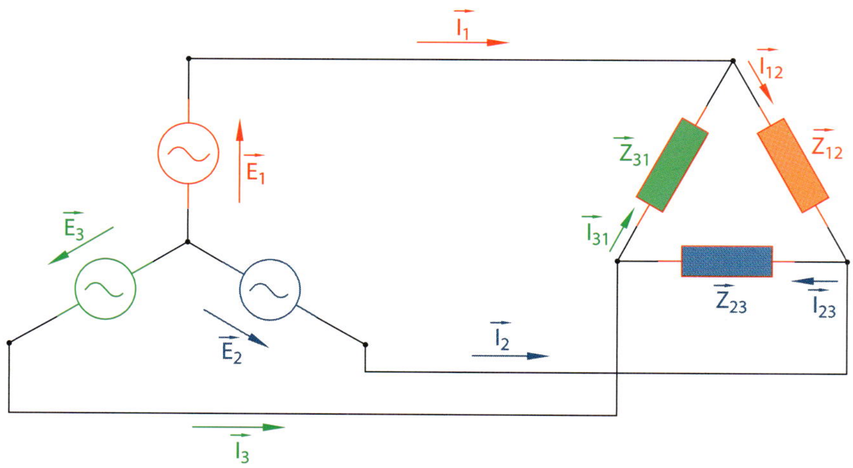

D3.18 Carico collegato a triangolo.

ESERCITAZIONE GUIDATA / D3.1

hoepliscuola.it

Rendimento

Effettuare un'analisi del rendimento del seguente circuito, con $V_G = 20$ V, $R_G = 10\ \Omega$, $R_C = 16\ \Omega$.

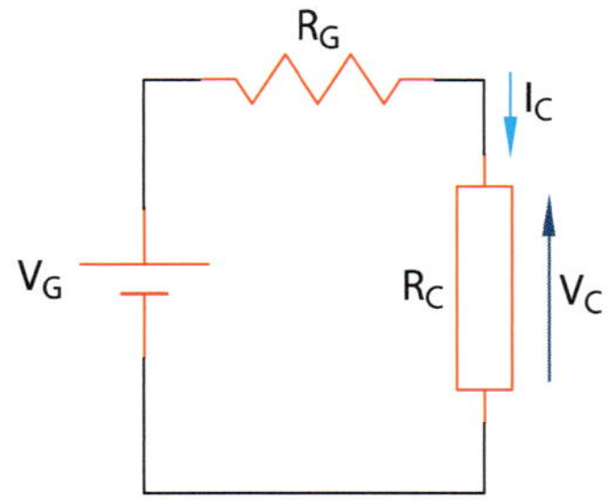

1. Calcolare la potenza utile P_C e quella dissipata P_D.

a. $I_C = V_G/(R_G + \ldots) = \ldots/(\ldots + \ldots) = 0{,}77$ A

b. $P_C = \ldots \cdot I_C = \ldots \times 0{,}77^2 = 9{,}49$ W

c. $P_D = \ldots \cdot I_C = \ldots \times 0{,}77^2 = 5{,}9$ W

2. Calcolare il rendimento:

$$\eta = P_C/(P_C + \ldots) = \ldots/(\ldots + \ldots) = 0{,}6 = 60\%$$

3. Ripetere il calcolo per i valori $R_C = 4\ \Omega$ e $R_C = 20\ \Omega$.

4. Risolvere il problema con un foglio di lavoro.
Impostare valori di R_C da 0 a 20 a passi di due ohm.

Rc	Ic	Pc	PD	η
0	2,00	0,0	40,0	0,00
2	1,67	5,6	27,8	0,17
4	1,43	8,2	20,4	0,29
6	1,25	9,4	15,6	0,38
8	1,11	9,9	12,3	0,44
10	1,00	10,0	10,0	0,50
12	0,91	9,9	8,3	0,55
14	0,83	9,7	6,9	0,58
16	0,77	9,5	5,9	0,62
18	0,71	9,2	5,1	0,64
20	0,67	8,9	4,4	0,67

Vg = 20
Rg = 10

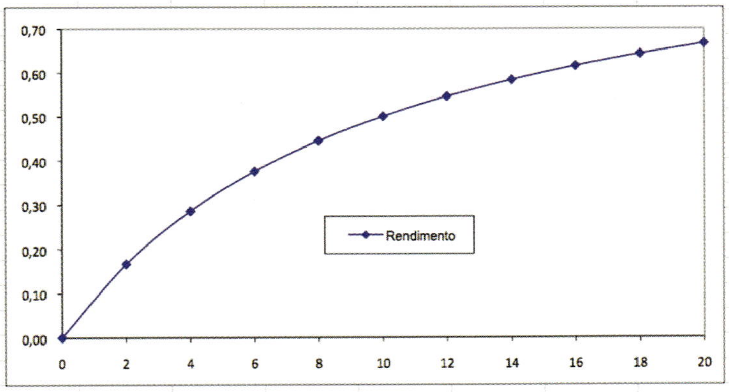

5. Selezionare le opzioni corrette.

a. ☐ Il rendimento cala al crescere della resistenza di carico.

b. ☐ Se la resistenza del generatore fosse nulla il rendimento sarebbe infinito.

c. ☐ Se $R_G = R_C$ il rendimento è del 50%.

ESERCITAZIONE GUIDATA / D3.2

hoepliscuola.it

Massimo trasferimento di potenza

Il bilancio energetico di un generico sistema, ovvero l'energia trasferita dal generatore all'utilizzatore, può essere modellato come nella figura, in relazione alle tre parti fondamentali: generatore, resistenza interna del generatore, carico o utilizzatore.

La potenza elettrica, transitando lungo il circuito, subisce una perdita nella R_G. Il massimo trasferimento di potenza si ha quando il carico è adattato al generatore, cioè quando $R_G = R_C$; infatti:

- se $R_C > R_G$ si ha in effetti una maggiore tensione sul carico, ma anche una minore corrente;
- se $R_C < R_G$ si ha viceversa una maggiore corrente nel carico, ma anche una minore tensione.

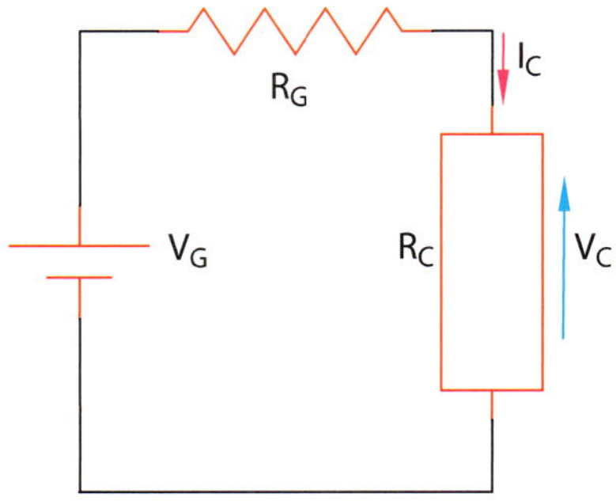

1. Calcolare corrente e tensione sul carico:

$I_C = V_G/(R_G +$ ______ $)$ $\qquad V_C = I_C \cdot$ ______ $= V_G \cdot$ ______ $/(R_G +$ ______ $)$

2. Calcolare corrente, tensione e potenza trasferita al carico quando $R_G = R_C = R$:

$I_C = V_G/(R +$ ______ $) = V_G/2R$ $\qquad V_C = V_G \cdot$ ______ $/(R +$ ______ $) = V_G/2$

$P_C = V_C \cdot I_C = (V_G/$ ______ $) \cdot V_G/$ ______ $= V_G^2/4\,R$

3. Verificare mediante un foglio di lavoro che la potenza massima si ha con $R_G = R_C$.
$V_G = 20$ V, $R_G = 10\ \Omega$.

Rc	Vc	Ic	Pc
0	0,0	2,0	0,0
2	3,3	1,7	5,6
4	5,7	1,4	8,2
6	7,5	1,3	9,4
8	8,9	1,1	9,9
10	10,0	1,0	10,0
12	10,9	0,9	9,9
14	11,7	0,8	9,7
16	12,3	0,8	9,5
18	12,9	0,7	9,2
20	13,3	0,7	8,9

Vg = 20
Rg = 10

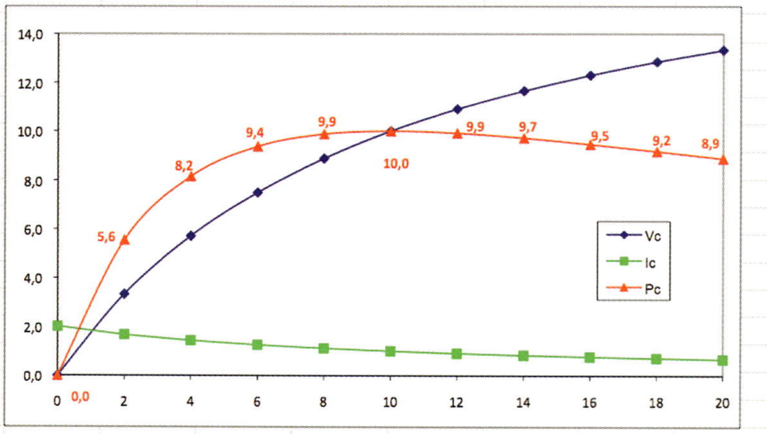

4. Spuntare le due affermazioni corrette dopo aver osservato il grafico risultante.

a. ☐ La massima potenza trasferita è: $V_G^2/4\,R = 400/40 = 10$.

b. ☐ La potenza P_C cala con l'aumento di R_C.

c. ☐ La corrente I_C cala con l'aumento di R_C.

ESERCITAZIONE GUIDATA / D3.3

hoepliscuola.it

Corrente del neutro nel trifase

1. Realizzare il collegamento trifase di tre generatori sul carico resistivo bilanciato della figura.

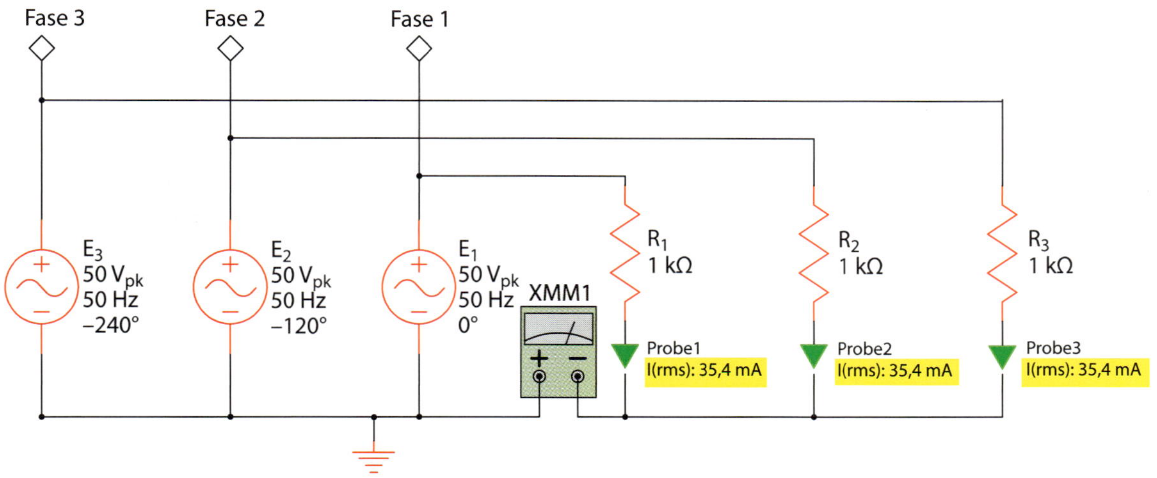

2. Calcolare il periodo di ogni onda e l'intervallo Δt nel quale una fase prevale sulle altre.

a. Il periodo vale: $T = 1/f = 1/$ ______ = ______ = 20 ms.

b. Per simmetria, essendo uguali le tre f.d.o., si ha: $\Delta t = T/3 =$ ______ /3 = ______ s.

3. Visualizzare le tre tensioni e misurare la distanza temporale Δt.

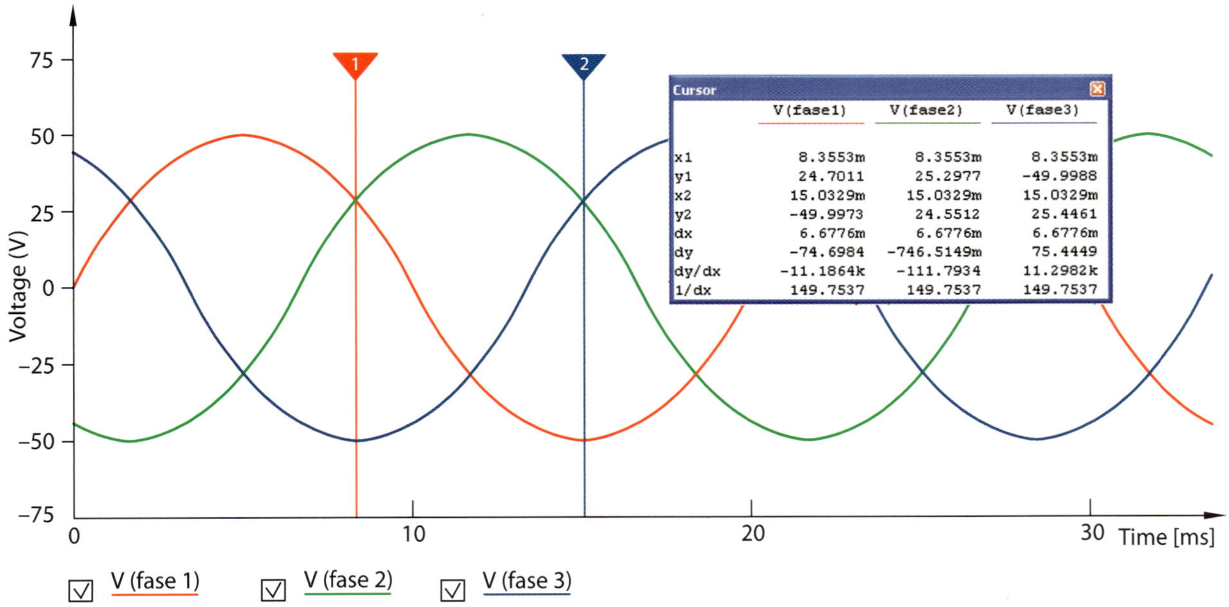

4. Risalire dal dato di distanza temporale allo sfasamento tra le onde.
Ponendo due cursori temporali in corrispondenza di due punti di intersezione consecutivi delle onde si legge circa 6,65. Si converte il tempo in gradi mediante la proporzione: $x : 360° = \Delta t : T$:

$$x = 360 \cdot \Delta t/T = 360 \times \text{\_\_\_\_\_\_} / \text{\_\_\_\_\_\_} \cong 120°$$

5. Verificare che la corrente che attraversa il neutro è nulla.

hoepliscuola.it

ESERCITAZIONE GUIDATA / D3.4

Carico collegato a stella e a triangolo

Confrontare le tensioni del carico stellato rispetto a quelle della configurazione a triangolo.

1. Realizzare il collegamento trifase a stella di tre generatori su carico resistivo bilanciato della figura.

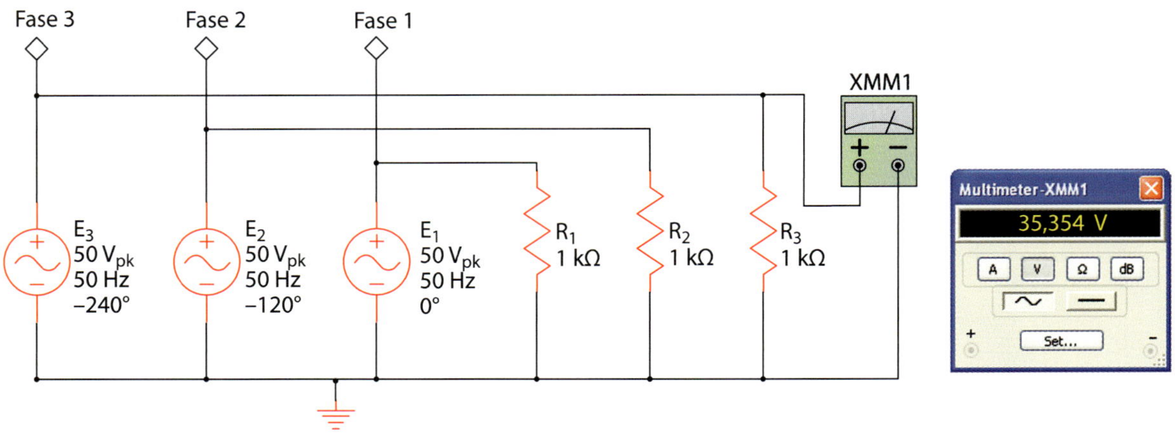

2. Calcolare il valore efficace delle tensioni sui tre resistori. Misurare i valori efficaci delle tre tensioni e confrontarli con i dati calcolati:

$$V_{R3EFF} = V_{R2EFF} = V_{R1EFF} = E_1/\sqrt{2} = \qquad V$$

3. Realizzare il collegamento trifase a triangolo della figura.

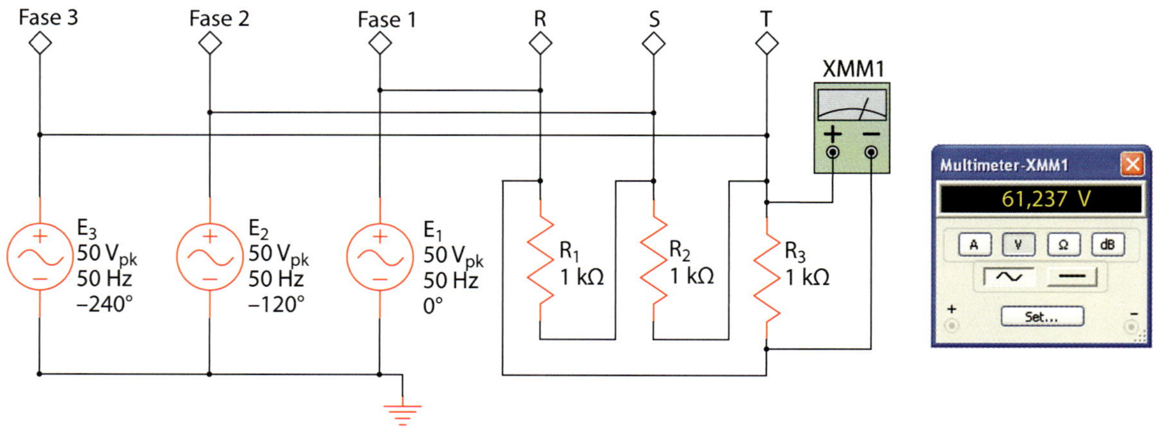

4. Calcolare il valore efficace delle tre tensioni sui resistori. Misurare i valori efficaci delle tre tensioni e confrontarli con i dati calcolati:

$$V_{R3EFF} = V_{R2EFF} = V_{R1EFF} \cong \qquad V$$

5. Verificare che le tensioni nel collegamento a triangolo sono $\sqrt{3}$ volte quelle del collegamento a stella:

$$V_{TRIANGOLO} = V_{STELLA} \cdot \sqrt{3}$$

ovvero con i dati:

$$\qquad \times \sqrt{3} \cong \qquad$$

VERIFICA DEGLI OBIETTIVI / unità D3

AREAdigitale

Vero/Falso

1. La potenza espressa da un generatore vale $V \cdot I$.

☐ Vero ☐ Falso

2. La potenza utilizzata da un resistore vale $R \cdot V^2$.

☐ Vero ☐ Falso

3. La potenza utilizzata da un resistore vale I^2/R.

☐ Vero ☐ Falso

4. Stabilire la veridicità di questa equazione dimensionale: [W] = [A] × [V] = [C]/[s] × [J]/[C] = [J]/[s].

☐ Vero ☐ Falso

5. Le tensioni di un generatore trifase sono sfasate di 180°.

☐ Vero ☐ Falso

6. La corrente del filo neutro è nulla se il carico trifase è bilanciato.

☐ Vero ☐ Falso

7. I quattro cavi delle linee elettriche trifase sono tutti impegnati per il trasporto della corrente.

☐ Vero ☐ Falso

Scelta singola

1. Il rendimento è il rapporto tra:

a. potenza assorbita e potenza fornita
b. potenza fornita e potenza assorbita
c. potenza dissipata e potenza fornita

2. Il rendimento complessivo è:

a. la somma dei singoli rendimenti
b. il rapporto dei singoli rendimenti
c. il prodotto dei singoli rendimenti

3. Selezionare l'espressione corretta riguardo alle potenze.

a. $P_D = P_G - P_U$
b. $P_D = P_G/P_U$
c. $\eta_{TOT} = \eta_1/\eta_2/\eta_3/\ldots/\eta_{N-1}/\eta_N$

4. Selezionare l'affermazione corretta riguardo al rendimento η.

a. Se 0, significa potenza completamente utilizzata
b. Se 1, significa potenza completamente dissipata
c. È adimensionale

5. Un motore consuma 10 W per 1 h e successivamente 20 W per 1/2 h. L'energia spesa vale:

a. 10 Wh **b.** 72.000 J **c.** 20 W

6. Una lampadina da 50 V ha stampigliata sul bulbo la potenza di 250 W. Quanto vale la sua resistenza?

a. $R = 10\ \Omega$ **b.** $R = 5\ \Omega$ **c.** $R = 25\ \Omega$

7. Due lampadine da 50 V hanno impresse sul bulbo le sigle 100 W e 250 W. Calcolare la corrente che le attraversa se vengono alimentate in serie da una tensione di 70 V.

a. $I = 1$ A **b.** $I = 2$ A **c.** $I = 3$ A

8. Una resistenza $R = 10\ \Omega$, alimentata con 10 V e immersa in un liquido trasferisce a esso tutta l'energia dissipata per effetto joule. Indicare la quantità di calore Q in joule sviluppata nel liquido in mezz'ora.

a. 100
b. 10
c. 18.000

Scelta multipla

1. Selezionare le corrette formule per il calcolo dell'energia W.

a. $W = F \cdot d$
b. $W = E \cdot d \cdot Q$
c. $W = V \cdot Q \cdot \Delta t$

2. Selezionare le corrette equazioni dimensionali.

a. [joule] = [newton] · [metro]
b. [watt] = [joule] · [secondo]
c. [joule] = [volt] · [coulomb]

3. Selezionare le corrette formule della potenza elettrica.

a. $P = V \cdot I$
b. $P = R \cdot \Delta t^2$
c. $P = V^2/R$

4. Il rendimento è:

a. un rapporto tra due potenze
b. un numero puro
c. una potenza

5. Selezionare le corrette equazioni dimensionali.

a. [A] = [C]/[s]
b. [J] = [W]/[s]
c. [V] = [J]/[C]

VERIFICA

VERIFICA DEGLI OBIETTIVI / modulo D

AREAdigitale

Associazione

1. Associare topologia circuitale a tensioni e correnti.

1. Resistenze in serie
2. Resistenze in parallelo
3. Equazione ai nodi
4. Equazione alla maglia
a. Somma delle correnti nulla
b. Medesima corrente
c. Medesima tensione
d. Somma delle tensioni nulla

....

2. Associare l'apparecchio di comando alla sua costituzione interna.

1. Commutatore
2. Invertitore
3. Relè
4. Interruttore
a. Due interruttori con un capo in comune
b. Due deviatori con uscite ponticellate
c. Contatto aperto o chiuso
d. Elettromagnete

....

3. Associare l'impianto alla sua struttura.

1. Impianto interrotto
2. Comando luce da due punti
3. Comando luce da tre punti
4. Comando di gruppi distinti di lampade
a. Commutatore
b. Due deviatori e un invertitore
c. Due deviatori
d. Interruttore

....

4. Associare le sigle alle corrette diciture.

1. BT — **a.** Bassa tensione
2. MT — **b.** Alta tensione
3. AT — **c.** Media tensione
4. AAT — **d.** Altissima tensione

....

5. Associare le diciture alle corrette definizioni.

1. Carico base
2. Punta di carico
3. Eccedenza
a. Fabbisogno di energia inferiore al carico medio
b. Fabbisogno di energia medio
c. Fabbisogno di energia superiore al carico medio

....

Completamento

1. Tre resistenze di valore $R_1 = 180\ \Omega$, $R_2 = 220\ \Omega$, $R_3 = X\ \Omega$ sono poste in serie. Determinare R_3, nota la resistenza complessiva $R_{EQ} = 790\ \Omega$.

$R_3 =$ .... − 180 − .... = 390 Ω

2. Due generatori di tensione $E_1 = 40$ V, $E_2 = 10$ V aventi rispettivamente resistenza interna $R_1 = 20\ \Omega$, $R_2 = 10\ \Omega$ sono posti in parallelo. Determinare la tensione complessiva ai capi del parallelo dei generatori, completando i dati richiesti.

a. Corrente nella maglia: I = (40 − ....)/(20 + ...) = = ... A

b. Tensione del primo generatore: V_1 = ... − .... × 1 = = ... V

c. Tensione del secondo generatore: V_2 = ... + ... × × 1 = ... V

3. Completare con riferimento alle combinazioni di due interruttori in serie, ponendo $L = 0$ oppure $L = 1$.

$S_1S_2 = 00 \rightarrow L =$ ....; $S_1S_2 = 01 \rightarrow L =$ ....; $S_1S_2 = 10 \rightarrow L =$ ....; $S_1S_2 = 11 \rightarrow L =$ ....

4. Completare con riferimento alle combinazioni di due interruttori in parallelo ponendo $L = 0$ oppure $L = 1$.

$S_1S_2 = 00 \rightarrow L =$ ....; $S_1S_2 = 01 \rightarrow L =$ ....; $S_1S_2 = 10 \rightarrow L =$ ....; $S_1S_2 = 11 \rightarrow L =$ ....

5. Un generatore di 10 V con resistenza interna di 2 Ω alimenta un carico di 3 Ω. Completare con i dati richiesti.

a. Potenza generata P_G = ... W
b. Potenza utilizzata P_U = ... W
c. Potenza dissipata P_D = ... W

6. Una lampada di potenza 460 W deve essere alimentata a 230 V da un generatore di 400 V con una resistenza interna R. Completare con i dati richiesti.

a. Corrente nella lampadina: I = ... A
b. Tensione sulla resistenza: V = ... V
c. Valore della resistenza: R = ... Ω
d. Potenza dissipata dalla resistenza: P_D = ... W

VERIFICA

modulo E Applicazioni del settore elettronica

UNITÀ E1
Elettronica digitale e analogica

UNITÀ E2
Codifica digitale elettronica

AREAdigitale

- **VIDEO TUTORIAL** Semisommatore con foglio di lavoro
- **VIDEO TUTORIAL** Analisi di un circuito mediante Virtual Breadboard
- **ESERCITAZIONE GUIDATA** Comando digitale luce da tre punti
- **Verifiche interattive**

PREREQUISITI

Conoscenze

- Le variabili booleane VERO e FALSO
- Le funzioni logiche
- Le potenze del 10
- Le basi dell'elettrotecnica

Abilità

- Valutare il valore di proposizioni logiche
- Valutare il risultato di espressioni logiche

OBIETTIVI

Conoscenze

- Componenti elettronici digitali e analogici
- Circuiti digitali

Abilità

- Analizzare sistemi digitali
- Simulare e realizzare sistemi digitali

Competenza di riferimento

- Saper analizzare e costruire semplici circuiti digitali

VERIFICA DEI PREREQUISITI / modulo E

AREAdigitale

Vero/Falso

1. Con 3 cifre decimali si può contare fino a $10^3 - 1$.

☒ Vero ☐ Falso

2. Sia dato un numero $N = -4$. La proposizione P = (il numero N è minore di 0) è falsa.

☐ Vero ☒ Falso

3. Siano dati due numeri $N_1 = -4$, $N_2 = -8$. La proposizione P = (N_1 è minore di N_2) è vera.

☐ Vero ☒ Falso

Scelta singola

1. Tra i punti 1 e 2 di un circuito vi è una differenza di potenziale $V_2 - V_1$ di 6 V; quanto vale V_1 se $V_2 = 7$ V?

a. 1 V **b.** 13 V **c.** −13 V

2. Tra i punti 1 e 2 di un circuito vi è una differenza di potenziale $V_2 - V_1$ di −3 V; quanto vale V_2 se $V_1 = 5$ V?

a. 2 V **b.** −2 V **c.** 8 V

3. Un segnale costante nel tempo è rappresentato graficamente come una retta:

a. parallela all'asse delle ordinate
b. inclinata di 45°
c. parallela all'asse delle ascisse

Scelta multipla

1. Quali elementi presentano tensione nulla?

a. Positivo di una batteria
b. Massa
c. Corto circuito

2. Una batteria da 5 V è collegata in serie a una resistenza attraverso un interruttore; quali condizioni si instaurano nel circuito se l'interruttore è chiuso?

a. Tensione V_R nulla
b. Corrente $I_R = 5/R$
c. Corrente I_R uguale alla corrente erogata dal generatore

3. Una batteria da 5 V è collegata in serie a una resistenza attraverso un interruttore; quali condizioni si instaurano nel circuito se l'interruttore è aperto?

a. Tensione V_R nulla
b. Corrente $I_R = 5/R$
c. Corrente I_R nulla

Associazione

1. Associare la tipologia al dispositivo.

1. Dispositivo attivo	3 **a.** Interruttore
2. Dispositivo passivo	**b.** Resistore
3. Dispositivo di comando	**c.** Generatore

....

2. Associare la tipologia al dispositivo.

1. Monostabile	**a.** Spia intermittente
2. Bistabile	**b.** Pulsante
3. Astabile	**c.** Interruttore

....

3. Associare formato di file a estensione.

1. Immagine	**a.** TIFF
2. Eseguibile	**b.** EXE
3. Temporaneo	**c.** TMP

....

Completamento

1. Completare lo sviluppo del numero decimale in somma di potenze.

a. $12.345_{(10)}$ = ... × 10^0 + ... × 10^1 + ... × 10^2 + + ... × 10^3 + ... × 10^4

b. $12.345_{(10)}$ = ... + ... + ... + ... + + 10.000

2. Un'onda quadra di ampiezza 3 V e frequenza f = 200 mHz è sovrapposta a una tensione costante di 50 V; completare i calcoli richiesti.

a. Tensione massima: V
b. Tensione minima: V
c. Tensione media: V
d. Periodo: .... s

3. Calcolare il risultato TRUE oppure FALSE delle proposizioni logiche fornite, nel caso $N = 12$.
X = (N è maggiore di 5); Y = (N è minore di 10).

a. $P_1 = X$ OR Y = ...
b. $P_2 = X$ AND Y = ...
c. $P_3 = X$ AND NOT (Y) = ...
d. P_4 = NOT (X) OR Y = ...

PREREQUISITI

ELETTRONICA DIGITALE E ANALOGICA

L'elettronica è l'insieme delle conoscenze necessarie per progettare e realizzare circuiti di elaborazione dei segnali per mezzo di componenti elettronici.
Il segnale elettronico può essere rappresentativo di:

- grandezze fisiche, se traduce in tensione e corrente entità realmente presenti in natura, come la temperatura e la luminosità;
- informazioni multimediali, se codifica o trasmette dati di natura artificiale e virtuale, come per esempio le informazioni che transitano in Internet.

Le innumerevoli e svariate applicazioni dell'elettronica si dividono in due grandi ambiti: l'**elettronica digitale** e l'**elettronica analogica**.

OBIETTIVI

Conoscenze

- Apparati digitali e analogici
- Porte logiche
- Circuiti combinatori

Abilità

- Analizzare e verificare le porte logiche mediante simulazione o cablaggio
- Analizzare e verificare semplici circuiti digitali mediante simulazione o cablaggio

CONTENUTI

E1.1 ELETTRONICA DIGITALE ED ELETTRONICA ANALOGICA

Grandezze digitali e analogiche

Le grandezze digitali sono un prodotto della tecnologia, mentre le grandezze analogiche sono presenti in natura; in termini specialistici si dice che:

- le grandezze digitali sono espressioni di una **realtà virtuale**;
- le grandezze analogiche sono espressioni della **realtà fisica**.

Da qui deriva una caratteristica essenziale che differenzia analogico e digitale:

- i sistemi analogici sono **continui**, infatti la natura non "fa salti" e i processi naturali, salvo eccezioni, sono soggetti a inerzie e lentezze;
- i sistemi digitali sono **discontinui** o, con un termine più specialistico, **discreti**; infatti:
  - essendo virtuali non possono riprodurre la varietà infinita della realtà;
  - sono limitati nella codifica dei dati dalle limitazioni numeriche e di memoria;
  - i loro stati sono separati da intervalli finiti, detti **gradini**.

Discretizzazione

Il concetto di discretizzazione è ben evidenziato dal confronto tra il classico termometro a colonnina di mercurio e il termometro a display:

- il primo **[fig. E1.1a]** è di tipo analogico, in quanto la grandezza da misurare è rappresentata in forma continua, infatti a ogni valore di temperatura corrisponde una diversa posizione della colonnina;
- il secondo **[fig. E1.1b]** è digitale, infatti la temperatura è visualizzata in forma discreta, cioè con un numero finito di livelli; nel caso di un termometro a due cifre

intere e una decimale, per esempio, vengono rappresentati solo i valori di temperatura distanziati di un decimo di grado, ovvero 36,6 °C; 36,7 °C; 36,8 °C ecc.; i valori di temperatura intermedi vengono approssimati al livello discreto più prossimo.

Un altro esempio è dato dalla regolazione del volume di un'autoradio. Nei vecchi modelli la regolazione era continua **[fig. E1.2a]**, ora è invece guidata attraverso una serie di piccole deviazioni angolari **[fig. E1.2b]** che permettono una regolazione più calibrata del volume.

Segnali analogici e digitali

La differenza tra i segnali di tipo analogico e quelli di tipo digitale è una conseguenza del concetto di discretizzazione e risiede nel numero di livelli di tensione:

- i segnali **analogici** possono assumere **infiniti livelli** nel campo di variabilità della grandezza;
- i segnali **digitali** possono assumere solo un **numero finito di livelli**.

Segnali analogici

Un esempio di segnale analogico è quello prodotto da un microfono. Il funzionamento del microfono è basato sulle oscillazioni continue che le onde di pressione provocano su una membrana, le quali vengono convertite in tensione analogica. Come chiarito dalla **figura E1.3**, poiché il suono può assumere infiniti gradi di intensità, anche la corrispondente forma d'onda elettrica è soggetta a infinite variazioni.

Segnali digitali

Se si potessero visualizzare i segnali circuitali di un sistema digitale come il computer, si osserverebbero delle interminabili sequenze di 1 e 0, cioè delle onde impulsive a due livelli **[fig. E1.4]**.

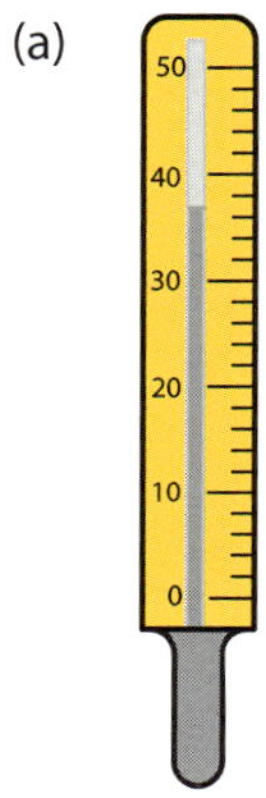

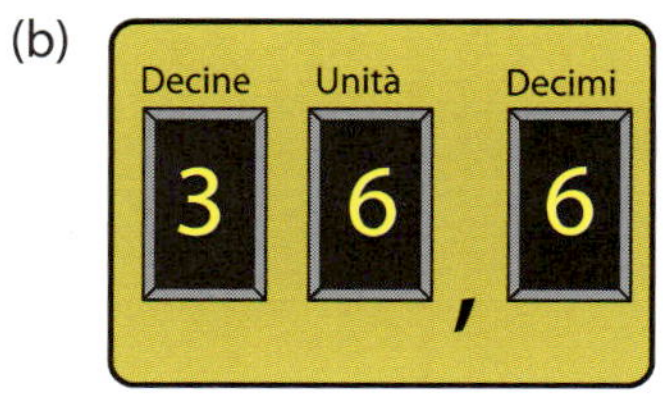

E1.1 Termometro: a) analogico; b) digitale.

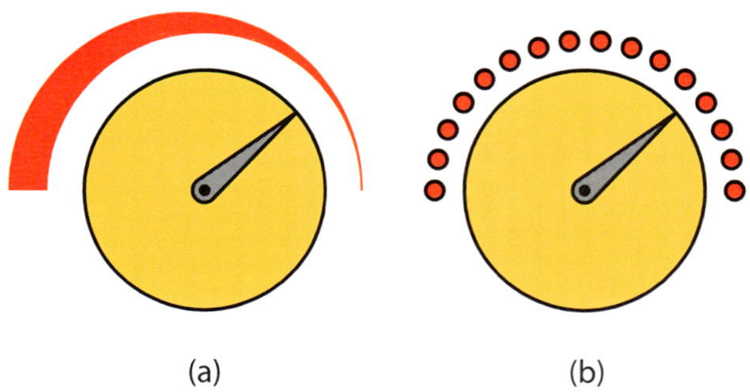

E1.2 Regolazione del volume: a) analogica; b) digitale.

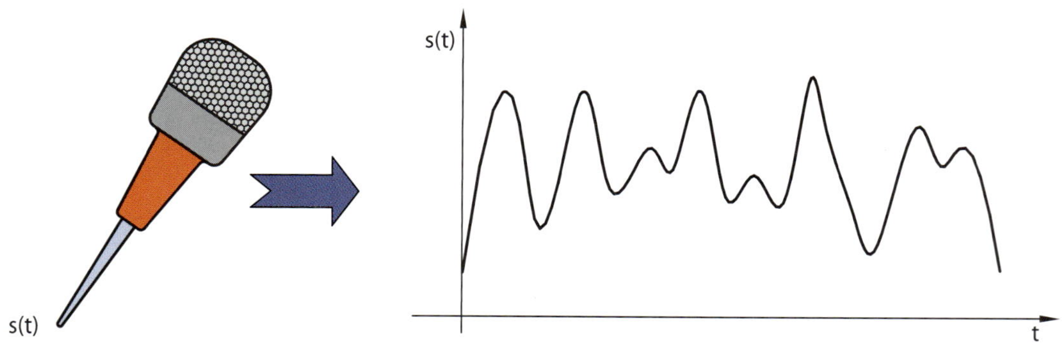

E1.3 Segnale audio trasdotto dal microfono.

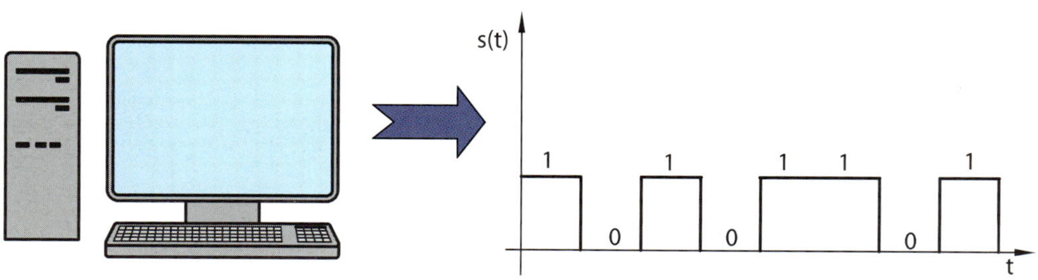

E1.4 Segnale digitale.

Tutto questo perché le grandezze digitali sono codificate mediante numeri binari a loro volta codificati mediante due soli livelli di tensione: un livello alto 1 e un livello basso 0.

Perché il digitale?

Molteplici sono le motivazioni per cui l'elaborazione digitale viene preferita all'elaborazione analogica e di seguito ne sono riportate le più importanti:

- è possibile elaborare i dati con il computer, in quanto rappresentati in **formato numerico**;
- è possibile integrare **diverse fonti**, quali musica, parole, immagini, in un singolo supporto, come il CD;
- si possono **condividere le informazioni** attraverso la rete Internet.

I dispositivi per elaborare informazioni basate su un alfabeto binario sono semplici ed è sempre possibile aumentare l'accuratezza della rappresentazione del segnale incrementando il numero di elementi usati per rappresentare l'informazione.

I sistemi digitali, per di più, sono particolarmente insensibili ai **disturbi**, caratteristica molto importante che li differenzia dai sistemi di trasmissione analogica, dei quali con un semplice esempio si dimostra la fallacia.

Si supponga di dover comunicare un'informazione costituita da una sfumatura di grigio scelta tra un insieme di otto gradazioni [fig. E1.5].
Si dispongono, per esempio, ai vertici estremi di un'aula due alunni uno dei quali, il "trasmettitore", è dotato di otto palette predisposte con le otto possibili tonalità. Se il trasmettitore deve comunicare il valore 2 alza la corrispondente paletta e chiede al secondo alunno, il "ricevitore", di indicare il valore segnalato.
Per effetto di elementi ambientali di disturbo, come i riflessi luminosi o le non perfette condizioni di illuminazione, il ricevitore sarà sicuramente in difficoltà nell'individuare la giusta sfumatura e nel classificarla, perché due elementi adiacenti presentano una minima differenza di tonalità, da cui deriva facilmente un errore di interpretazione.
Il problema viene invece risolto con un sistema digitale, in cui i segnali sono codificati con tre palette bianche o nere, che vengono mostrate in sequenza dall'alunno. Nell'esempio della figura E1.5 l'alunno alza in sequenza bianco-nero-bianco, corrispondente al codice binario 0-1-0 del numero decimale 2.
L'informazione sarà senz'altro interpretata correttamente dal ricevitore, poiché esiste un margine molto largo tra le due opposte configurazioni di colore, il bianco e il nero.

Conversione tra analogico e digitale

Il passaggio da analogico a digitale è chiamato **digitalizzazione**: lo schema rappresentato nella figura E1.6 individua i blocchi fondamentali che permettono a un elaboratore digitale (per esempio, un personal computer) di trattare i dati analogici.

Vi si possono individuare tre elementi:

1. un **convertitore A/D**: dispositivo di interfacciamento che effettua la conversione analogico/digitale;
2. un'**unità di elaborazione**: sistema a microprocessore;
3. un **convertitore D/A**: dispositivo di interfacciamento che effettua la conversione digitale/analogico.

Un segnale digitale può direttamente essere elaborato da un personal computer, senza l'adozione di convertitore, in quanto i componenti elettronici del calcolatore sono progettati per trattare direttamente segnali digitali codificati mediante il sistema binario, cioè sequenze di simboli **0** e **1**.

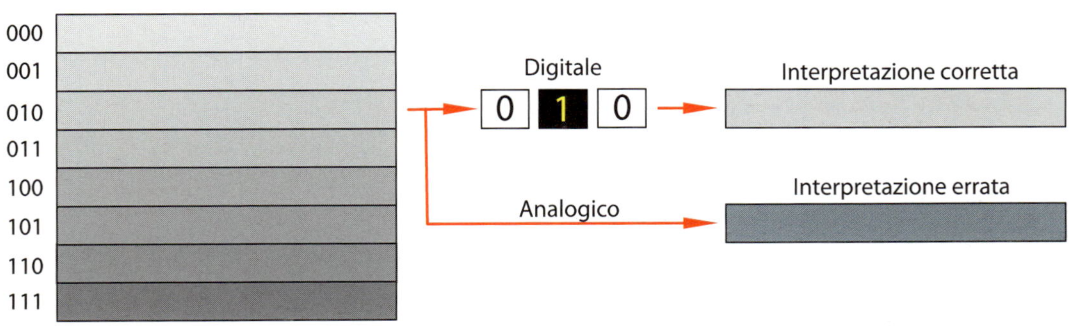

E1.5 Immunità al rumore nella codifica digitale.

E1.6 Schema di trattamento dei dati analogici in un elaboratore digitale (PC).

E1.2 CIRCUITI DIGITALI E PORTE LOGICHE

Circuiti digitali

Generalità

I circuiti digitali sono caratterizzati dalla presenza di due soli livelli di tensione, **livello basso** e **livello alto**, così rispettivamente identificati:

- **'0'** (tipicamente 0 V) = **OFF** = **L** = LOW;
- **'1'** (tipicamente 5 V) = **ON** = **H** = HIGH.

I circuiti digitali si possono suddividere in due macrocategorie:

1. **combinatori**: se a ogni combinazione degli ingressi corrisponde un prefissato valore dell'uscita;
2. **sequenziali**: se l'uscita dipende, oltre che dagli ingressi, dallo stato in cui si trova il circuito.

Per esempio:

- è *combinatorio* l'interruttore (il più piccolo circuito digitale), in quanto a ciascuna delle due posizioni (ON, OFF) corrisponde una uscita predefinita (acceso 1, spento 0);
- è *sequenziale* un orologio digitale perché, pur non mutando gli ingressi, le uscite evolvono nel tempo in funzione dell'ora attuale; questi circuiti hanno una memoria per tenere traccia del proprio stato in ogni istante e costruire lo stato all'istante discreto successivo.

Circuiti combinatori e tabella di verità

Dal punto di vista funzionale un qualsiasi circuito digitale combinatorio è rappresentato come una "scatola nera" dove sono evidenziati gli N ingressi e le M uscite **[fig. E1.7]**.

Il suo comportamento è descritto esaustivamente dalla **tabella di verità**, che specifica la corrispondenza tra ogni possibile combinazione degli ingressi e i corrispondenti livelli di uscita.
Si consideri, per esempio, il circuito per il comando luce da tre punti, un circuito digitale che consente la commutazione acceso/spento dello stato della lampada da tre interruttori dislocati in una stanza.
Il suo funzionamento può essere descritto osservando la **figura E1.8**:

- tutti gli interruttori OFF: luce spenta;
- un interruttore ON: luce accesa;
- due interruttori ON: luce spenta (perché uno accende, l'altro spegne);
- tre interruttori ON: luce accesa (acceso-spento-acceso).

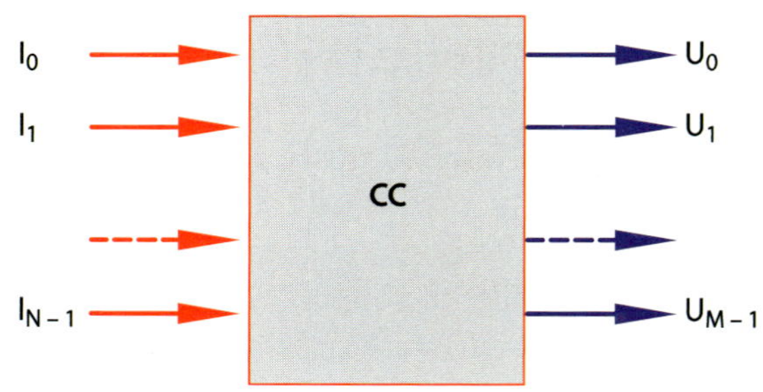

E1.7 Blocco funzionale combinatorio.

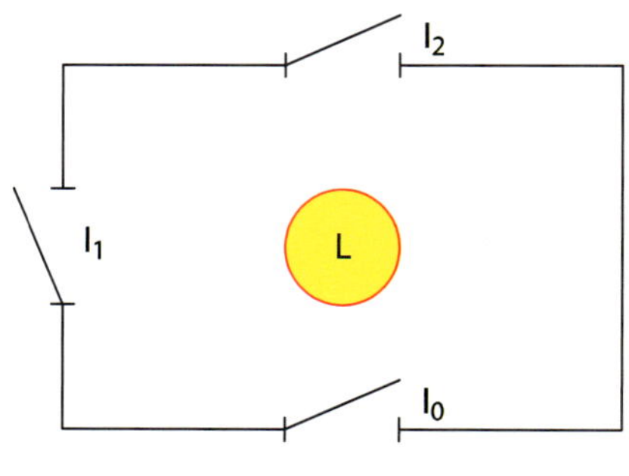

E1.8 Comando luce da tre punti.

Indicati con I_2, I_1, I_0 i tre interruttori e con L la lampada, il sistema risulta descritto dalla seguente tabella di verità [tab. E1.1].

TABELLA E1.1 Tabella di verità del sistema comando luce da tre punti

I_2	I_1	I_0	L
0	0	0	0
0	0	1	1
0	1	0	1
0	1	1	0
1	0	0	1
1	0	1	0
1	1	0	0
1	1	1	1

Porte logiche

Alla base dei sistemi digitali vi sono dei dispositivi elementari che, opportunamente combinati, permettono di realizzare una qualsiasi funzione combinatoria. Questi dispositivi di base prendono il nome di **porte logiche**.
Sono essi stessi dei sistemi combinatori, quindi sono descritti dalla tabella di verità.
I tre dispositivi fondamentali sono: porta **AND**, **OR** e **NOT**. Da queste derivano la NAND (AND + NOT) e la NOR (OR + NOT).

Nelle figure E1.9 ÷ E1.13 sono riportati per ciascuna porta:

- il simbolo funzionale;
- la tabella di verità;
- l'espressione algebrica;
- una proposizione che aiuta a ricordarne il comportamento.

I_1	I_0	U
0	0	0
0	1	0
1	0	0
1	1	1

$U = I_1 \cdot I_0$

L'uscita è alta se **tutti** gli ingressi sono simultaneamente alti.

E1.9 Porta AND (prodotto logico).

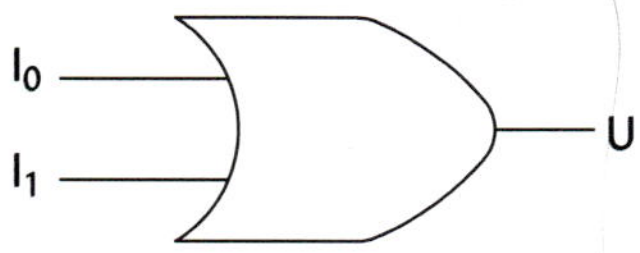

I_1	I_0	U
0	0	0
0	1	1
1	0	1
1	1	1

$U = I_1 + I_0$

L'uscita è alta se **almeno** un ingresso è alto.

E1.10 Porta OR (somma logica).

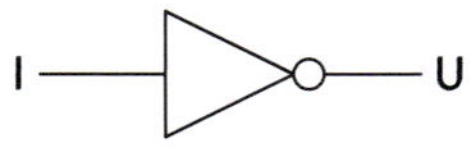

I	U
0	1
1	0

$U = \overline{I}$

L'uscita è il **negato** dell'ingresso.

E1.11 Porta NOT (negazione).

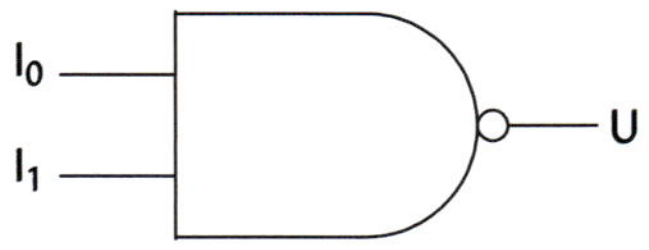

I_1	I_0	U
0	0	1
0	1	1
1	0	1
1	1	0

$U = \overline{I_1 \cdot I_0}$

La porta è equivalente a una AND negata.

E1.12 Porta NAND.

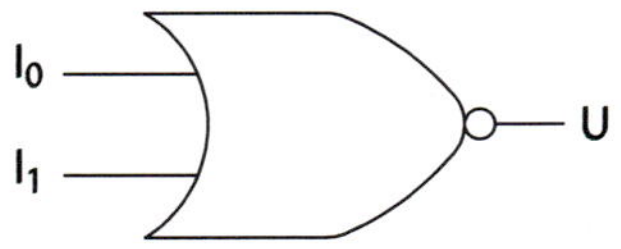

I_1	I_0	U
0	0	1
0	1	0
1	0	0
1	1	0

$U = \overline{I_1 + I_0}$

La porta è equivalente a una OR negata.

E1.13 Porta NOR.

E1.3 PROGETTO DI CIRCUITI COMBINATORI

Prima forma canonica

Di seguito si riprende l'esempio del comando luce da tre punti.
I passi per **implementare** la tabella di verità qui riportata [v. tab. E1.1] sono i seguenti:

1. individuare i mintermini (qui indicati in neretto), che sono i termini $U = 1$;

I_2	I_1	I_0	U
0	0	0	0
0	0	1	**1**
0	1	0	**1**
0	1	1	0
1	0	0	**1**
1	0	1	0
1	1	0	0
1	1	1	**1**

2. a ciascun mintermine associare nel circuito una porta AND;
3. inviare a ciascuna AND gli ingressi I_0, I_1, I_2 in base a questa regola:
   - $I = 0$ ingresso negato;
   - $I = 1$ ingresso non negato.

   La **figura E1.14** descrive, per esempio, l'implementazione per il primo mintermine;
4. congiungere le uscite delle AND per mezzo di una porta OR.

Si può così spiegare il senso di queste regole:

- ciascuna porta AND sintetizza il proprio mintermine;
- una porta AND ha uscita alta solo in corrispondenza del proprio mintermine, in tutte le altre combinazioni ha uscita bassa;
- la porta OR trasferisce in uscita tutti i mintermini, infatti la sua uscita vale 1 se anche un solo ingresso vale 1.

La **figura E1.15** visualizza lo schema completo.

Il circuito può essere alternativamente descritto dalla funzione logica, che è una espressione algebrica nella quale ogni porta ha un simbolo associato:

$$U = \overline{I}_2 \cdot \overline{I}_1 \cdot I_0 + \overline{I}_2 \cdot I_1 \cdot \overline{I}_0 + I_2 \cdot \overline{I}_1 \cdot \overline{I}_0 + I_2 \cdot I_1 \cdot I_0$$

Seconda forma canonica

Questo metodo è duale del precedente, infatti:

1. si considerano i **maxtermini**, ovvero i termini $U = 0$;
2. a ciascun maxtermine si associa nel circuito una porta OR;
3. a ciascuna OR si inviano gli ingressi in base a questa regola:
   - $I = 0$ ingresso non negato;
   - $I = 1$ ingresso negato;
4. si congiungono le uscite delle OR per mezzo di una AND.

Questo metodo viene utilizzato quando i maxtermini sono in numero inferiore ai mintermini, per un risparmio di porte.

E1.4 CIRCUITI ANALOGICI

I circuiti analogici servono a manipolare le forme d'onda dei segnali analogici, per asservirle a scopi diversi. I componenti principali dell'elettronica digitale sono: il **diodo raddrizzatore**, il **diodo zener** e il **transistore.**

Diodo raddrizzatore

Il diodo raddrizzatore **[fig. E1.16]** possiede la proprietà di condurre la corrente in una sola direzione, infatti:

- se **polarizzato direttamente**, ovvero se alimentato con una tensione positiva, equivale a un **corto circuito [fig. E1.17a]**;

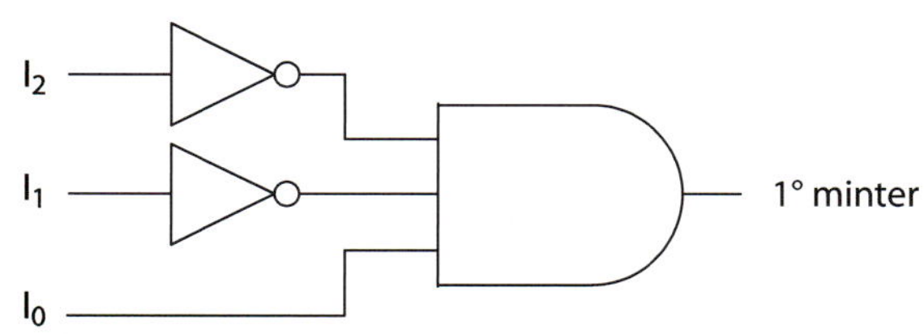

E1.14 Implementazione di un mintermine.

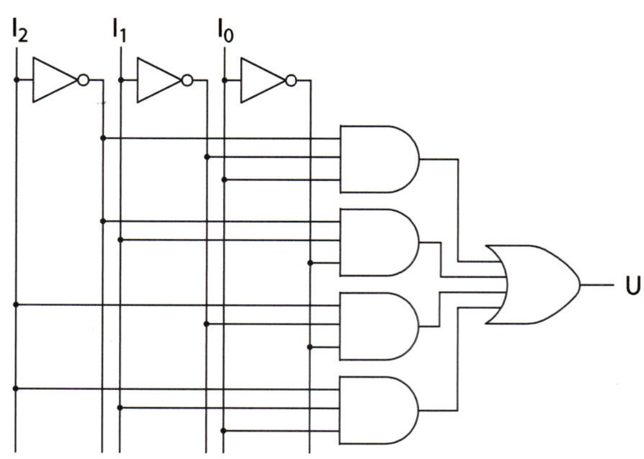

E1.15 Circuito in prima forma canonica.

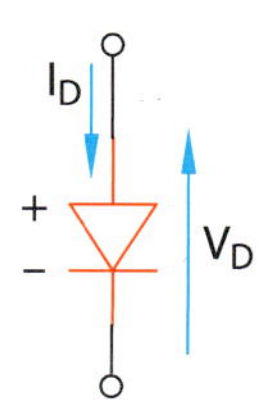

E1.16 Diodo raddrizzatore.

- se **polarizzato inversamente**, ovvero se alimentato con una tensione negativa, equivale a un **circuito aperto** [fig. E1.17b].

Da questa caratteristica discende il suo impiego più immediato come raddrizzatore d'onda.
Con riferimento alla **figura E.18**, che mostra un circuito diodo-resistenza alimentato da una sinusoide, si verifica infatti che:

- nella semionda positiva [fig. E1.18a] il diodo è **in conduzione**, pertanto la tensione si trasferisce integralmente sulla R;
- nella semionda negativa [fig. E1.18b] il diodo è **interdetto**, pertanto è nulla la corrente e non è presente tensione su R.

Il risultato è mostrato nella **figura E1.19**, dove si osserva la presenza della sola semionda positiva, mentre quella negativa risulta "**tagliata**".

Diodo zener

Il diodo zener [fig. E1.20] è uno speciale diodo che lavora in polarizzazione inversa.
In questa regione di lavoro offre la peculiarità di smorzare le variazioni di tensione, agendo come **stabilizzatore**. L'effetto di stabilizzazione incide sia sui **livelli** di tensione sia sulle **oscillazioni** e viene sfruttato negli alimentatori per fornire al carico tensioni continue "pulite" e costanti.

Il concetto si chiarisce con l'aiuto della **figura E1.21**:

- nella **figura E1.21a** si ipotizza che la tensione sia soggetta a variazioni nel livello medio e che si sommi un segnale spurio ΔE di tipo oscillatorio;
- nella **figura E1.21b** grazie allo zener il livello continuo è ancorato alla cosiddetta tensione di zener V_Z, il segnale spurio si è ridotto ovvero $\Delta V << \Delta E$;

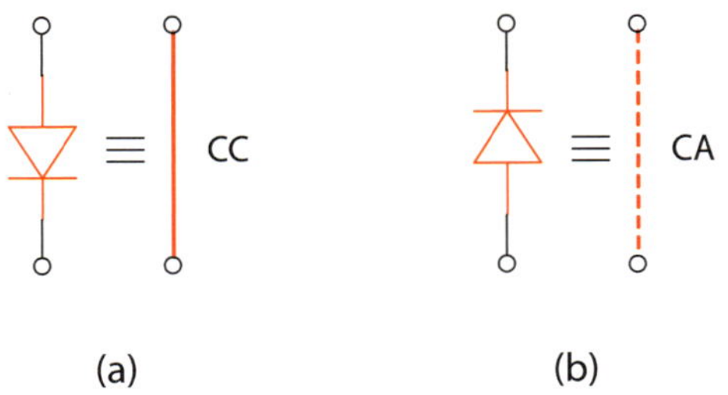

E1.17 Circuito equivalente del diodo raddrizzatore: a) polarizzazione diretta; b) polarizzazione inversa.

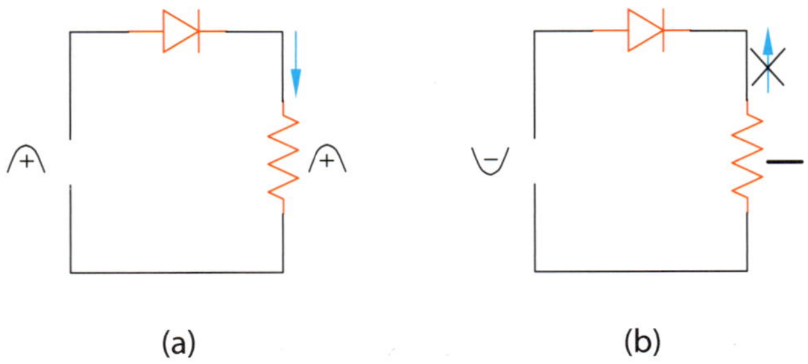

E1.18 Raddrizzatore a semionda: a) diodo in conduzione; b) diodo interdetto.

E1.19 Segnale sinusoidale raddrizzato.

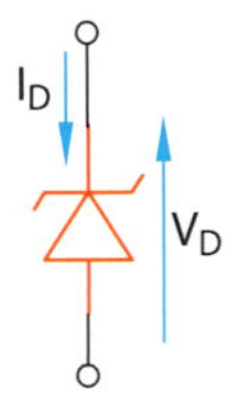

E1.20 Diodo zener.

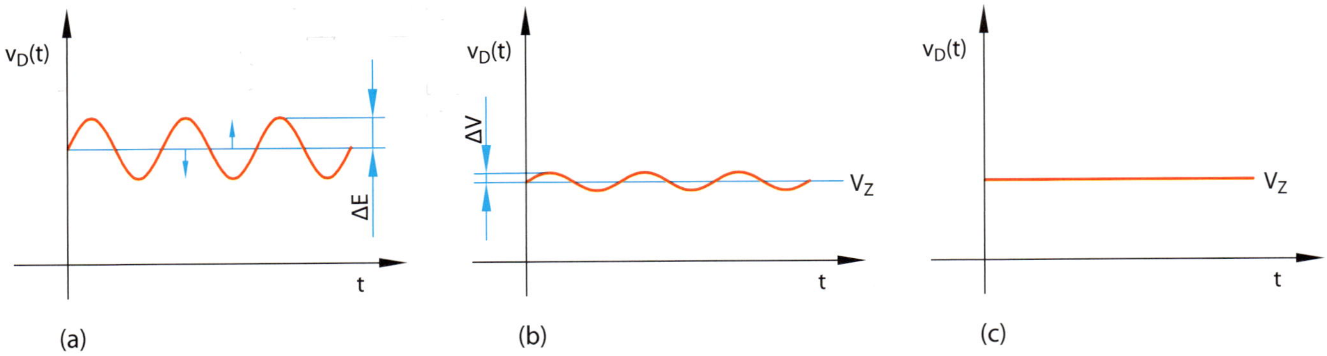

E1.21 Stabilizzazione: a) segnale instabile; b) segnale stabilizzato con diodo reale; c) segnale stabilizzato con diodo ideale.

- nella **figura E1.21c** il ripple residuo ΔV, dovuto alla resistenza interna del diodo reale, scompare nel caso di diodo ideale di resistenza interna nulla.

Transistore

Il transistore è un dispositivo **attivo**, nel senso che è in grado di fornire in uscita segnali di tensione e corrente maggiori di quelli di ingresso e di conseguenza di elevarne la potenza.
Questo non significa che venga prodotta energia: quello che avviene è una modulazione dei livelli di energia forniti dall'alimentazione.

Rappresentazione simbolica

Nella **figura E1.22a** è rappresentato il simbolo di un transistore **BJT** (*Bipolar Junction Transistor*) di tipo NPN, ricavato accostando due **semiconduttori** di tipo N a uno di tipo **P** **[fig. E1.22b]**.
Ne deriva una configurazione a tre terminali:

- **B base**;
- **C collettore**;
- **E emettitore**.

I segnali di tensione e corrente illustrati sono:

- I_B corrente di base;
- I_C corrente di collettore;
- I_E corrente di emettitore;
- V_{BE} tensione base-emettitore:
- V_{CE} tensione collettore-emettitore.

Il transistore viene impiegato in due modalità, *analogica* e *digitale*.
Nella **modalità analogica** viene sfruttata la sua capacità di amplificare corrente, imponendo una relazione $I_C = \beta \cdot I_B$ in un campo di variabilità continua, opportunamente sfruttata per la realizzazione di amplificatori. In questo caso il suo comportamento è assimilabile a quello di una valvola idraulica **[fig. E1.23]** la quale, pur se controllata da una forza di piccola entità (I_B), può modulare il passaggio di flussi di grande entità (I_C).
Nella **modalità digitale** il transistore viene impiegato sostanzialmente come interruttore comandato in tensione, infatti:

- con I_B = 0 ovvero livello 0 in ingresso → V_{CE} = max → transistore equivalente a circuito aperto → livello 1 in uscita **[fig. E1.24a]**;
- con I_B = 1 ovvero livello 1 in ingresso → V_{CE} = 0 → transistore equivalente a circuito corto circuito → livello 0 in uscita **[fig. E1.24b]**.

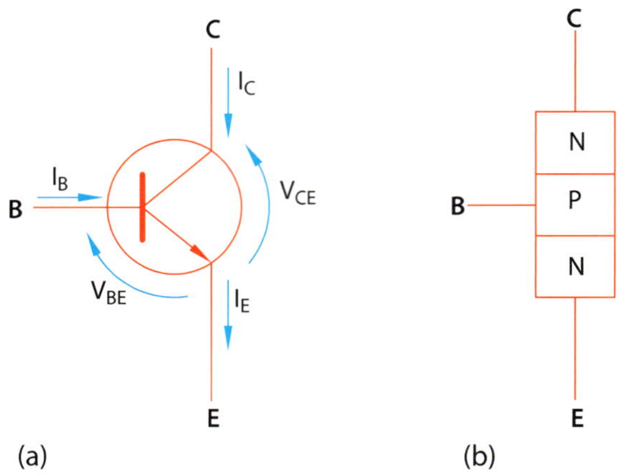

E1.22 Transistore: a) simbolo; b) giunzioni.

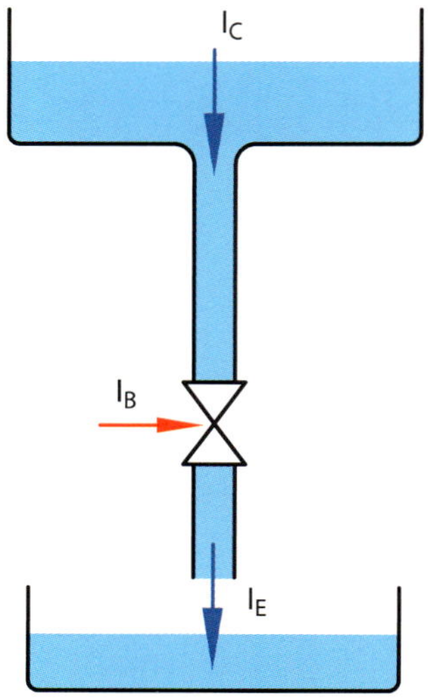

E1.23 Valvola idraulica.

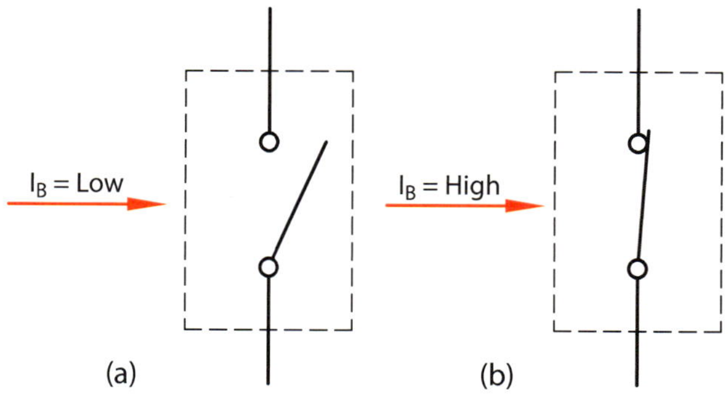

E1.24 Transistore in modalità interruttore: a) aperto; b) chiuso.

ESERCITAZIONE GUIDATA / E1.1

hoepliscuola.it

Tabelle di verità delle porte logiche

1. Completare le tabelle di verità delle seguenti porte e le relative funzioni logiche.

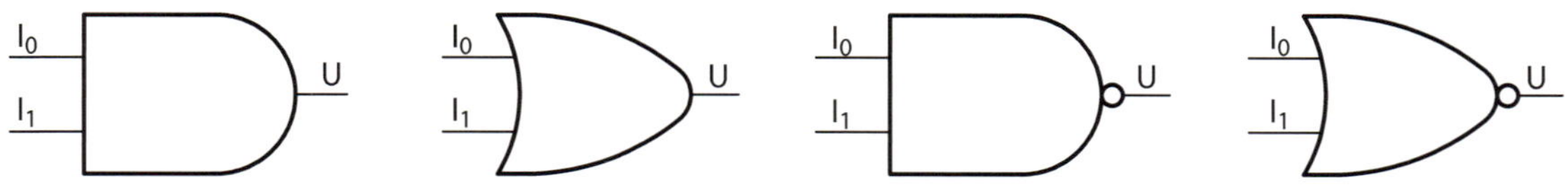

I_1	I_0	U_{AND}
0	0	
0	1	
1	0	
1	1	

$U =$

I_1	I_0	U_{OR}
0	0	
0	1	
1	0	
1	1	

$U =$

I_1	I_0	U_{NAND}
0	0	
0	1	
1	0	
1	1	

$U =$

I_1	I_0	U_{NOR}
0	0	
0	1	
1	0	
1	1	

$U =$

2. Analizzare la descrizione e la sintassi delle funzioni di Excel che implementano le porte logiche.

- Porta NOT → Funzione **NON** – Inverte il valore logico dell'argomento.
  Sintassi: **NON**(logico).
- Porta OR → Funzione **O** – Restituisce VERO se uno o più argomenti hanno valore VERO e restituisce FALSO se tutti gli argomenti hanno valore FALSO.
  Sintassi: **O**(logico1; logico2; …).
- Porta AND → Funzione **E** – Restituisce VERO se tutti gli argomenti hanno valore VERO e restituisce FALSO se uno o più argomenti hanno valore FALSO.
  Sintassi: **E**(logico1; logico2; …).

3. Realizzare le porte OR, AND, NOR, NAND con il foglio di lavoro.

◇	A	B	C	D	E	F	G	H	I	J	K	L
1												
2		INGRESSI			OR		AND		NOR		NAND	
3												
4		I1	I0		U		U		U		U	
5		0	0		FALSO		FALSO		VERO		VERO	
6		0	1		VERO		FALSO		FALSO		VERO	
7		1	0		VERO		FALSO		FALSO		VERO	
8		1	1		VERO		VERO		FALSO		FALSO	
9												

4. Scrivere le formule utilizzate, prendendo a modello la prima fornita.

E5 = O(B5;C5) G5 = I5 = K5 =

ESERCITAZIONE GUIDATA / E1.2

Breadboard

La *breadboard*, in italiano "basetta per montaggi sperimentali", è un mezzo comodo per realizzare prototipi; infatti, non richiedendo saldature, lascia intonsi i reofori dei componenti, che rimangono riusabili.
Si presenta con una serie di alveoli per l'innesto dei componenti, collegati elettricamente sottotraccia da strisce metalliche, come nella figura sotto riportata. Sono presenti:

- linee orizzontali ai lati della basetta che la percorrono in tutta la larghezza, destinate principalmente all'alimentazione e contrassegnate a volte da una riga rossa per il positivo e una blu per la massa;
- linee verticali incolonnate, per l'innesto dei componenti;
- una scalatura mediana che interrompe la continuità delle colonne, a cavallo della quale possono essere collocati, integrati con tanti pin, senza che risultino cortocircuitati, i terminali.

1. Studiare la *breadboard* della figura e, se muniti di una *breadboard* reale, controllare le connessioni con un multimetro.

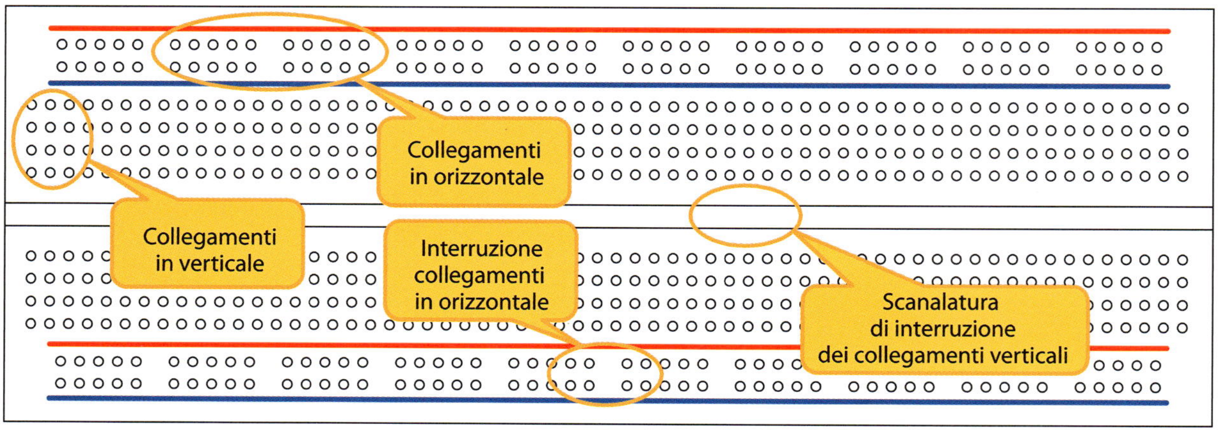

2. Con un programma di simulazione di *breadboard* o con una *breadboard* reale testare il seguente circuito di accensione di un led mediante un pulsante.

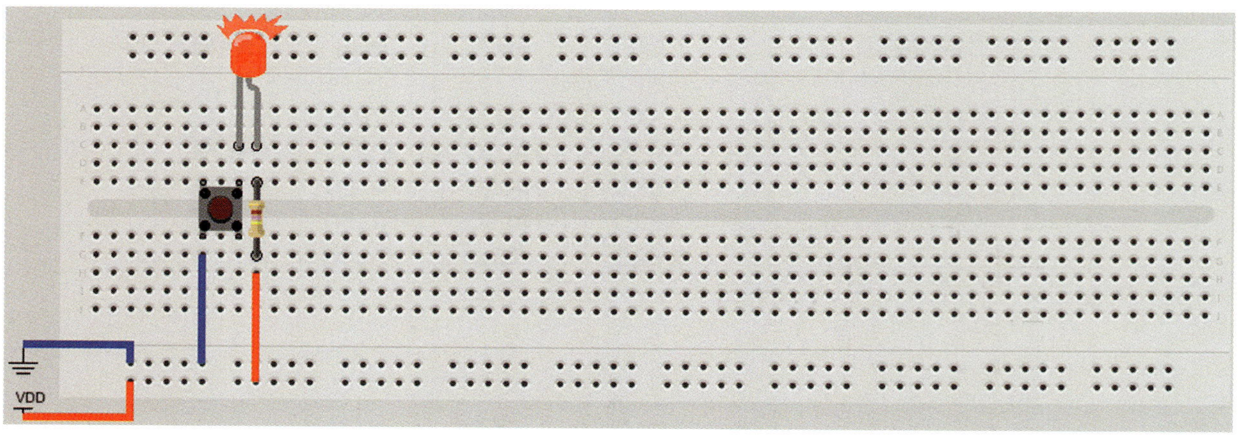

ESERCITAZIONE GUIDATA / E1.3

hoepliscuola.it

Verifica circuitale delle porte logiche

1. Analizzare la piedinatura di alcune delle principali porte logiche in contenitore di tipo DIP. Osservare la numerazione in senso antiorario dei terminali, a partire dalla tacca di riferimento. Il terminale 14 è il positivo V_{CC} e il 7 la massa.

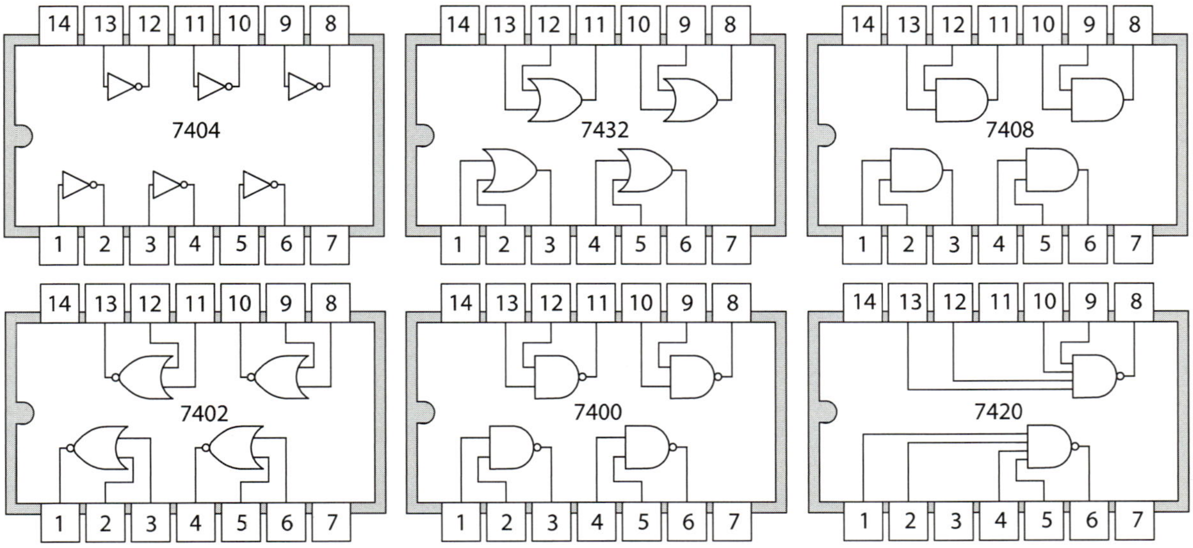

2. Provare su *breadboard* gli integrati a disposizione.
   Nella figura è visualizzata la prova di una porta NAND a due ingressi. Completare scegliendo le opzioni corrette.
   a. Portando alto un DIP-SWITCH entra un ingresso ☐ basso ☐ alto perché collegato a ☐ $+V_{CC}$ ☐ massa.
   b. Portando basso un DIP-SWITCH entra un ingresso ☐ basso ☐ alto perché collegato a ☐ $+V_{CC}$ ☐ massa attraverso la resistenza di ☐ pull-up ☐ pull-down.

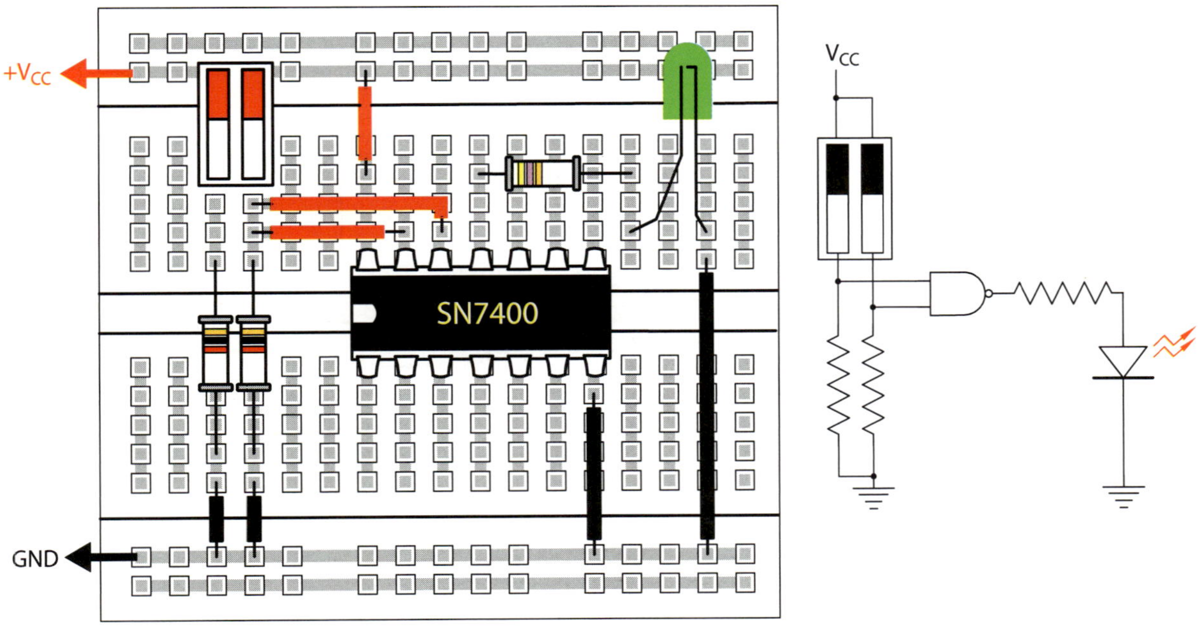

ESERCITAZIONE GUIDATA / E1.4

Avviamento di un'automobile

Progettare un'applicazione che simuli il funzionamento di un sistema semplificato di avviamento dell'automobile. Il consenso per lo sblocco del volante viene dato solo se l'antifurto è disinnestato, se le portiere sono chiuse e se la chiave è innestata. Le tre condizioni vengono valutate da due porte AND e da una porta NOT tramite un circuito combinatorio.

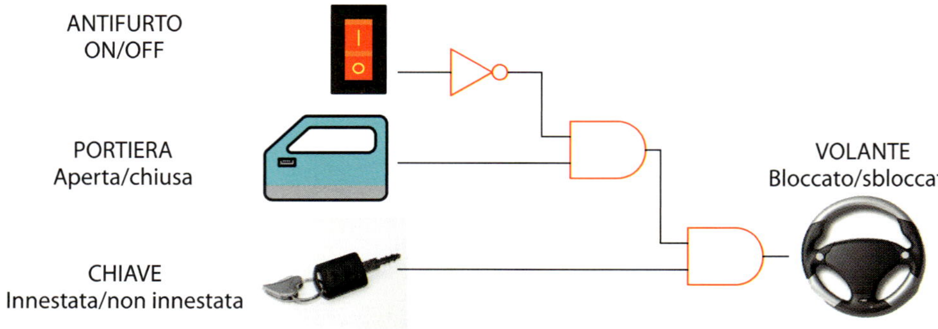

1. Completare la tabella di verità, note le associazioni binarie riportate a fianco.

A	*P*	*C*	*V*
0	0	0	
0	0	1	
0	1	0	
0	1	1	
1	0	0	
1	0	1	
1	1	0	
1	1	1	

$A = 0$ Antifurto OFF; $A = 1$ Antifurto ON.

$P = 0$ Portiera aperta; $P = 1$ Portiera chiusa.

$C = 0$ Chiave non innestata; $C = 1$ Chiave innestata.

$V = 0$ Volante bloccato; $V = 1$ Volante sbloccato.

2. Realizzare il circuito su *breadboard* virtuale o reale.

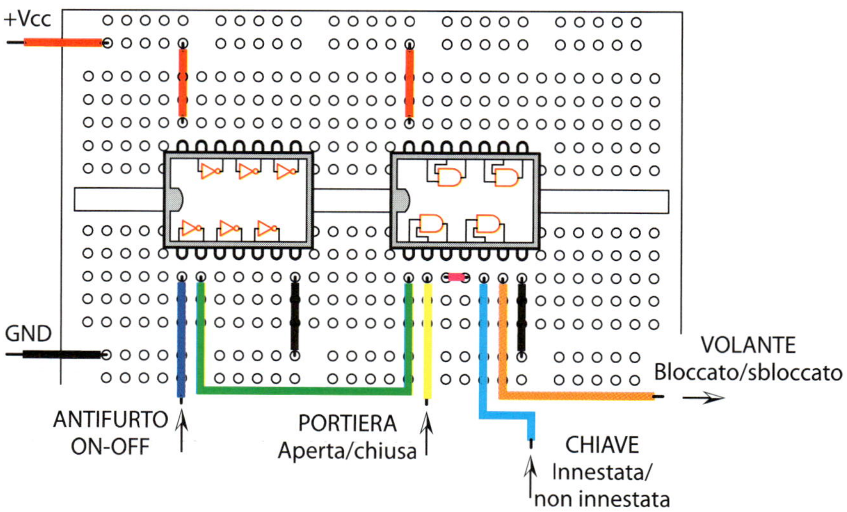

ESERCITAZIONE GUIDATA / E1.5

Analisi di un circuito con porta EX-OR

La porta EX-OR attiva la propria uscita quando è alto uno solo dei due ingressi, come descritto dalla tabella di verità della figura seguente. Lo schema di comando luce da due punti ne chiarisce l'utilità. Se si suppone che inizialmente con i due interruttori I_1 e I_2 entrambi spenti la luce sia spenta, dovranno verificarsi le seguenti quattro situazioni:

- interruttori entrambi spenti $I_1 = 0$ $I_0 = 0$ → Luce spenta $U = 0$;
- acceso solo l'interruttore I_0 $I_1 = 0$ $I_0 = 1$ → Luce accesa $U = 1$;
- acceso solo l'interruttore I_1 $I_1 = 1$ $I_0 = 0$ → Luce accesa $U = 1$;
- interruttori entrambi accesi $I_1 = 1$ $I_0 = 1$ → Luce spenta $U = 0$.

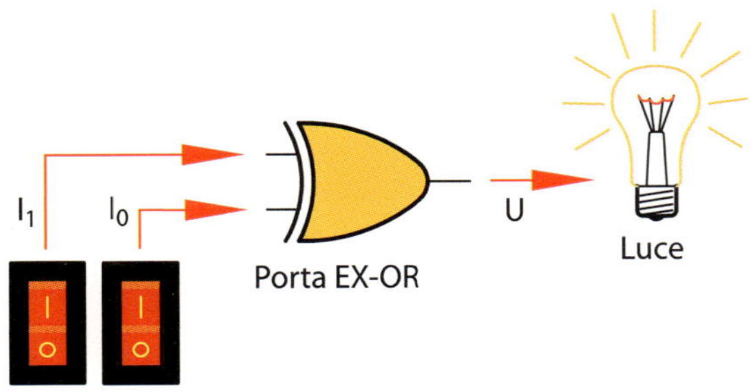

I_1	I_0	U
0	0	0
0	1	1
1	0	1
1	1	0

1. Verificare che il seguente circuito implementa una porta EX-OR a due ingressi; ricavare la tabella di verità valutando i livelli logici in tutti i punti dello schema per completare la tabella.

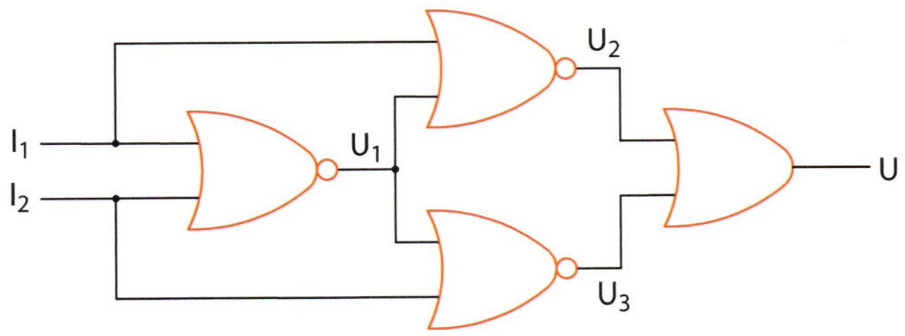

I_1	I_0	U_1	U_2	U_3	U
0	0				
0	1				
1	0				
1	1				

2. Per lo schema precedente disegnare la forma d'onda dell'uscita, date le due forme d'onda degli ingressi.

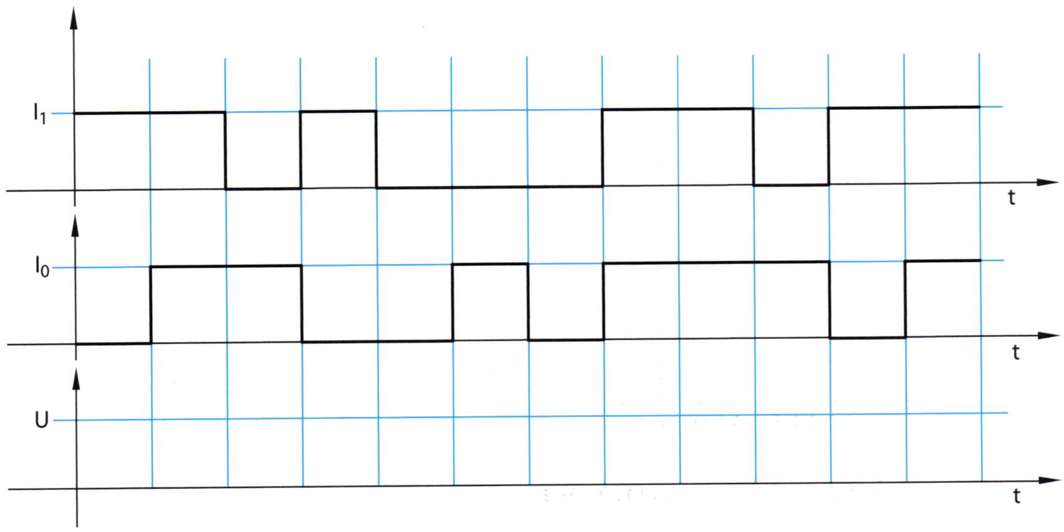

ESERCITAZIONE GUIDATA / E1.6

Tabelle dei mintermini

1. Completare i richiami teorici scegliendo le opzioni corrette.
   a. Con due ingressi digitali sono possibili ☐ due ☐ tre ☐ quattro combinazioni.
   b. Esistono quindi ☐ due ☐ tre ☐ quattro mintermini, ossia termini minimi che valgono ☐ zero ☐ uno ☐ falso ☐ vero in corrispondenza della propria combinazione.

   Per esempio, il mintermine m_0 è il valore alto corrispondente alla combinazione $I_1 I_0 = 00$.
   Per realizzare circuitalmente questo mintermine si utilizza la funzione AND dei due ingressi negati:

$$m_0 = \overline{I_1} \cdot \overline{I_0}$$

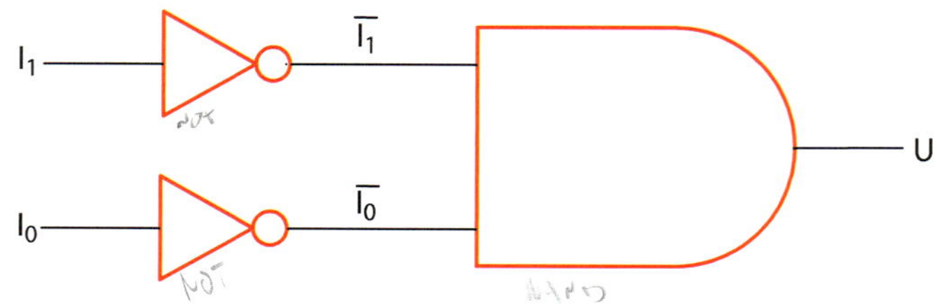

2. Realizzare tutti i mintermini delle combinazioni a due e tre ingressi con il foglio di lavoro.

◇	A	B	C	D	E	F	G	H	I	J	K	L	M	N	O	P	Q	R	S	T	U	V
1																						
2		INGRESSI			MINTERMINI					INGRESSI				MINTERMINI								
3																						
4		I1	I0		m0	m1	m2	m3		I2	I1	I0		m0	m1	m2	m3	m4	m5	m6	m7	
5		0	0		1	0	0	0		0	0	0		1	0	0	0	0	0	0	0	
6		0	1		0	1	0	0		0	0	1		0	1	0	0	0	0	0	0	
7		1	0		0	0	1	0		0	1	0		0	0	1	0	0	0	0	0	
8		1	1		0	0	0	1		0	1	1		0	0	0	1	0	0	0	0	
9										1	0	0		0	0	0	0	1	0	0	0	
10										1	0	1		0	0	0	0	0	1	0	0	
11										1	1	0		0	0	0	0	0	0	1	0	
12										1	1	1		0	0	0	0	0	0	0	1	
13																						

3. Analizzare la descrizione e la sintassi delle funzioni di Excel utili per i mintermini.
   Per realizzare un mintermine è necessario utilizzare la funzione NON per la negazione degli ingressi e la funzione E per l'AND degli ingressi negati.
   Per esempio, per la cella E5 si scrive: E5 = E(NON(B5);NON(C5)).
   Tuttavia la funzione E restituisce FALSO oppure VERO; per visualizzare invece le cifre 0 e 1 si ricorre alla funzione SE in questo modo: E5 = SE(E(NON(B5);NON(C5));1;0).
   La funzione SE viene utilizzata per eseguire dei test condizionali su valori e formule.
   Restituisce un valore se la condizione specificata ha valore VERO e un altro valore se essa ha valore FALSO. La sua sintassi è: **SE**(test; se_vero; se_falso).

4. Riportare le formule dei mintermini O6 e U12, basandosi sul modello di N5.

   N5 = SE(E(NON(J5);NON(K5);NON(L5));1;0)

   O6 = SE(E(NON(L6);NON(M6),NON(N)),1;0)

   U12 = SE(E(NON(R12);NON(S12);NON(T12));1;0)

5. Ripetere l'esperienza con i maxtermini a due e tre ingressi.

ESERCITAZIONE GUIDATA / E1.7

hoepliscuola.it

Porta EX-OR in prima forma canonica

I_1	I_0	U_{XOR}
0	0	0
0	1	**1**
1	0	**1**
1	1	0

1. Visionare la spiegazione relativa alla porta OR esclusivo EX-OR.
Nella porta EX-OR l'uscita è alta se un solo ingresso è alto. Se entrambi gli ingressi sono alti, l'uscita è bassa. La tabella di verità è uguale a quella della OR, a esclusione dell'ultima combinazione, da qui la definizione di "esclusivo".

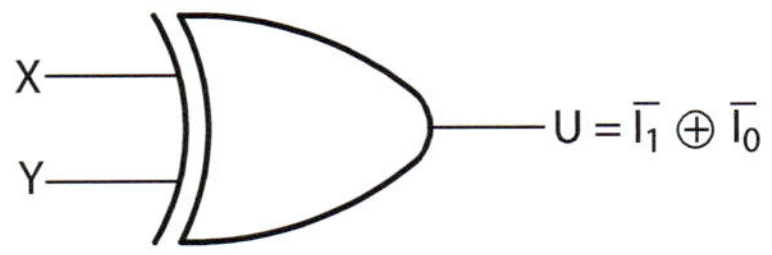

2. Completare il progetto in prima forma canonica della EX-OR scegliendo le opzioni corrette.
Nella tabella di verità sono presenti due mintermini:

a. m_1 relativo alla combinazione I_1 = ______ , I_0 = ______ .

b. m_2 relativo alla combinazione I_1 = ______ , I_0 = ______ .

La configurazione circuitale che li implementa singolarmente è:

a. per m_1 una porta ☐ OR ☐ AND con ingresso ☐ I_0 ☐ I_1 negato.
b. per m_2 una porta ☐ OR ☐ AND con ingresso ☐ I_0 ☐ I_1 negato.

Le uscite delle due ☐ OR ☐ AND vanno di seguito immesse entro una porta ☐ OR ☐ AND.
L'uscita di questa porta assumerà i valori della tabella di verità della EX-OR, infatti:

a. se $I_1 = 0$ $I_0 = 0$ si porta alto ☐ m_0 ☐ m_1 ☐ m_2 ☐ m_3 pertanto la OR vale ☐ 0 ☐ 1.
b. se $I_1 = 0$ $I_0 = 1$ si porta alto ☐ m_0 ☐ m_1 ☐ m_2 ☐ m_3 pertanto la OR vale ☐ 0 ☐ 1.
c. se $I_1 = 1$ $I_0 = 0$ si porta alto ☐ m_0 ☐ m_1 ☐ m_2 ☐ m_3 pertanto la OR vale ☐ 0 ☐ 1.
d. se $I_1 = 1$ $I_0 = 1$ si porta alto ☐ m_0 ☐ m_1 ☐ m_2 ☐ m_3 pertanto la OR vale ☐ 0 ☐ 1.

3. Implementare il progetto con un foglio di lavoro.

	A	B	C	D	E	F	G	H	I	J	K	L	M	N
1														
2		INGRESSI			INGRESSI NEGATI			MINTERMINI					USCITA	
3														
4		I1	I0		I1'	I0'		m0	m1	m2	m3		U	
5		0	0		VERO	VERO		VERO	FALSO	FALSO	FALSO		FALSO	
6		0	1		VERO	FALSO		FALSO	VERO	FALSO	FALSO		VERO	
7		1	0		FALSO	VERO		FALSO	FALSO	VERO	FALSO		VERO	
8		1	1		FALSO	FALSO		FALSO	FALSO	FALSO	VERO		FALSO	
9														

4. Provare il circuito implementativo di seguito riportato con un software di simulazione o utilizzando componenti reali.

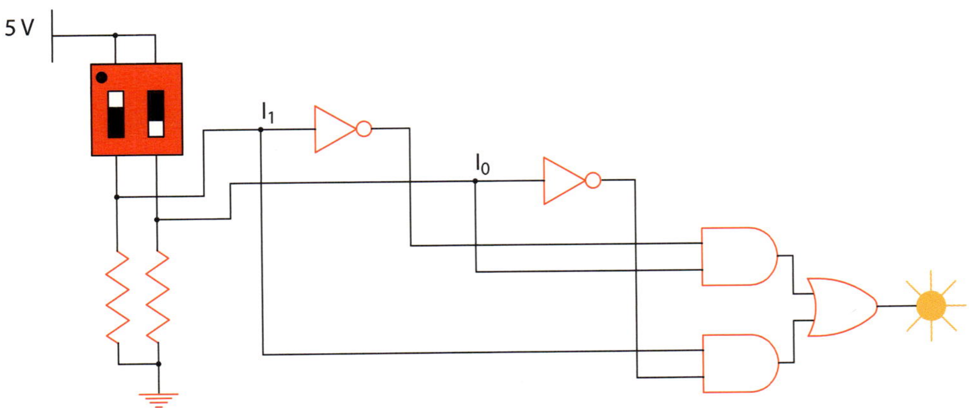

ESERCITAZIONE GUIDATA / E1.8

hoepliscuola.it

Porta EX-OR in seconda forma canonica

1. Completare il progetto in seconda forma canonica della EX-OR scegliendo le opzioni corrette. Nella tabella di verità sono presenti due maxtermini:

a. M_0 relativo alla combinazione I_1 = ______ , I_0 = ______ .

b. M_3 relativo alla combinazione I_1 = ______ , I_0 = ______ .

La configurazione circuitale che li implementa singolarmente è:

a. per M_0 una porta □ OR □ AND con ingresso □ I_0 □ I_1 negato.
b. per M_3 una porta □ OR □ AND con ingresso □ I_0 □ I_1 negato.

Le uscite delle due □ OR □ AND vanno di seguito immesse entro una porta □ OR □ AND. L'uscita di questa porta assumerà i valori della tabella di verità della EX-OR, infatti:

a. se $I_1 = 0$ $I_0 = 0$ si porta basso □ M_0 □ M_1 □ M_2 □ M_3 pertanto la AND vale □ 0 □ 1.
b. se $I_1 = 0$ $I_0 = 1$ si porta basso □ M_0 □ M_1 □ M_2 □ M_3 pertanto la AND vale □ 0 □ 1.
c. se $I_1 = 1$ $I_0 = 0$ si porta basso □ M_0 □ M_1 □ M_2 □ M_3 pertanto la AND vale □ 0 □ 1.
d. se $I_1 = 1$ $I_0 = 1$ si porta basso □ M_0 □ M_1 □ M_2 □ M_3 pertanto la AND vale □ 0 □ 1.

2. Implementare il progetto con un foglio di lavoro.

	A	B	C	D	E	F	G	H	I	J	K	L	M	N
1														
2		INGRESSI			INGRESSI NEGATI			MAXTERMINI					USCITA	
3														
4		I1	I0		I1'	I0'		M0	M1	M2	M3		U	
5		0	0		VERO	VERO		FALSO	VERO	VERO	VERO		FALSO	
6		0	1		VERO	FALSO		VERO	FALSO	VERO	VERO		VERO	
7		1	0		FALSO	VERO		VERO	VERO	FALSO	VERO		VERO	
8		1	1		FALSO	FALSO		VERO	VERO	VERO	FALSO		FALSO	
9														

3. Implementare il progetto con un software di simulazione o utilizzando componenti reali.

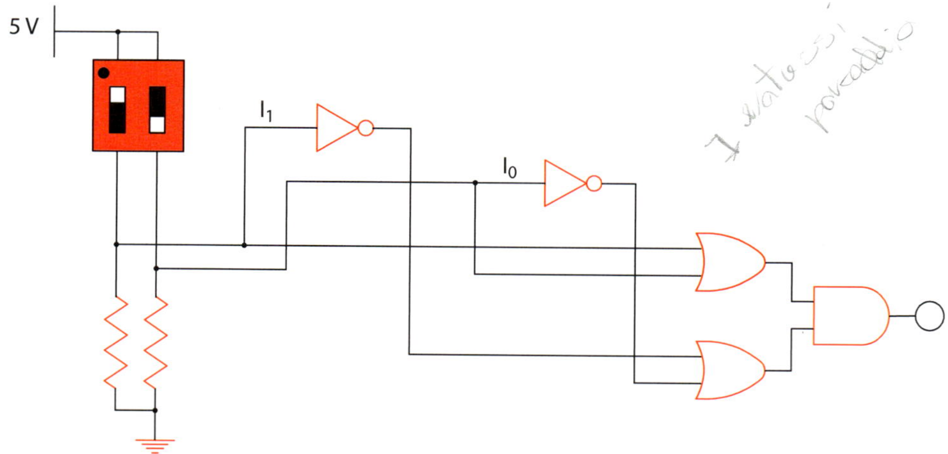

4. Spuntare le affermazioni corrette.

a. I maxtermini corrispondono alle combinazioni di uscita □ zero □ uno.
b. La seconda forma canonica viene preferita alla prima se la tabella di verità presenta tanti □ zero □ uno.
c. Assimilando l'AND al prodotto e l'OR alla somma, si possono così definire le forme canoniche:
– prima forma canonica: □ somma di prodotti □ prodotto di somme;
– seconda forma canonica: □ somma di prodotti □ prodotto di somme.

ESERCITAZIONE GUIDATA / E1.9

Progetto di circuiti a tre ingressi

Si supponga che in una trasmissione a quiz si debba illuminare una lampadina se, e solo se, uno dei 3 concorrenti prenota la risposta premendo un pulsante. Il sistema deve pertanto ignorare l'azione contemporanea dei pulsanti: questo meccanismo non sarebbe possibile con un impianto elettrico, dove la chiusura di più interruttori sullo stesso circuito della lampadina porterebbe la lampadina a illuminarsi. Si può risolvere il problema con un sistema digitale combinatorio a 3 ingressi e 1 uscita. Si riportano di seguito lo schema funzionale e la tabella di verità.

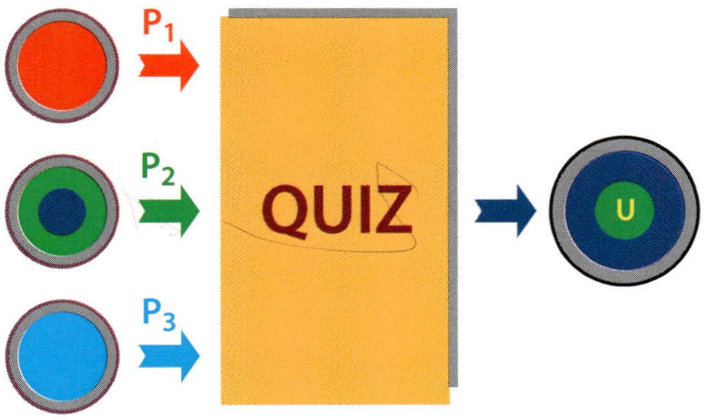

P_1	P_2	P_3	U
0	0	0	0
0	0	1	1
0	1	0	1
0	1	1	0
1	0	0	1
1	0	1	0
1	1	0	0
1	1	1	0

1. Completare l'implementazione in prima forma canonica.

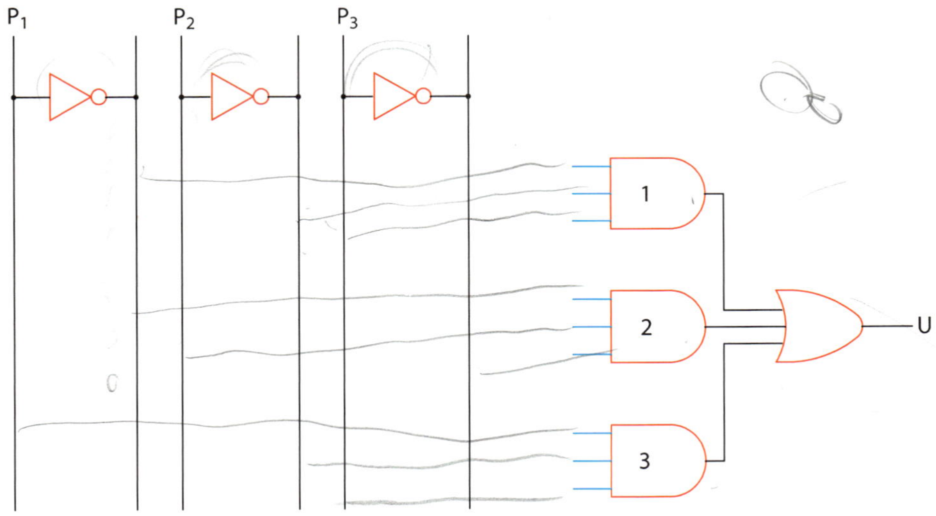

2. Con riferimento allo schema precedente, indicare il valore delle uscite delle porte AND e OR nei seguenti casi:

a. $P_1 = 0$ $P_2 = 0$ $P_3 = 1$ AND1 = AND2 = AND3 = U =

b. $P_1 = 0$ $P_2 = 1$ $P_3 = 0$ AND1 = AND2 = AND3 = U =

c. $P_1 = 1$ $P_2 = 1$ $P_3 = 1$ AND1 = AND2 = AND3 = U =

3. Realizzare il circuito praticamente e verificarlo.

VERIFICA DEGLI OBIETTIVI / unità E1

AREAdigitale

Vero/Falso

1. Il transistore ha due terminali.

☐ Vero ☐ Falso

2. Il diodo ha due terminali.

☐ Vero ☐ Falso

3. Il transistore è solo di tipo analogico.

☐ Vero ☐ Falso

4. Il transistore è assimilabile a una valvola idraulica.

☐ Vero ☐ Falso

5. Il segnale del microfono è di tipo digitale.

☐ Vero ☐ Falso

Scelta singola

1. La funzione logica $U = X$ AND Y vale $U = 1$ se:

a. $X = 0\ Y = 0$
b. $X = 0\ Y = 1$
c. $X = 1\ Y = 1$

2. Il negato di X OR Y vale 1 se:

a. $X = 0\ Y = 0$
b. $X = 1\ Y = 1$
c. $X = 0\ Y = 1$

3. Il mintermine NOT (X) AND NOT(Y) si designa con il simbolo:

a. m_3
b. m_2
c. m_0

4. Il maxtermine NOT (X) OR NOT(Y) si designa con il simbolo:

a. M_3
b. M_2
c. M_0

5. La porta EX-OR differisce dalla porta OR in corrispondenza di:

a. tre combinazioni
b. due combinazioni
c. una combinazione

Scelta multipla

1. Selezionare le due corrette corrispondenze.

a. Porta OR: uscita alta solo se ingressi tutti alti
b. Porta AND: uscita bassa se almeno un ingresso basso
c. Porta NOR: uscita alta se ingressi tutti bassi

2. Il maxtermine X OR Y:

a. si implementa con una porta AND
b. vale 0 per $X = Y = 0$
c. vale 1 per $X = Y = 1$

3. La funzione logica $U = (X$ AND $Y)$ OR Z vale $U = 1$ se:

a. $X = 0\ Y = 0\ Z = 1$
b. $X = 0\ Y = 1\ Z = 0$
c. $X = 1\ Y = 1\ Z = 0$

4. Spuntare i due vantaggi dei sistemi digitali.

a. Sensibilità al rumore
b. Integrazione tra diverse fonti
c. Condivisione di informazioni

5. Selezionare i dispositivi analogici a due terminali.

a. Transistore
b. Diodo
c. Diodo zener

VERIFICA

CODIFICA DIGITALE ELETTRONICA

Digitale è un termine entrato di prepotenza nel moderno frasario: macchina fotografica digitale, telecamera digitale, digitale terrestre ecc. Le tecniche digitali elettroniche hanno ormai preso il posto di quelle analogiche, riversando sul mercato dispositivi elettronici performanti e sofisticati.

Il brano musicale, che un tempo era inciso meccanicamente su disco di vinile, ora è un file digitale che può essere scaricato da Internet e riprodotto da un opportuno dispositivo elettronico di lettura.

OBIETTIVI

Conoscenze

- Sistemi di numerazione
- Codifica digitale

Abilità

- Effettuare conversioni nei codici digitali
- Analizzare e simulare semplici sistemi digitali

CONTENUTI

E2.1 CODIFICA E CODICE

Il tipo di informazione che può essere **memorizzata** ed **elaborata** nei dispositivi elettronici digitali può avere diversa natura, può cioè essere alfabetica, numerica, grafica, musicale ecc.

Ciascuna di queste informazioni digitali viene codificata secondo specifici criteri, ma tutte condividono la modalità di codifica di base mediante i livelli logici '0' e '1'.

Modalità di codifica di base digitale

Per comprendere come vengono rappresentate le informazioni nei sistemi digitali è necessario descrivere come funzionano i dispositivi destinati a registrarle.

I dati sono registrati nella **memoria**; la più piccola unità di memoria è un dispositivo chiamato **bistabile** [fig. E2.1] che può memorizzare solo due livelli di tensione:

- 0 volt = cifra '0' = livello LOW;
- 5 volt = cifra '1' = livello HIGH.

La struttura della memoria impone quindi l'uso di due sole cifre, dette **cifre binarie**. Il termine cifra binaria, in inglese **binary digit**, ricorre tanto spesso per cui è stato coniato il termine sincretico **bit** (binary-digit).

E2.1 Unità elementare di memoria.

La codifica dei dati avviene mediante gruppi di 8 bit che costituiscono il **byte**, l'unità base di memorizzazione dell'informazione. Il byte è sufficiente a conservare una minima quantità di dati, per esempio una lettera dell'alfabeto.
Un numero conservato in un byte [fig. E2.2] viene rappresentato con le cifre $b_7b_6b_5b_4b_3b_2b_1b_0$, da b_7 che è la più significativa (MSB) a b_0, la meno significativa (LSB).

La codifica alfanumerica

La codifica alfanumerica più diffusa nei sistemi digitali è la codifica **ASCII** (American Standard Code for Information Interchange) [fig. E2.3], che consente di rappresentare i caratteri attraverso una sequenza di 8 bit con cui codificare ben 256 simboli diversi ($2^8 = 256$).
La diffusione di Internet, e con essa la necessità di codificare simboli provenienti da alfabeti nazionali diversi, ha consentito lo sviluppo della **codifica Unicode** che, utilizzando 16 bit, è in grado di codificare 2^{16} simboli diversi, cioè 65.536 combinazioni diverse.

La codifica binaria

La **codifica numerica** più diffusa nei dispositivi elettronici digitali è quella **binaria**, che codifica l'informazione come sequenza di numeri binari (0 e 1). Con la codifica binaria il numero di informazioni diverse che possono essere rappresentate è dato dalla potenza 2^n, dove **n** è il numero di bit utilizzati, ottenuti da tutte le possibili combinazioni: per esempio, con 2 bit le possibili configurazioni diverse sono 4; con 3 bit sono 8; con 4 bit sono 16 ecc. [fig. E2.4].

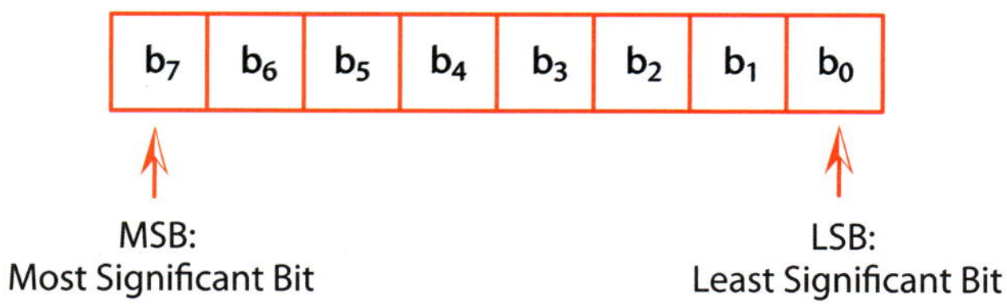

E2.2 Il byte.

0	0
0	1
1	0
1	1

Combinazione di 2 bit

0	0	0
0	0	1
0	1	0
0	1	1
1	0	0
1	0	1
1	1	0
1	1	1

Combinazione di 3 bit

E2.4 Combinazioni di 2 bit e di 3 bit.

Dec	Hex	Char	Dec	Hex	Char	Dec	Hex	Char	Dec	Hex	Char	Dec	Hex	Char	Dec	Hex	Char	Dec	Hex	Char	Dec	Hex	Char
0	00	Null	32	20	Space	64	40	@	96	60	`	128	80	Ç	160	A0	á	192	C0	└	224	E0	α
1	01	Start of heading	33	21	!	65	41	A	97	61	a	129	81	ü	161	A1	í	193	C1	┴	225	E1	ß
2	02	Start of text	34	22	"	66	42	B	98	62	b	130	82	é	162	A2	ó	194	C2	┬	226	E2	Γ
3	03	End of text	35	23	#	67	43	C	99	63	c	131	83	â	163	A3	ú	195	C3	├	227	E3	π
4	04	End of transmit	36	24	$	68	44	D	100	64	d	132	84	ä	164	A4	ñ	196	C4	─	228	E4	Σ
5	05	Enquiry	37	25	%	69	45	E	101	65	e	133	85	à	165	A5	Ñ	197	C5	┼	229	E5	σ
6	06	Acknowledge	38	26	&	70	46	F	102	66	f	134	86	å	166	A6	ª	198	C6	╞	230	E6	µ
7	07	Audible bell	39	27	'	71	47	G	103	67	g	135	87	ç	167	A7	º	199	C7	╟	231	E7	τ
8	08	Backspace	40	28	(	72	48	H	104	68	h	136	88	ê	168	A8	¿	200	C8	╚	232	E8	Φ
9	09	Horizontal tab	41	29	)	73	49	I	105	69	i	137	89	ë	169	A9	⌐	201	C9	╔	233	E9	Θ
10	0A	Line feed	42	2A	*	74	4A	J	106	6A	j	138	8A	è	170	AA	¬	202	CA	╩	234	EA	Ω
11	0B	Vertical tab	43	2B	+	75	4B	K	107	6B	k	139	8B	ï	171	AB	½	203	CB	╦	235	EB	δ
12	0C	Form feed	44	2C	,	76	4C	L	108	6C	l	140	8C	î	172	AC	¼	204	CC	╠	236	EC	∞
13	0D	Carriage return	45	2D	-	77	4D	M	109	6D	m	141	8D	ì	173	AD	¡	205	CD	═	237	ED	ø
14	0E	Shift out	46	2E	.	78	4E	N	110	6E	n	142	8E	Ä	174	AE	«	206	CE	╬	238	EE	ε
15	0F	Shift in	47	2F	/	79	4F	O	111	6F	o	143	8F	Å	175	AF	»	207	CF	╧	239	EF	∩
16	10	Data link escape	48	30	0	80	50	P	112	70	p	144	90	É	176	B0	░	208	D0	╨	240	F0	≡
17	11	Device control 1	49	31	1	81	51	Q	113	71	q	145	91	æ	177	B1	▒	209	D1	╤	241	F1	±
18	12	Device control 2	50	32	2	82	52	R	114	72	r	146	92	Æ	178	B2	▓	210	D2	╥	242	F2	≥
19	13	Device control 3	51	33	3	83	53	S	115	73	s	147	93	ô	179	B3	│	211	D3	╙	243	F3	≤
20	14	Device control 4	52	34	4	84	54	T	116	74	t	148	94	ö	180	B4	┤	212	D4	╘	244	F4	⌠
21	15	Neg. acknowledge	53	35	5	85	55	U	117	75	u	149	95	ò	181	B5	╡	213	D5	╒	245	F5	⌡
22	16	Synchronous idle	54	36	6	86	56	V	118	76	v	150	96	û	182	B6	╢	214	D6	╓	246	F6	÷
23	17	End trans. block	55	37	7	87	57	W	119	77	w	151	97	ù	183	B7	╖	215	D7	╫	247	F7	≈
24	18	Cancel	56	38	8	88	58	X	120	78	x	152	98	ÿ	184	B8	╕	216	D8	╪	248	F8	°
25	19	End of medium	57	39	9	89	59	Y	121	79	y	153	99	Ö	185	B9	╣	217	D9	┘	249	F9	•
26	1A	Substitution	58	3A	:	90	5A	Z	122	7A	z	154	9A	Ü	186	BA	║	218	DA	┌	250	FA	·
27	1B	Escape	59	3B	;	91	5B	[	123	7B	{	155	9B	¢	187	BB	╗	219	DB	█	251	FB	√
28	1C	File separator	60	3C	<	92	5C	\	124	7C	|	156	9C	£	188	BC	╝	220	DC	▄	252	FC	ⁿ
29	1D	Group separator	61	3D	=	93	5D	]	125	7D	}	157	9D	¥	189	BD	╜	221	DD	▌	253	FD	²
30	1E	Record separator	62	3E	>	94	5E	^	126	7E	~	158	9E	₧	190	BE	╛	222	DE	▐	254	FE	■
31	1F	Unit separator	63	3F	?	95	5F	_	127	7F	□	159	9F	ƒ	191	BF	┐	223	DF	▀	255	FF	□

E2.3 La tabella completa dei codici ASCII.

Conversione da binario a decimale

Per ottenere la rappresentazione decimale di un numero binario si ricorre alla regola della somma dei pesi, cioè alla sua rappresentazione polinomiale. La seguente **tabella E2.1** riporta le corrispondenze tra le 10 cifre decimali e la loro codifica in binario puro.

TABELLA E2.1 Corrispondenza dei primi dieci numeri da decimale a binario

Decimale	Binario	Decimale	Binario
0	0	5	101
1	1	6	110
2	10	7	111
3	11	8	1000
4	100	9	1001

Nella **tabella E2.2** viene riportato un esempio di conversione da binario a decimale.

TABELLA E2.2 Conversione da binario a decimale

Numero binario	1	1	0	0	1
Pesi	2^4	2^3	2^2	2^1	2^0
Moltiplicatore	16	8	4	2	1

Addendi

$$16+8+0+0+1=25$$

Rappresentazione polinomiale

$$11001_{(2)}=1\times 2^0+0\times 2^1+0\times 2^2+1\times 2^3+1\times 2^4=25_{(10)}$$

Ma per favorire l'elaborazione elettronica dei dati, anche se il codice binario assoluto è a lunghezza variabile, si sono stabiliti dei codici binari a **lunghezza fissa**, in modo che ogni cifra decimale corrisponda a una sequenza costituita dallo stesso numero di bit, completando i bit mancanti di ogni configurazione con tanti 0 a sinistra, nelle cifre più significative.
Per esempio, in un codice binario a lunghezza 8:

- il numero 01001010_2 è la codifica in binario del numero decimale 74 e si può ottenere attraverso la somma dei suoi termini;

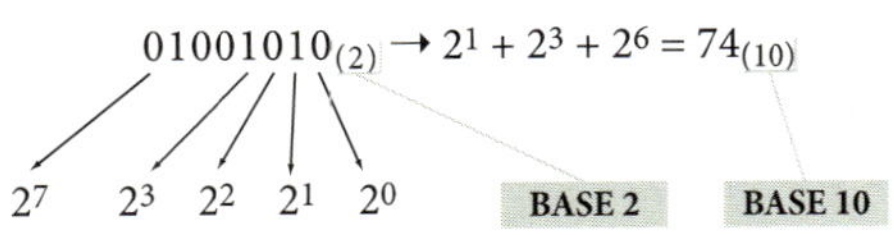

- il numero binario 00001111_2 è la codifica in binario del numero decimale 15.

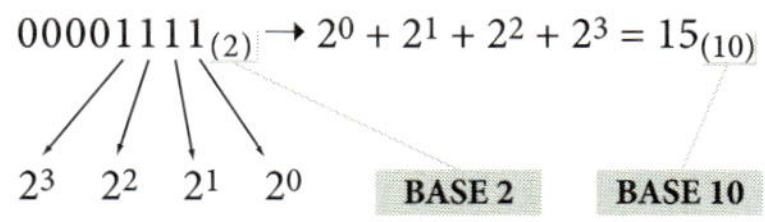

Conversione decimale-binario

Per convertire i numeri decimali in numeri binari si utilizza il criterio della **divisione ripetuta**: si divide ripetutamente il numero decimale per 2 e si considerano i soli resti delle divisioni prendendoli al contrario. Il procedimento è ripetuto fino a ottenere uno 0 come quoziente. La **tabella E2.3** mostra come avviene la conversione del numero 44 in base 2.

TABELLA E2.3 Conversione da decimale a binario

Divisione	Quoziente	Resto
44/2	22	0
22/2	11	0
11/2	5	1
5/2	2	1
2/2	1	0
1/2	0	1

I resti ottenuti sono 0 0 1 1 0 e 1, capovolgendo la serie dei resti si ottiene 101100 che identifica il valore binario del numero 44.

Codifica dei numeri con segno negativo

I numeri negativi vengono codificati aggiungendo un bit a sinistra del numero (detto appunto bit di segno), con valore 0 per i numeri positivi e valore 1 per i numeri negativi (rappresentazione in **modulo e segno**).
Se questa codifica può essere soddisfacente per la rappresentazione dei numeri, perde tuttavia di validità nel momento in cui devono essere effettuate delle operazioni, in quanto viene meno la caratteristica fondamentale delle notazioni posizionali e quindi, di fatto, non può essere utilizzata quando è necessario eseguire operazioni con i numeri stessi.

Tutte le notazioni posizionali utilizzano per le operazioni le stesse regole, indipendentemente dalla base di rappresentazione adottata: quindi le regole già note per la familiare rappresentazione in base 10 restano valide per le quattro operazioni.
Tuttavia, non è possibile utilizzare il medesimo algoritmo per l'operazione di *addizione* e *sottrazione*. Per

superare questo problema sono state definite rappresentazioni più complesse, fra cui le più utilizzate sono:

- per i numeri interi:
  - complemento a 1;
  - complemento a 2;
- per i numeri con parte frazionaria:
  - numeri in virgola fissa;
  - numeri in virgola mobile;
  - precisione singola: 32 bit;
  - doppia precisione: 64 bit;
  - precisione estesa: 80 bit.

La codifica ottale

Il sistema numerico **ottale** (spesso abbreviato come **ott** o **oct**) è un sistema numerico posizionale in base 8, cioè che utilizza solo 8 simboli (tipicamente 0, 1, 2, 3, 4, 5, 6, 7) invece dei 10 del sistema numerico decimale usato comunemente.

Per la conversione da ottale a decimale si procede, analogamente al sistema binario, con il criterio dei pesi, che in questo caso sono le potenze della base 8.

Per esempio:

- $N_{(8)} = 111_{(8)}$ rappresenta il numero decimale 73_{10};

$$111_{(8)} \rightarrow 8^0 + 8^1 + 8^2 = 1 + 8 + 64 = 73_{(10)}$$

8^2 8^1 8^0 BASE 8 BASE 10

- $N_{(8)} = 712_{(8)}$ rappresenta il numero decimale 458.

$$712_{(8)} \rightarrow 2 \times 8^0 + 1 \times 8^1 + 7 \times 8^2 = 2 + 8 + 448 = 458_{(10)}$$

8^2 8^1 8^0 BASE 8 BASE 10

La codifica esadecimale

Più usata della rappresentazione ottale è la notazione esadecimale, ideale per la rappresentazione compressa di sequenze binarie con lunghezza multipla di quattro (un byte sono 8 bit, oppure una word sono 16 bit). Si tratta di una notazione pesata in base 16, cioè che utilizza solo 16 simboli (tipicamente 0, 1, 2, 3, 4, 5, 6, 7, 8, 9, A, B, C, D, E, F) invece dei 10 del sistema numerico decimale.
Per la conversione da esadecimale a decimale si procede con il criterio dei pesi di base 16.

Per esempio:

- $N_{(16)} = 11_{(16)}$ rappresenta il numero decimale 17_{10};

$$11_{(16)} \rightarrow 16^0 + 16^1 = 17_{(10)}$$

16^1 16^0 BASE 16 BASE 10

- $N_{(8)} = 321_{(16)}$ rappresenta il numero decimale 801;

$$321_{(16)} \rightarrow 1 \times 16^0 + 2 \times 16^1 + 3 \times 16^2 = 1 + 32 + 768 = 801_{(10)}$$

16^2 16^1 16^0 BASE 16 BASE 10

- $N_{(16)} = FA_{(16)}$ rappresenta il numero decimale 250_{10}.

$$FA_{(16)} \rightarrow 10 \times 16^0 + 15 \times 16^1 = 10 + 240 = 250_{(10)}$$

16^1 16^0 BASE 16 BASE 10

La notazione esadecimale impiega un unico simbolo per esprimere quattro bit.

$$0101\ 0101_{(2)} = 55_{(16)} = 85_{(10)}$$
$$1111\ 0001_{(2)} = F1_{(16)} = 241_{(10)}$$
$$1111\ 1111_{(2)} = FF_{(16)} = 255_{(10)}$$

Per passare da un codice binario a un codice esadecimale, quindi, basta raggruppare i bit **a gruppi di quattro** e convertire ogni gruppetto in una cifra esadecimale.

Nella **tabella E2.4** vengono confrontate le rappresentazioni **decimale, binaria, ottale** ed **esadecimale** dei numeri dallo 0 al 15.

E2.2 LA CODIFICA DELLE IMMAGINI

La codifica delle immagini raster

La rappresentazione digitale viene utilizzata anche per le **immagini**: in tal caso è necessario trasformare l'immagine analogica (per esempio, una fotografia) in byte sovrapponendo idealmente una griglia fittissima di minuscole celle denominate **pixel** (termine derivato da picture element).

Formato bitmap

Nella grafica **raster** (o **bitmap**) maggiore è la "rete di cellette" (cioè più piccola è la loro dimensione), maggiore è il numero di pixel che viene utilizzato per definire l'immagine; si parla di **risoluzione** facendo riferi-

TABELLA E2.4 Confronto tra le diverse rappresentazioni dei numeri da 0 a 15

Decimale	Binaria	Ottale	Esadecimale	Decimale	Binaria	Ottale	Esadecimale
0	0000	0	0	8	1000	10	8
1	0001	1	1	9	1001	11	9
2	0010	2	2	10	1010	12	A
3	0011	3	3	11	1011	13	B
4	0100	4	4	12	1100	14	C
5	0101	5	5	13	1101	15	D
6	0110	6	6	14	1110	16	E
7	0111	7	7	15	1111	17	F

mento al numero di pixel e quindi alla qualità con cui si rappresenta l'immagine.

Un secondo parametro è dato dal **numero di colori** che vengono utilizzati: all'aumentare del numero di sfumature, aumenta la qualità cromatica dell'immagine. Migliorando la qualità dell'immagine, aumenta però l'occupazione di memoria in quanto aumenta il numero di pixel e il numero di byte per rappresentare ogni singolo pixel. È anche possibile effettuare la memorizzazione solo in bianco e nero: con 1 bit per pixel si possono codificare solo bianco e nero, ma si associano più bit a ogni pixel per poter codificare più sfumature (livelli) di grigio; per esempio con 4 bit si hanno 16 livelli di grigio, con 8 bit 256 livelli di grigio e via di seguito.

Formato colore RGB e CMYK

Il colore viene ottenuto da tre colori di base, nel modello **RGB** (Red, Green, Blue = rosso, verde e blu), oppure da quattro colori, nel modello **CMYK** (Cyan, Magenta, Yellow, Key black = ciano, magenta, giallo, nero).

Ogni pixel viene codificato mediante una tavolozza, che tecnicamente si chiama **palette**, nella quale ogni colore è rappresentato da una sequenza di bit. Per esempio, con una palette di 256 colori diversi serviranno 8 bit per codificare un pixel. L'immagine della figura E2.5 (64 × 144 pixel) mostra tre diversi livelli di profondità del colore dell'immagine:

- il primo, salvato a 16 colori, occupa 4,5 kilobyte;
- il secondo, salvato a 256 colori, occupa 9 kilobyte;
- il terzo è a 24 bit per pixel e occupa 27 kilobyte.

È abbastanza semplice effettuare il calcolo della dimensione di memoria occupata da una immagine: per esempio, se viene realizzata con risoluzione di **640 × 480** pixel (a 256 colori, 8 bit, cioè un solo byte per pixel) occupa 307.200 byte. Se si aumenta il numero di colori portandoli a 64.000 (16 bit) si ottiene il doppio di dimensione.

Per ovviare alla grande occupazione di memoria si sono sviluppati formati compressi in grado di ridurre notevolmente il numero di kilobyte utilizzati dalle immagini.

E2.5 Immagini a confronto con diversi livelli di profondità del colore.

Formati di codifica delle immagini

Il formato **GIF** sfrutta una tecnica di compressione dell'immagine particolarmente utilizzata per le applicazioni in Internet, in quanto offre una buona rappresentazione visiva dell'immagine, anche di grandi dimensioni, occupando poco spazio e quindi consentendo rapide visualizzazioni.
Un file GIF può contenere più immagini, che alcuni software (tutti i browser) visualizzano in sequenza permettendo di ottenere semplici animazioni (GIF animate).
Nella codifica GIF interallacciata le immagini si formano mediante sovrapposizione progressiva. Si determina una visualizzazione progressivamente più nitida che, oltre a costituire un effetto animato, garantisce un'anteprima immediata dell'immagine.
Il formato GIF codifica le immagini con profondità di colore di 8 bit, utilizzando una tavolozza di 256 colori. È un formato compresso senza perdita di informazione.

Un altro formato compresso per memorizzare immagini raster è il **JPEG**. Esso serve per visualizzare immagini con più di 256 colori, o di considerevoli dimensioni, in modalità a perdita di informazione.

La codifica delle immagini vettoriali

Una particolare rappresentazione delle immagini è la rappresentazione vettoriale: utilizzata particolarmente per immagini di tipo geometrico, o in ogni caso per immagini riconducibili a insiemi di forme (punti, linee, rettangoli, cerchi).

Tecnica vettoriale

La tecnica vettoriale è caratterizzata dal fatto che non viene memorizzata l'immagine, bensì il procedimento per costruirla, con il doppio vantaggio di diminuire enormemente l'occupazione di memoria e di ottenere immagini facilmente ridimensionabili.

Infatti la grafica vettoriale viene definita attraverso equazioni matematiche ed anche aumentando successivamente la dimensione di un'immagine, essa non perde di definizione contrariamente a quanto avviene con la grafica raster: si parla di **immagini scalabili** o di **grafica vettoriale scalabile**.

Per memorizzare una linea, per esempio, la grafica raster memorizza tutti i punti che la compongono mentre la grafica vettoriale utilizza semplicemente due suoi punti, quello iniziale e quello finale, e l'equazione geometrica che la descrive: in questo modo, anche se deve essere ingrandita, questa viene ridisegnata sempre con la massima risoluzione contrariamente a quanto avviene con le immagini raster che, ingrandite mantenendo invariato il numero di pixel, si sgranano e perdono di definizione.

Formati di codifica per le immagini vettoriali

Tra i principali formati vettoriali ricordiamo il **WMF**, il **PICT** e l'**EPS**.

Alcuni di questi formati (per esempio, il WMF e l'EPS) possono contenere anche immagini raster e testo editabile.

Le due immagini delle **figure E2.6** ed **E2.7** mostrano la differenza tra una immagine raster e una immagine vettoriale.

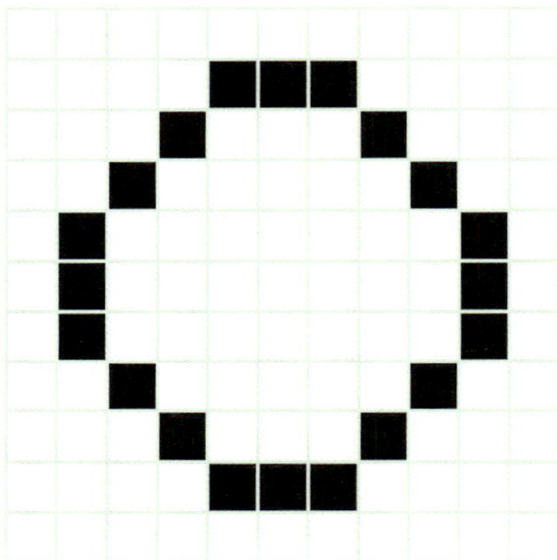

E2.6 Ingrandimento di una immagine raster.

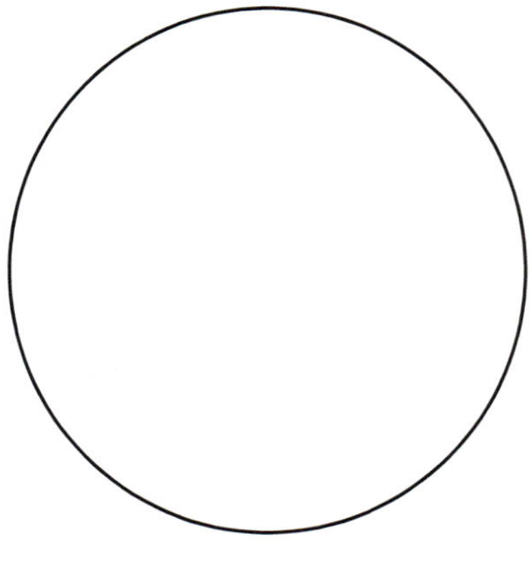

E2.7 Ingrandimento di una immagine vettoriale.

E2.3 LA CODIFICA DEI SUONI

Oltre alle immagini è possibile rappresentare in modo digitale anche il suono. Dopo una prima fase di conversione, che trasforma il segnale analogico tipico dell'onda sonora in un segnale digitale, vengono poi utilizzate codifiche particolari per la memorizzazione della musica digitale così ottenuta.

Digitalizzazione del suono

Il procedimento di trasformazione da analogico a digitale, cioè la fase di **digitalizzazione**, avviene mediante un **campionamento** del suono analogico (cioè la lettura del valore del suono analogico a intervalli di tempo regolari) secondo una **frequenza** di campionamento (cioè il numero di "letture" al secondo dettate dai **teoremi di Shannon**, che stabiliscono il valore minimo delle frequenza di campionamento che permette di non perdere segnale utile). Naturalmente, all'aumentare della frequenza aumenta anche la qualità sonora e di conseguenza aumentano sia la quantità di informazioni sia, come è noto, l'occupazione di memoria.

Le normali schede di digitalizzazione presenti nei personal computer permettono campionamenti da 8000 a 48.000 Hz e ogni valore campionato può essere rappresentato da 8, 16 o 32 bit.

La massima fedeltà si ottiene a 32 bit, con campionamento a 44 kHz in modo stereo, che è il formato utilizzato dai **CD Audio**.

Formati di codifica digitale del suono

Un formato musicale utilizzato dai personal computer è il **WAV** e i parametri che caratterizzano la registrazione sono il numero di bit di codifica, che può variare tra 8 e 24, e la frequenza di campionamento, tra 11 kHz e 192 kHz. Per esempio, con 8 bit di codifica e un campionamento a 22 kHz un minuto di musica stereo occupa 2640 kB, ma in questo caso la qualità del suono non è elevata e certo non paragonabile a quella di un disco analogico ascoltato su un impianto Hi-Fi.
Nel 1995 venne presentato per la prima volta il formato **MP3** (implementazione del MPEG-1 Audio Layer III data) come formato di compressione dei dati particolarmente adatto per i file audio ed ebbe subito un grande successo, soprattutto su Internet, in quanto presenta un rapporto di compressione altissimo che riduce di 12 volte l'ingombro dei file audio senza alterarne la qualità. L'algoritmo MP3 si basa, tra gli altri, sul concetto di soglia di udibilità: poiché l'uomo percepisce i suoni entro un determinato spettro di frequenza, al di sotto e al di sopra del quale i suoni non vengono percepiti, si riesce a ottenere un notevole risparmio nella lunghezza dei file eliminando da un brano musicale tali suoni non udibili.

Il **MIDI** (**M**usical **I**nstrument **D**igital **I**nterface) è uno dei formati in cui è possibile salvare la musica in forma digitale e con tale nome si indica sia il protocollo di trasmissione sia l'interfaccia hardware che serve a veicolare la trasmissione. Questo formato nasce nel 1983 per consentire la comunicazione e lo scambio di dati tra strumenti musicali di marche diverse. L'avvento del personal computer ha favorito lo sviluppo di questo protocollo dato che, essendo in formato digitale, si presta naturalmente allo scambio di informazioni musicali tra strumenti, sintetizzatori musicali (reali e virtuali) e computer.
Proprio per la sua natura digitale, il file MIDI ha dimensioni molto contenute. A confronto con un file audio WAV di 30 MB il corrispondente file MIDI occupa 30 kB: infatti nel file MIDI non è presente il suono (timbro), ma solamente il codice dello strumento e un numero che individua la nota e il suo valore musicale. Invece di campionare il suono, un file MIDI **registra gli eventi** che generano il suono (per es.: quali tasti sono premuti su di una tastiera, durata, intensità ecc.).
Un file MIDI è come uno speciale spartito musicale leggibile e riproducibile da un PC
La riproduzione avviene attraverso un sintetizzatore MIDI **[fig. E2.8]** che genera i suoni corrispondenti alle informazioni che riceve: non è presente il cantato, che generalmente viene fatto eseguire da uno strumento solista oppure da qualche emulatore che genera semplicemente "ooooh" oppure "aaaah".

E2.8 Sequencer MIDI.

E2.4 LA CODIFICA DEI FILMATI

È possibile digitalizzare filmati provenienti da telecamere o da un sintonizzatore TV utilizzando apposite schede e software video, ed è possibile costruire animazioni di sintesi utilizzando sempre particolari programmi.

L'animazione è l'effetto che si ottiene sfruttando la tecnica cinematografica che si basa sul fenomeno fisiologico della persistenza di un'immagine sulla retina per un tempo relativamente lungo (1/10 di secondo). Scomponendo un movimento in un insieme di fasi successive (**fotogrammi** o **frame**) in modo che ciascuna fase succeda alla precedente in un periodo di tempo inferiore a quello di tale permanenza, ciascuna immagine si sovrappone alla precedente prima che questa scompaia dalla retina; ne consegue una visione continua del movimento che si traduce in un'unica impressione di moto, come avviene nella visione diretta.

Si definisce **fotogramma** (frame) una singola immagine o disegno impiegato nella realizzazione di un'animazione.
Più elevato è il numero di frame per secondo (**frame-rate**), migliore è la "qualità di movimento" del filmato: oggi il numero di fotogrammi varia da 4 al secondo per le moviole a 50-60 al secondo per i videogiochi: al cinema, generalmente, viene usata la proiezione a 24 fotogrammi al secondo.

Esistono diversi formati video: i più diffusi sono **AVI, MPEG, MOV**, che si differenziano per la modalità e le caratteristiche di acquisizione e la tecnica di compressione utilizzata.

ESERCITAZIONE GUIDATA / E2.1

Conversione binario-decimale

1. Scegliere le opzioni corrette nel richiamo teorico.

a. Il sistema di numerazione binario si fonda sulla potenza del ☐ 2 ☐ 10 ☐ 16 detta base.

b. Utilizza due sole cifre: la cifra 0 e la cifra 1.

c. La cifra 1 assume ☐ peso ☐ aspetto diverso in funzione della sua ☐ dimensione ☐ posizione.

d. Entro un byte la cifra LSB è la ☐ b_0 ☐ b_7 mentre la ☐ b_0 ☐ b_7 è il MSB.

2. Completare la formula di conversione da binario a decimale:

$$N_{(10)} = \_\_\_\_ \cdot 2^0 + \_\_\_\_ \cdot 2^1 + \_\_\_\_ \cdot 2^2 + \_\_\_\_ \cdot 2^3 +$$

$$+ \_\_\_\_ \cdot 2^4 + \_\_\_\_ \cdot 2^5 + \_\_\_\_ \cdot 2^6 + b_7 \cdot \_\_\_\_$$

3. Completare la tabella dei pesi.

Posizione	7	6	5	4	3	2	1	0
Cifra	b_7	b_6	b_5	b_4	b_3	b_2	b_1	b_0
Peso	2^7	2^6	2^5	2^4	2^3	2^2	2^1	2^0
Peso calcolato								

4. Realizzare un convertitore da binario a decimale per mezzo di un foglio di lavoro.
Per il calcolo delle potenze del 2 impiegare la funzione POTENZA(num;potenza) che restituisce il risultato di un numero *num* elevato all'esponente *potenza*.
Modificando i bit del numero binario si modifica all'istante il risultato, che è perciò osservabile in tempo reale.

◇	A	B	C	D	E	F	G	H	I	J	K	L
1												
2		2^7	2^6	2^5	2^4	2^3	2^2	2^1	2^0			
3		1	0	0	0	0	0	1	1	=	131	
4												

5. Completare la formula per il calcolo del risultato:

K3 = ____ * POTENZA(____ ; ____) + ____ * POTENZA(____ ; ____) + ____ *
* POTENZA(____ ; ____) + ____ * POTENZA(____ ; ____) + ____ * POTENZA(____ ; ____) +
+ ____ * POTENZA(____ ; ____) + ____ * POTENZA(____ ; ____) + ____ *
* POTENZA(____ ; ____)

hoepliscuola.it

ESERCITAZIONE GUIDATA / E2.2

Conversione esadecimale-decimale

1. Scegliere le opzioni corrette nel richiamo teorico e completare dove richiesto.

a. Il sistema di numerazione esadecimale si fonda sulla potenza del ☐ 2 ☐ 10 ☐ 16 detta base.

b. Utilizza 16 cifre: 0, 1, 2, 3, 4, 5, 6, 7, 8, 9, ____, ____, ____, ____, ____, ____.

c. La cifra *A* equivale a ____ in decimale, la *B* equivale a ____ ecc.

d. Ogni cifra assume ☐ peso ☐ aspetto diverso in funzione della sua ☐ dimensione ☐ posizione.

2. Completare le seguenti conversioni.

a. $1032_{(16)} = \_\_\_\_ \times 16^0 + \_\_\_\_ \times 16^1 + \_\_\_\_ \times 16^2 + \_\_\_\_ \times 16^3 =$
$= \_\_\_\_ + 48 + \_\_\_\_ = 4146_{(10)}$

b. $A4_{(16)} = \_\_\_\_ \times 16^0 + \_\_\_\_ \times 16^1 = \_\_\_\_ \times 1 + \_\_\_\_ \times 16 = 164_{(10)}$

c. $CBA_{(16)} = \_\_\_\_ \times 16^0 + \_\_\_\_ \times 16^1 + C \times 16^2 = \_\_\_\_ \times 1 + \_\_\_\_ \times 16 + C \times 256 = \_\_\_\_ \times$
$\times 1 + \_\_\_\_ \times 16 + 12 \times 256 = 3258_{(10)}$

3. Realizzare un convertitore da esadecimale a decimale per mezzo di un foglio di lavoro.
Per il calcolo delle potenze del 16 impiegare la funzione POTENZA(num;potenza) che restituisce il risultato di un numero *num* elevato all'esponente *potenza*.
Per convertire le cifre letterarie in valori numerici utilizzare la formula HEX.DECIMALE(num).

◇	A	B	C	D	E	F	G	H
1								
2		16^3	16^2	16^1	16^0			
3		0	0	2	A	=	42	
4								

4. Completare la formula per il calcolo del risultato:

G3 = ____.DECIMALE(E3) * POTENZA(____;____) + ____.DECIMALE(D3) * POTENZA(____;____)
+ ____.DECIMALE(C3) * POTENZA(____;____) + ____.DECIMALE(B3) * POTENZA(____;____)

5. Verificare gli esercizi del punto 2 con l'applicazione.

ESERCITAZIONE GUIDATA / E2.3

Conversione decimale-binario

1. Scegliere le opzioni corrette nel richiamo teorico.

a. Per convertire un numero decimale in un numero binario, si deve ☐ moltiplicare ☐ dividere il numero decimale ripetutamente per ☐ sedici ☐ due, scrivendo nella seconda colonna di una tabella i resti della divisione.

b. Questi danno, letti ☐ dal basso verso l'alto ☐ dall'alto verso il basso, il numero convertito in binario.

2. Completare la sequenza delle operazioni in dettaglio dell'esempio seguente: $58_{(10)} = ?_{(2)}$.

58	2
29	0
14	1
7	0
3	1
1	1
0	1

↑ $58_{(10)} = 111010_{(2)}$

58/2 =		con il resto di	
29/2 =		con il resto di	
14/2 =		con il resto di	
7/2 =		con il resto di	
3/2 =		con il resto di	
1/2 =		con il resto di	

3. Completare i seguenti esercizi.

50	2

↑ $50_{(10)} =$ ______ $_{(2)}$

66	2

↑ $66_{(10)} =$ ______ $_{(2)}$

4. Realizzare un'applicazione mediante un foglio di lavoro, per la conversione decimale-binario, basandosi sulla seguente descrizione.

◇	A	B	C
1			
2		68	2
3		34	0
4		17	0
5		8	1
6		4	0
7		2	0
8		1	0
		0	1

= B2-B3*$C$2

= TRONCA(B2/$C$2;0)

Il numero decimale, evidenziato in alto a sinistra, viene ripetutamente diviso per 2 e troncato, e i risultati vanno a occupare le celle a sinistra. Nella colonna a destra sono riportati i resti della divisione troncata, che possono valere 0 o 1.

Si noti l'impiego della funzione TRONCA(num;num_cifre) applicata alla divisione della cella B2 per 2. Il termine num_cifre è il numero di decimali che definisce l'approssimazione, nel nostro caso 0.

Nell'altra formula viene calcolato il resto come differenza tra il dividendo e il prodotto del risultato per 2.

5. Verificare gli esercizi del punto 2 con l'applicazione.

ESERCITAZIONE GUIDATA / E2.4

hoepliscuola.it

Conversione binario-esadecimale

1. Studiare la seguente descrizione del metodo di conversione simultanea.
Il metodo della conversione simultanea rappresenta una specie di scorciatoia per il passaggio diretto dalla rappresentazione binaria a quella esadecimale e viceversa.
In alternativa si dovrebbe operare attraverso due fasi più elaborate: una prima fase da binario a decimale e una seconda fase da decimale a esadecimale.

conversione simultanea

[binario → decimale] → [decimale → esadecimale]

2. Fare il raffronto tra conversione simultanea e indiretta mediante un esempio, completandolo.

Si supponga di dover effettuare la seguente conversione: $10101011_{(2)} = ??_{(16)}$.

Procedendo per **via indiretta** si ha:

- conversione binario-decimale:

$10101011_{(2)} =$ ____ $\times 2^0 +$ ____ $\times 2^1 +$ ____ $\times 2^3 +$ ____ $\times$

$\times 2^5 +$ ____ $\times 2^7 =$ ____ + ____ + ____ + ____ + ____ $= 171_{(10)}$

- conversione decimale-esadecimale:

171	16
____	____
____	____

↑ $171_{(10)} = AB_{(16)}$

Procedendo per **via diretta** si ha la conversione simultanea:

$\underbrace{1010}_{A} \quad \underbrace{1011}_{B}$

3. Realizzare un'applicazione con foglio di lavoro per la conversione simultanea. Completare le formule. Utilizzare la funzione DECIMALE.HEX per convertire i numeri in lettere.

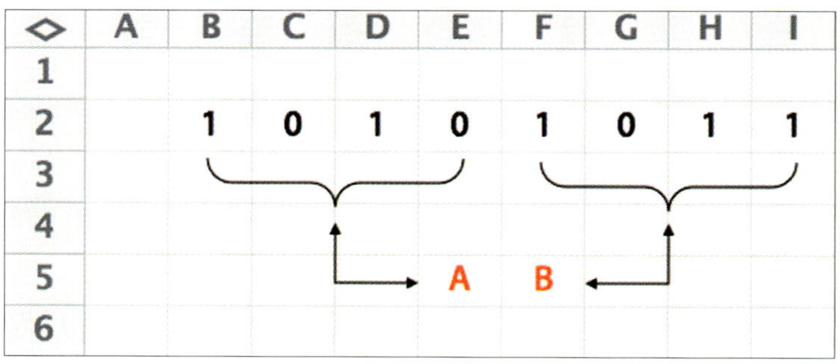

F5 = DECIMALE.____(I2*2^0+H2*2^1+G2*2^2+F2*2^3)

E5 = DECIMALE.____(____*2^0+____*2^1+____*2^2+____*2^3)

ESERCITAZIONE GUIDATA / E2.5

hoepliscuola.it

Somma binaria – Semisommatore

1. Studiare la seguente descrizione della somma di bit.

Grazie alle porte logiche si possono realizzare circuiti che implementano operazioni aritmetiche. Considerando la somma di due soli bit, sono possibili i quattro casi:

0 + 0 = 0
0 + 1 = 1
1 + 0 = 1
1 + 1 = ?

Nell'ultimo caso, la somma 1 + 1, sono necessari due bit, in quanto il risultato 2 in binario è 10.

Disponendo le cifre in colonna come nella figura a fianco, si comprende come il bit 1 si configuri come bit di riporto *R*.

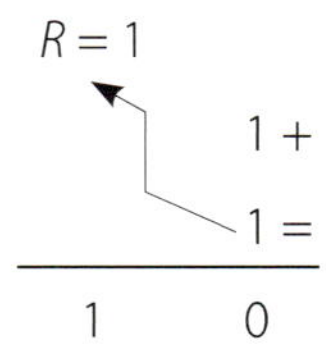

Per la somma si utilizza un circuito combinatorio, noto come **semisommatore HA** (*Half Adder*) con due ingressi per gli addendi e due uscite, una di somma e l'altra per il riporto.

2. Completare la tabella di verità dell'*Half Adder*.
Il significato dei termini della tabella è: X_n, Y_n addendi; S_n somma; R_n riporto.

X_n	Y_n	S_n	R_n
0	0		
0	1		
1	0		
1	1		

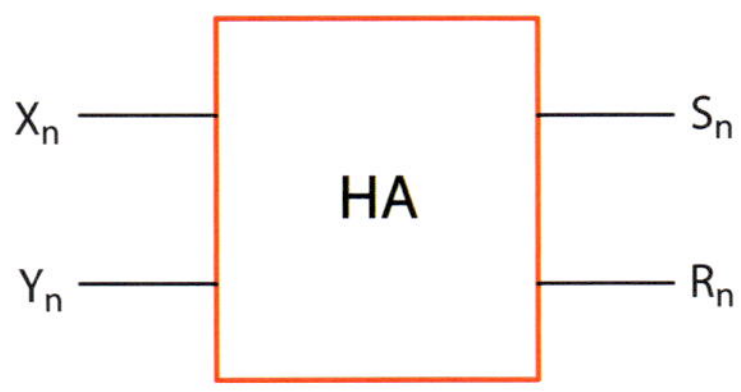

3. Realizzare un HA per mezzo di un foglio di lavoro e testarne la tabella di verità.

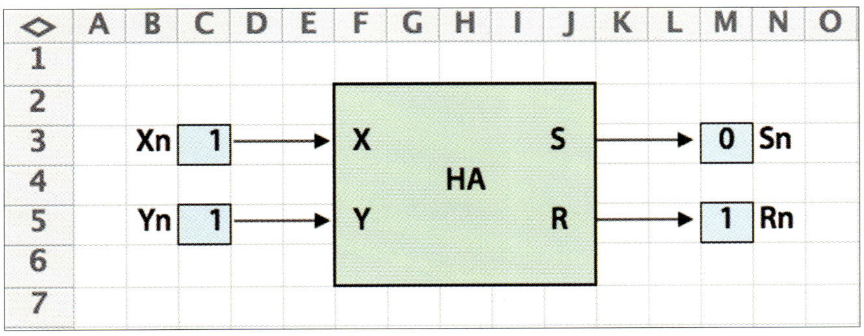

4. Completare la formula del resto:

somma S_n: M3 = SE(O(E(NON(C3);C5);E(C3;NON(C5)));1;0)

resto R_n: M5 = ______ (E(______ ; ______);1;0)

ESERCITAZIONE GUIDATA / E2.6

Sommatore completo

1. Studiare la seguente descrizione del sommatore completo.
   Il **sommatore completo FA** (*Full Adder*) è impiegato per somme con più cifre binarie incolonnate.
   Esso accetta in ingresso, oltre ai due addendi X_n e Y_n, il riporto R_{n-1} proveniente dai due bit di ordine immediatamente inferiore e genera, oltre alla somma S_n, il riporto R_n destinato ai due bit di ordine immediatamente superiore.

2. Completare la tabella di verità del *Full Adder*.

R_{n-1}	Y_n	X_n	S_n	R_n
0	0	0		
0	0	1		
0	1	0		
0	1	1		
1	0	0		
1	0	1		
1	1	0		
1	1	1		

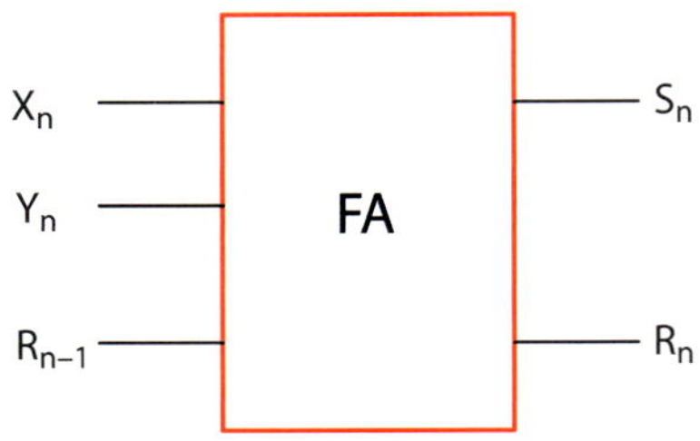

3. Completare la spiegazione della tabella di verità spuntando le opzioni corrette.
   a. La tabella di verità prevede ☐ otto ☐ quattro combinazioni, dato che il sistema è a ☐ due ☐ tre ingressi. Nelle combinazioni con un solo bit di ingresso alto ☐ la somma ☐ il riporto vale 1 e ☐ la somma ☐ il riporto vale 0.
   b. Dove sono presenti due bit di ingresso a livello alto, ☐ la somma ☐ il riporto vale 1 e ☐ la somma ☐ il riporto vale 0.

   Nell'ultima combinazione, che prende in considerazione il caso di due addendi alti e riporto R_{n-1} alto, la somma dei due addendi produce $R_n = 1$ e il bit in eccedenza si riversa nel termine della somma che risulta anch'esso $S_n = 1$.

4. Realizzare un FA per mezzo di un foglio di lavoro e testarne la tabella di verità.

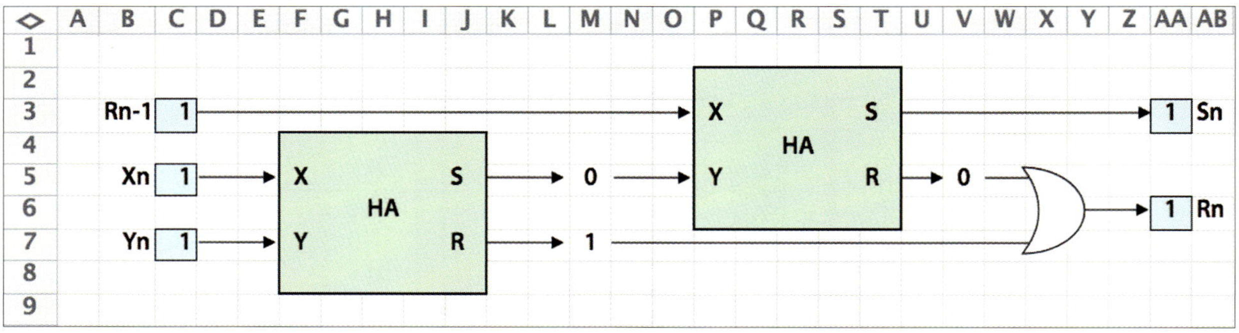

5. Completare la descrizione dello schema.
   a. Un ☐ FA ☐ HA può essere realizzato impiegando due ☐ FA ☐ HA in cascata.
   b. Il secondo HA riceve ☐ l'addendo X_n ☐ il riporto R_{n-1} oltre alla somma del primo HA.
   c. La somma complessiva S_n coincide con l'uscita ☐ *S* ☐ *R* del secondo HA.
   d. Il riporto complessivo R_n si ricava mettendo in ☐ AND ☐ OR i riporti dei due HA.

ESERCITAZIONE GUIDATA / E2.7

hoepliscuola.it

Somma su più colonne

1. Studiare la seguente descrizione della somma su più colonne.
La somma di numeri binari a più di un bit si svolge strutturalmente come nel sistema decimale.
Si inizia con la somma dei primi due addendi X_0, Y_0; il risultato è depositato in S_0 e il riporto viene propagato a sinistra. Si prosegue allo stesso modo per le cifre di ordine superiore. Infine il riporto R_3 dell'ultima somma viene depositato in S_4.

R_3	R_2	R_1	R_0	$R = 0$	**Riporto**	1	1	1	0	$R = 0$
	X_3	X_2	X_1	$X_0 +$	**Addendo *X***		0	1	1	1 +
	Y_3	Y_2	Y_1	$Y_0 =$	**Addendo *Y***		1	1	1	0 =
S_4	S_3	S_2	S_1	$S_0 =$	**Somma**	1	0	1	0	1 =

2. Completare la descrizione dello schema implementativo.

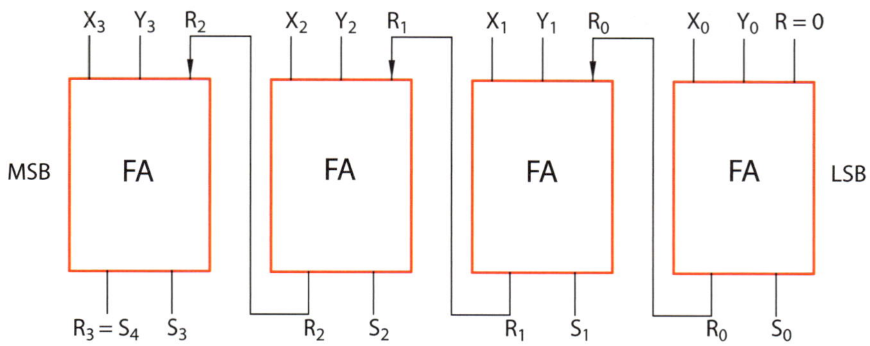

Lo schema logico ricalca lo svolgimento matematico.

a. Il primo dispositivo elementare, un FA con riporto imposto a ☐ uno ☐ zero, viene disposto a destra.

b. Il riporto R_0 generato viene immesso nell'ingresso ☐ di riporto ☐ *X* ☐ *Y* del FA a fianco e così via.

c. La somma nello schema si propaga quindi da ☐ sinistra a destra ☐ destra a sinistra.

d. Nell'ultimo FA il riporto è nello stesso tempo la cifra ☐ meno ☐ più significativa del risultato.

3. Realizzare la somma a più cifre binarie con un foglio di lavoro.
Disporre nel foglio di lavoro quattro blocchi FA e realizzare i collegamenti tra le celle della figura e gli ingressi/uscite dei blocchi.

◇	A	B	C	D	E	F	G	H	I	J	K	L	M	N	O	P	Q	R
1																		
2				Riporto	R3	R2	R1	R0					1	1	1	1		
3				Addendo X		X3	X2	X1	X0	+				1	1	1	1	+
4				Addendo Y		Y3	Y2	Y1	Y0	=				1	1	1	1	=
5				Somma	S4	S3	S2	S1	S0				1	1	1	1	0	
6																		

4. Calcolare le seguenti somme e provarle con l'applicazione creata:

1111 + 1111 =

1001 + 1100 =

0101 + 1111 =

ESERCITAZIONE GUIDATA / E2.8

Codifica digitale di immagini in bianco e nero e colore

1. Studiare la spiegazione sulla codifica delle immagini.
Le immagini elettroniche digitali sono ottenute associando un numero a ogni pixel dello schermo.
Negli schermi a **matrice attiva** RGB i colori sono ricavati dalla combinazione dei tre colori primari: Rosso (Red), Verde (Green), Blu (Blue).
Ogni pixel dello schermo è composto da tre **subpixel** dotati di **filtro** rosso, verde e blu (fig. a).
Negli schermi retroilluminati ogni subpixel agisce da filtro rispetto alla luce bianca posizionata sul retro dello schermo, lasciando transitare solo la componente cromatica corrispondente (fig. b).
Ogni subpixel è codificato mediante 8 bit, permettendo di dosare 256 gradazioni di colore.

(a)

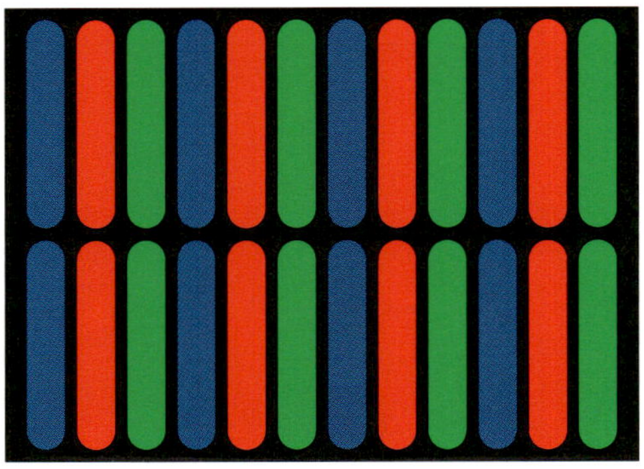

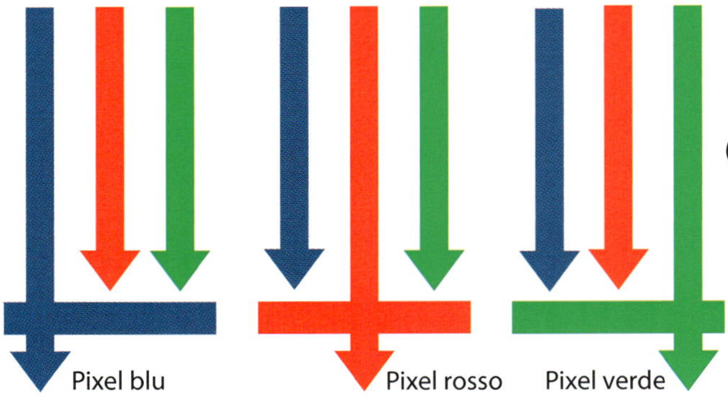

(b)

Nel caso delle immagini in bianco e nero è sufficiente 1 bit per ogni pixel, associando i due livelli basso/alto ai colori bianco/nero.

2. Realizzare una immagine in bianco e nero mediante codifica 0/1.
Entro un foglio di lavoro Excel seguire questi passaggi:

- dimensionare le celle del foglio in modo che si formi una matrice di quadretti (pixel);
- disporre una serie di '0' e '1' fino a realizzare una semplice icona;
- copiare la matrice in un'area a fianco;
- associare il nero a 1 e il bianco a 0 in questo modo: selezionare la cella; nel menu selezionare *Formato* → *Formattazione condizionale*...; impostare come condizione "Il valore della cella è" – "uguale a" – "1"; premere il tasto *Formato*... e impostare nella scheda *Motivo* il colore nero;
- ripetere l'operazione per il colore bianco premendo *Aggiungi*.

◇	A	B	C	D	E	F	G	H	I	J	K	L	M	N	O	P	Q	R	S
1																			
2					1	1	1	1	1	1	1	1	1	1	1	1	1	1	1
3					1	0	0	0	0	0	0	0	0	0	0	0	0	0	1
4					1	1	1	1	1	1	1	1	1	1	1	1	1	1	1
5					0	0	1	0	0	0	0	0	0	0	0	0	1	0	0
6					0	0	1	0	0	0	0	0	0	0	0	0	1	0	0
7					0	0	1	0	0	1	0	1	0	1	0	0	1	0	0
8					0	0	1	0	0	0	1	0	1	0	0	0	1	0	0
9					0	0	1	0	0	0	0	1	0	0	0	0	1	0	0
10					0	0	0	1	0	0	0	0	0	0	0	1	0	0	0
11					0	0	0	0	1	0	0	1	0	0	1	0	0	0	0
12					0	0	0	0	1	0	0	0	0	0	1	0	0	0	0
13					0	0	0	1	0	0	0	1	0	0	0	1	0	0	0
14					0	0	1	0	0	0	0	0	0	0	0	0	1	0	0
15					0	0	1	0	0	0	0	1	0	0	0	0	1	0	0
16					0	0	1	0	0	0	1	0	1	0	0	0	1	0	0
17					0	0	1	0	0	1	0	1	0	1	0	0	1	0	0
18					0	0	1	0	1	0	1	0	1	0	1	0	1	0	0
19					1	1	1	1	1	1	1	1	1	1	1	1	1	1	1
20					1	0	0	0	0	0	0	0	0	0	0	0	0	0	1
21					1	1	1	1	1	1	1	1	1	1	1	1	1	1	1
22																			

T U V W X Y Z AA AB AC AD AE AF AG AH AI AJ AK AL AM

ESERCITAZIONE GUIDATA / E2.9

Codifica BCD e visualizzazione di cifre decimali

1. Completare la descrizione del sistema di codifica BCD.
Nel sistema **decimale codificato in binario BCD** (*Binary Coded Decimal*) ciascuna cifra decimale viene singolarmente codificata nel corrispondente codice binario.

a. Una cifra decimale richiede quattro bit per la codifica in quanto la cifra decimale più alta, cioè il ☐ 9 ☐ 10 viene codificata come ☐ 1001 ☐ 1111.

b. Se dunque in binario naturale risulta: $35_{(10)} =$ ________________ $_{(2)}$.

c. Nel sistema BCD invece risulta: $35_{(10)} =$ ________________ $_{(BCD)}$.

Le cifre BCD sono allora già "pronte" per l'inoltro al modulo hardware e la diretta visualizzazione, come descritto dalla figura (a).

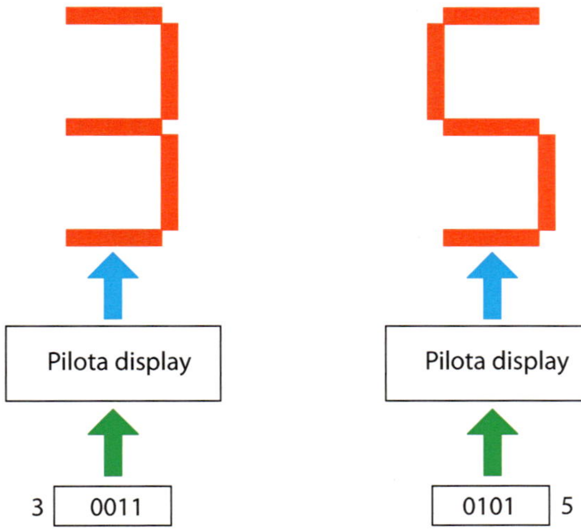

(a)

2. Studiare la descrizione del **display a sette segmenti**.
Il display a sette segmenti è il sistema di visualizzazione più elementare, semplice da pilotare e anche da capire. È costituito da 7 led, che nel complesso permettono di rappresentare i numeri da 0 a 9 (fig. b).
In pratica si presenta come un componente con otto terminali, sette segmenti più il punto decimale. I terminali sono denominati con le lettere *a*, *b*, *c*, *d*, *e* , *f*, *g*, *DP*. Assegnando a un terminale il livello logico '1', si alimenta il corrispondente led, determinandone l'accensione.

(b)

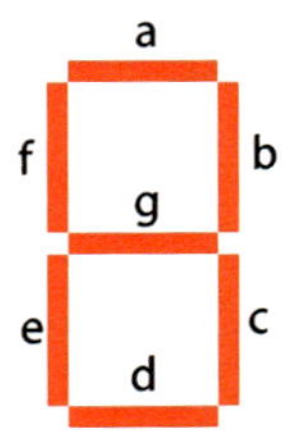

3. Studiare la descrizione del **pilota per display**.
Il pilota per display (fig. c) è un circuito integrato che accetta in ingresso 4 bit, che rappresentano la codifica in binario della cifra da visualizzare e rende disponibili, sulle sette uscite, le combinazioni per accendere simultaneamente i led corrispondenti a tale cifra.

(c)

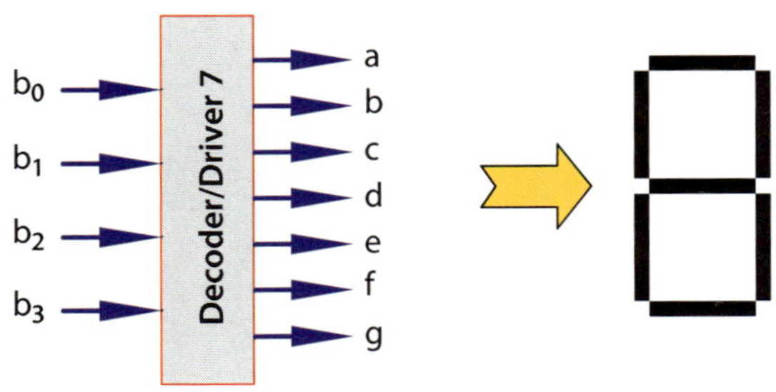

4. Completare le considerazioni sulle configurazioni di uscita del pilota per display, scegliendo le opzioni corrette.

Supponendo che vengano impostati i seguenti livelli di ingresso: $b_3b_2b_1b_0 = 0000$ ovvero se viene immesso il numero ☐ 9 ☐ 0 devono illuminarsi i segmenti ☐ *a*, ☐ *b*, ☐ *c*, ☐ *d*, ☐ *e*, ☐ *f*, mentre il segmento ☐ *f* ☐ *g* deve rimanere spento. La configurazione delle uscite deve essere quindi: *abcdefg* = 1111110.

5. Completare la tabella di verità del pilota per display.

b_3	b_2	b_1	b_0	a	b	c	d	e	f	g
0	0	0	0	1	1	1	1	1	1	0
0	1	0	1	1	0	1	1	0	1	1

6. Provare il seguente schema di utilizzo del pilota per display.

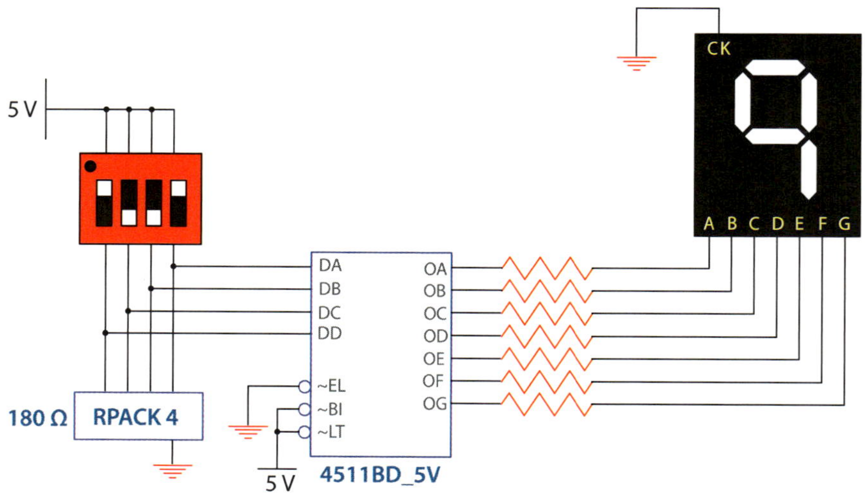

7. Realizzare il circuito su *breadboard*.

VERIFICA DEGLI OBIETTIVI / unità E2

AREAdigitale

Vero/Falso

1. La codifica elettronica binaria richiede due livelli di tensione.

☐ Vero ☐ Falso

2. Il dispositivo elettronico che supporta il bit è monostabile.

☐ Vero ☐ Falso

3. La profondità di colore riguarda la risoluzione.

☐ Vero ☐ Falso

4. La profondità di colore riguarda il numero di bit di codifica.

☐ Vero ☐ Falso

5. Il sistema binario è a base 10.

☐ Vero ☐ Falso

Scelta singola

1. Selezionare i pesi delle prime quattro cifre binarie, a partire dal MSB.

a. 2468
b. 8421
c. 8642

2. Selezionare il colore RGB = 255 255 255.

a. Nero
b. Rosso
c. Bianco

3. Selezionare la rappresentazione BCD del numero $101010_{(2)}$.

a. 1010 1010
b. 0011 1100
c. 0100 0010

4. Selezionare il pattern display del numero 3.

a. a=1 b=1 c=1 d=1 e=0 f=0 g=1
b. a=1 b=1 c=0 d=1 e=1 f=0 g=1
c. a=0 b=0 c=1 d=1 e=1 f=1 g=1

5. Nel sistema binario il numero massimo codificabile con quattro bit è:

a. 9
b. 4
c. 15

Scelta multipla

1. Selezionare le codifiche ASCII della lettera A maiuscola.

a. 65 decimale
b. 41 esadecimale
c. 01001000 binario

2. Selezionare i formati immagine.

a. JPEG
b. WAV
c. GIF

3. Selezionare il significato di BCD.

a. Decimale codificato in binario
b. Best Computer Digit
c. Binary Coded Decimal

4. Il numero $10000000_{(2)}$ corrisponde a:

a. $0001\ 0010\ 1000_{(BCD)}$
b. $64_{(10)}$
c. $80_{(16)}$

5. Selezionare le lettere che appartengono al sistema esadecimale.

a. F
b. G
c. E

VERIFICA

Associazione

1. Associare le porte ai simboli algebrici.

1.	$X \oplus Y$	**a.**	OR
2.	$X + Y$	**b.**	AND
3.	$X \cdot Y$	**c.**	EX-OR
4.	$\neg X$	**d.**	NOT

....

2. Associare la funzione al dispositivo.

1.	Raddrizzatore	**a.**	Diodo zener
2.	Stabilizzatore	**b.**	Transistore
3.	Interruttore	**c.**	Diodo

....

3. Associare le caratteristiche alle corrispondenti diciture.

1.	8 bit	**a.**	0 V
2.	Livello HIGH	**b.**	Byte
3.	'0' oppure '1'	**c.**	Bit
4.	Livello LOW	**d.**	5 V

....

4. Associare mnemonicamente i numeri binari ai corrispondenti decimali.

1.	$111_{(2)}$	**a.**	$7_{(10)}$
2.	$1111_{(2)}$	**b.**	$6_{(10)}$
3.	$0011_{(2)}$	**c.**	$15_{(10)}$
4.	$0110_{(2)}$	**d.**	$3_{(10)}$

....

5. Associare il numero di bit alla codifica.

1. 4 bit
2. 16 bit
3. 1 bit
4. 8 bit
a. 65.536 livelli di campionamento audio
b. Codifica bianco/nero
c. Codice ASCII esteso
d. 16 livelli di colore

....

Completamento

1. Data la seguente tabella di verità, completare l'implementazione in prima forma canonica.

X	*Y*	*U*
0	0	0
0	1	1
1	0	0
1	1	1

U = (..........(*X*) AND ....) OR (.......... AND ....)

2. Data la seguente tabella di verità, completare l'implementazione in seconda forma canonica.

X	*Y*	*U*
0	0	0
0	1	0
1	0	1
1	1	1

U = (*X* ....) AND (.......... .... NOT(..........))

3. Data la seguente tabella di verità, completare l'implementazione in prima forma canonica.

X	*Y*	*Z*	*U*
0	0	0	0
0	0	1	0
0	1	0	1
0	1	1	0
1	0	0	0
1	0	1	1
1	1	0	0
1	1	1	0

U = (.......... (*X*) .... *Y* .... NOT(*Z*)) OR (.......... AND .... (*Y*) .... *Z*)

4. Completare la conversione da binario a decimale.

$101010_{(2)}$ = ... × 2^0 + ... × 2^1 + ... × 2^2 + ... × 2^3 + ... × 2^4 + ... × 2^5 = ... + ... + ... + ... + ... + ... = $42_{(10)}$

5. Completare la conversione da esadecimale a decimale.

$A12B_{(16)}$ = ... × 16^0 + ... × 16^1 + ... × 16^2 + A × 16^3 = ... × .... + ... × .... + ... × .... + ... × 4096 = $41259_{(10)}$

modulo F Applicazioni del settore automazione

UNITÀ F1
Automazione cablata

UNITÀ F2
Automazione programmata

AREAdigitale

- **VIDEO TUTORIAL** Controllo livello serbatoio mediante AW-SYS
- **ESERCITAZIONE GUIDATA** Contattore passo-passo
- **Verifiche interattive**

PREREQUISITI

Conoscenze

- Nozioni generali sulle tecnologie informatiche
- L'hardware e il software

Abilità

- Descrivere le principali strutture di programmazione
- Stilare diagrammi di flusso

OBIETTIVI

Conoscenze

- Caratteristiche dell'automazione mediante circuiti e programmi

Abilità

- Analizzare sistemi di controllo per processi industriali

Competenze di riferimento

- Simulare e realizzare semplici automatismi
- Programmare semplici automatismi

VERIFICA DEI PREREQUISITI / modulo F

AREAdigitale

Vero/Falso

1. Per codice sorgente si intende un programma in codice macchina.

☐ Vero ☐ Falso

2. Per codice macchina si intende un programma in codice binario.

☐ Vero ☐ Falso

3. Codice macchina e codice oggetto sono sinonimi.

☐ Vero ☐ Falso

4. L'espressione condizionale –5 > –3 restituisce valore TRUE.

☐ Vero ☐ Falso

Scelta singola

1. Selezionare la sequenza operativa di un computer.

a. Input – Output – Elaborazione
b. Input – Elaborazione – Output
c. Output – Elaborazione – Input

2. Quanto vale un byte?

a. 8 bit
b. 1 bit
c. 1 digit

3. Selezionare l'elemento non presente nella CPU.

a. ALU
b. Registro
c. DVD

4. Selezionare l'espressione condizionale.

a. A + B
b. A < B
c. A/B

Scelta multipla

1. Spuntare gli elementi di tipo hardware.

a. Algoritmo
b. Memoria
c. Microprocessore

2. Spuntare gli elementi di tipo software.

a. Scheda madre
b. Videogioco
c. Istruzione

3. Quali non sono unità di misura della velocità della CPU?

a. Secondi
b. Hertz
c. Byte

4. Selezionare i possibili valori di una espressione condizionale.

a. TRUE
b. ELSE
c. FALSE

Associazione

1. Associare il prefisso all'unità di misura.

1. Kilobyte	**a.** 10^{12} byte
2. Terabyte	**b.** 10^{3} byte
3. Megabyte	**c.** 10^{6} byte

....

2. Associare la tipologia al linguaggio di programmazione.

1. Visual Basic	**a.** Procedurale
2. HTML	**b.** Web
3. C	**c.** A oggetti

....

3. Associare struttura algoritmica e istruzione di programmazione.

1. Ciclo	**a.** For
2. Selezione semplice	**b.** If
3. Selezione doppia	**c.** If – Else

....

4. Associare la sagoma del blocco al tipo di operazione.

1. Rombo
2. Rettangolo
3. Parallelogrammo
a. Blocco di elaborazione
b. Blocco di controllo
c. Blocco di input-output

....

PREREQUISITI

AUTOMAZIONE CABLATA

F1.1 SEGNALI DI INPUT-OUTPUT NEI PROCESSI AUTOMATIZZATI

Segnali di input-output dei quadri elettrici

I **quadri elettrici** [fig. F1.1] sono destinati al controllo e alla supervisione di processi industriali, impianti, linee di produzione; essi scambiano con il processo controllato i segnali di input-output.
Entro tali complessi sono assiemati gli apparecchi di comando-segnalazione e di distribuzione-protezione per garantire il raggruppamento e la collocazione razionale delle apparecchiature di manovra e un accesso sicuro alle stesse, al riparo dal contatto diretto di parti sotto tensione.

Segnali di input

I segnali di input vengono generati manualmente da **apparecchi di manovra**, quali pulsanti e selettori [fig. F1.2].

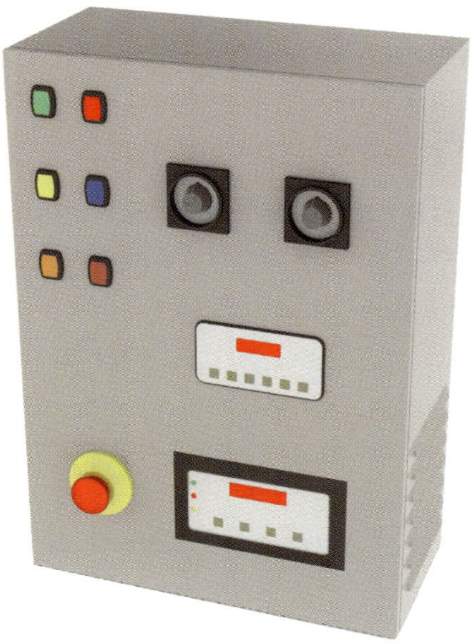

F1.1 Quadro elettrico.

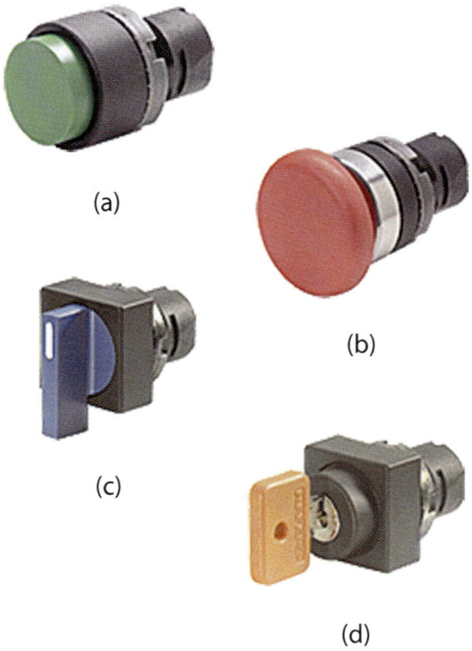

F1.2 Tipi di pulsanti e selettori: a) pulsante normale; b) pulsante a fungo; c) selettore a leva; d) selettore a chiave.

OBIETTIVI

Conoscenze

- Dispositivi per l'automazione
- Cablaggio di automatismi

Abilità

- Analizzare e verificare sistemi di comando industriale
- Analizzare e verificare schemi a blocchi

CONTENUTI

Segnali di output

I segnali di output giungono invece su **dispositivi di segnalazione**, quali lampade e allarmi visivi e acustici per il monitoraggio del sistema [fig. F1.3].

(a)

(c)

(b)

F1.3 Tipi di segnalatori: a) lampada spia monolitica; b) lampada con gemma luminosa; c) segnalatore acustico a led lampeggiante.

Segnali di input-output del processo

Segnali di input

Nei sistemi automatizzati i segnali di input provengono da opportuni **rilevatori** che sondano lo stato del processo sul campo, al fine di consentire il coordinamento delle sequenze operative.
Si trovano rivelatori per ogni tipo di situazione e grandezza fisica, dei quali si offre una sintesi:

- **sensori** e **trasduttori** per la misurazione di grandezze fisiche come la temperatura, la luminosità ecc.;
- **sensori di prossimità** [fig. F1.4] per la rilevazione della presenza di un oggetto, senza necessità di contatto fisico diretto;
- **fotocellule**, utilizzate nei più svariati ambiti dell'automazione industriale, per il conteggio e la discriminazione di oggetti;
- **interruttori di finecorsa** [fig. F1.5] che stabiliscono un contatto elettrico quando un'apposita testina entra in contatto con una parte mobile del processo da controllare.

F1.4 Sensore di prossimità induttivo.

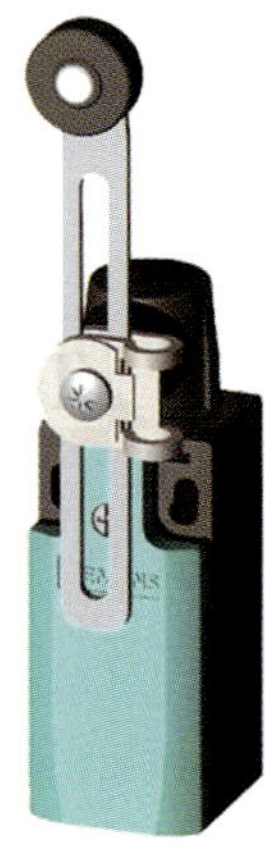

F1.5 Interruttore di finecorsa.

Segnali di output

I segnali di output sono diretti dal sistema di controllo verso il processo controllato attraverso gli attuatori.

Un **attuatore** è un organo che compie un'azione sul processo, convertendo l'energia elettrica in energia meccanica, idraulica, pneumatica, termica e fornendo l'adeguato livello di potenza.
Sono attuatori un cilindro pneumatico, una valvola idraulica, uno scambiatore di calore, ma sono i **motori** gli attuatori per eccellenza: essi trasformano l'energia elettrica in meccanica, garantendo la movimentazione degli organi costitutivi dei processi industriali.

F1.2 APPARATI PER LA GESTIONE DEI PROCESSI INDUSTRIALI

Per la gestione dei processi nell'industria si utilizzano apparecchi con caratteristiche idonee all'esercizio di potenza, organizzati entro schemi logici di comando e monitoraggio dei processi, azionati da pulsanti e interruttori.

Pulsanti, interruttori e contatti

Pulsanti, interruttori e contatti sono organi di comando destinati, se azionati, a cambiare lo stato di un circuito:

- il **pulsante** [fig. F1.6a] è un elemento monostabile, quando rilasciato ritorna in posizione di riposo;
- l'**interruttore** [fig. F1.6b] è un pulsante bistabile, con due posizioni stabili ON e OFF;
- il **contatto** [fig. F1.6c] non è pilotato manualmente bensì elettricamente, come nei relè e nei contattori.

Possono essere di due tipi:

- NA (normalmente aperto), nella posizione di riposo non è permesso il transito della corrente;
- NC (normalmente chiuso), nella posizione di riposo è permesso il transito della corrente.

Nella **figura F1.7** sono rappresentati i simboli degli omologhi del tipo NC.
Un esempio di pulsante NA è il campanello, che quando rilasciato torna in posizione di riposo.
Un esempio di pulsante NC è il pulsante di un frigorifero, che spegne la luce se premuto.

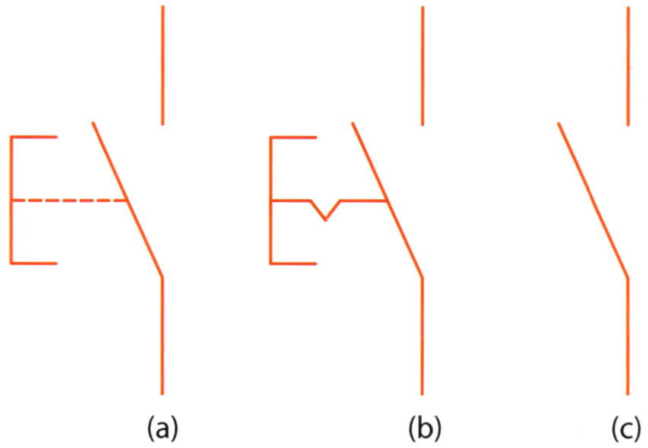

F1.6 Comandi NA: a) pulsante NA; b) interruttore NA; c) contatto NA.

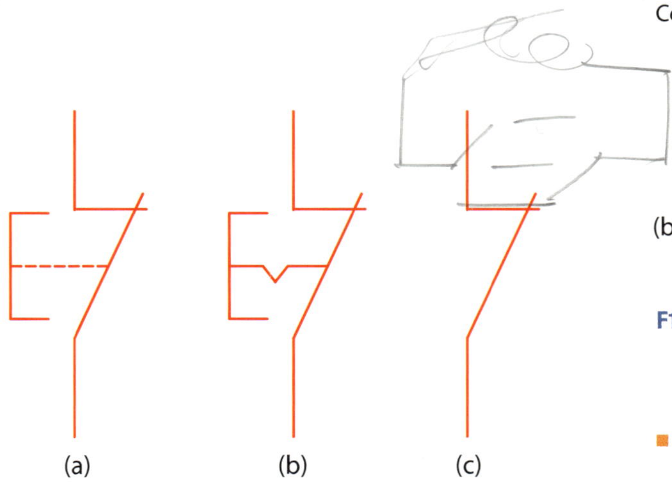

F1.7 Comandi NC: a) pulsante NC; b) interruttore NC; c) contatto NC.

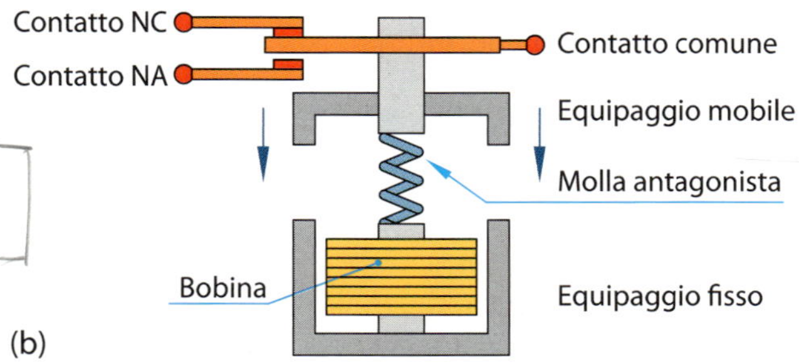

F1.8 Contattore: a) aspetto esteriore; b) parti costitutive.

Contattore

Il contattore o teleruttore [fig. F1.8a] è un dispositivo provvisto di contatti di apertura e chiusura, per stabilire o interrompere le correnti di manovra degli elementi utilizzatori.

Il contattore, come il relè, è un interruttore non azionato a mano ma indirettamente da un elettromagnete. Diversamente dal relè, un contattore è dimensionato al fine di sopportare elevate correnti di contatto, per un numero elevato di prestazioni.
È composto dalle seguenti **parti** [fig. F1.8b]:

- **bobina**, che costituisce l'anello di collegamento tra il circuito di comando e quello di potenza; se eccitata crea un campo magnetico che muove l'equipaggio mobile verso l'equipaggio fisso, provocando la chiusura dei contatti;
- **molle antagoniste**, che con la loro resistenza meccanica riconducono l'equipaggio mobile nello stato di riposo in assenza di eccitazione;
- **contatti**, posti nel circuito di potenza, che possono essere:
  - **NC** (*Normally Closed*) **normalmente chiusi**, cioè chiusi se bobina diseccitata;
  - **NO** (*Normally Open*) **normalmente aperti**, cioè aperti se bobina diseccitata.

Si distinguono **due serie di contatti** [fig. F1.9]:

- **principali**, ossia di potenza, utilizzati per la chiusura dei circuiti di manovra;
- **ausiliari**, ossia contatti supplementari di dimensioni ridotte, utilizzati per le funzioni di segnalazione mediante lampade, di autoritenuta o sganciamento automatico.

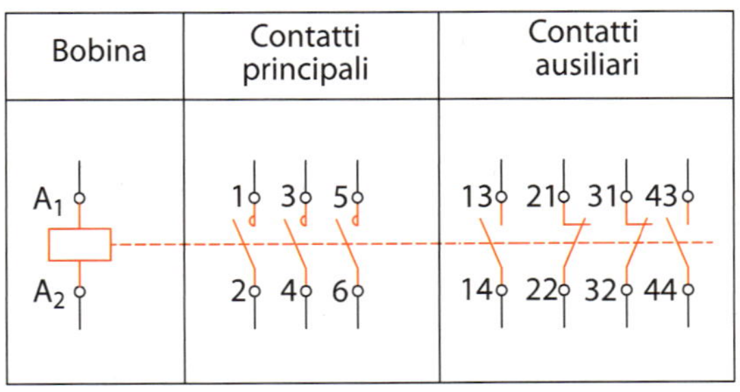

F1.9 Tipi di contatti.

I **contatti principali** e **ausiliari** utilizzano un diverso sistema di designazione numerica dei morsetti:

- **contatti principali**: siglatura con una cifra dispari per ingresso, pari per uscita;
- **contatti ausiliari**: marcatura a due cifre nella quale la *cifra a sinistra* individua il numero di sequenza (1, 2, 3, 4); la *cifra a destra* individua il tipo di funzione (3-4 NO, 1-2 NC).

Temporizzatore

Il temporizzatore è un contattore con funzione speciale regolabile di apertura/chiusura ritardata o anticipata dei contatti. Svolge la funzione di sincronizzare avviamento e interruzione di organi di macchine operatrici, secondo prefissate tabelle di marcia temporali singole o cicliche.
Per tale motivo è impiegato per il controllo delle sequenze di lavorazione industriali nel campo dei sistemi di avviamento e avanzamento di macchine utensili.

La **figura F1.10** illustra un modello di temporizzatore scelto a paradigma dotato di:

- una bobina con **morsetti di alimentazione** A_1-A_2;
- due contatti NO 14-16, 24-26;
- due contatti NC 14-15, 24-25;
- una spia B di alimentazione della bobina e una di azionamento contatti C;
- un selettore del range temporale (1, 10, 100 secondi; 10, 100 minuti; 10, 100 ore);
- un selettore per regolazione temporale (da 0,5 a 10 volte il settaggio del range);
- un selettore a vite per il tipo di funzione temporale.

La funzione temporale tipica può essere, con riferimento al primo contatto della coppia:

- **ritardo alla eccitazione** **[fig. F1.11a]**: il contatto NO 14-16 si chiude dopo un intervallo T dal fronte di salita dell'eccitazione A_1-A_2; viceversa il contatto NC si apre trascorso T; il contatto rimane azionato fino al permanere dell'eccitazione e decade quando A_1-$A_2 = 0$;
- **ritardo alla diseccitazione** **[fig. F1.11b]**: il contatto NO 14-16 si chiude istantaneamente al momento dell'eccitazione della bobina e si riapre T istanti dopo la diseccitazione;
- **formatore di impulso *single shot*** **[fig. F1.11c]**: a partire dall'istante di eccitazione viene generato un impulso di durata T regolabile;
- **generatore di impulsi** **[fig. F1.11d]**: se A_1-A_2 = 1 viene formato un treno di impulsi continuo; nel contatto 14-16 l'impulso alto dura T_1 e quello basso T_2.

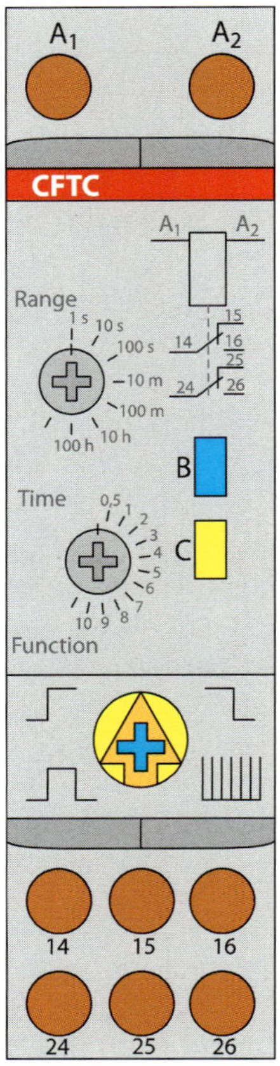

F1.10 Modello di temporizzatore.

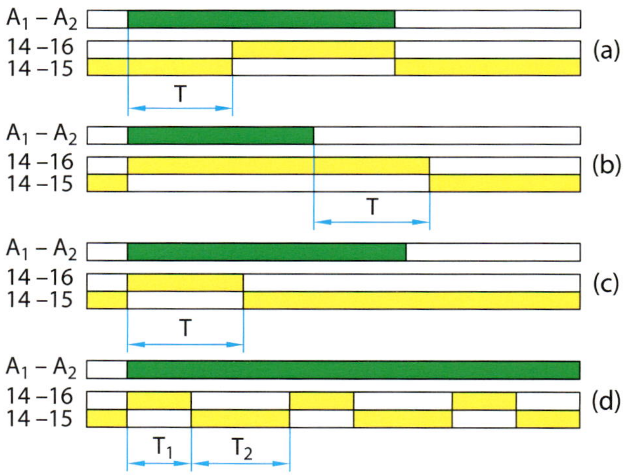

F1.11 Funzioni temporali: a) ritardo alla eccitazione; b) ritardo alla diseccitazione; c) formatore di impulso; d) generatore di impulsi.

F1.3 SISTEMI E MODELLI

Il controllo automatico dei sistemi parte dallo studio del modello matematico del sistema da automatizzare.

Modello matematico

Nella sua totalità il sistema viene studiato come un blocco funzionale [fig. F1.12] con:

- ingressi o variabili di controllo *I*, per imporre un dato comportamento al sistema;
- uscite o variabili controllate *U*, che vengono manipolate da quelle di ingresso.

Si definisce **modello matematico** l'insieme delle relazioni che descrivono l'evoluzione delle variabili di uscita in funzione di quelle di ingresso.

Nella figura F1.12 si è ipotizzato il caso più semplice, nel quale il legame tra ingresso e uscita è rappresentato da una costante di proporzionalità, per cui si ha:

$$U = K \cdot I$$

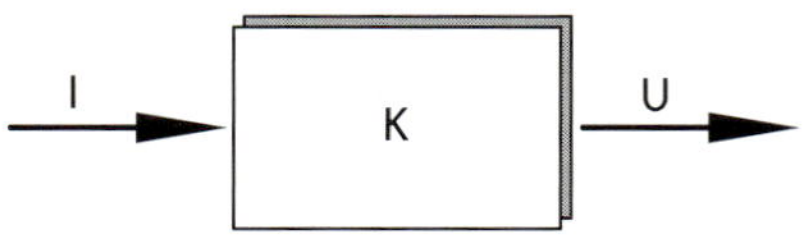

F1.12 Blocco funzionale.

Schemi a blocchi

Un sistema completo è formato da un insieme articolato di blocchi che formano nel complesso uno schema a blocchi. Gli elementi costituenti alla base degli schemi a blocchi sono:

- il **nodo sommatore**;
- il **punto di diramazione**.

Nodo sommatore

Il nodo sommatore riceve in ingresso diversi segnali, sviluppandone la **sommatoria algebrica**.
Nella figura F1.13 è visualizzato un blocco con solo tre ingressi, a due dei quali si applica anche una inversione di segno. In tal caso al blocco è associata la relazione matematica:

$$U = I_1 - I_2 - I_3$$

Come esempio reale di nodo sommatore si può fare riferimento al circuito miscelatore di segnali audio, un sistema capace di veicolare su una singola uscita i segnali provenienti da sorgenti distinte.

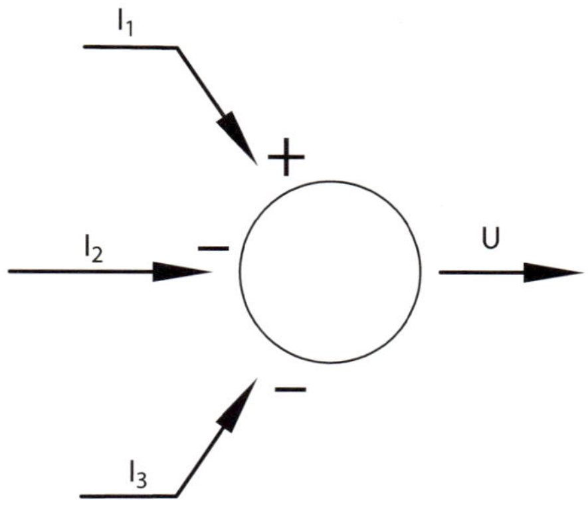

F1.13 Nodo sommatore.

Punto di diramazione

Il punto di diramazione è un nodo dove giunge un segnale che viene **replicato** su più uscite [fig. F1.14]. Non avviene una ripartizione del segnale, ma lo stesso viene trasmesso integralmente su tutte le uscite. Si pensi per esempio alla presa di corrente: inserendovi una presa multipla, la cosiddetta "ciabatta", si hanno a disposizione più fonti di tensione senza nessuna perdita, lo stesso segnale viene replicato su più uscite.

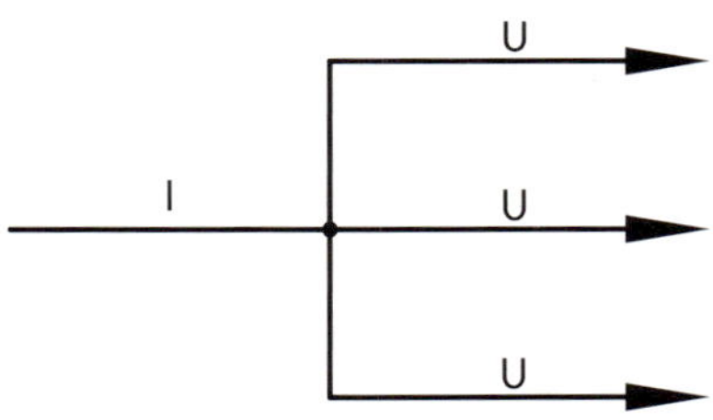

F1.14 Punto di diramazione.

Algebra degli schemi a blocchi

A partire da uno schema a blocchi complesso, applicando delle regole di semplificazione, è possibile pervenire alla sintesi di un singolo blocco equivalente.

Esistono delle regole abbastanza immediate per la semplificazione, che fanno riferimento alle tre principali topologie:

- **blocchi in cascata**;
- **blocchi in parallelo**;
- **blocchi in retroazione**.

Blocchi in cascata

Si ha un collegamento in cascata quando l'uscita di un blocco costituisce l'ingresso del blocco a valle.

La **figura F1.15a** mostra la configurazione originale, la **figura F1.15b** il blocco equivalente.

Quest'ultimo incorpora l'espressione matematica equivalente $K = K_1 \cdot K_2$ che si dimostra come segue:

$$U = K_2 \cdot U_1 = K_2 \cdot K_1 \cdot I = K \cdot I \quad \text{con } K = K_1 \cdot K_2$$

Questa relazione stabilisce che in generale più blocchi in cascata sono equivalenti al blocco **prodotto** delle costanti di proporzionalità.

Blocchi in parallelo

In questa topologia i blocchi sono sollecitati dallo stesso ingresso e le uscite sono sommate algebricamente.

La **figura F1.16a** mostra la configurazione originale, la **figura F1.16b** il blocco equivalente.

Quest'ultimo incorpora l'espressione matematica equivalente $K = K_1 + K_2$ che si dimostra come segue:

$$U = K_1 \cdot I + K_2 \cdot I = (K_1 + K_2) \cdot I \quad \text{con } K = K_1 + K_2$$

Questa relazione stabilisce che in generale più blocchi in parallelo sono equivalenti al blocco **somma** delle costanti di proporzionalità.

Blocchi in retroazione

La **figura F1.17a** mostra la configurazione originale in retroazione negativa, la **figura F1.17b** il blocco equivalente. Questa è una configurazione ricorrente e di grande peso concettuale e applicativo, essendo molto utilizzata nei sistemi di controllo.

Lo schema merita alcune precisazioni. Il blocco K si chiama **blocco di andata** mentre R si chiama **blocco di retroazione.** Quest'ultimo blocco preleva il segnale d'uscita e lo rinvia all'indietro, sottraendolo all'ingresso I, da qui il termine retroazione. L'espressione incorporata nel blocco equivalente si legge così: la relazione equivalente di un sistema in retroazione negativa

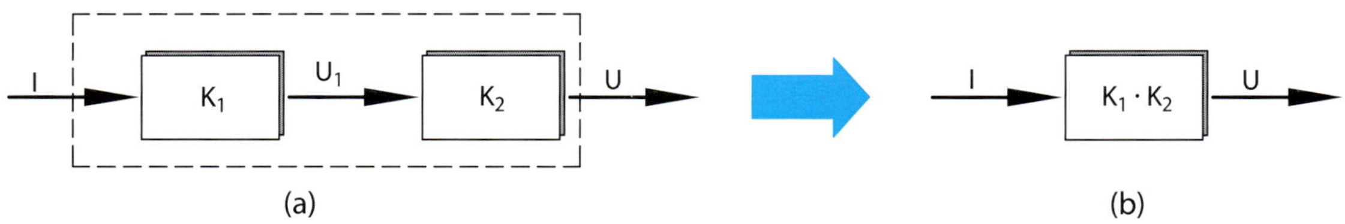

F1.15 Blocchi in cascata: a) configurazione; b) blocco equivalente.

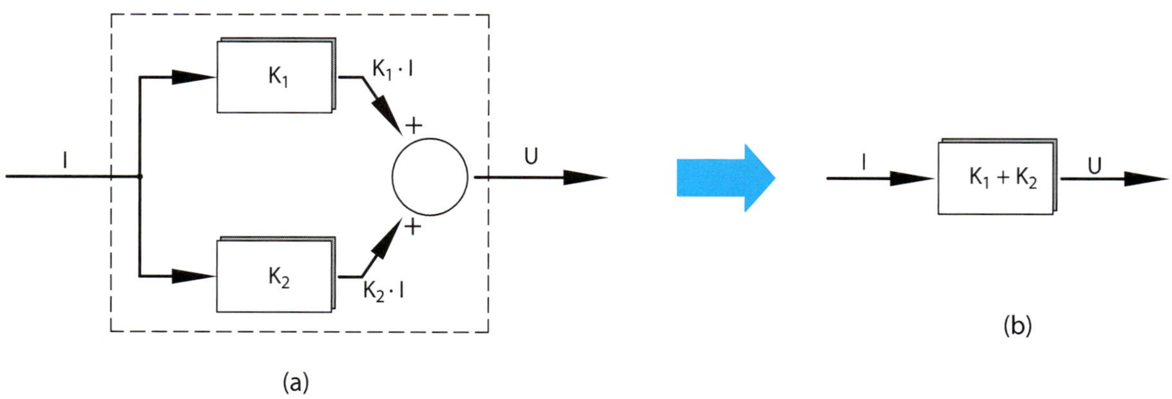

F1.16 Blocchi in parallelo: a) configurazione; b) blocco equivalente.

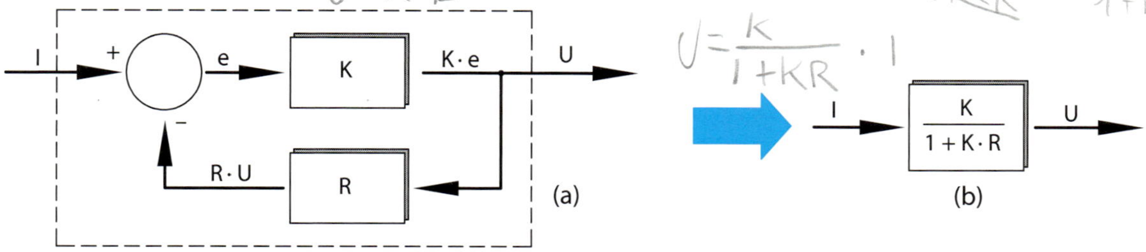

F1.17 Blocchi in retroazione: a) configurazione; b) blocco equivalente.

si ricava dividendo la costante di proporzionalità del blocco di andata per l'espressione $(1 + K \cdot R)$. Il termine $K \cdot R$ si chiama **guadagno di anello**, in quanto è il valore dell'anello che si forma rimuovendo I e il nodo sommatore.

F1.4 CONTROLLO AUTOMATICO

Scopo di un sistema di controllo è quello di imporre un andamento prefissato all'uscita del sistema, indipendentemente dalla presenza di disturbi che possano inficiarne il funzionamento.

Controllo ad anello aperto

Nella strategia di controllo ad anello aperto **[fig. F1.18]** l'ingresso viene impostato in modo predefinito, stimando a priori il comportamento del sistema. In altri termini, viene imposto all'ingresso un valore costante o variabile adeguatamente calibrato, in modo che l'uscita assuma il valore atteso, entro i margini di tolleranza ammissibili, senza una verifica del valore effettivo assunto dall'uscita.

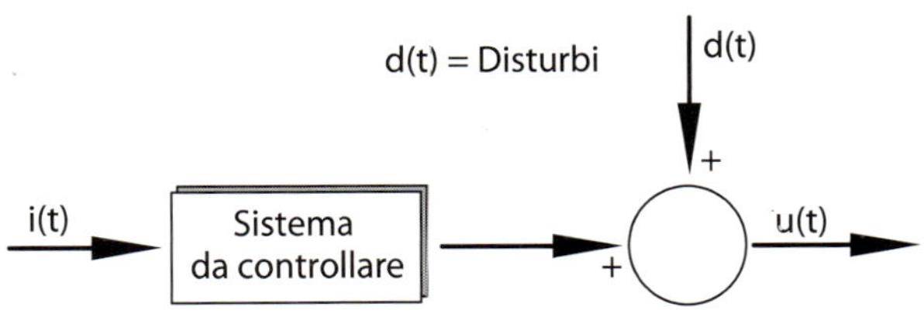

F1.18 Controllo ad anello aperto.

Questo tipo di controllo è pertanto adatto ai seguenti casi:

- quando si conoscono precisamente le relazioni ingresso-uscita del sistema;
- quando l'influenza dei disturbi è nota a priori in modo certo o stimabile statisticamente;
- quando non è richiesta una particolare precisione.

Nel caso di un forno elettrico, per esempio, in presenza di un disturbo $d(t)$ dato dalla fluttuazione della tensione di rete da 220 V a 240 V, si determina un innalzamento di temperatura incontrastabile che perturba l'uscita. Tuttavia, dato che un limitato scostamento della temperatura dal valore prefissato è ammissibile, poiché la massaia controlla la cottura "a vista", il controllo ad anello aperto in questo caso è efficace.

Controllo ad anello chiuso

Nella strategia di controllo ad anello chiuso **[fig. F1.19]** l'uscita viene misurata e confrontata con un valore di riferimento U_{RIF}, che rappresenta il **valore di setup** ideale dell'uscita. Se viene rilevato uno scostamento, il blocco **controllore** provvede a variare l'ingresso in modo da riportare l'uscita del sistema al valore preventivato.

È il meccanismo della retroazione negativa, cioè dell'azione retroattiva dell'uscita sull'ingresso, un meccanismo di autocontrollo presente, oltre che nei meccanismi industriali, in molte manifestazioni fisiche e naturali.

Per esempio, l'azione manuale di ruotare la manopola per regolare il volume di un sistema audio a un livello soggettivamente gradevole soddisfa la definizione di controllo in retroazione **[fig. F1.20]**. Se infatti un disturbo $d(t)$ fa aumentare l'uscita $u(t)$ il sistema "umano" reagisce in questo modo:

1. il **trasduttore**, che è l'orecchio, converte le onde sonore in percezioni uditive a base elettrofisiologica;
2. la mente confronta $u_T(t)$ con il livello giudicato gradevole dal soggetto;
3. si determina un **errore di regolazione** $e(t) = U_{RIF} - u_T(t)$ dato dalla differenza tra valore ideale e reale;
4. l'errore $e(t)$ diverso da zero induce il soggetto a ruotare la manopola con l'**attuatore**, che è la mano;
5. il sistema audio riporta il volume sonoro al livello desiderato.

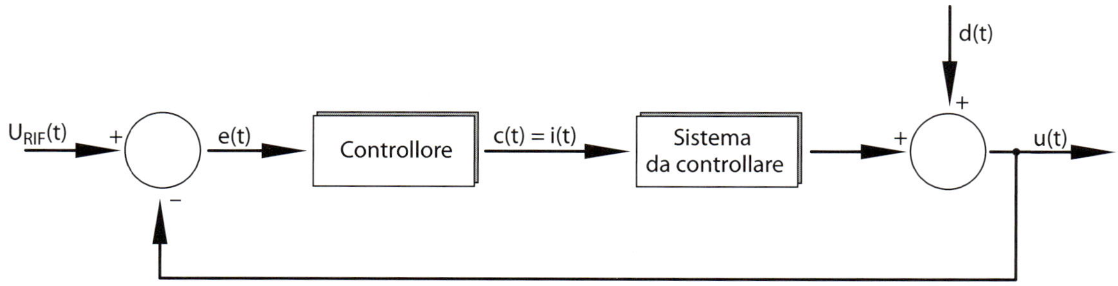

F1.19 Controllo ad anello chiuso.

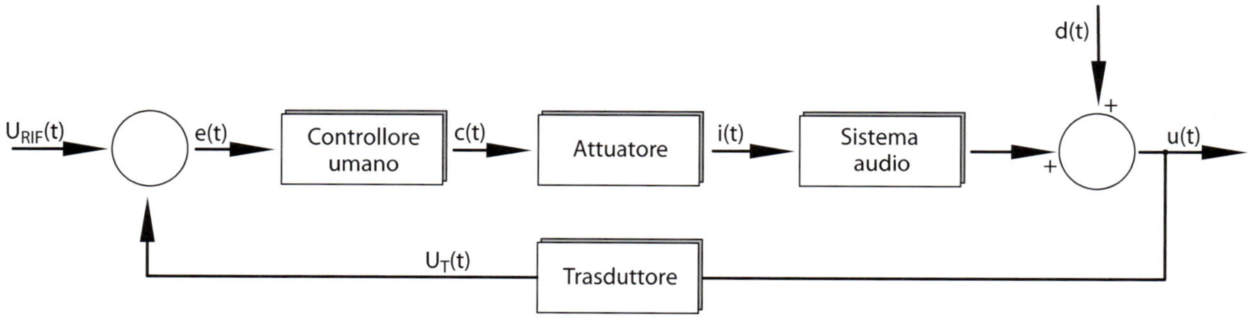

F1.20 Controllo manuale ad anello chiuso.

ESERCITAZIONE GUIDATA / F1.1

Operazioni logiche con componenti elettrici

1. Completare le tabelle delle configurazioni elettriche **AND**, **OR**, **NAND**, **NOR**.

S_1	S_0	L
0	0	
0	1	
1	0	
1	1	

S_1	S_0	L
0	0	
0	1	
1	0	
1	1	

S_1	S_0	L
0	0	
0	1	
1	0	
1	1	

S_1	S_0	L
0	0	
0	1	
1	0	
1	1	

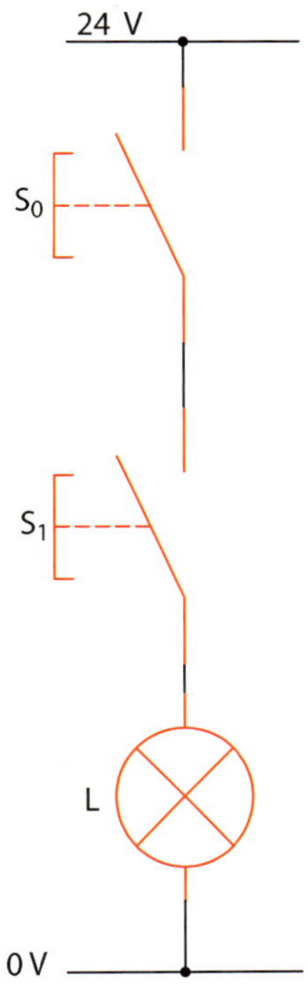

AND

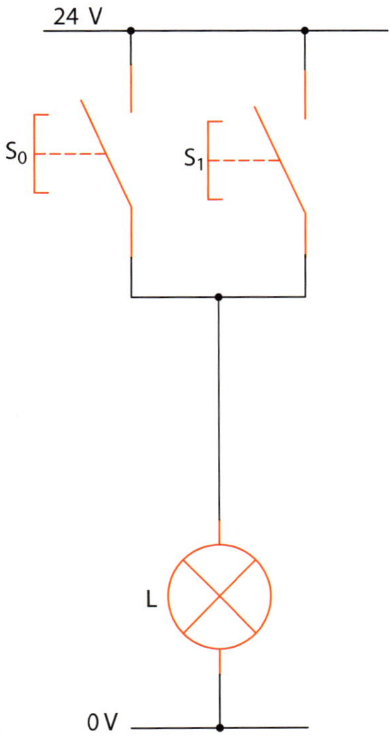

OR

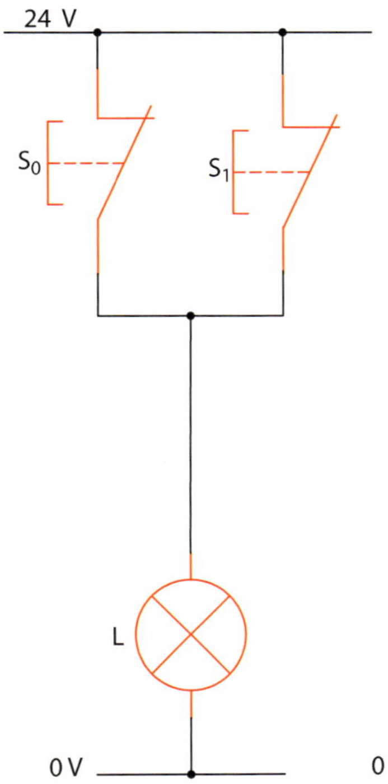

NAND

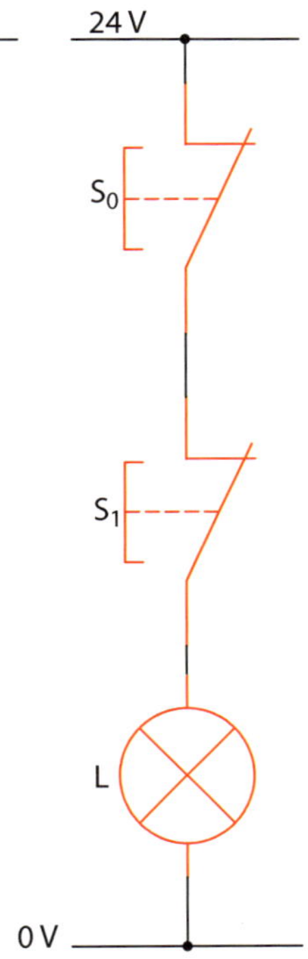

NOR

2. Completare la descrizione dei circuiti.

a. Nel circuito AND sono presenti due pulsanti ☐ NA ☐ NC in ☐ serie ☐ parallelo; l'uscita L è attivata se ☐ pulsanti entrambi premuti ☐ nessun pulsante premuto.

b. Nel circuito OR sono presenti due pulsanti ☐ NA ☐ NC in ☐ serie ☐ parallelo; l'uscita L è disattivata se ☐ pulsanti entrambi premuti ☐ nessun pulsante premuto.

c. Nel circuito NAND sono presenti due pulsanti ☐ NA ☐ NC in ☐ serie ☐ parallelo; l'uscita L è disattivata se ☐ pulsanti entrambi premuti ☐ nessun pulsante premuto.

d. Nel circuito NOR sono presenti due pulsanti ☐ NA ☐ NC in ☐ serie ☐ parallelo; l'uscita L è attivata se ☐ pulsanti entrambi premuti ☐ nessun pulsante premuto.

3. Completare le funzioni logiche e i livelli logici dei circuiti.

– **AND**

$L = S_1$ ______ S_0

$S_1S_0 = 00 \rightarrow L = 0$ AND $0 =$ ______

$S_1S_0 = 01 \rightarrow L = 0$ AND $1 =$ ______

$S_1S_0 = 10 \rightarrow L = 1$ AND $0 =$ ______

$S_1S_0 = 11 \rightarrow L = 1$ AND $1 =$ ______

- **OR**

  $L = S_1$ ____ S_0

  $S_1S_0 = 00 \rightarrow L = 0 \text{ OR } 0 =$ ____ $S_1S_0 = 01 \rightarrow L = 0 \text{ OR } 1 =$ ____

  $S_1S_0 = 10 \rightarrow L = 1 \text{ OR } 0 =$ ____ $S_1S_0 = 11 \rightarrow L = 1 \text{ OR } 1 =$ ____

- **NAND**

  $L = \text{NOT}(S_1) \text{ OR NOT}(S_0)$

  $S_1S_0 = 00 \rightarrow \text{NOT}(S_1) = 1, \text{NOT}(S_0) = 1 \rightarrow L = 1 \text{ OR } 1 = 1$

  $S_1S_0 = 01 \rightarrow \text{NOT}(S_1) =$ ____ , $\text{NOT}(S_0) =$ ____ $\rightarrow L = 1 \text{ OR } 0 =$ ____

  $S_1S_0 = 10 \rightarrow \text{NOT}(S_1) =$ ____ , $\text{NOT}(S_0) =$ ____ $\rightarrow L = 0 \text{ OR } 1 =$ ____

  $S_1S_0 = 11 \rightarrow \text{NOT}(S_1) =$ ____ , $\text{NOT}(S_0) =$ ____ $\rightarrow L = 0 \text{ OR } 0 =$ ____

- **NOR**

  $L = \text{NOT}(S_1) \text{ AND NOT}(S_0)$

  $S_1S_0 = 00 \rightarrow \text{NOT}(S_1) = 1, \text{NOT}(S_0) = 1 \rightarrow L = 1 \text{ AND } 1 = 1$

  $S_1S_0 = 01 \rightarrow \text{NOT}(S_1) =$ ____ , $\text{NOT}(S_0) =$ ____ $\rightarrow L = 1 \text{ AND } 0 =$ ____

  $S_1S_0 = 10 \rightarrow \text{NOT}(S_1) =$ ____ , $\text{NOT}(S_0) =$ ____ $\rightarrow L = 0 \text{ AND } 1 =$ ____

  $S_1S_0 = 11 \rightarrow \text{NOT}(S_1) =$ ____ , $\text{NOT}(S_0) =$ ____ $\rightarrow L = 0 \text{ AND } 0 =$ ____

4. Verificare le configurazioni con un foglio di lavoro e completare le formule.
Per disegnare i circuiti utilizzare gli strumenti *Disegna bordo*, *Elimina bordo*, *Stile linea*, *Colore linea* della barra degli strumenti *Bordi*.

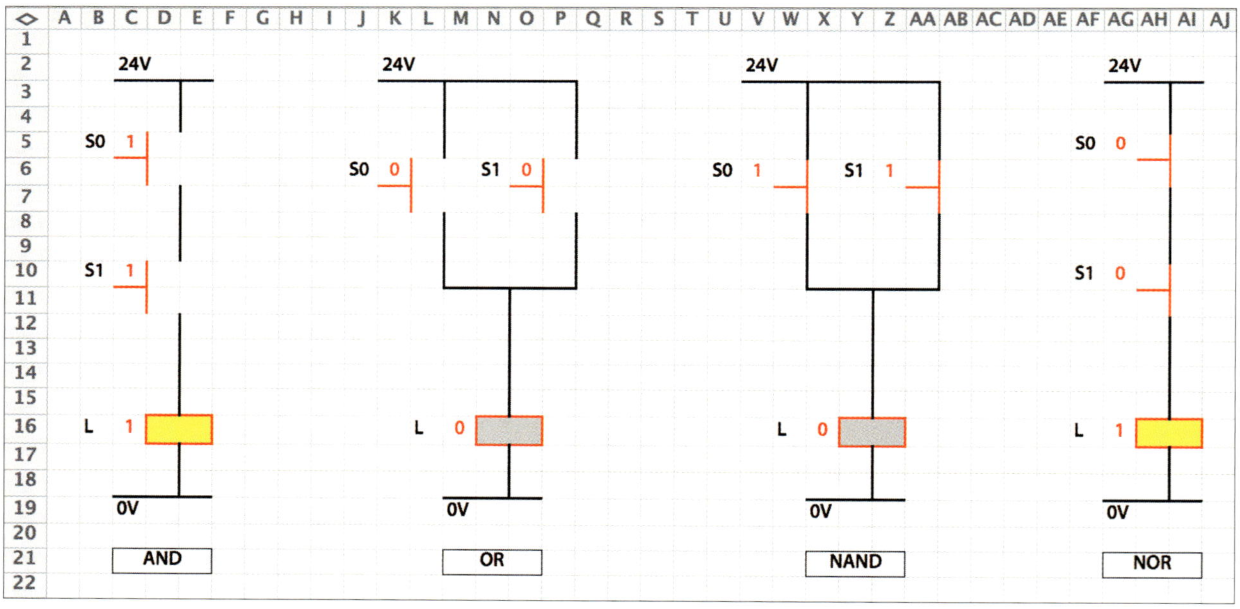

C16 = SE(E(C5;C10);1;0); M16 = SE(O(K6;O6);1;0);

X16 = SE(____ (NON(V6); ____ (Z6));1;0); AG16 = SE(____ (NON(AG5); ____ (AG10));1;0)

ESERCITAZIONE GUIDATA / F1.2

Azionamento di una macchina utensile

Una macchina utensile dispone di due pulsanti S_0 e S_1 e di un selettore S_2 normalmente chiuso.
L'utensile viene azionato se uno dei due pulsanti S_0 o S_1 è premuto e il selettore si trova in posizione di riposo; se il selettore viene azionato l'utensile viene disarmato.

1. Analizzare la funzione logica dell'uscita per l'utensile U.
In italiano la proposizione logica che descrive il funzionamento della macchina è:

$$U = \text{AZIONATO se } (S_1 \text{ azionato OPPURE } S_0 \text{ azionato}) \text{ E INOLTRE } (S_2 \text{ non azionato})$$

L'espressione logica è:

$$U = (S_1 \text{ OR } S_0) \text{ AND } (\text{NOT } (S_2))$$

2. Analizzare il circuito completando la descrizione.
Le configurazioni di base si possono nidificare gerarchicamente per l'implementazione di funzioni logiche complesse. In questo caso:

a. è presente una struttura principale ☐ AND ☐ OR.

b. è presente una sottostruttura ☐ AND ☐ OR.

c. la funzione NOT(S_2) è ricavata con un pulsante ☐ NA ☐ NC.

d. S_2 deve valere ☐ 0 ☐ 1 per azionare U.

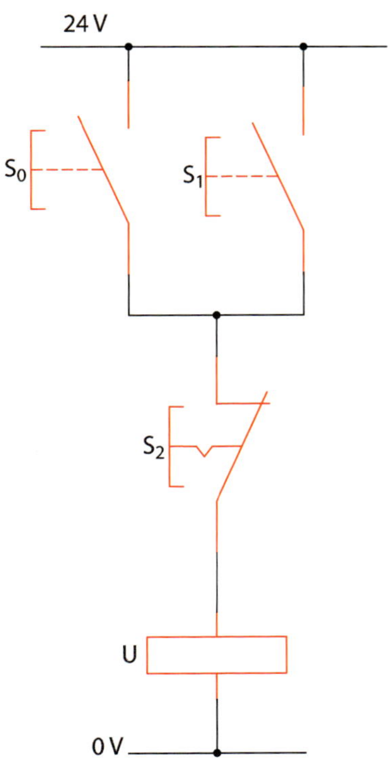

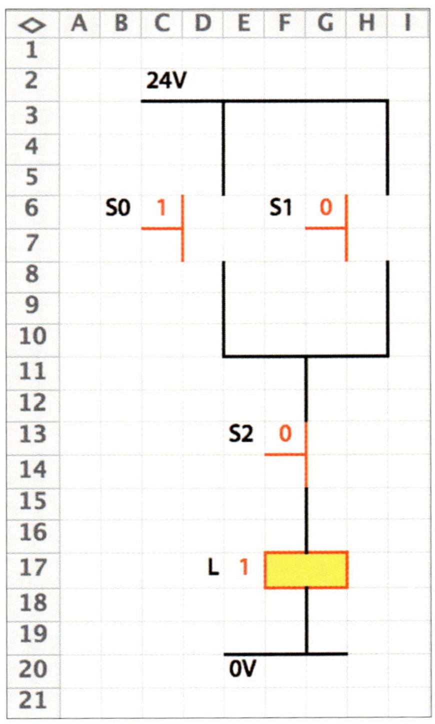

3. Verificare le configurazioni con un foglio di lavoro.
La formula utilizzata è: E17 = SE(E(O(C6;G6);NON(F13));1;0).

ESERCITAZIONE GUIDATA / F1.3

hoepliscuola.it

Azione simultanea di un comando

Spesso gli organi di comando contemplano gruppi di contatti, alcuni dei quali NA e altri NC, azionati in comune da un singolo pulsante o interruttore. Con questi dispositivi è possibile realizzare funzioni logiche complesse che si traducono in circuiti dove un solo comando influenza lo stato di più rami.

1. Completare l'analisi dello schema di comando luce da due punti.

- **a.** Nello schema sono presenti ☐ due ☐ quattro pulsanti a comando multiplo.
- **b.** Il pulsante S_0 è provvisto di due contatti ☐ entrambi NA ☐ entrambi NC ☐ uno NA l'altro NC.
- **c.** Il pulsante S_1 è provvisto di due contatti ☐ entrambi NA ☐ entrambi NC ☐ uno NA l'altro NC.
- **d.** Ogni ramo è costituito da ☐ due contatti NA ☐ due contatti NC ☐ un contatto NA e uno NC.

Il ramo di sinistra produce la funzione logica: S_0 AND NOT (S_1).
Il ramo di destra produce la funzione logica: NOT (S_0) AND S_1.

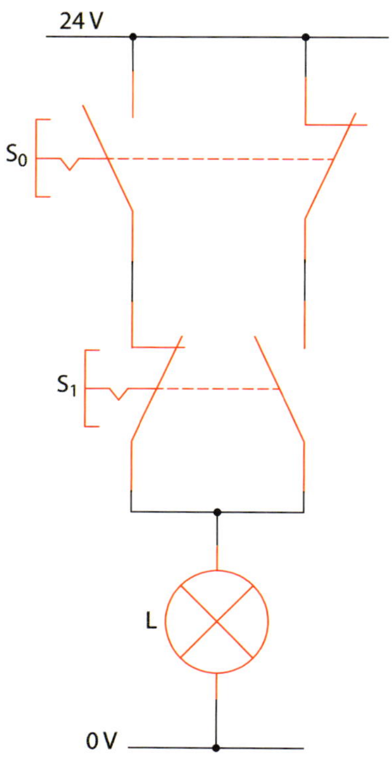

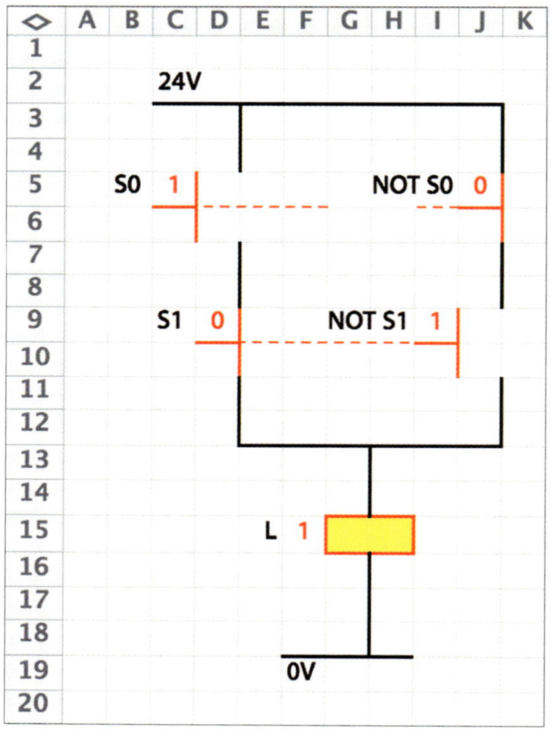

2. Completare la funzione logica L.

- **a.** I due rami sono in tra di loro: L = (ramo sinistro) (ramo destro).
- **b.** Sostituendo la funzione di ciascun ramo si ha: L = (S_0 AND NOT (S_1)) ((S_0) S_1).

Ovvero:

L = ON se (S_0 azionato E INOLTRE S_1 non azionato) OPPURE (S_0 non azionato E INOLTRE S_1 azionato)

3. Verificare le configurazioni con un foglio di lavoro.
La formula utilizzata è: F15 = SE(O(E(C5;NON(D9));E(NON(J5);I9));1;0).

ESERCITAZIONE GUIDATA / F1.4

hoepliscuola.it

Autoritenuta

Si consideri uno schema di comando equipaggiato con un interruttore monostabile.
Se viene a mancare l'alimentazione si ha un arresto del meccanismo, che riprende però a funzionare non appena ritorna l'alimentazione. Questa modalità è potenzialmente rischiosa, in quanto gli operatori potrebbero trovarsi in condizioni di pericolo al momento della ripresa del funzionamento.
La possibilità è scongiurata con il meccanismo di **autoritenuta**, nel quale l'azionamento è sostenuto da un contatto comandato elettricamente.

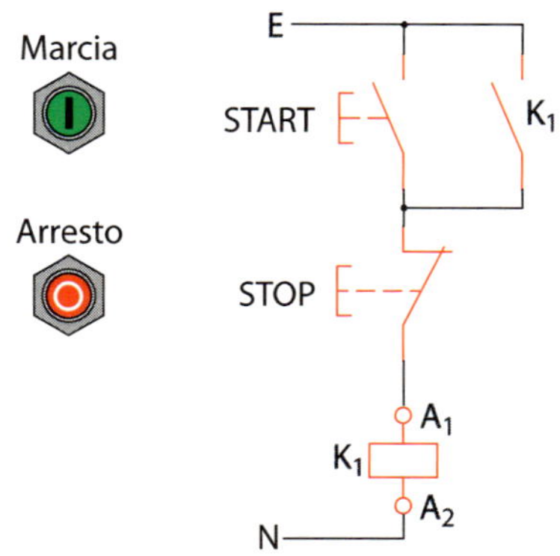

1. Analizzare lo schema spuntando le opzioni corrette.

a. I due comandi di accensione e spegnimento sono affidati separatamente a due pulsanti: l'accensione avviene tramite un pulsante di ☐ START ☐ STOP e lo spegnimento tramite un pulsante di ☐ START ☐ STOP, per consentire uno sganciamento veloce in sicurezza con una singola manovra.

b. L'utilizzo del ☐ contatore ☐ contattore ☐ temporizzatore, se il circuito di eccitazione della bobina è a bassa tensione, permette di operare in sicurezza senza il pericolo di tensioni di contatto.

2. Completare la sequenza funzionale dello schema.

a. Premendo il pulsante di ☐ START ☐ STOP il circuito della bobina viene attraversato da corrente;

b. la bobina si eccita ☐ aprendo ☐ chiudendo il circuito di potenza;

c. il contatto ausiliario K_1 si ☐ apre ☐ chiude, quindi la bobina si autoalimenta (azione ritentiva);

d. azionando il pulsante di STOP normalmente chiuso esso si apre interrompendo il flusso di corrente;

e. la bobina si ☐ eccita ☐ diseccita;

f. si apre il ☐ contatto ausiliario ☐ pulsante di START;

g. rilasciando il pulsante di STOP esso ritorna in posizione di riposo, ma il circuito rimane ☐ interrotto ☐ in conduzione per la ☐ chiusura ☐ apertura di K_1.

3. Assemblare lo schema della figura, mediante componenti reali o impiegando un software di simulazione come National Instruments Multisim.

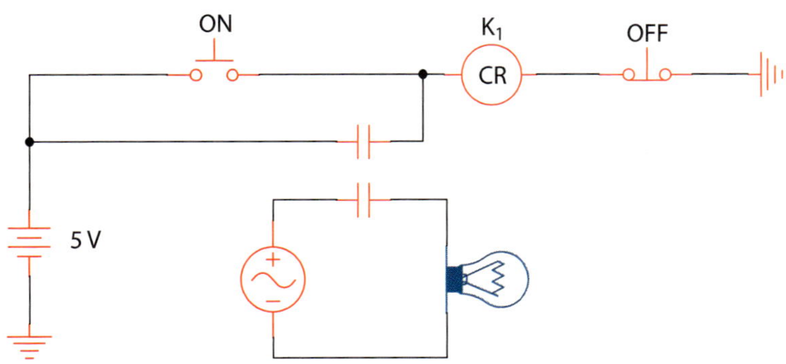

ESERCITAZIONE GUIDATA / F1.5

Contattore con ritardo all'eccitazione

Per disciplinare il funzionamento automatico delle macchine, imponendo opportuni sincronismi, si impiegano contatti temporizzati.
Il **contattore con ritardo all'eccitazione** è un timer che interviene con ritardo programmato, rispetto all'impulso di eccitazione.

1. Analizzare i diagrammi e completare la descrizione dei contattori con ritardo all'eccitazione.

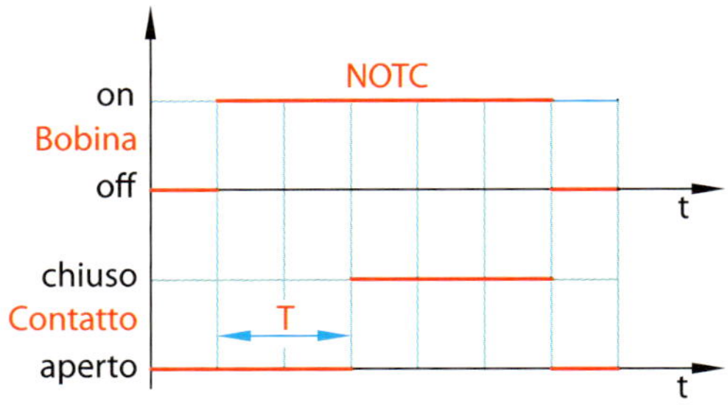

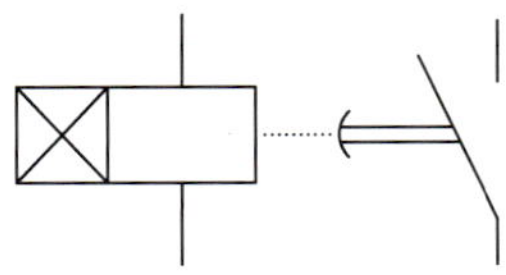

NOTC (Normally Open – Time Closed)
Normalmente aperto – Ritardato alla chiusura

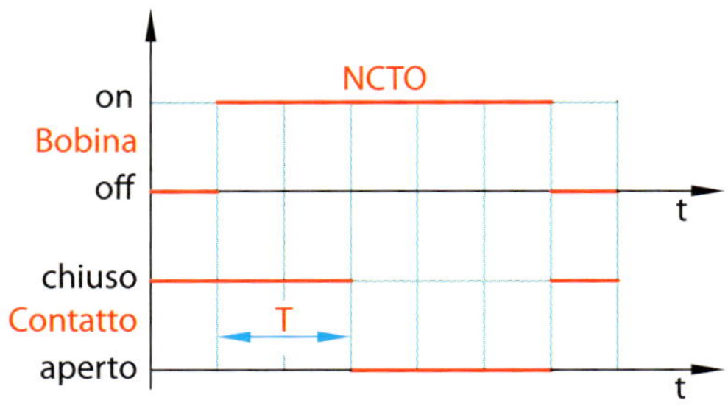

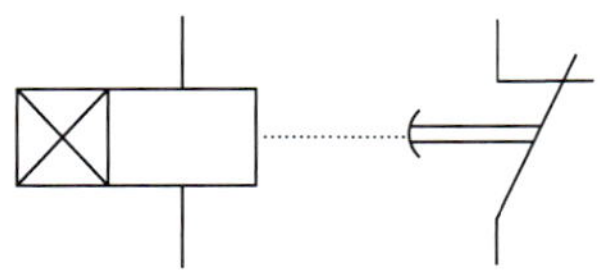

NCTO (Normally Closed – Time Opened)
Normalmente chiuso – Ritardato alla apertura

Il contattore NOTC risulta:

a. ☐ aperto ☐ chiuso *T* secondi dopo l'energizzazione della bobina.
b. ☐ aperto ☐ chiuso subito dopo la de-energizzazione della bobina.

Il contattore NCTO risulta:

a. ☐ aperto ☐ chiuso *T* secondi dopo l'energizzazione della bobina.
b. ☐ aperto ☐ chiuso subito dopo la de-energizzazione della bobina.

2. Assemblare gli schemi delle figure, mediante componenti reali o impiegando un software di simulazione come National Instruments Multisim.

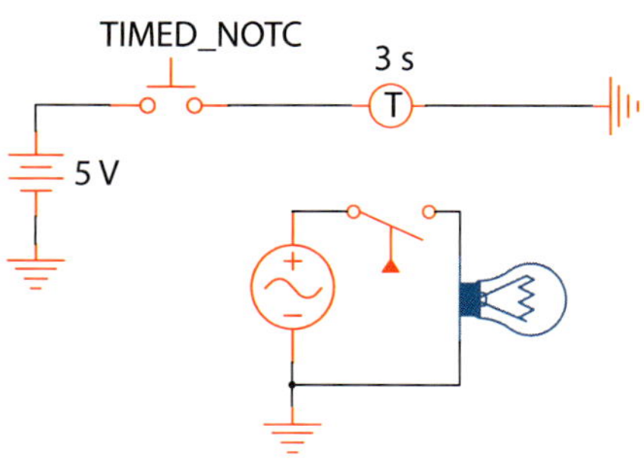

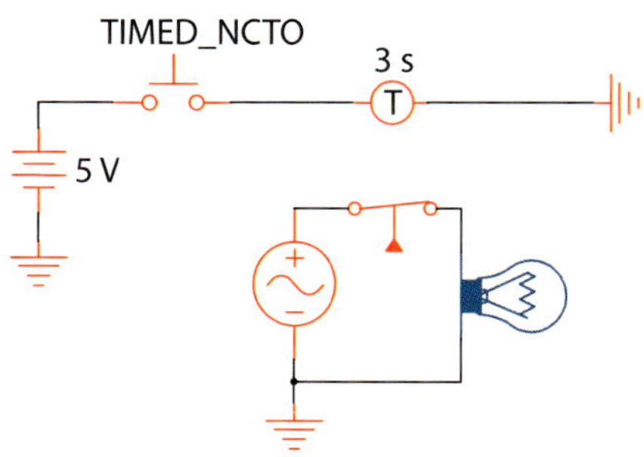

ESERCITAZIONE GUIDATA / F1.6

Impulso ritardato

Un utensile deve essere avviato tre secondi dopo il comando di azionamento, per consentire all'operatore di predisporre il pezzo da lavorare. L'utensile deve rimanere in funzione per due secondi e fermarsi al termine di questo intervallo.
In altri termini, si tratta di generare un impulso di azionamento di durata due secondi, ritardato di tre secondi.

1. Analizzare il sistema spuntando le opzioni corrette.
Il circuito è formato da:

a. ☐ un relè normalmente aperto ritardato alla chiusura.
b. ☐ un relè normalmente chiuso ritardato alla apertura.
c. ☐ due bobine poste sul circuito di comando.
d. ☐ due contatti posti sul circuito di potenza.

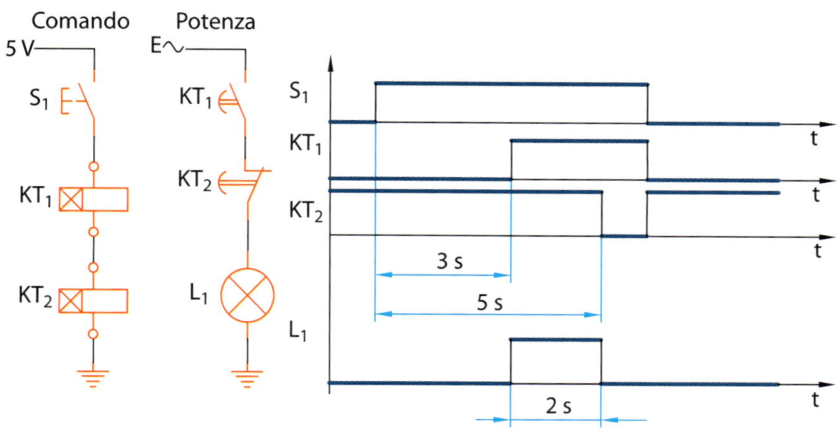

2. Completare la sequenza funzionale dello schema.

a. Premendo il pulsante S_1 si ☐ diseccitano ☐ eccitano entrambe le bobine;
b. il contatto KT_1 si ☐ apre ☐ chiude con ritardo di ☐ 3 s ☐ 5 s;
c. il contatto KT_2 si ☐ apre ☐ chiude con ritardo di ☐ 3 s ☐ 5 s;
d. i contatti KT_1 e KT_2 essendo posti in ☐ serie ☐ parallelo accendono la lampadina nell'intervallo in cui sono ☐ uno aperto e uno chiuso ☐ entrambi chiusi ☐ entrambi aperti.

3. Assemblare lo schema della figura, mediante componenti reali o impiegando un software di simulazione come National Instruments Multisim.

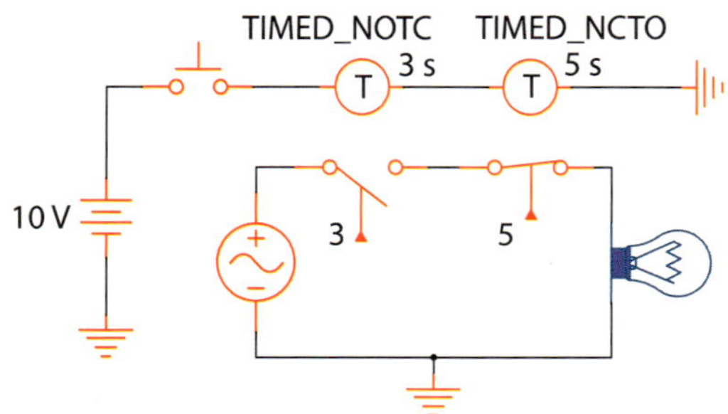

ESERCITAZIONE GUIDATA / F1.7

Modello del sistema corona-pignone

Modellizzare la trasmissione di una bicicletta con uno schema a blocchi avente come ingresso il numero di pedalate al secondo *NP* e come uscite la velocità di avanzamento *V* e la luminosità della lampadina alimentata dalla dinamo.

1. Studiare il sistema **corona-pignone** completando la spiegazione.

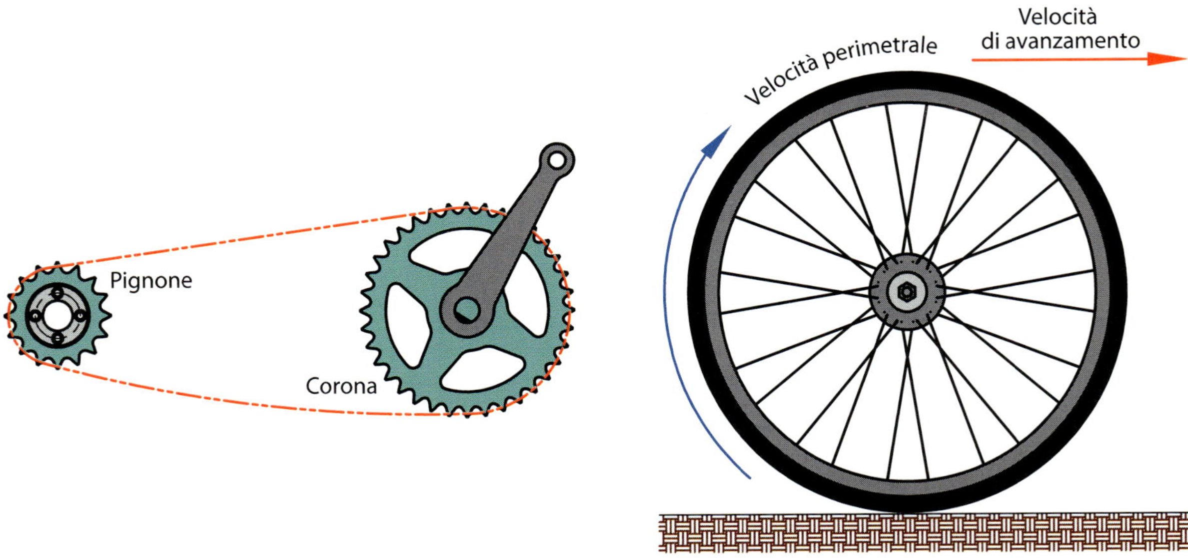

Essendo solidale ai pedali, la corona ruota alla stessa velocità e imprime, attraverso la catena, la medesima velocità periferica alla ruota dentata posteriore, il pignone.

Il pignone ha una circonferenza inferiore alla corona, pertanto:

a. svolge un numero ☐ maggiore ☐ minore di rotazioni rispetto alla pedaliera;

b. di conseguenza, la velocità della ruota posteriore è ☐ maggiore ☐ minore di *NP*.

Se, per esempio, la corona ha $C = 42$ denti e il pignone $P = 21$ denti:

a. il rapporto tra la velocità della ruota posteriore e *NP* vale ☐ $R = C/P$ ☐ $R = P/C$.

b. la velocità di rotazione della ruota posteriore è ☐ metà ☐ doppia di *NP*.

2. Studiare il sistema cambio completando la spiegazione.

Il cambio fa deragliare la catena tra le ruote dentate anteriori e posteriori modificando il **rapporto del cambio** $R = C/P$ tra i *C* denti della corona e i *P* denti del pignone.
Considerando, per esempio, una MTB a 27 rapporti, con tre corone (24-32-42) × 9 pignoni (12-14-16-17-19-21-24-28-32) si potrà selezionare un:

a. rapporto "lungo" $R = 42/14$ con velocità della ruota ☐ tripla ☐ quadrupla di *NP*.

b. rapporto "agile" $R = 32/16$ con velocità della ruota ☐ doppia ☐ uguale a *NP*.

3. Studiare il sistema di trascinamento rispetto al suolo completando la spiegazione.

Il numero di rotazioni al secondo della ruota posteriore vale: rotazioni/sec = $R \cdot NP$, dato che *R* rappresenta una specie di ☐ moltiplicatore ☐ divisore di *NP*.

Il pignone solidale alla ruota posteriore la mette in rotazione alla stessa velocità.
La **velocità perimetrale** della ruota, che coincide idealmente con la velocità al suolo *V*, si ricava con la formula:

$$V = \pi \cdot D \cdot R \cdot NP$$

nella quale:

a. $\pi \cdot D \cdot R$ è ☐ l'area ☐ il perimetro della ruota;

b. *V* è espressa in ☐ giri/secondo ☐ metri/secondo.

4. Studiare il sistema dinamo, completando la spiegazione.
Il sottoblocco dinamo descrive il comportamento delle parte elettrica.
Si può ritenere, entro determinati limiti di funzionamento, che sia costante la relazione tra *V* e tensione prodotta dalla dinamo; pertanto si verifica che:

a. la luminosità cresce in modo ☐ direttamente ☐ inversamente proporzionale alla velocità della ruota.

b. la luminosità cresce in modo ☐ direttamente ☐ inversamente proporzionale alla tensione della dinamo.

5. Riprodurre il modello matematico con un foglio di lavoro.
Nella figura il rapporto è stato calcolato scegliendo: denti corona = 42; denti pignone = 21.

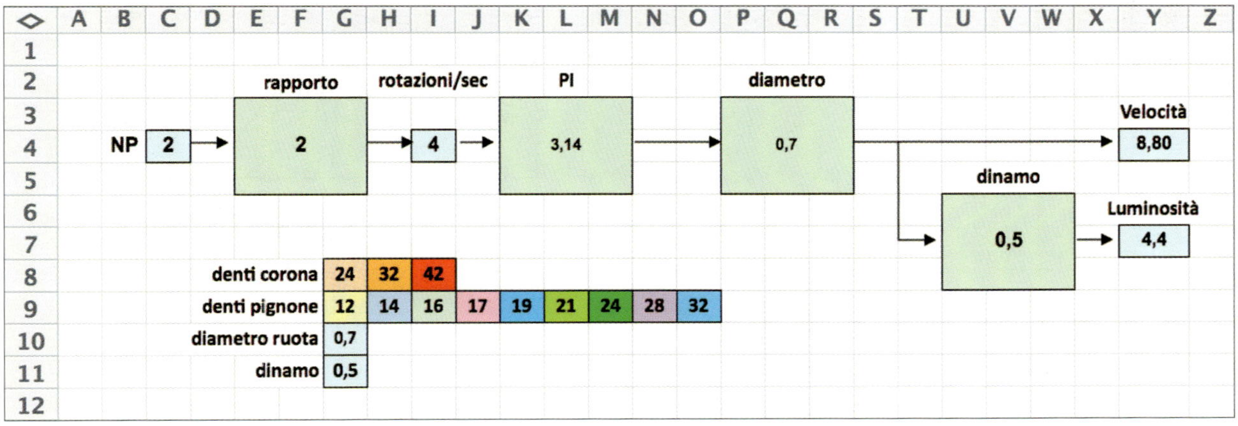

Riprovare con un rapporto "lungo" come il 42/12 che sviluppa una grande distanza per ciascuna pedalata.

ESERCITAZIONE GUIDATA / F1.8

hoepliscuola.it

Elaborazione degli schemi a blocchi

Così come nello svolgimento di espressioni matematiche si ricorre a semplificazioni, nella teoria degli schemi a blocchi si perviene a una formulazione con un solo blocco, riducendo progressivamente la complessità dello schema con le formule di accorpamento dei blocchi.
In certi casi tuttavia non è possibile ridurre lo schema, in quanto i blocchi sono incrociati ed è necessario sbrogliarli. Per questo si ricorre alle regole di spostamento di punti di diramazione e nodi sommatori.

1. Descrivere lo spostamento dei **punti di diramazione**, completando la spiegazione.

   a. **Spostamento a valle**: nel primo schema il punto di diramazione viene spostato a valle; perché il nuovo schema a destra risulti equivalente è necessario aggiungere dopo il punto di diramazione un blocco 1/*K*, questo perché a valle di *K* il nuovo punto di diramazione vede un segnale *K* volte quello a monte.

   b. **Spostamento a monte**: è necessario aggiungere dopo il punto di diramazione un blocco □ *K* □ 1/*K*, questo perché a monte di *K* il nuovo punto di diramazione vede un segnale □ *K* □ 1/*K* volte quello a valle.

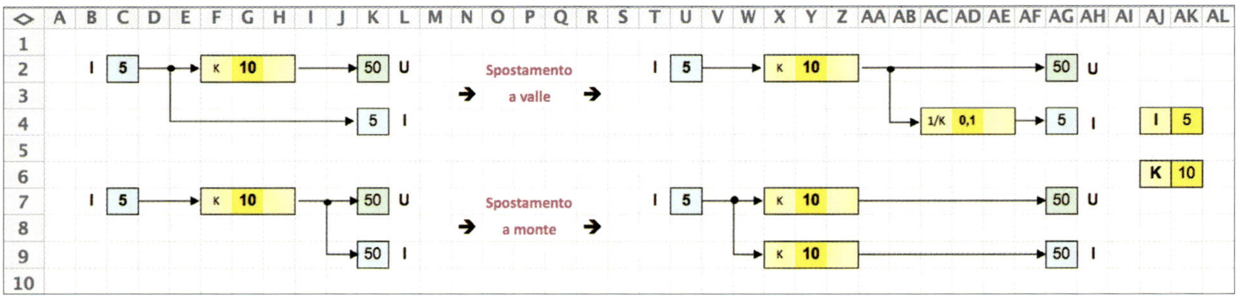

2. Descrivere lo spostamento dei **nodi sommatori**, completando la spiegazione.

   a. **Spostamento a valle**: è necessario aggiungere prima del nodo sommatore un blocco □ *K* □ 1/*K*, questo perché il segnale *D* non transita più attraverso *K*.

   b. **Spostamento a monte**: è necessario aggiungere dopo il nodo sommatore un blocco □ *K* □ 1/*K*, questo perché il segnale *D* transita attraverso *K*.

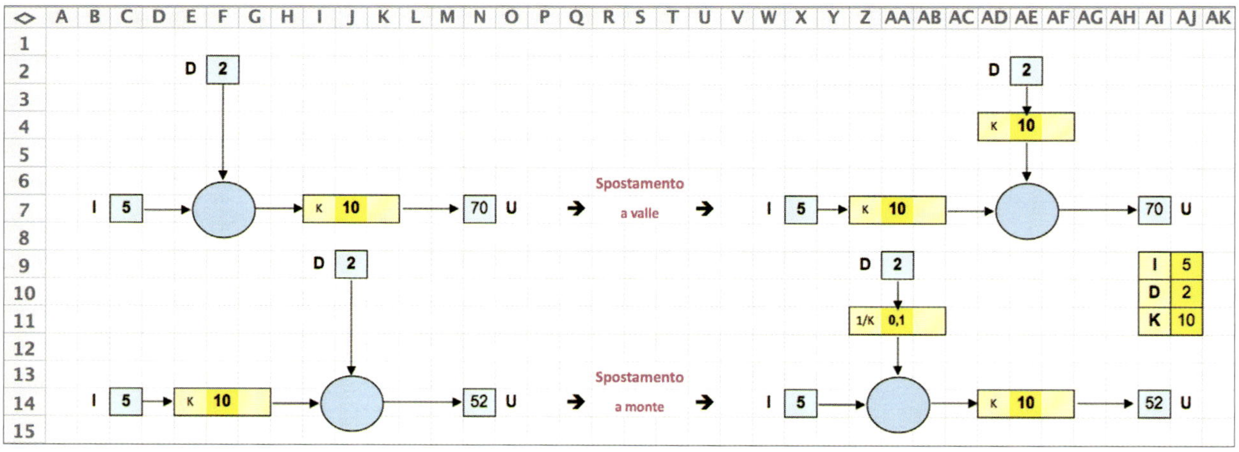

ESERCITAZIONE GUIDATA / F1.9

Semplificazione degli schemi a blocchi

1. Descrivere la semplificazione del primo schema, completando le considerazioni.
Bisogna transitare attraverso una momentanea espansione dello schema, necessaria per evidenziare le configurazioni di base cascata e parallelo. Per questo nel secondo schema:

a. il nodo A viene spostato a □ monte □ valle di □ K_1 □ K_2 □ K_3 moltiplicando per □ K_1 □ K_2 □ K_3.

b. il nodo B viene spostato a □ monte □ valle di □ K_1 □ K_2 □ K_3 moltiplicando per □ K_1 □ K_2 □ K_3.

2. Descrivere la semplificazione del secondo schema, completando le considerazioni.

a. Il blocco in □ serie □ parallelo di K_1, K_2, K_3 viene fatto collassare in un singolo blocco;

b. il blocco risultante viene raggruppato con □ K_1 □ K_2 □ K_3 □ K_4;

c. K_1 viene raggruppato con □ K_1 □ K_2 □ K_3 □ K_4 e K_3 viene raggruppato con □ K_1 □ K_2 □ K_3 □ K_4.

3. Descrivere la semplificazione del terzo schema, completando le considerazioni.

Qui viene applicata la regola dei blocchi in □ cascata □ parallelo □ retroazione.

4. Descrivere i passaggi con un foglio di lavoro, come nella seguente figura.

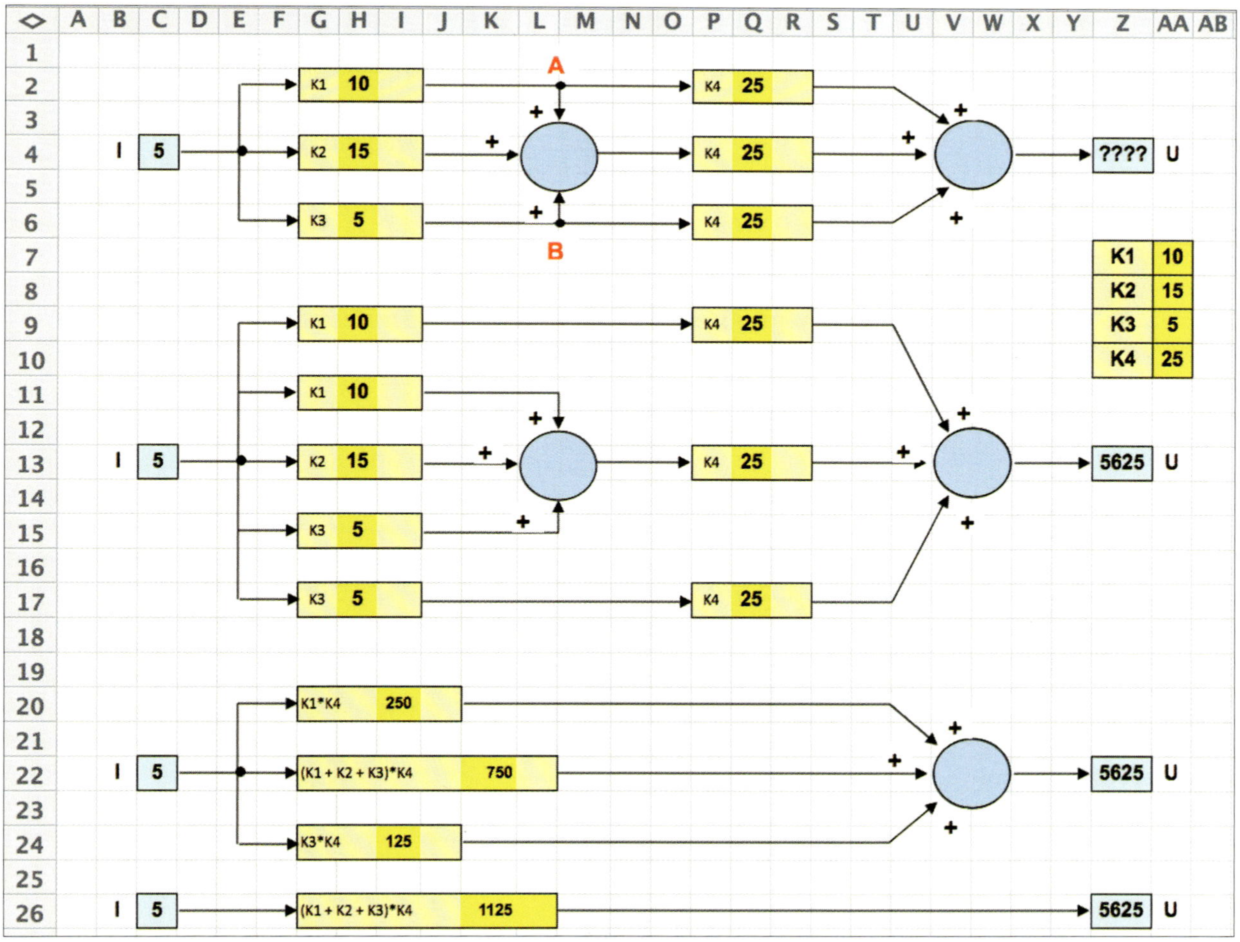

VERIFICA DEGLI OBIETTIVI / unità F1

AREAdigitale

Vero/Falso

1. Due blocchi vanno moltiplicati se sono in parallelo.

☐ Vero ☐ Falso

2. Nella retroazione è presente un nodo sommatore.

☐ Vero ☐ Falso

3. NCTO è un tipo di timer normalmente aperto.

☐ Vero ☐ Falso

4. Nell'autoritenuta l'azione ritentiva è sostenuta da un contatto ausiliario.

☐ Vero ☐ Falso

5. Trasduttore è sinonimo di attuatore.

☐ Vero ☐ Falso

Scelta singola

1. Nel timer la funzione single-shot riguarda la formazione di:

a. un treno di impulsi
b. un impulso
c. la chiusura ritardata di un contatto

2. In un sistema descritto dal modello matematico $U = K \cdot I$:

a. I è la variabile controllata
b. U è la variabile di controllo
c. K fa parte del blocco funzionale

3. Selezionare la formula corretta della retroazione.

a. $U/I = R/(1 + K \cdot R)$
b. $U/I = K/(R + K \cdot R)$
c. $U/I = K/(1 + K \cdot R)$

4. Come è definito lo scostamento tra valore ideale e reale nella retroazione?

a. Errore di regolazione
b. Trasduttore
c. Attuatore

5. In un relè attivato:

a. i contatti NA sono chiusi
b. i contatti NC sono chiusi
c. sia i contatti NA sia quelli NC sono chiusi

Scelta multipla

1. Selezionare le due corrette corrispondenze.

a. Sensore di prossimità: dispositivo di segnalazione
b. Motore: attuatore
c. Fotocellula: rilevatore

2. Selezionare le due corrette corrispondenze relative al contattore.

a. Contatto: sezione di potenza
b. Contatto ausiliario: sezione di potenza
c. Bobina: sezione di comando

3. Selezionare le due corrette corrispondenze tra elemento e funzione nel contattore.

a. Contatto ausiliario: autoritenuta
b. Bobina: contatto comune
c. Contatto principale: manovra di carichi di potenza

4. Un timer con ritardo alla eccitazione può essere:

a. normalmente aperto, ritardato alla chiusura
b. normalmente aperto, ritardato alla apertura
c. normalmente chiuso, ritardato alla apertura

5. Nell'espressione $U = K \cdot I$:

a. U è l'uscita
b. K è il modello matematico
c. I è la corrente

VERIFICA

AUTOMAZIONE PROGRAMMATA

F2.1 SISTEMI DI AUTOMAZIONE PROGRAMMATA

Nei sistemi di automazione programmata avviene uno scambio di comandi digitali '0' e '1' tra un **sistema di controllo** e un **sistema controllato**. La **figura F2.1** esemplifica il collegamento, mostrando le linee digitali raggruppate in un cavo flessibile (*flat cable*).
Ciascuna linea supporta un bit; l'insieme dei bit costituisce una **parola digitale**.
Il processo di controllo è legato al transito bidirezionale di parole digitali, come descritto nella **figura F2.2**.

Sistema controllato e sistema di controllo

Sistema controllato

Il sistema controllato nel complesso accetta comandi digitali, attraverso i propri **input digitali** [fig. F2.3], collegati a dispositivi in grado di riconoscere i due soli ingressi ON e OFF, detti **attuatori**.
Un esempio di dispositivo a ingresso digitale è il relè elettromeccanico.
Il sistema controllato, inoltre, dispone generalmente di terminali di **output digitale**, collegati a sensori interni [fig. F2.3] che forniscono indicazioni sullo stato di avanzamento del processo.

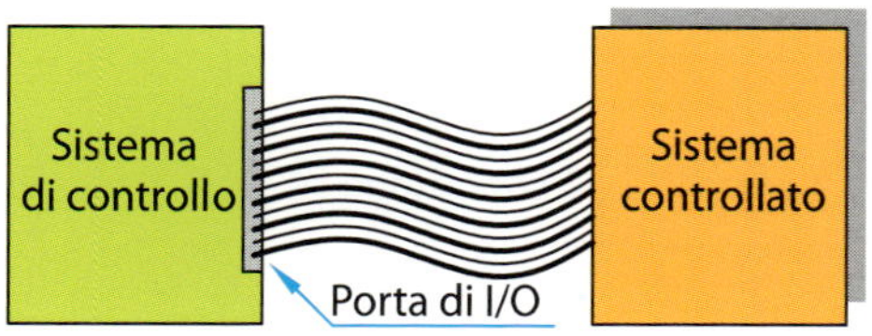

F2.1 Collegamento tra sistema di controllo e sistema controllato.

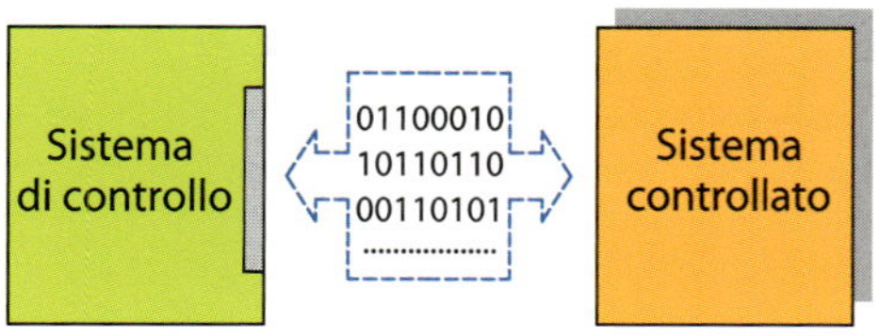

F2.2 Scambio di parole di controllo digitali.

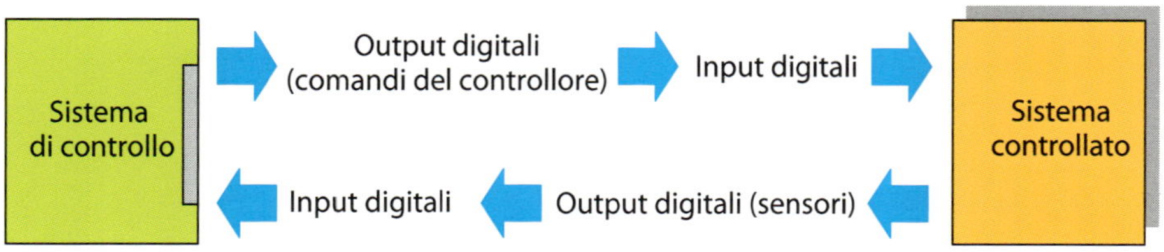

F2.3 Input e output digitali.

OBIETTIVI

Conoscenze

- Struttura e tipologie dei sistemi di automazione programmabili
- Controlli a schede, microcontrollori e PLC

Abilità

- Analizzare e simulare schede di controllo programmate
- Analizzare e simulare processi comandati da PLC

CONTENUTI

Tra i dispositivi ON/OFF che forniscono indicazioni digitali si trovano, per esempio, i microinterruttori di finecorsa, che segnalano il raggiungimento in posizione di qualche parte mobile oppure rilevano una condizione di allarme.

Sistema di controllo

Il sistema di controllo con gli output digitali collegati agli input digitali del sistema da controllare genera le opportune sequenze di bit, che determinano l'esecuzione del processo desiderato.
Il sistema basa le proprie decisioni sui livelli logici che provengono dai **segnali del campo**, rilevati attraverso i propri ingressi digitali [fig. F2.3].

Attualmente i sistemi di controllo più diffusi sono:

1. il controllo tramite computer con scheda di interfacciamento;
2. il controllo tramite microcontrollore;
3. il controllo tramite PLC.

Questi sistemi hanno in comune il paradigma della **logica programmata**, un approccio ibrido hardware-software nel quale:

- lo strato hardware, strutturato in modo permanente, assolve ai compiti di comunicazione input-output con il processo controllato;
- lo strato software detta la funzionalità operativa, attraverso opportune istruzioni di programmazione.

Mentre lo strato hardware è rigidamente determinato, lo strato software può essere modificato sia in fase di sviluppo sia in fase di messa in opera. Il tecnico programmatore potrà costantemente migliorarlo e tenerlo aggiornato.

F2.2 CONTROLLO TRAMITE COMPUTER CON SCHEDA DI INTERFACCIAMENTO

Nel caso del controllo tramite computer lo strato software risiede negli algoritmi presenti entro la memoria del computer.

Per la rappresentazione degli algoritmi risolutivi dei problemi si utilizzano i **diagrammi di flusso**, ovvero **mappe concettuali** che coniugano rigore logico a potenza espressiva [fig. F2.4].
Le diverse sezioni dell'algoritmo sono rappresentate mediante simboli grafici collegati tramite frecce orientate, che specificano verso e direzione del flusso.

I principali simboli convenzionali sono:

- **elaborazione**: istruzione esecutiva;
- **inizializzazione**: impostazione di valori iniziali alle variabili di input;
- **input-output**: operazioni di lettura e scrittura;
- **condizione**: test VERO/FALSO;
- **inizio**: inizio algoritmo;
- **fine**: fine algoritmo.

Il collegamento hardware con i segnali del campo viene assicurato mediante opportune schede installate a bordo del computer, dette schede di **interfacciamento** o di **acquisizione dati**.

Schede di interfacciamento o di acquisizione dati

L'interfaccia è il confine fisico o virtuale interposto tra due entità differenti, tra le quali essa stabilisce una comunicazione. Un'interfaccia grafica come Windows è un'interfaccia virtuale che mira a semplificare il dialogo uomo macchina; in ambito elettronico, invece, per interfaccia si intende un dispositivo elettronico per l'interconnessione tra diversi dispositivi e il relativo scambio di segnali.

La figura F2.5 mostra una tipica scheda di acquisizione dati; vi si possono distinguere le seguenti sezioni:

- AICH0÷AICH7 (*Analog Input CHannels*), canali analogici di input;
- AOCH0÷AOCH7 (*Analog Output CHannels*), canali analogici di output;

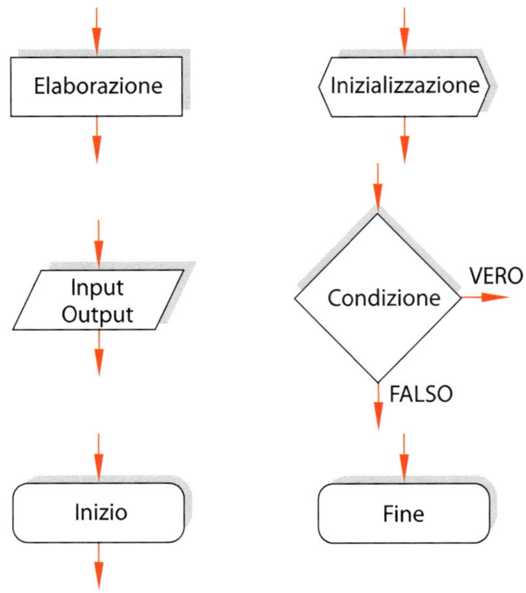

F2.4 Simboli dei diagrammi di flusso.

- **DIO0÷DIO7**(*Digital Input Output*), canali digitali di input/output;
- **porta USB** per la connessione al computer.

A bordo della scheda è rappresentato l'insieme minimale dei dispositivi della **catena di acquisizione e distribuzione dati DAQ** (*DAta Acquisition*):

- **AMUX** (*Analog MUltipleXer*), selettore analogico;
- **ADC** (*Analog to Digital Converter*), convertitore analogico-digitale;
- **Sample&Hold**, circuito campiona & mantieni;
- **ADEMUX** (*Analog DEMUltipleXer*), distributore analogico;
- **DAC** (*Digital to Analog Converter*), convertitore digitale-analogico.

F2.3 CONTROLLO TRAMITE MICROCONTROLLORE

Un microcontrollore è un dispositivo complesso che integra funzionalità sia hardware sia software [fig. F2.6]:

- dal punto di vista **hardware** è dotato di circuiti organizzati per le funzionalità interne e per l'interfacciamento con dispositivi esterni;
- dal punto di vista **software** è dotato di capacità di calcolo di base logiche e aritmetiche, ma soprattutto può **leggere ed eseguire programmi**.

A differenza dei computer, che sono molto potenti ma anche ingombranti, appesantiti da una serie di sovrastrutture (schermo, tastiera) che ne rallentano il funzionamento e che necessitano di schede di interfacciamento aggiuntive, il microcontrollore è:

- completo e autosufficiente perché dotato di dispositivi aggiuntivi quali memorie, porte di interfacciamento, timer e contatori ecc.;
- miniaturizzato e integrato entro un unico chip.

Per queste ragioni il microcontrollore può essere:

- direttamente **incorporato** (***embedded***) entro schede elettroniche di tutti i generi, da sistemi robotici a sistemi per la gestione del traffico, a giochi, essendo progettato per la massima autosufficienza funzionale e il minimo ingombro;
- progettato per lavorare in **tempo reale** (***real-time***), ovvero interagire alla massima velocità con il processo;
- **specializzato**, cioè destinato a una sola funzione nel suo ciclo di vita.

F2.6 Hardware e software in un microcontrollore.

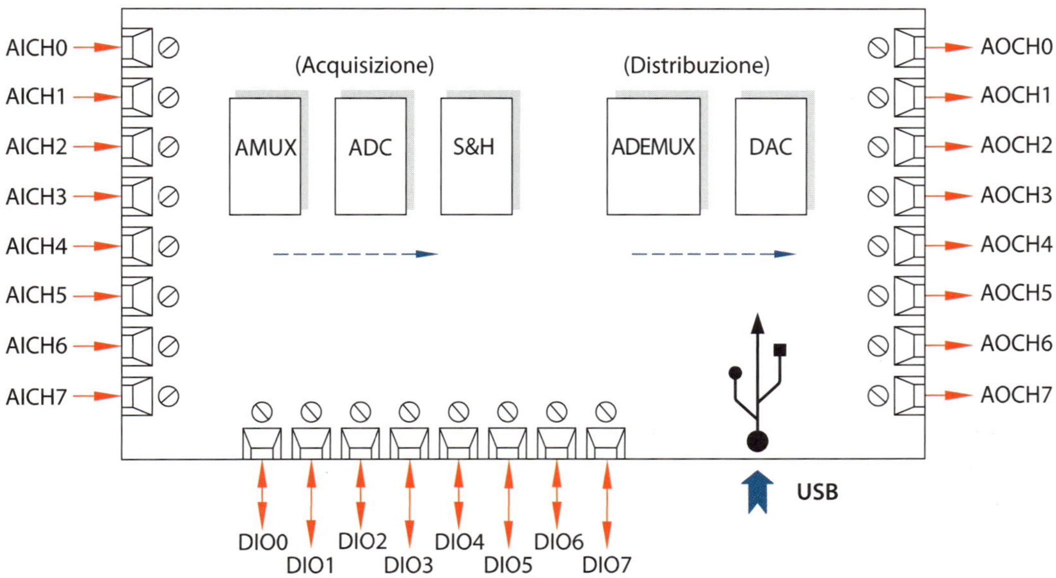

F2.5 Scheda di acquisizione dati.

F2.4 CONTROLLO TRAMITE PLC

Il **PLC** (*Programmable Logic Controller*) è un controllore logico programmabile utilizzato nell'ambito dell'automazione per il controllo automatico di processi.
Viene gestito da una **logica software** sovrapposta all'**hardware**, con possibilità di modificare le istruzioni di programmazione, a vantaggio dell'economia e della velocità di progettazione e messa in opera.

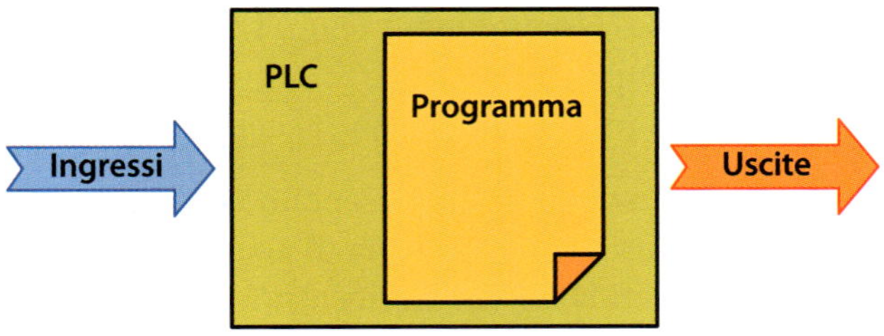

F2.7 Schema logico del PLC.

Ingressi, uscite, programma

In estrema sintesi un PLC può essere descritto dallo **schema funzionale** mostrato nella figura F2.7, dove sono evidenziati ingressi, uscite e programma interno.

L'azione di controllo di un processo da parte del PLC contempla **tre macrofasi** [fig. F2.8]:

1. interrogazione dello stato del processo, attraverso la lettura degli ingressi;
2. elaborazione interna, svolta in base alle istruzioni di programmazione;
3. attuazione delle decisioni del programma, mediante aggiornamento dello stato delle uscite.

Terminate le tre macrofasi, il PLC riprende dall'inizio, in modo ciclico.

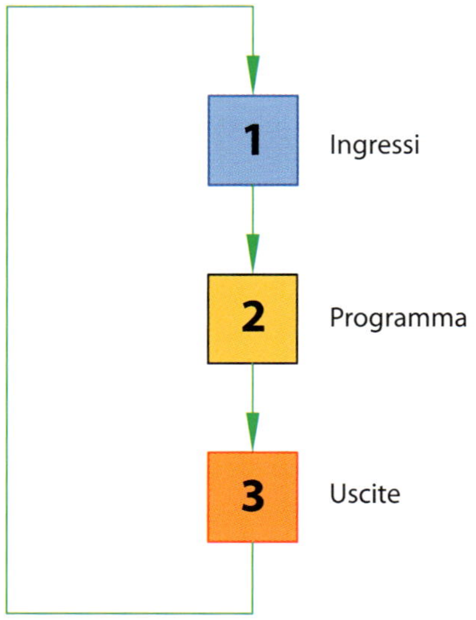

F2.8 Ciclo operativo del PLC.

Nella fase due il PLC esegue le istruzioni impartite attraverso un opportuno **linguaggio di programmazione**. I tre classici linguaggi di programmazione sono:

- AWL (*AnWeisungsListe*), **lista istruzioni**: comprende istruzioni simboliche, simili al linguaggio macchina dei microcontrollori;
- KOP (*KOntaktPlan*), **schema a contatti**: descrive le istruzioni di programmazione con simboli mutuati dagli schemi elettrici;
- FUP (*FUnktionsPlan*), **schema logico**: è espresso mediante blocchi funzionali.

Programmazione mediante schema a contatti KOP

L'invenzione di questo linguaggio trae origine dalla necessità di riprodurre a livello software la struttura degli schemi elettrici hardware, affinché un programma possa essere compreso anche da personale che ha familiarità con gli schemi elettrici, ma non possiede conoscenze approfondite di informatica.

Nella figura F2.9 a-b sono messi a confronto uno **schema elettrico** e il corrispondente **schema a contatti**.

Nello **schema a contatti**:

- le linee di alimentazione sono i **montanti** della scala;
- le istruzioni sono i pioli o **rami**.

Da qui la denominazione di **ladder diagram** ovvero **diagramma a scala**, noto anche come linguaggio a contatti.

Migrazione da schema elettrico a schema a contatti

La migrazione dallo schema elettrico a quello informatico avviene secondo regole convenzionali:

1. il contatto normalmente aperto NA e normalmente chiuso NC di un interruttore viene rappresentato dai due simboli stilizzati della figura F2.10:
- **un contatto NA** genera un **livello digitale 0** quando è a riposo;
- **un contatto NC** genera un **livello digitale 1** quando è a riposo;

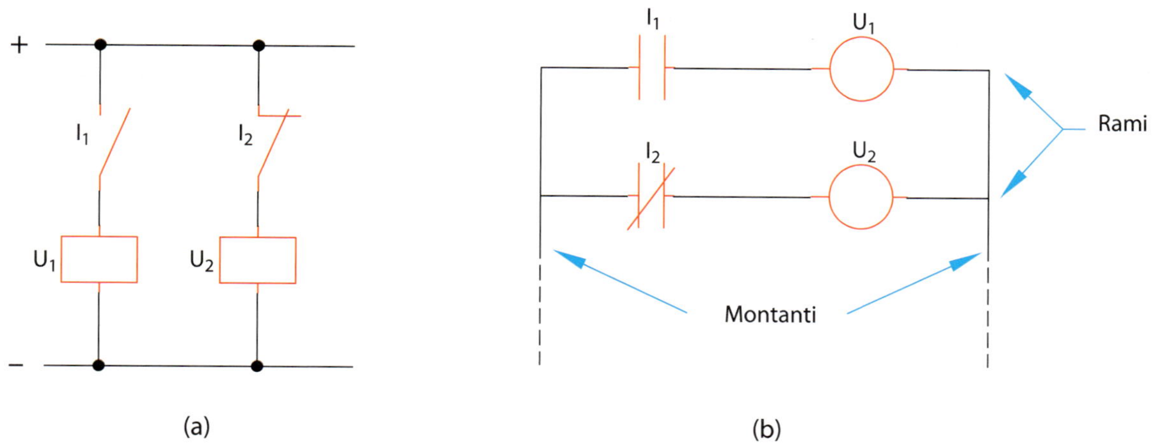

F2.9 Rappresentazioni schematiche: a) schema elettrico; b) schema a contatti.

2. l'uscita, che può essere circuitalmente un relè che aziona una lampada, una elettrovalvola, una suoneria, è rappresentata dal simbolo generale di una **bobina** **[fig. F2.11]**;
3. le linee di alimentazione del circuito sono orientate verticalmente anziché orizzontalmente;
4. i rami sono orientati orizzontalmente;
5. il flusso di potenza procede da sinistra a destra anziché dal positivo al negativo;
6. l'elaborazione dello schema procede dall'alto verso il basso.

Pur essendo sovrapponibili, i due schemi hanno natura completamente differente:

- lo schema elettrico manipola direttamente i **segnali elettrici**;
- il diagramma a scala gestisce in modo **virtuale** dei **dati binari**.

I **dati binari** sono valori di memoria che rappresentano l'**immagine** degli ingressi reali, campionati a ogni ciclo nella fase 1.
Di conseguenza:

- lo schema elettrico è completamente hardware;
- il diagramma a scala è completamente software;
- l'hardware effettivo del PLC è dato dalle interfacce di ingresso e uscita.

L'interpretazione degli schemi visti nella **figura F2.9** è data allora dalle seguenti proposizioni:

- **schema elettrico**: se I_1 chiuso scorre corrente e U_1 è attivato → **schema a contatti**: se $I_1 = 1$ allora $U_1 = 1$;
- **schema elettrico**: se I_2 a riposo scorre corrente e U_2 è attivato → **schema a contatti**: se $I_2 = 0$ allora $U_2 = 1$.

La rappresentazione simbolica degli ingressi e delle uscite è differente nelle due notazioni:

- notazione **tedesca**: ingressi ***E***, uscite ***A***;
- notazione **inglese**: ingressi ***I***, uscite ***U***.

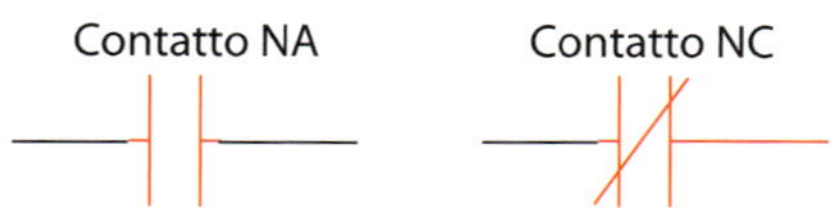

F2.10 Rappresentazione dei contatti nel ladder diagram.

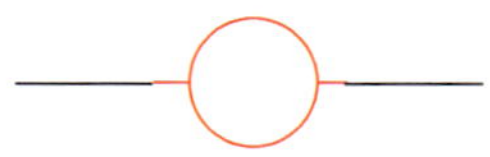

F2.11 Simbolo della bobina.

F2.5 TIMER DEL PLC

Il timer, o temporizzatore, è un dispositivo dedicato utile per la temporizzazione delle azioni di controllo. Sono disponibili diversi tipi di temporizzatori, che si distinguono per il diverso comportamento in risposta all'**impulso di innesco**. Tipicamente possono essere del tipo con ritardo all'eccitazione, con ritardo alla diseccitazione e per generazione di impulsi.

Timer con ritardo all'eccitazione

La **figura F2.12a** mostra il blocco funzionale di un timer con ritardo all'eccitazione, che espone i terminali di seguito indicati:

- **ingresso in alto a sinistra**: avvio della temporizzazione;
- **ingresso** *TW*: impostazione della durata della temporizzazione ΔT;
- **ingresso** *R*: ingresso di reset dell'uscita;
- **uscita** *Q*: uscita del temporizzatore.

La funzionalità di questo timer è chiarita dal diagramma temporale **[fig. F2.12b]**:

- un fronte di salita sull'ingresso di avvio della temporizzazione innesca in uscita un impulso *Q* dopo un intervallo ΔT;
- se l'impulso sull'ingresso di avvio della temporizzazione termina prima dell'intervallo ΔT, *Q* non si innesca;
- l'impulso *Q* termina se cessa l'impulso di innesco oppure se il blocco viene resettato.

Timer con ritardo alla diseccitazione

La **figura F2.13a** mostra il blocco funzionale di un timer con ritardo alla diseccitazione.
La funzionalità di questo timer è chiarita dal diagramma temporale **[fig. F2.13b]**:

- un fronte di salita sull'ingresso di avvio della temporizzazione innesca in uscita un impulso *Q*;
- tale impulso si mantiene per un intervallo ΔT dopo la cessazione dell'impulso di avvio.

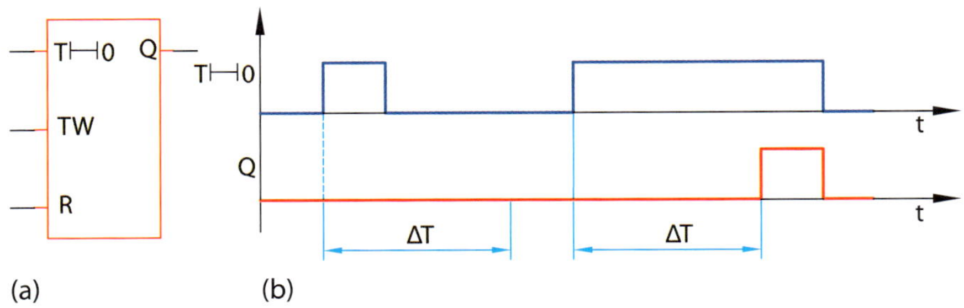

F2.12 Timer con ritardo all'eccitazione: a) simbolo; b) diagramma temporale.

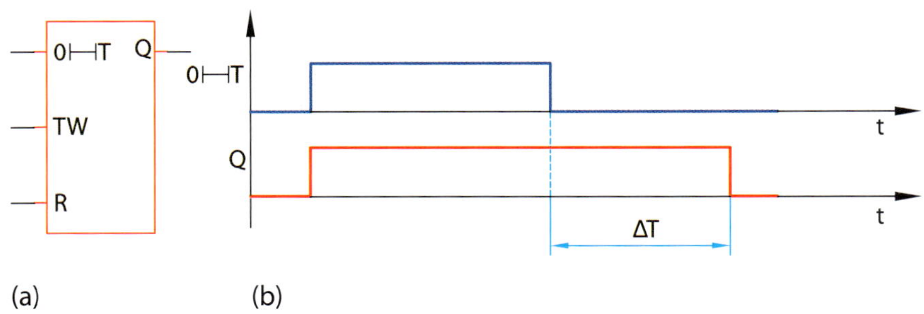

F2.13 Timer con ritardo alla diseccitazione: a) simbolo; b) diagramma temporale.

ESERCITAZIONE GUIDATA / F2.1

hoepliscuola.it

Comando di un motore passo-passo

1. Studiare la descrizione dei motori passo-passo.
I **motori passo-passo** hanno la caratteristica peculiare di compiere movimenti angolari calibrati e costanti, di conservare una posizione di arresto e di essere comandati da impulsi digitali, che si possono generare con sistemi computerizzati; per questo la classe di questi motori è quella più adeguata nel campo degli automatismi e della robotica.

Il motore è costituito da un **rotore** a magnete permanente, che presenta un polo nord e un polo sud.
Lo **statore** presenta invece un certo numero di espansioni polari, chiamate **fasi**, su ciascuna delle quali è ricavato un avvolgimento, in modo tale da magnetizzare l'espansione con il nord rivolto verso il rotore.
Alimentando una fase, il rotore si muove fino ad allinearsi al campo generato dall'espansione polare, avvicinando a essa il proprio polo sud. Dunque, alimentando in opportuna sequenza gli avvolgimenti ricavati nelle cave dello statore, è possibile mettere in movimento il rotore, orientandolo un passo dopo l'altro nelle direzioni opportune.

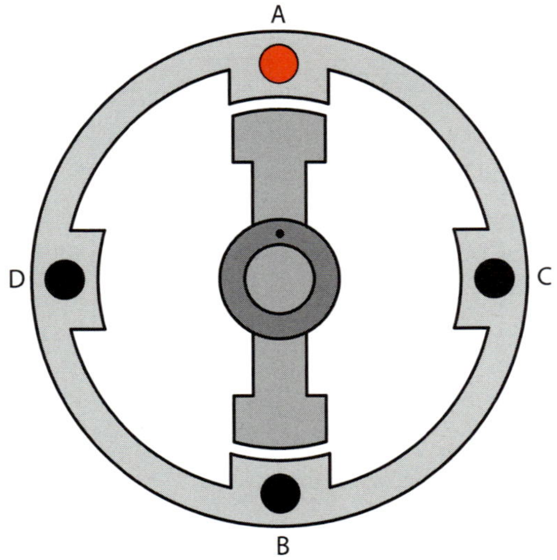

2. Completare la spiegazione sull'alimentazione delle fasi.
Si consideri il motore passo-passo a 4 fasi, identificate con le lettere A, B, C, D. Risulta che:

a. alimentando la fase A, il rotore si orienta ☐ in alto ☐ in basso ☐ a destra ☐ a sinistra;
b. alimentando la fase B, il rotore si orienta ☐ in alto ☐ in basso ☐ a destra ☐ a sinistra;
c. alimentando la fase C, il rotore si orienta ☐ in alto ☐ in basso ☐ a destra ☐ a sinistra;
d. alimentando la fase D, il rotore si orienta ☐ in alto ☐ in basso ☐ a destra ☐ a sinistra;
e. pertanto la sequenza di alimentazione per la **rotazione oraria** è: ☐ CBAD ☐ ACBD ☐ ABDC ☐ ADBC;
f. mentre la sequenza di alimentazione per la **rotazione antioraria** è: ☐ CBAD ☐ ACBD ☐ ABDC ☐ ADBC.

3. Studiare le tre tipiche modalità di pilotaggio.
Esistono tre distinti modi di pilotaggio:

- **one fase-on drive** (comando a singola fase): viene alimentata una sola fase;
- **two fase-on drive** (comando a due fasi alla volta): vengono alimentate due fasi contemporaneamente;
- **half step** (comando misto a mezzo passo): si alterna il comando a una fase alla volta con quello a due fasi.

Nel comando two fase-on drive il rotore si orienta in posizioni sfasate rispetto al comando one fase-on drive. Nel comando half step lo statore svolge un numero doppio di passi per ciclo.

4. Completare le tabelle delle sequenze di alimentazione.

Senso orario

A	B	C	D
1	0	0	0
0	0	1	0
0	1	0	0

One fase-on drive

A	B	C	D
1	0	1	0
1	0	0	1

Two fase-on drive

A	B	C	D
1	0	0	0
1	0	1	0
0	1	0	0
0	1	0	1
1	0	0	1

Half step

5. Realizzare un'applicazione mediante Excel, per visualizzare la sequenza delle fasi.

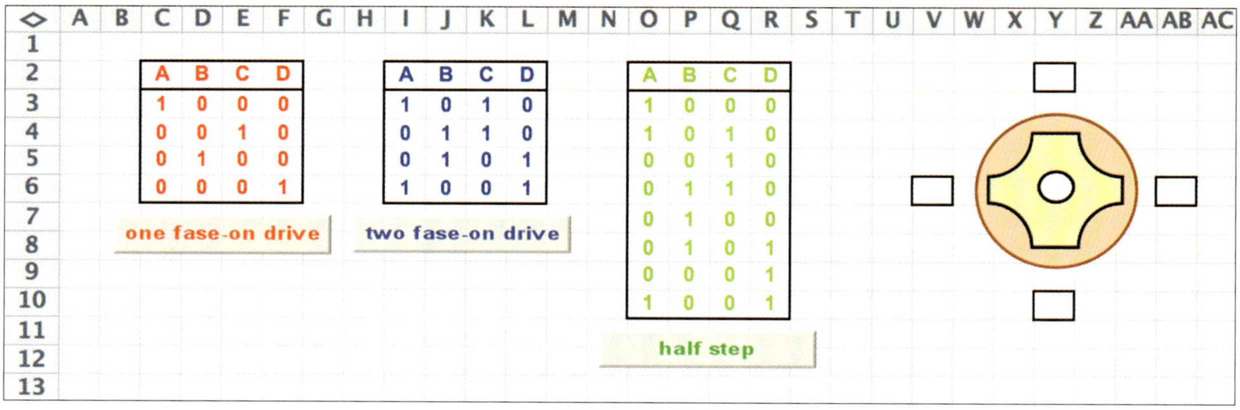

A	B	C	D
1	0	0	0
0	0	1	0
0	1	0	0
0	0	0	1

A	B	C	D
1	0	1	0
0	1	1	0
0	1	0	1
1	0	0	1

A	B	C	D
1	0	0	0
1	0	1	0
0	0	1	0
0	1	1	0
0	1	0	0
0	1	0	1
0	0	0	1
1	0	0	1

Il seguente programma in Visual Basic implementa il caso one fase-on drive.
La simulazione avviene assegnando un colore di sfondo alle quattro celle nella dovuta sequenza. Tra un passaggio e l'altro si interpone un'attesa di 2 secondi e viene cancellata la cella precedente, per animare il processo.

```
Private Sub CommandButton1_Click()
Cells(2, 25).Interior.Color = RGB(255, 0, 0)
Application.Wait (Now + TimeValue("0:00:1"))
Cells(2, 25).Interior.Color = RGB(255, 255, 255)
Cells(6, 28).Interior.Color = RGB(255, 0, 0)
Application.Wait (Now + TimeValue("0:00:1"))
Cells(6, 28).Interior.Color = RGB(255, 255, 255)
Cells(10, 25).Interior.Color = RGB(255, 0, 0)
Application.Wait (Now + TimeValue("0:00:1"))
Cells(10, 25).Interior.Color = RGB(255, 255, 255)
Cells(6, 22).Interior.Color = RGB(255, 0, 0)
Application.Wait (Now + TimeValue("0:00:1"))
Cells(6, 22).Interior.Color = RGB(255, 255, 255)
End Sub
```

ESERCITAZIONE GUIDATA / F2.2

Comando software di macchina utensile con Arduino

Realizzare un sistema di attivazione ritardata per una macchina utensile mediante **Arduino Uno**.
A seguito della pressione del pulsante di attivazione da parte dell'operatore, il sistema attende 3 secondi per dare tempo all'operatore di svolgere le funzioni preparatorie, poi genera un impulso di attivazione di 2 secondi per l'utensile.

1. Simulare il sistema mediante una *breadboard* virtuale.
Comporre il circuito della figura con la presenza di:

- un pulsante collegato da un lato a 5 V e dall'altro lato, attraverso un resistore di 1 kΩ, a GND;
- un diodo led collegato, attraverso un resistore di 180 Ω, al pin 4 della scheda Arduino.

La tensione sul resistore, che è presente se si preme il pulsante, giunge al pin 8 attraverso un collegamento.

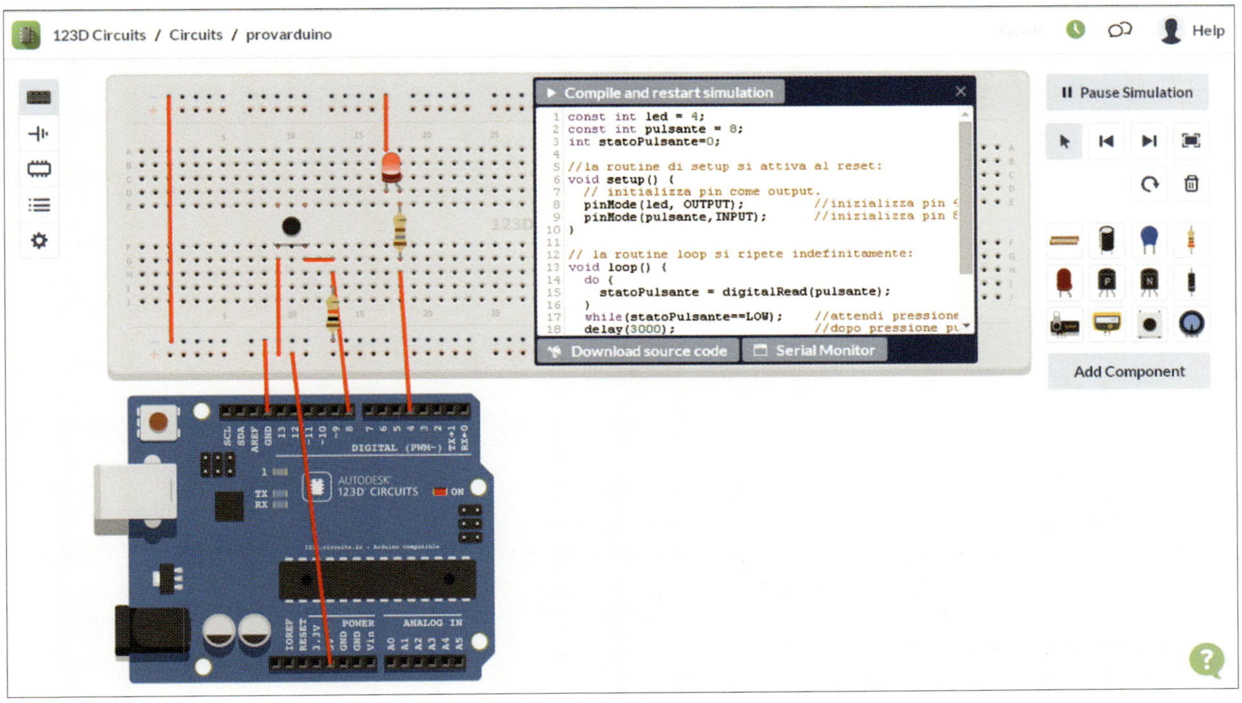

2. Scrivere il programma e provarlo.

```
const int led = 4;
const int pulsante = 8;
int statoPulsante = 0;

void setup() {                        //la routine di setup si attiva al reset
   pinMode(led, OUTPUT);              //inizializza pin 4 come output
   pinMode(pulsante,INPUT);           //inizializza pin 8 come input
}

void loop() {                         //la routine loop si ripete indefinitamente:
   do {
      statoPulsante = digitalRead(pulsante);
   }
   while(statoPulsante==LOW);         //attendi pressione pulsante
   delay(3000);                       //dopo pressione pulsante attendi 3s
   digitalWrite(led, HIGH);           //accendi led
   delay(2000);                       //ritardo 2s
   digitalWrite(led, LOW);            //spegni led
}
```

Il programma genera un impulso di durata 2 s, ritardato di 3 s dall'innesco con pulsante.
Nella routine di setup, tramite l'istruzione pinMode vengono impostati i pin:

- pin 4 funzionalità di output;
- pin 8 funzionalità di input.

Nella funzione loop, che viene eseguita indefinitamente:

- il programma rimane in attesa della pressione del pulsante con un ciclo do-while;
- con un ritardo di 3 secondi viene acceso il led;
- trascorsi 2 secondi il led viene spento.

3. Predisporre la piattaforma di programmazione per Arduino.

- In possesso della scheda Arduino Uno scaricare la piattaforma di programmazione dal sito www.arduino.cc;
- estrarre dall'archivio compresso la struttura di cartelle e file contenente numerosissimi esempi, oltre al file eseguibile per il lancio dell'ambiente integrato di programmazione;
- collegare la schedina hardware alla presa USB del computer per mezzo dell'apposito cavetto in dotazione;
- attendere che il dispositivo venga riconosciuto, mediante installazione dell'apposito driver.

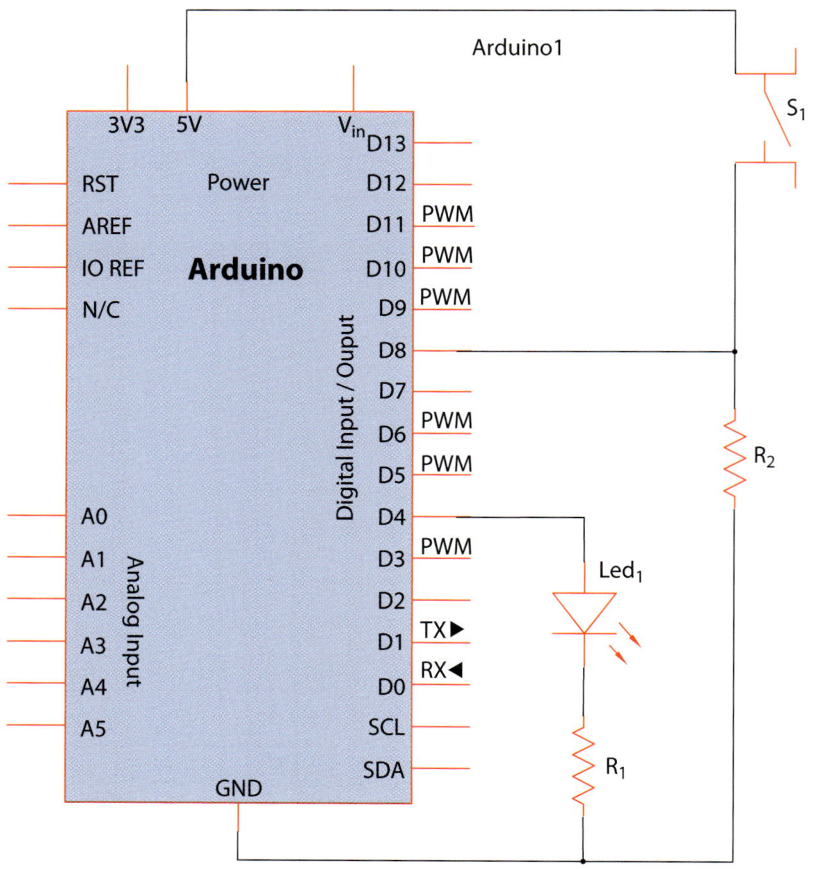

4. Provare il sistema.

- Premere il tasto *Verifica* con il simbolo di spunta per compilare il programma e verificarne la correttezza;
- premere il tasto *Carica* con il simbolo di freccia a destra per riversare il programma nella memoria del microcontrollore;
- osservare la generazione dell'impulso ritardato, in risposta al comando del pulsante.

ESERCITAZIONE GUIDATA / F2.3

Comando acustico di un motore

Il **mattoncino intelligente** per la costruzione di **Robot Lego Mindstorms** è una sistema di controllo gestito internamente da un microprocessore e dotato di connessione USB per la sua programmazione tramite computer. Viene montato insieme a elementi Lego e parti elettromeccaniche appositamente studiate per modellare sistemi robotici e automatismi.
Come descritto nella figura, il sistema si compone basilarmente di:

- quattro **porte di input** per la ricezione dei segnali dei **trasduttori**, alcuni dei quali mostrati nella figura;
- tre **porte di output** per il controllo di **attuatori**, in particolare motori.

Grazie alla connessione USB il mattoncino può essere programmato in diversi linguaggi:

- **Lego Mindstorms Education NXT Software**, che è il software proprietario;
- **LabVIEW** della National Instruments;
- linguaggi testuali ad oggetti come il **Java** e altri simili al C++ (C-like) come **NQC** (Not Quite C) oppure **BricxCC** (Bricx Command Center).

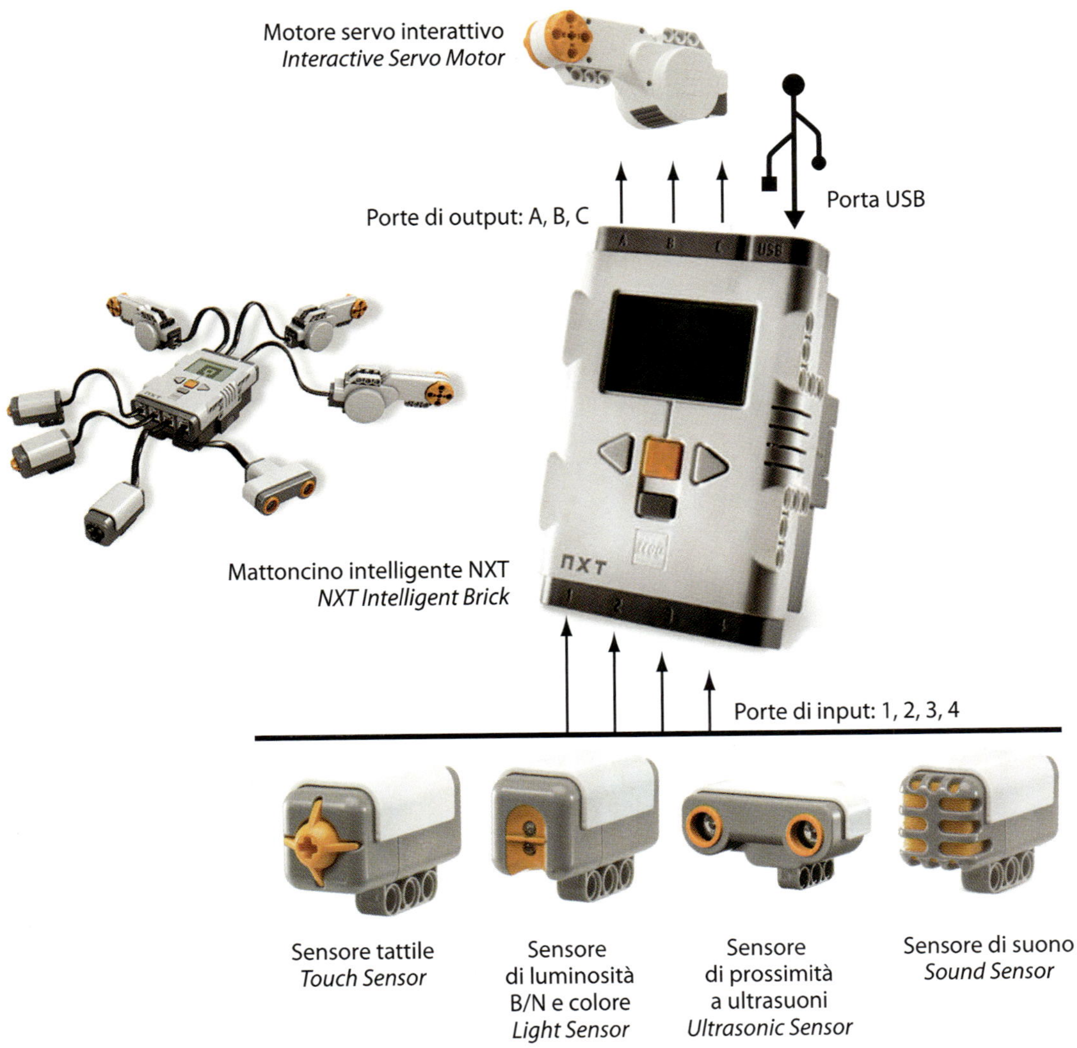

1. Realizzare un'applicazione per avviare un motore alternativamente in senso orario e antiorario, a ogni battito di mani.

- Aprire il programma Lego Mindstorms Education NXT;
- selezionare *File* → *New* per creare una nuova applicazione;
- selezionare l'icona *Loop*  per depositare un *ciclo while*;
- impostare i parametri *Control: Sensor; Sensor: Sound Sensor; Port: 1; Sound: > 50;*

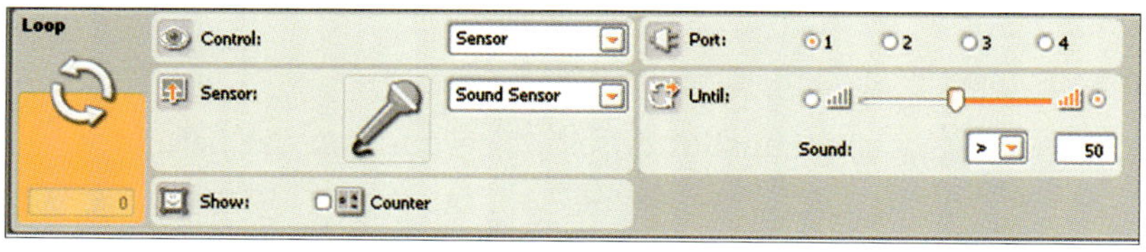

- selezionare l'icona *Move* ;
- posizionare il blocco *Move* in cascata;
- impostare i parametri: *Port: B; Direction:* ↑; *Power:100; Duration: Unlimited;*

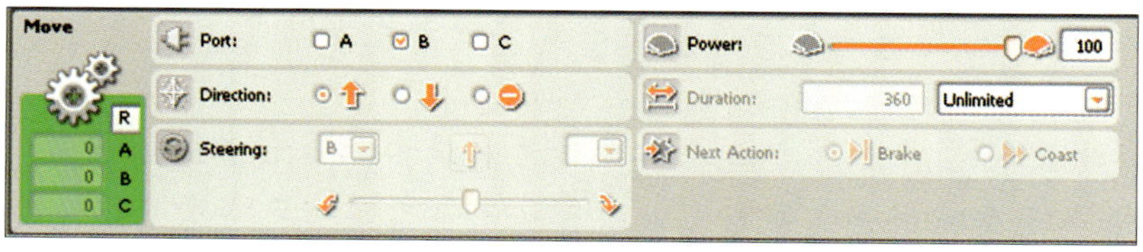

- selezionare l'icona *Wait;*
- impostare *Control: Time, Seconds: 1* per un ritardo di un secondo;
- inserire in cascata la medesima serie di blocchi, ma con direzione opposta nel blocco *Move.*

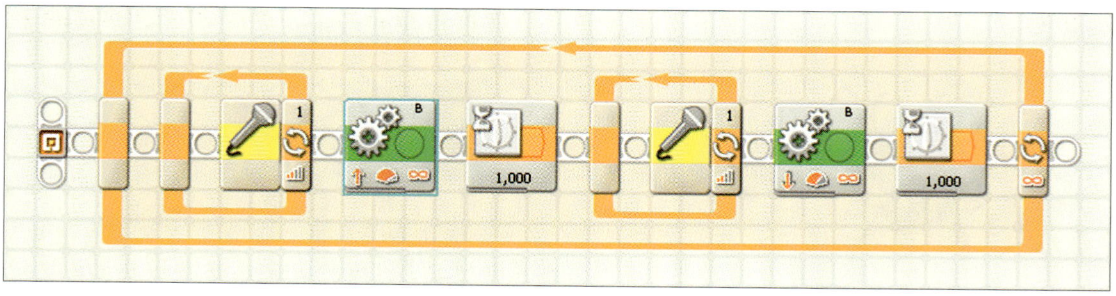

2. Provare il sistema.

- Collegare al mattone NXT un sensore *Touch Sensor* e un motore;
- collegare il mattone NXT al computer e accenderlo;
- premere il pulsante *Download* evidenziato in colore nella figura a lato e attendere il caricamento del programma nella memoria del NXT;
- avviare il programma;
- battere le mani in successione per cambiare il verso di rotazione.

ESERCITAZIONE GUIDATA / F2.4

Ambiente di simulazione AW-SYS per PLC

AW-SYS è un software di simulazione di PLC e impianti di automazione della società Autoware (www.autoware.com). Si tratta di un sistema che permette di trasformare il personal computer in un laboratorio virtuale di automazione, allo scopo di simulare con pannelli il funzionamento del PLC e riprodurre con finestre visuali situazioni impiantistiche reali.

1. Avviare PC_Sim (S7-300).
2. Nella finestra *Lista blocchi* selezionare il pulsante con la dicitura *Nuovo* per creare un nuovo blocco di codice.
3. Nella finestra *Nuovo blocco* digitare la sigla *"OB1"* (*Organization Block*), scegliere il linguaggio *Ladder* premendo la casella *Editor: Ladder* e premere il pulsante *Crea*.
4. Compaiono la finestra *Editor del blocco*, contrassegnata dal nome *"OB1"* del blocco, e il *Pannello degli strumenti*, suddiviso nelle schede:
   - *Logiche a bit*: contatti, bobine, rilevazione fronti di salita e discesa;
   - *Tempo/Conteggio*: operazioni di temporizzazione e conteggio;
   - *Confronto*: operazioni di confronto tra variabili a 16 bit;
   - *Logiche a word*: operazioni logiche AND, OR, XOR tra parole (word) e doppie parole (double word);
   - *Scorrimento*: operazioni di scorrimento e rotazione destra e sinistra di parole e doppie parole;
   - *Matematiche*: operazioni di addizione, sottrazione, moltiplicazione, divisione di interi a 16 e 32 bit;
   - *Controllo esecuz.*: operazioni di salto condizionato e incondizionato e di richiamo di funzione;
   - *Trasf. e convers.*: operazioni di trasferimento e di complemento a 1 e complemento a 2, a 16 e 32 bit.

   Si riportano di seguito alcuni blocchi significativi delle schede *Logiche a bit* e i tre pulsanti operativi *Seleziona percorso*, *Cancella* e *Disegna parallelo*.

 *Contatto normalmente aperto*

 *Contatto normalmente chiuso*

 *Bobina*

 *Bobina di set*

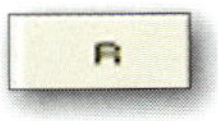 *Bobina di reset*

 *Seleziona percorso*

 *Cancella*

 *Disegna parallelo*

5. Selezionare lo strumento *Contatto normalmente aperto*, puntare con il mouse sul primo segmento del ramo 1 e cliccare. In modo analogo inserire un altro contatto NA a fianco del primo.
   Scrivere nelle caselle di testo le etichette *E0.0*, *E0.2*, *A4.0*.

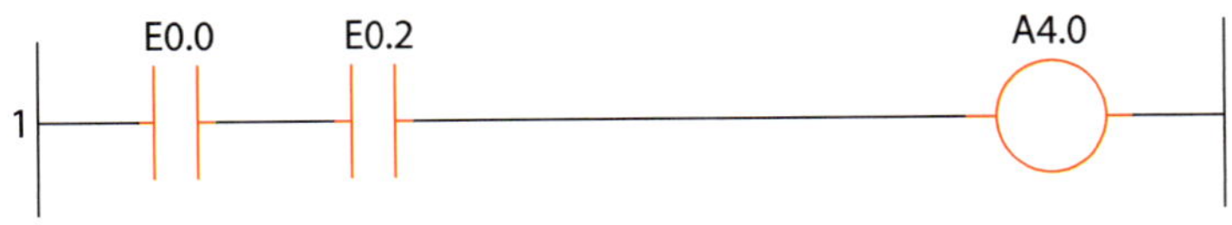

6. Selezionare lo strumento *Impostazione ramo parallelo* e:
   - posizionare il mouse all'incrocio tra il ramo 1 e il montante finché appare una icona di parallelo;
   - premere il mouse e trascinarlo nella posizione finale;
   - rilasciare il pulsante del mouse.

Durante il trascinamento il programma disegna con una linea tratteggiata la forma del costruendo parallelo, per aiutare l'utente nell'operazione.

7. Inserire *E0.1* negato.

In questo caso la costruzione dello schema è terminata, ma in generale è possibile avvalersi dei comandi aggiuntivi del seguente menu di scelta rapida, che si può richiamare con un click destro sul numero del ramo interessato:

- *Elimina*: elimina dallo schema il ramo interessato;
- *Inserisci*: inserisce un nuovo ramo sopra quello interessato;
- *Aggiungi*: aggiunge un nuovo ramo alla fine dello schema;
- *Taglia*: elimina il ramo interessato creandone una copia in memoria;
- *Copia*: crea una copia in memoria del ramo interessato;
- *Incolla*: inserisce prima del ramo interessato il percorso precedentemente copiato o tagliato;
- *Inserisci commento*: inserisce una casella di testo sopra il ramo;
- *Inserisci etichetta*: inserisce una casella di testo a fianco del ramo.

8. Selezionare *Finestra* → *PLC* e *Finestra* → *Stato variabili* per visualizzare rispettivamente:

- il pannello di comando del PLC, popolato dei suoi pulsanti di ingresso e dei led di uscita;
- la tabella *Stato variabili*, dove è possibile sia inserire nella colonna *Op. assoluto* il dato da osservare, sia leggerne il corrispondente stato nella colonna *Stato*.

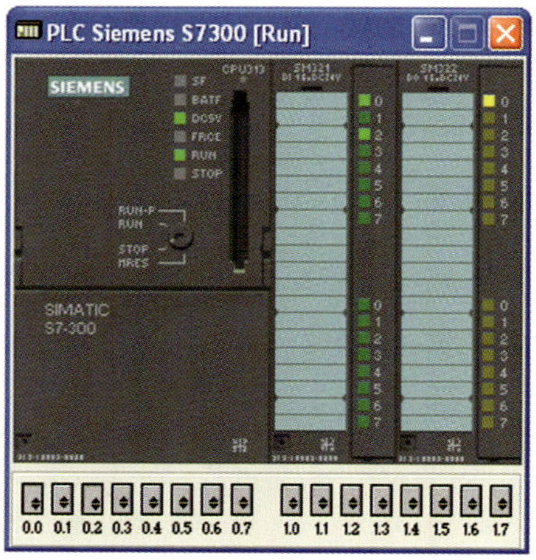

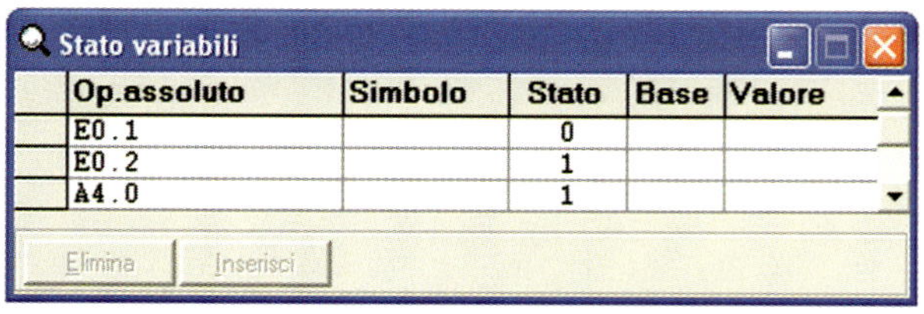

9. Premere il pulsante *CPU on* per accendere il PLC e il pulsante *CPU run* per avviare il programma.

10. Impostare le otto combinazioni degli ingressi *E0.0*, *E0.1*, *E0.2* e verificare i corrispondenti valori dell'uscita *A4.0* nelle finestre *PLC* e *Stato variabili*.

ESERCITAZIONE GUIDATA / F2.5

hoepliscuola.it

Controllo del livello del serbatoio

1. Analizzare l'impianto del serbatoio e i segnali del PLC.
Il serbatoio è alimentato tramite una valvola afferente e distribuisce all'utenza attraverso una valvola efferente. Queste valvole possono essere comandate in modalità manuale o automatica:

- in modalità manuale è possibile comandarne apertura e chiusura, rispettivamente, con i pulsanti 1 e 0;
- la modalità automatica, impostata mediante il pulsante A, dipende dalla **valvola**: se questa è **afferente**, il comando proviene dal PLC attraverso *A4.0*; se questa è **efferente**, la richiesta di liquido è su base casuale.

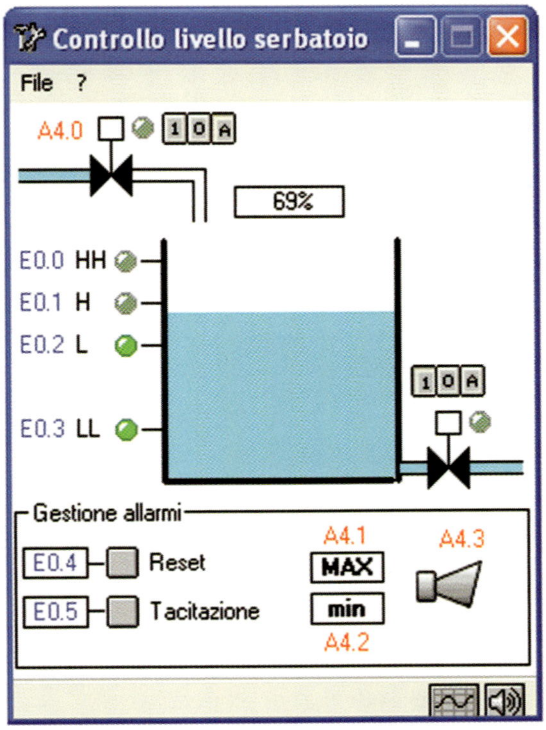

Ingressi per il PLC	
E0.0	Livellostato tracimazione serbatoio
E0.1	Livellostato livello massimo
E0.2	Livellostato livello minimo
E0.3	Livellostato scorta insufficiente
E0.4	Reset allarme
E0.5	Tacitazione sirena

Uscite dal PLC	
A4.0	Comando valvola afferente
A4.1	Allarme tracimazione serbatoio
A4.2	Allarme scorta insufficiente
A4.3	Sirena di allarme

Il sistema è equipaggiato con quattro livellostati:

- *H* e *L* sono utilizzati per il normale controllo del livello, di tipo a tutto o niente: *H* livello massimo; *L* livello minimo;
- *HH* e *LL* segnalano una condizione estrema di allarme: *HH* condizione di imminente tracimazione serbatoio; *LL* condizione di scorta di liquido insufficiente.

Una sezione di gestione allarmi comprende due segnalatori ottici e uno sonoro:

- *MAX* si deve accendere per segnalare la condizione di tracimazione serbatoio;
- *MIN* si deve accendere per segnalare la condizione scorta di liquido insufficiente;
- l'utilizzo della sirena è lasciato all'iniziativa del lettore.

Due pulsanti *Reset* e *Tacitazione* sono deputati alle seguenti funzioni:

- *Reset*: resetta i segnalatori ottici se la condizione che ha innescato l'allarme è cessata;
- *Tacitazione*: inibisce la sirena.

2. Analizzare lo schema che controlla la valvola afferente per assicurare un livello compreso tra *MIN* e *MAX*.
Il sistema segnala le condizioni di allarme tramite i segnalatori ottici *MIN* e *MAX*.
Il pulsante *Reset* annulla lo stato di allarme nel caso in cui la condizione di allarme sia stata rimossa.

- Il **ramo 1** arresta il flusso afferente se il livello supera *H*;
- il **ramo 2** alimenta il serbatoio se il livello scende sotto *L*;
- il **ramo 3** imposta l'allarme *MAX* nel caso di superamento soglia massima;

- il **ramo 4** resetta il segnalatore ottico *MAX* se viene premuto il tasto di *Reset*;
- il **ramo 5** imposta l'allarme *MIN* nel caso in cui il livello si porti sotto il minimo;
- il **ramo 6** resetta il segnalatore ottico *MIN* se viene premuto il tasto di *Reset*.

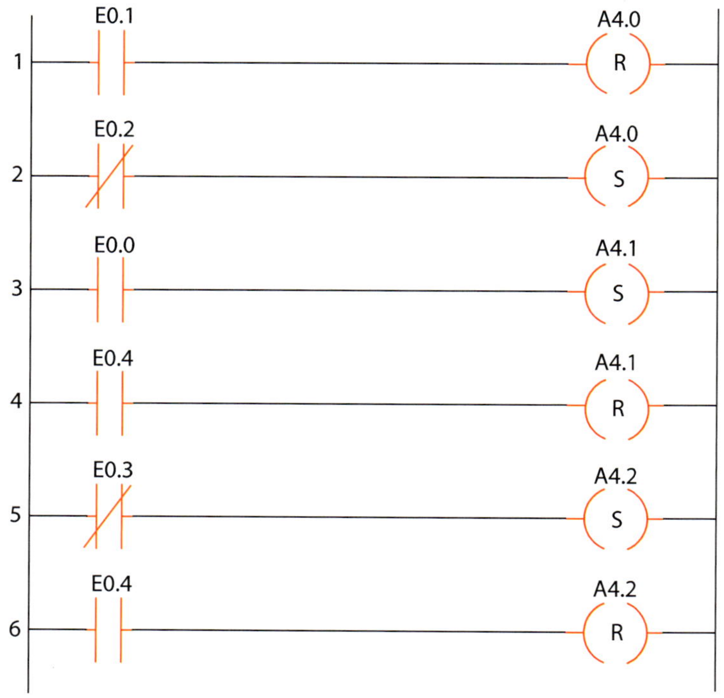

3. Spuntare le affermazioni corrette.

a. ☐ Il sistema di controllo mantiene un livello costante pari alla media tra *L* e *H*.

b. ☐ Se il livello è compreso tra *L* e *H* risulta *E*0.1 = 0, *E*0.2 = 1.

c. ☐ Se il livello è minore di *L* risulta *E*0.1 = *E*0.2 = 0.

d. ☐ Se il livello è maggiore di *H* risulta *E*01 = *E*0.2 = 1.

e. ☐ Il segnalatore ottico *MIN* si illumina se il livellostato *LL* è disattivato.

f. ☐ Il segnalatore ottico *MAX* si illumina se il livellostato *HH* è attivato.

g. ☐ Il segnalatore ottico *MAX* si illumina se il livellostato *H* è attivato.

4. Provare il sistema.
Per verificare la funzionalità impostare la valvola efferente a livello 1 in modalità manuale e la valvola afferente in modalità automatica. Per simulare le condizioni di allarme agire sulle valvole in modalità manuale.

ESERCITAZIONE GUIDATA / F2.6

Autoware Ladder Tool per Arduino®

Autoware Ladder Tool per Arduino® della società Autoware (www.autoware.com) è un software che permette di programmare i controllori Arduino nel linguaggio a contatti dei PLC e in AWL.
È possibile simulare il funzionamento di un processo automatico o verificarne il funzionamento reale con la propria scheda Arduino in modo facile ed economico, senza dover possedere un PLC.
Su richiesta è disponibile una scheda Test Shield innestabile su schede Arduino Uno e Mega dotata di pulsanti, interruttori, led e potenziometri, per provare il software in modo veloce e affidabile, senza dover ricorrere a *breadboard* o montaggi di "fortuna".

1. Programmare l'ambiente Autoware Ladder Tool per Arduino per generare una luce intermittente.
   Dopo aver avviato Autoware Ladder Tool per Arduino avviare un nuovo progetto, selezionare *Nuovo* nella finestra *Lista blocchi*, nella casella *Sigla* nella finestra *Nuovo blocco* digitare OB1, selezionare *Editor: Ladder* e premere *Crea*. Compaiono la *finestra editor* per la stesura dello schema ladder e il *pannello degli strumenti*, suddiviso nelle schede: *Logiche a bit, Tempo/Conteggio, Confronto, Logiche a word, Scorrimento, Matematiche, Controllo esecuz., Trasf. e convers.*

2. Realizzare lo schema seguente inserendo un contatto normalmente chiuso, una bobina, un temporizzatore con ritardo alla diseccitazione con costante di tempo T = 200 centesimi di secondo e un blocco *Confronto su minore* (16 bit).

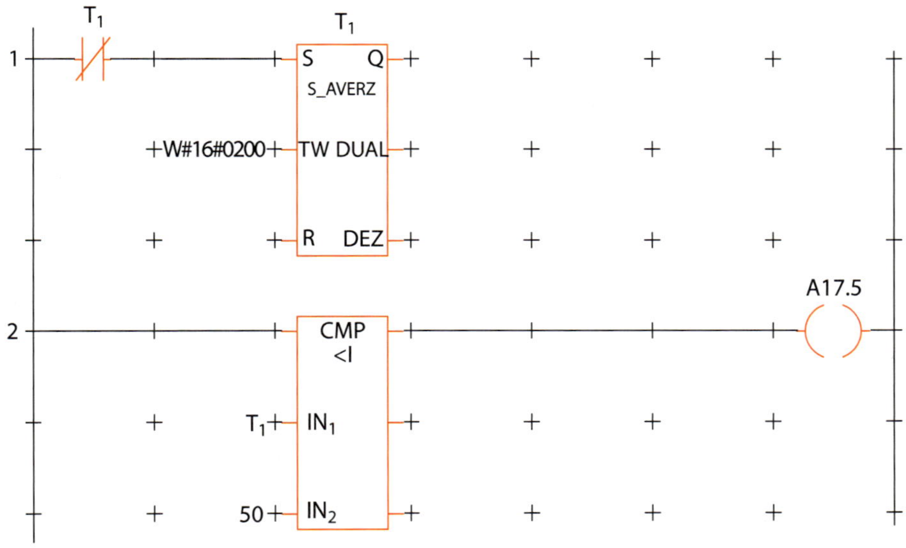

Con riferimento alle figure di T_1 e $\overline{T_1}$ il temporizzatore ripete indefinitamente i seguenti passi:

- all'istante t = 0 il contatto normalmente chiuso eccita il temporizzatore che si porta alto, il contatto si apre istantaneamente e quindi si avvia il conteggio del ritardo alla diseccitazione;
- trascorso T l'uscita del temporizzatore torna bassa, il contatto normalmente chiuso si richiude e il temporizzatore viene di nuovo eccitato, dando luogo a un nuovo ciclo.

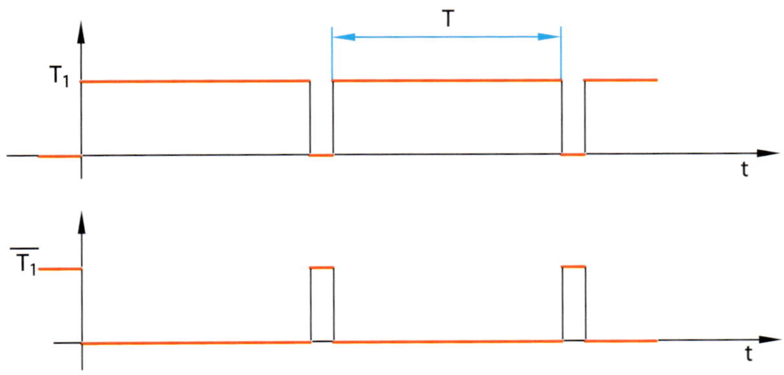

Il blocco CMP compara l'uscita T_1 che è a scalare da 200 a 0 con l'ingresso costante di 50 centesimi di secondo:

- con T_1 compreso tra 200 e 50 l'uscita del comparatore di minoranza è bassa perché $IN_1 > IN_2$;
- con $T_1 < 50$ l'uscita del comparatore diventa alta, perché è soddisfatta la condizione $IN_1 < IN_2$.

Per modificare il periodo dell'onda e l'intervallo di accensione della lampada è necessario agire rispettivamente sulla costante di tempo *TW* di T_1 e sull'ingresso IN_2.

3. Simulare il funzionamento.

- Selezionare *Finestra* → *Simulazione Arduino* per aprire la finestra *Simulazione Arduino* con evidenziati ingressi e uscite digitali facenti capo a pulsanti e led e gli ingressi analogici;
- selezionare *Arduino* → *Configura I/O* e impostare nella scheda 8-13 il pin 13 come uscita digitale DO;
- notare che contestualmente nell'immagine della finestra *Simulazione Arduino* scompare il simbolo di pulsante associato al pin 13 e che allo stesso viene attribuita l'uscita del PLC A17.5.

Avviare il PLC premendo i pulsanti *CPU on* e *CPU run* nella barra del menu; osservare come lampeggia il led associato al pin 13.

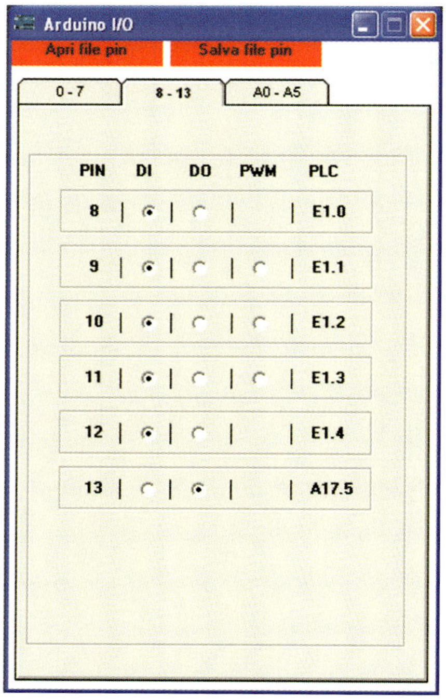

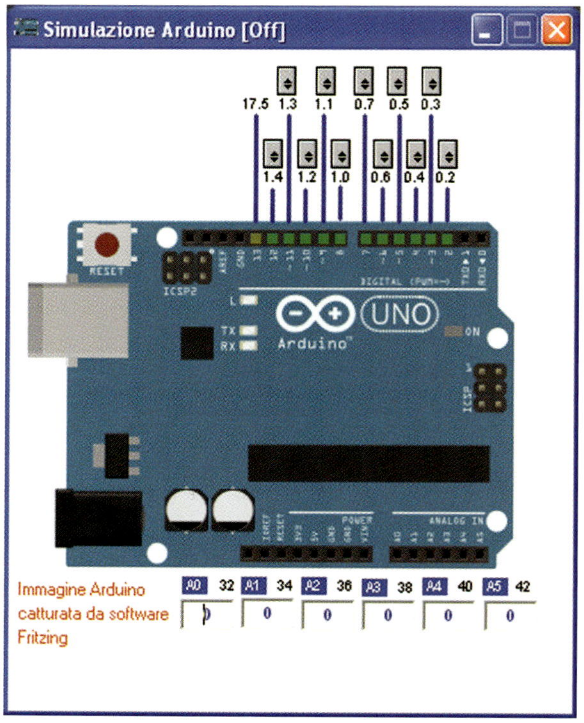

Immagine Arduino catturata da software Fritzing

4. Caricare il programma su una scheda Arduino reale.
Previa installazione del driver della scheda Arduino e previo collegamento alla porta USB del PC procedere in questo modo:

- selezionare *Arduino* → *Ricerca porte seriali* per individuare una porta disponibile del PC;
- selezionare *Arduino* → *Porta seriale* per impostare una porta;
- selezionare *Arduino* → *Carica configurazione I/O* per comunicare alla scheda le associazioni prescelte tra i pin di Arduino e ingressi-uscite del PLC; al termine chiudere la finestra con il messaggio "Configurazione I/O caricata regolarmente!";
- selezionare *Arduino* → *Carica sketch for Uno* per caricare il programma del PLC tradotto e adattato al funzionamento della scheda; attendere che finiscano di lampeggiare i led TX e RX della scheda e al termine chiudere la finestra *Sketch in caricamento!;*
- osservare il lampeggio del led L inciso direttamente nella scheda.

ESERCITAZIONE GUIDATA / F2.7

Semaforo di formula uno con Autoware Ladder Tool per Arduino®

Progettare un sistema che, all'attivazione di un pulsante, accenda in progressione cinque lampade di un semaforo, una ogni secondo. Un secondo dopo la completa accensione, le lampade devono spegnersi contemporaneamente.

1. Studiare la funzionalità del sistema attraverso l'analisi dello schema e delle forme d'onda.

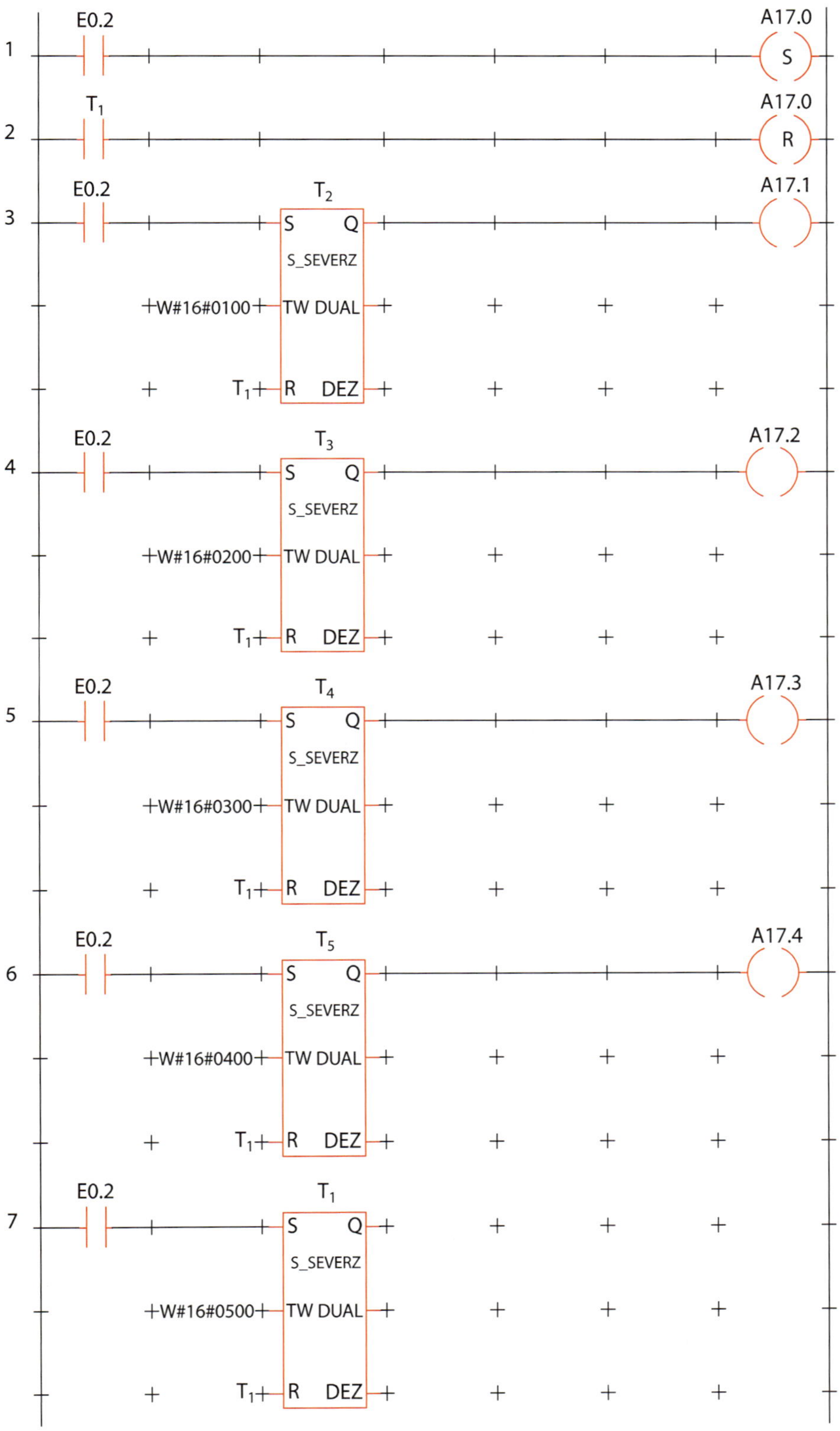

Si stabilisce di collegare le cinque lampade alle uscite digitali 8÷12 della scheda Arduino.
Selezionando nel menu la voce *Configura I/O* per richiamare la scheda *Arduino I/O* e impostando come uscite digitali DO i pin 8÷12 viene assegnata la seguente associazione tra i pin di Arduino e gli indirizzi delle uscite digitali del PLC: pin 8 ↔ *A*17.0; pin 9 ↔ *A*17.1; pin 10 ↔ *A*17.2; pin 11 ↔ *A*17.3; pin 12 ↔ *A*17.4.

L'impulso di START viene comandato attraverso un pulsante collegato all'ingresso *E*0.2 che è associato al pin 2 della scheda Arduino (fare click con il mouse destro sul relativo pulsante per renderlo monostabile).
L'impulso setta l'uscita *A*17.0 e impone la partenza a cinque temporizzatori con ritardo all'eccitazione, distanziati tra loro di 1 secondo (costante di tempo di 100 centesimi di secondo).
Ciascun temporizzatore, portandosi allo stato alto, attiva la rispettiva lampada. L'ultimo temporizzatore, il T_1, genera solo un breve impulso perché collegato al proprio ingresso di reset. L'impulso arriva anche agli ingressi di reset degli altri temporizzatori, provvedendo a resettarli e di conseguenza a spegnere tutte le lampade.

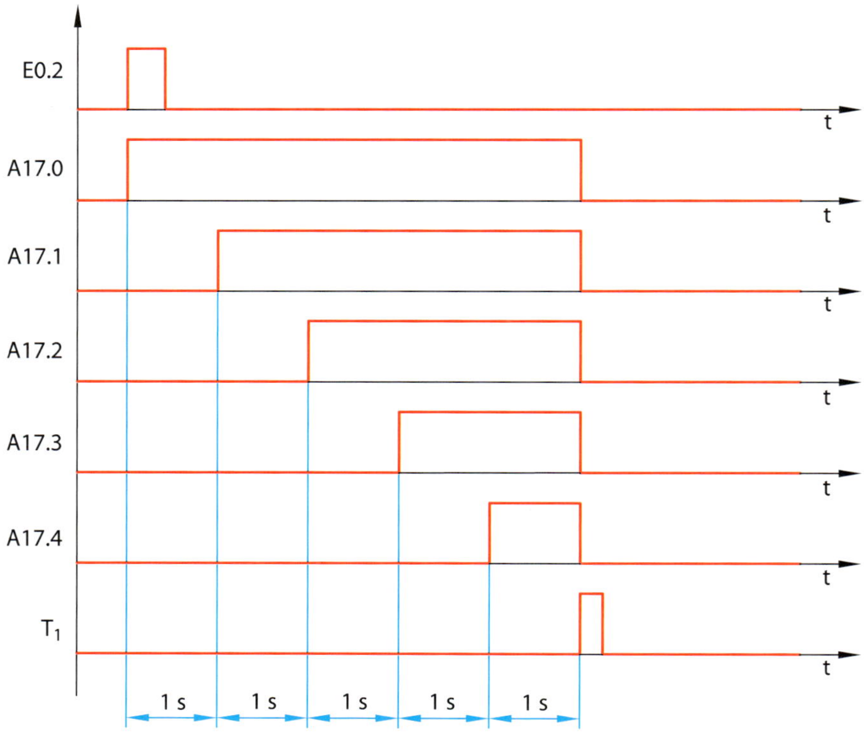

2. Verificare il funzionamento del sistema.
Dopo aver costruito lo schema, osservare l'accensione delle lampade nella finestra di simulazione, oppure cablare realmente il circuito, come nella seguente figura.

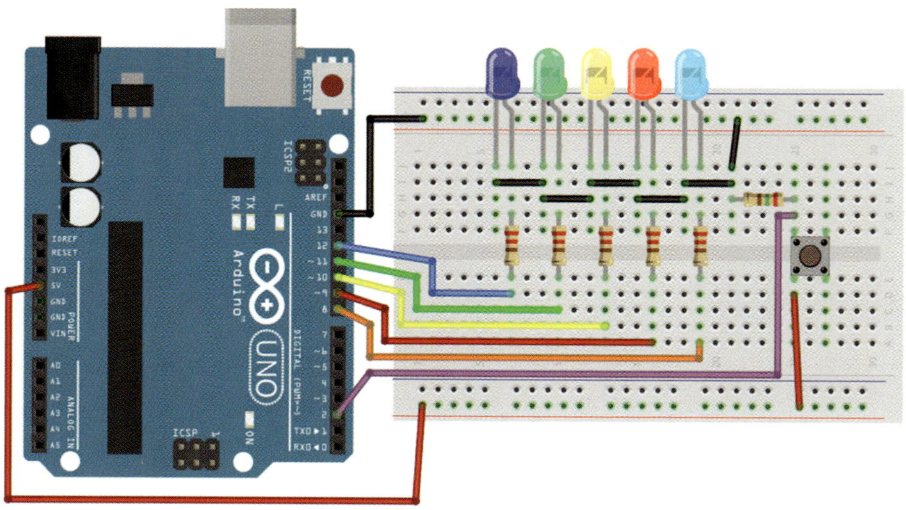

AREAdigitale

Vero/Falso

1. Nel PLC un contatto NC genera un livello 1 quando non azionato.

☐ Vero ☐ Falso

2. Il microcontrollore è provvisto di tastiera.

☐ Vero ☐ Falso

3. Il blocco Condizione è un test VERO/FALSO.

☐ Vero ☐ Falso

4. Il sensore visto dal controllore è un output.

☐ Vero ☐ Falso

5. Il motore passo-passo è comandato digitalmente.

☐ Vero ☐ Falso

Scelta singola

1. In un sistema controllato da PC la logica di controllo risiede:

a. nelle schede di interfacciamento
b. negli algoritmi
c. nei contatti NA e NC

2. Le tre macrofasi del ciclo del PLC sono:

a. esecuzione programma – lettura ingressi – aggiornamento uscite
b. lettura ingressi – esecuzione programma – aggiornamento uscite
c. aggiornamento uscite – lettura ingressi – esecuzione programma

3. La sequenza per rotazione antioraria di un motore passo-passo è:

a. ABDC
b. ADBC
c. ACBD

4. A quale dispositivo appartiene il codice *E*0.0?

a. Microcontrollore
b. MUX
c. PLC

5. Selezionare il linguaggio a contatti.

a. AWL
b. KOP
c. FUP

Scelta multipla

1. Nella logica programmata:

a. non è consentito alcun aggiornamento della logica
b. lo strato software è flessibile
c. lo strato hardware è rigidamente determinato

2. Spuntare due possibili istruzioni di programmazione Arduino.

a. DigitalWrite
b. BluetoothClient1·AddressesAndNames
c. PinMode

3. Spuntare due possibili codici per PLC.

a. *E*0.2
b. R_{EQ}
c. *A*4.1

4. Spuntare due possibili dispositivi per PLC.

a. Slider
b. Bobina di reset
c. Contatto NC

5. Indicare i dispositivi che hanno funzionalità duale.

a. AMUX - ADEMUX
b. Sample&Hold – Hold&Sample
c. ADC - DAC

VERIFICA

VERIFICA DEGLI OBIETTIVI / modulo F

AREAdigitale

Associazione

1. Associare il dispositivo alla categoria.

1. Selettore
2. Lampada spia
3. Interruttore di finecorsa
a. Comando
b. Rilevazione
c. Segnalazione

....

2. Associare il dispositivo alla categoria.

1. Campanello
2. Interruttore luce frigorifero
3. Interruttore ON-OFF
a. Interruttore monostabile
b. Pulsante NC
c. Interruttore bistabile

....

3. Associare la sigla al tipo di segnale.

1. AICH0÷AICH7
2. AOCH0÷AOCH7
3. DIO0÷DIO7
a. Input analogici
b. Output analogici
c. Input-output digitali

....

4. Associare la sigla al tipo di dispositivo.

1. ADC
2. AMUX
3. DAC
a. Convertitore analogico-digitale
b. Convertitore digitale-analogico
c. Selettore analogico

....

5. Associare la sigla al tipo di programmazione.

1. AWL
2. KOP
3. FUP
a. Schema a blocchi funzionali
b. Lista istruzioni
c. Schema a contatti

....

Completamento

1. Dati tre blocchi in cascata $K_1 = 7$; $K_2 = 5$; $K_3 = 4$ con ingresso $I = 8$:

a. l'uscita di K_1 vale ....
b. l'uscita di K_2 vale ....
c. l'uscita di K_3 vale ....

2. Dati tre blocchi in parallelo $K_1 = 7$; $K_2 = 5$; $K_3 = 4$ con ingresso $I = 8$:

a. l'uscita di K_1 vale ....
b. l'uscita di K_2 vale ....
c. l'uscita di K_3 vale ....

3. Completare le configurazioni del comando luce da due punti.

a. $S_1S_0 = 00 \rightarrow L = 0$
b. $S_1S_0 = 01 \rightarrow L =$ ....
c. $S_1S_0 = 10 \rightarrow L =$ ....
d. $S_1S_0 = 11 \rightarrow L =$ ....

4. Un motore passo-passo a quattro fasi:

a. nel comando one fase-on drive compie passi di .... gradi
b. nel comando two fase-on drive compie passi di .... gradi
c. nel comando half step compie passi di .... gradi

5. Nella programmazione ladder:

a. le linee di alimentazione corrispondono ai .... della scala;
b. le istruzioni sono i pioli o ....

VERIFICA

modulo G Sicurezza e salute

UNITÀ G1
Sicurezza elettrica e ambientale

UNITÀ G2
Legislazione sulla sicurezza

AREAdigitale

- VIDEO TUTORIAL
  Interruttore differenziale con Multisim
- ESERCITAZIONE GUIDATA
  Interruttore differenziale
- Verifiche interattive

PREREQUISITI

Conoscenze

- Le basi del disegno
- La rappresentazione schematica di fatti e sistemi

Abilità

- Interpretare un disegno schematico
- Utilizzare programmi applicativi e internet

OBIETTIVI

Conoscenze

- Nozioni di primo e pronto soccorso
- Nozioni di prevenzione infortuni
- Riferimenti legislativi relativi alla sicurezza

Abilità

- Individuare i fattori di rischio elettrico
- Tenere comportamenti corretti in fase di primo soccorso
- Descrivere i principali segnali antinfortunistici

Competenze di riferimento

- Identificare il pericolo elettrico e i relativi sistemi di protezione
- Operare nel rispetto delle normative sulla sicurezza e salute dei lavoratori
- Operare nel rispetto delle norme di tutela ambientale

VERIFICA DEI PREREQUISITI / modulo G

AREAdigitale

Vero/Falso

1. La formula della legge di Ohm è $I = V/R$.

☐ Vero ☐ Falso

2. Per disegnare a mano libera è indispensabile l'uso del righello.

☐ Vero ☐ Falso

3. L'intensità di corrente è direttamente proporzionale alla resistenza.

☐ Vero ☐ Falso

Scelta singola

1. Qual è il significato della sigla www?

a. World Within Window
b. World Wide Web
c. Wide Western Warranty

2. Cosa significa giustificare un testo?

a. Allineare il testo a destra o a sinistra
b. Scrivere il testo in maiuscoletto
c. Allineare il testo a destra e a sinistra

3. In una scala 1:25000 vale la seguente equivalenza:

a. 8 cm → 2 km
b. 1 m → 2,5 km
c. 25 m → 1 km

Scelta multipla

1. Spuntare gli elementi del disegno.

a. Algoritmi
b. Quote
c. Tolleranze dimensionali

2. La scala di rappresentazione è:

a. numericamente il rapporto tra la dimensione reale di un oggetto e la sua rappresentazione
b. numericamente il rapporto tra la dimensione della rappresentazione e quella reale
c. un segmento graduato con indicazione delle distanze reali in corrispondenza dei segni di divisione

3. La corrente elettrica tra diversi percorsi di conduzione sceglie quelli:

a. a resistenza infinita
b. a minore resistenza
c. a resistenza nulla

Associazione

1. Abbinare l'applicazione al tipo di file.

1. Word
2. Excel
3. PowerPoint
a. Foglio di calcolo
b. Presentazione
c. Documento

....

2. Abbinare le rappresentazioni planimetriche ai settori di applicazione.

1. Carta quotata
2. Mappa della sfera celeste
3. Rappresentazione delle unità residenziali
a. Architettura
b. Geografia
c. Astronomia

....

3. Abbinare gli elementi alle dimensioni di rappresentazione.

1. Planimetria
2. Grafica tridimensionale
3. Insieme dei numeri reali rappresentati su una retta
a. 1D
b. 3D
c. 2D

....

SICUREZZA ELETTRICA E AMBIENTALE

G1.1 ELEMENTI DI ANTINFORTUNISTICA

Salute, sicurezza ed ergonomia

La salute di una persona, considerata nel suo significato globale, può essere rappresentata dallo stato di benessere fisico e psichico del suo organismo.
Il *benessere fisico* di un individuo è legato al buon funzionamento di tutti i suoi organi, mentre il suo *equilibrio psichico* risulta sempre più strettamente legato all'ambiente che lo circonda (vita sociale e familiare, ambiente e clima del lavoro, stile di vita ecc.).
La salute di una persona è continuamente soggetta a **pericoli**, derivanti da:

- infortuni;
- malattie.

Si definisce **infortunio** un evento improvviso e imprevedibile, generalmente traumatico, che danneggia la salute di una persona, per esempio l'*amputazione di una mano*.

Si definisce **malattia** l'alterazione prolungata della funzione di un organo o di tutto l'organismo, per esempio la *silicosi* che colpisce i minatori (malattia dei polmoni provocata dalla respirazione di polveri di rocce silicee).

Le malattie e gli infortuni che si verificano durante l'espletamento della propria attività lavorativa si chiamano *infortuni sul lavoro* e *malattie professionali*.

Lo sforzo di protezione della salute da questi pericoli deve riguardare ogni momento della vita di una persona (vita personale, familiare, tempo libero). L'ambiente di lavoro, però, risulta essere quello più importante verso il quale devono essere rivolte le maggiori energie di prevenzione.

Sicurezza sul lavoro

I pericoli per la salute presenti nell'ambiente di lavoro sono le cause degli infortuni e delle malattie. Essi possono essere legati [fig. G1.1]:

- ai *mezzi*;
- all'*operatore*;
- all'*ambiente*;
- al *tipo di lavoro*.

1. I **mezzi** utilizzati nell'ambiente di lavoro possono costituire dei potenziali pericoli per l'operatore quando sono inefficienti, inadeguati e non costruiti secondo le norme antinfortunistiche.

OBIETTIVI

Conoscenze

- Sicurezza elettrica
- Nozioni di antinfortunistica
- Barriere architettoniche e territorio

Abilità

- Valutare il grado di protezione del collegamento di messa a terra
- Definire l'infortunio, la malattia professionale e l'ergonomia
- Identificare le condizioni che determinano l'insorgenza di barriere architettoniche

CONTENUTI

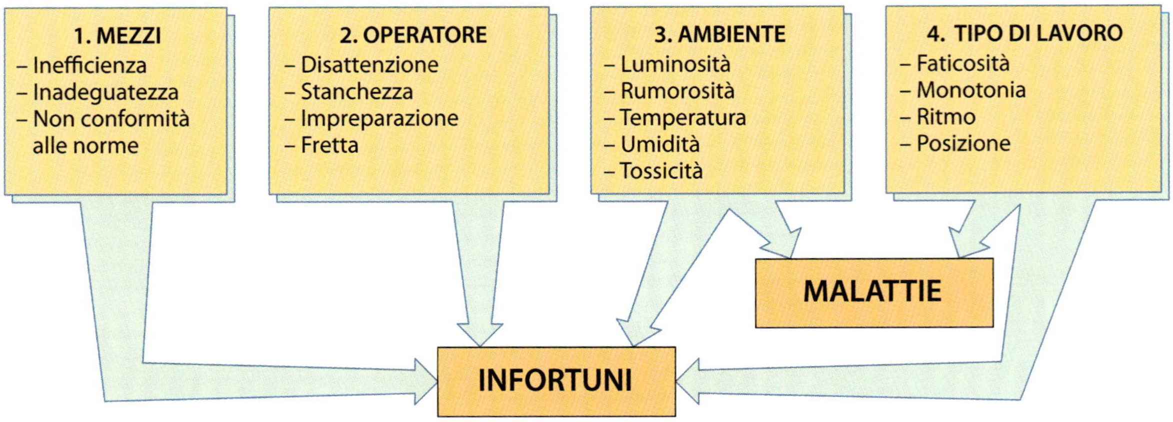

G1.1 Fattori di rischio nell'ambito del lavoro.

2. L'**operatore** stesso, quando è stanco, disattento e impreparato può essere causa di infortuni per sé e per gli altri. Risulta di primaria importanza un'adeguata e continua informazione.
3. L'**ambiente** è un fattore importante nel causare sia infortuni sia malattie. Sono fattori di rischio, per esempio, l'alta temperatura, la scarsa luminosità, l'eccessiva rumorosità, la marcata umidità, le sostanze tossiche assorbite dall'organismo mediante la respirazione o il contatto diretto con la pelle.
4. Il **tipo di lavoro** è fattore di rischio per infortuni e malattie quando è troppo faticoso, monotono, ripetitivo, caratterizzato da ritmi eccessivi, da posizioni scomode, tensioni nervose e conflitti fra persone (stress, nevrosi, artrosi, disturbi psichici ecc.).

Prevenire il pericolo e garantire il benessere

Per poter diminuire questi fattori di rischio il mezzo è un'efficace **attività di prevenzione**. Occorre analizzare i *mezzi di produzione*, gli *ambienti* e i diversi *lavori* per scoprire tutte le situazioni di pericolosità e per attivare azioni di difesa. Nasce con questo scopo la **normativa antinfortunistica** che si pone nell'ottica della *prevenzione*. Essa, infatti, cerca di ottenere che tra l'uomo e il suo lavoro venga realizzato il *miglior adattamento* possibile, in termini di *rendimento* e di *benessere*, perseguendo contemporaneamente i *seguenti due obiettivi*:

- **adattare le condizioni di lavoro alle esigenze dell'uomo**, mediante il soddisfacimento dei bisogni primari del suo fisico;
- **adattare le condizioni dell'uomo alle esigenze del lavoro**, mediante la ricerca della massima funzionalità dell'attività produttiva.

Il primo obiettivo viene raggiunto **garantendo il benessere del lavoratore**, facendo in modo che le caratteristiche ambientali siano comprese nella *fascia di comfort*, illustrata nella **figura G1.2** e di seguito riassunte:

– temperatura effettiva:	17 ÷ 24	[°C]
– umidità relativa:	30 ÷ 70	[%]
– velocità dell'aria:	0,2 ÷ 0,4	[m/s]
– illuminazione:	100 ÷ 1000	[Lux]
– rumore:	0 ÷ 45	[dB]
– vibrazioni:	0 ÷ 1	[cicli/s]
– altri fattori:	[v. fig. G1.2]	

Il secondo obiettivo viene raggiunto **mettendo l'uomo a suo agio**, assicurando cioè che l'attività lavorativa venga compiuta in condizioni di *minor fatica*. Tutto questo forma lo scopo di una *moderna disciplina scientifica* chiamata *ergonomia* **[fig. G1.3]**.

L'**ergonomia** studia il rapporto ottimale tra l'uomo, gli oggetti che utilizza e l'ambiente, con l'obiettivo di ricercare le condizioni che assicurano una migliore qualità della vita, sia nel lavoro sia nel quotidiano.

Per raggiungere questo obiettivo risulta determinante lo studio della **posizione assunta dall'uomo** durante il lavoro. La soluzione ottimale viene ricercata controllando alcuni elementi tra i quali:

- il movimento delle braccia;
- le pulsazioni cardiache;
- il ritmo di respirazione e il consumo di ossigeno;
- lo sforzo fisico;
- il movimento degli occhi e la dilatazione della pupilla;
- gli effetti frustranti;
- il carico di lavoro mentale;
- l'interesse per il lavoro;
- il livello di soddisfazione.

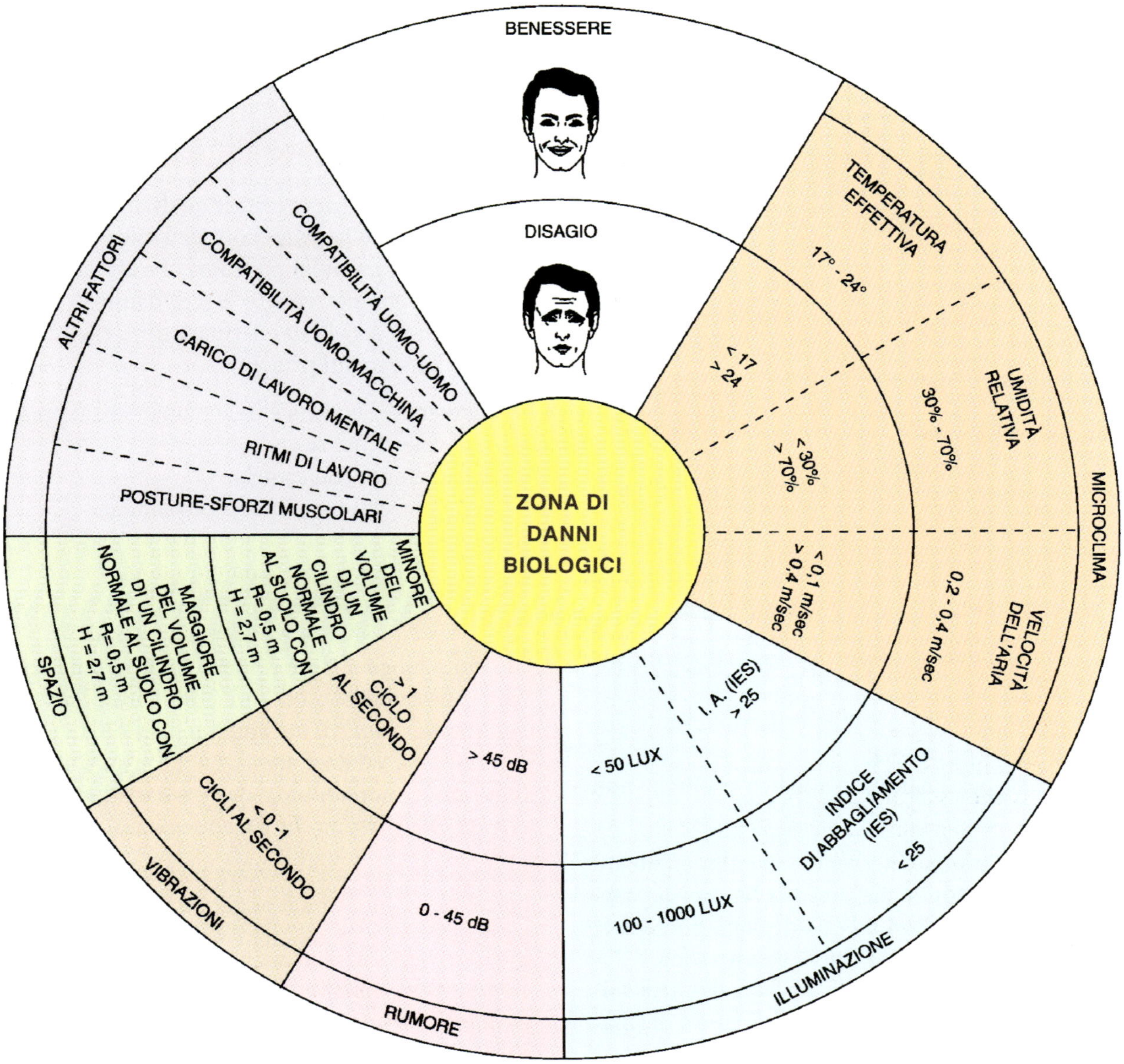

G1.2 Fasce di benessere e di disagio per alcuni fattori ambientali (fonte: Immo Red – *L'ergonomia nella scuola*. Ed. CLES).

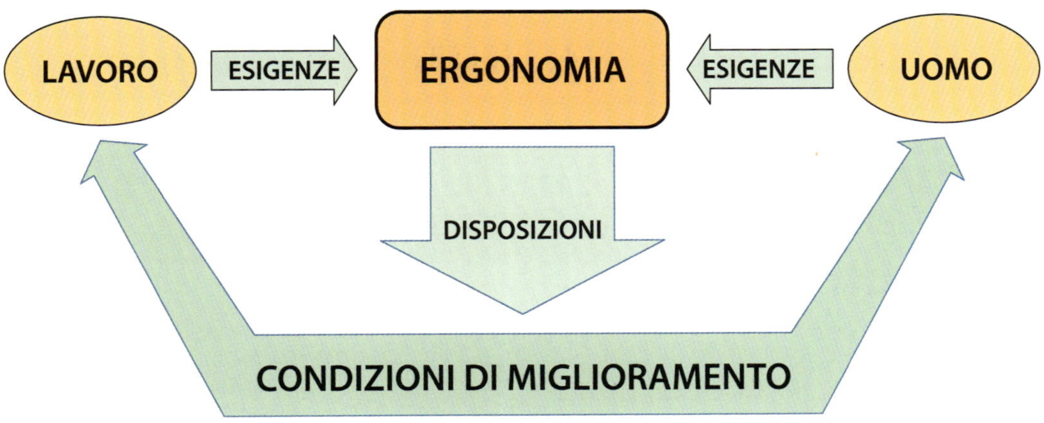

G1.3 Attività dell'ergonomia.

G1.2 PRIMO SOCCORSO E PRONTO SOCCORSO

Il problema di intervenire in un'emergenza sanitaria riguarda tutti i cittadini. A ciascuno, infatti, può capitare, in qualsiasi momento e in qualsiasi luogo (casa, strada, lavoro), di assistere a un incidente o a un infortunio.
In tali situazioni, nella maggioranza dei casi non è presente personale sanitario specializzato che possa intervenire in modo preciso ed efficace e spetta a chi è presente attivare interventi di *primo soccorso*.

Si definisce **primo soccorso** l'insieme degli interventi che servono ad assicurare la sopravvivenza e a evitare l'insorgenza di ulteriori danni negli infortunati o nelle persone colte da malori improvvisi, fino all'arrivo dei soccorsi organizzati e qualificati.

Il primo soccorso ha le seguenti caratteristiche:

- si presta nei primi momenti dopo il verificarsi dell'emergenza;
- si effettua sul luogo dove si è verificato l'evento, incidente o malore che sia;
- è svolto da personale non medico e perciò non specializzato.

Si sottolinea come un intervento corretto, effettuato nell'intervallo di tempo che precede l'arrivo dei soccorritori specializzati con mezzi adeguati, può essere fondamentale per salvare la vita di una persona.
Portare un primo soccorso efficace non significa soltanto intervenire sulla vittima dell'incidente o del malore, ma anche evitare danni ulteriori alla persona e mettere in moto *la macchina dei soccorsi specializzati.*
Il primo soccorso è caratterizzato da **tre regole fondamentali** [fig. G1.4]:

- *non nuocere;*
- *garantire la sicurezza;*
- *attivare il pronto soccorso.*

Prima regola: "Non nuocere"

Il primo soccorso deve evitare qualsiasi intervento che possa aggravare le condizioni dell'infortunato; è preferibile non fare nulla piuttosto che attuare manovre non sicure che potrebbero essere dannose. Qualsiasi intervento si decida di effettuare deve essere caratterizzato dai seguenti principi:

- mantenere la calma e farla mantenere ai presenti;
- non voler strafare;
- agire sempre con cautela;
- agire in fretta ma non frettolosamente.

Seconda regola: "Garantire la sicurezza"

In primo luogo si deve evitare di compromettere l'integrità fisica del soccorritore che effettua l'intervento. Per questo, prima di intraprendere azioni di soccorso, è importante valutare attentamente le proprie capacità (chi non sa nuotare non deve tuffarsi per tentare di salvare una persona che sta annegando).

In secondo luogo è necessario intervenire in modo corretto per garantire il miglioramento della situazione in cui si viene a trovare il ferito.

Infine occorre garantire la sicurezza del luogo dove si è verificato l'evento, mettendo in atto accorgimenti che contribuiscano a evitare altri pericoli (spegnere i motori, togliere la corrente, segnalare l'incidente stradale, evitare di fumare in caso di rischio incendio ecc.).

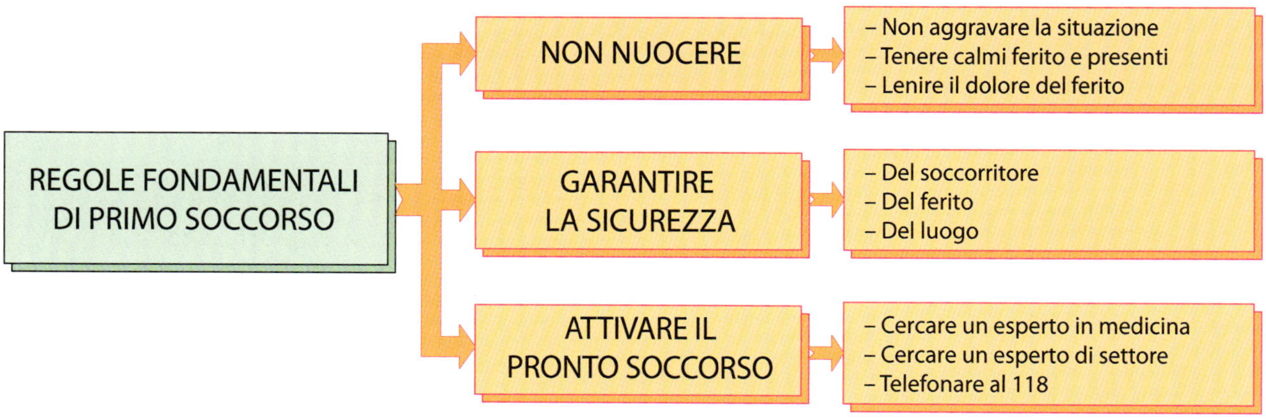

G1.4 Regole fondamentali di primo soccorso.

Terza regola: “Attivare il pronto soccorso”

Dopo aver fatto una rapida ricerca per verificare l'eventuale presenza di persone competenti (medici o infermieri), il soccorritore dovrà rendersi conto delle condizioni del ferito con il duplice scopo di allertare correttamente il *pronto soccorso* e di intervenire in modo efficace con le prime azioni.

Si definisce **pronto soccorso** l'insieme di interventi effettuati dal personale sanitario con l'ausilio di specifici strumenti e farmaci, direttamente sul luogo dell'emergenza, sul mezzo di trasporto durante il trasferimento del paziente o all'ospedale.

Il sistema di soccorso sanitario nazionale ha istituito il **numero unico 118** da utilizzare per le chiamate relative a **emergenze sanitarie**.
Telefonando al 118 si mette in moto una **centrale operativa**, capace di coordinare le varie risorse in termini di uomini e mezzi deputati a intervenire sul territorio, attivando un sistema integrato di soccorsi [fig. G1.5].
L'organizzazione di tale sistema:

- consente di scegliere i mezzi e il personale più idonei, riduce i tempi di intervento sul territorio;
- evita sovrapposizioni di più interventi;
- avvisa rapidamente gli altri servizi di emergenza (Vigili del Fuoco, Pubblica Sicurezza ecc.);
- predispone il posto letto, il reparto di rianimazione e di terapia intensiva nella struttura ospedaliera più vicina.

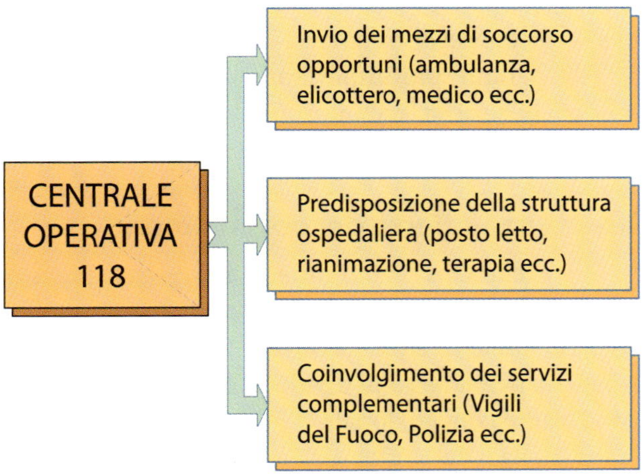

G1.5 Attivazione del pronto soccorso con una telefonata al 118.

Per questo è importante inoltrare all'operatore della centrale una richiesta di soccorso precisa e completa. In queste condizioni egli potrà effettuare le scelte più appropriate (ambulanza con medico, ambulanza con impianto di rianimazione, elicottero sanitario ecc.). Troppe volte gli incidenti e gli infortuni vengono segnalati da persone emotive e non coinvolte (persona a cui si è gridato di “chiamare un'ambulanza”) con informazioni lacunose, non chiare, che non facilitano i soccorsi: con l'intenzione di fare in fretta si rischia di non essere efficaci.

G1.3 SICUREZZA ELETTRICA

Effetti della corrente elettrica sul corpo umano

Il passaggio di corrente elettrica nel corpo umano si sovrappone agli impulsi di origine biologica che coordinano i movimenti e le funzioni vitali, ostacolando i segnali volontari o riflessi che mettono in azione i muscoli e il cuore.

I danni possibili sono:

- **tetanizzazione**, contrazione spasmodica e involontaria dei muscoli che blocca l'arto, impedendone il distacco dalla sorgente;
- **fibrillazione**, contrazione scoordinata del cuore con battito irregolare e caotico, che rende l'organo inefficace nel pompare il sangue agli organi vitali per assicurarne la normale funzionalità;
- **ustione**, produzione di calore che si sviluppa per effetto joule della corrente che attraversa le fibre.

Anche se l'origine dello shock elettrico, detto **elettrocuzione**, è la tensione, quella che produce i danni direttamente è la corrente. Per un determinato valore di tensione, la corrente che attraversa i tessuti può variare in intensità e pericolosità in funzione di una serie di parametri:

- durata del contatto;
- percorso della corrente;
- tipo e frequenza della corrente;
- resistenza offerta dal corpo umano.

Durata del contatto

La pericolosità della corrente dipende sia dalla sua entità sia dalla permanenza del contatto: essa aumenta se l'infortunato rimane in contatto per una durata maggiore del ciclo cardiaco. La fase del ciclo cardiaco più vulnerabile è quella che precede un nuovo battito.

Il grafico della figura G1.6 rappresenta le **curve dei limiti di pericolosità della corrente** in funzione del tempo di permanenza del contatto.

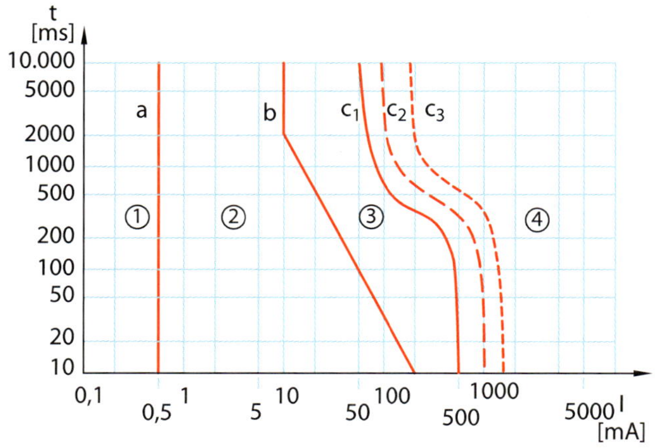

G1.6 Curva dei limiti di pericolosità della corrente.

Si individuano quattro zone:

- nella **zona 1** non si ha abitualmente percezione;
- nella **zona 2** si ha percezione della scossa elettrica ma senza effetti fisiopatologici pericolosi;
- nella **zona 3** fino alla curva c_1, che rappresenta la soglia di fibrillazione ventricolare, si verificano disturbi reversibili degli impulsi del cuore e tetanizzazione muscolare; si ha possibilità di arresto respiratorio;
- nella **zona 4** si può innescare fibrillazione ventricolare con probabilità fino al 5% entro la curva c_2, del 50% entro la curva c_3, superiore al 50% oltre la curva c_3.

Percorso della corrente

Il percorso della corrente influisce sulla probabilità che si inneschi la fibrillazione.
Per valutare la pericolosità dei percorsi viene definito un **fattore di percorso** $F = I/I_{REF}$.
Presa come riferimento la corrente I_{REF} del percorso mano sinistra-piedi normalizzata a 1, il fattore F permette di calcolare la corrente I che, per un dato percorso, ha la stessa probabilità di innescare la fibrillazione della I_{REF}.

Come si può dedurre dall'osservazione della **tabella G1.1**:

- i fattori equivalenti a 1 sono riferiti ai percorsi mano sinistra-piedi;
- i percorsi più pericolosi sono quelli con F piccolo, tra le due mani o con il contatto della schiena;
- se uno dei poli è il torace la pericolosità si riduce sensibilmente.

Per esempio, una corrente di 20 mA riferita al percorso mano sinistra-piedi ha la stessa pericolosità di una corrente $I = F \cdot I_{REF} = 0{,}3 \times 20 = 6$ mA riferita al percorso mano destra-schiena (quest'ultimo percorso è più pericoloso).

TABELLA G1.1 Fattori di percorso

Percorso	F
Mano sinistra-piedi	1
Mano sinistra-piede sinistro	1
Mano sinistra-piede destro	1
Mano sinistra-mano destra	0,4
Mano sinistra-torace	1,5
Mano sinistra-schiena	0,7
Mano destra-piede sinistro	0,8
Mano destra-piede destro	0,8
Mano destra-torace	1,3
Mano destra-schiena	0,3

Tipo e frequenza della corrente

La corrente elettrica è più pericolosa se di **tipo alternato e a bassa frequenza**, infatti:

- la corrente alternata AC a bassa frequenza può provocare una fibrillazione non risolvibile, senza che il cuore possa riguadagnare una condizione di normale battito anche a causa cessata;
- la corrente continua DC tende a causare un arresto temporaneo, che regredisce spontaneamente, e una singola contrazione convulsiva, che proietta il soggetto lontano dalla sorgente;
- al crescere della frequenza si manifesta un effetto pelle sempre più importante, che confina la corrente negli strati meno profondi, con minore compromissione dei tessuti più interni.

Resistenza offerta dal corpo umano

Per la legge di Ohm tanto minore è la resistenza tanto maggiore è la corrente e quindi il danno.
Il corpo umano offre generalmente una resistenza compresa nell'intervallo 0,5 ÷ 3 kΩ; si assume 1000 Ω come valore convenzionale.
La resistenza del tratto del corpo umano soggetto all'elettrocuzione dipende, oltre che dal percorso, dai fattori di seguito elencati.

- **Superficie di contatto**: a una maggiore estensione corrisponde una minore resistenza.
- **Pressione di contatto**: a una maggiore pressione corrisponde una minore resistenza; questa eventualità si presenta frequentemente nel caso di attrezzi che vengono stretti tra le mani.

- **Estensione del contatto**: dipende dalla posizione del contatto.
- **Tensione di contatto**: al suo aumento si accompagna una diminuzione della resistenza della pelle.
- **Stato della pelle**: livello di sudorazione e pelle bagnata con effetto di riduzione della resistenza o presenza di calli e indurimenti con effetto opposto.

Origine della scossa elettrica

Si distinguono le seguenti condizioni di contatto con parti sotto tensione.

- **Contatto diretto**: avviene se vengono toccate parti normalmente sotto tensione, come collegamenti, spine o fili scoperti, per esempio con le dita di una mano o con le due mani.
- **Contatto indiretto**: avviene con parti metalliche normalmente isolate che risultano accidentalmente in tensione per un cedimento dell'isolamento; il problema può verificarsi, per esempio, con le carcasse degli elettrodomestici che vengono a trovarsi collegate a una parte attiva; è una situazione insidiosa perché subdola, in quanto non provoca corto circuiti e quindi non si manifesta con evidenza e può coinvolgere inaspettatamente tutti gli utilizzatori.
- **Massa estranea**: si verifica quando una parte conduttrice non facente parte dell'impianto elettrico, come per esempio una tubatura del gas, si trova accidentalmente connessa a una parte in tensione.

Affinché il corpo umano venga attraversato da corrente sono necessari due punti di contatto.
La **figura G1.7** rappresenta l'eventualità di un contatto tra un polo in tensione e terra.
La carcassa metallica a causa di un guasto si trova alla tensione della fase *F*; la persona con un piede appoggiato per terra viene percorsa da una scarica che si richiude attraverso la terra.

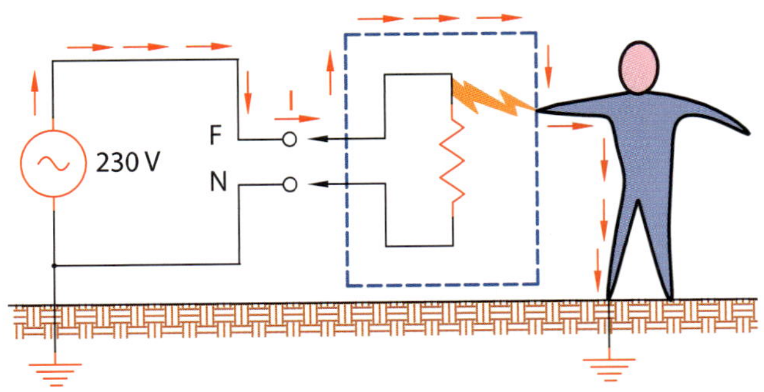

G1.7 Contatto indiretto con la carcassa di un elettrodomestico.

Per scongiurare le situazioni di contatto si opera con protezioni passive e attive:

- sono **protezioni passive** quelle che isolano le persone dal rischio di folgorazione tramite isolante o mediante elementi che riducono l'accessibilità, come barriere, involucri, distanziatori;
- sono **protezioni attive** le protezioni circuitali che intervengono sull'impianto, determinando una deviazione della corrente, come l'impianto di terra, oppure una interruzione della corrente, come i dispositivi di sgancio automatico.

Protezione mediante impianto di terra

Gli attuali impianti elettrici sono tutti provvisti, oltre che dei collegamenti di fase e neutro, di un terzo **collegamento di protezione PE** (*ProtEction*) **[fig. G1.8]**.
Un eventuale cedimento dell'isolamento della carcassa di un elettrodomestico dà origine al **circuito di guasto** rappresentato nella **figura G1.9**, nel quale il ritorno della corrente avviene attraverso il conduttore di protezione, senza interessare la persona.

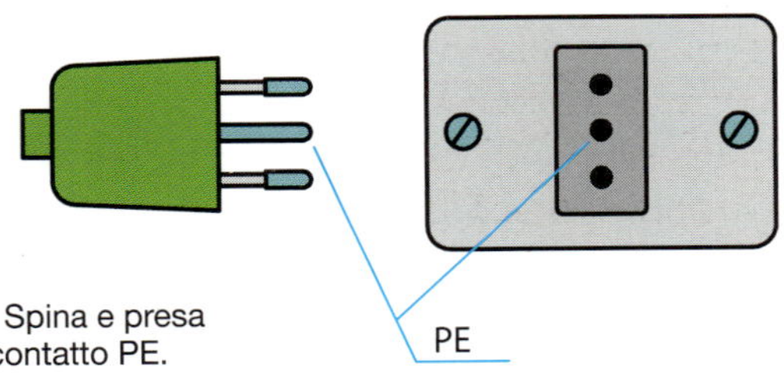

G1.8 Spina e presa con contatto PE.

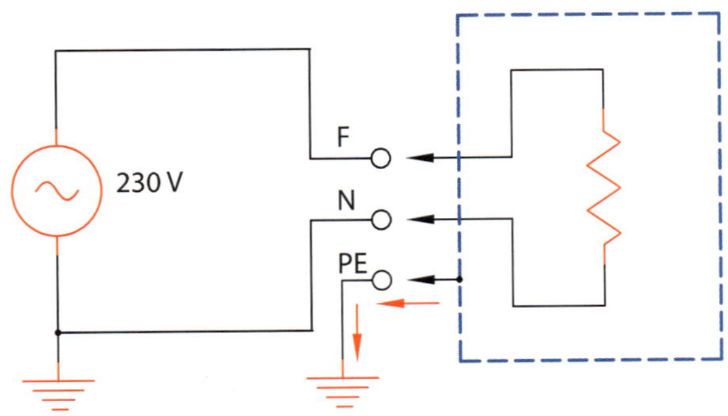

G1.9 Ritorno della corrente attraverso PE.

Protezione mediante dispositivi di sgancio automatico

A partire dal **montante**, che è il punto di consegna dell'ente distributore dell'energia elettrica, subito dopo il contatore si trova il **quadro elettrico**.
Questo ospita, a scopo di protezione, un **interruttore magnetotermico** e un **interruttore differenziale** **[fig. G1.10]**.

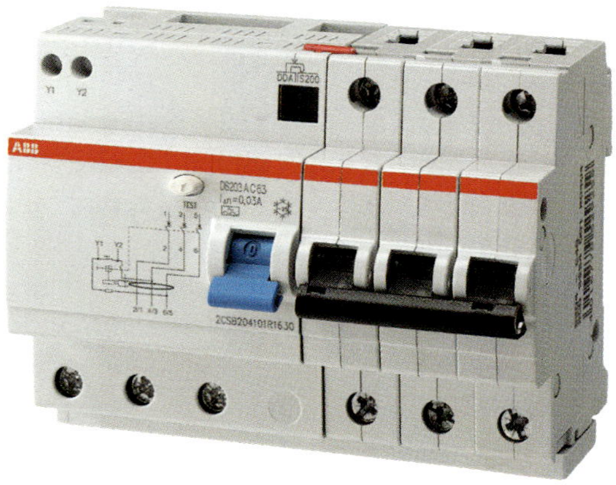

G1.10 Interruttore differenziale abbinato a interruttore magnetotermico.

Interruttore magnetotermico

L'interruttore magnetotermico è un'evoluzione del fusibile; esso ha il compito di sganciare automaticamente il tronco di conduttura a valle, interrompendo l'afflusso di corrente, in caso di **sovraccarico** o **cortocircuito**.

Interruttore differenziale

L'interruttore differenziale o **salvavita** è posto a protezione dai contatti indiretti.
Si ha un contatto indiretto quando l'involucro di un elettrodomestico viene a contatto con parti sotto tensione, a causa di una carenza di isolamento.
Se l'involucro è collegato a terra si ha una forte corrente di dispersione $I_1 - I_2$ verso terra che non rientra nel circuito di ritorno. L'interruttore differenziale, sensibile a questa differenza di corrente, interviene prontamente a salvaguardia della sicurezza, interrompendo il circuito **[fig. G1.11]**.

L'interruttore differenziale **[fig. G1.12]** è costituito da:

- un **trasformatore toroidale** sul quale sono presenti due avvolgimenti uguali in spire ma opposti in verso, tali da produrre due flussi Φ_1 e Φ_2 uguali ma opposti;

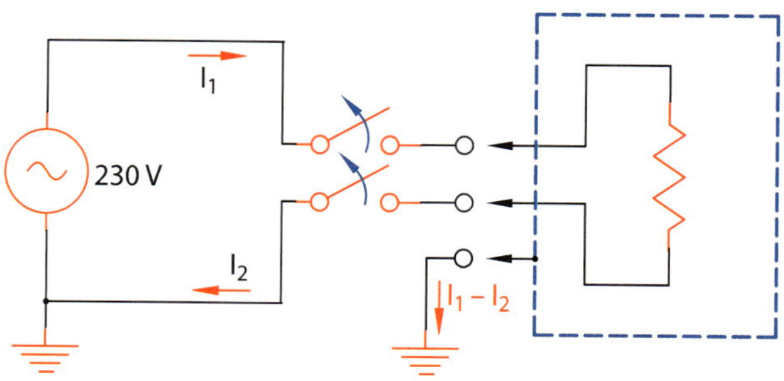

G1.11 Azione dell'interruttore differenziale.

- un terzo avvolgimento con minor numero di spire, collegato a un relè che sgancia sia il percorso superiore della corrente I_1 sia quello inferiore della corrente I_2.

Il funzionamento di principio dell'interruttore differenziale è il seguente:

- se non si ha dispersione verso massa, risulta $I_1 = I_2$, i due flussi si elidono e risulta nulla la tensione indotta sul terzo avvolgimento;
- se invece $I_1 \neq I_2$ il terzo avvolgimento capta un flusso $\Delta\Phi$ proporzionale alla corrente differenziale, inducendo una tensione che agisce sullo **sganciatore** e interrompe i contatti.

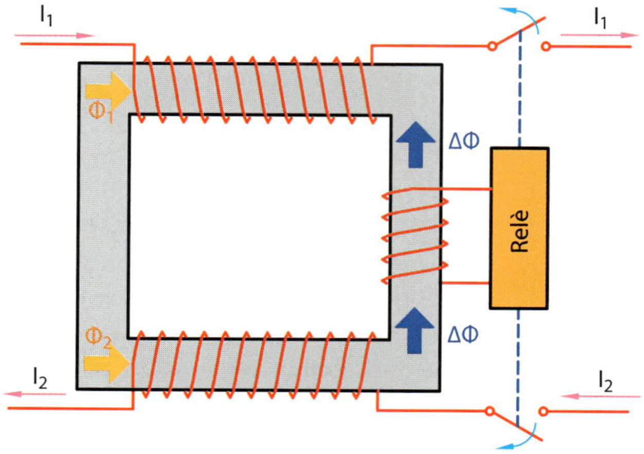

G1.12 Struttura dell'interruttore differenziale.

G1.4 BARRIERE ARCHITETTONICHE

La sensibilità recentemente acquisita verso i portatori di handicap e in generale verso chiunque possa trovarsi, anche momentaneamente, con *limitazioni fisiche, psichiche o sensoriali*, ha portato all'elaborazione di leggi finalizzate a rendere le strutture architettoniche accessibili il più possibile a chiunque.
I principali riferimenti normativi tecnici sono il Decreto del Presidente della Repubblica 384/1978 per l'edilizia pubblica, che attiene particolarmente agli edifici pubblici e alle strutture a carattere collettivo e sociale, e il Decreto Ministeriale 236/1989, che attiene all'edilizia privata.
Questi decreti forniscono una serie di indicazioni volte a eliminare gli impedimenti fisici, comunemente definiti **barriere architettoniche**, che ostacolano la vita di relazione delle persone con ridotte o gravi capacità motorie. Tali barriere architettoniche non ostacolano solo i diversamente abili, ma anche le persone anziane e chi, temporaneamente od occasionalmente,

è costretto a usare stampelle o carrozzelle o deve trasportare bambini piccoli con passeggini.
L'**eliminazione delle barriere architettoniche** è, perciò, un fatto che riguarda molte categorie di utenti ed è anche uno dei **mezzi più efficaci per la prevenzione degli infortuni**, perché una totale accessibilità e fruibilità dell'ambiente consente a chiunque di muoversi più liberamente all'interno della città.
Gli edifici, i mezzi di trasporto e le strutture prive di barriere architettoniche devono recare in posizione ben visibile il **simbolo internazionale di accessibilità** approvato dall'assemblea generale della *International Society for Rehabilitation of the Disabled* **[fig. G1. 13]**.
Questo simbolo deve essere utilizzato per segnalare strutture e percorsi che offrono una *totale accessibilità e fruibilità*, garantendo a tutte le persone il civile e dovuto **diritto di vivere nel contesto sociale**.
La legge prende in considerazione le diverse situazioni di seguito elencate, per ognuna delle quali si riportano le caratteristiche più significative.

- **Percorsi pedonali**: devono presentare un andamento quanto più possibile semplice, con *larghezza minima di 1,5 m*, dislivelli massimi di 2,5 cm e *pendenza non superiore al 5%* (elevabile all'8% se i percorsi pedonali sono interrotti da ripiani orizzontali disposti a distanza di 10 m l'uno dall'altro, **fig. G1. 14**).
- **Parcheggi**: devono contenere un'area riservata di *larghezza minima di 3 m* (1,70 m per l'ingombro macchina e 1,3 m, caratterizzata da strisce trasversali, per consentire la completa apertura della portiera anteriore destra o sinistra verso le zone pedonali).
- **Accessi**: devono avere una *larghezza minima (luce) di 1,5 m* e devono essere previsti allo stesso livello dei percorsi pedonali o raccordati con essi mediante rampe (l'eventuale soglia non deve superare 2,5 cm).
- **Scale**: devono presentare un andamento regolare, essere costituite da gradini con *pedata minima di 30 cm e alzata massima di 16 cm*, pavimentazione antisdrucciolo, parapetto di *altezza minima 1 m* e corrimano senza soluzione di continuità tra le rampe.
- **Porte**: devono avere una *luce netta minima di 85 cm* con maniglie, preferibilmente a leva, per consentire una facile manovrabilità.
- **Locali igienici**: almeno uno deve essere accessibile mediante un percorso continuo orizzontale o raccordato con rampe, avere una *luce minima di 85 cm*, con porta apribile verso l'esterno, *dimensioni minime interne di 1,8 × 1,8 m*, con sanitari e accessori adeguati (comandi, maniglioni, corrimano orizzontali e verticali, sedile ribaltabile, campanello elettrico a cordone) per consentire l'utilizzazione da parte di persone con ridotte o impedite capacità motorie **[fig. G1.15]**.

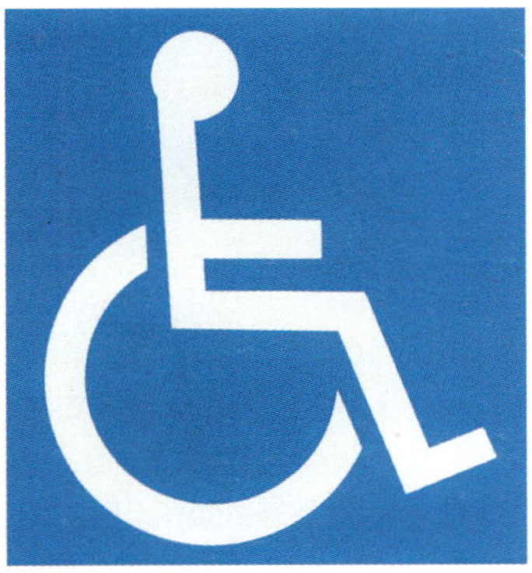

G1.13 Simbolo internazionale di accessibilità.

G1.14 I percorsi pedonali devono essere a livello e collegati con scivoli.

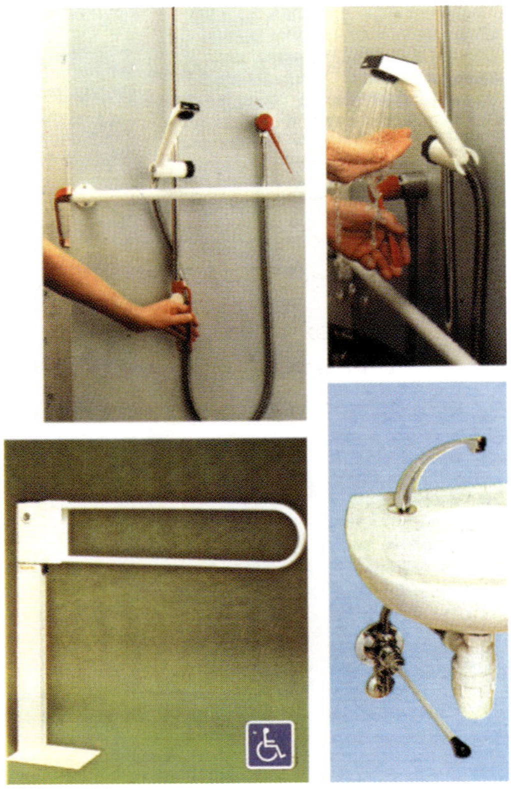

G1.15 Attrezzature ausiliarie per servizi igienici accessibili.

- **Ascensori**: devono essere previsti in tutti gli edifici con più di un piano fuori terra ed essere idonei anche al trasporto degli invalidi su poltrone a rotelle. Le pulsantiere di comando, esterne e interne, devono essere poste a un'*altezza massima di 1,2 m* dal pavimento.
- **Apparecchi elettrici di comando e di segnalazione**: i primi devono essere facilmente individuabili e visibili anche in caso di illuminazione nulla (piastre o pulsanti fluorescenti), posti a un'*altezza massima di 90 cm* dal pavimento per essere manovrabili mediante leggera pressione da chiunque. I secondi devono essere posti a un'*altezza compresa fra 2,5 e 3 m* dal pavimento.
- **Edifici scolastici o di interesse sociale**: banchi, sedie, tastiere di computer, materiale in sistema Braille, spogliatoi ecc. devono essere tali da permettere la loro utilizzazione e garantire lo svolgimento delle attività da parte di persone con difficoltà di deambulazione o con ogni altro tipo di invalidità **[fig. G1.16]**.
- **Mezzi di trasporto**: tram e autobus devono prevedere almeno tre posti riservati ai portatori di handicap in prossimità della porta d'uscita, attraverso la quale deve anche essere consentito l'accesso, possibilmente facilitato dall'assenza di gradini (soglia a livello) o dotato di elevatore automatico. I treni delle linee principali, oltre ai suddetti posti riservati, devono avere una carrozza opportunamente modificata e attrezzata per consentire lo stazionamento dell'invalido in carrozzella, con rampe o passerelle di accesso da terra a bordo la cui pendenza non deve superare l'8%.
- **Impianti telefonici pubblici**: una cabina deve essere strutturata con porta d'accesso di *luce minima 85 cm*; il telefono deve essere installato a un'*altezza massima di 90 cm* dal pavimento e sulla parete ove è applicato deve essere previsto un sedile ribaltabile a scomparsa, avente piano d'appoggio a un'*altezza di 45 cm*.

G1.16 Edifici di interesse sociale con la massima accessibilità.

La legislazione nel suo complesso, sebbene presenti ancora alcune carenze (in particolare sono poco considerate le esigenze di persone con problemi di udito e vista), è riuscita a ottenere che l'**accessibilità** non venga più intesa come un elemento discrezionale o accessorio, ma come un **indispensabile requisito di qualità e di sicurezza**, che si affianca ad altri requisiti di qualità quali la prevenzione incendi, la difesa dal rischio sismico, il risparmio energetico ecc. L'obiettivo da raggiungere è quello di fare in modo che **tutte le persone possano vivere** (lavorare, abitare, viaggiare, studiare, divertirsi ecc.) **laddove esse si trovano**. Per ottenere questo occorre intervenire capillarmente, pur se con inevitabile gradualità, per rendere *accessibili* e *vivibili con un sufficiente livello di qualità* **tutte le strutture**.

G1.5 PIANIFICAZIONE TERRITORIALE

Compatibilità ambientale dell'industria (risorse ed ecologia)

Le industrie utilizzano le risorse del territorio: energia, acqua, materie prime. È quindi necessaria un'attenta e spesso costosa progettazione, manutenzione e gestione degli impianti per renderli eco-compatibili, cioè non dannosi per l'ambiente.
Esistono due modi per rendere eco-compatibile la produzione industriale:

- il controllo delle emissioni di agenti inquinanti nell'ambiente (fumi, sostanze chimiche, rifiuti, rumore ecc.);
- il controllo del consumo di risorse naturali (idriche, energetiche) attraverso il risparmio, il riciclaggio (per esempio, dell'acqua) e l'uso di energie alternative.

Le **emissioni di agenti inquinanti** possono riguardare:

- l'*aria* (fumi di combustione, sostanze chimiche sotto forma di vapori, cattivi odori ecc.);
- l'*acqua* (fanghi tossici, sostanze chimiche disciolte, residui di lavorazione, **fig. G1.17**);
- l'*equilibrio acustico* o *termico* (eccessivo rumore vicino alle zone abitate, surriscaldamento dei corsi d'acqua con pericoli per la fauna ittica);
- il *terreno* (rifiuti in discarica, sostanze chimiche disperse ecc.).

Il controllo delle emissioni di agenti inquinanti nell'atmosfera si effettua:

1. filtrando le sostanze o gli agenti inquinanti (per esempio, attraverso depuratori acqua/aria, fig. G1.18);
2. isolando le sorgenti inquinanti (per esempio, con barriere antirumore e isolanti termici);
3. separando i rifiuti tossici per destinarli a uno smaltimento speciale (stoccaggio in contenitori particolari);
4. riciclando i rifiuti non tossici, riutilizzando il materiale che li costituisce (carta, vetro, metallo, plastica, fig. G1.19).

Il **consumo di acqua, aria ed energia** è pericoloso per l'ambiente per due motivi:

- **si esauriscono fonti non rinnovabili**: le riserve energetiche del nostro pianeta non sono infinite e vengono consumate a una velocità superiore al tempo necessario per la loro produzione;
- **si distruggono ecosistemi**: il consumo di acqua o aria per la produzione industriale può sconvolgere gli equilibri biologici di una determinata zona, distruggendone le forme di vita vegetale e animale.

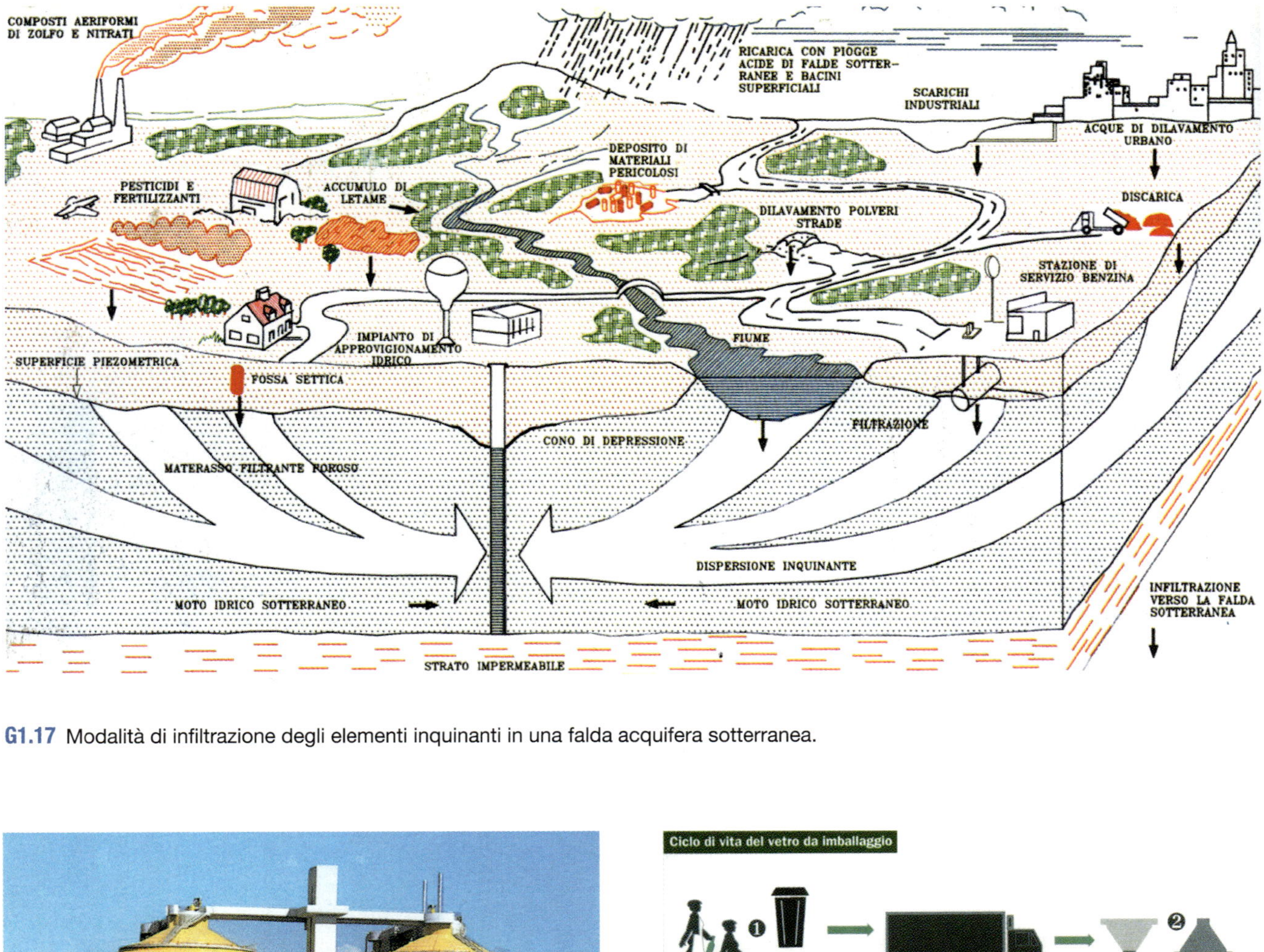

G1.17 Modalità di infiltrazione degli elementi inquinanti in una falda acquifera sotterranea.

G1.18 Depuratore di Settimo Torinese che contribuisce a mantenere pulite le acque del Po.

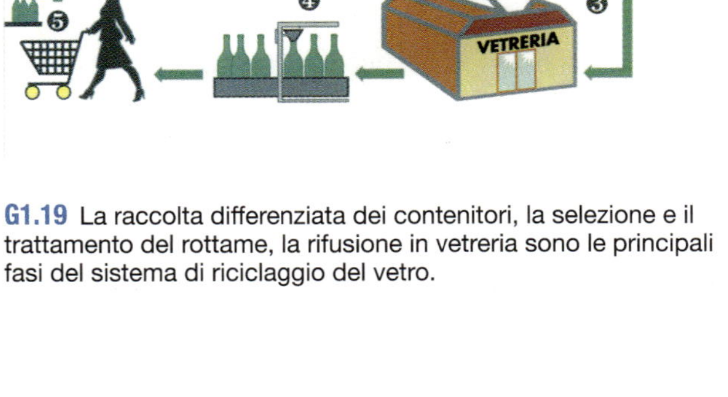

G1.19 La raccolta differenziata dei contenitori, la selezione e il trattamento del rottame, la rifusione in vetreria sono le principali fasi del sistema di riciclaggio del vetro.

Tenere sotto controllo il consumo di fonti non rinnovabili o deteriorabili significa risparmiare energia, riutilizzare le risorse e ricercare fonti alternative.
Ciò si traduce per l'industria in *costi* anche molto alti che derivano da:

- spese di ricerca per le energie alternative;
- spese per l'acquisto di macchinari per depurare o riciclare;
- costi di manutenzione per garantire l'efficienza degli impianti e per evitare quindi gli sprechi energetici.

Tali investimenti sono imposti dalle leggi e dalle normative specifiche, ma spesso le industrie si autoregolano in materia ambientale; infatti produrre in modo eco-compatibile, anche se costoso, è una necessità, e non una scelta, per mantenere l'equilibrio del pianeta.
L'industria può avere inoltre un impatto molto forte non solo sull'ambiente naturale, ma anche sull'ambiente umano **[fig. G1.20]**. Le fabbriche sorgono in luoghi con particolari caratteristiche di edificabilità, raggiungibilità o vicinanza delle materie prime.
Per esempio, molte fabbriche vengono costruite alla periferia delle città (dove tutti i servizi sono facili da raggiungere), o delle pianure (dove è facile edificare), oppure vicino al mare, in particolare nel caso dell'industria chimica che utilizza grandi quantità d'acqua.
Gli insediamenti industriali, però, non devono compromettere l'abitabilità del territorio, né degradare zone di particolare bellezza artistica o paesaggistica.
Per regolamentare la costruzione di impianti industriali e il loro sviluppo armonico nel territorio urbano e naturale, i piani regolatori definiscono quali aree sono adeguate alla costruzione di impianti e magazzini, denominate **zone industriali**.
Per stabilire dove collocare un'area industriale esistono alcuni criteri generali (**vincoli**) che possono variare a seconda delle zone e del tipo di industria **[fig. G1.21]**.
Si esaminano ora i principali vincoli che orientano la scelta delle zone industriali.

Vincoli idrogeologici

Le condizioni del terreno sono importanti per stabilire se è possibile costruirvi un'industria.

- Non è possibile costruire impianti industriali in *zone a rischio sismico*. Un terremoto in presenza di impianti, infatti, può essere anche più pericoloso che nei centri abitati, perché può causare esplosione o rottura di serbatoi e conseguente dispersione di sostanze tossiche nell'ambiente **[fig. G1.22]**.
- È vietato installare impianti industriali nelle *vicinanze di falde idriche* che potrebbero esserne inquinate o esaurirsi per l'eccessivo sfruttamento.
- La composizione del terreno deve essere solida e la sua posizione prevalentemente pianeggiante, per ridurre il rischio di frane o smottamenti.

Vincoli urbanistici e zone di rispetto

Le zone industriali per precisa disposizione di legge sono ubicate a una certa distanza dalle zone residenziali, dagli ospedali, dalle scuole, dai cimiteri, e in generale da tutti i tipi di insediamenti che possono essere disturbati dall'attività produttiva.
Esistono poi **zone di rispetto**, talvolta anche molto estese, in cui è fatto esplicito divieto di qualsiasi costruzione, sia civile sia industriale, per motivi di tutela del patrimonio artistico o naturale. Si tratta dei parchi naturali, dei siti archeologici **[fig. G1.23]** o dei centri storici.

G1.20 Complesso industriale Fiat Lingotto ora riconvertito al terziario. Le fabbriche, che generalmente sorgono alla periferia della città, con il crescere del tessuto urbano possono esserne inglobate, come è avvenuto a Torino.

G1.21 Un'industria a forte impatto ambientale, come quella chimica, deve sottostare a molti vincoli di pianificazione urbanistica e paesaggistica.

G1.22 Nube tossica sprigionata dall'incendio di una fabbrica.

G1.23 Isole Eolie, Panarea (località Cala Junco). Sito archeologico con resti di un villaggio dell'età del bronzo.

Oltre a questi limiti, i piani regolatori prevedono per le zone industriali alcune caratteristiche che agevolino l'attività produttiva. Per esempio, vengono scelti preferibilmente terreni a basso costo, non adatti ad altri scopi, per costruire impianti industriali che necessitano di spazi di vaste proporzioni. Inoltre, come si è visto, è necessario che la zona industriale sia ben collegata con infrastrutture e servizi, come strade, ferrovie, aeroporti, acquedotti, energia elettrica, oleodotti ecc. [fig. G1.24].
Le caratteristiche costruttive delle fabbriche sono importanti per consentire la loro integrazione con l'ambiente. Anche se la scelta dei materiali costruttivi e della forma degli edifici è normalmente guidata da criteri funzionali ed economici, si va sempre più sviluppando un'attenzione agli *aspetti estetici*, cercando di rendere il più possibile gradevoli le zone industriali [fig. G1.25].

L'urbanistica moderna

La zonizzazione (*zoning*), seppur tecnicamente corretta nella teoria poiché ispirata da principi razionali, si è rivelata nella pratica incapace di realizzare trasformazioni valide. Il suo limite principale sta nella scelta delle destinazioni d'uso di vaste aree, guidata in molti casi da logiche di profitto e di speculazione fondiaria che hanno prodotto gravi danni al tessuto urbano.
La zonizzazione tuttavia resta uno dei fondamentali e più diffusi strumenti di disciplina dello sviluppo urbano. Essa consiste nel vincolare l'uso del suolo a destinazioni prefissate, indicate nel piano regolatore. Insieme alle disposizioni sulla viabilità, sui servizi e sulle infrastrutture, costituisce l'ossatura del piano regolatore che è lo strumento principale di pianificazione urbanistica.

G1.24 Esempio di pianificazione urbana.

G1.25 Le strutture industriali possono diventare un valido elemento architettonico se opportunamente progettate.

In urbanistica, la zona individua una particolare porzione di territorio o di aggregato urbano in relazione alla sua destinazione funzionale, che può essere:

- residenziale;
- degli affari;
- industriale;
- dei servizi urbani;
- di rispetto;
- a verde privato;

- a verde agricolo;
- a verde pubblico/sportivo.

La **pianificazione urbanistica** non riguarda esclusivamente la strutturazione dei centri abitati, ma anche più in generale l'assetto del territorio. Le città non sono organismi dotati di vita autonoma, ma parti di un insieme territoriale che le comprende; questo insieme territoriale deve costituire un equilibrio tra ambiente umano e naturale.
L'integrazione tra città e campagna, in ogni periodo storico, è sempre stata l'obiettivo principale della pianificazione territoriale. Essa ha richiesto riflessioni che coinvolgevano sia gli aspetti fisici del territorio, sia le dinamiche sociali che vi si svolgevano.
Il paesaggio è infatti il frutto di un processo di modificazioni determinato dagli abitanti, dai loro aggregati e dalla rete di comunicazioni (strade, ferrovie ecc.) che segnano il territorio. La pianificazione urbanistica ha **tre aspetti fondamentali**:

- l'organizzazione dei centri d'insediamento, come città e nuclei rurali;
- l'organizzazione dei servizi e delle infrastrutture;
- la localizzazione delle infrastrutture.

In Italia la pianificazione urbanistica avviene attraverso **diversi strumenti**:

- *piano territoriale di coordinamento*: definisce la sistemazione delle zone di insediamento e delle infrastrutture;
- *piano comprensoriale*: indica l'installazione di strade, ferrovie, porti e altre infrastrutture, con particolare riguardo a quelle relative all'educazione, alla sanità, al tempo libero ecc.;
- *piano paesistico*: definisce i vincoli posti per tutelare e salvaguardare bellezze panoramiche e paesaggistiche;
- *piano regionale*: delimita il numero e l'estensione dei comprensori;
- *piano regolatore generale*: è un atto amministrativo che determina la futura configurazione del territorio comunale e stabilisce le direttive e i vincoli necessari per attuarla; esso tiene conto delle condizioni peculiari dell'ambiente (clima, conformazione del suolo, tradizioni, costumi ecc.) e delle esigenze della popolazione; gli elaborati sono eseguiti in scala 1:25.000, 1:5000, 1:2000, 1:1000;
- *piano regolatore particolareggiato*: prende in esame parti di abitato, di solito il centro storico, e ne individua gli interventi possibili o necessari; gli elaborati sono eseguiti in scala 1:500;
- *piano di ricostruzione*: è un intervento che si attua in caso di eventi straordinari (terremoti, alluvioni, distruzioni a causa di eventi bellici).

Conservazione del patrimonio artistico-culturale e restauro

Il territorio italiano ospita gran parte delle opere d'arte esistenti al mondo, e la popolazione italiana è responsabile della sua salvaguardia, conoscenza, diffusione e valorizzazione. Per questo motivo istituzioni pubbliche, che rappresentano la collettività, si sono fatte carico degli aspetti organizzativi ed economici relativi alla tutela e all'amministrazione (conservazione) di tale patrimonio.
Il termine "**beni culturali**" è stato adottato ufficialmente nel 1967, anno della pubblicazione degli atti e documenti della Commissione Parlamentare d'Indagine per la Salvezza dei Beni Culturali in Italia; tale termine comprende la totalità del patrimonio archeologico, storico, artistico e ambientale.
Gli interventi di restauro di monumenti, chiese, edifici o singole opere, così come la scelta di esporle al pubblico o la promozione degli scavi archeologici, sono compito del *Ministero dei Beni Culturali e Ambientali*. Accanto a esso esistono, naturalmente, diverse iniziative a carattere locale o privato, che vanno nella stessa direzione (FAI, collezioni private, enti provinciali e regionali).

Restauro

Si definisce **restauro** il complesso degli interventi tecnici e scientifici volti a garantire la continuità nel tempo dell'opera d'arte.

Le modalità di esecuzione delle diverse operazioni di restauro variano a seconda dei diversi settori dell'arte e della produzione di cui si occupano e sono state condizionate nel tempo da varie correnti di pensiero che tendevano a estenderne o limitarne la portata. La difesa del patrimonio artistico, presente fin dalle più antiche civiltà, non è da considerarsi come una vera e propria opera di restauro; essa infatti si limitava spesso a interventi di manutenzione o di ripristino funzionale, eseguiti in base a interpretazioni individuali che talvolta modificavano sostanzialmente l'aspetto originario dell'opera.
Solo alla fine del XVIII secolo, in un clima di rinnovato interesse per le opere d'arte dell'antichità classica e nella crescente consapevolezza del valore storico-culturale del monumento antico, si incentivarono i primi scavi archeologici e si intrapresero le prime opere di restauro.
Nel XIX secolo si strutturarono **due correnti di pensiero** riguardo al modo di intendere il restauro:

- il **restauro stilistico**, di scuola francese, che propose il restauro come operazione capace di ridare all'opera d'arte la sua presunta veste primitiva, ed ebbe come maggiore esponente Eugène Viollet-Le-Duc;

- il **restauro romantico**, di matrice inglese, che si basava sull'assoluto rispetto del monumento nella forma in cui esso si presenta. John Ruskin ne fu l'esponente più significativo; egli sosteneva che persino le opere di consolidamento strutturale sono inaccettabili, perché, sostituendo parzialmente o totalmente l'opera, ne distruggono il valore esclusivo trasformandola in un modello teorico.

Oggi perciò il restauro tiene conto sia del prodotto artistico, sia del percorso storico e di eventuali aggiunte, modifiche o rimaneggiamenti. Dal punto di vista tecnico, l'intervento di restauro ha l'obiettivo di garantire la conservazione dell'opera senza comprometterne le caratteristiche formali e stilistiche **[fig. G1.26]**. Si parla infatti di **restauro conservativo**.
In riferimento alla tutela degli immobili di interesse storico, precise norme indicano quali **tipi di restauro** di volta in volta è opportuno adottare. Essi vengono descritti di seguito.

- **Restauro di consolidamento**. È un intervento propriamente tecnico volto a rinforzare le parti lesionate (per esempio, in seguito a schiacciamento, ribaltamento o cedimenti delle fondazioni), mediante opere provvisorie (puntellature) o interventi definitivi (rifacimenti).
- **Restauro di ricomposizione** (*anastilosi*). È un'operazione che consiste nel rialzamento di colonne cadute o nella ricostruzione, totale o parziale, di antichi edifici, realizzata attraverso la riconnessione delle loro parti in rovina recuperate e giacenti a terra. Si effettua generalmente con facilità per gli edifici costruiti in pietra da taglio collegata a secco, grazie ai segni lasciati dai legamenti metallici, che consentono di riconoscere la disposizione originaria. Questa tecnica è impiegata comunemente per gli edifici dell'antica Grecia, come l'acropoli di Atene, il tempio di Selinunte ecc. **[fig. G1.27]**.
- **Restauro di liberazione**. Consiste nel liberare il monumento da tutti gli elementi che ne abbiano alterato l'aspetto primitivo (sopraelevazioni, aggiunte ecc.).
- **Restauro di completamento**. Ha lo scopo di conferire all'opera la compiutezza integrale mancante. Questo tipo di restauro è generalmente di difficile definizione per quanto riguarda l'estensione e la legittimità degli interventi.
- **Restauro d'innovazione**. Rientra nell'ambito dell'attività creativa ed è diretto ad assicurare al monumento una funzionalità attuale in vista di una nuova utilizzazione.

G1.26 Paolo Veronese, *La prosperità*. Particolare durante la pulitura dell'affresco.

G1.27 Elementi di colonne a terra che possono essere "ricostruite" attraverso il restauro di ricomposizione (anastilosi).

ESERCITAZIONE GUIDATA / G1.1

hoepliscuola.it

Corrente di guasto e tensione di contatto

1. Completare le considerazioni teoriche.

a. Si chiama ☐ diretto ☐ indiretto il contatto con una massa in tensione per un guasto.

b. I pericoli del contatto indiretto derivano dal passaggio della ☐ tensione ☐ corrente nel corpo umano.

c. I danni derivanti dall'elettrocuzione sono legati alla ☐ intensità ☐ durata della corrente.

2. Completare la descrizione della figura sotto riportata.

a. È presente un sistema ☐ monofase ☐ trifase con un utilizzatore collegato a ☐ una fase ☐ tre fasi.

b. ☐ Il neutro ☐ L'involucro del carico è collegato a terra attraverso la resistenza R_N.

c. La carcassa del carico è ☐ isolata ☐ accidentalmente sotto tensione.

d. La corrente di guasto segue il percorso ☐ mano-piede ☐ mano-mano di resistenza R_U e successivamente percorre la resistenza uomo-terra R_{UT}.

e. Tutte le resistenze citate sono in ☐ parallelo ☐ serie.

3. Calcolare la corrente e la tensione di elettrocuzione.

a. $I_U = E/(R_N + R_U + R_{UT}) = 230/($ ___ + ___ + ___ $) = 76{,}4$ mA

b. $V_U = I_U \cdot R_U = 76{,}4$ mA × ___ $\Omega = 76{,}4$ V

4. Si può considerare molto pericolosa la corrente calcolata, se percepita per 2 s?

☐ No ☐ Sì, perché ricade nella ☐ zona 1 ☐ zona 2 ☐ zona 3 ☐ zona4 .

5. Testare la soluzione mediante un foglio di lavoro.

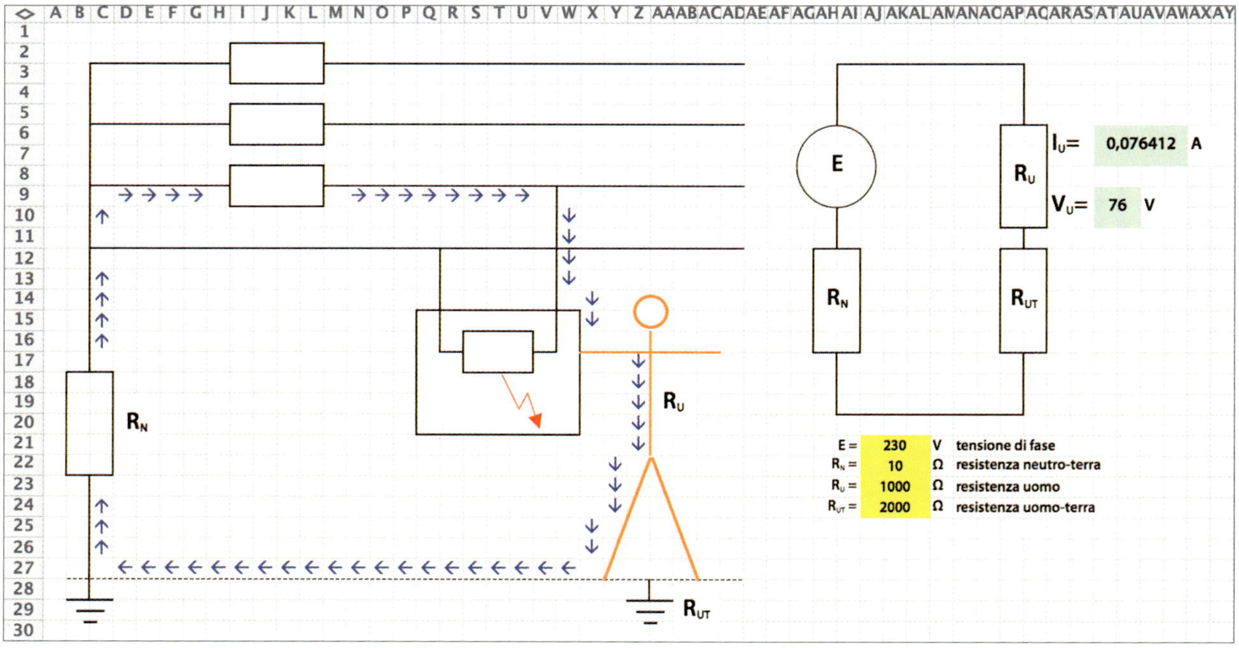

Le formule utilizzate sono:

AT6 = AJ21/(AJ22+AJ23+AJ24)
AT9 = AT6*AJ23

ESERCITAZIONE GUIDATA / G1.2

hoepliscuola.it

Corrente con messa a terra

1. Completare le considerazioni teoriche.

a. Si chiama impianto di messa a terra l'insieme di elementi atti a realizzare ☐ il collegamento elettrico ☐ l'isolamento elettrico delle parti metalliche con il terreno.

b. La terra è distribuita mediante un conduttore dorsale detto ☐ di fase ☐ di neutro ☐ di protezione PE.

c. Questo fa capo alle prese elettriche, del quale costituisce l'alveolo ☐ inferiore ☐ superiore ☐ centrale.

d. I cavi del collegamento a terra sono di norma di colore ☐ giallo/verde ☐ marrone ☐ blu.

2. Completare la descrizione della figura sotto riportata.

a. È presente un collegamento a massa di protezione attraverso la resistenza ☐ R_N ☐ R_{PE}.

b. La resistenza R_{PE} si trova in ☐ serie ☐ parallelo con $R_U + R_{UT}$.

c. Il percorso della corrente interessa ☐ solo R_U ☐ solo R_{PE} ☐ sia R_U sia R_{PE}.

3. Calcolare la corrente di guasto I_G e la corrente di elettrocuzione I_U.

a. $R_{PE}//(R_U + R_{UT}) = 10 \times 3000/($ ____ $+$ ____ $) = 9{,}97\ \Omega$

b. $I_G = E/(R_N + R_{PE}//(R_U + R_{UT})) =$ ____ $/($ ____ $+ 9{,}97) = 11{,}51$ A

c. $I_U = I_G \cdot R_{PE}/(R_{PE} + R_U + R_{UT}) = 11{,}51 \times$ ____ $/$ ____ $= 0{,}038$ A $= 38{,}2$ mA

4. Si può considerare pericolosa la corrente calcolata, se percepita per 20 ms?

☐ No ☐ Sì, perché ricade nella ☐ zona 1 ☐ zona 2 ☐ zona 3 ☐ zona 4, tuttavia è necessario adottare una misura di protezione completa mediante disconnessione automatica con interruttore differenziale.

5. Testare la soluzione mediante un foglio di lavoro.

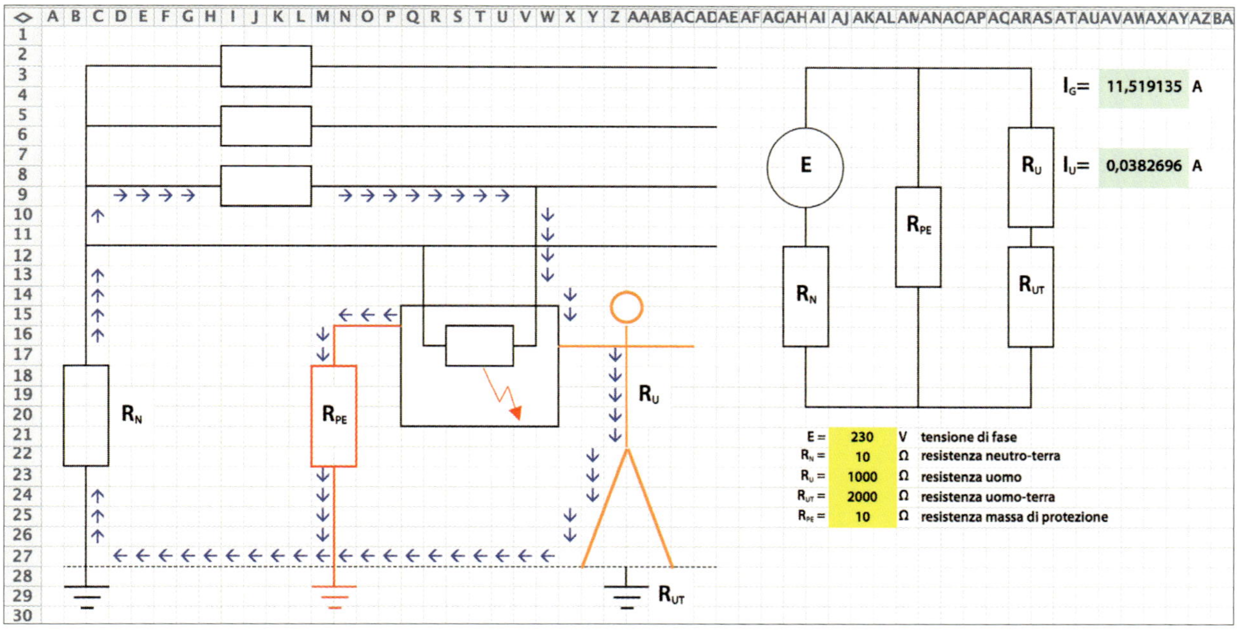

Le formule utilizzate sono:

AV3 = AJ21/(AJ22+(AJ25*(AJ23+AJ24)/(AJ25+AJ23+AJ24)))
AV7 = AV3*AJ25/(AJ25+AJ23+AJ24)

ESERCITAZIONE GUIDATA / G1.3

Confronto fra due tipi di restauro

Effettuare un confronto fra i due tipi di restauro eseguiti sulla statua di Laocoonte (I sec. a.C.), presentati nelle figure **A** e **B**, e rispondere alle domande proposte di seguito.

A *Laocoonte*, restauro col braccio proteso secondo la ricostruzione di Giovannangelo Montorsoli. Roma, Vaticano, Museo Pio-Clementino.

B *Laocoonte*, ricostruito col braccio Pollak dopo il restauro del 1960. Roma, Vaticano, Museo Pio-Clementino.

- Fra i due restauri quale ti sembra migliore?

  ....

  ....

- Perché?

  ....

  ....

- Descrivere gli effetti diversi prodotti sull'opera, anche sulle parti che non hanno subito interventi diretti, dai due tipi di restauro.

  ....

  ....

  ....

VERIFICA DEGLI OBIETTIVI / unità G1

AREAdigitale

Vero/Falso

1. Il conduttore PE è collegato a terra.

☐ Vero ☐ Falso

2. La pianificazione urbanistica non investe l'assetto del territorio intorno alla città.

☐ Vero ☐ Falso

3. Il divieto di installazioni industriali in vicinanza di falde acquifere è un vincolo idrogeologico.

☐ Vero ☐ Falso

4. Le zone di rispetto sono i quartieri industriali.

☐ Vero ☐ Falso

Scelta singola

1. Selezionare le parti che caratterizzano un contatto diretto.

a. Parti normalmente in tensione
b. Parti accidentalmente attive per un cedimento dell'isolamento
c. Masse estranee sotto tensione

2. Quale delle seguenti è un'alterazione del ritmo cardiaco?

a. Tetanizzazione
b. Ustione
c. Fibrillazione

3. Qual è la massima pendenza consentita per le rampe di accesso agli edifici?

a. 20%
b. 8%
c. 12%

4. Indicare il dispositivo di sgancio sensibile all'intensità assoluta della corrente.

a. Impianto di terra
b. Interruttore differenziale
c. Interruttore magnetotermico

Scelta multipla

1. Selezionare le caratteristiche ambientali di benessere per il lavoratore.

a. Rumore 0 ÷ 45 decibel
b. Vibrazioni: 10 ÷ 100 cicli/s
c. Temperatura effettiva: 17 ÷ 24 °C

2. Selezionare gli obiettivi dell'ergonomia.

a. Studiare l'interazione tra individuo e tecnologia
b. Prevenire il logoramento fisico dell'operatore
c. Minimizzare l'impiego di macchine sul lavoro

3. Indicare le regole del primo soccorso.

a. Somministrare i farmaci
b. Non nuocere
c. Attivare il pronto soccorso

4. Selezionare due metodi per il controllo delle emissioni di agenti inquinanti.

a. Riciclo di rifiuti non tossici
b. Definizione delle aree industriali mediante piano regolatore
c. Separazione di rifiuti tossici a smaltimento speciale

VERIFICA

unità G2

LEGISLAZIONE SULLA SICUREZZA

OBIETTIVI

Conoscenze

- La legislazione antinfortunistica
- La segnaletica e i mezzi di protezione
- Il rischio elettrico e il pericolo incendio
- Normativa vigente

Abilità

- Riconoscere i segnali di pericolo della segnaletica antinfortunistica
- Identificare le disposizioni pratiche per la sicurezza delle lavorazioni
- Scegliere il mezzo più appropriato per l'estinzione degli incendi

CONTENUTI

G2.1 LA LEGISLAZIONE ANTINFORTUNISTICA

La legislazione antinfortunistica nasce verso la fine del secolo XIX quando, a causa della meccanizzazione e delle nuove tecniche di produzione, cominciano a verificarsi frequenti infortuni sul lavoro. Questa legislazione ha progressivamente istituito i vari **enti pubblici nazionali** preposti alla vigilanza, alla verifica e alla diffusione delle norme di sicurezza e di prevenzione degli infortuni sul lavoro e delle malattie professionali, riportati nella **figura G2.1** con le proprie competenze e di seguito brevemente presentati.

1. **Pubblica Sicurezza** – All'autorità di PS (o al Comando dei Carabinieri) deve essere comunicato, entro due giorni, ogni infortunio con inabilità al lavoro per più di tre giorni.
2. **Sindacato dei Lavoratori** – Si occupa di sicurezza del lavoro, svolgendo un'opera di controllo all'interno dell'azienda, come prevede lo Statuto dei Lavoratori.
3. **Regione – Provincia – Comune** – Hanno competenze sulle autorizzazioni all'esercizio di impianti speciali, sulle licenze per deposito e trasporto di materiali esplosivi, sulle abilitazioni del personale addetto alla manutenzione di ascensori e montacarichi, sul controllo dell'inquinamento atmosferico e sul controllo dell'inquinamento del terreno da rifiuti solidi.
4. **ASL (Aziende Sanitarie Locali), INAIL (Istituto Nazionale Assicurazione Infortuni sul Lavoro)** – Le ASL hanno competenze sanitarie di consulenza, sorveglianza e propaganda nel settore della prevenzione, mentre l'INAIL gestisce l'assicurazione contro gli infortuni sul lavoro e le malattie professionali. La legge 122/2010 che ha soppresso l'ISPESL (Istituto Superiore Prevenzione e Sicurezza del Lavoro), organismo delegato all'omologazione e al controllo degli impianti a pressione, dei generatori di vapore, di riscaldamento, di sollevamento e nucleari, ha assegnato all'INAIL queste funzioni.
5. **CEI (Comitato Elettrotecnico Italiano), UNI (Unificazione Nazionale Italiana), CNR (Consiglio Nazionale delle Ricerche)** – Hanno compiti propositivi espletati con la preparazione di normative vincolanti per tutte le industrie e gli enti pubblici e di sorveglianza tecnico-scientifica.
6. **Vigili del Fuoco** – Coordinano e controllano le lavorazioni speciali di prodotti infiammabili e la prevenzione degli incendi mediante il collaudo degli impianti e delle costruzioni industriali e il rilascio dei certificati di prevenzione incendi.
7. **Ispettorato del lavoro** – Verifica la corretta applicazione delle norme di prevenzione degli infortuni.
8. **Ministero dell'Industria** – Svolge il ruolo di coordinamento fra tutti gli enti interessati.

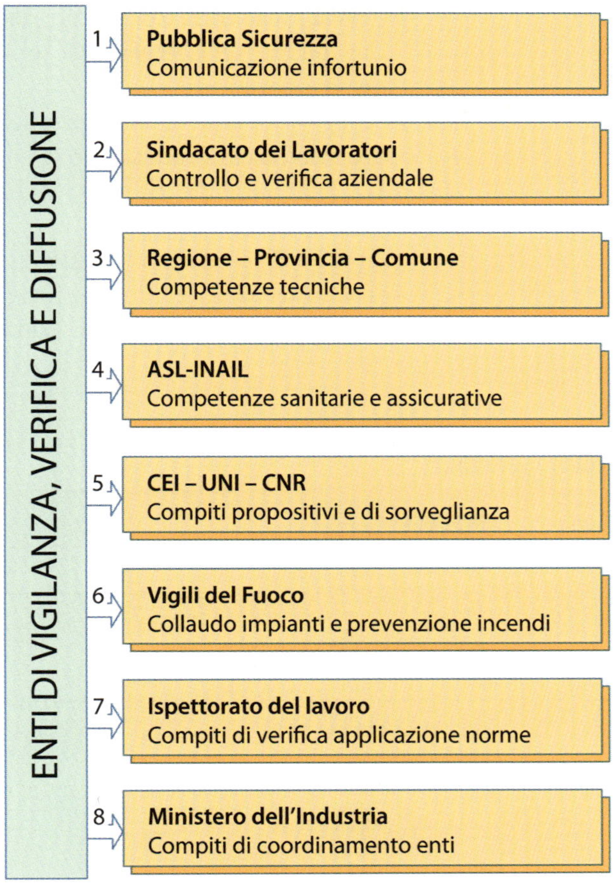

G2.1 Enti preposti alla vigilanza, alla verifica e alla diffusione delle norme di sicurezza e di prevenzione degli infortuni.

G2.2 SEGNALETICA ANTINFORTUNISTICA

La segnaletica antinfortunistica svolge un ruolo importante per la sicurezza degli ambienti di lavoro. Infatti con segnali appropriati si riescono a trasmettere con maggior immediatezza messaggi di richiamo dell'attenzione, di divieto, di obbligo comportamentale, di pericolo, di informazione sulle vie di uscita, sui posti di soccorso e di servizio ecc. Il Decreto Legislativo n. 81 del 9 aprile 2008 con le successive modifiche del DLgs n. 106 del 3 agosto 2009 dà attuazione alla direttiva CE concernente le prescrizioni minime per la segnaletica di sicurezza e la salute sul luogo di lavoro. Di seguito vengono riassunte le caratteristiche più importanti di tali disposizioni.

- Le **dimensioni dei cartelli** di segnale vanno determinate in funzione della distanza da cui essi devono essere visti o letti e della velocità che possiede il soggetto a cui il messaggio è rivolto.
- I diversi **tipi di cartelli** segnaletici devono essere differenziati in base alla *forma*, al *colore*, al *contrasto* e al *simbolo*. Nella **tabella G2.1** sono riportati i principali tipi di segnale e il loro significato.
- Devono essere segnalate tutte le **situazioni che possono costituire pericolo**, come pozzi, aperture, fosse, carichi sospesi, cadute di materiali, ambienti con prodotti nocivi, vie di fuga, localizzazione dei servizi ecc.

TABELLA G2.1 Principali tipi di segnali antinfortunistici

Tipo	Simbolo	Forme e colori	Significato ed esempi
Avvertimento		Forma triangolare o rettangolare Simbolo nero su fondo giallo	Segnalazione di pericolo p.e. Materiale infiammabile
Divieto		Forma tonda Simbolo nero cerchiato e barrato trasversalmente in rosso	Vietata una azione pericolosa p.e. Divieto di passaggio
Prescrizioni		Forma rotonda o rettangolare Simbolo bianco su fondo azzurro	Obbligo di usare mezzi di protezione p.e. Occhiali, casco
Salvataggio Informazioni		Forma quadrata o rettangolare Simbolo bianco su fondo verde o blu	Indicazione di servizi p.e. Posto di pronto soccorso, estintore, scale di sicurezza
Segnali di pericolo		Strisce inclinate gialle e nere	Segnale di pericolo costante p.e. Soglie, sporgenze, traverse
Segnali complementari		Forma quadrata o rettangolare Scritte in nero su fondo bianco	Sono trasmesse ulteriori informazioni in aggiunta ai cartelli precedenti

- Particolare rilievo va dato ai *simboli di pericolo* utilizzati per indicare la presenza di **sostanze nocive**. Questi simboli, riportati nella **tabella G2.2**, a forma di rombo, presentano un margine rosso e all'interno pittogrammi neri e devono essere riportati sulle etichette delle confezioni commerciali o esposti negli ambienti dove queste sostanze vengono prodotte o utilizzate, insieme alla lettera corrispondente alla classe di pericolo.
- Per meglio evidenziare il tipo di messaggio da trasmettere, la segnaletica antinfortunistica utilizza i **colori della sicurezza**, realizzati con vernici che ne aumentano la visibilità. Nella **tabella G2.3** sono riportati colori, forme e significati.
- Il fluido, liquido o gassoso, convogliato nelle tubazioni, deve essere riconoscibile attraverso la colorazione distintiva, parzialmente riportata nella **figura G2.2**.
- Anche i gas, liquefatti o disciolti, contenuti nelle bombole sotto pressione, sono evidenziati mediante i **colori distintivi**, riportati nella **figura G2.3**.

TABELLA G2.2 Nuovi pittogrammi di pericolo da utilizzare sulle confezioni

Pittogramma	N.	Disegno	Sigla	Indicazioni
		Pericoli fisici		
	1.1	Bomba che esplode	GHS01	Esplosivi
	1.2	Fiamma	GHS02	Sostanze infiammabili
	1.3	Fiamma su cerchio	GHS03	Gas e liquidi comburenti
	1.4	Bombola per gas	GHS04	Gas sotto pressione, gas compressi
	1.5	Corrosione	GHS05	Corrosivo per metalli
		Pericoli per la salute		
	2.1	Teschio e tibie incrociate	GHS06	Tossicità acuta
	2.2	Corrosione	GHS05	Corrosione cutanea; gravi lesioni oculari
	2.3	Punto esclamativo	GHS07	Tossicità acuta (per via orale, per via cutanea, per inalazione); irritazione cutanea; irritazione oculare; sensibilizzazione cutanea; tossicità specifica per organi bersaglio esposizione singola; irritazione delle vie respiratorie; narcosi
	2.4	Pericolo per la salute	GHS08	Sensibilizzazione delle vie respiratorie; mutagenicità sulle cellule germinali; cancerogenicità; tossicità per la riproduzione; tossicità specifica per organi bersaglio esposizione singola; tossicità specifica per organi bersaglio esposizione ripetuta; pericolo in caso di aspirazione
		Pericoli per l'ambiente		
	3.1	Ambiente	GHS09	Pericoloso per l'ambiente (pericolo acuto o cronico)

TABELLA G2.3 **Colori della sicurezza della segnaletica antinfortunistica**

Colore	Forma geometrica	Significato	Esempi
Rosso		Divieto Arresto	Segnale di divieto Segnale di arresto Dispositivi di arresto Dispositivi di emergenza
		Antincendio	Dispositivi antincendio
Giallo		Attenzione Pericolo	Incendio Esplosione Radiazioni Sostanze chimiche
		Pericolo	Soglie, ostacoli Passaggi pericolosi Parti di macchina in movimento
Azzurro		Prescrizione	Portare il casco Mettere gli occhiali Tappare le orecchie
		Informazione	Ubicazione cabina elettrica
Verde		Sicurezza Pronto soccorso	Uscite di sicurezza Posizione idranti Pronto soccorso Posti di salvataggio

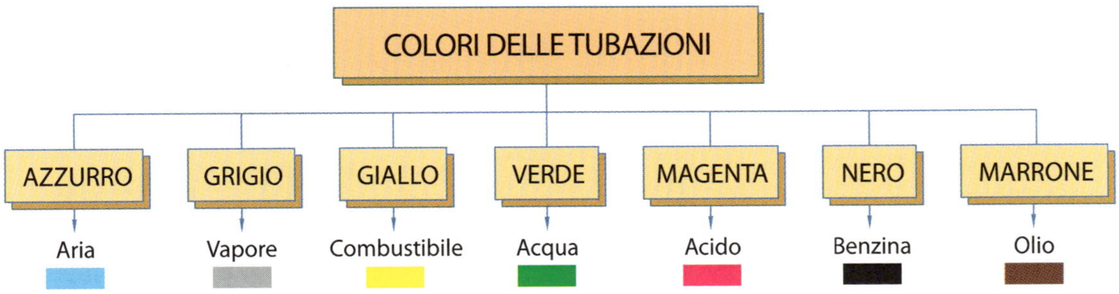

G2.2 Colorazioni distintive delle tubazioni – UNI 5634.

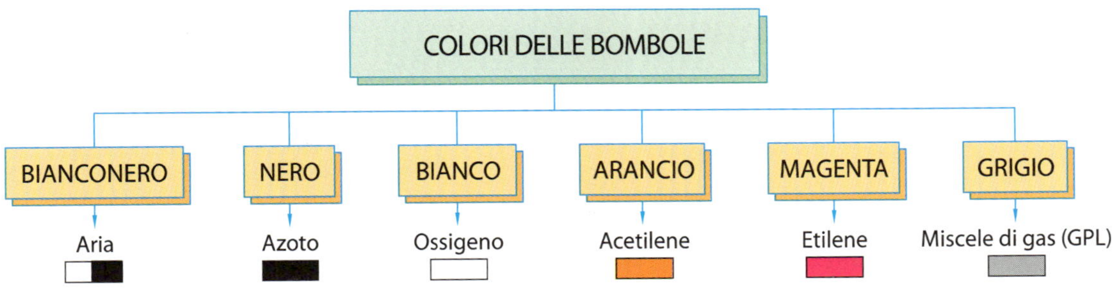

G2.3 Colorazioni distintive delle bombole – UNI EN 1089.

G2.3 SICUREZZA NELL'ATTIVITÀ LAVORATIVA

Vengono, ora, riportate alcune **disposizioni pratiche** per garantire lo standard minimo di sicurezza nelle lavorazioni al banco, al trapano, alle macchine utensili, della lamiera e nelle operazioni di saldatura e nell'uso degli attrezzi elettrici.
Si tenga presente che l'obiettivo non deve essere quello di imparare mnemonicamente una serie di norme, ma di acquisire una **mentalità** capace di garantire in ogni situazione un atteggiamento attento a ogni possibile pericolo.
Saranno così individuate anche altre norme di sicurezza non elencate in questa breve esposizione ma dedotte dal buon senso e dall'esperienza.

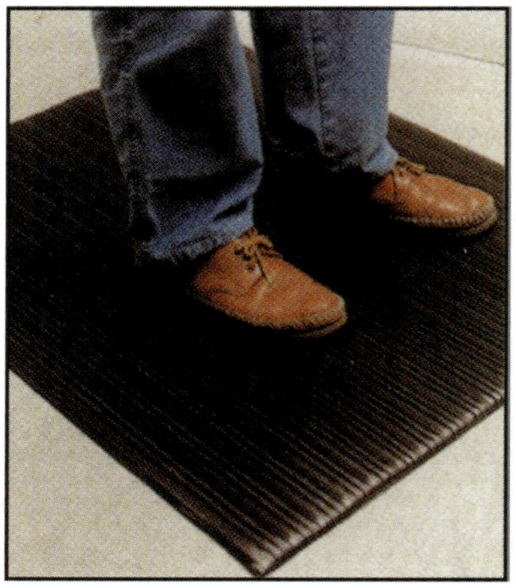

G2.4 Pedane antiscivolo e isolanti.

Lavorazioni al banco con la lima

- Verificare che il pavimento non sia scivoloso e, se necessario, ricorrere all'uso di opportune pedane [fig. G2.4]. Queste ultime possono costituire un utile dispositivo isolante nel caso si debbano eseguire lavorazioni con attrezzature elettriche manuali (trapano a mano, saldatore ad arco).
- Non usare mai la lima senza manico, accertarsi che quest'ultimo non sia fessurato o scheggiato e che sia stabilmente collegato al codolo della lima; un suo distacco improvviso, durante il lavoro, può risultare pericoloso.
- Eseguire l'operazione di montaggio del manico sulla lima mediante forzatura con mazzuola di legno o caucciù, oppure battendolo contro il banco di lavoro tenendo la lima in prossimità del manico.
- Procedere alla rimozione della limatura del ferro dalla superficie del pezzo con un pennello o uno straccio: non usare mai le mani né tantomeno soffiarci sopra perché potrebbe entrare negli occhi.
- Fare molta attenzione alla caduta di gocce d'olio sulla superficie di lavoro poiché potrebbero far improvvisamente scivolare la lima.

Lavorazioni al banco di tracciatura e bulinatura

- Usare la *punta a tracciare* con molta prudenza, senza mai alzarla dalla zona di lavoro e senza tenerla in mano durante la conversazione con i vicini.
- Eseguire le linee di tracciatura tenendo la punta inclinata in avanti verso la direzione di lavoro, per evitare pericolosi impuntamenti.
- Durante la tracciatura tenere la punta bene aderente alla superficie del pezzo ed evitare che, scivolando, effettui percorsi non controllati.
- Allontanare il *truschino* dopo il suo utilizzo, posizionandolo nella zona centrale del banco di tracciatura.
- Durante la bulinatura tenere il *bulino* ben appoggiato alla superficie del pezzo e operare con piccoli colpi di martello. Se necessario ripetere più volte l'operazione sullo stesso punto.
- Finita l'operazione di tracciatura, coprire la punta a tracciare del *truschino* con l'apposito cappuccio di protezione.

Lavorazioni al trapano

- Prima di iniziare l'operazione di foratura assicurarsi che il pezzo sia ben bloccato sulla tavola o sulla morsa e che la punta elicoidale sia centrata e fissata sul mandrino.
- Non usare le mani per la rimozione dei trucioli dal pezzo e tanto meno l'aria compressa, ma servirsi di un pennello o di uno straccio e intervenire a operazione ultimata.
- Non pulire con le mani la superficie appena forata per non rischiare di ferirsi con gli spigoli taglienti (*bave*) che la punta elicoidale lascia alla fine di una foratura.
- Non toccare con le mani la punta elicoidale a foratura ultimata: potrebbe scottare.
- Se durante l'operazione di foratura si lubrifica a mano, agire sulla punta elicoidale e non sul pezzo.
- Non rimanere con il corpo troppo vicino alla punta elicoidale in rotazione, non portare vestiti svolazzanti, allacciare le maniche delle tuta in modo che siano aderenti ai polsi.

- Nelle operazioni di foratura è opportuno portare gli occhiali di protezione [fig. G2.5]. Usando il trapano a mano occorre fare più attenzione per il rischio di corto circuito: controllare prima l'efficienza del cavo di alimentazione.
- Diminuire la pressione e l'avanzamento in prossimità dell'uscita della punta dal foro, per evitare il contraccolpo.
- Tenere sempre pulito il posto di lavoro, poiché i trucioli sul pavimento possono far scivolare.

Lavorazioni alle macchine utensili

- Durante l'operazione di montaggio dei pezzi, assicurarsi che il motore della macchina sia spento. Una manovra non voluta potrebbe avviare la movimentazione delle slitte.
- Prima di iniziare la lavorazione assicurarsi che il bloccaggio dei pezzi sia effettuato in modo corretto e sicuro. Depositare al loro posto chiavi e attrezzi utilizzati per la chiusura.
- Prendere visione della posizione dell'interruttore dello *stop di emergenza* (fungo rosso) e rimanere in posizione tale che in qualsiasi momento lo si possa facilmente raggiungere. Lo stesso dicasi per le leve di *stop avanzamento* e *stop rotazione*.
- Accendere il motore dopo aver accostato i ripari. Non disattivare mai gli interruttori di sicurezza previsti su di essi. Non rimuovere i ripari e i dispositivi di sicurezza [fig. G2.6].
- Durante la lavorazione di materiali friabili (ghisa, bronzo ecc.) utilizzare sempre gli occhiali di protezione.

G2.5 Nelle lavorazioni al trapano è opportuno portare sempre gli occhiali di protezione.

G2.6 La lavorazione alle macchine utensili presenta molti pericoli in parte ovviati dai dispositivi di sicurezza.

- Avvicinare gli utensili osservando continuamente la loro distanza dal pezzo. Fare attenzione che nel percorso di avvicinamento dell'utensile al pezzo non ci siano ostacoli (staffe di chiusura).
- Non allontanare i trucioli con le mani ma servirsi degli appositi attrezzi, quali uncini, palette, scopini ecc. Non effettuare misurazioni sui pezzi con calibri a mano mentre la macchina è in moto.
- Non anticipare l'arresto di qualsiasi organo rotante frenandolo con le mani. Non toccare con le mani i pezzi subito dopo la lavorazione: potrebbero scottare.
- Non lavorare alle macchine utensili se non si è in buona salute. I malesseri derivanti da stanchezza, sonnolenza e mal di testa sono i presupposti ideali per manovre distratte e scorrette che possono portare all'infortunio.
- In caso di interruzione momentanea di corrente o guasto elettrico, riportare immediatamente la macchina in posizione di sicurezza, disinserendo l'avanzamento automatico, allontanando l'utensile dal pezzo e aprendo l'interruttore del motore.
- Non fumare sul posto di lavoro perché alluminio, nichel, manganese, magnesio e sue leghe, celluloide e resine sintetiche, ridotti in polvere e mescolati con l'aria, possono generare miscele esplosive.

Lavorazioni della lamiera

- Maneggiare i fogli di lamiera con i guanti ed eventualmente anche con il grembiule di cuoio [fig. G2.7]. Non strisciare le mani sulla lamiera per non rischiare di tagliarsi.
- Nell'operazione di tranciatura con cesoia manuale fare molta attenzione ai movimenti della lamiera durante il taglio e non avvicinare le mani ai coltelli.
- Nella foratura di lamiere sottili la punta elicoidale tende a ovalizzare il foro portando in pericolosa vibrazione la lamiera stessa. Questo inconveniente si può eliminare appoggiando la lamiera sopra un asse di legno duro.

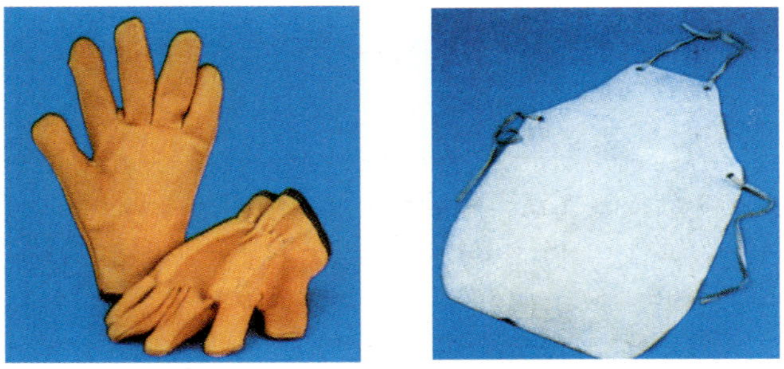

G2.7 La lavorazione della lamiera richiede particolari attenzioni. Proteggere sempre le mani con i guanti e il corpo con il grembiule.

Operazioni di saldatura

- Prima di effettuare una saldatura assicurarsi che l'impianto di aspirazione dei fumi sia attivato. Indossare guanti di protezione delle mani e dei polsi ed eventualmente un grembiule con pettorina.
- Per la saldatura elettrica sarebbe buona norma utilizzare una pedana di legno come elemento isolante rispetto al terreno. Accertarsi del buono stato della pinza porta elettrodo.
- Durante la saldatura elettrica usare la maschera con *vetri* adeguati, senza mai guardare direttamente l'arco. Per chi è obbligato a lavorare nelle vicinanze si raccomanda di portare occhiali da sole che filtrano i raggi ultravioletti **[fig. G2.8]**.
- Per effettuare saldature a gas proteggere la vista con occhiali colorati dotati di protezione laterale contro le scintille.
- Continuare a proteggere gli occhi e le mani anche durante la successiva operazione di martellatura del cordone di saldatura per togliere la scoria di copertura.
- Con le stazioni di saldatura mobili, lavorare in ambienti sufficientemente arieggiati. In caso contrario aprire almeno le finestre.
- Non effettuare saldature in prossimità di sostanze infiammabili.

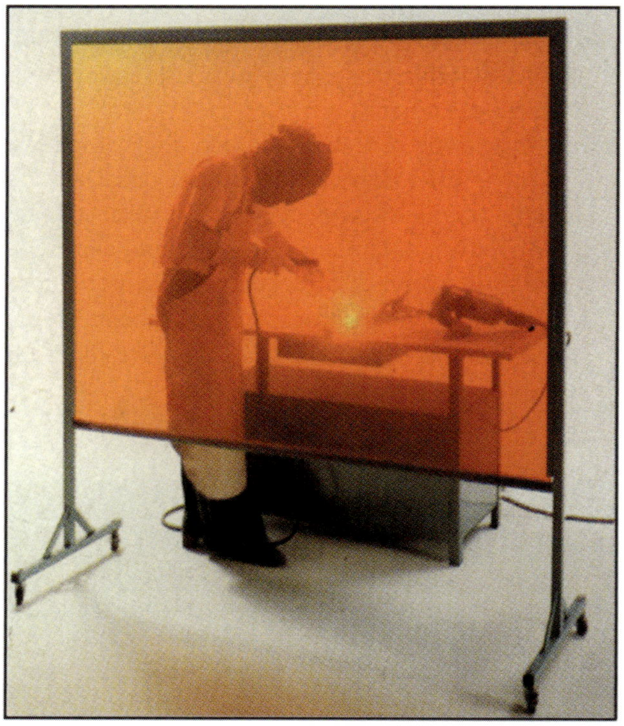

G2.8 Le operazioni di saldatura sono particolarmente pericolose per gli occhi e la pelle. Usare sempre maschera e pannelli protettivi.

G2.4 IL RISCHIO ELETTRICO E IL PERICOLO INCENDIO

Il rischio elettrico

Quando si viene a contatto con parti in tensione si avverte un effetto detto **scossa elettrica**, dovuto al passaggio della corrente attraverso il corpo che, entrando dal punto di contatto, si scarica verso terra.

Se la tensione supera i 25 volt, la corrente che passa attraverso il corpo umano può essere pericolosa. Pertanto il lavoro effettuato con attrezzature elettriche richiede più attenzione, perché ai rischi derivanti dall'attrezzatura stessa si aggiunge il **rischio elettrico**. Vengono di seguito elencate le più elementari norme di sicurezza.

- Ogni impianto elettrico deve avere la sua **dichiarazione di conformità alle norme di legge**, rilasciata dall'installatore abilitato.
- Gli apparecchi in uso devono avere, su un'etichetta verde o sulla targhetta delle caratteristiche, un **marchio** che ne garantisce la rispondenza alle norme di sicurezza. Nella **figura G2.9** sono riportati i marchi dei principali paesi tra i più diffusi a livello europeo e internazionale.

G2.9 Marchi di conformità alle norme di sicurezza dei principali paesi europei e degli Stati Uniti.

Per l'Italia il marchio è costituito dal logo IMQ (Istituto del Marchio di Qualità, ente che gestisce il sistema di certificazione dei prodotti elettrici, cavi, elettrodomestici, prodotti medici ed elettronici). Da qualche tempo, su parecchie categorie di prodotti destinati al mercato comunitario viene impresso un marchio recante le lettere CE, (Conformité Européenne) la cui funzione è quella di garantire l'acquirente sulla conformità del prodotto stesso ai requisiti di sicurezza previsti dalla normativa comunitaria [fig. G2.10a]. Il marchio può essere facilmente confuso con quello, molto simile, di China Export [fig. G2.10b].

- Gli utensili elettrici portatili o carrellati (trapani, molatrici, saldatrici ecc.), come tutte le macchine con motore elettrico, devono essere dotati di idoneo collegamento all'impianto di terra (filo giallo-verde).
- L'inserimento e il disinserimento della spina dalla relativa presa deve essere fatto senza agire sul cavo elettrico ma facendo forza sull'involucro [fig. G2.11].
- Le prese di corrente devono avere un'apposita protezione contro l'inserimento casuale di corpi estranei diversi dalla spina.
- Qualora si verifichi l'interruzione di corrente perché è scattato l'interruttore automatico o perché si è rotto un fusibile, chiamare l'esperto per la ricerca del guasto prima di ripristinare la corrente stessa.
- Non depositare strumenti e attrezzi metallici su batterie o apparecchiature elettriche per non provocare corto circuito.
- In presenza di apparecchiature sotto tensione, utilizzare sempre utensili e attrezzi dotati di manici isolanti (cacciaviti, pinze ecc., fig. G2.12).
- In condizioni di particolare rischio elettrico lavorare con i seguenti dispositivi di sicurezza individuale: guanti dielettrici, occhiali di sicurezza, elmetto isolante e scarpe isolanti (queste ultime possono essere, eventualmente, sostituite da tappeti o pedane isolanti, v. fig. G2.12).
- In caso di folgorazione (*scossa elettrica*) è indispensabile la massima rapidità di soccorso con le seguenti azioni:

1. togliere la corrente dall'impianto agendo sull'interruttore generale o staccando la spina;
2. se ciò non fosse possibile, allontanare l'infortunato dalle parti in tensione agendo con aste di legno o salendo su pedane isolate;
3. richiedere l'intervento del pronto soccorso e nell'attesa, se necessario e se si è in grado, praticare la respirazione artificiale e il massaggio cardiaco.

G2.10 a) Marchio della Comunità Europea e b) quello, molto simile, di China Export.

G2.11 Condizioni da evitare nell'uso di cavi e spine elettriche (fonte: CSAO).

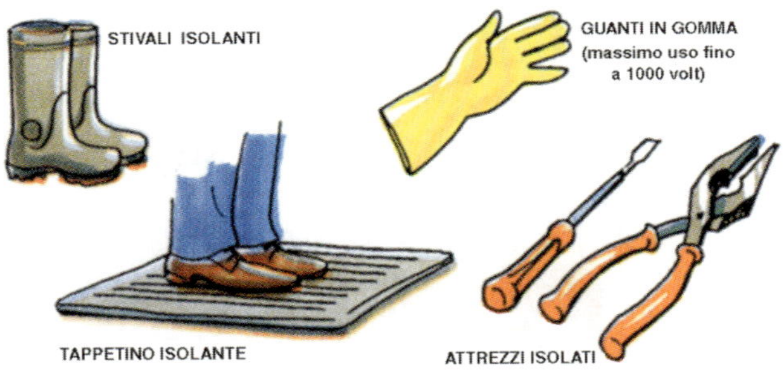

G2.12 Strumenti di lavoro da utilizzare in presenza di corrente (fonte: CSAO).

Il pericolo incendio

L'**incendio** è un processo di combustione, violento e non controllato, che genera fiamme, calore e fumi. Può essere causato da sostanze o materiali infiammabili ed esplosivi (**autocombustione**), da guasti negli impianti (**corto circuito**) o da atti di sabotaggio.

Gli effetti degli incendi sono sempre imprevedibili e comunque caratterizzati da notevoli danni alle cose e alle persone, dipendenti dalle dimensioni e dalla quantità del materiale combustibile presente nell'ambiente.

La conoscenza delle caratteristiche di infiammabilità dei materiali presenti nel luogo di lavoro e le condizioni che favoriscono il verificarsi di questo evento sono determinanti per prevenire un incendio.
Perché possa avere inizio un incendio devono essere presenti contemporaneamente:

1. un **combustibile** che possa reagire (solido, liquido o gassoso);
2. un **comburente** che consenta la reazione (il più comune è l'ossigeno dell'aria);
3. la **temperatura** in grado di innescare la reazione.

Lo spegnimento di un incendio si ottiene rimuovendo tutte o alcune delle suddette condizioni:

- *riducendo la sostanza combustibile*, diluendola con opportuni agenti di spegnimento;
- *isolando il combustibile dal comburente*, soffocandolo mediante polveri, anidride carbonica (CO_2), schiuma o sabbia;
- *raffreddando il combustibile* sottraendo calore con mezzi di spegnimento (acqua, CO_2).

Estintori

I principali strumenti utilizzati per spegnere gli incendi sono gli estintori. Essi si possono **classificare** in funzione della tipologia (fissi o portatili, automatici o manuali) o in funzione del mezzo estinguente (acqua, polvere, gas, schiuma o sabbia).
La scelta del tipo e del mezzo estinguente deve essere fatta in relazione al **tipo di combustibile** che alimenta l'incendio. I fuochi sono classificati in cinque classi, per ciascuna delle quali deve essere utilizzato l'agente di estinzione più adatto, secondo quanto riportato nella **tabella G2.4**.

TABELLA G2.4 Classi di fuoco e relativi mezzi di estinzione

Classe	Combustibile	Mezzo di estinzione
A	Solido: legno, carta, plastica ecc.	Acqua, schiuma, polvere
B	Liquido: petrolio, benzina, olio ecc.	CO_2, schiuma, polvere
C	Gassoso: metano, propano, butano ecc.	CO_2, schiuma, polvere
D	Metallico: magnesio, titanio ecc.	CO_2, schiuma, polvere, sabbia
E	Corto circuito di apparecchiature elettriche	CO_2, polvere (mai acqua)

È da sottolineare che l'acqua, mezzo estinguente più usato, risulta controindicata in presenza di apparecchiature sotto tensione (motori, trasformatori), di sostanze reagenti come il carburo di calcio, il sodio, il potassio, il cloro, il fluoro e l'acido solforico.
L'utilizzo degli estintori avviene con le seguenti modalità operative:

1. rimuovere la sicura;
2. impugnare il tubo di scarico;
3. avvicinarsi al principio d'incendio senza mettersi in controvento e assicurandosi una via di fuga;
4. aprire l'erogatore e dirigere il getto alla base della fiamma.

Norme di prevenzione incendi

Tutto il complesso di norme emanate per la prevenzione degli incendi si può suddividere in tre aree:

- strutturale;
- impiantistica;
- operativa.

Area strutturale

Gli edifici devono essere progettati con sufficienti vie di fuga e di accesso per i soccorsi (scale di emergenza esterne), con materiali ignifughi, strutture resistenti al fuoco, porte tagliafuoco tra i plessi.

Area impiantistica

Devono essere previsti dispositivi antincendio fissi, mobili, automatici e manuali, con sistemi di segnalazione e di allarme a distanza.

Area operativa

Deve essere predisposto un piano di sicurezza che preveda periodici controlli e manutenzione dei dispositivi di sicurezza e formazione del personale a tutti i livelli con simulazioni di allarme ed esercitazioni di evacuazione.
Scendendo nel dettaglio, si possono elencare le principali *norme di prevenzione incendio* che tutti sono tenuti a rispettare.

- Le *uscite* devono essere facilmente apribili verso l'esterno (con maniglie antipanico), segnalate da appositi cartelli e sempre illuminate **[fig. G2.13]**.
- Gli *estintori* devono essere segnalati a distanza e facilmente raggiungibili **[fig. G2.14]**.
- Nei punti ritenuti opportuni devono essere predisposte delle *unità di pronto impiego*. Queste sono costituite da un armadietto metallico contenente tuta termoriflettente, soprascarpe con suola antifiamma, elmetto, ascia, bombola di ossigeno con maschera e coperta antifiamma.

- Addestrare sulla scelta tra estintori (mezzo estinguente) e sull'uso degli stessi (rimozione spina di sicurezza, manovra della leva di comando, indirizzo del getto alla base della fiamma ecc.).
- Prevedere cartelli che richiamino il divieto di fumare negli ambienti a rischio d'incendio e dove si accumulano gas infiammabili [fig. G2.15].
- Predisporre cartelli indicatori sulle attrezzature per le quali è vietato l'uso dell'acqua come mezzo di estinzione.
- Prevedere l'allontanamento ordinato dalla zona di pericolo secondo un piano di evacuazione.

Piano di evacuazione degli edifici scolastici

L'ultima norma di prevenzione incendi appena citata relativa alla predisposizione di un piano di evacuazione, valida per tutti gli ambienti di lavoro, riveste particolare importanza se riferita all'ambiente scolastico, al punto che il legislatore ha ritenuto opportuno dedicarle un intervento specifico.
Si ritiene opportuno richiamare quanto obbligatoriamente previsto dalle norme, cioè il **Piano di evacuazione**, perché costituisce uno specifico obiettivo formativo e un momento di grande impegno educativo.
In caso di incendio risulta, infatti, imprevedibile il comportamento di ciascuno, a causa del forte condizionamento provocato dal panico, dall'ansia e dall'istinto di fuga.
Tralasciando tutte le predisposizioni e le norme generali previste dalla legge, che riguardano gli uffici competenti e le autorità scolastiche, vengono qui riassunte le procedure operative che interessano più direttamente gli alunni, i docenti e i non docenti.

- **Diramazione dell'allarme**

L'ordine di evacuazione viene diramato dal responsabile dell'istituto, o da un suo delegato, tramite sirena, campanello o a voce.

- **Inizio evacuazione**

A segnale avvenuto tutti devono allontanarsi dai plessi scolastici, con ordine, rispettando le consegne, iniziando dal piano terra e dalle classi di età inferiore.

- **Compiti degli alunni**

Gli alunni devono interrompere immediatamente le attività, mantenere la calma, tralasciare tutto (libri, abiti ecc.), disporsi in colonna, camminare a passo veloce, senza correre e senza usare gli ascensori, verso le uscite di sicurezza seguendo rigorosamente il percorso indicato dagli appositi cartelli per dirigersi verso i punti di raccolta e qui aspettare fino a nuovo ordine.
Due allievi aprifila, incaricati nominativamente, hanno il compito di aprire le porte e guidare la classe.
Due allievi serrafila, incaricati nominativamente, hanno il compito di controllare che nessuno rimanga dentro l'aula, chiudere la porta e firmare poi il *modulo di evacuazione*. Due allievi, tra i più robusti, hanno l'incarico di aiutare gli eventuali disabili.

- **Compiti dei docenti**

I docenti devono osservare le procedure indicate dal Piano di evacuazione, indirizzare e seguire la classe, verificare che gli allievi aprifila e serrafila eseguano il loro compito, compilare e far pervenire alla presidenza dell'istituto il modulo di evacuazione fornito loro.

- **Compiti del personale non docente**

Gli addetti alla segreteria, nominalmente incaricati, hanno il compito di chiedere l'intervento dei Vigili del Fuoco, della Croce Rossa, della Polizia e della Protezione Civile (numeri di telefono predisposti su apposito cartello). Alcuni operatori sono incaricati di disattivare gli impianti a gas, le centrali termiche e gli impianti elettrici. Altri avranno il compito di attivare gli estintori automatici e manuali.

G2.13 Segnalazione delle uscite e delle scale di emergenza.

G2.14 Gli estintori devono essere segnalati a distanza.

G2.15 Il fumare costituisce il pericolo numero uno per gli incendi.

G2.5 IL DECRETO LEGISLATIVO 81/2008 E SUCCESSIVE MODIFICHE

Generalità

Il *Decreto Legislativo n. 81* del 9 aprile 2008 (o Testo unico sulla sicurezza) ha recepito le direttive della Comunità Europea in materia di **salute, sicurezza e igiene nei luoghi di lavoro** e tutta la normativa preesistente, compreso il DLgs 626/1994. Il testo è stato in seguito modificato e integrato dalle Leggi n. 129 del 2 agosto 2008, n. 133 del 6 agosto 2008, n. 14 del 27 febbraio 2009, n. 88 del 7 luglio 2009 e dal Decreto Legislativo n. 106 del 3 agosto 2009.
Esso ha istituito il *servizio di prevenzione e protezione*, che si basa sulla nuova metodologia operativa della *prevedibilità dei rischi*, occupandosi dei seguenti adempimenti:

- obblighi dei datori di lavoro in ordine all'*adeguamento dei luoghi di lavoro* per la prevenzione degli infortuni;
- *valutazione dei rischi* per la sicurezza dei lavoratori;
- *dispositivi di protezione individuale* (DPI);
- controllo della salute dei lavoratori, misure igieniche e di emergenza;
- manutenzione dei dispositivi di sicurezza;
- obblighi in materia di formazione e informazione dei lavoratori.

Tutti questi adempimenti devono essere certificati con la elaborazione di un ***documento di valutazione dei rischi per la sicurezza e la salute*** che, nel caso di imprese con meno di 10 dipendenti, può essere sostituito da una semplice *autocertificazione* del datore di lavoro, con la quale garantisce la presenza delle condizioni di sicurezza previste dalla legge.

Obblighi del datore di lavoro, dei lavoratori e fonti di rischio

Il Decreto prevede i seguenti **obblighi** di carattere generale **per il datore di lavoro**:

- effettuare la **valutazione dei rischi** per la sicurezza e la salute dei lavoratori, per poterli ridurre al minimo;
- elaborare un **documento** che contenga l'analisi dei rischi, l'individuazione delle misure di prevenzione e delle azioni di prevenzione;
- designare un **medico competente** e comunicarne il nominativo all'Ispettorato del lavoro quando l'attività lavorativa comporta rischi per i quali è previsto il controllo medico;
- nominare, tra i dipendenti, il **responsabile del servizio di prevenzione e protezione** e comunicarne il nominativo all'Ispettorato del lavoro;
- far effettuare, tra i dipendenti, l'elezione del **rappresentante dei lavoratori per la sicurezza;**
- fornire ai lavoratori i **dispositivi di protezione individuale** (DPI);
- adottare misure di controllo;
- attivare un **registro** dove annotare gli infortuni che si verificano all'interno dell'azienda;
- programmare le **misure** di emergenza e di pronto soccorso;
- garantire una adeguata **formazione, informazione e consultazione** di tutti i lavoratori che operano all'interno dell'azienda.

Alcuni di questi obblighi sono assegnati *esclusivamente al datore di lavoro*, che ne risponde penalmente anche se espletati da collaboratori. Altri, invece, possono essere *delegati a responsabili subalterni* che li assolvono in autonomia con le conseguenti responsabilità civili e penali. Le *figure professionali* previste dal DLgs 81/2008 sono rappresentate nella **figura G2.16**.

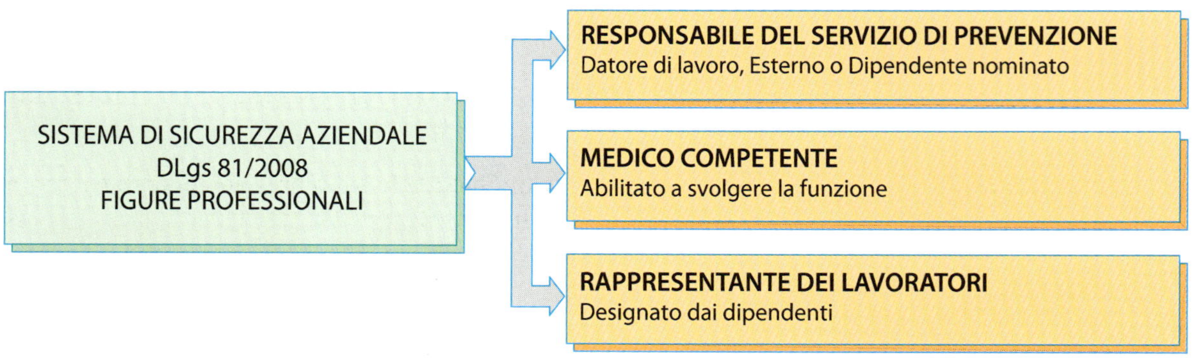

G2.16 Mansioni professionali previste dal DLgs 81/2008.

L'adeguamento al DLgs 81/2008 prevede che l'organizzazione del *servizio di prevenzione e protezione* debba essere predisposta dal datore di lavoro o da persona da esso incaricata.

Il **datore di lavoro** può svolgere direttamente il compito di organizzare il servizio di prevenzione e protezione dai rischi nei seguenti casi:

1. aziende artigiane e industriali con meno di 30 dipendenti;
2. aziende agricole con meno di 10 dipendenti;
3. aziende del terziario o del commercio con meno di 200 dipendenti.

Il **responsabile del servizio di prevenzione e protezione**, designato per l'azienda, deve:

1. individuare i fattori di rischio;
2. prescrivere le misure da attuare per la sicurezza;
3. indicare le norme di comportamento in caso di rischio;
4. predisporre gli strumenti di formazione e di informazione periodica dei lavoratori.

Per espletare questo compito il responsabile del servizio di prevenzione e protezione deve frequentare un corso di formazione organizzato da agenzie abilitate.

Il **medico competente** ha i seguenti compiti:

1. collaborare alla individuazione dei rischi di infortunio e alla formulazione delle proposte di contromisure;
2. gestire il piano di assistenza sanitaria e il servizio di pronto soccorso;
3. visitare gli ambienti di lavoro almeno due volte all'anno;
4. collaborare all'attività di informazione e formazione dei lavoratori;
5. comunicare al rappresentante dei lavoratori per la sicurezza i risultati, anonimi e collettivi, degli accertamenti clinici;
6. partecipare alla riunione periodica di prevenzione e protezione.

I compiti del **rappresentante dei lavoratori** sono:

1. essere consultato in materia di sicurezza e igiene del lavoro;
2. essere consultato per le nomine degli eventuali coordinatori dei servizi antincendio e pronto soccorso;
3. partecipare alle riunioni periodiche di prevenzione e protezione;
4. consultare i documenti aziendali sulla sicurezza;
5. controllare tutti i luoghi di lavoro;
6. ricevere una formazione mirata sulla sicurezza.

È prevista una riunione periodica di prevenzione e protezione dai rischi per analizzare il documento di valutazione dei rischi, l'idoneità dei DPI, i programmi di informazione e formazione.

Tale riunione, che deve essere verbalizzata, ha le seguenti modalità di convocazione:

- una volta all'anno per aziende con più di 15 dipendenti;
- su richiesta del rappresentante dei lavoratori per aziende con meno di 15 dipendenti;
- tutte le volte che nell'azienda si introducono variazioni significative o attrezzature che abbiano influenza sulla sicurezza.

Gli **obblighi per i lavoratori** sono:

- prendersi cura della propria sicurezza;
- usare sempre e in modo corretto i DPI;
- lasciare inalterati i DPI;
- segnalare guasti e deficienza dei DPI.

Valutazione dei rischi

La valutazione dei rischi presenti all'interno di un'azienda è condotta attraverso le seguenti fasi:

1. analisi dettagliata dei pericoli veri e propri;
2. identificazione dei soggetti a rischio;
3. stima della gravità dei danni arrecati alle persone;
4. ricerca della frequenza degli infortuni.

Le possibili **fonti di rischio** presenti all'interno di un'azienda da sottoporre ad attenta analisi sono:

- porte, portoni, vie di uscita e di emergenza;
- vie di comunicazione interne, passaggi, pavimenti, scale, finestre, lucernari, rampe, passerelle;
- aerazione, temperatura e illuminazione dei locali;
- zone di ritrovo, locali di riposo, spogliatoi, docce, gabinetti;
- aree di lavoro, postazioni singole, esposizione al rumore, attrezzature, movimentazioni dei carichi;
- presenza di adeguata segnaletica, di misure e attrezzature d'emergenza, di dispositivi di protezione individuale, di protezione dagli agenti di rischio, di prevenzione e protezione dagli incendi.

Comunemente sono previste **quattro categorie di rischio** [fig. G2.17]:

- **1ª categoria**: rischi usualmente presenti nell'ambiente di lavoro e facilmente eliminabili;
- **2ª categoria**: rischi strettamente legati alle macchine o ai dispositivi di automazione, eliminabili mediante opportuni ripari fissi o mobili;

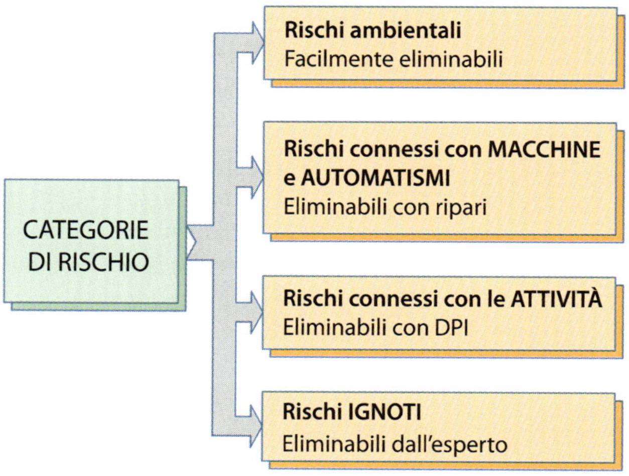

G2.17 Categorie di rischio e loro modalità di eliminazione.

- **3ª categoria**: rischi legati al tipo di attività e per i quali sono già note le misure di sicurezza (occhiali, elmetto, guanti ecc.);
- **4ª categoria**: rischi ignoti per i quali è necessario l'intervento di un esperto.

Tutte le attività fin qui elencate costituiscono gli **obblighi sanzionati** di prevenzione, cioè quelli penalmente perseguibili a norma di legge se non espletati.
Il DLgs 81/2008 prevede anche una serie di obblighi riguardanti i principi ergonomici della postazione di lavoro, la scelta delle attrezzature, l'attenuazione della monotonia del lavoro ripetitivo.

Dispositivi di protezione individuale (DPI)

I **dispositivi di protezione individuale** (**DPI**) sono le attrezzature indossate dal lavoratore per proteggersi dai rischi che non possono essere in alcun modo rimossi.

Essi sono da assegnare agli operatori a integrazione delle misure adottate in precedenza e si determinano analizzando una per una le diverse mansioni espletate all'interno dell'azienda.
Il responsabile della sicurezza confronta i dispositivi individuati con quelli proposti dai fornitori, sente il parere del medico competente e li propone ai lavoratori per acquisire da loro un giudizio sulla facilità, correttezza ed efficacia di utilizzo.
I principali **dispositivi di protezione individuale** sono **[fig. G2.18]**:

- caschi, berretti e retine per la protezione della testa;
- guanti, ditali e manicotti per la protezione di mani e braccia;
- scarpe di sicurezza, gambali, ginocchiere e suole per la protezione e l'isolamento di gambe e piedi;
- occhiali, maschere, visiere e schermi per la protezione di occhi e viso;
- cuffie, tappi auricolari e generatori di suoni in controfase per la protezione dell'udito;
- maschere e filtri per la protezione delle vie respiratorie;
- cinture, imbragature e staffe per la protezione da cadute;
- tute e grembiuli per la protezione dell'intero corpo.

Tutti questi dispositivi di sicurezza vanno mantenuti in perfetta efficienza, devono essere disponibili in azienda, facilmente reperibili e corredati da adeguate informazioni sul loro corretto utilizzo e sui rischi a cui si va incontro non utilizzandoli.

G2.18 Dispositivi di protezione individuale e di pronto intervento: maschera con filtro universale, flacone per il lavaggio oculare, tuta in nylon con cappuccio, guanti ed estintore (fonte: FOREVER).

Informazione e formazione

Il DLgs 81/2008 stabilisce che il datore di lavoro deve provvedere a un'adeguata informazione di ciascun lavoratore su:

- rischi per la sicurezza e la salute connessi con l'attività dell'azienda in generale;
- misure e attività di protezione e prevenzione adottate;
- rischi, pericoli e normative di sicurezza relativi alla sua attività;
- azioni previste di primo soccorso, dispositivi antincendio e procedure di evacuazione dei lavoratori in caso di necessità;
- nome del responsabile del servizio di protezione e del medico competente.

La normativa afferma che ciascun lavoratore, in occasione della sua assunzione, del suo trasferimento o dell'introduzione di nuove attrezzature, tecnologie o prodotti, riceva un'adeguata formazione in materia di sicurezza e salute, con particolare riferimento al proprio posto di lavoro e alle proprie mansioni. Tale formazione dovrà essere ripetuta all'insorgere di nuovi rischi.

Uso di attrezzature munite di videoterminali (VDT)

Il titolo VII del DLgs 81/2008 esclude dalla categoria dei lavoratori che utilizzano attrezzature munite di videoterminali i lavoratori addetti ai posti di guida dei veicoli dotati di sistemi informatici montati a bordo, ai sistemi portatili, alle macchine calcolatrici, ai registratori di cassa, al computer e a tutte quelle attrezzature dotate di dispositivo di visualizzazione dati, misure e videoscrittura.
Si definisce *videoterminale* (VDT) uno schermo alfanumerico o grafico a prescindere dal tipo di procedimento impiegato e si considera *lavoratore al videoterminale* chi utilizza un'attrezzatura munita di videoterminale in modo sistematico e abituale, per almeno venti ore settimanali [fig. G2.19].
Il responsabile aziendale per la sicurezza deve verificare che queste mansioni siano assegnate alternativamente a persone diverse in modo da evitare problemi di vista e di affaticamento. In ogni caso dopo ogni 120 minuti di applicazione continuativa del lavoratore su VDT, devono essere previsti 15 minuti di riposo o di attività in altra mansione per cambiare postura, prevenire disturbi muscolari e favorire la circolazione vascolare periferica. Ogni lavoratore destinato all'uso di VDT deve essere sottoposto a visita preventiva degli occhi e della vista e successivamente con cadenza biennale.
Deve essere, infine, curata l'ergonomia del posto di lavoro: il posizionamento dello schermo, la tastiera, il piano di lavoro e la sedia [fig. G2.20], l'ambiente confortevole, la distribuzione uniforme della luce, l'assenza di riflessi abbaglianti, il software adeguato alla mansione da svolgere ecc.

Nuova Direttiva Macchine 2006/42/CE

Sotto il nome **Nuova Direttiva Macchine** rientra un insieme di norme emanate dal Consiglio della Comunità Europea nelle quali sono previsti i requisiti di sicurezza e salute per le macchine e i loro componenti.

Tale direttiva, recepita dall'Italia nel 1991 e successive modifiche di cui l'ultima nel 2006, è obbligatoria e le macchine che non garantiscono i requisiti enunciati non si possono vendere in Europa. Il **marchio CE** [v. fig. G2.10a] per l'attestazione di conformità alle norme della Direttiva Macchine deve essere stampigliato in ogni macchina, con altezza minima di 5 mm, insieme alla designazione della serie, del tipo e della data di costruzione. Ogni azienda costruttrice di macchine o attrezzature può apporre il marchio CE sui propri prodotti solo a condizione di rispettare tutte le norme di sicurezza e di corredarlo dei seguenti documenti:

- *dichiarazione di conformità* alle norme di sicurezza;
- *istruzioni per l'uso* contenenti in dettaglio tutte le informazioni utili all'operatore per non correre rischi durante l'utilizzo della macchina.

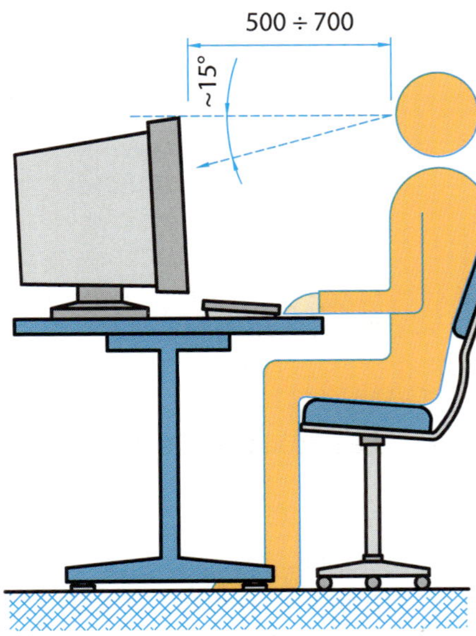

G2.19 Corretta posizione di un lavoratore impegnato in attività con videoterminale.

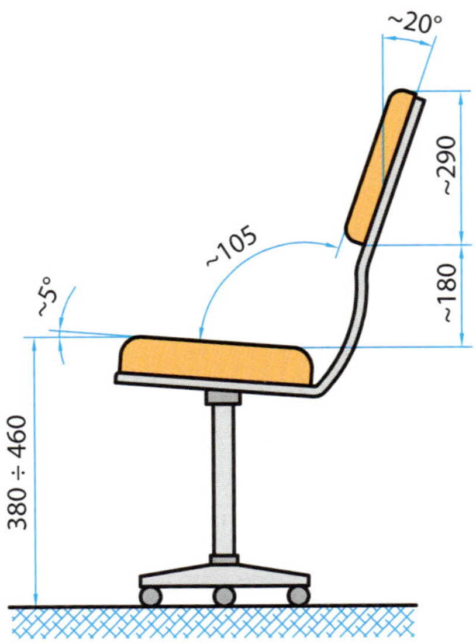

G2.20 Sedia ergonomica per operatore su videoterminale.

ESERCITAZIONE GUIDATA / G2.1

Piano di evacuazione – percorso di fuga

Tracciare lo schema del percorso di fuga per raggiungere dalla propria aula il punto di raccolta previsto dal *Piano di evacuazione*.

Consigli operativi:

- prendere visione dei cartelli che indicano il percorso affissi nell'aula e lungo i corridoi;
- scegliere la scala di rappresentazione;
- tracciare lo schema a mano libera con la matita.

ESERCITAZIONE GUIDATA / G2.2

Piano di evacuazione – punti di raccolta

Dopo aver eseguito la planimetria generale della scuola, individuare ed evidenziare, con dei cerchi colorati, i punti di raccolta previsti dal *Piano di evacuazione*.

Consigli operativi:

- procurarsi la planimetria generale della scuola;
- consultare le planimetrie appositamente predisposte dall'ufficio tecnico per il *Piano di evacuazione*;
- scegliere la scala di rappresentazione;
- tracciare lo schema a mano libera con la matita.

ESERCITAZIONE GUIDATA / G2.3

Dispositivi e procedure in caso d'incendio

Si prenda in considerazione un laboratorio tecnologico della scuola.

1. Individuare la planimetria indicante la via di fuga e descrivere il percorso da compiere per raggiungere il punto di raccolta.

2. Descrivere i comportamenti e le procedure da seguire in caso d'incendio.

3. Identificare e descrivere la cartellonistica riguardante i mezzi antincendio presenti.

4. Identificare la posizione degli estintori, il tipo e lo stato di ricarica.

5. Descrivere le funzioni dei Vigili del Fuoco.

6. Quali sono le funzioni dell'INAIL?

7. Quali sono i compiti demandati alle ASL?

ESERCITAZIONE

ESERCITAZIONE GUIDATA / G2.4

Utensili e DPI per l'elettricità

Si debbano procurare gli utensili per elettricisti di seguito elencati:

- serie di giraviti per i vari tipi d'intaglio della testa;
- giravite cercafase;
- forbici tagliacavi;
- pinze.

Poiché il lavoro si svolge sulle scale o su cestelli elevatori, definire e individuare i DPI necessari.

Consigli operativi:

- ricercare, in Internet, alle voci generiche "attrezzi per elettricisti" e "dispositivi di protezione individuale", i siti che riportano le attrezzature in esame;
- selezionare, dopo aver confrontato più cataloghi, gli attrezzi ritenuti idonei;
- riportare una breve descrizione per ogni attrezzo, con particolare attenzione alle caratteristiche di sicurezza.

Esempio
Giravite da catalogo ABC: lama in acciaio al CR-Mo-V interamente rivestita di isolante certificato 1000 V, lunghezza mm 255, manico anatomico isolante 1000 V, punta a croce per viti di diametro 5,3 ÷ 7,2.

ESERCITAZIONE

VERIFICA DEGLI OBIETTIVI / unità G2

AREAdigitale

Vero/Falso

1. L'acqua è adeguata come mezzo estinguente in caso di incendio da corto circuito.

☐ Vero ☐ Falso

2. Il servizio di prevenzione e protezione si basa sulla dottrina della prevenzione dei rischi.

☐ Vero ☐ Falso

3. Per un'impresa con decine di dipendenti è obbligatoria l'elaborazione del documento di valutazione dei rischi.

☐ Vero ☐ Falso

4. Le scale possono essere considerate fonte di rischio.

☐ Vero ☐ Falso

Scelta singola

1. Indicare la caratteristica che non appartiene a un cartello di prescrizione.

a. Simbolo bianco
b. Forma triangolare
c. Sfondo azzurro

2. Cosa indicano le strisce inclinate giallo-nere?

a. Obbligo di usare mezzi di protezione
b. Pericolo sporgenze
c. Indicazione di servizi alla persona

3. Quale marchio è somigliante al marchio CE di conformità europea ai requisiti di sicurezza?

a. UNI
b. IMQ
c. China Export

4. Cosa è un DPI?

a. Documento di prevenzione degli infortuni
b. Dispositivo di prevenzione incendio
c. Dispositivo di protezione individuale

Scelta multipla

1. Selezionare gli enti che hanno compiti propositivi in ambito tecnico-scientifico.

a. ASL
b. CEI
c. CNR

2. Indicare le caratteristiche di un cartello di divieto.

a. Simbolo in nero
b. Barra trasversale rossa
c. Forma triangolare

3. Selezionare due norme di sicurezza per il rischio elettrico.

a. Utilizzare utensili dotati di manici isolanti in presenza di apparecchiature sotto tensione
b. Disinserire le spine facendo forza sul cavo elettrico
c. Dotare utensili e macchine di collegamento all'impianto di terra

4. La direttiva macchine è un documento contenente:

a. i requisiti di sicurezza per la macchina e i suoi componenti
b. gli indirizzi delle agenzie che vendono la macchina
c. il libretto di istruzioni

VERIFICA DEGLI OBIETTIVI / modulo G

AREAdigitale

Associazione

1. Associare i fattori di rischio nel lavoro agli aggettivi.

1. Mezzo	**a.** Inefficiente
2. Operatore	**b.** Disattento
3. Ambiente	**c.** Tossico

....

2. Associare i fattori di rischio nel lavoro agli aggettivi.

1. Tipo di lavoro
2. Ambiente
3. Operatore
a. Costretto a ritmi eccessivi
b. Ripetitivo
c. Poco luminoso

....

3. Associare le emissioni di agenti inquinanti.

1. Fumi di combustione	**a.** Aria
2. Fanghi tossici	**b.** Terreno
3. Discariche	**c.** Acqua

....

4. Abbinare i colori della sicurezza al loro significato.

1. Rosso
2. Giallo
3. Azzurro
a. Prescrizione e informazione
b. Attenzione e pericolo
c. Divieto e arresto

....

5. Associare gli agenti di spegnimento al loro effetto sull'incendio.

1. Agente di diluizione
2. Acqua, CO_2
3. Schiuma, sabbia, polvere
a. Isolamento del combustibile dal comburente
b. Raffreddamento
c. Diluizione sostanza combustibile

....

6. Associare i soggetti ai compiti, nel Piano di evacuazione degli edifici scolastici.

1. Alunni
2. Docenti
3. Responsabile dell'istituto o suo delegato
a. Incarichi di aprifila e serrafila
b. Incarico di stilare il modulo di evacuazione
c. Compito di diramare l'ordine di evacuazione

....

Completamento

1. Completare le definizioni.

a. Il benessere .... di un individuo è legato al buon funzionamento di tutti i suoi organi
b. L'equilibrio .... di un individuo risulta strettamente legato all'ambiente che lo circonda
c. Si definisce .... un evento improvviso e imprevedibile, generalmente traumatico, che danneggia la salute di una persona
d. Si definisce .... l'alterazione prolungata della funzione di un organo o di tutto l'organismo

2. Si consideri una corrente I_{REF} = 50 mA riferita al percorso mano sinistra-piede sinistro. Determinare le correnti *I* equivalenti dei percorsi specificati.

a. Mano sinistra-torace: .... mA
b. Mano sinistra-schiena: .... mA
c. Mano destra-piede destro: .... mA
d. Mano destra-torace: .... mA
e. Mano sinistra-piede destro: .... mA

3. Completare le definizioni relative alla pianificazione urbanistica.

a. Piano regolatore generale: determina la futura .... del territorio comunale e stabilisce le direttive e i .... necessari per attuarla
b. Piano regolatore particolareggiato: interviene su parti di abitato, di solito il centro ....
c. Piano di ricostruzione: si attua in caso di eventi ....

4. Completare le norme prudenziali relative alle lavorazioni al trapano.

a. Assicurarsi che la punta elicoidale sia ben centrata e fissata sul ....
b. Non usare le mani per la rimozione dei .... per non rischiare di tagliarsi con le .... che la punta elicoidale lascia alla fine della foratura
c. Non toccare la punta alla fine della foratura: potrebbe ....
d. Diminuire la pressione in prossimità dell'uscita della punta dal foro, per evitare il ....

VERIFICA

modulo H Azienda e sua dimensione organizzativa

PREREQUISITI

Conoscenze

- Tipologie di diagrammi
- Hardware e software di un elaboratore
- Software applicativi

Abilità

- Interpretare e rappresentare schemi e diagrammi di flusso
- Delineare lo schema a blocchi di un computer e delle sue periferiche
- Saper utilizzare i principali programmi di office automation

OBIETTIVI

Conoscenze

- Evoluzione dell'organizzazione industriale; Rapid Prototyping e Reverse Engineering
- Forme giuridiche dell'impresa e funzioni aziendali
- Duplicazione e archiviazione di documenti
- Evoluzione della qualità e i sistemi di Gestione della qualità

Abilità

- Descrivere i principali modelli organizzativi
- Individuare e descrivere le principali funzioni aziendali e le principali tecniche di prototipazione rapida
- Identificare e descrivere le principali strutture organizzative di un'azienda
- Impostare semplici sistemi di archiviazione dei documenti
- Delineare i principali vantaggi della qualità nella conduzione aziendale

Competenze di riferimento

- Controllare processi produttivi correlati a funzioni aziendali
- Gestire progetti

AREAdigitale

- **VIDEO TUTORIAL** Modello 3D con Tinkercad
- **ESERCITAZIONE GUIDATA** Archivio di materiale scolastico
- **Verifiche interattive**

VERIFICA DEI PREREQUISITI / modulo H

AREAdigitale

Vero/Falso

1. La memoria ROM viene cancellata spegnendo il computer.

☐ Vero ☐ Falso

2. \$A\$1 + \$A\$2 è una formula assoluta.

☐ Vero ☐ Falso

3. Il programma Excel è più specializzato di Access per la gestione delle basi di dati.

☐ Vero ☐ Falso

Scelta singola

1. L'istogramma è un diagramma:

a. lineare
b. a barre
c. a torta

2. La CPU è:

a. una memoria di massa
b. una periferica di scrittura
c. l'unità di elaborazione

3. I DVD sono periferiche a lettura:

a. meccanica
b. magnetica
c. ottica

Scelta multipla

1. Indicare gli elementi appartenenti a un personal computer.

a. Memoria
b. Microprocessore
c. Testina a getto d'inchiostro

2. I programmi di office automation possono essere utilizzati per produrre:

a. controlli automatici
b. testi
c. archivi elettronici

3. Le celle di un foglio elettronico:

a. sono identificate da coordinate di riga e colonna
b. non possono essere unite tra loro
c. consentono l'inserimento di formule di calcolo

Associazione

1. Associare la tecnologia software al suo campo di applicazione.

1. Computer Aided Design
2. Computer Aided Manufactoring
3. Computer Aided Engineering
a. Progettazione assistita al computer
b. Fabbricazione assistita al computer
c. Ingegneria assistita al computer

....

2. Associare l'acronimo del software al suo compito.

1. CAD
2. CAM
3. CAE
a. Analisi di problemi ingegneristici mediante modello numerico-grafico.
b. Stesura di un modello geometrico 2D o 3D
c. Generazione di istruzioni per macchine a controllo numerico

....

3. Associare la forma geometrica al suo significato all'interno di un diagramma di flusso.

1. Ellisse
2. Parallelogramma
3. Rombo
a. Blocco decisionale
b. Blocco di I/O
c. Blocco iniziale e finale

....

PREREQUISITI

unità H1

ORGANIZZAZIONE INDUSTRIALE

OBIETTIVI

Conoscenze

- Evoluzione storica della organizzazione aziendale
- Le forme giuridiche dell'impresa e le funzioni aziendali
- Le strutture organizzative dell'azienda
- Prototipazione rapida e Reverse Engineering

Abilità

- Descrivere i modelli organizzativi e le funzioni aziendali
- Delineare le principali forme giuridiche d'impresa
- Esporre i principi di funzionamento della prototipazione rapida e della Reverse Engineering

CONTENUTI

H1.1 L'ORGANIZZAZIONE INDUSTRIALE

L'**organizzazione industriale** è la scienza che studia la pianificazione del lavoro e ha lo scopo di rendere più efficiente il sistema produttivo, mediante la sua razionalizzazione.

Essa si occupa della struttura generale dell'impresa e di tutti gli elementi che la costituiscono.

L'organizzazione industriale nacque alla fine del XIX secolo come logica conseguenza degli aumenti di produzione, favoriti dalla diffusione delle macchine operatrici all'interno delle aziende (dovuta alla disponibilità delle fonti energetiche). Agli aumenti di produzione non corrispose una diminuzione dei costi che gravavano sui prodotti. Così, quando domanda e offerta si stabilizzarono, per competere con la concorrenza si rese necessario ridurre i costi di produzione; ciò era possibile solo attraverso una riorganizzazione del lavoro.

Evoluzione storica

Nella storia dell'umanità le tecniche di produzione hanno avuto un'evoluzione molto lenta.
Sino al **XVIII secolo**, infatti, esse erano prevalentemente artigianali, si basavano sul lavoro manuale e utilizzavano strumenti molto semplici. Le principali attività produttive erano tessili, siderurgiche e meccaniche e le innovazioni tecniche riguardavano prevalentemente l'aumento della produzione.
Un grande balzo in avanti si ebbe con la **rivoluzione industriale** (XVIII secolo) durante la quale si moltiplicarono le invenzioni (telaio meccanico, macchina a vapore) e, come conseguenza, si ottenne la crescita della produzione e dei consumi.
L'**Ottocento** portò la diversificazione della produzione e il collegamento tra l'industria e la scienza pura.
Un notevole contributo allo sviluppo delle tecniche di produzione si deve alla scoperta dell'elettricità e all'industria chimica (con lo sviluppo dei settori relativi alla produzione di concimi, coloranti, medicinali, esplosivi, fibre sintetiche, materie plastiche ecc.). L'industria moderna e la scienza hanno oggi legami di collaborazione molto forti, evidenti soprattutto nelle aziende dotate di elevata innovazione tecnologica, organizzazione complessa e processi di produzione molto avanzati.
L'applicazione diffusa di tecniche e tecnologie elettroniche e informatiche cui oggi si assiste, nota con il nome di **automazione industriale**, stravolge il concetto tradizionale di fabbrica e comporta cambiamenti paragonabili a quelli provocati dalla rivoluzione industriale **[fig. H1.1]**.

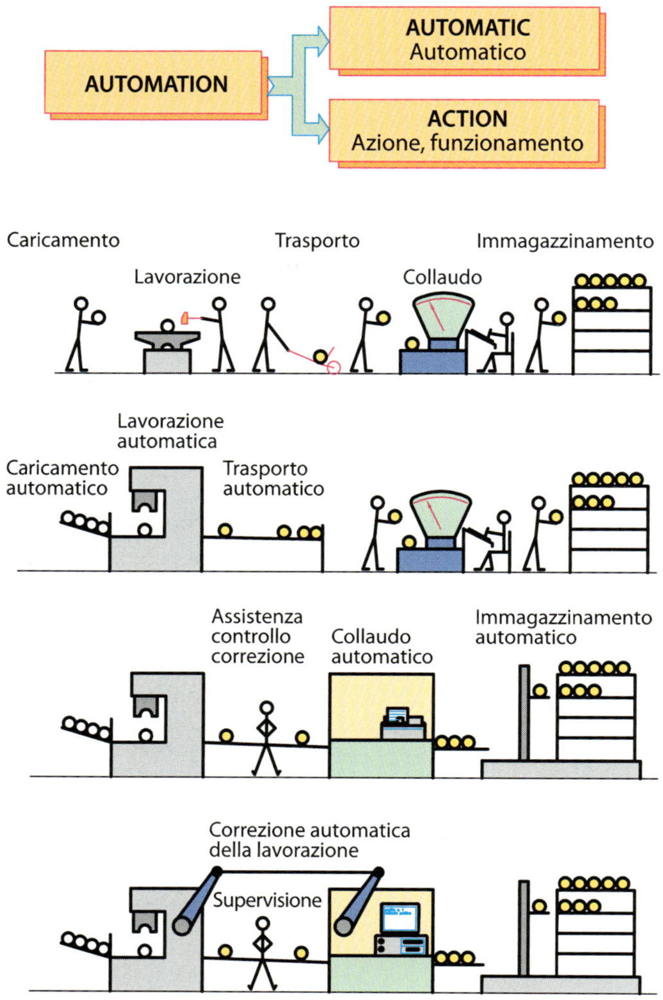

H1.1 Significato del vocabolo "automazione" ed evoluzione dei sistemi di produzione industriale.

I primi modelli organizzativi

I primi studiosi dell'organizzazione industriale, all'inizio del XX secolo, furono **F.W. Taylor**, **H. Fayol** e **H. Ford**.

Taylor

Frederick Winslow Taylor condusse ricerche relative ai fattori che influenzano la produzione, alla suddivisione delle mansioni all'interno dell'azienda, alla scelta degli operatori e alla formazione professionale.
I suoi studi lo portarono alle seguenti conclusioni.

1. *La produzione dipende dai mezzi di lavoro e dagli uomini* **[fig. H1.2]**. Egli studiò, infatti, l'utilizzazione razionale delle macchine e analizzò i movimenti necessari agli uomini per eseguire le diverse operazioni. Al proposito misurò la durata di ogni movimento, ottimizzò i movimenti eliminando quelli inutili e riducendo così numero e tempi di operazione.
2. *Gli operatori devono essere scelti in funzione delle attitudini ed educati mediante un'istruzione professionale.*
3. *Bisogna individuare delle mansioni principali ("funzioni base") e assegnarle a degli esperti.*

H1.2 Parametri che influenzano la produzione secondo Taylor.

Fayol

L'opera di Henry Fayol integra quella di Taylor e teorizza la scienza dell'amministrazione e la sua diffusione mediante l'insegnamento.
Egli individua nell'attività di un'azienda industriale la **funzione amministrativa** **[fig. H1.3]** che a suo avviso si compone delle funzioni:

- tecnica;
- commerciale;
- finanziaria;
- di sicurezza;
- contabile.

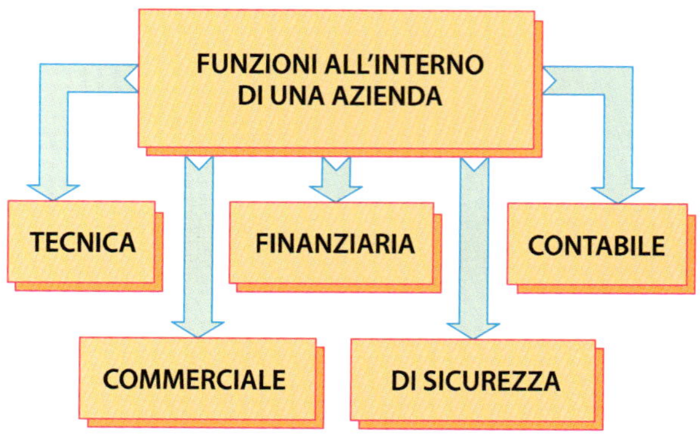

H1.3 La distribuzione della funzione amministrativa nella fabbrica secondo Fayol.

I principi basilari elaborati da Fayol sull'amministrazione di un'azienda sono i seguenti.

1. *La funzione amministrativa non compete solo al capo*, già responsabile della guida dell'impresa.
2. *La funzione amministrativa deve essere distribuita ai componenti dell'azienda in funzione della posizione occupata nella scala gerarchica.*
3. *In azienda deve esserci sempre una persona capace di prendere delle decisioni.*

Ford

Henry Ford è noto, principalmente, per le sue industrie automobilistiche, ma si deve a lui anche l'introduzione del **lavoro a catena** e del concetto di **ritmo** o **cadenza di una linea** [fig. H1.4].
L'introduzione del lavoro a catena consentì di ridurre notevolmente i tempi di produzione e di far rientrare rapidamente (con la vendita dei prodotti) il capitale investito.
Ford, per primo, realizzò la vendita del prodotto prima di avere acquisito le materie prime relative al prodotto stesso (come avviene oggi quando si paga un'autovettura al momento della prenotazione).
Nella sua attività Ford s'ispirò ai seguenti principi.

1. *Le attività produttive devono essere finalizzate a vantaggio della collettività.*
2. *La produttività dell'azienda migliora con il guadagno del dipendente e perciò la retribuzione deve garantire la tranquillità sociale.*
3. *Il mercato si allarga con l'elevazione dei salari e la riduzione dei costi di produzione.*

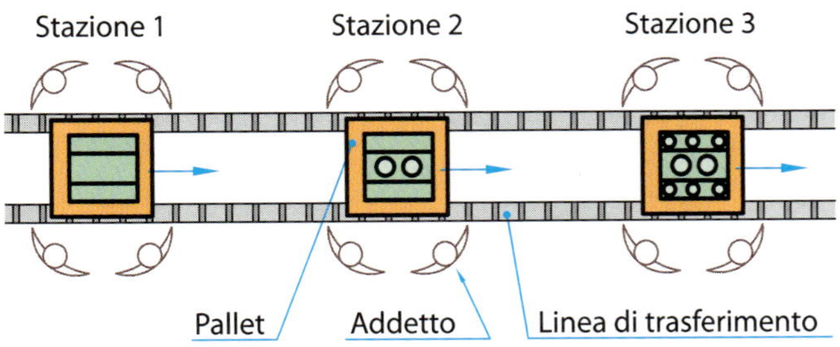

H1.4 Le catene di produzione introdotte da Ford.

I modelli organizzativi successivi

Modelli organizzativi più o meno evoluti si ottennero come conseguenza delle teorie di Taylor, Fayol e Ford. Tra i più importanti si ricordano quelli teorizzati da:

- **Emerson**, che propose norme per accrescere l'efficienza e il rendimento;
- **Gantt**, che si occupò con Taylor delle lavorazioni dei metalli e propose l'introduzione dei *premi di produzione* e dei *diagrammi per seguire la produzione*;
- **Alford**, che comprese la necessità della *specializzazione della manodopera, della produzione* e *della produttività*.

Oltre che dai collaboratori di Taylor, Fayol e Ford gli studi sull'organizzazione del lavoro furono ripresi, divulgati e approfonditi da diverse scuole di pensiero che misero sempre più in evidenza l'importanza delle relazioni umane.
Sorsero, allora, teorie che asserirono che nel mondo della produzione l'uomo ha bisogno non soltanto di retribuzione ma anche di rispetto, affetto e considerazione delle sue capacità: le comunicazioni nella scala gerarchica risultano, conseguentemente, molto importanti [fig. H1.5]. La comparsa di giornalini aziendali, circoli ricreativi e cassetta dei suggerimenti sono i tentativi di applicazione di queste teorie.
Altri contributi importanti all'organizzazione della produzione basata sulle relazioni umane provengono dalle **teorie di Argyris**, **Maslow** e **Herzberg**.

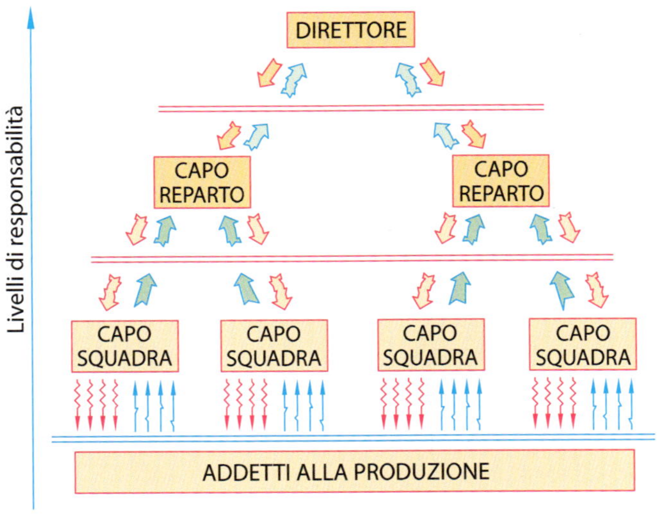

H1.5 Flussi di comunicazione in un modello organizzativo in linea.

H1.2 FORME GIURIDICHE DELL'IMPRESA

L'**impresa** è un'attività economica, organizzata dall'imprenditore, per la produzione di beni o servizi. L'**imprenditore** deve svolgere l'attività in modo abituale e operare sul mercato, cioè deve vendere i suoi prodotti.

Grande importanza assume l'organizzazione dell'impresa, cioè la gestione delle risorse umane, tecniche e finanziarie da parte dell'imprenditore. Il codice civile prevede diverse forme giuridiche d'impresa; una prima suddivisione prevede due grandi tipologie: le imprese *individuali* e le *società* **[fig. H1.6]**.

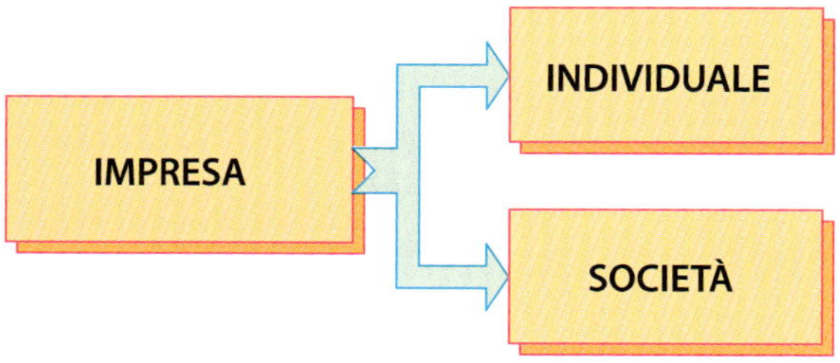

H1.6 Tipi di imprese.

Impresa individuale

Nell'impresa individuale la proprietà e la gestione dipendono da un'unica persona, il titolare, che è anche responsabile degli obblighi derivanti dall'attività. Quando il titolare si avvale, in modo continuativo, delle prestazioni lavorative dei parenti si ha l'*impresa familiare*, che è l'estensione naturale di quella individuale.

Società

Quando due o più persone si accordano per organizzare un'attività economica, costituiscono una società. Questa tipologia d'impresa consente agli imprenditori di unire i capitali individuali e di ripartire i rischi.
Le società possono essere **[fig. H1.7]**:

- di persone;
- di capitali.

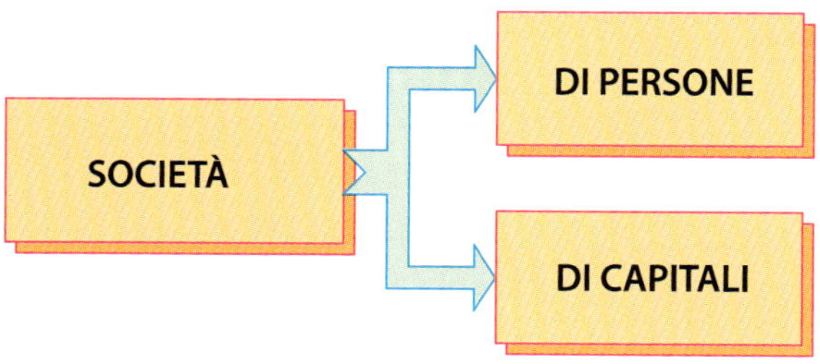

H1.7 Tipi di società.

Società di persone

Le società di persone, a loro volta, possono essere suddivise in società **[fig. H1.8]**:

- semplice – S.s.;
- in nome collettivo – S.n.c.;
- in accomandita semplice – S.a.s.

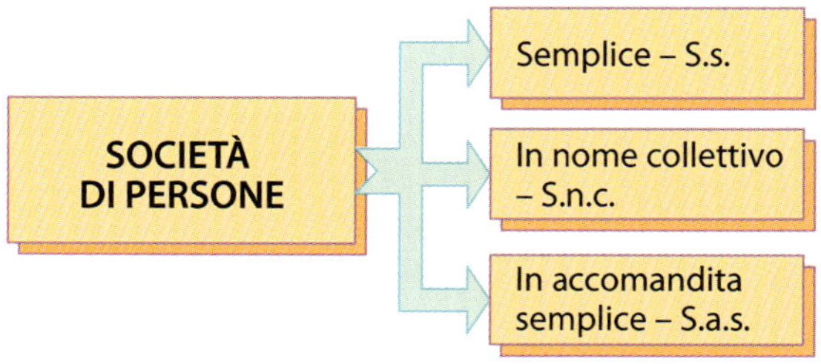

H1.8 Suddivisione delle società di persone.

La *società semplice* è il tipo più essenziale d'impresa con più soci; non deve essere iscritta al registro delle imprese e non è previsto il suo fallimento anche in caso di insolvenza. È adatta per l'esercizio di modeste attività produttive, in genere agricole o professionali, ma non può essere costituita per attività commerciali. Tutti i soci sono responsabili della conduzione, dell'amministrazione e degli eventuali debiti della società.

La *società in nome collettivo* deve essere costituita con atto notarile e deve essere iscritta al registro delle imprese della camera di commercio provinciale. I soci sono tutti responsabili e il fallimento della società comporta il fallimento di tutti i soci.
È una forma giuridica poco costosa e non prevede il versamento di un capitale minimo; la legge vieta di assumere familiari dei soci o dell'amministratore.

La *società in accomandita semplice* prevede due tipologie di soci:

- gli *accomandatari*, che hanno il compito di gestire la società, ma, in caso di fallimento, rispondono dei debiti sociali, oltre che con il capitale investito, anche con i beni personali;
- gli *accomandanti*, che sono responsabili solo entro i limiti del capitale investito, ma non hanno il diritto alla gestione della società.

Il vantaggio di questo tipo di società sono i costi contenuti di costituzione e gestione.

Società di capitali

Nelle società di capitali prevale l'aspetto del patrimonio; esse assumono *personalità giuridica*, cioè sono

trattate dalla legge come persone autonome, responsabili degli obblighi che nascono dall'attività d'impresa. Ogni socio partecipa agli utili e alle decisioni societarie in proporzione al capitale che ha investito.
Le società di capitali possono essere suddivise in società **[fig. H1.9]**:

- a responsabilità limitata – S.r.l.;
- per azioni – S.p.a.;
- in accomandita per azioni – S.a.p.a.

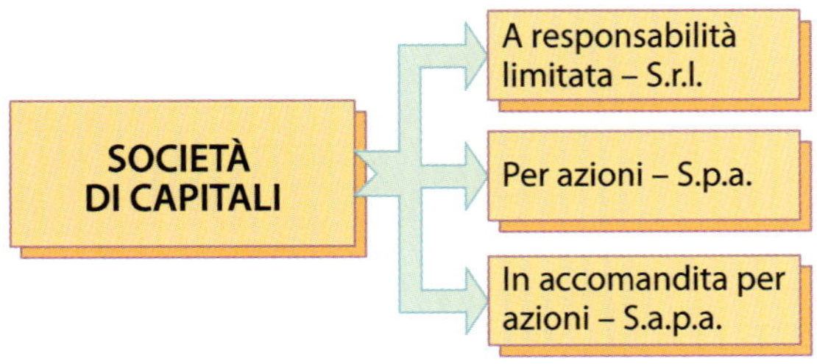

H1.9 Suddivisione delle società di capitali.

La *società a responsabilità limitata* è la forma più semplice di società di capitali; è particolarmente adatta a imprese di piccola o media dimensione. Ciascuno dei soci è responsabile verso terzi solo per il capitale impegnato e non con il patrimonio personale.
La S.r.l. deve essere costituita con atto notarile e con un capitale minimo di 10.000 euro, di cui solo 2500 versati all'atto della costituzione. La S.r.l. può avere un solo socio assumendo il nome *S.r.l. unipersonale*.

La *società per azioni* è adottata dalle medie e grandi imprese; deve essere costituita con atto notarile e con un capitale minimo di 120.000 euro. Questo capitale è suddiviso in quote, dette azioni o titoli azionari, che attribuiscono al loro possessore il diritto di partecipare agli utili in proporzione alle quote possedute.
Le azioni possono essere quotate sul mercato (borsa valori) e possono modificare il loro valore nel corso della giornata in funzione della richiesta di mercato o della loro affidabilità. La caratteristica di questi titoli è di poter essere scambiati con estrema facilità.
Le principali tipologie di azioni sono quelle ordinarie e quelle privilegiate.
Le *azioni ordinarie* rappresentano la forma più tradizionale per partecipare al capitale dell'azienda e devono rappresentare almeno il 50% del capitale sociale. Oltre a partecipare alla divisione degli utili, chi possiede azioni ordinarie, ha il diritto di voto alle assemblee per la nomina degli amministratori, l'approvazione del bilancio, gli aumenti di capitale, le modifiche allo statuto della società e l'eventuale scioglimento della stessa.

Le *azioni privilegiate* riconoscono al possessore il diritto di precedenza nella distribuzione degli utili e nel rimborso del capitale investito nel caso di liquidazione della società. Il titolare di questo tipo di azioni non ha diritto di voto e può votare solo nelle assemblee straordinarie.

Le *società in accomandita per azioni* sono poco diffuse in Italia. Le S.a.p.a. prevedono due tipologie di soci: gli accomandatari e gli accomandanti.
I *soci accomandatari* rispondono illimitatamente degli obblighi derivanti dall'attività dell'impresa e possono amministrare la società. I *soci accomandanti* non possono essere coinvolti nel caso di dissesto, ma non possono amministrare l'impresa

Le cooperative

La *società cooperativa* si realizza quando almeno tre soggetti gestiscono in comune una impresa che si prefigge lo scopo di fornire *agli stessi soci* (scopo mutualistico) beni e servizi.
Le cooperative costituite da meno di 9 soci sono obbligate ad applicare le norme sulle S.r.l. Sono riportati di seguito alcuni esempi.

- *Cooperativa di abitanti* o *cooperativa edilizia*: è finalizzata alla costruzione di alloggi per i propri soci a prezzi più convenienti di quelli del libero mercato.
- *Cooperativa agricola*: si tratta di cooperative per coltivazione, trasformazione, conservazione e distribuzione di prodotti agricoli o zootecnici. L'unione di più produttori permette l'acquisto di materie prime a prezzi convenienti e la vendita dei prodotti con una filiera accorciata e quindi a prezzi più convenienti.
- *Cooperativa di produzione e lavoro*: lo scopo di queste imprese consiste nel procurare lavoro, alle migliori condizioni possibili, per i propri soci-lavoratori.

H1.3 STRUTTURE ORGANIZZATIVE DELL'AZIENDA

L'azienda può esercitare la propria attività solo se le diverse funzioni sono bene organizzate. Perciò la pianificazione ha il compito di identificare le attività, classificarle, correlarle tra loro e assegnarle agli operatori.
La rappresentazione sintetica della struttura organizzativa dell'azienda viene effettuata mediante **organigrammi**. In essi si possono identificare le attivi-

tà, i gruppi di appartenenza, le relazioni esistenti e le persone a cui vengono assegnate. I criteri seguiti nel raggruppare le attività e le modalità di correlazione danno luogo a strutture organizzative e quindi a organigrammi diversi. L'organigramma si modifica a ogni variazione dell'assetto dell'azienda (per esempio, per variazioni di produzione).

Gli organigrammi si suddividono in *reali* e *programmatici* e si distinguono per funzioni e per livelli **[figg. H1.10-H1.11]**.

Negli organigrammi **per funzioni** sono riportate le mansioni da svolgere, in quelli **per livelli** si riportano la struttura gerarchica e i nomi dei responsabili delle funzioni.

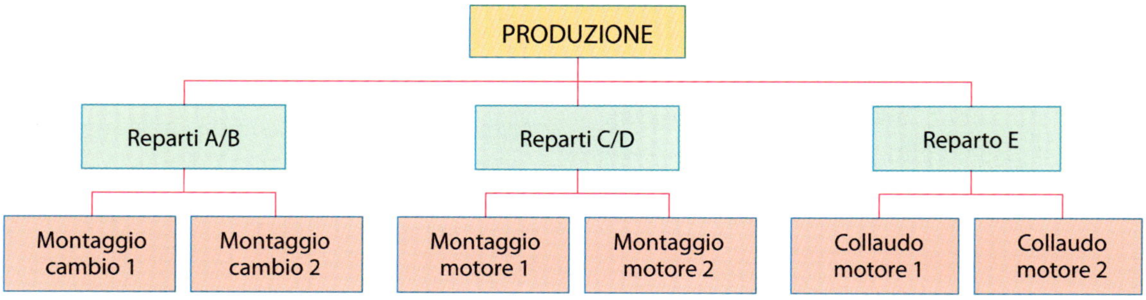

H1.10 Organigrammi per funzioni.

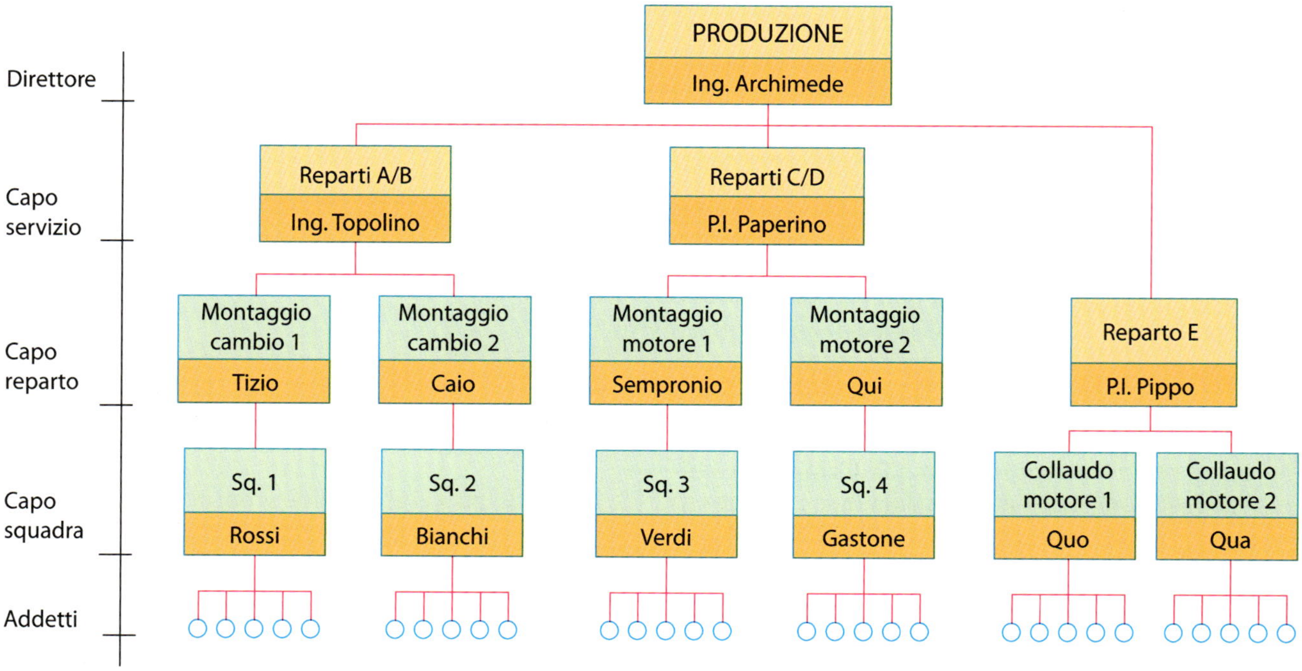

H1.11 Organigrammi per livelli e funzioni.

H1.4 LE FUNZIONI AZIENDALI

Si definisce **azienda** l'insieme organizzato di uomini e mezzi il cui obiettivo è il conseguimento di un *utile* mediante la trasformazione di risorse in beni o servizi.

L'obiettivo di ogni azienda, quindi, è quello di ricavare un *utile* che possa consentire il suo sviluppo attraverso l'incremento del suo capitale o dell'occupazione da essa garantita.

Per raggiungere questo obiettivo ogni azienda dovrà relazionarsi con il *territorio* in cui si trova inserita e con cui costituisce un macrosistema, per venire a conoscenza di bisogni, prodotti o servizi che possono avere sbocchi commerciali, la loro entità e la loro possibile evoluzione nel tempo **[fig. H1.12]**.

La ricerca sul territorio di queste informazioni, l'elaborazione e l'attuazione delle opportune strategie operative per il raggiungimento della *mission* individuata su di esso vengono realizzate nelle aziende mediante l'attivazione di una serie di *funzioni interne*, riportate nella **figura H1.13**.
Nella realtà, i ruoli e le funzioni possono raggrupparsi e sovrapporsi diversamente, o anche soltanto avere nomi diversi. Anche nel settore dei servizi, che producono beni immateriali, nomi e definizioni di ruoli e funzioni possono non corrispondere esattamente al modello proposto nella **figura H1.13**.

Ricerca e sviluppo

Alla funzione Ricerca e sviluppo viene affidato il compito dello *studio*, della *formulazione* e della *innovazione* continua dei prodotti aziendali.

Questo settore si occupa, dunque, di ricerche sui materiali, di inventare nuovi prodotti e utilizzare nuove tecnologie, di progettare e sviluppare nuovi macchinari e nuovi processi di produzione, di realizzare nuove applicazioni e migliorare i prodotti già esistenti.

Il ruolo del *ricercatore / scienziato / inventore* non si svolge più nel chiuso del laboratorio. Oggi il ricercatore è costantemente affiancato da un lato dall'area marketing, che suggerisce e verifica le attese del mercato rispetto alle nuove scoperte o agli sviluppi dei prodotti esistenti, e dall'altro dall'area produzione, che controlla costi, fattibilità e concretezza delle sue analisi.

I ruoli più classici della Ricerca e sviluppo sono il *ricercatore* e il *tecnologo*. Si tratta di titoli intercambiabili, anche se spesso il tecnologo studia più gli aspetti di ricerca applicata e di industrializzazione, mentre il ricercatore si dedica più alla ricerca di base.

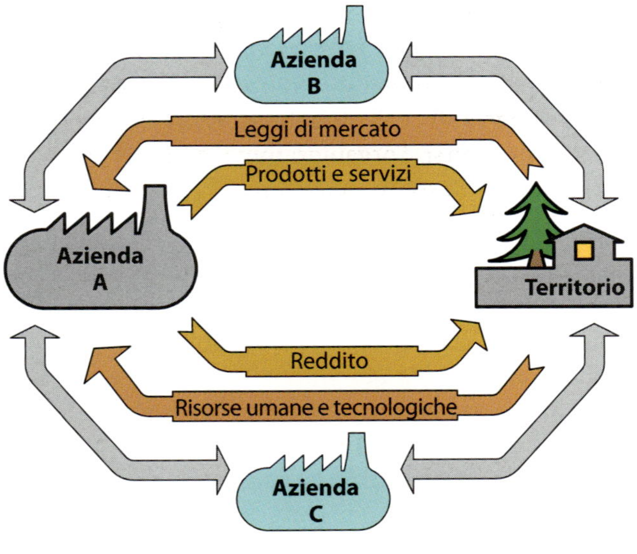

H1.12 Relazioni tra azienda e territorio.

H1.13 Funzioni aziendali.

Produzione e Qualità

La funzione Produzione e Qualità governa nel migliore dei modi la *correttezza dei processi di trasformazione* delle materie prime o dei semilavorati nel prodotto finito.

L'addetto a questa funzione si trova a vivere una fase particolarmente critica per le rapide e non indolori riconversioni che, sia con le delocalizzazioni degli impianti produttivi sia con l'automazione, hanno rivoluzionato il modo di produrre, riducendo organici e tempi di lavorazione, pur migliorando la qualità dei prodotti.

Nell'ambito della **produzione** risulta fondamentale il ruolo del *caporeparto*, responsabile della linea di produzione. Altrettanto importanti sono i servizi tecnici, o engineering, che assicurano le innovazioni tecniche, l'efficienza degli impianti e la manutenzione necessarie nello stabilimento.

Sempre nell'ambito della produzione si è sviluppata una funzione che oggi ha acquisito una specifica dignità e autonomia: la **qualità**. La *qualità* ha ampliato l'area della sua competenza, passando dalla *qualità dei prodotti* alla *qualità dei processi produttivi* e poi alla *qualità di tutti i processi aziendali*, diventando **Qualità Totale**. Oggi la *qualità totale* è un vincolo per tutte le aziende modernamente organizzate.

La figura più significativa della qualità è quella dell'*analista di laboratorio*, che effettua studi e verifiche chimiche e fisiche sui prodotti o sulle materie prime. Un'altra figura caratteristica è quella dell'*ispettore di qualità*, che esegue controlli sui prodotti o in fabbrica o dopo che sono stati messi in distribuzione, per verificare che arrivino in perfetto stato al consumatore.

Logistica

La funzione Logistica, chiamata oggi *supply chain*, cura l'acquisto dei materiali, la loro gestione nei magazzini, la programmazione della produzione in stabilimento e la distribuzione dei prodotti.

Anche la funzione logistica è cresciuta d'importanza negli ultimi anni, da un lato per l'esigenza di ridurre gli enormi oneri finanziari legati alle scorte di materie prime e prodotti finiti e, dall'altro, perché in quanto funzione di integrazione tra la produzione e le vendite risulta indispensabile per essere più tempestivi nella consegna e più affidabili nella gestione degli ordini.

La logistica è una funzione cardine per orientare al mercato tutta l'azienda e non solo le funzioni commerciali. Nel mondo della logistica, tra le mansioni più critiche vi è quella del *buyer*, o *compratore*, che cura l'acquisto di materie prime, semilavorati ecc., selezionando i fornitori e negoziando le condizioni.

Mansioni tipiche della logistica sono la *programmazione della produzione*, che gestisce gli stock e alimenta le fabbriche, e la *distribuzione fisica* dei prodotti dal produttore ai clienti: in queste aree l'informatica distribuita consente grandi innovazioni, necessarie per l'elevatissima incidenza che i costi logistici di stoccaggio e trasporto hanno per le aziende.

Marketing

Il Marketing è la funzione incaricata di trovare il modo di soddisfare i bisogni dei consumatori, traendone un profitto. Cura lo studio e il lancio di nuovi prodotti, il costante aggiornamento dei contenuti e dell'immagine di quelli esistenti, il loro posizionamento, la comunicazione pubblicitaria, la definizione dei prezzi ottimali di vendita, le iniziative promozionali, formati e confezioni, modalità distributive ecc.

La figura caratteristica del marketing è il *product manager*, che cura il prodotto e deve garantire, interagendo con tutte le altre funzioni, che esso cresca e si affermi secondo le sue massime potenzialità.

Vendite

La funzione Vendite all'interno dell'azienda s'incarica direttamente della vendita dei prodotti, curandone la presentazione, giustificandone il costo e garantendone la distribuzione.

Questa funzione è forse la più importante per le aziende. Infatti, quando il mercato era in espansione bastava che il marketing ideasse dei buoni prodotti ed essi venivano accolti senza problemi; più che dei "venditori", le aziende avevano dei "distributori" di prodotti.
Con lo sviluppo della grande distribuzione organizzata (GDO) e la quasi scomparsa della piccola distribuzione, è cambiato anche il volto del cliente, ora rappresentato dai gruppi di acquisto (associazioni di più punti vendita). Di conseguenza ai giorni nostri si è molto diffusa anche nel largo consumo la figura del *key account*, nome creato per analogia con l'*account* delle agenzie pubblicitarie, per prendersi cura di questi clienti chiave.
Per esempio, è sempre più raro che si possa fare carriera nel marketing senza avere maturato una solida esperienza anche nelle vendite. I laureati vengono col tempo inseriti, oltre che come key account anche come *capi distretto* o *capi area*, con il compito di coordinare l'attività di una serie di venditori o agenti in una determinata zona geografica.

Amministrazione e finanza

L'area Amministrazione e finanza cura la redazione dei bilanci, la contabilità generale e le attività di budgeting e controllo di gestione.

L'area ha una funzione fondamentale nell'economia di un'azienda: le costanti verifiche sull'andamento aziendale, sui rapporti costi/ricavi a livello analitico e sui margini di scostamento dai piani di gestione sono attività di controllo fondamentali, come anche la *revisione interna*, cioè le attività di auditing, controllo e consulenza, della correttezza delle operazioni amministrative e gestionali, compiuta prima dell'intervento di revisori esterni, che devono certificare i bilanci delle aziende quotate in borsa.

Questo settore, una volta più *formale* e *amministrativo*, si è espanso diventando più *gestionale* e *organizzativo*, entrando nel merito dei sistemi aziendali, per verificare non solo la correttezza delle procedure ma anche la loro efficacia.

A causa della internazionalizzazione dei mercati è cresciuta anche l'importanza dell'area *legale-finanziaria*, diventando indispensabile la conoscenza di tutte le norme e regole da seguire per gestire gli aspetti societari e finanziari nelle piazze estere.

Personale e Organizzazione

L'area Personale e Organizzazione è una di quelle che più stanno evolvendosi e in cui si sono sviluppate negli ultimi anni diverse nuove professionalità. Essa contempla due campi d'azione: le *relazioni industriali* e la gestione delle *risorse umane*.

Le *relazioni industriali* si occupano dei rapporti con il sindacato, della contrattazione collettiva, del contenzioso sul lavoro, delle procedure e delle norme di sicurezza e disciplinari, dei rapporti con gli enti pubblici e le associazioni imprenditoriali, del calcolo del costo del lavoro e spesso dell'organizzazione del lavoro operaio, nonché degli aspetti amministrativi e previdenziali dei rapporti di lavoro.

Le *risorse umane* curano invece la selezione e la formazione professionale di neodiplomati, neolaureati ed esperti, i piani di carriera dei quadri, i sistemi di valutazione della prestazione e del potenziale dei dipendenti, le analisi organizzative su ruoli e funzioni, i sistemi di motivazione e retribuzione.

A cavallo tra le due aree del personale c'è la "gestione" vera e propria, che implica l'occuparsi sia dei problemi sindacali, sia di assunzione e sviluppo risorse, di licenziamenti, mobilità e aspetti organizzativi nella loro realtà operativa.

La funzione *Organizzazione* tende oggi a scomparire nelle aziende come funzione in sé e a essere inglobata, a seconda degli ambiti operativi, nelle aree del personale, dei sistemi informativi o della produzione.

Sistemi informativi

I sistemi informativi dell'azienda comprendono tutte le informazioni sviluppate durante i processi aziendali, la loro gestione e le risorse aziendali coinvolte, tra le quali ha un ruolo fondamentale il settore dell'*Information Technology*

Le figure tipiche della gestione informatica dei dati aziendali sono quelle dell'*analista-programmatore*, del *system engineer* e dell'*amministratore di rete.*

In questi ultimi anni le aziende sono orientate a delegare a società esterne la *gestione di buona parte dei propri sistemi informativi*, per la difficoltà a generare al loro interno l'efficienza, l'innovazione e lo sviluppo delle competenze indispensabili per tenere i ritmi velocissimi di evoluzione delle tecnologie e dei sistemi. Tuttavia, non poche aziende preferiscono mantenere un controllo diretto su questo settore per non lasciare totalmente a terzi la gestione di un'area così importante.

Relazioni esterne

La funzione delle *relazioni esterne* comprende, di solito, un'area che segue i rapporti con la stampa, i media e gli enti pubblici e un'altra area che promuove l'immagine dell'azienda presso i consumatori attraverso sponsorizzazioni e manifestazioni pubbliche, nonché attraverso la predisposizione e supervisione di campagne promozionali e pubblicitarie. Queste ultime, a volte, sono curate da agenzie specializzate.

H1.5 LA PROTOTIPAZIONE RAPIDA

Definizione

Per **prototipo** si intende il primo elemento di una serie. Il prototipo può svolgere diverse funzioni all'interno del ciclo di sviluppo del prodotto:

- per la progettazione, permette di *verificare un'idea*;
- per il marketing, può servire per provare la *risposta del mercato a una nuova proposta*;
- per la produzione, può essere utile per *verificare un ciclo di fabbricazione.*

In definitiva, le funzioni del prototipo sono quindi la verifica funzionale, la valutazione dei costi, la valutazione dei tempi di flusso e della risposta del mercato.

Si chiama **prototipazione rapida** o **RP** (Rapid Prototyping) la tecnica con la quale si ottiene il modello del pezzo direttamente dal disegno eseguito al computer mediante sistemi di modellazione solida (CAD-3D del tipo: Catia, Cadds 5, Duct, Pro/Engineer, AutoCADm HA ecc., nel formato standard IGES) **[fig. H1.14]**.

H1.14 Esempio di prototipazione rapida: modello in polistirene sinterizzato e relativa fusione in alluminio (fonte: "Stampi", febbraio 1997).

Già da questa definizione risultano chiari i punti di forza di questa tecnica: possibilità di realizzare in tempi ridottissimi un prototipo di un'ampia gamma di materiali, indipendente dalla forma e complicazione geometrica, senza alcun ausilio di attrezzature.

I modelli prototipi hanno la consistenza e le caratteristiche del materiale utilizzato, la precisione dipendente dalle dimensioni del pezzo, comunque dell'ordine di qualche decimo di millimetro, ottima stabilità dimensionale nel tempo, buona resistenza alla temperatura (fino a 80 °C) e grande fedeltà estetica rispetto al pezzo definitivo.

I modelli ottenuti con la tecnologia RP sono definiti *rapidi* perché vengono ricavati direttamente dal modello matematico tridimensionale creato con il CAD-3D senza la necessità di determinare, come nelle macchine a Controllo Numerico, il percorso utensile.

Le tecniche di prototipazione

Dall'idea pionieristica di Charles W. Hull è nata nel 1982 la 3D Systems Inc., società americana capostipite del settore, e nel 1986 è stata sviluppata a Valencia la prima unità di prototipazione rapida: la *stereolitografia* (SLA).

La presenza sempre più capillare di sistemi CAD-3D ha dato una spinta straordinaria alla ricerca di metodologie sempre nuove e diverse, finalizzate alla realizzazione di oggetti a partire da una geometria definita elettronicamente.

Le tecniche con cui si ottengono i modelli sono diverse ma tutte basate sulla stratificazione del materiale, che costruisce l'oggetto mediante passaggi successivi. Ogni strato, dello spessore compreso tra 0,05 e 0,25 mm, costituisce una "fetta" o una "sezione" orizzontale dell'oggetto da realizzare.

Si riportano di seguito le principali tecniche di prototipazione rapida con brevi cenni sui processi utilizzati.

Stereolithography (SLA): stereolitografia

L'apparecchiatura di litografia stereo comprende una vasca che contiene il liquido che costituirà il pezzo finale in resina fotosensibile (resina epossidica). All'interno della vasca è contenuta una piattaforma mobile sulla quale, tramite un fascio laser, viene "costruito" il pezzo, *layer by layer*, cioè strato dopo strato.
Tale resina consente di ottenere pezzi con una buona precisione e una buona finitura superficiale, praticamente senza porosità, rendendo questa tecnica particolarmente adatta per oggetti cavi con pareti sottili (serbatoi, contenitori per fluidi ecc.). I pezzi vengono successivamente posti in forno per migliorare le proprietà meccaniche. Il volume di costruzione è 500 × 500 × 500 mm.

Solid Ground Curing (SGC): accrescimento per strati

Questa tecnica applica lo stesso principio della SLA, con l'indurimento contemporaneo dell'intera sezione ottenuto per strati con una lampada a ultravioletti di grande potenza. È così possibile ottenere pezzi dotati di buona funzionalità cinematica, con spessori delle sezioni più uniformi e sorgente a ultravioletti meno costosa.

Selective Laser Sintering (SLS): sinterizzazione laser selettiva

Con questo processo termico di sinterizzazione, brevettato nel 1989, vengono creati oggetti tridimensionali, strato dopo strato, da materiali preparati sotto forma di polvere, fusi tramite una radiazione emessa da una sorgente laser al CO_2 **[fig. H1.15]**.
Con questa tecnica si possono sinterizzare materiali termoplastici, cere, sabbie e metalli, ottenendo elementi funzionali con forme di altissimo grado di accuratezza e finitura superficiale. Il volume di costruzione è 340 × 340 × 620 mm.

Fused Deposition Modeling (FDM): modellazione a deposizione fusa

Tecnologia consistente nel riscaldamento di un filamento di polimero termoplastico (ABS) e la sua deposizione selettiva, tramite un ugello di estrusione calibrato, al fine di creare gli strati che realizzeranno il pezzo finale. Si utilizzano materiali a basso punto di fusione, come termoplastici, cere e nylon.

I pezzi ottenuti non richiedono altri trattamenti termici e possono essere rifiniti con sabbiatura o verniciatura, pertanto sono in grado di garantire prestazioni del tutto analoghe a quelli ottenuti con le tecnologie tradizionali. Il volume di lavoro è 220 × 220 × 300 mm.

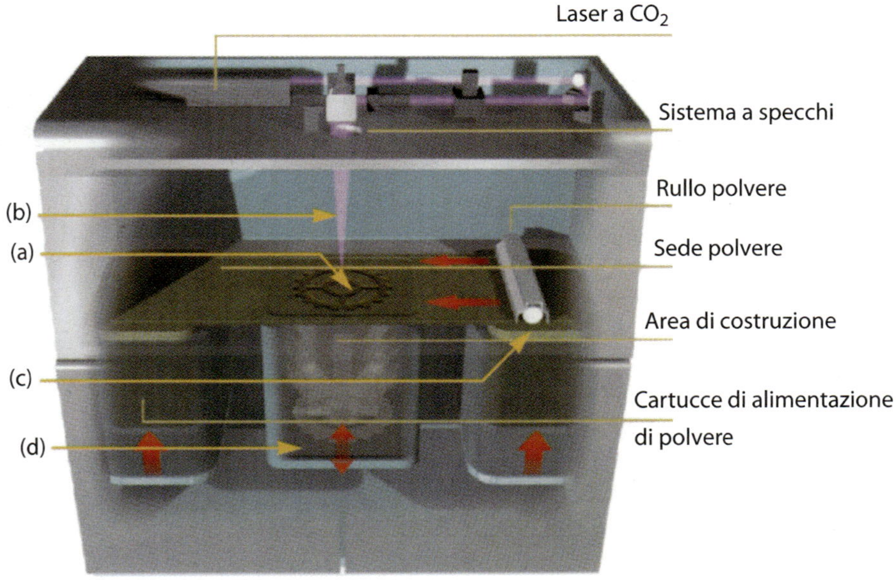

(a) Deposito di un sottile strato di polvere (inizio del processo di sinterizzazione)
(b) I dati CAD guidano il raggio laser nel disegno della sezione sulla superficie di polvere. L'energia applicata fonde la polvere solidificando la sezione in oggetto
(c) Un rullo deposita uno strato di polvere addizionale sullo strato precedente
(d) Il processo viene ripetuto fino al completamento della parte

H1.15 Schema della macchina a prototipazione rapida a sinterizzazione selettiva mediante laser (DTM GmbH).

Multi Jet Modeling (MJM): modellazione a getto multiplo

Il procedimento può essere pensato come una versione tridimensionale della stampa a getto d'inchiostro e viene utilizzato per la costruzione rapida di modelli provvisori che siano di ausilio al progettista nella fase di rappresentazione, verifica e valutazione del prodotto.

Il materiale utilizzato è una resina polimera termoplastica allo stato fuso denominata *Thermojet 45*, a basso punto di fusione, che viene depositata, strato dopo strato, fino al completamento del modello.

Nella **figura H1.16** è riportata la macchina *Actua 2100* della 3D Systems per la realizzazione di modelli tridimensionali direttamente in ufficio, una vera rivoluzione nel settore dello sviluppo.

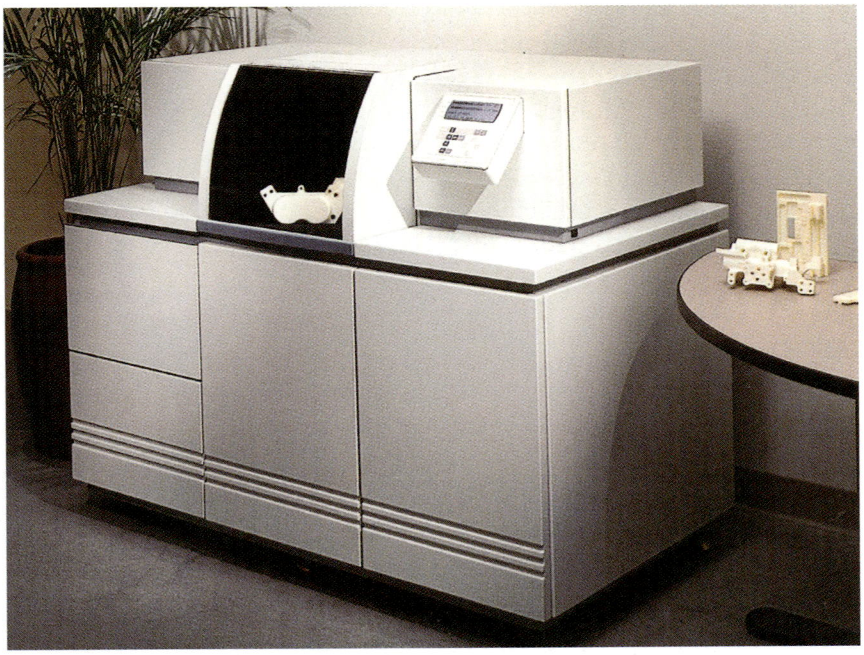

H1.16 *Actua 2100* per la costruzione di modelli tridimensionali di prototipi (3D Systems GmbH).

Laminate Object Manufacturing (LOM): costruzione di oggetti in laminato

Il modello viene costruito per progressivo incollaggio dei diversi strati di carta, plastica o ceramica, rivestiti nella parte inferiore con resine adesive, sui quali vengono ricavate le successive sezioni del pezzo mediante taglio laser.

Alla fine il modello, che presenta una consistenza simile a quella del compensato, viene rifinito mediante tela abrasiva e impermeabilizzato con vernice spray per evitare che l'umidità atmosferica causi deformazioni. Questo metodo è utilizzato soprattutto nelle industrie aeronautica e automobilistica per la prototipazione di componenti e accessori, anche di grandi dimensioni, senza cambiamento di stato del materiale impiegato.

Conclusioni

Alla sua comparsa, la nuova tecnologia di prototipazione rapida, in grado di realizzare elementi fisici direttamente dal CAD-3D, suscitò molto scalpore, forte interesse e una serie di aspettative che portarono a pensare che queste nuove tecniche non avessero praticamente limiti.

Oggi possiamo considerarci in una fase in cui le macchine di RP sono di semplice impiego, la qualità dei prototipi in termini di precisione dimensionale, rugosità superficiale e prestazioni meccaniche è cresciuta e in ogni caso stimabile. Sono disponibili molti materiali, sono noti i metodi e i limiti di impiego dei prototipi nel settore dell'attrezzaggio rapido. In definitiva, queste tecnologie sono considerate a pieno titolo mezzi per lo sviluppo rapido dei prodotti e delle attrezzature.

Le tecniche di prototipazione rapida giocheranno in futuro un ruolo sempre più determinante nello sviluppo dei nuovi prodotti. Nell'era della globalizzazione dei mercati la capacità di offrire tempi di sviluppo e industrializzazione sempre più contenuti sarà il nuovo e stimolante obiettivo delle nostre imprese. Queste tecnologie innovative rappresentano il collante tra le varie fasi di sviluppo del prodotto, come la progettazione, il CAD-3D, la definizione dell'attrezzatura e la fabbricazione della pre-serie.

H1.6 REVERSE ENGINEERING

Introduzione

Con la tecnica di prototipazione rapida da un disegno eseguito al CAD-3D (modello matematico) si ottiene l'oggetto (modello fisico). Nelle moderne infrastrutture produttive è, invece, sentita la necessità di riprodurre il disegno tridimensionale degli elementi creati manualmente dai modellisti.

Un valido aiuto per la soluzione di queste problematiche può venire dalle tecniche di **Reverse Engineering** (**RE**), con le quali si possono recuperare le forme di oggetti già esistenti ed eventualmente effettuare su di esse delle operazioni di modifica.

Con il termine *Reverse Engineering* si individua una metodologia che consente, partendo dal modello fisico, di risalire alla sua descrizione matematica. Questa tecnica rappresenta dunque un'evoluzione di quanto avveniva nel passato nelle officine di costruzione stampi, con i primi sistemi di copiatura, che permettevano esclusivamente la replicazione senza modifiche degli stampi realizzati dai modellisti.

Nella **figura H1.17** si rappresenta lo schema della procedura della tecnica di Reverse Engineering.

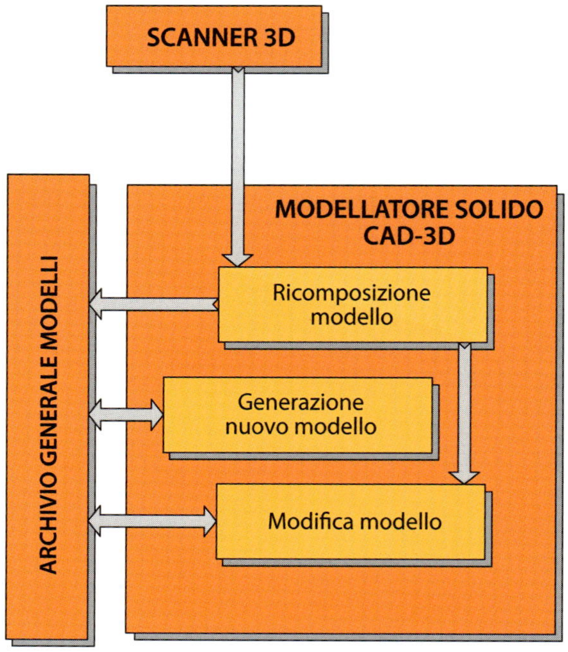

H1.17 Schema della procedura della tecnica di Reverse Engineering (RE).

La necessità di dover riprodurre per intero il modello matematico di un oggetto solido può essere avvertita in diverse circostanze, per esempio:

- nel caso di reperti archeologici, può fornire una soluzione rapida ed efficiente per duplicare e conservare campioni di difficile manipolazione;
- nell'ambito industriale, permette di chiudere il loop tra CAD-CAM e prototipazione rapida (RP) **[fig. H1.18]**;
- in campo biomedico, è utile per preparare modelli di parti anatomiche;
- nell'industria dell'abbigliamento, può essere utile per la realizzazione di modelli adatti al corpo umano (calzature, guanti, casco ecc.);
- per realizzare il modello matematico CAD-3D quando si ha a disposizione il modello realizzato a mano dal modellista;
- per la creazione di archivi di componenti standardizzati utili ad accelerare le operazioni di progettazione nell'industria.

Il ciclo della Reverse Engineering

Per ottenere il modello matematico tridimensionale (disegno con CAD-3D) di un oggetto si deve seguire una procedura composta di più fasi.

Il punto di partenza per il processo di costruzione del modello è l'acquisizione della nuvola di punti nello spazio appartenenti alle superfici del solido [fig. H1.19]. Successivamente si cerca di estrarre dalla nuvola di punti, in modo automatico o semiautomatico, un insieme di primitive CAD che approssimano il solido. In un secondo tempo la nuvola di punti sarà convertita in un formato di disegno 3D (IGES, VDA, STEP ecc.) o importata direttamente nel software utilizzato per la modellazione.

A tal fine è indispensabile l'intervento di un operatore esperto che operi verificando e correggendo i possibili errori. A partire dal modello matematico realizzato, si procede alla generazione dei file salvati nel formato universale **STL** (Standard Template Library) da inviare ai sistemi di prototipazione o alla generazione di formati grafici utilizzabili per i successivi trattamenti (rendering) o ancora alla generazione del database delle forme acquisite [fig. H1.20].

Metodi e dispositivi di rilevazione dei punti

L'operazione di rilievo dei punti appartenenti a modelli fisici può essere effettuata con *tastatori meccanici* (*copiatori*), montati su macchine di misura a Controllo Numerico. Questo metodo è molto diffuso, affidabile e preciso, però tende a essere sostituito da sistemi senza contatto, non altrettanto precisi, ma più veloci. Esistono sul mercato diversi sistemi di cattura dei punti delle superfici dei solidi, che differiscono tra di loro essenzialmente per velocità, precisione e dimensioni del volume di lavoro. Si possono distinguere in due categorie: *sistemi di digitalizzazione* e *sistemi di scansione*.

Con il termine **digitalizzazione** si intende il rilievo delle coordinate di alcuni punti di un modello fisico, definiti e memorizzati nel codice utilizzato dalla macchina di misura attrezzata con tastatore meccanico.

Con il termine **scansione** si intende l'acquisizione continua delle coordinate di punti in un volume di lavoro preventivamente definito. In questo caso i movimenti della macchina utensile o della macchina di misura sono comandati dalla sonda che si muove su di una superficie ignota.

Entrambi i sistemi sono normalmente costituiti da:

- un dispositivo di rilevazione dei punti, con o senza contatto, cioè dall'insieme di trasduttori, sonde e software che consentono la suddetta rilevazione;
- un apparato di supporto e di movimentazione, che permette il posizionamento nello spazio del trasduttore, rilevandone la posizione e l'orientamento;
- un sistema di supporto del pezzo, costituito da una tavola rotante sulla quale si posiziona il componente da rilevare.

H1.18 Modello matematico della portiera del veicolo "FIAT Panda".

H1.19 Costruzione del modello con l'acquisizione di una nuvola di punti di un basamento motore.

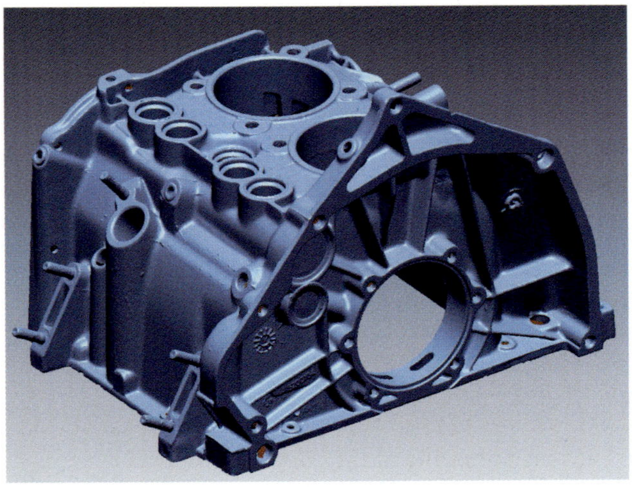

H1.20 Modello matematico di un basamento motore.

Scanner 3D piezoelettrici

Questi sistemi di scansione senza contatto sono solo da alcuni anni sul mercato e, grazie al loro basso costo, hanno l'obiettivo dichiarato di espandere il mondo della Reverse Engineering. Gli scanner tridimensionali stanno diventando strumenti indispensabili nelle applicazioni industriali, nelle applicazioni grafiche innovative e nello sviluppo di nuovi prodotti. Questi nuovi tipi di periferiche sono stati progettati e industrializzati tenendo presente tutte le nuove esigenze della grafica tridimensionale.

Il cuore dei sistemi è costituito dalla *sonda piezoelettrica*, che permette la digitalizzazione dei modelli fisici con elevata precisione e senza contatto. Non ci sono limiti sulla tipologia e sul materiale del componente fisico che può essere trasformato in un file di punti. I dati acquisiti possono successivamente essere utilizzati per applicazioni di:

- Reverse Engineering;
- prototipazione rapida;
- computer grafica e animazione;
- CAD/CAM 3D.

La scansione 3D, cioè la rilevazione delle coordinate dei punti delle superfici di un oggetto di piccole e grandi dimensioni, viene effettuata con uno **scanner ottico**. Nella **figura H1.21** viene presentato lo scanner 3D della ditta "Effebi Soluzioni Cad Cam", un avanzato sistema per la scansione 3D, che prevede una testa ottica con due o quattro telecamere e una serie di accessori (cavalletto, tavola rotante ecc.).

Lo scanner ottico è in grado di acquisire la forma di un oggetto in pochissimi secondi, come una macchina fotografica. Le due o quattro telecamere stereo garantiscono una risoluzione pari a 1280 × 1024 pixel. Per l'utilizzo di questo sistema l'operatore deve inquadrare l'oggetto posizionandosi alla distanza corretta, rispetto al campo di misura, avendo cura di muovere l'oggetto in modo che vengano acquisite di volta in volta le parti mancanti. Il software allinea automaticamente le varie misure. Ogni misurazione produce una nuvola che contiene numerosissimi punti, consentendo di rilevare ogni dettaglio della superficie.

Se l'oggetto non può essere scansionato con un unico intervento, è possibile far uso di particolari punti di riferimento posizionati sulla superficie dell'oggetto, detti *marker*. Durante la scansione il software riconosce la loro posizione e, mettendoli in corrispondenza con quelli delle scansioni precedenti, rototrasla la nuova scansione nella corretta posizione. Ne risulta un'automatica composizione dell'oggetto.

La precisione di misura su singola acquisizione varia da circa 10 μm a 70 μm a seconda dell'area inquadrata. L'elaborazione della scansione tridimensionale avviene attraverso un software, programma fornito a corredo dello scanner **[fig. H1.22]**, che permette di gestire l'intera fase di Reverse Engineering: l'output è costituito dalla semplice nuvola di punti, salvati in file di formato universale (STL).
Il principio di funzionamento della scansione ottica appartiene alle tecniche della *triangolazione a Proiezione di Luce Strutturata* (*PLS*). La **PLS** è l'evoluzione a campo intero delle tecniche basate su laser: la PLS acquisisce infatti in parallelo anche milioni di punti che compongono la nuvola, attraverso l'acquisizione di punti singoli o profili. L'elaborazione automatica delle immagini permette di estrarre la matematica della forma dell'oggetto.

Le superfici dell'oggetto da copiare devono assicurare la riflessione del fascio laser, per cui in alcuni casi è necessario procedere al trattamento con spray opacizzanti. Sul mercato sono disponibili numerose proposte, che si differenziano sostanzialmente per le dimensioni del campo di lavoro, per la precisione e la tipologia di installazione.

H1.21 Scanner 3D Optical RevEng per la scansione tridimensionale (Effebi Soluzioni Cad Cam).

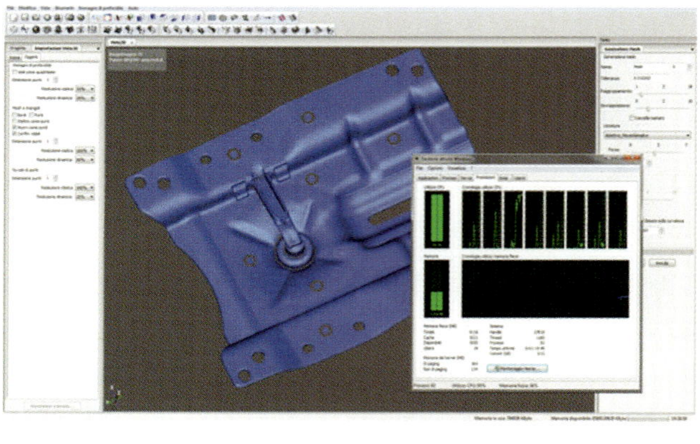

H1.22 Software Optical RevEng ULTIMATE per la gestione della scansione ottica.

Settori di impiego dello scanner ottico 3D

I settori di impiego dello scanner ottico 3D della tecnologia Reverse Engineering sono sempre più numerosi. Di seguito, si considerano i più significativi.

Stampi e automotive

La produzione di stampi per la lavorazione della lamiera è un importante settore di impiego della scansione ottica 3D, perché permette di recuperare l'impronta dello stampo esausto, di effettuare l'eliminazione dei difetti di invecchiamento eventualmente presenti e di procedere, in tempi rapidi, al rifacimento dello stampo. Gli scanner 3D piezoelettrici vengono utilizzati in tutto il settore automotive per la rilevazione di forme complesse.

Progettazione meccanica

La progettazione meccanica resta il settore privilegiato di impiego della tecnologia di Reverse Engineering per il recupero della matematica di oggetti di cui non si possiede il disegno della forma. Nella **figura H1.23** sono rappresentate le tre fasi di elaborazione della superficie matematica di un ingranaggio ottenuta con la Reverse Engineering.

Design industriale

Questo settore vede l'utilizzo della Reverse Engineering per l'acquisizione della forma di oggetti artistici **[fig. H1.24]**.
Quando la tipologia dell'oggetto non si presta all'uso dei marker, come nel caso di forme artistiche, è possibile ricorrere alla tecnica di allineamento basata sulla forma che, come dice il nome stesso, incastra le acquisizioni sfruttando la geometria ricca di dettagli dell'oggetto stesso. La ricchezza di particolari, inoltre, avvantaggia la precisione di questa tecnica.

Arte e Beni culturali

Questo settore vede l'utilizzo della tecnica di Reverse Engineering per l'acquisizione delle forme più disparate di oggetti d'arte, statue, reperti archeologici di ogni tipo **[fig. H1.25]**.

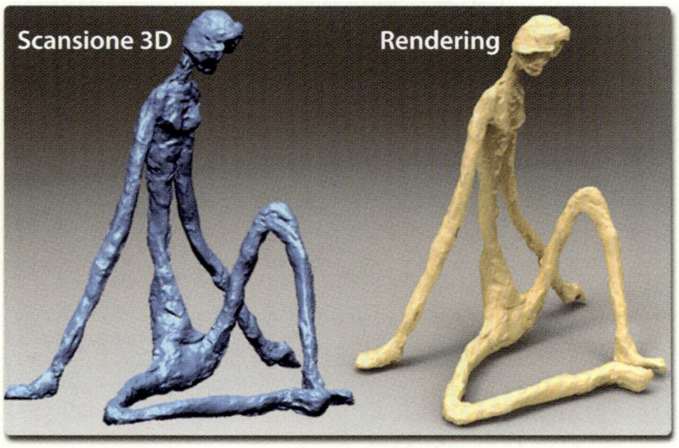

H1.24 Acquisizione della forma di una scultura.

H1.25 Scansione 3D di un monile in oro.

H1.23 Fasi di elaborazione della superficie matematica di un ingranaggio con la tecnica della Reverse Engineering.

ESERCITAZIONE GUIDATA / H1.1

Ricerca del tipo di società più adatto e delle modalità di costituzione

Un gruppo di contadini, che producono frutta e verdura, decide di associarsi per poter affrontare il mercato in modo più conveniente e aggressivo.

1. Analizzare i vari tipi di società e individuare il tipo più adatto a soddisfare le esigenze del gruppo.

– Tipi di società analizzate:
  a. ....
  b. ....
  c. ....

– Società scelta:
....

– Motivi che hanno determinato la scelta:
....

2. Con ricerca su testi o su internet, preferendo i siti più affidabili (per esempio, quelli delle camere di commercio), stabilire qual è la modalità di costituzione della società.

– Atti e documentazione necessari:
....
....

– Enti di controllo preposti:
....
....

– Spese che devono essere sostenute:
....
....

3. Stabilire quali funzioni devono essere attivate per la gestione della società.
....
....

4. Rappresentare, con un organigramma, la struttura organizzativa dell'azienda.

ESERCITAZIONE

ESERCITAZIONE GUIDATA / H1.2

Prototipazione rapida con stampante 3D

La suite Autodesk 123D comprende un set di app libere e facili da utilizzare, alcune fruibili direttamente online, altre fruibili sul proprio PC previa installazione.
La sequenza necessaria per la prototipazione, ovvero la cattura digitale dell'oggetto da riprodurre, per una eventuale manipolazione digitale e per la sua realizzazione materiale è riproducibile con i seguenti programmi:

- **123d Catch**: analizza viste fotografiche di un medesimo oggetto e lo ricostruisce digitalmente con la tecnica della triangolazione, che consiste nel ricavare una isosuperficie poligonale mediante tanti piccolissimi triangoli allineati e fusi insieme, a partire dalle griglie di punti (dette "nuvole di punti") rilevate da ogni fotografia;
- **123D Design** e **Tinkercad**: sono strumenti di disegno e modifica di modelli in 3D; supportano diversi formati di esportazione e modelli di stampante 3D;
- **123D Make**: serve a costruire l'oggetto reale a partire dal modello digitale 3D; permette di selezionare tecniche di costruzione multiple (a incastro, a sovrapposizione di slice) con una varietà di materiali; il salvataggio degli elementi di costruzione avviene in EPS e PDF.

1. Realizzare il modello digitale di un fermacarte con Tinkercad.
Tinkercad è uno strumento di facile utilizzo per la creazione di progetti 3D, pronti per essere realizzati fisicamente da una stampante 3D; gli utenti sono guidati da lezioni di base per migrare successivamente a tecniche di modellazione complesse.

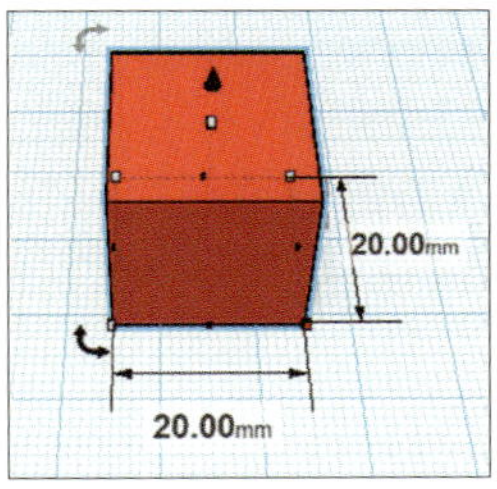

a. Selezionare un cubo nella sezione delle forme geometriche e posizionarlo sopra il Workplane; modificarne le dimensioni mediante i controlli di ridimensionamento.

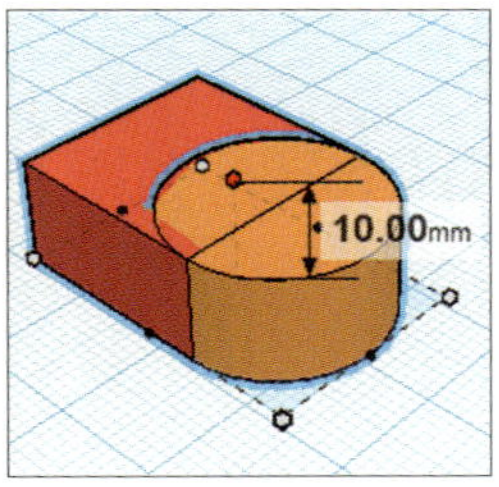

b. Incastrare un cilindro nel cubo e ridimensionare l'altezza di entrambi; raggruppare i due oggetti con il comando *Group* del menu per applicare contemporaneamente i comandi.

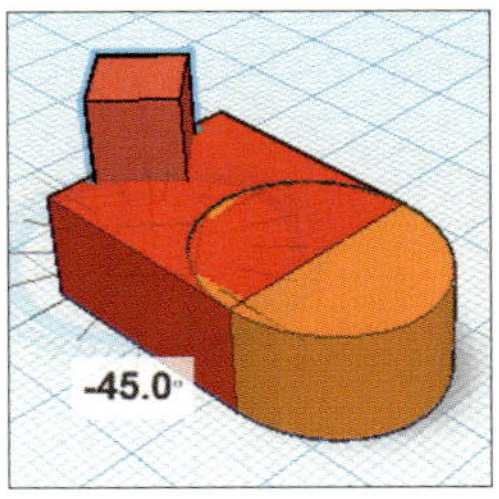

c. Creare un parallelepipedo di dimensioni inferiori, ruotarlo agendo sulle frecce di rotazione e posizionarlo come nella figura.

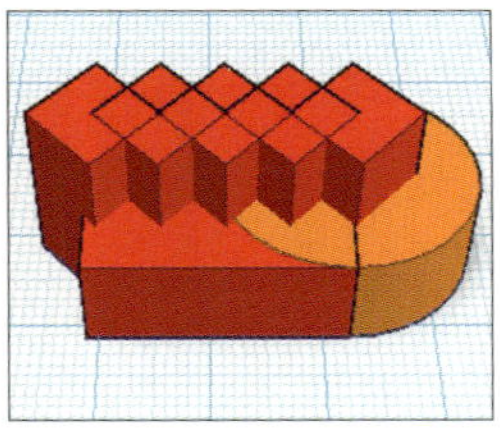

d. Replicare il parallelepipedo mediante i comandi di *Copia* e *Incolla*; posizionare i parallelepipedi come nella figura.

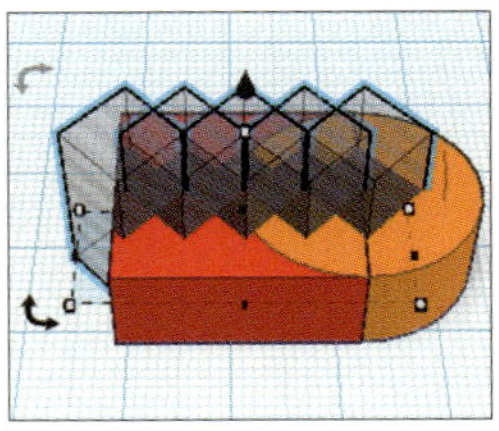

e. Selezionare i parallelepipedi e lasciare al loro posto dei fori, cliccando sul comando *Hole* nell'Inspector.

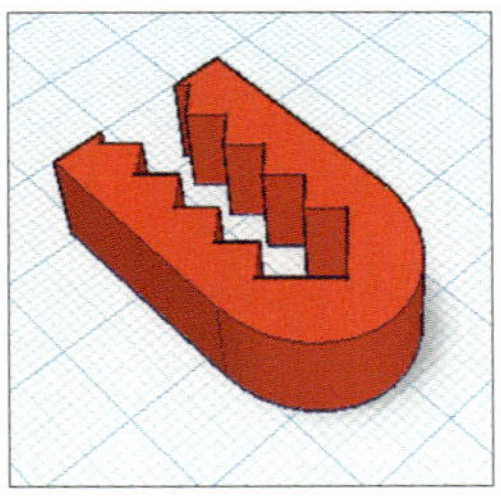

f. Raggruppare tutti gli elementi: è così pronto il modello 3D, visionabile da tutte le prospettive dello spazio.

2. Selezionare nel menu *Design* → *Download for 3D Printing* per scaricare il modello come file STL, OBJ, X3D, VRML, SVG per la stampa 3D o per altri impieghi generali.

VERIFICA DEGLI OBIETTIVI / unità H1

AREAdigitale

Vero/Falso

1. L'industria moderna e la scienza hanno forti legami di collaborazione.

☐ Vero ☐ Falso

2. Nelle società in nome collettivo la legge vieta di assumere familiari dei soci o dell'amministratore.

☐ Vero ☐ Falso

3. La funzione del marketing ha lo scopo di individuare il prodotto da fornire e le sue quantità.

☐ Vero ☐ Falso

4. Con la tecnica della Reverse Engineering si intende una metodologia che trasforma un disegno 2D in un modello fisico 3D.

☐ Vero ☐ Falso

Scelta singola

1. In quali organigrammi è riportata la struttura gerarchica con i nomi dei funzionari?

a. Organigrammi per livelli
b. Organigrammi per funzioni
c. Organigrammi per azioni

2. Quale tecnica utilizza la deposizione selettiva di un filamento di polimero?

a. Prototipazione MJM
b. Prototipazione LOM
c. Prototipazione FDM

3. In cosa consiste la Reverse Engineering?

a. Stampa in 3D del modello digitale di un oggetto
b. Riproduzione matematica di un oggetto solido
c. Prototipazione rapida mediante accrescimento per strati

4. Quale tipo di file non contiene la mappatura della nuvola di punti di un oggetto 3D?

a. STL
b. BMP
c. STEP

Scelta multipla

1. Selezionare i significati del termine Automation.

a. Automatic-Action
b. Funzionamento automatico
c. Informazione automatica

2. Selezionare le caratteristiche della società semplice.

a. È adatta per l'esercizio di attività commerciali
b. È adatta per modeste attività produttive
c. Non è previsto il fallimento, anche in caso di insolvenza

3. Selezionare le caratteristiche della società di capitali.

a. Può essere per azioni
b. Può essere in nome collettivo
c. Assume personalità giuridica essendo responsabile al pari delle persone fisiche

4. Selezionare i compiti della funzione logistica.

a. Redazione dei bilanci e della contabilità generale
b. Acquisto e stoccaggio delle materie prime
c. Programmazione della produzione e distribuzione dei prodotti

DOCUMENTAZIONE E QUALITÀ

H2.1 IL FLUSSO DI INFORMAZIONI

Con l'espressione **flusso d'informazioni** s'intende l'insieme dei dati che in ciascuna azienda (organizzazione complessa) le *funzioni aziendali* si scambiano al fine di garantire l'assunzione delle decisioni, il coordinamento e la comunicazione.

Le industrie si possono rappresentare descrivendo i processi che in esse si svolgono: **processi produttivi**, caratterizzati da flussi di materiali ed energia, e **processi di supporto**, costituiti da flussi di informazioni [fig. H2.1].
Un esempio di flusso informativo, fondamentale per le industrie, è il passaggio di dati (indicazioni strategiche, disegni, schemi, specifiche tecniche, scelte produttive, pianificazione delle attività e dei controlli in fabbricazione) che attraversa le fasi di ideazione, progettazione, sperimentazione, industrializzazione e realizzazione di un prodotto [fig. H2.1].
Un altro flusso si ha nell'ambito dei processi produttivi con lo scambio di informazioni tra i fornitori dei particolari o delle materie prime e i gestori della produzione.
Ordini di materiale, bolle di accompagnamento, programmi di produzione vengono quotidianamente trasmessi e ricevuti per garantire l'approvvigionamento dei materiali, il controllo dei tempi e quindi la corretta realizzazione delle diverse fasi produttive [fig. H2.2].

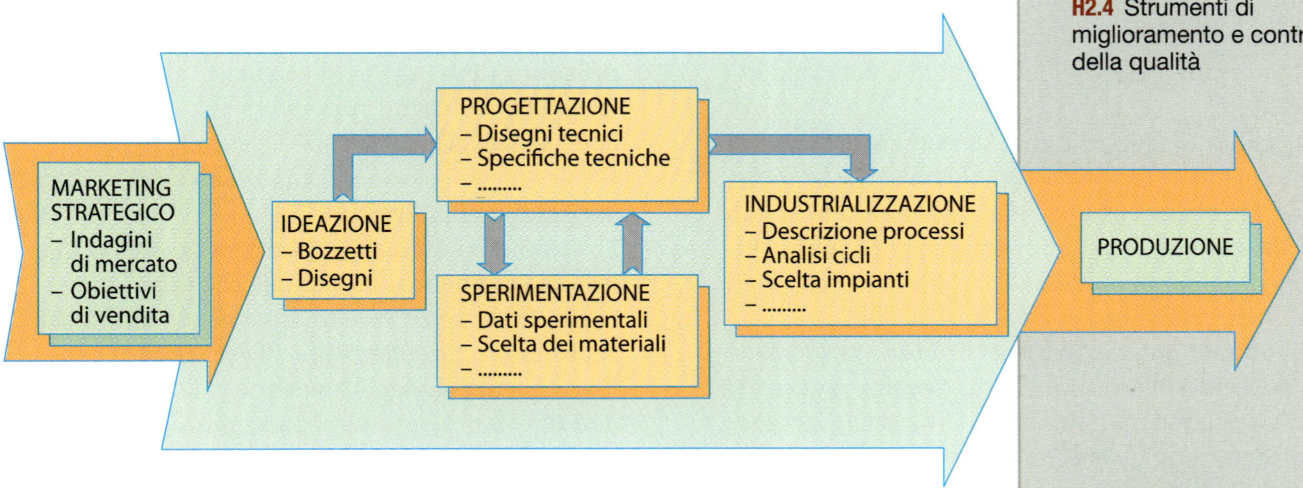

H2.1 Flusso di informazioni nella progettazione di un nuovo prodotto.

OBIETTIVI

Conoscenze

- Informazioni scambiate nell'azienda
- Sistemi di riproduzione di documenti
- Archiviazione
- Il sistema qualità

Abilità

- Descrivere quali sono i dati scambiati in azienda
- Individuare e descrivere i principali metodi di riproduzione dei documenti
- Sintetizzare le norme UNI EN ISO 9000 del Sistema di Gestione per la Qualità
- Individuare e utilizzare gli strumenti adatti al controllo della qualità

CONTENUTI

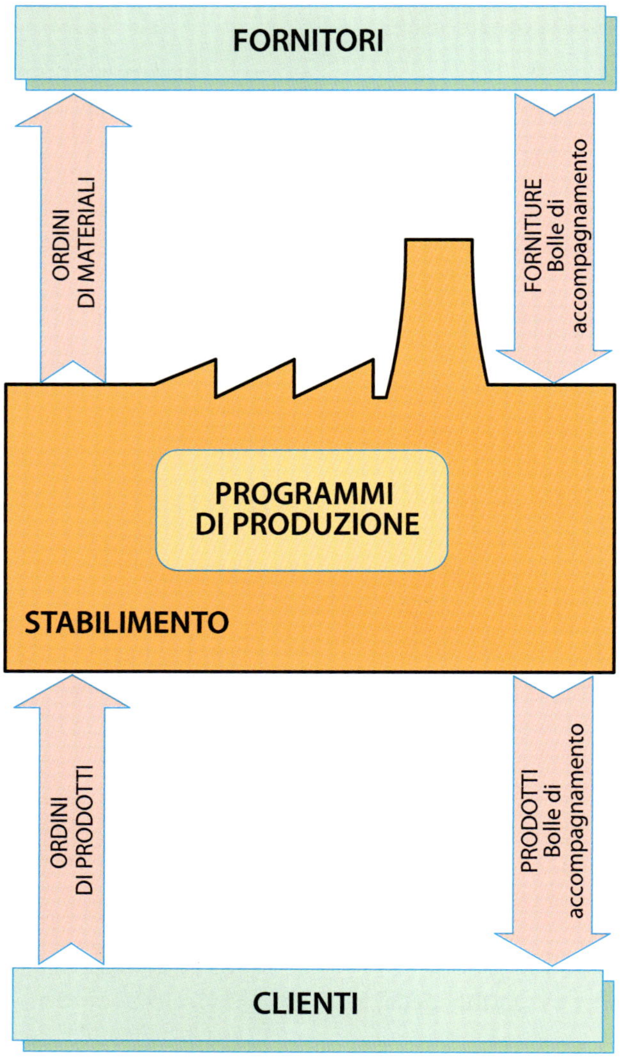

H2.2 Flussi logistici nella produzione industriale.

Anche nell'ambito dei servizi, infine, tutti gli scambi commerciali sono accompagnati costantemente da flussi di informazione: pubblicità e comunicazione commerciale per far conoscere ai potenziali clienti il prodotto o il servizio, ordini di pagamento e di consegna, dati relativi alla clientela e atti di compravendita **[fig. H2.3]**.

Lo scambio di queste forme di comunicazione, sia all'interno di una singola azienda sia tra le diverse aziende o con i privati, rende necessario lo studio organizzativo dei flussi informativi, per garantire l'efficacia della comunicazione con strumenti veloci ed economici, senza che nessun dato vada perso.

È importante quindi dare una struttura razionale ai dati esistenti (*information store*, cioè immagazzinamento dell'informazione) e renderne facile e veloce la consultazione quando se ne presenta la necessità (*information retrieval*, cioè ricerca dell'informazione).

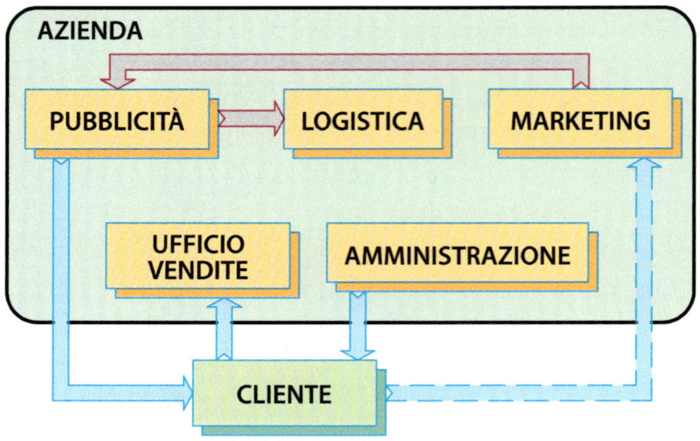

H2.3 La comunicazione nei processi di vendita.

Questo lavoro organizzativo richiede la creazione di archivi per i dati (*database*, o banche dati), che possono essere fisici o elettronici. Per *archivi fisici* si intendono gli schedari, i classificatori, i protocolli; gli *archivi elettronici* sfruttano invece la memoria dei computer.

In ogni caso, dal momento che l'informazione viene generalmente prodotta, archiviata e recuperata in luoghi e tempi diversi, è necessario il supporto di strumenti per la ricerca e la trasmissione dei dati, come il telefono, i fax, le circolari cartacee o le reti informatiche.

I servizi informativi delle diverse aziende quindi, pur basandosi su prodotti standard (*software* d'archivio, reti di computer), devono essere in un certo senso studiati "su misura" in base alle esigenze specifiche, di seguito prese in considerazione.

- Il **tipo di dati** è il primo elemento da prendere in considerazione per progettare un archivio e scegliere di conseguenza la tecnologia di supporto adatta. È molto diverso, per esempio, archiviare disegni tecnici (disegni), bolle di accompagnamento (documenti), dati anagrafici (dati alfanumerici) o schede di valutazione (testi).
- Il **formato di memorizzazione** viene scelto in funzione del tipo di dati e delle finalità dell'archivio. I documenti e gli atti d'ufficio saranno conservati nella loro forma cartacea originale, mentre i dati anagrafici dei clienti sono più facilmente consultabili se registrati in formato elettronico; naturalmente, queste soluzioni comportano costi e tempi di ricerca molto diversi.
- Lo **strumento di trasmissione** è molto importante nel caso di un archivio centrale che debba ricevere dati (*data entry*, cioè immissione di dati) o che debba essere consultato da sedi periferiche.
- La **frequenza di aggiornamento** e la **quantità di dati** immessi periodicamente determinano la velocità e le dimensioni che l'archivio deve avere per soddisfare le esigenze dell'azienda.

L'attività di progettazione e gestione dei flussi informativi è denominata **Information Technology**.
Essa comprende sia lo studio e l'evoluzione delle tecnologie che supportano la trasmissione di dati, sia lo sviluppo di strutture coerenti con l'uso dei dati che si ritiene necessario. Nella figura H2.4 si riporta il sistema di archiviazione cartaceo giapponese **poka yoke** che consente il rilievo immediato dell'ordine dei faldoni di un archivio.

H2.4 Sistema di archiviazione che consente il riconoscimento visivo dell'ordine (sopra) e del disordine (sotto).

H2.2 SISTEMI DI RIPRODUZIONE E ARCHIVIAZIONE

Riproduzione di documenti e disegni

Nella redazione di un progetto si ha la produzione sia di documenti sia di disegni. Ciascun documento e disegno deve poi essere riprodotto in un numero di copie dipendenti, di volta in volta, dagli uffici a cui la documentazione deve essere sottoposta.
Di un progetto civile, per esempio, si deve fornire copia per:

- l'archivio del progettista;
- il committente;
- l'ufficio tecnico comunale;
- la regione;
- il genio civile;
- i beni ambientali e architettonici;
- l'ASL;
- gli eventuali istituti bancari che erogano i mutui ecc.

Gli stessi documenti e disegni, perciò, devono essere riprodotti un numero abbastanza elevato di volte. È per questo motivo che si rendono necessari dei *sistemi di riproduzione di documenti e disegni*; di questi i principali vengono illustrati di seguito.

Fotocopiatrici

Le fotocopiatrici sono dispositivi che consentono la riproduzione di documenti mediante un processo elettrostatico [fig. H2.5]. Con questo sistema l'immagine speculare della pagina da duplicare viene riprodotta su un rullo metallico che, elettrostaticamente mediante inchiostro in polvere, la trasferisce su un foglio di carta.
Il mercato offre vari tipi di fotocopiatrici (bianco e nero o colori, capaci o meno di ingrandire le immagini) con caratteristiche assai diverse tra loro; alcune funzionano solo manualmente, altre sono in grado di fascicolare automaticamente, altre ancora di copiare entrambi i lati del foglio ecc. Il tempo di fotocopiatura varia da qualche decimo di secondo a una decina di secondi, in base al tipo di macchina.

H2.5 Fotocopiatrice.

Riproduzione eliografica

La riproduzione eliografica consente la rapida duplicazione di testi e disegni, realizzati a inchiostro o a matita su carta lucida di qualsiasi formato [fig. H2.6].
La riproduzione si ottiene ponendo il disegno a contatto con un foglio di carta emulsionata, cioè trattata con sostanze sensibilizzanti, e facendoli scorrere, trascinati da un rullo, davanti a un fascio luminoso. Lo sviluppo avviene durante il passaggio del foglio emulsionato in un ambiente saturo di vapori di ammoniaca.
Questo sistema di riproduzione, i cui costi sono relativamente bassi, consente una migliore qualità di stampa se i disegni da duplicare sono realizzati a inchiostro. È un metodo in rapido declino a causa della facilità e velocità di stampa, anche di grandi formati, dei plotter.

H2.6 Macchina per riproduzioni eliografiche.

Stampanti

Le stampanti sono dispositivi in grado di stampare documenti prodotti con il computer.

La loro evoluzione è stata molto rapida e si è assistito, in breve tempo, al passaggio da sistemi rumorosi e privi di capacità grafiche a macchine molto veloci e silenziose.

Le prime stampanti, dotate di *testina rotante* (a margherita e a sfera), avevano velocità di stampa paragonabili a quelle delle macchine da scrivere. Le stampanti della seconda generazione, dotate di *testina a matrici di punti* (*aghi*), erano più veloci di quelle della generazione precedente ed erano in grado di stampare anche in modalità grafica. Anche questa tipologia è ormai obsoleta.

Nella terza generazione si ritrovano le stampanti *a getto di inchiostro* e le stampanti *laser*. Le stampanti a getto di inchiostro hanno funzionamento simile a quello delle stampanti a matrici di punti ma sono più veloci e silenziose. Le stampanti laser sono silenziose, hanno velocità molto elevate e il loro funzionamento somiglia, in parte, a quello delle fotocopiatrici.

Sistemi di scansione

Scanner

Lo scanner è un dispositivo che consente di trasferire su un computer un testo o un'immagine grafica [fig. H2.7].

Il sistema si avvale di un dispositivo ottico di lettura che trasforma in segnali digitali le sfumature di colore; tali segnali possono essere elaborati da opportuni software grafici o per il riconoscimento ottico di caratteri (OCR, Optical Character Recognition). Negli scanner più diffusi il dispositivo di scansione scorre sotto una lastra di vetro; su quest'ultima si pongono i documenti da riprodurre, con la faccia da copiare rivolta in basso verso il dispositivo ottico.

Fax

Un altro comune sistema di scansione è il fax. È un dispositivo ottico caratterizzato da un sistema di scansione fisso, mentre i documenti da esaminare sono in movimento, trascinati da un rullo, generalmente per attrito [fig. H2.8]. L'apparecchio telefax è costituito essenzialmente da uno *scanner*, una *stampante* e un *modem* combinati in un sistema specializzato. Lo scanner acquisisce l'immagine da un foglio di carta e la converte in dati digitali che vengono inviati dal modem lungo la linea telefonica. L'apparecchio ricevente stampa l'immagine ricevuta su carta.

Telecamere

Un ulteriore sistema d'acquisizione di immagini prevede l'uso di telecamere. In questo dispositivo il rilevamento è digitale e, come nei casi precedenti, le immagini possono essere elaborate con opportuni software.

H2.7 Scanner.

H2.8 Fax.

Plotter

Il plotter è un dispositivo utilizzato per la stampa dei disegni realizzati con sistemi CAD.
Vi sono diversi tipi di plotter che coprono tutti i formati unificati a partire dall'A3 sino all'A0.
Il sistema di stampa più diffuso è costituito essenzialmente da un rullo trascinatore che movimenta il foglio e da un contenitore, mobile lungo un asse, in cui sono sistemati i contenitori dei colori e la testina di stampa a getto d'inchiostro per l'esecuzione del disegno. L'operazione è gestita, mediante computer, dal programma di stampa del CAD utilizzato.
Altri tipi di plotter prevedono il foglio fisso e la testina mobile su due assi.

Archiviazione di documenti

Cenni storici

Con il termine **archivio** si designa sia la raccolta sia la conservazione di atti e documenti.

La parola, proveniente dal tardo latino *archium*, *archivum* o dal greco *archéion*, significava letteralmente "magistratura, ufficio".
L'archivio, inteso come luogo di raccolta e conservazione di documenti, è di origine antica; infatti, si hanno tracce di archivi organizzati con criteri abbastanza razionali già presso gli Egizi e i Persiani.
In Atene la conservazione dei documenti avvenne prima nell'*Areopago* poi, verso la fine del IV secolo a.C., nel *Metroon*, vero e proprio archivio di stato. Successivamente tutte le città dell'antica Grecia conservarono il proprio archivio nel tempio più importante della città.
In epoca romana l'archivio di Roma, detto *Sanctuarium*, era distribuito nei templi di Apollo, di Vesta, di Saturno e nel *Tabularium* del Campidoglio, mentre in epoca imperiale fu trasferito nei palazzi dell'imperatore.
Nel Medioevo si osservò il decadimento dell'attenzione verso gli archivi; la stesura dei documenti veniva infatti curata da magistrati e notai che si occupavano anche della loro custodia.
Per tutto il Medioevo, la Chiesa fu l'unica a conservare un ordinamento archivistico, sia pure in condizioni rudimentali, nelle singole parrocchie.
A partire dal XV secolo i sovrani d'Europa si resero conto che un archivio efficiente era necessario sia per migliorare l'amministrazione, sia per lasciare una memoria storica della cultura dei loro popoli.
I primi archivi di epoca moderna costituiti organicamente furono quelli di Carlo V di Spagna e di Elisabetta di Inghilterra (XVI secolo).
A partire dal XVII secolo gli archivi presero a diffondersi con una struttura simile a quella attuale.

Gestione degli archivi tradizionali

L'archiviazione è un lavoro delicato e deve essere eseguita con metodi precisi per facilitare la ricerca dei documenti. Tali metodi consistono nel suddividere i documenti per materia e registrarli sul protocollo secondo un ordine alfabetico o cronologico.
La tenuta degli archivi pubblici è regolata dalla legge (diritto pubblico). Gli archivi statali sono pubblici, restano però esclusi dalla consultazione quelli che contengono atti confidenziali e segreti e, a eccezione dell'*archivio storico*, dipendono dal Ministero degli Interni.
Il metodo di archiviazione più diffuso nelle biblioteche italiane è quello decimale; questo metodo, detto **Dewey** dal nome dello studioso americano che lo ha sviluppato, ripartisce tutto il sapere in dieci classi numerate da 1 a 10. Ogni classe a sua volta viene ripartita in dieci sezioni e ogni sezione può essere ripartita ancora in dieci sottosezioni e così di seguito **[fig. H2.9]**.

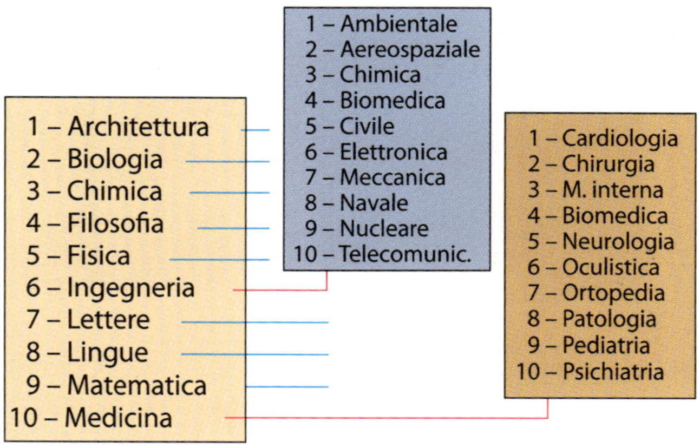

H2.9 Archiviazione con il metodo Dewey.

L'**archiviazione dei documenti** risulta fondamentale anche per i professionisti e persino per i privati cittadini. I professionisti, soprattutto, anche quando non sono obbligati dalla legge, hanno interesse a conservare gli atti del loro ufficio per utilizzarli e consultarli ogniqualvolta si renda necessario.
La classificazione dei documenti può avvenire, per esempio, mediante suddivisione per materia o per ordine cronologico di registrazione, mentre il sistema di conservazione dipende dal formato del documento da archiviare. Se si tratta di documenti cartacei riducibili al formato A4 essi possono essere archiviati con la seguente procedura:

1. mettere i documenti in cartelline che ne riportano gli estremi e la data;
2. mettere le cartelline aventi per oggetto lo stesso argomento in un raccoglitore, dotato anch'esso di etichetta da cui traspare l'argomento e il periodo a cui la raccolta si riferisce [fig. H2.10];
3. riportare gli estremi dell'argomento sul protocollo, per facilitare le operazioni di ricerca.

La procedura d'**archiviazione dei disegni** è del tutto simile a quella dei documenti. Se i disegni sono riducibili in formato A4 si portano in tale formato; nel caso in cui siano su carta lucida (che non deve essere piegata) possono essere raccolti in un archivio orizzontale (cassettiera) o in un raccoglitore verticale [fig. H2.11].

H2.10 Cartelline e raccoglitori per documenti.

Archivi elettronici

Con l'avvento del computer l'archiviazione tradizionale è stata sottoposta a una progressiva rivoluzione. Naturalmente non sono le tecniche di archiviazione a essere messe in discussione ma gli strumenti di elaborazione e conservazione delle informazioni.

Si definiscono **archivi elettronici** gli archivi in cui vengono conservati documenti, disegni e dati prodotti con i computer.

Il computer è divenuto lo strumento con il quale si realizza la maggior parte della documentazione di un ufficio (pubblico e privato), perciò i documenti, al momento della loro produzione, si trovano nella memoria **RAM** (Random Access Memory) del computer.
Nella RAM documenti e dati rimangono solo fino a quando il computer è in funzione; al momento dello spegnimento tutte le informazioni in essa contenute vanno perse. Quando si è finito un lavoro (o una parte di esso), è perciò necessario procedere al suo trasferimento in una memoria duratura detta *memoria di massa*.

Memorie di massa

Le **memorie di massa** sono dei supporti sui quali si possono immagazzinare i dati provenienti da un computer; esse si distinguono, sostanzialmente, in **memorie magnetiche** e **memorie ottiche** (ottenute mediante raggio laser). Al primo tipo appartengono gli hard disk e i nastri magnetici, al secondo tipo appartengono i CD e i DVD.

(a) (b)

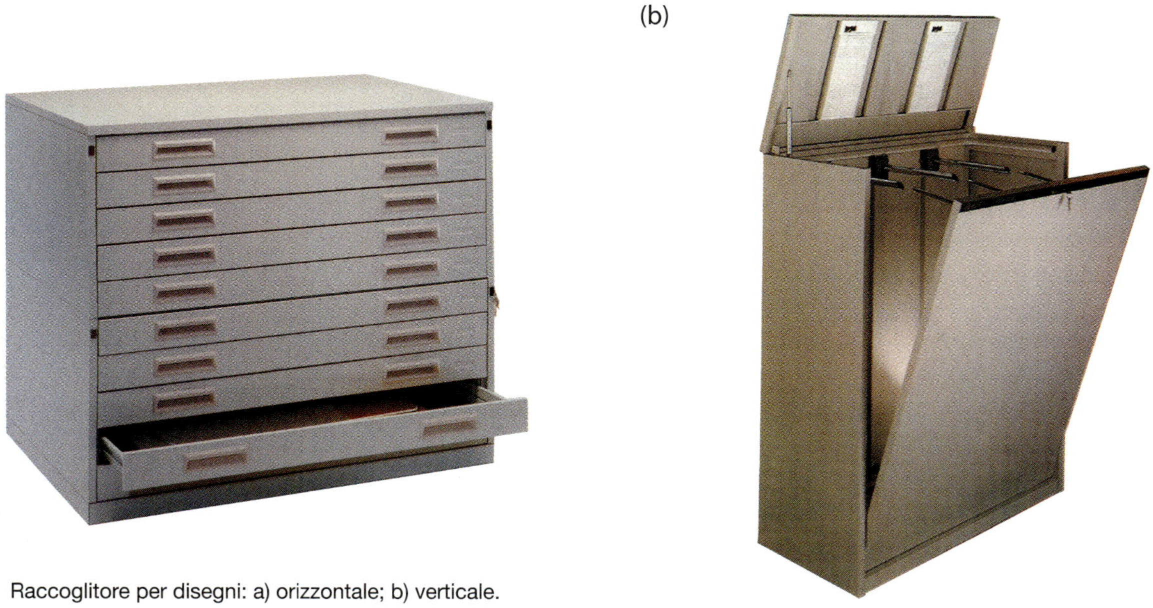

H2.11 Raccoglitore per disegni: a) orizzontale; b) verticale.

- **Hard disk** o **disco rigido**: può essere collocato all'interno del computer o esternamente con interfaccia USB; costituisce la memoria di massa che normalmente si utilizza quando si elabora un documento o si esegue un disegno. Questo sistema è costituito da uno o più dischi di materiale rigido, rivestiti con una sostanza che consente la registrazione magnetica dei dati; esso è sigillato per evitarne la contaminazione. La sua velocità di rotazione, generalmente 7200 giri/minuto, consente una rapida lettura e scrittura dei dati; la capacità di memoria di un hard disk, definita dalla quantità di dati che può contenere, è dell'ordine del terabyte.
- **Nastri magnetici**: sono costituiti da un supporto plastico su cui è depositato un materiale ferromagnetico. La quantità dei dati che possono essere immagazzinati dentro questi dispositivi è molto elevata e dipende dalla lunghezza del nastro. La velocità di lettura e scrittura dei dati è molto bassa e diminuisce con la lunghezza del nastro.
- **CD** (Compact Disc) e **DVD** (Digital Versatile Disc): sono supporti di memoria molto resistenti e ad alta capacità (oltre 600 megabyte i primi e qualche gigabyte i secondi). La lettura dei dati avviene mediante dispositivi laser.
- **Pen drive**: memoria non volatile di elevata capacità con interfaccia USB che mantiene i dati in assenza di alimentazione (flash memory).

È allo studio un possibile standard che permetterebbe il successivo salto di qualità: si tratta dell'Holographic Versatile Disc (HVD), basato sulla tecnologia delle memorie olografiche, che promette di contenere tra i 300 e gli 800 gigabyte su ogni disco.
Gli hard disk e i nastri magnetici, essendo memorie magnetiche riscrivibili, sono suscettibili di smagnetizzazione e di danneggiamenti, dovuti a virus o a campi elettrici o magnetici (per esempio, i campi magnetici creati dai telefoni cellulari) e quindi alla perdita dei dati contenuti. Nel caso in cui i dati debbano essere conservati per lunghi periodi è importante che l'archiviazione avvenga su CD o DVD, supporti più sicuri dei dischi magnetici; in casi particolari è consigliabile disporre anche di una copia cartacea.

Gestione degli archivi elettronici

Le memorie di massa sono quindi dei grandi contenitori in cui si ripongono i documenti da archiviare.
La creazione degli archivi elettronici segue per lo più i criteri esposti a proposito di quelli cartacei. La differenza consiste solo nel fatto che essendo i documenti, in questo caso, rappresentati da una successione di bit, gli archivi devono essere creati sulle memorie di massa con strumenti informatici. Per esempio, nella creazione di un Modulo di questo libro di testo è stato adottato il criterio che segue [fig. H2.12].

1. Ogni Unità è stata suddivisa in file testo (Presentazione unità, Contenuti unità, Esercitazioni, Verifica obiettivi ecc) e file disegno.
2. I file testo e i file disegno sono stati inseriti in cartelle diverse.
3. Le cartelle Testi e Disegni sono state inserite in una cartella alla quale è stato assegnato il nome dell'Unità; l'operazione è stata ripetuta due volte, pari al numero delle Unità.
4. Le Unità così composte sono state inserite in una cartella alla quale è stato assegnato il nome del Modulo.

Generalizzando, per impostare un archivio bisogna:

a. decidere, in funzione del tipo di archivio necessario, quale deve essere la sua struttura;
b. costruire una serie di cartelle in cui vengono riposti i materiali elaborati.

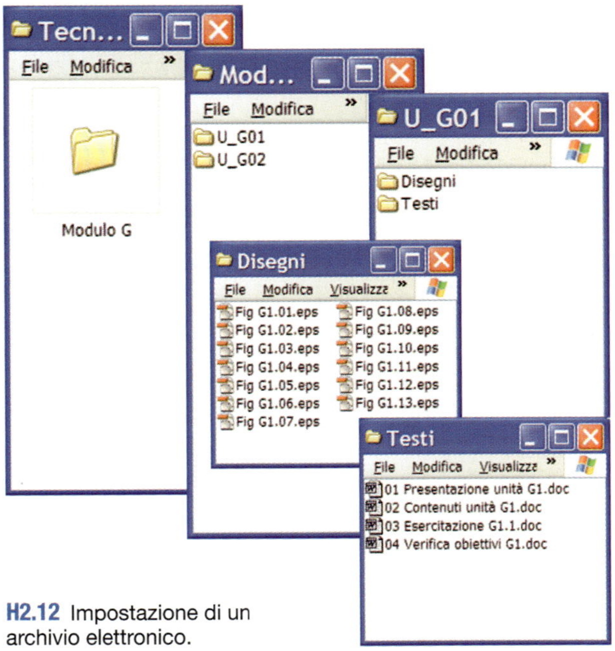

H2.12 Impostazione di un archivio elettronico.

Custodia e difesa degli archivi

Particolari accorgimenti devono essere posti in atto per difendere gli incartamenti dagli agenti che li insidiano.
Preziosissimi archivi sono andati perduti nel passato, e tuttora vanno perduti, a causa degli incendi, dell'umidità, della polvere, dei parassiti, della luce ecc.
Per la custodia di archivi di alto valore storico, civico e sociale si provvede oggi alla costruzione di fabbrica-

ti appositi, asciutti e ben aerati, forniti di dispositivi antincendio.
Più difficile è la difesa contro i parassiti, alla quale si cerca di provvedere con l'impiego di disinfettanti e con la costante revisione e manutenzione. Attualmente le grandi organizzazioni archivistiche, soprattutto governative, per i documenti destinati alla lunga conservazione ricorrono all'impiego di carte speciali, inattaccabili dai parassiti.
Un grande pericolo per la conservazione delle scritture e delle immagini è rappresentato dalla luce solare, anche indiretta, a cui è sconsigliabile l'esposizione permanente di manoscritti o documenti a stampa.
Accorgimenti diversi devono essere considerati nel caso di archivi di prodotti informatici.
Le memorie di massa magnetiche (hard disk e nastri magnetici) devono essere tenute lontane da campi magnetici o elettrici e protette con strutture in grado di assorbire gli effetti di tali campi.
I CD e DVD, che non sono soggetti a campi magnetici, devono essere conservati in modo tale da non subire deformazioni permanenti.
Sulla permanenza nel tempo delle informazioni conservate con prodotti informatici a tutt'oggi non è possibile fornire dati, essendo questi sistemi di recente creazione.

H2.3 LA QUALITÀ

Cenni storici

Dagli anni Cinquanta agli anni Duemila la qualità si è evoluta seguendo i mutamenti economici, sociali e culturali sviluppatisi nel mercato e, agendo da termometro, di volta in volta ha dato dei segnali al mondo della produzione che, anche se con fatica, si è adeguato alle esigenze del mercato stesso.
Nel periodo caratterizzato dalla ricostruzione postbellica la qualità è un'esigenza di pochi. I prodotti scarseggiano per cui, anche se non sono perfetti, trovano lo stesso un grande mercato; si hanno perciò *grandi produzioni di scarsa qualità*.
Gli anni Sessanta costituiscono l'epoca del boom economico. Il sistema politico incentiva le industrie, crescono il mercato e la produzione, ma *la qualità si mantiene a livelli appena sufficienti*.
Negli anni Settanta si registra la crisi energetica. Il mercato richiede beni più duraturi e più vantaggiosi dal punto di vista economico, perciò *la qualità dei prodotti si eleva sostanzialmente*.
Gli anni Ottanta si caratterizzano come il decennio della qualità. Il mercato, divenuto più maturo, costringe le aziende ad aumentare la gamma dei prodotti e *a migliorarne concretamente le prestazioni*.
Negli anni Novanta si manifesta sempre più nel consumatore l'esigenza di una *maggiore qualità* in particolare come migliore rapporto *qualità/prezzo*. La **figura H2.13** rappresenta l'evoluzione del *rapporto qualità/prezzo* dagli anni Cinquanta al Duemila. Come si può osservare la qualità attesa è sempre maggiore di quella fornita.

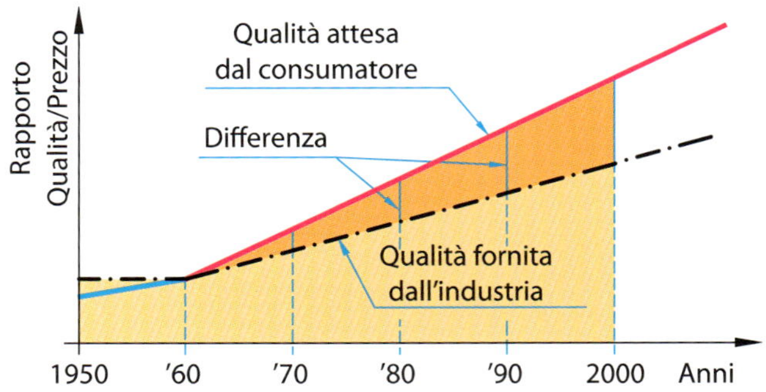

H2.13 Evoluzione del rapporto qualità/prezzo nel tempo.

Nello stesso periodo la concezione di gestione della qualità si estende a tutte le aree aziendali, non solo a quelle legate alla produzione, quindi anche alla direzione aziendale, alla gestione finanziaria, commerciale e del marketing, alla gestione del sistema per la qualità e per l'ambiente ecc. e viene coniato il termine "*qualità totale*". La **figura H2.14** mostra come la tendenza dell'evoluzione della qualità nel tempo conduca verso la *qualità totale*.

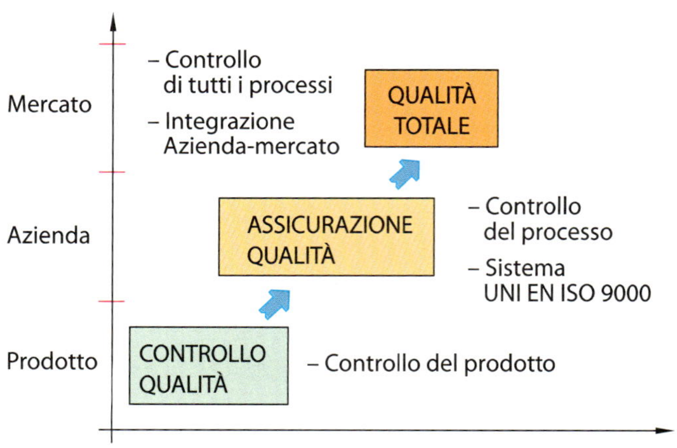

H2.14 Evoluzione storica della qualità.

Cosa si intende per "qualità"

Il termine qualità, come appena detto, è entrato prepotentemente nella vita di tutti i giorni tanto che è usuale sentir parlare di servizi di qualità, di marchi di qualità, di certificazioni di qualità e di *norme per la gestione della qualità*, come il gruppo delle norme ISO 9000 ecc.

La **qualità**, definita dalla norma ISO 9000:2005, è il *"grado con cui un insieme di caratteristiche intrinseche soddisfa i requisiti"*, cioè il grado di rispondenza, di tutte le caratteristiche di un prodotto, alle esigenze dell'utilizzatore o cliente.

E. Sasser, un illustre studioso che si è dedicato all'analisi di questa branca della tecnica, ha individuato che le caratteristiche intrinseche di un prodotto o di un servizio comprendono:

- *la rispondenza del prodotto/servizio all'uso specifico da parte del cliente* (prestazioni);
- *la conformità* (rispetto a specifiche dichiarate);
- *l'affidabilità* (attitudine di un prodotto a fornire la prestazione richiesta, senza guasti, per un determinato periodo di tempo, nelle condizioni prestabilite);
- *la durata* (tempo intercorrente tra il momento di acquisto di un prodotto e il momento in cui non si reputa più conveniente la sua riparazione);
- *l'estetica* (rispondenza del prodotto a criteri soggettivi di bellezza);
- *l'immagine* percepita (capacità del marchio di influenzare la propensione all'acquisto);
- *il servizio* (capacità di soddisfare in modo tempestivo e accurato le richieste di assistenza);
- *le caratteristiche secondarie* (aspetti collaterali capaci comunque di differenziare e riqualificare il prodotto rispetto alla concorrenza, **fig. H2.15**).

Con riferimento a quanto sopra indicato, si osserva che, nel linguaggio comune, esprimersi in termini di qualità, per un prodotto industriale, equivale a evidenziarne le caratteristiche che consentono di identificarlo come "il migliore". Gli si attribuisce cioè maggior valore rispetto ai prodotti concorrenti.
Spesso, l'azienda venditrice, per mantenere la propria quota di mercato, enfatizza solo alcune caratteristiche del proprio prodotto, cioè quelle che gli conferiscono prestigio indipendentemente dalle tecnologie su cui è basato, distogliendo il compratore dall'effettuare anche semplici confronti con la concorrenza (prezzo, prestazioni ecc.).
La breve analisi presentata consente di comprendere i diversi aspetti della qualità e la difficoltà della realizzazione pratica degli obiettivi che essa si prefigge.

H2.15 Influenze delle caratteristiche di qualità di un prodotto o di un servizio sulla soddisfazione del cliente.

Alle aziende è noto che la qualità non s'improvvisa e che non si può parlare di qualità del prodotto fornito senza considerare anche quella attinente a tutti i processi produttivi.

Pertanto gli **obiettivi** che la politica aziendale della qualità deve perseguire sono:

- conseguire e mantenere la qualità dei propri prodotti ponendosi come fine il continuo miglioramento, nel rispetto dei requisiti qualitativi;
- migliorare la qualità del proprio modo di operare così da poter soddisfare con continuità le esigenze, espresse e implicite, dei clienti e delle altre parti interessate alla produzione e alla distribuzione dei prodotti;
- garantire alla direzione e ai dipendenti che i requisiti per la qualità vengano soddisfatti e mantenuti e che si attuino miglioramenti per la qualità;
- assicurare ai clienti e alle altre parti interessate che i requisiti per la qualità siano o saranno presenti nel prodotto fornito;
- controllare che i requisiti del sistema qualità (processo, prodotto, cliente) siano soddisfatti.

L'organizzazione che intende conseguire questi obiettivi può realizzare, con l'aiuto di specifiche norme, un *Sistema di Gestione per la Qualità Aziendale*.

Il **Sistema di Gestione per la Qualità** è la struttura organizzata che realizza le attività pianificate e sistematiche atte a garantire che un processo, un prodotto o un servizio abbiano i requisiti di qualità richiesti.

Le norme del Sistema di Gestione per la Qualità

Per facilitare l'applicazione e la diffusione della cultura della qualità sono state realizzate numerose normative, a partire dal 1959, con i primi documenti emessi dal Dipartimento della Difesa degli Stati Uniti.

La normativa attuale fa riferimento alle norme UNI EN ISO 9000, elaborate per la prima volta nel 1987 (come ISO 29000) dal Comitato tecnico 176 dell'ISO e con la partecipazione di oltre cinquanta nazioni: in quella occasione sono state raccolte, confrontate e sviluppate normative di varia origine. Nel 1994 sono nate le ISO 9000 che, adeguate più volte in edizioni successive, sono tuttora le norme applicabili al *Sistema di Gestione per la Qualità*.

La pubblicazione delle suddette norme nasce dalla necessità di creare uno standard internazionale che:

1. favorisca la collaborazione tra aziende;
2. fornisca alle organizzazioni (aziende, società di servizi, enti ecc.) un modello su cui costruire il proprio standard, in modo che questo modello sia utilizzato all'interno per la gestione della qualità dell'azienda e all'esterno per dimostrare al cliente le proprie capacità di fornire determinati prodotti e/o servizi.

Volendo esprimersi attraverso una metafora, le UNI EN ISO 9000 fanno sì che due organizzazioni che hanno un rapporto di cliente e fornitore "*si comprendano facilmente e più chiaramente perché parlano la stessa lingua*".

Entrambe le organizzazioni conoscono la stessa "lingua" (qualità) grazie al fatto che seguono la "grammatica" (norme UNI EN ISO 9000). Infatti, come la grammatica è il riferimento costante di chi si pone l'obiettivo del corretto uso della lingua, così le UNI EN ISO 9000 sono la guida per le organizzazioni (aziende, società di servizi, enti ecc.) che intendono porsi obiettivi di qualità.

Le norme di riferimento per attuare un *Sistema di Gestione per la Qualità* sono:

- **UNI EN ISO 9000:2005** – Sistemi di gestione per la qualità – Fondamenti e vocabolario.
- **UNI EN ISO 9001:2008** – Sistemi di gestione per la qualità – Requisiti.
- **UNI EN ISO 9004:2009** – Sistemi di gestione per la qualità – Linee guida per il miglioramento delle prestazioni (in fase di emissione).

La norme si applicano a:

a. organizzazioni che cercano di ottenere vantaggi dall'attuazione di un sistema di gestione per la qualità;
b. organizzazioni che cercano di assicurare che i loro fornitori soddisfino i loro requisiti relativi ai prodotti;
c. utilizzatori dei prodotti;
d. coloro che sono interessati a una comune comprensione della terminologia utilizzata nella gestione per la qualità;
e. coloro, interni o esterni all'organizzazione, che valutano i sistemi di gestione per la qualità;
f. coloro, interni o esterni all'organizzazione, che forniscono assistenza o formazione e addestramento riguardo al sistema di gestione per la qualità appropriato per quell'organizzazione;
g. coloro che elaborano le norme attinenti.

La norma UNI EN ISO 9000 *descrive i fondamenti dei sistemi di gestione per la qualità*, su cui si basa la famiglia di norme ISO 9000, e ne definisce i relativi termini **[fig. H2.16]**.

La norma UNI EN ISO 9001 *specifica i requisiti di un sistema di gestione per la qualità* per un'organizzazione che ha l'esigenza di dimostrare la propria capacità di fornire con regolarità un prodotto che soddisfi i requisiti del cliente e che desidera accrescere la soddisfazione del cliente tramite l'applicazione efficace del sistema e assicurare la conformità ai requisiti del cliente.

Tutti i requisiti sono di carattere generale e previsti per essere applicabili a tutte le organizzazioni, indipendentemente da tipo, dimensione e prodotto fornito, inoltre la norma può essere utilizzata da parti interne ed esterne all'organizzazione. Gli organismi di certificazione si basano su questa norma per valutare la capacità dell'organizzazione di soddisfare i requisiti del cliente, i requisiti applicabili al prodotto e i requisiti stabiliti dall'organizzazione stessa.

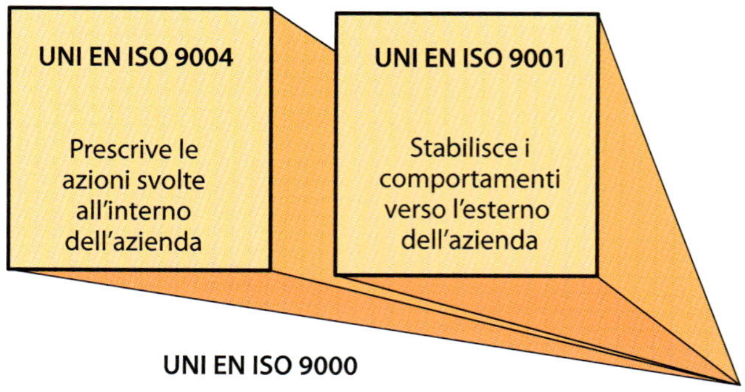

H2.16 Suddivisione delle norme UNI EN ISO 9000.

La norma UNI EN ISO 9004 è la guida alla predisposizione di un sistema di qualità aziendale e viene quindi utilizzata all'interno della stessa azienda che, nell'intento di raggiungere i propri obiettivi per la qualità, deve gestire e tenere sotto controllo tutte le risorse (tecniche, amministrative e umane) che hanno influenza sulla qualità dei propri prodotti e servizi.
La 9004 fornisce, inoltre, linee guida complementari ai requisiti della ISO 9001 per migliorare l'efficacia e l'efficienza di un sistema di gestione per la qualità e le prestazioni dell'organizzazione. Essa è applicabile ai processi di un'organizzazione indipendentemente dal tipo e dalla dimensione della stessa e dai prodotti forniti. Scopo principale della norma è il conseguimento di un miglioramento progressivo attraverso la soddisfazione dei clienti.
Nella **figura H2.17** sono evidenziate, mediante il **cerchio della qualità**, le fasi tipiche del ciclo di vita di un prodotto nelle quali deve essere attivo il sistema di gestione per la qualità.

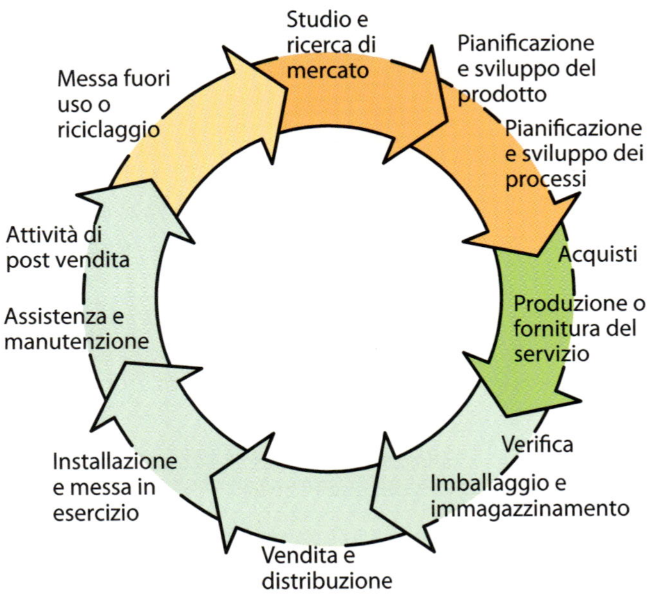

H2.17 Rappresentazione nel cerchio della qualità delle fasi tipiche del ciclo di vita di un prodotto.

Il Sistema di Gestione per la Qualità

Il Sistema di Gestione per la Qualità (SGQ) riguarda, in modo specifico, tutti i *processi* che, interagendo tra loro, influenzano la qualità di un prodotto o di un servizio.
Esso interessa tutte le fasi di realizzazione del prodotto/servizio, a partire dall'identificazione iniziale delle esigenze e delle aspettative del cliente, fino al loro soddisfacimento, secondo il modello schematico rappresentato nella **figura H2.17** chiamato *cerchio della qualità*.

Ogni impresa deve prestare particolare attenzione alla qualità dei propri prodotti/servizi al fine di:

- soddisfare le ben definite esigenze del cliente e/o del committente;
- rispondere alle aspettative di chi ha interesse alla vitalità dell'azienda (soci, personale, fornitori, autorità ecc.)
- essere conforme ai requisiti previsti dalle leggi e dai regolamenti vigenti.

Per conseguire i propri obiettivi, l'azienda deve organizzarsi in modo da tenere sotto controllo i fattori tecnici, amministrativi e umani che influenzano la qualità dei propri prodotti o servizi. Un sistema efficace di conduzione aziendale per la qualità deve essere strutturato in modo da salvaguardare le esigenze e gli interessi dell'azienda, e in modo da soddisfare le esigenze e le attese del cliente.

Gli elementi che compongono un SGQ sono:

1. la *struttura organizzativa*;
2. le *responsabilità*;
3. le *procedure di controllo*;
4. i *processi di lavoro*;
5. le *risorse umane* messe in campo per attuare la conduzione aziendale della qualità ai diversi livelli.

Il Sistema di Gestione per la Qualità influenza molti aspetti della gestione aziendale e le norme, con spiegazioni accurate e precise, indicano le modalità e gli elementi da tenere sotto controllo. Le norme, però, non sono specifiche per ogni settore industriale o economico e non indicano nel dettaglio come ogni singola azienda debba attuarne le prescrizioni, per cui il Sistema di Gestione per la Qualità deve essere progettato e attuato in funzione delle caratteristiche specifiche dell'impresa. Per dar sostegno all'azienda, nella fase di adattamento alle specifiche esigenze del Sistema di Gestione per la Qualità, sono nate delle nuove figure professionali (esperto della qualità).

Il Sistema di Gestione per la Qualità deve quindi:

- rispondere alle esigenze delle attività aziendali;
- garantire che i prodotti o i servizi soddisfino le aspettative del cliente;
- essere facilmente comprensibile da clienti, personale, fornitori e da tutti quelli che sono coinvolti nelle attività dell'azienda;
- migliorare continuamente la gestione aziendale, oltre a individuare rischi e criticità per prevenire l'insorgere di problemi.

La **figura H2.18** riporta un esempio di struttura operativa del SGQ.

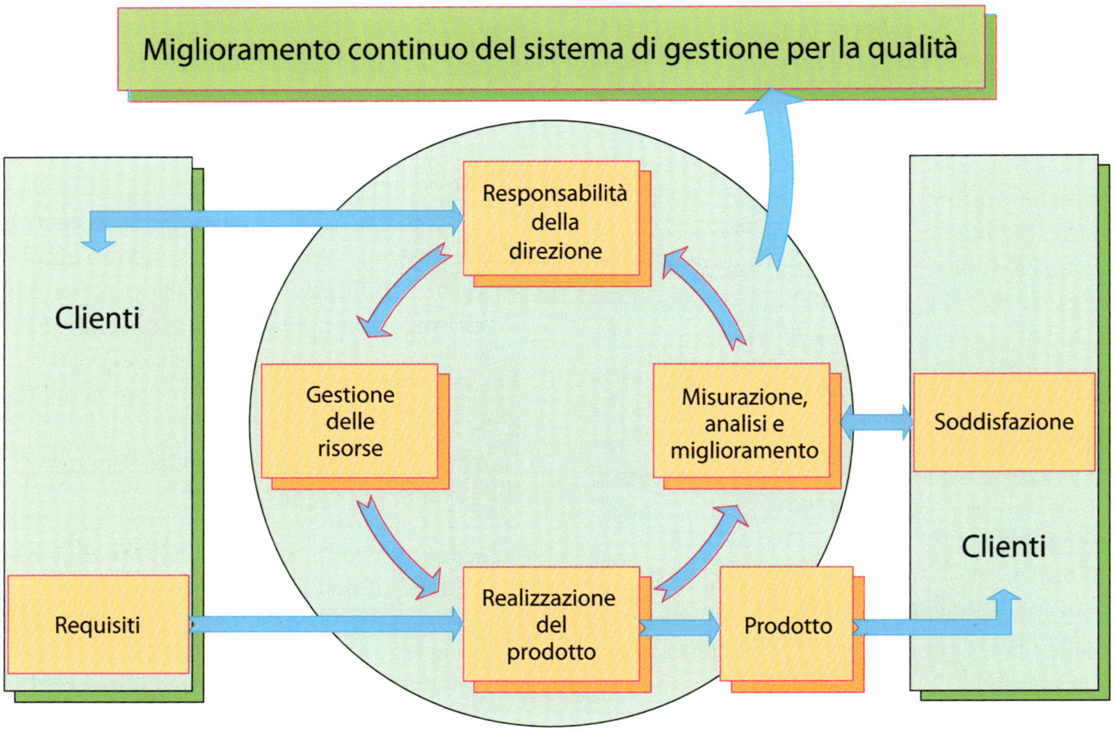

H2.18 Modello di Sistema di Gestione per la Qualità (SGQ).

Manuale della Qualità

Il documento in cui è descritto il Sistema di Gestione per la Qualità è il *Manuale della Qualità*.

Il **Manuale della Qualità**, riporta la sintesi dell'organizzazione di un'azienda che persegue la qualità.

Nella stesura del *Manuale della Qualità* viene dato particolare rilievo all'aspetto gestionale e del controllo dei processi, previsto a tutti i livelli aziendali e per ogni funzione **[fig. H2.19]**.
Gli aspetti operativi della gestione della qualità sono definiti in Procedure e Istruzioni che fanno riferimento ai capitoli del Manuale.

Controlli della qualità

La garanzia della qualità si effettua tenendo sotto controllo i processi aziendali secondo le modalità definite in funzione della difettosità attesa.

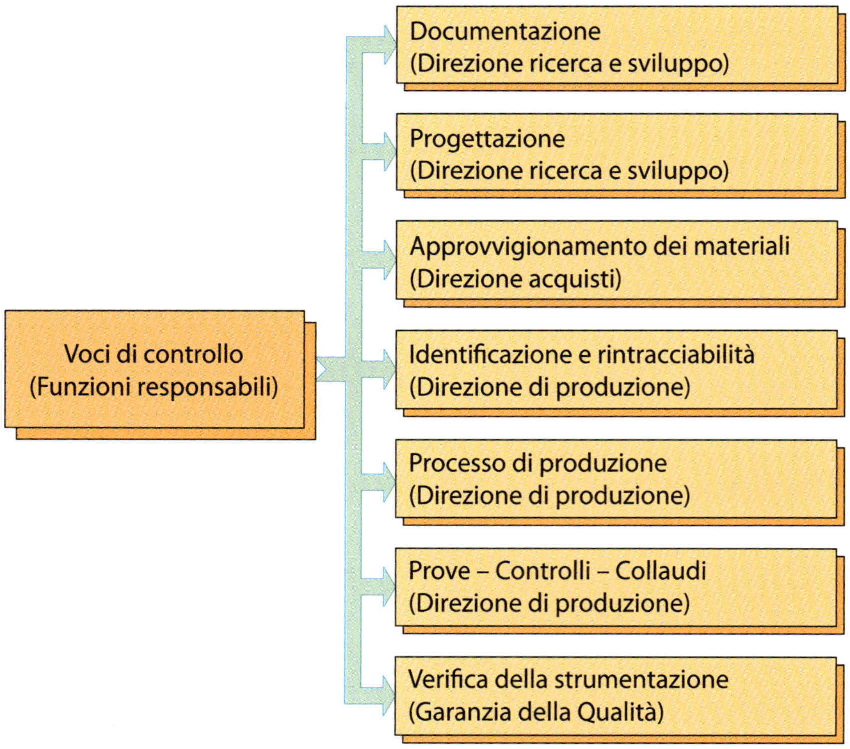

H2.19 Principali voci di controllo del Manuale della Qualità.

Si riporta una sintesi dei controlli più significativi di un Sistema di Gestione per la Qualità.

1. Controllo della documentazione. Procedure di approvazione dei documenti riguardanti il prodotto dalla sua ideazione alla realizzazione.
2. Controllo della progettazione. Procedure di controllo che assicurano che il prodotto è realizzabile e controllabile.
3. Controllo approvvigionamento dei materiali. Procedure che verificano che i materiali acquisiti corrispondano ai requisiti previsti.
4. Controllo di identificazione dei materiali. Si tratta di controlli che consentono di definire la posizione dei materiali durante le lavorazioni.
5. Controllo di ogni fase del processo di produzione. Controllo della qualità, dei mezzi impiegati e delle operazioni durante il processo di produzione.
6. Prove – Controlli – Collaudi. Sono le norme che prevedono le modalità, i controllori e le caratteristiche da controllare sul prodotto.
7. Verifica della strumentazione di controllo. Si tratta delle procedure di controllo a cui deve essere sottoposta la strumentazione.
8. Verifica di apprendimento. Si effettua durante le attività di formazione interna per verificare che i contenuti della formazione siano stati adeguatamente recepiti dal personale.

Monitoraggio della qualità

Il monitoraggio dei processi aziendali è un'attività basilare per dimostrare alla direzione aziendale che i processi aziendali e quindi la qualità dei prodotti e servizi forniti dall'azienda sono sotto controllo.
Si svolge, generalmente, mediante controlli a campione di alcuni parametri importanti di gestione dei processi o di alcune caratteristiche dei prodotti e servizi risultanti dai processi stessi. Con i dati rilevati si elaborano degli indicatori che mostrano l'andamento della qualità aziendale

Costi della qualità

È naturale che la qualità presenti dei costi **[fig. H2.20]**; è anche vero però che questi vengono ampiamente ricuperati.
L'applicazione del Sistema di Gestione per la Qualità, infatti, consente la riduzione sia dei costi del prodotto sia del processo produttivo, come schematicamente indicato nella **figura H2.21**.
I costi relativi all'attuazione del Sistema di Gestione per la Qualità si suddividono in:

1. costi operativi interni, relativi alle attività sviluppate per ottenere la qualità prevista (costo del Sistema di Gestione per la Qualità) e agli inconvenienti interni (scarti, rifacimenti, interventi in garanzia, esuberi per carenze informative ecc.);
2. costi per l'assicurazione della qualità ai clienti.

Qualità Totale

In anni abbastanza recenti si è sviluppato e consolidato il concetto di **Qualità Totale** da applicare ai processi produttivi.

Il **Sistema Qualità Totale** prevede che **tutti i controlli** relativi a ogni operazione siano eseguiti dagli operatori stessi o da dispositivi automatici; tale procedura consente di evidenziare eventuali difetti o anomalie e arrestare la macchina o il processo di lavorazione prima che si ottengano prodotti inutilizzabili.

Il processo deve essere riavviato nel più breve tempo possibile e l'intervento correttivo deve essere tale da prevenire successive interruzioni di tipo analogo.

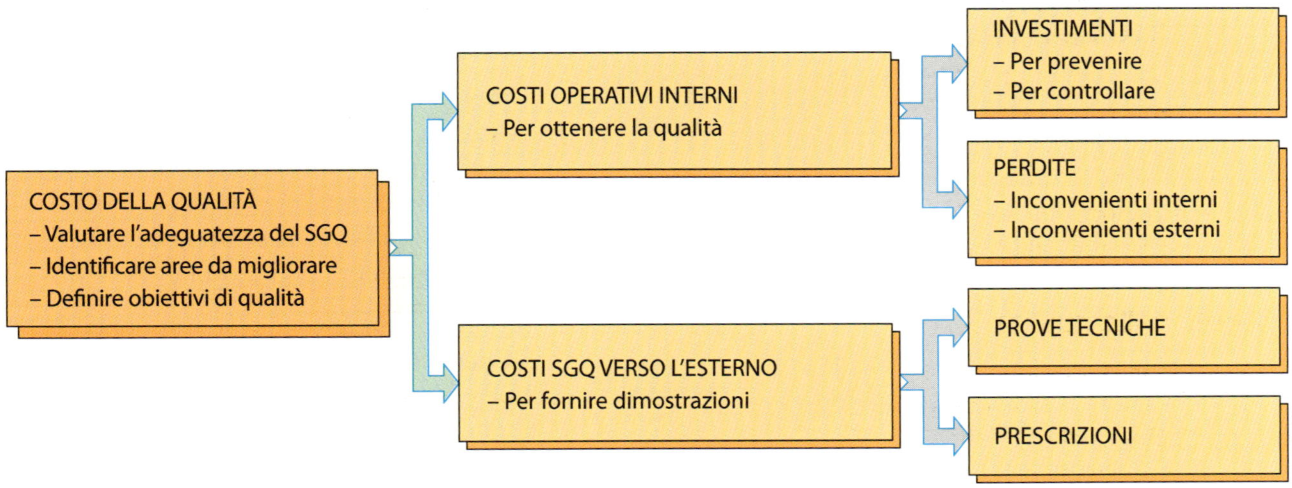

H2.20 Sintesi dei costi della qualità.

H2.21 Effetti della qualità sul prodotto e sul processo produttivo.

Conclusioni

Concludendo si può affermare che ogni *Sistema di Gestione per la Qualità* richiede macchine e attrezzature efficienti, conformi alle legislazioni vigenti e il rispetto di tutti i parametri necessari al corretto svolgimento delle rispettive operazioni di lavoro.
Ne consegue quindi che un *Sistema di Gestione per la Qualità* trova la sua piena completezza nel rispetto della qualità del lavoro e della salute dei dipendenti; è questo un motivo in più per adottarlo.

H2.4 STRUMENTI DI MIGLIORAMENTO E CONTROLLO DELLA QUALITÀ

Il miglioramento della qualità, per un'azienda, è motivato dalla necessità di rimanere sul mercato fornendo un servizio migliore della concorrenza a costi competitivi.
Per raggiungere tali obiettivi occorre programmare dei *progetti finalizzati*; di ogni progetto occorre fissare con i seguenti termini:

- l'argomento da prendere in considerazione;
- gli obiettivi che si intendono raggiungere;
- lo staff di persone coinvolte;
- il metodo di lavoro da seguire;
- le scadenze temporali.

Un metodo di lavoro affidabile per raggiungere il progetto del miglioramento della qualità si basa sull'utilizzo dei **sette strumenti operativi**, che sono:

1. la raccolta dei dati;
2. gli istogrammi;
3. i diagrammi causa-effetto;
4. i diagrammi di Pareto;
5. la stratificazione;
6. i diagrammi di correlazione;
7. le carte di controllo.

Strumenti di miglioramento della qualità

Raccolta dei dati

I vari metodi utilizzati per la raccolta dei dati hanno lo scopo di evidenziare informazioni *quantitative* (misurabili) e *qualitative* (di confronto) che permettono di valutare la correttezza di un processo produttivo o di un fenomeno qualsiasi. A seconda degli scopi per cui si esegue la raccolta, i dati possono essere di:

- rilevazione di una determinata situazione;
- analisi per stabilire relazioni tra cause ed effetti;
- controllo di processi di produzione;
- regolazione per intervenire su un parametro del processo;
- accettazione o rifiuto di un prodotto.

Per facilitare la raccolta sono usati dei **fogli** che consentono di inserire i dati in appositi spazi in modo semplice e sintetico. Detti fogli sono diversi e personalizzati a seconda del loro impiego.

Nella **figura H2.22** è riportato un foglio di controllo utilizzato per la rilevazione delle quantità dei diversi *tipi di difetti*. Nella **figura H2.23** è rappresentato un foglio di controllo adatto per la *localizzazione della posizione dei difetti*. Nella **figura H2.24** è riportato un foglio di controllo idoneo a rilevare la difettosità di pezzi eseguiti da *due impianti diversi* che lavorano su *doppio turno* con addetti che si alternano.

Come si può osservare dai tre esempi di fogli di controllo, la raccolta dei dati differisce non solo in funzione del parametro che si vuole controllare (tipo di difetto, sua localizzazione), ma anche in relazione ad altre caratteristiche (periodo di produzione ecc.).

Analizzando, per esempio, i risultati ottenuti con il foglio di controllo della **figura H2.23**, si può osservare che la maggior parte dei difetti riscontrati (10 su 32) sono stati localizzati nella zona radiale "A". Questo tipo di riscontro può dipendere da un'errata posizione del modello nella forma di fusione o da inadeguati canali di scarico dell'aria o dei gas in fase di colata. Quest'analisi non sarebbe stata possibile senza l'ausilio di un foglio di controllo che annotasse la *posizione dei difetti*.

I risultati ottenuti con il foglio di controllo della **figura H2.24** possono condurre alle seguenti considerazioni:

- l'impianto n. 2 (34 difetti) è meno efficiente dell'impianto n. 1 (12 difetti);
- il 2° turno (33 difetti) è meno affidabile del primo (13 difetti);
- l'addetto "D" è meno esperto (25 difetti su 46);
- i giorni centrali della settimana sono più a rischio.

La raccolta dei dati, dunque, deve essere organizzata in modo tale che con i difetti possano emergere anche le cause.

Per ottenere ciò occorre che i dati siano rappresentativi della situazione reale (appropriato campionamento) e si possano analizzare e confrontare nella maniera più consona per evidenziare i fatti (fogli di raccolta personalizzati per facilitare l'interpretazione e l'analisi).

Prodotto: .... Reparto: ....

Lotto: .... N. d'ordine: ....

Tipo di difetto	Quantità di pezzi difettosi	Totali
Ammaccature	~~////~~ ~~////~~ ~~////~~ ///	18
Graffi	~~////~~ ~~////~~ ~~////~~	15
Porosità	~~////~~ ~~////~~ //	12
Deformazione	~~////~~ //	7
Altri	~~////~~ ////	9
	Totale difetti	61

Totale pezzi controllati: .... Data: ....

Totale difetti riscontrati: .... Collaudatore: ....

H2.22 Foglio di controllo per tipi di difetto.

Prodotto: .... Reparto: ....

Lotto: .... N. d'ordine: ....

Disegno: ....

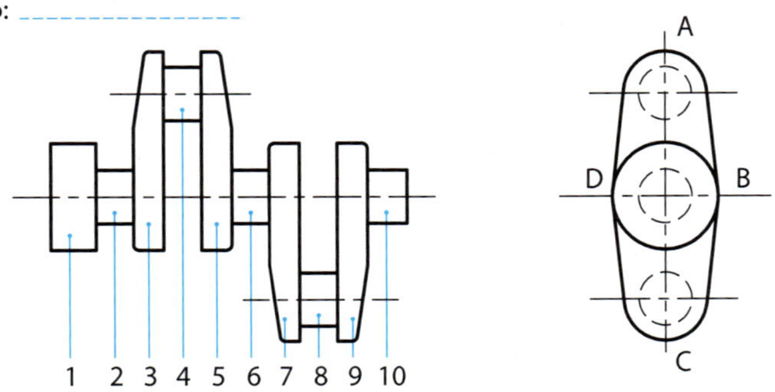

Posizione Assiale / Radiale	1	2	3	4	5	6	7	8	9	10	Totali
A			xxx	xxxx	xxx						10
B	x	xx							xxxx	xx	9
C							xxx	xxx			6
D			x			x			x	xxxx	7
Totali difetti	1	2	4	4	3	1	3	3	5	6	32

Totale pezzi controllati: .... Data: ....

Totale difetti riscontrati: .... Collaudatore: ....

H2.23 Foglio di controllo per la localizzazione dei difetti.

Prodotto: ________________ Reparto: ________________

Lotto: ________________ N. d'ordine: ________________

Impianto	Addetto - Turno	Lunedì		Martedì		Mercoledì		Giovedì		Venerdì		Totali	
		Matt.	Pom.	Matt.	Pom.	Matt.	Pom.	Matt.	Pom.	Matt.	Pom.		
Impianto n. 1	A - 1° turno			x		xx		x			–	4	12
	B - 2° turno	–	x		x		xxx		xx		x	8	
Impianto n. 2	C - 1° turno			xx		xxx		xxx		x	–	9	34
	D - 2° turno	–	xxx		xxxxx		xxxxxxx		xxxxxx		xxxx	25	
	Totali	4		9		15		12		6		46	

Totale pezzi controllati: ______________ Data: ____________

Totale difetti riscontrati: ______________ Collaudatore: ____________

H2.24 Foglio di controllo per turni e impianti diversi.

Istogrammi

L'istogramma è una rappresentazione grafica a barre aventi la stessa larghezza di base e altezza variabile in funzione del parametro da controllare.
La costruzione di un istogramma avviene riportando sull'asse orizzontale i valori relativi alle caratteristiche in osservazione, suddividendo la *dispersione dei valori* in un numero opportuno di *classi*, e sull'asse verticale le rispettive *frequenze* riscontrate **[fig. H2.25]**.

Particolare attenzione bisogna porre nella suddivisione dell'intervallo di escursione in classi (che corrisponderanno alle barre dell'istogramma) onde evitare che la rappresentazione grafica risulti poco significativa. Un criterio adottato, che lega il numero di classi alla quantità dei dati raccolti, è rappresentato nella **tabella H2.1**.

TABELLA H2.1 Scelta del numero di classi

Numero di dati	Classi
< 50	$5 \div 7$
$50 \div 100$	$6 \div 10$
$100 \div 250$	$7 \div 12$
> 250	$10 \div 20$

I dati provenienti da un processo produttivo non soggetto a erro-

Classe	Confini	Frequenze
1	$7 \div 8$	6
2	$8 \div 9$	18
3	$9 \div 10$	38
4	$10 \div 11$	50
5	$11 \div 12$	42
6	$12 \div 13$	24
7	$13 \div 14$	10
8	$14 \div 15$	4

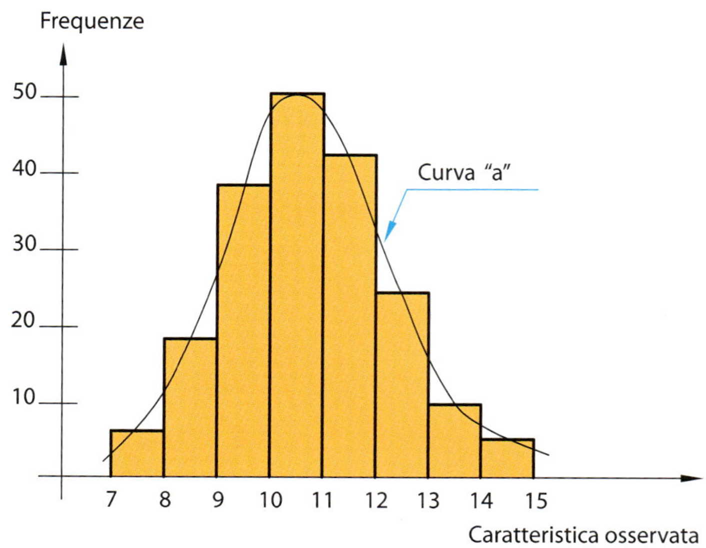

H2.25 Istogramma delle frequenze.

ri sistematici danno origine a un istogramma di forma regolare e simmetrica, con la sommità delle colonne disposta a forma di campana (curva "a" della fig. H2.25).
A volte, però, gli istogrammi assumono forme particolari, che lasciano supporre errori di elaborazione dei dati o anomalie nel processo di produzione e/o controllo che occorre saper individuare.

Gli istogrammi *asimmetrici* e *a precipizio* **[fig. H2.26]** possono essere causati da errori commessi nella raccolta dei dati o nella misurazione oppure dalla sovrapposizione di dati non omogenei. Per esempio, si verificano quando dal lotto vengono sottratti elementi aventi dimensioni superiori a un certo valore con lo scopo di migliorare le caratteristiche del lotto stesso.

Un istogramma *frastagliato* o *a denti di pettine* **[fig. H2.27]** si ottiene in presenza di *errori nella rilevazione*, con una errata attribuzione dell'*intervallo delle classi* (con conseguente arrotondamento improprio delle misure) o con un eccessivo *numero di classi* rispetto ai dati disponibili.

Gli *istogrammi a isola* **[fig. H2.28a]** sono spesso dovuti a *errori di misurazione* dovuti allo strumento o all'operatore. Gli *istogrammi a due punte* **[fig. H2.28b]** possono dipendere da un *campione non omogeneo*, prelevato da due insiemi diversi (ottenuti da due macchine, da due operatori diversi ecc.).

Diagrammi causa-effetto

I diagrammi causa-effetto (*di Ishikawa* o *a lisca di pesce*) servono per ricercare tutte le possibili cause che concorrono a ottenere un effetto **[fig. H2.29]**. Sono utilizzati quando un'azienda vuole perseguire l'obiettivo del miglioramento della qualità di un prodotto,

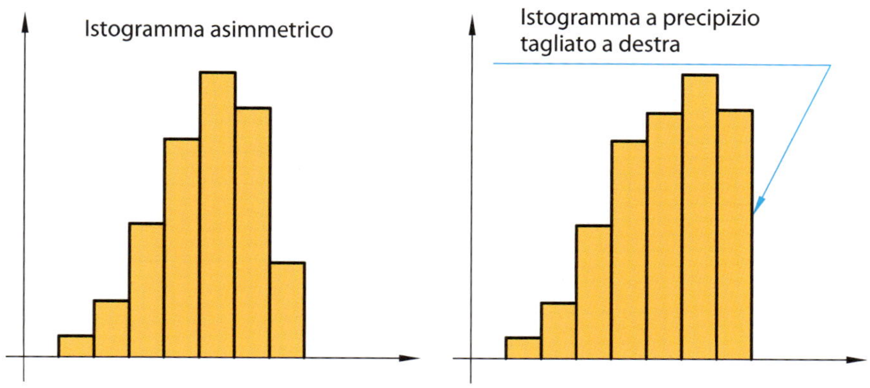

H2.26 Istogrammi asimmetrici e a precipizio.

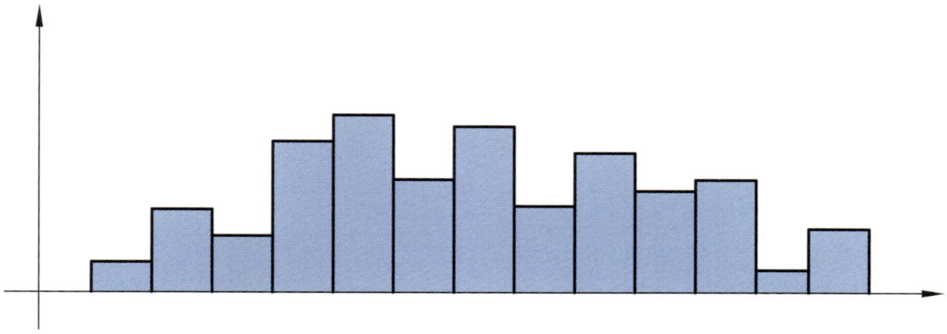

H2.27 Istogramma frastagliato o a denti di pettine.

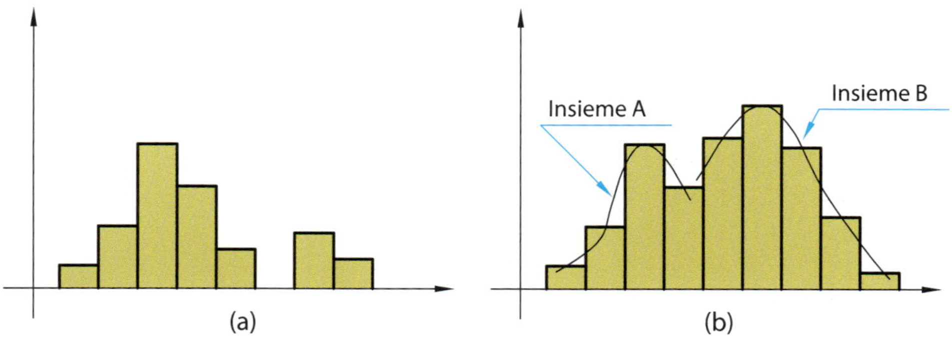

H2.28 Istogramma: a) a isola; b) a due punte.

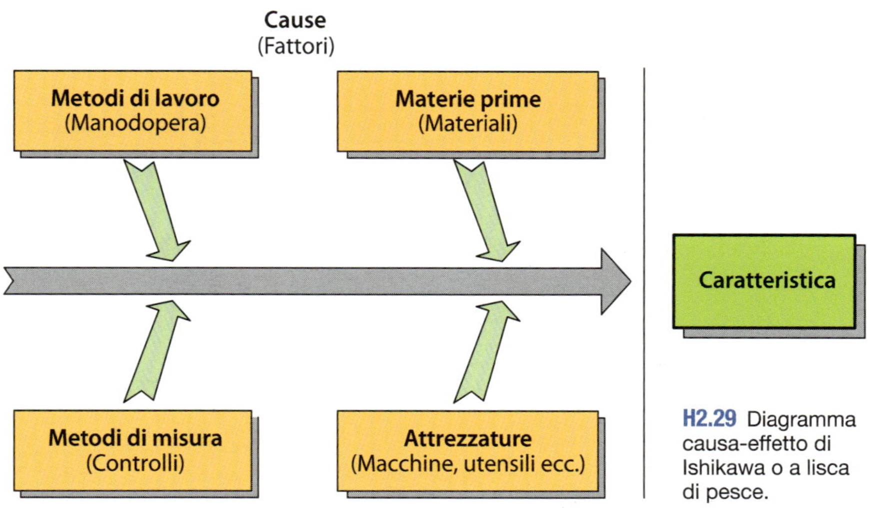

H2.29 Diagramma causa-effetto di Ishikawa o a lisca di pesce.

del livello di efficienza, della riduzione degli scarti, della riduzione del tempo di trasporto ecc.

Nell'individuazione delle cause si parte da quelle principali, dette *categorie guida*, che, nell'industria, normalmente sono i *metodi di misura*, le *attrezzature*, i *metodi di lavoro* e le *materie prime*. L'efficacia del diagramma consiste nello "spaccare" le categorie guida in sottocategorie per l'individuazione di tutte le cause concrete che influenzano e ottengono l'effetto analizzato.

La costruzione del diagramma causa-effetto deve essere eseguita da un *gruppo di lavoro* in cui ogni componente porta la propria esperienza. Un buon risultato è evidenziato da molte ramificazioni per ogni causa, indice di studio approfondito.
Nella **figura H2.30** è riportato il diagramma relativo alla ricerca delle cause delle cattive saldature di componenti elettronici con l'evidenziazione delle più importanti.

Diagrammi di Pareto

Un diagramma di Pareto riporta le voci sottoposte a controllo in ordine decrescente d'importanza. Esso permette di individuare immediatamente i problemi più importanti, di conseguenza sarà poi facile stabilire le priorità per gli interventi di miglioramento. Un esempio di diagramma di Pareto è rappresentato nella **figura H2.31** riguardante un lotto di viti a testa cilindrica con cava esagonale, ottenute per stampaggio e con rullatura della parte di gambo filettata. La voce scelta per l'analisi di Pareto è il *tipo di difetto*. I risultati della *raccolta dei dati* sono riportati nella **tabella H2.2**.

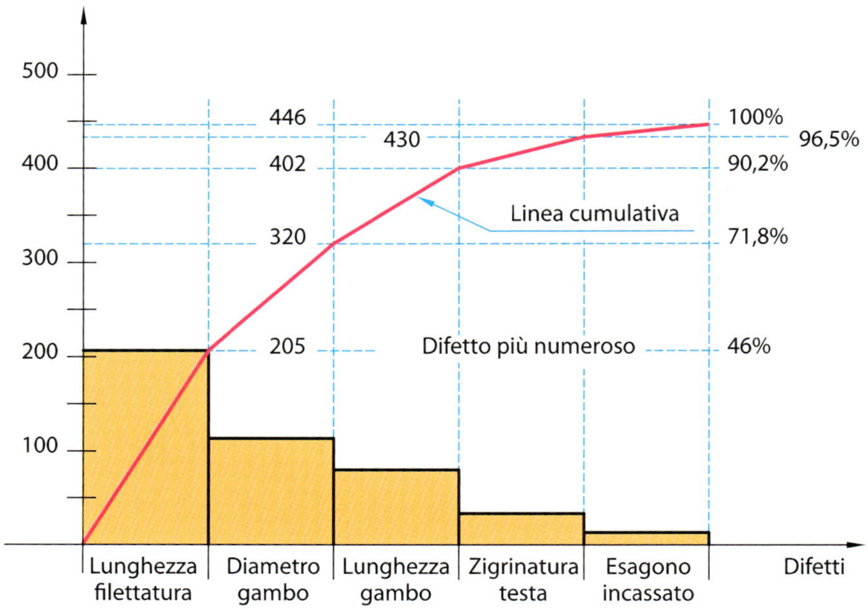

H2.31 Diagramma di Pareto per tipo di difetto.

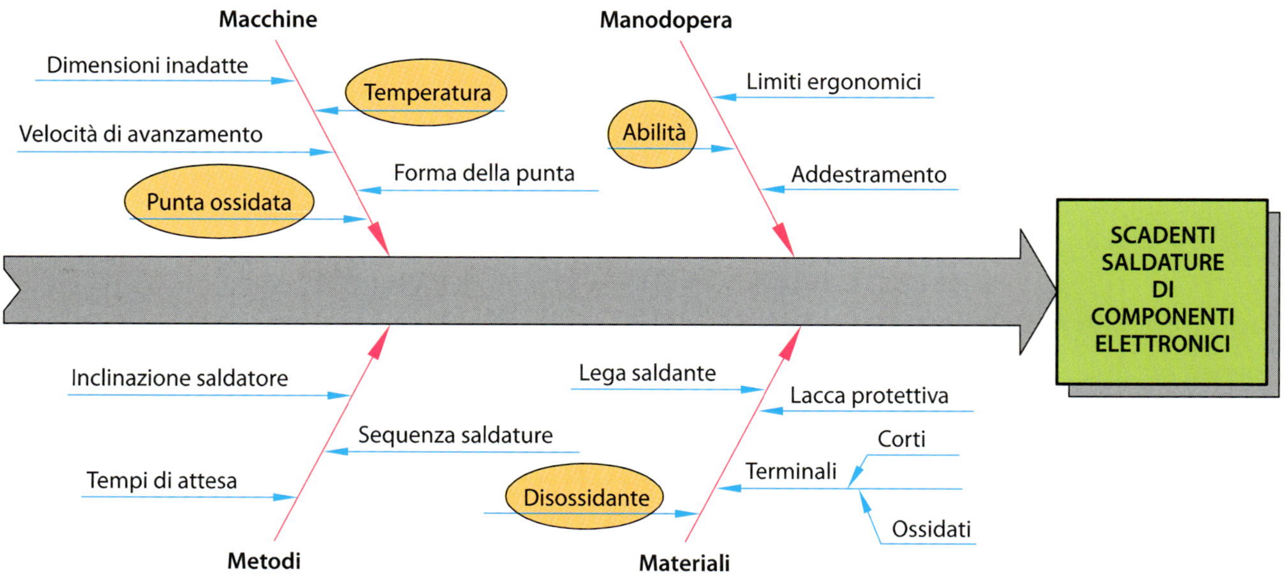

H2.30 Diagramma causa-effetto su saldature scadenti.

TABELLA H2.2 Controllo per tipo di difetto delle viti

Tipo di difetto	Numero di pezzi difettosi	% per tipo di difetto	% cumulativa
Lunghezza della filettatura	205	46,0	46,0
Diametro del gambo	115	25,8	71,8
Lunghezza del gambo	82	18,4	90,2
Zigrinatura della testa	28	6,3	96,5
Forma dell'esagono incassato	16	3,5	100
TOTALE	446	100	-

Il diagramma di Pareto di questo controllo indica immediatamente quale o quali problemi devono essere risolti per primi per ridurre in modo più efficace la difettosità e migliorare il processo produttivo (la *linea cumulativa* dà anche la percentuale di incidenza del o dei problemi presi in considerazione).

In molti casi, i vari tipi di difetti riscontrati in un prodotto non sono ugualmente proporzionali all'ammontare della perdita in denaro per ciascun pezzo difettoso. In tali casi, per ottenere indicazioni utili, può essere opportuno costruire il diagramma di Pareto in funzione del valore monetario corrispondente al numero di difetti riscontrati.

Nella **figura H2.32** sono riportati due diagrammi riferiti allo stesso lotto: quello a sinistra esprime la *frequenza di difetti*, quello a destra il *costo dei difetti*.

Stratificazione

La stratificazione è l'operazione mediante la quale si procede alla suddivisione dei dati in gruppi omogenei (strati), con lo scopo di facilitarne l'analisi.

Per chiarire l'efficacia della stratificazione, si prenda in considerazione il controllo della difettosità dei pezzi, eseguiti nell'arco della settimana, da due diversi impianti. Rappresentando con istogrammi i risultati ottenuti, si può evidenziare l'andamento della quantità dei difetti riscontrati in funzione dei giorni della settimana **[fig. H2.33]**.

I diagrammi di correlazione

I diagrammi di correlazione sono strumenti che servono a evidenziare la relazione esistente tra coppie di dati.

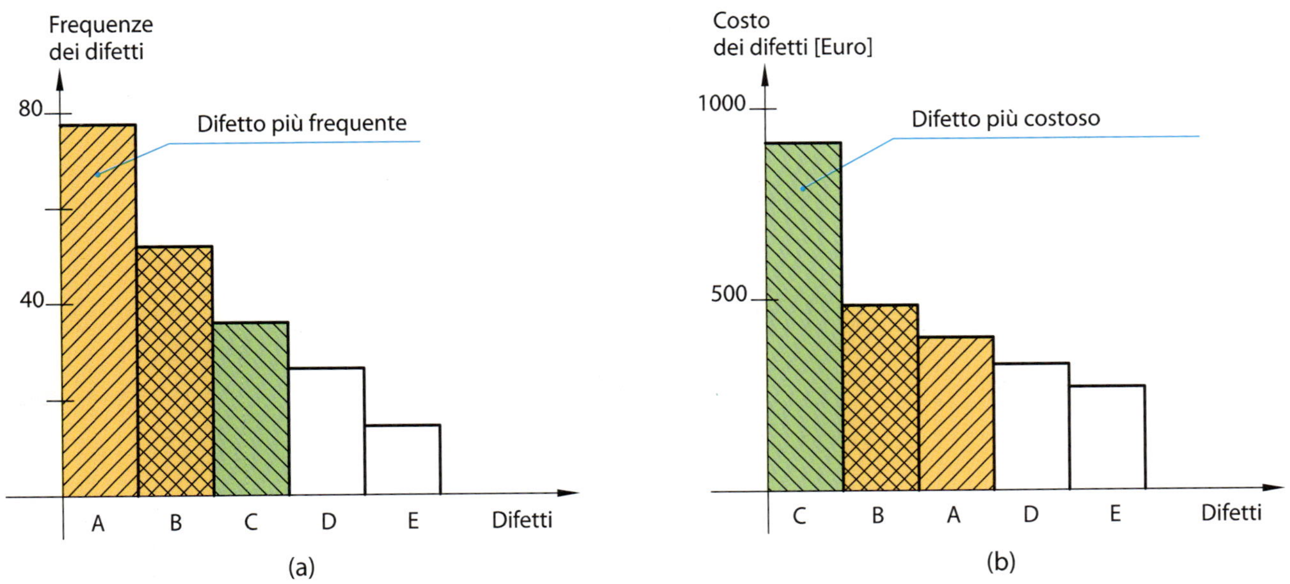

H2.32 Diagrammi di Pareto: a) per frequenza dei difetti; b) per costo dei difetti.

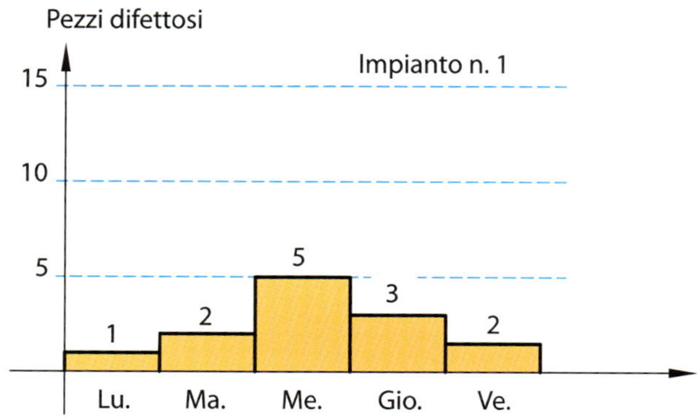

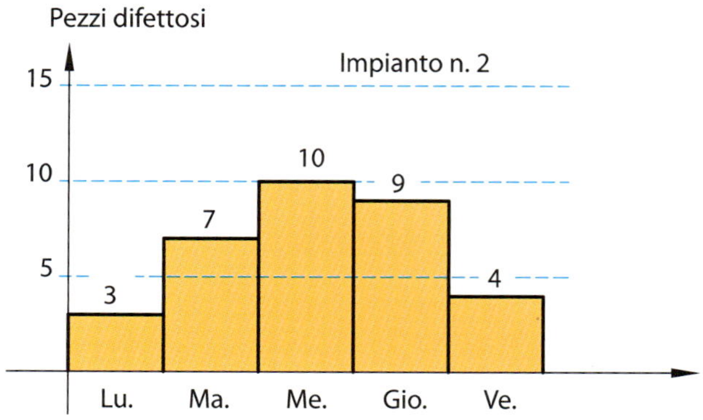

H2.33 Pezzi difettosi stratificati per tipo di impianto produttivo.

Prendendo in considerazione, per esempio, diversi tipi di autovetture si può dimostrare che esiste una correlazione tra la velocità e la loro potenza (correlazione positiva) **[fig. H2.34a]**. Analogamente, è noto a tutti che la pressione atmosferica risulta influenzata dall'altitudine (correlazione negativa) **[fig. H2.34b]**.

Strumenti di controllo della qualità

La finalità del Controllo Qualità consiste nel verificare che il prodotto sia conforme ai requisiti definiti per ogni fase di realizzazione.
Il Controllo Qualità è stato il primo stadio dell'applicazione della qualità ed era svolto mediante l'esecuzione di controlli, prove e misurazioni sui prodotti per selezionare quelli che corrispondevano ai requisiti espressi nelle specifiche. Questa metodologia è tutt'oggi molto utile, soprattutto in quelle realtà in cui un errore può costare moltissimo come, per esempio, nelle industrie farmaceutiche, in ambito aerospaziale ecc.

Cambiando il concetto di gestione della qualità si sono evolute anche le metodologie e dal controllo delle caratteristiche del prodotto si è passati al controllo dei processi utilizzati per la realizzazione del prodotto stesso.

Controllo del processo

Nei processi produttivi concorrono i seguenti elementi:

- *macchinari, attrezzature, impianti*;
- *metodi* di produzione (lavorazione, assemblaggio, misure) e i relativi *cicli di fabbricazione* e *controllo*;
- *materiali* diretti (che andranno a costituire il prodotto finito) e indiretti (ausiliari alla realizzazione del prodotto, tra cui gli utensili);
- *manodopera* che opera direttamente sul prodotto o che gestisce macchinari;
- *ambiente* circostante alle operazioni produttive (temperatura, umidità, fumosità, polverosità, vibrazioni ecc.).

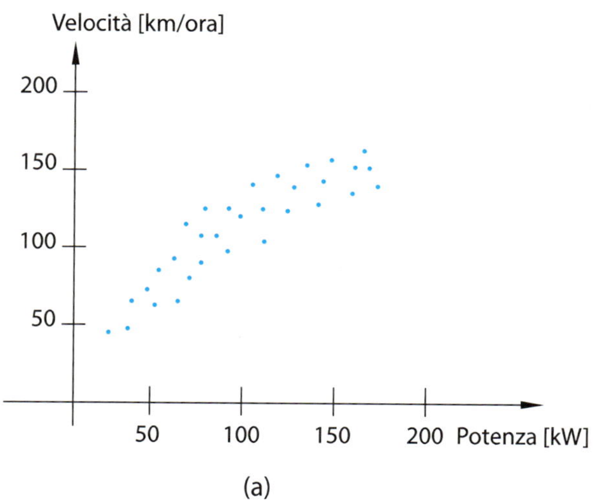

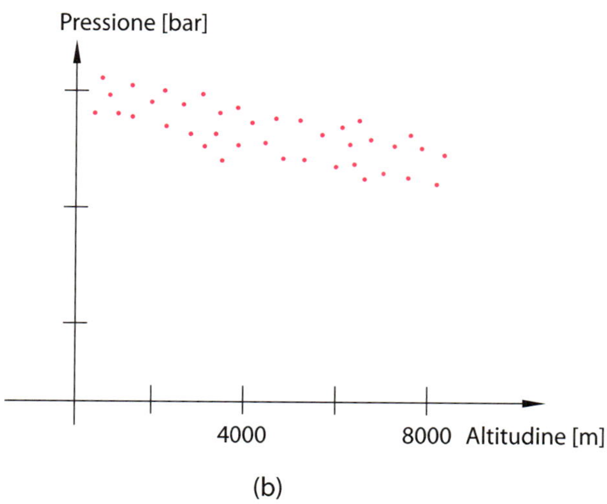

H2.34 Diagrammi di correlazione: a) positiva; b) negativa.

Ognuno di essi contribuisce, secondo le proprie peculiarità, al risultato del processo. Lo scopo del controllo è di gestire questi elementi al fine di rendere il processo *affidabile*, cioè capace di rispettare le specifiche di funzionamento nel tempo.
Per fare questo sono spesso utilizzate delle **metodologie statistiche** per l'esame ed elaborazione dei dati di output dei processi e, quindi, per prendere decisioni coerenti sulle attività da avviare per il loro controllo.

Variabilità del processo

Ognuno degli elementi secondo i quali è stato suddiviso il processo (macchina, metodo, materiale, uomini, ambiente) induce, in misura maggiore o minore in funzione della tipologia tecnologica di fabbricazione, una variabilità nei valori assunti per le caratteristiche del prodotto; in pratica, non esistono due oggetti perfettamente uguali per quanto alta sia la precisione e la cura con cui sono stati realizzati.
Per esempio:

- nel caso di lavorazioni meccaniche per asportazione di truciolo, macchina e materiale concorrono pressoché in egual misura a gran parte della variabilità totale;
- nelle lavorazioni di stampaggio lamiera o fucinatura è il materiale ad avere la prevalenza nell'impatto sulla variabilità finale: pressa e stampo, con la loro compatta solidità, concorrono in misura minore.

In un processo reale è impossibile mantenere costanti tutti gli elementi che lo influenzano; una corretta gestione di processo richiede di conoscerne la variabilità e di governarne l'instabilità.
La variabilità di un processo è generata da:

- *cause specifiche*, facilmente individuabili e quindi facilmente gestibili; un esempio di cause specifiche è l'usura utensile, non eliminabile ma certamente gestibile, come pure l'aumento di temperatura del lubrificante, gestibile e spesso eliminabile;
- *cause comuni*, i cui effetti di piccola entità si sommano casualmente; sono singolarmente di difficile gestione: esse costituiscono l'intrinseca, fisiologica variabilità di un processo, la sua variabilità casuale.

Un processo che non sia soggetto a cause specifiche di variabilità, ma solo a *cause comuni*, segue il più noto modello di variabilità casuale, cioè la distribuzione *normale* o di Gauss; in tal caso si dice anche che il processo è *in controllo statistico*. Se sono verificate queste condizioni, uno dei metodi per tenere sotto esame un processo è l'utilizzo di *carte di controllo*.

Carte di controllo

Nei processi di fabbricazione è necessario esaminare non solo come variano i dati da un periodo all'altro, ma anche la loro evoluzione, occorre cioè studiare la natura e l'influenza sul processo dei vari fattori che cambiano nel tempo, esprimendo i dati in forma dinamica.

In altre parole, se i materiali, la manodopera, i metodi di lavoro o le attrezzature subiscono variazioni nel periodo considerato, bisogna prendere nota degli effetti che tali variazioni inducono sulla produzione.

Le carte di controllo non risolvono di per sé i problemi, ma sono soltanto strumenti utili a rilevarne l'esistenza (variazione anomala delle caratteristiche), mettendo in evidenza eventuali tendenze. Pertanto alla loro compilazione deve seguire un'attenta analisi dei dati.
In questa trattazione si affronta solo la compilazione di carte $\bar{X}$-R.

Con la costruzione delle carte di controllo vengono confrontate le variazioni dei dati rilevati rispetto a tre linee dette:
- Limite Superiore di Controllo (LSC);
- Linea Mediana (LM);
- Limite Inferiore di Controllo (LIC).

Una carta di controllo viene compilata per determinare se ciascuno dei punti del diagramma può essere considerato nella normalità o meno e così conoscere i cambiamenti avvenuti nel processo dal quale i dati sono stati ottenuti.

Se tutti i valori sono compresi tra i limiti di controllo e non assumono tendenze particolari, la situazione è stabile o sotto controllo; viceversa, se una di queste condizioni non è rispettata, la situazione è instabile o fuori controllo [fig. H2.35].

Carte di controllo $\bar{X}$-R

La carta $\bar{X}$-R è lo strumento di controllo per variabili continue (cioè misurabili con un dispositivo) più comunemente usato per tenere sotto controllo processi produttivi attraverso la valutazione della media "$\bar{X}$" e della dispersione dei valori "R" (*range*, cioè differenza tra valore massimo e minimo). I dati continui misurati sono suddivisi in sottogruppi contenenti ognuno un numero n costante di dati (di solito da due a cinque).
Di solito, per tracciare una carta significativa, occorrono almeno 100 dati, raggruppati in k sottogruppi. I sottogruppi devono essere omogenei, cioè costituiti da dati riferiti a campioni ottenuti nelle stesse con-

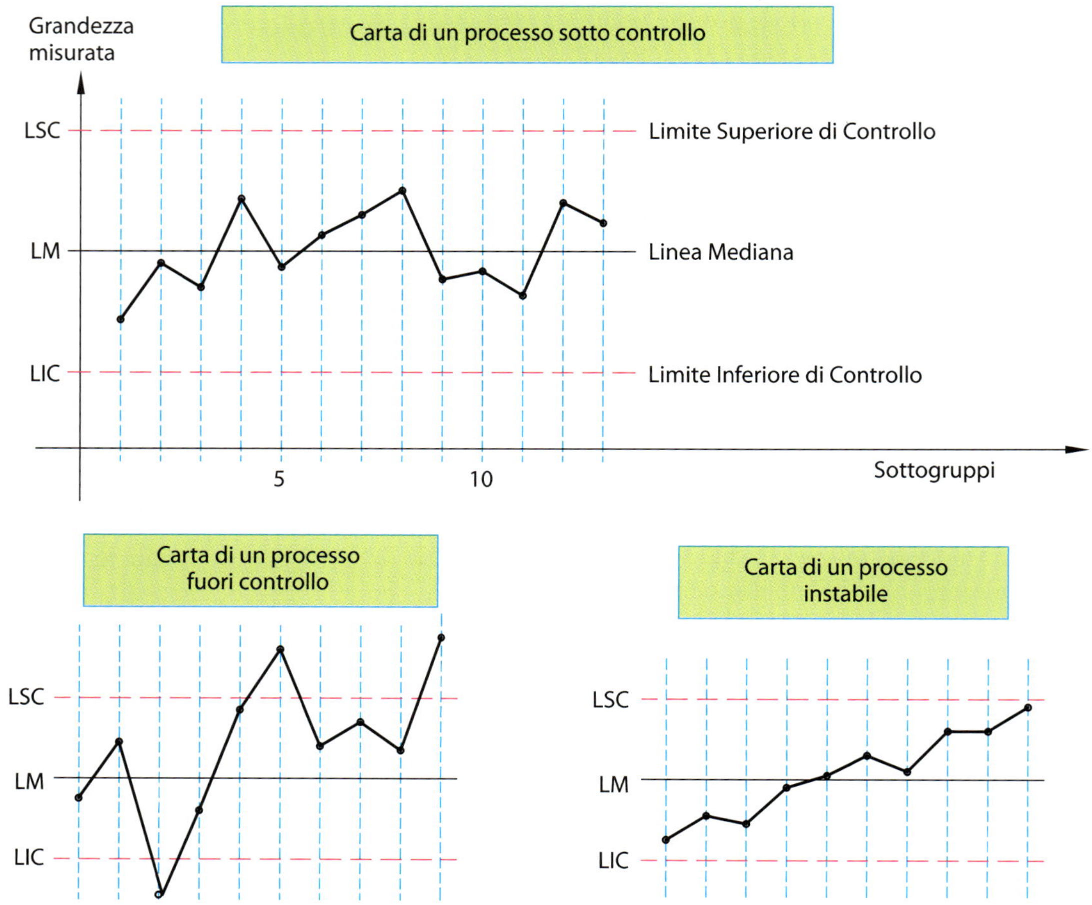

H2.35 Carte di controllo.

dizioni (appartenenti allo stesso lotto, costruiti nella stessa ora, nello stesso giorno, ottenuti dalla stessa macchina ecc.).

Nella **tabella H2.3**, per esempio, sono riportate le temperature di un laboratorio tecnologico (rilevate cinque volte al giorno).

La tabella è composta da $k = 25$ sottogruppi, ogni sottogruppo contiene $n = 5$ misurazioni della temperatura effettuate in ore della giornata definite.

La determinazione del valore medio ($\bar{X}_k$), per ogni sottogruppo, si effettua con la relazione:

$$\bar{X}_k = \frac{X_1 + X_2 + X_3 + X_4 + X_5}{5}$$

Nel caso in esame, per esempio, il calcolo della media per il gruppo $k = 7$ vale:

$$\bar{X}_7 = \frac{20{,}9 + 19{,}1 + 19{,}7 + 20{,}4 + 20{,}0}{5} = 20{,}02 \text{ [°C]}$$

Il calcolo della *media generale* ($\bar{\bar{X}}$ = media delle medie) è effettuato quando si hanno a disposizione i dati relativi a un certo numero di sottogruppi (con $n = 5$, almeno 20 ÷ 25 sottogruppi per un totale di 100 ÷ 125 valori):

$$\bar{\bar{X}} = \frac{\bar{X}_1 + \bar{X}_2 + \ldots + \bar{X}_{24} + \bar{X}_{25}}{k}$$

Nel caso in esame con 25 sottogruppi i valori di $\bar{X}_1$, $\bar{X}_2$ ecc. sono quelli della colonna $\bar{X}$ della **tabella H2.3**, da cui:

$$\bar{\bar{X}} = \frac{20{,}00 + 19{,}94 + \ldots + 19{,}74 + 19{,}52}{25} = 19{,}96 \text{ [°C]}$$

Il valore del *range*, per ogni gruppo, si calcola come differenza fra il valore massimo e minimo; nel caso in esame e per il gruppo $k = 7$ vale:

$$R = 20{,}9 - 19{,}1 = 1{,}8 \text{ [°C]}$$

Il valore medio delle escursioni ($\bar{R}$) si ottiene, analogamente alla media delle medie, con la relazione:

$$\bar{R} = \frac{R_1 + R_2 + R_3 + R_4 + \ldots + R_{24} + R_{25}}{25} = 1{,}404 \text{ [°C]}$$

TABELLA H2.3 Temperature di un laboratorio tecnologico [°C] ($k = 25$; $n = 5$)

Sottogruppi k \ Rilievi $n =$	1 ore 7.00	2 ore 12.00	3 ore 16.00	4 ore 20.00	5 ore 24.00	$\overline{X}$	R
1	21,0	19,6	20,2	20,1	19,1	20,00	1,9
2	20,2	20,3	19,7	20,4	19,1	19,94	1,3
3	20,5	19,8	20,0	19,8	19,4	19,90	1,1
4	20,9	19,4	20,3	20,1	20,2	20,18	1,5
5	20,0	20,0	19,1	19,2	20,3	19,72	1,2
6	20,7	19,0	19,5	19,4	19,4	19,60	1,7
7	20,9	19,1	19,7	20,4	20,0	20,02	1,8
8	20,4	20,6	20,0	19,4	20,5	20,18	1,2
9	21,4	19,4	19,2	19,4	19,5	19,78	2,2
10	20,3	19,4	19,6	19,9	19,8	19,80	0,9
11	20,3	19,8	20,0	20,0	20,1	20,04	0,5
12	20,6	19,5	20,3	20,5	19,8	20,14	1,1
13	20,4	20,3	19,0	20,0	20,1	19,96	1,4
14	20,9	20,1	20,5	19,5	19,8	20,16	1,4
15	21,2	19,7	19,9	19,9	19,5	20,04	1,7
16	20,6	19,6	19,4	19,5	19,2	19,66	1,4
17	21,0	20,2	19,4	21	21	20,52	1,6
18	21,1	19,9	21,5	19,3	19,8	20,32	2,2
19	21,6	20,7	20,4	19,2	19,5	20,28	2,4
20	20,9	20,0	20,0	20,2	19,6	20,14	1,3
21	20,3	19,7	19,6	19,8	19,7	19,82	0,7
22	20,9	19,4	19,7	19,4	19,8	19,84	1,5
23	20,2	19,3	19,6	20,1	19,7	19,78	0,9
24	20,2	19,8	19,8	19,3	19,6	19,74	0,9
25	20,3	19,8	19,0	19,3	19,2	19,52	1,3

Media generale $\overline{\overline{X}} = 19{,}96$ Media dell'escursione $\overline{R} = 1{,}404$

La posizione, sui due grafici, delle linee di controllo si determina facendo uso delle formule riportate di seguito e utilizzando i coefficienti A_2, D_3 e D_4, riportati nella **tabella H2.4**, scelti in funzione di "n".

Per le linee di controllo del grafico $\overline{X}$ (con $n = 5$):

- Linea Mediana: $LM = \overline{\overline{X}}$
- Limite Superiore di Controllo: $LSC = \overline{\overline{X}} + A_2\overline{R}$
- Limite Inferiore di Controllo: $LIC = \overline{\overline{X}} - A_2\overline{R}$

Per le linee di controllo del grafico R:

- Linea Mediana: $LM = \overline{R}$
- Limite Superiore di Controllo: $LSC = D_4\overline{R}$
- Limite Inferiore di Controllo: $LIC = D_3\overline{R}$

Nel caso dell'esempio riportato nella **tabella H2.4**, assumendo per le costanti i valori corrispondenti a $n = 5$, si ottengono:

- le linee di controllo del grafico $\overline{X}$:
  - Linea Mediana: LM = 19,96
  - Limite Superiore di Controllo: LSC = 20,77
  - Limite Inferiore di Controllo: LIC = 19,15
- le linee di controllo del grafico R:
  - Linea Mediana: LM = 1,404
  - Limite Superiore di Controllo: LSC = 2,97
  - Limite Inferiore di Controllo: LIC = 0

TABELLA H2.4 **Coefficienti per il calcolo dei limiti di controllo delle carte $\overline{X}$-R**

n	A_2	A_3	B_4	B_3	D_4	D_3
2	1,880	2,659	3,267	0	3,267	0
3	1,023	1,954	2,568	0	2,574	0
4	0,729	1,628	2,266	0	2,282	0
5	0,577	1,427	2,089	0	2,114	0
6	0,483	1,287	1,970	0,030	2,004	0
7	0,419	1,182	1,882	0,118	1,924	0,076
8	0,373	1,099	1,815	0,185	1,964	0,136
9	0,337	1,032	1,761	0,239	1,816	0,184
10	0,308	0,975	1,716	0,284	1,777	0,223
11	0,285	0,927	1,679	0,321	1,744	0,256
12	0,266	0,886	1,646	0,354	1,717	0,283
13	0,249	0,850	1,618	0,382	1,693	0,307
14	0,235	0,817	1,594	0,406	1,672	0,328
15	0,223	0,789	1,572	0,428	1,653	0,347

Si possono tracciare, quindi, i due grafici riportando sulle ascisse i sottogruppi k e sulle ordinate i rispettivi valori di $\overline{X}$, sul primo grafico; i valori di R sul secondo. Si uniscono tutti i punti riportati in modo da ottenere le linee spezzate e si contrassegnano con un cerchio i punti che escono dai limiti di controllo.
La carta di controllo relativa all'esempio della **tabella H2.3** è riportata nella **figura H2.36**.

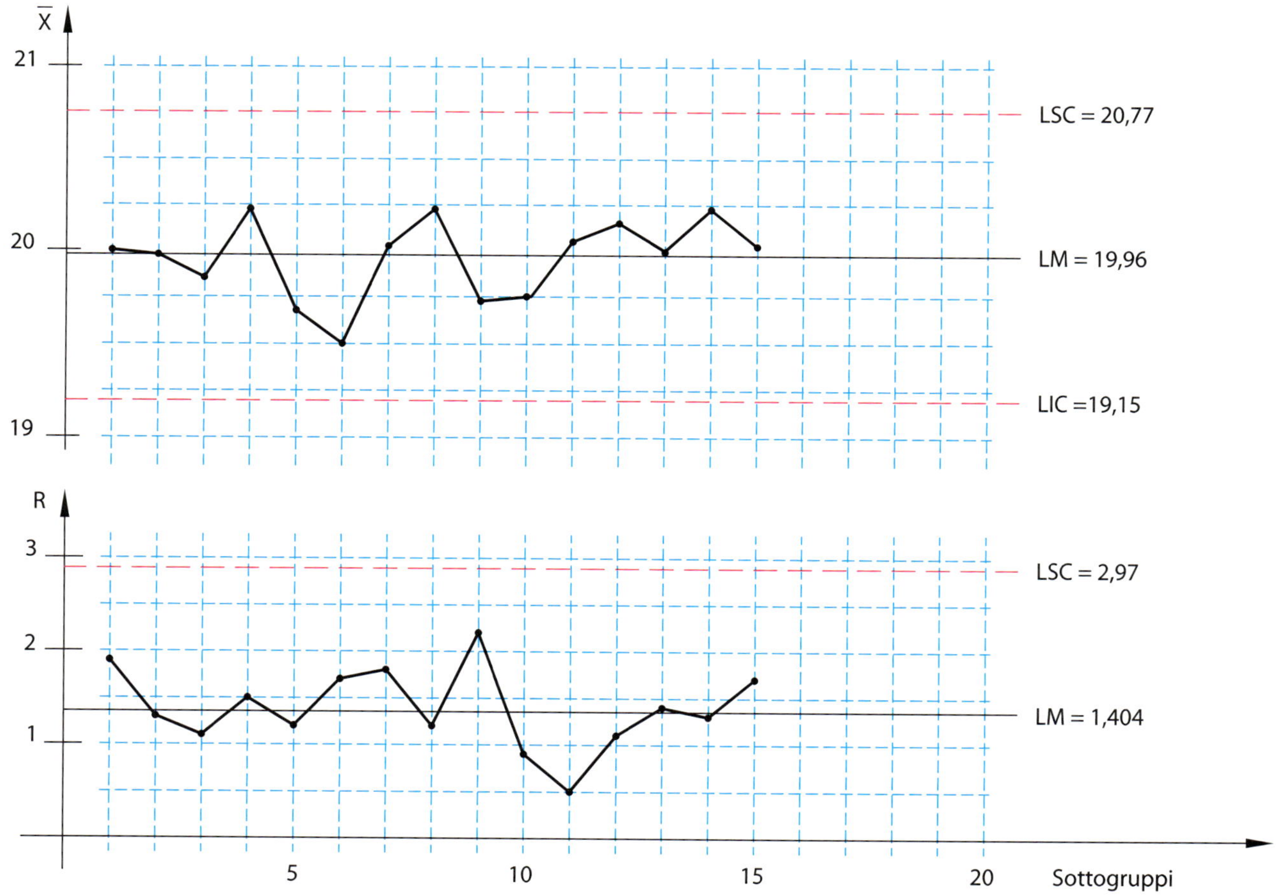

H2.36 Carta di controllo $\overline{X}$-R delle temperature nel laboratorio tecnologico.

ESERCITAZIONE GUIDATA / H2.1

Diagrammi causa-effetto

1. Completare lo schema riportato di seguito inserendo nelle caselle vuote le possibili cause che possono condurre a uno scarso rendimento scolastico.

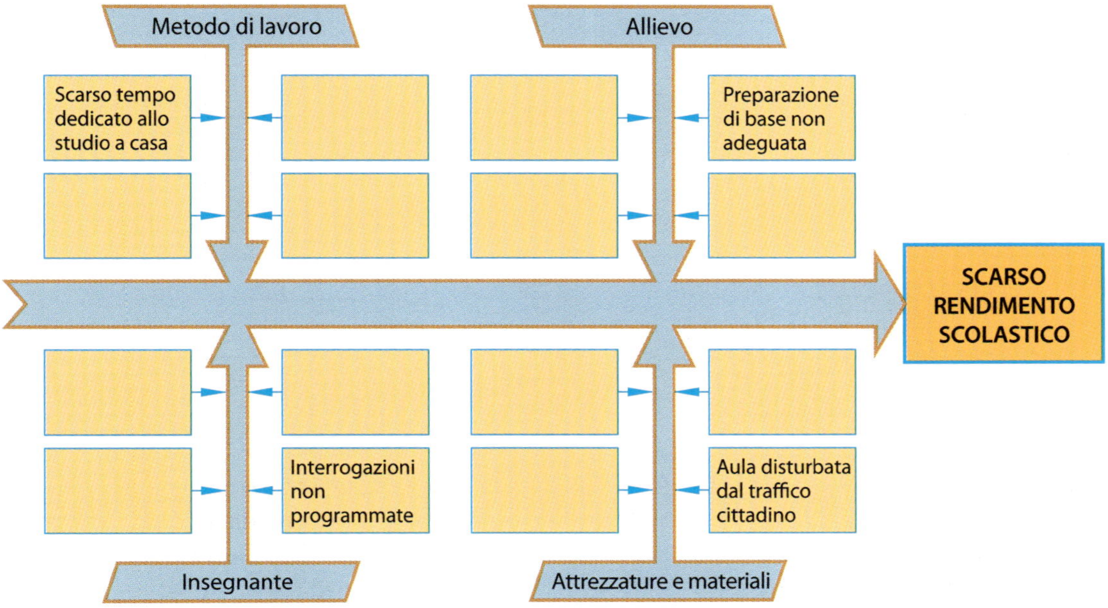

2. Fare un diagramma simile al precedente per un altro evento (per esempio, le cause per cui la squadra del cuore non ha vinto lo scudetto).

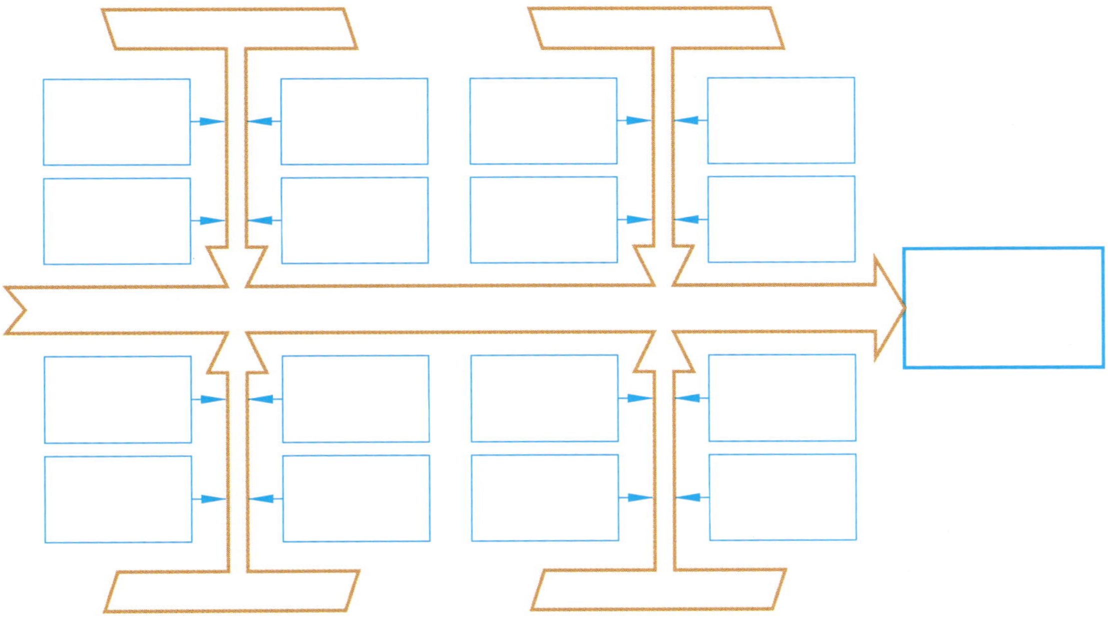

ESERCITAZIONE GUIDATA / H2.2

Diagramma di Pareto

Implementare con un foglio di lavoro il problema di questa unità, relativo al controllo dei difetti in un lotto di viti.

1. Trascrivere le colonne del tipo di difetto e del numero di pezzi difettosi.

2. Calcolare la colonna della percentuale per tipo di difetto.
   Utilizzare la formula: D5 = C5/$C$10*100.
   Il riferimento alla cella C10 del TOTALE deve essere assoluto.

3. Calcolare la colonna della percentuale cumulativa.
   Nella cella E5 riportare il valore della D5.
   Per le celle successive è necessario sommare la cella adiacente della colonna D alla cella della riga precedente della colonna E.
   Utilizzare dunque la formula: E6 = E5+D6.

4. Calcolare il valore cumulativo dei pezzi difettosi.
   Utilizzare la formula: F5 = E5*$C$10/100.

5. Inserire il grafico.
   Le serie di dati del grafico sono il numero di pezzi difettosi e il loro valore cumulativo.
   Per selezionare le due colonne non adiacenti procedere in questo modo:
   - selezionare C5:C9;
   - premere CTRL e selezionare la cella F5;
   - premere SHIFT e selezionare la cella F9.

6. Modificare il tipo di grafico del valore cumulativo.
   - Fare click sopra una barra della serie del valore cumulativo;
   - selezionare *Tipo di grafico…*;
   - scegliere un grafico a linee.

Controllo per tipo di difetto delle viti

	Tipo di difetto	Numero di pezzi difettosi	% per tipo di difetto	% cumulativa	Valore cumulativo
1	Lunghezza della filettatura	205	46,0	46,0	205
2	Diametro del gambo	115	25,8	71,7	320
3	Lunghezza del gambo	82	18,4	90,1	402
4	Zigrinatura della testa	28	6,3	96,4	430
5	Forma dell'esagono incassato	16	3,6	100	446
	TOTALE	446	100		

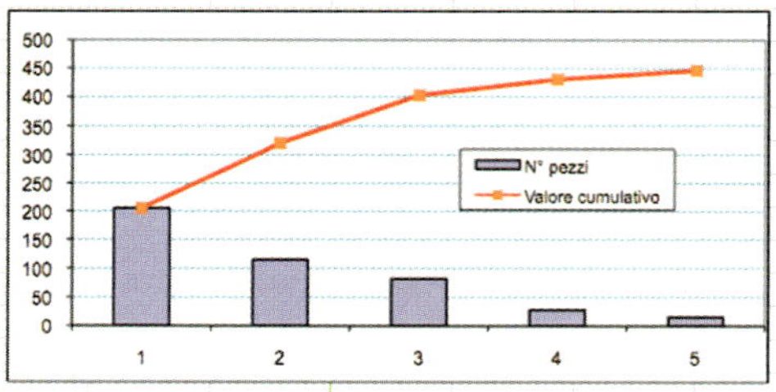

ESERCITAZIONE GUIDATA / H2.3

Carta di controllo $\overline{X}$-R

Implementare con un foglio di lavoro il problema descritto nella tabella H2.3 e dalla figura H2.36, relativo alla carta di controllo delle temperature di un laboratorio tecnologico.

1. Impostare la tabella con $k = 25$ sottogruppi di $n = 5$ misurazioni ciascuno.

2. Calcolare il valore medio $\overline{X}$ e il range R di ciascun sottogruppo.
Utilizzare le formule H5 = MEDIA(C5:G5); I5 = MAX(C5:G5)-MIN(C5:G5).

3. Calcolare la media generale e la media delle escursioni.
La media generale è data dalla formula: E30 = MEDIA(H5:H29).
La media delle escursioni è data dalla formula: H30 = MEDIA(I5:I29).

4. Calcolare le linee di controllo del grafico $\overline{X}$, dopo avere trascritto i coefficienti A2, D3, D4.

Linee di controllo del grafico $\overline{X}$

- Linea mediana LM — N27 = E30
- Linea superiore di controllo LSC — N28 = E30+S3*H30
- Linea inferiore di controllo LIC — N29 = E30-S3*H30

Linee di controllo del grafico R

- Linea mediana LM — S27 = H30
- Linea superiore di controllo LSC — S28 = S17*H30
- Linea inferiore di controllo LIC — S29 = S15*H30

5. Inserire i grafici di $\overline{X}$ e R.

Temperature di un laboratorio tecnologico [°C] (k = 25; n = 5)

Sottogruppi k	1 ore 7.00	2 ore 12.00	3 ore 16.00	4 ore 20.00	5 ore 24.00	$\overline{X}$	R
1	21,0	19,6	20,2	20,1	19,1	20,00	1,9
2	20,2	20,3	19,7	20,4	19,1	19,94	1,3
3	20,5	19,8	20,0	19,8	19,4	19,90	1,1
4	20,9	19,4	20,3	20,1	20,2	20,18	1,5
5	20,0	20,0	19,1	19,2	20,3	19,72	1,2
6	20,7	19,0	19,5	19,4	19,4	19,60	1,7
7	20,9	19,1	19,7	20,4	20,0	20,02	1,8
8	20,4	20,6	20,0	19,4	20,5	20,18	1,2
9	21,4	19,4	19,2	19,4	19,5	19,78	2,2
10	20,3	19,4	19,6	19,9	19,8	19,80	0,9
11	20,3	19,8	20,0	20,0	20,1	20,04	0,5
12	20,6	19,5	20,3	20,5	19,8	20,14	1,1
13	20,4	20,3	19,0	20,0	20,1	19,96	1,4
14	20,9	20,1	20,5	19,5	19,8	20,16	1,4
15	21,2	19,7	19,9	19,9	19,5	20,04	1,7
16	20,6	19,6	19,4	19,5	19,2	19,66	1,4
17	21,0	20,2	19,4	21,0	21,0	20,52	1,6
18	21,1	19,9	21,5	19,3	19,8	20,32	2,2
19	21,6	20,7	20,4	19,2	19,5	20,28	2,4
20	20,9	20,0	20,0	20,2	19,6	20,14	1,3
21	20,3	19,7	19,6	19,8	19,7	19,82	0,7
22	20,9	19,4	19,7	19,4	19,8	19,84	1,5
23	20,2	19,3	19,6	20,1	19,7	19,78	0,9
24	20,2	19,8	19,8	19,3	19,6	19,74	0,9
25	20,3	19,8	19,0	19,3	19,2	19,52	1,3
	Media Generale =	19,96		Media escursione =	1,404		

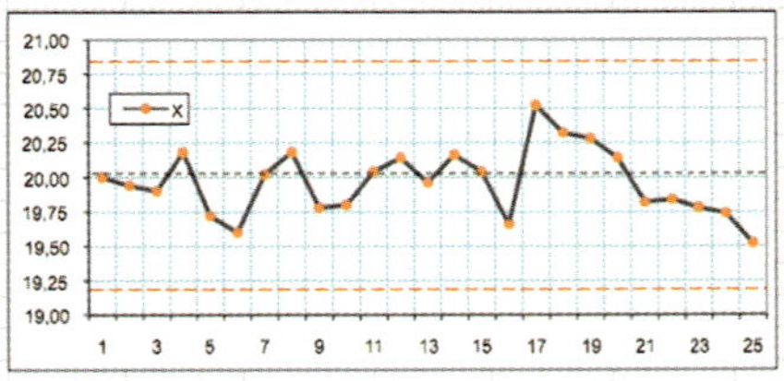

A2 = 0,577

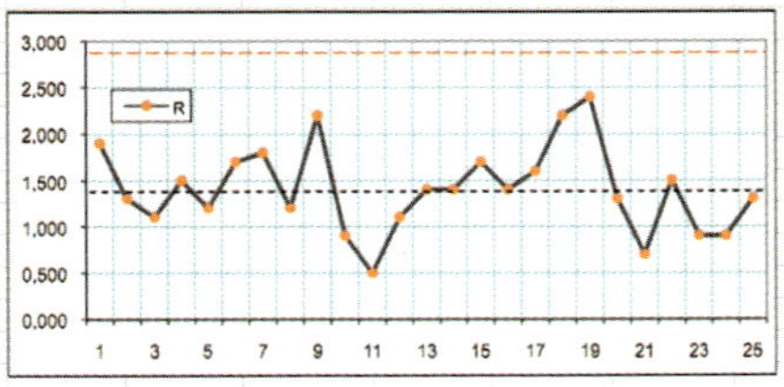

D3 = 0

D4 = 2,114

Linee di controllo del grafico $\overline{X}$	
Linea mediana LM	19,96
Linea superiore di controllo LSC	20,77
Linea inferiore di controllo LIC	19,15

Linee di controllo del grafico R	
Linea mediana LM	1,40
Linea superiore di controllo LSC	2,97
Linea inferiore di controllo LIC	0,00

VERIFICA DEGLI OBIETTIVI / unità H2

AREAdigitale

Vero/Falso

1. I dati possono essere archiviati permanentemente nella RAM.

☐ Vero ☐ Falso

2. La normativa per la qualità fa riferimento alle norme UNI EN ISO 9000.

☐ Vero ☐ Falso

3. Il diagramma di Pareto riporta le voci di controllo in ordine crescente di importanza.

☐ Vero ☐ Falso

4. Le cause comuni che influenzano i risultati di un processo sono gestibili ed eliminabili.

☐ Vero ☐ Falso

Scelta singola

1. Dove era assicurata prevalentemente l'archiviazione nel periodo medioevale?

a. Nell'Areopago
b. Nelle parrocchie
c. Nel Sanctuarium

2. La capacità di memoria di un hard disk è dell'ordine del:

a. megabyte
b. terabyte
c. byte

3. Specificare il sistema di archiviazione a maggiore capacità e minore velocità di recupero dei dati.

a. CD
b. Nastro magnetico
c. Pen drive

4. Quale supporto potrebbe essere suscettibile di smagnetizzazione indesiderata?

a. Hard disk
b. DVD
c. RAM

Scelta multipla

1. Selezionare due tipi di archivi fisici.

a. Marketing
b. Schedario
c. Classificatore

2. Selezionare due elementi utili per progettare un archivio.

a. Tipo di dato
b. Ciclo di produzione
c. Formato di memorizzazione

3. Il metodo di archiviazione più diffuso nelle biblioteche italiane è quello:

a. esadecimale
b. Dewey
c. decimale

4. Selezionare le tecnologie attuali per la realizzazione di memorie di massa.

a. A stato solido
b. Magnetica
c. Ottica

VERIFICA DEGLI OBIETTIVI / modulo H

AREAdigitale

Associazione

1. Attribuire la paternità ai concetti economici.

1. In una azienda si devono assegnare a esperti le mansioni principali
2. In una azienda la funzione amministrativa deve essere distribuita gerarchicamente
3. In una azienda l'organizzazione del lavoro a catena riduce i tempi di produzione

a. Ford
b. Taylor
c. Fayol

....

2. Associare le definizioni ai tipi di impresa.

1. Proprietà e gestione dipendono solo dal titolare
2. Il titolare si avvale in modo continuativo delle prestazioni lavorative dei parenti
3. Due o più persone uniscono i capitali individuali per ripartire i rischi

a. Impresa individuale
b. Società
c. Impresa familiare

....

3. Associare i flussi di informazioni nella progettazione di un nuovo prodotto.

1. Disegni
2. Scelta impianti
3. Indagini di mercato

a. Industrializzazione
b. Ideazione
c. Marketing

....

4. Associare il tipo di dato all'elemento archiviato.

1. Anagrafica
2. Scheda di valutazione
3. Disegno

a. Dato alfanumerico
b. Testo
c. File CAD

....

Completamento

1. Completare le definizioni.

a. L'impresa è un'attività ...., organizzata dall'imprenditore, per la produzione di beni o ....
b. La rappresentazione sintetica delle strutture organizzative dell'impresa si effettua mediante .... che si suddividono in .... e ....

2. Completare le attività caratteristiche dell'area Amministrazione e finanza.

a. L'area Amministrazione e finanza cura la redazione dei .... e la contabilità .... analizzando il rapporto costi/........................
b. A causa della internazionalizzazione dei mercati è cresciuta l'area ....-finanziaria

3. Completare le considerazioni sui campi di impiego della Reverse Engineering. La riproduzione del modello matematico è avvertita:

a. in ambito biomedico per preparare modelli di parti ....
b. nell'industria dell'.. per la realizzazione di modelli adatti al corpo umano
c. nel caso di reperti .... per duplicare campioni di difficile manipolazione

4. Le possibili anomalie di un istogramma e le corrispondenti cause sono:

a. istogramma asimmetrico e a .... ↔ errori commessi nella misurazione
b. istogramma .... o a denti di pettine ↔ eccessivo numero di classi
c. istogramma a .... con zone lacunose ↔ errori di misurazione dovuti a strumento o operatore
d. istogramma a due .... ↔ campione non omogeneo prelevato da due insiemi diversi

VERIFICA

Il coupon che trovi nella pagina a fianco (terza di copertina) ti consente di:

- scaricare gratuitamente la versione digitale del libro (eBook+) dal sito www.scuolabook.it;
- accedere a tutti i materiali digitali integrativi (risorse online) riservati a questo volume presenti sul sito www.hoepliscuola.it.

Grattando la vernice del coupon troverai il codice di accesso.

COME UTILIZZARE IL COUPON PER SCARICARE LA VERSIONE DIGITALE DEL LIBRO (eBOOK+)

Il coupon riportato nella pagina a fianco (terza di copertina) è utilizzabile una sola volta per accedere alla versione digitale del libro, scaricabile dal sito www.scuolabook.it.
Segui questi passaggi.

1. Registrati su Scuolabook (www.scuolabook.it) utilizzando un indirizzo email valido. Se hai già un account, accedi con le tue credenziali.
2. Accedi alla pagina "Acquisti" dove troverai il campo per inserire il tuo codice, nascosto sotto la vernice grattabile del coupon.
3. Una volta inserito il codice coupon, scarica e installa l'applicazione Scuolabook adatta per il tuo sistema operativo.
4. Utilizza le credenziali che hai creato su Scuolabook per eseguire il login anche sull'applicazione. All'interno della tua libreria troverai tutti i tuoi libri, compreso quello associato al tuo coupon, e potrai leggerli con l'applicazione Scuolabook semplicemente cliccando su ciascuna copertina.

Per ulteriori informazioni consulta il sito www.scuolabook.it.
Per ogni chiarimento scrivi a info@scuolabook.it.

La versione digitale del libro (eBook+) è disponibile a partire da settembre 2015.

ATTENZIONE: l'accesso alla versione digitale del libro (eBook+), utilizzabile su tablet, LIM e computer è a titolo gratuito ed è riservato all'utente registrato che ha accettato le relative condizioni generali di licenza d'uso e ha inserito il codice di attivazione. Tale codice può essere attivato una sola volta e la relativa utenza e la connessa licenza di utilizzo hanno durata temporalmente illimitata e non sono trasferibili a terzi. Per le condizioni di licenza d'uso, vedi www.hoepliscuola.it.

COME UTILIZZARE IL COUPON PER SCARICARE I CONTENUTI DIGITALI INTEGRATIVI (RISORSE ONLINE)

Il coupon riportato nella pagina a fianco (terza di copertina) ti consente di accedere a un'area riservata all'interno del sito dell'editore, dove troverai MyBookBox, il contenitore virtuale con risorse e contenuti digitali integrativi.
Segui questi passaggi.

1. Registrati al sito www.hoepliscuola.it utilizzando un indirizzo email valido.
2. Accedi alla pagina dedicata a questo volume.
3. Nello spazio bianco accanto al logo MyBookBox inserisci il codice coupon riportato nella pagina a fianco (terza di copertina) e nascosto sotto la vernice grattabile; avrai così accesso a tutte le risorse digitali del tuo volume.

ATTENZIONE: l'accesso gratuito ai contenuti digitali integrativi in MyBookBox (risorse online) è riservato all'utente registrato che ha inserito il codice di attivazione e accettato le condizioni generali d'uso presenti su www.hoepliscuola.it.